中 外 物 理 学 精 品 书 系

本 书 出 版 得 到 " 国 家 出 版 基 金 " 资 助

国家出版基金项目
NATIONAL PUBLICATION FOUNDATION

中外物理学精品书系

前沿系列·25

晶体和准晶体的衍射

（第二版）

周公度　郭可信　编著
李根培　王颖霞

北京大学出版社
PEKING UNIVERSITY PRESS

图书在版编目(CIP)数据

晶体和准晶体的衍射/周公度等编著.—2 版.—北京:北京大学出版社,
2013.12

(中外物理学精品书系·前沿系列)

ISBN 978-7-301-23466-2

Ⅰ.①晶… Ⅱ.①周… Ⅲ.①晶体－衍射②准晶体－衍射 Ⅳ.①O722

中国版本图书馆 CIP 数据核字(2013)第 269107 号

书　　　名:**晶体和准晶体的衍射(第二版)**
著作责任者:周公度　郭可信　李根培　王颖霞　编著
责 任 编 辑:郑月娥
标 准 书 号:ISBN 978-7-301-23466-2/O·0959
出 版 发 行:北京大学出版社
地　　　址:北京市海淀区成府路 205 号　100871
网　　　址:http://www.pup.cn　新浪官方微博:@北京大学出版社
电 子 信 箱:zye@pup.pku.edu.cn
电　　　话:邮购部 62752015　发行部 62750672　编辑部 62767347　出版部 62754962
印 刷 者:北京中科印刷有限公司
经 销 者:新华书店
　　　　　　730 毫米×980 毫米　16 开本　34.5 印张　1 插页　650 千字
　　　　　　2013 年 12 月第 2 版　2013 年 12 月第 1 次印刷
定　　　价:108.00 元

序　言

物理学是研究物质、能量以及它们之间相互作用的科学。她不仅是化学、生命、材料、信息、能源和环境等相关学科的基础,同时还是许多新兴学科和交叉学科的前沿。在科技发展日新月异和国际竞争日趋激烈的今天,物理学不仅囿于基础科学和技术应用研究的范畴,而且在社会发展与人类进步的历史进程中发挥着越来越关键的作用。

我们欣喜地看到,改革开放三十多年来,随着中国政治、经济、教育、文化等领域各项事业的持续稳定发展,我国物理学取得了跨越式的进步,做出了很多为世界瞩目的研究成果。今日的中国物理正在经历一个历史上少有的黄金时代。

在我国物理学科快速发展的背景下,近年来物理学相关书籍也呈现百花齐放的良好态势,在知识传承、学术交流、人才培养等方面发挥着无可替代的作用。从另一方面看,尽管国内各出版社相继推出了一些质量很高的物理教材和图书,但系统总结物理学各门类知识和发展,深入浅出地介绍其与现代科学技术之间的渊源,并针对不同层次的读者提供有价值的教材和研究参考,仍是我国科学传播与出版界面临的一个极富挑战性的课题。

为有力推动我国物理学研究、加快相关学科的建设与发展,特别是展现近年来中国物理学者的研究水平和成果,北京大学出版社在国家出版基金的支持下推出了"中外物理学精品书系",试图对以上难题进行大胆的尝试和探索。该书系编委会集结了数十位来自内地和香港顶尖高校及科研院所的知名专家学者。他们都是目前该领域十分活跃的专家,确保了整套丛书的权威性和前瞻性。

这套书系内容丰富,涵盖面广,可读性强,其中既有对我国传统物理学发展的梳理和总结,也有对正在蓬勃发展的物理学前沿的全面展示;既引进和介绍了世界物理学研究的发展动态,也面向国际主流领域传播中国物理的优秀专著。可以说,"中外物理学精品书系"力图完整呈现近现代世界和中国物理科学发展的全貌,是一部目前国内为数不多的兼具学术价值和阅读乐趣的经典物理丛书。

　　"中外物理学精品书系"另一个突出特点是,在把西方物理的精华要义"请进来"的同时,也将我国近现代物理的优秀成果"送出去"。物理学科在世界范围内的重要性不言而喻,引进和翻译世界物理的经典著作和前沿动态,可以满足当前国内物理教学和科研工作的迫切需求。另一方面,改革开放几十年来,我国的物理学研究取得了长足发展,一大批具有较高学术价值的著作相继问世。这套丛书首次将一些中国物理学者的优秀论著以英文版的形式直接推向国际相关研究的主流领域,使世界对中国物理学的过去和现状有更多的深入了解,不仅充分展示出中国物理学研究和积累的"硬实力",也向世界主动传播我国科技文化领域不断创新的"软实力",对全面提升中国科学、教育和文化领域的国际形象起到重要的促进作用。

　　值得一提的是,"中外物理学精品书系"还对中国近现代物理学科的经典著作进行了全面收录。20 世纪以来,中国物理界诞生了很多经典作品,但当时大都分散出版,如今很多代表性的作品已经淹没在浩瀚的图书海洋中,读者们对这些论著也都是"只闻其声,未见其真"。该书系的编者们在这方面下了很大工夫,对中国物理学科不同时期、不同分支的经典著作进行了系统的整理和收录。这项工作具有非常重要的学术意义和社会价值,不仅可以很好地保护和传承我国物理学的经典文献,充分发挥其应有的传世育人的作用,更能使广大物理学人和青年学子切身体会我国物理学研究的发展脉络和优良传统,真正领悟到老一辈科学家严谨求实、追求卓越、博大精深的治学之美。

　　温家宝总理在 2006 年中国科学技术大会上指出,"加强基础研究是提升国家创新能力、积累智力资本的重要途径,是我国跻身世界科技强国的必要条件"。中国的发展在于创新,而基础研究正是一切创新的根本和源泉。我相信,这套"中外物理学精品书系"的出版,不仅可以使所有热爱和研究物理学的人们从中获取思维的启迪、智力的挑战和阅读的乐趣,也将进一步推动其他相关基础科学更好更快地发展,为我国今后的科技创新和社会进步做出应有的贡献。

"中外物理学精品书系"编委会　主任

中国科学院院士,北京大学教授

王恩哥

2010 年 5 月于燕园

内 容 简 介

本书在第一版基础上修订而成,全书共 11 章。

第 1～8 章,内容包括:晶体衍射研究的发展、晶体结构的对称性、晶体的衍射方向和倒易点阵、衍射强度和结构因子、电子密度函数的计算和精修、生物大分子晶体的衍射、多晶衍射以及晶体结构数据的应用等,涉及化学、物理、数学、生物、电子学等多个基础学科,为读者提供简明易懂、条理清晰的基础知识和原理的介绍,同时提供了研究实例与原理结合进行具体分析。

第 9～11 章,内容包括:准晶体、准点阵及衍射、准晶体结构测定法,是国际上物理科研尖端前沿。郭可信先生与 2011 年诺贝尔化学奖得主 D. Shechtman 是同时独立发现准晶体的。本书对准晶体加以详细介绍,彰显了我国在准晶研究中的贡献。

本书可作为化学、物理、材料、生物、矿物、冶金等学科的研究生教材,也可供科研人员参考。

第二版前言

本书第一版由郭可信和周公度二人合写,出版于上世纪末,距今已有 14 年。出版以来,得到广大读者的欢迎和好评。

在第一版中,郭可信教授撰写了三章,详细地描述了"准晶体"、"准晶体的衍射"和"准晶体结构测定法"。20 世纪 80 年代,他在中国科学院金属研究所带领叶恒强、李斗星、王大能和张泽等一起研究高温合金相,于 1984 年夏天独立地观察到五重对称电子衍射图和相应的合金相的结构,突破了晶体必须具有平移周期性的点阵结构的传统概念,发现了准晶体。他们关于 Ti-Ni 和 Ti-Fe 二十面体准晶的报道,虽然比 D. Shechtman 等发表的 Al-Mn 二十面体准晶稍晚几个月,但却是对这些合金相进行系统研究时独立发现的。

2011 年诺贝尔化学奖授予 D. Shechtman,以表彰他在准晶体研究中的贡献。可惜郭可信先生于 2006 年 12 月仙逝,他这个中国科学家在本土首次做出的应分享诺贝尔奖的工作,未能获奖。

本书第二版增加了两个附录,均是郭可信先生生前所写的文章:"五重旋转对称和二十面体准晶体的发现"和"准晶与电子显微学——略述我的研究经历"。在这两篇文章中,郭先生详细地描述了他们研究和发现准晶的经过以及他本人半个多世纪从事科学研究的经历,叙述了他带领他的研究集体发扬团结合作、百折不挠的精神,创造性地进行科学研究的感受,字字句句洋溢着他爱国、爱人民、爱科学的深情。

在晶体衍射方面,对于常规的小分子单晶体结构测定的研究,在新世纪由于衍射仪器性能的提高及计算机程序的精巧编制和应用,使晶体结构测定过程展现出新面貌:自动而快速地收集实验数据、解析和修正晶体结构、计算和绘制晶体结构的各种参数和图表,只要有了单晶体,绝大多数可在一天之内完成结构测定的工作。晶体结构测定已成为化学和相关领域科学研究中一个不可缺少的重要环节。

生物大分子晶体衍射的研究,是当今自然科学的热点领域,它在过去二十多年间迅速地发展,并取得了巨大的成就。现在在课题的前景和研究的工作量、研究经费的投入和研究人员增长速度等方面都居于晶体衍射领域的首位。

多晶(粉末)衍射具有许多优点,样品易得、用量少、适用范围广泛、分析方法相对简单而容易掌握和普及应用,它和快速而深入发展的材料科学、药学等相结合,可发挥其特殊的优越性,同时相互促进。本书第二版新增了两章:生物大分子晶体衍射(第6章)和多晶衍射(第7章),分别由长期从事这方面研究和教学的李根培教授和王颖霞教授编写。

晶体衍射学科得以高速发展,依靠的是一个多世纪以来不断发展和积累的晶体学及相关基础学科的支撑,也有赖于飞速发展的计算机科学技术。从晶体的培养制备、晶体点阵结构的规律、晶体衍射数据收集的几何学和物理效应、结构因子的推求、电子密度函数的计算和解析、结构模型的搭建、结构的表述以及结构-性能-应用的关联,路程很长,涉及化学、物理学、数学、生物学、电子学等多个基础学科。晶体衍射这个领域越是向前发展,有关这个领域的基础知识、基本原理越显得重要。在本书再版过程中,作者正是本着为广大读者提供一本简明易懂、条理清晰的基础参考书的原则,进行撰写。在介绍基本原理的基础上,提供了研究中的实例,结合原理进行具体的分析。我们期待这样的处理,能启发读者对晶体学的兴趣,引导读者进入晶体学领域,掌握基本原理,熟悉分析和处理晶体结构的技术和方法,在不断实践中学习提高,并加以运用和创新,做出高水平的研究工作。

在本书交付出版之际,我们三位作者衷心地感谢郭可信先生的女儿郭桦女士和学生段晓峰研究员的支持并提供有关的文献资料;感谢北京大学化学与分子工程学院同仁们的关怀和帮助;感谢北京大学出版社郑月娥副编审对本书出版所做的认真细致的编辑工作。

周公度　李根培　王颖霞

2013 年 6 月于北京大学化学学院

第一版前言

晶体衍射和准晶体衍射的发展情况不同。从 1912 年发现晶体的 X 射线衍射并用以测定晶体的结构以来，晶体衍射已经历了近一个世纪的发展，成为比较完善的学科，它的成果非常丰富，对自然科学许多领域的发展已产生深刻影响。而准晶体衍射的发现仅有十多年，正处于成长发展的阶段。晶体的周期性和准晶体的非周期性好像是互不相容的，但是它们却有着密切的联系。非周期性晶体已成为晶体学中的一个新的生长点。

我们两位作者，长期地分别从事晶体和准晶体衍射的研究工作和教学工作。今应北京大学出版社之约，有机会合写这本书，将晶体和准晶体的衍射介绍给读者，以供从事晶体结构、结构化学、材料科学、结构生物学、矿物学等有关专业的大学生、研究生、教师和研究人员学习、参考。

本书前六章是关于晶体衍射的内容，由周公度执笔。第一章介绍晶体衍射的历史和现状。第二章到第五章介绍晶体及其衍射的基本概念、基本原理、基本定律和测定晶体结构的方法。第六章以较大篇幅从几个方面介绍晶体结构数据的应用，着重联系有关结构化学的内容。

本书后三章是关于准晶体衍射的内容，由郭可信执笔。第七章对准晶体的衍射特征及发现过程、准晶体研究十多年来的进展作概括性回顾。第八章讨论各种类型的准点阵及其电子衍射图。第九章介绍十重准晶及二十面体准晶的 X 射线单晶体结构的测定。

借此书出版的机会，作者深切地感谢北京大学化学学院和中国科学院凝聚态物理中心北京电镜实验室的同仁们的关怀和帮助，感谢北京大学出版社段晓青副编审对本书出版所做的认真细致的编辑工作。

周公度　郭可信

1999 年 1 月于北京中关村

目　　录

第 1 章　晶体衍射研究的发展

　　晶体能对 X 射线、电子束和中子束产生衍射效应。利用这种衍射可以测定晶态物质在原子水平上的结构，提供详细的结构数据：原子间的距离、键角、扭角、分子的立体结构、绝对构型、热振动参数、原子和分子的堆积、有序或无序的排列以及非计量的程度等等。而获得这些数据的样品只是用一颗直径大约 0.3 mm 或更小的单晶体，收集该晶体的衍射数据，通过数学处理等结构分析步骤而得。在衍射过程中无机和有机小分子晶体一般不受损坏。对于一些简单的结构，利用粉末样品或多晶样品常常也可得到许多有用的结构信息。通过衍射法对物质的结构所提供的大量知识，对化学、物理学、生物学、材料科学、冶金学、矿物学及其他科学领域的发展，提供新的观点、开拓新的思路。

　　在本章中，我们将简要地以晶体的 X 射线衍射的历史发展进程，说明晶体的衍射对化学发展所起的重要作用[1,2]。

1.1　早期的工作

　　1895 年，W. C. Röntgen(伦琴)发现了 X 射线[3]，由于这种射线具有高度穿透性，对它的本质认识不清，不知道它是波还是一种粒子流，用光栅去测定它的波长，没有成功，所以用"X"这一未知数符号表示，称为 X 射线。Röntgen 因为发现了 X 射线，于 1901 年获得第一个诺贝尔物理学奖。

　　1912 年，M. von Laue(劳埃)根据当时科学家所估计的晶体中原子间距离的数据约为 10^{-10} m，推测它可能和估计的 X 射线的波长相当，可作为 X 射线衍射光栅。两个年轻的学者 W. Friedrich 和 R. Knipping 根据 Laue 的建议，选择硫酸铜($CuSO_4 \cdot 5H_2O$)晶体，将 X 射线照射到晶体上，研究它的衍射效应，得到第一张晶体的 X 射线衍射图[4]，如图 1.1 所示。Laue 的发现一箭双雕地解决了两个问题：第一，说明 X 射线是波长很短的电磁波；第二，说明晶体好像三维光栅，具有三维周期性结构，周期的大小和 X 射线波长相当，大约是 10^{-10} m。

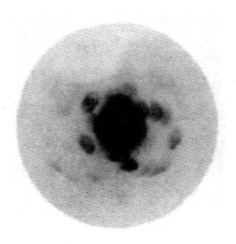

图 1.1　第一张晶体的 X 射线衍射图

　　根据波的衍射条件和晶体结构的周期性，Laue 提出满足衍射条件的 Laue 方程(见 3.2 节)。

　　在当时，W. H. Bragg(布拉格)正从事研究从 α 射线到 X 射线对气体的电离作用，他认为 X 射线是中性的粒子流。他的儿子 W. L. Bragg 对 X 射线衍射的研究亦很感兴趣。1912 年夏，W. L. Bragg 利用 NaCl，KCl，ZnS 等晶体进行 X 射线衍射实验，他将晶体出现衍射看作晶体中原子面的反射，测定出 NaCl 和 KCl 等第一批晶体的结构，同时推引出满足衍射条件的 Bragg 方程(见 3.3 节)[5]。

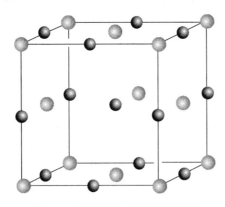

图 1.2　氯化钠(NaCl)的晶体结构

　　氯化钠(NaCl)晶体由 Na^+ 和 Cl^- 组成，晶体中每个 Na^+ 周围有 6 个 Cl^- 配位；同样，每个 Cl^- 周围有 6 个 Na^+ 配位，形成一个无限的周期性结构，如图 1.2 所示。NaCl 的这种结构型式，可解释它的许多性质，并在化学中产生深远的影响，例如：

　　(1) NaCl 晶体由 Na^+ 和 Cl^- 交替排列而成，晶体中并不存在 Na—Cl 双原子分子。准确地说，不应称 NaCl 为氯化钠的分子式，而应称为化学式；它的分子量应当称为化学式量。

（2）Na^+ 和 Cl^- 间的接触距离为 282 pm，这对了解离子的大小提供了直接的实验数据。

（3）NaCl 晶体溶于水的过程是晶体中正负离子水化的过程，而不是中性双原子分子 Na—Cl 的电离过程。溶液中由于存在 Na^+ 和 Cl^- 而能迁移导电。

（4）NaCl 晶体的熔点较高（801℃），这与它的结构密切相关，每个离子的周围都被异号离子包围吸引，不存在特别薄弱的环节。

（5）NaCl 晶体中离子位置固定，是绝缘体，不导电，但熔化后带电的 Na^+ 和 Cl^- 可以迁移导电。

这些 NaCl 晶体的结构和性能间的相互联系情况说明，只要对晶体的结构本质有所认识，就能深刻地理解晶体所呈现的各方面性质的内部结构根据。

在 1912 年前后，W. H. Bragg 用电离分光计研究 X 射线谱，并用以测量衍射的方向和强度。他发现，X 射线谱中除有连续光谱外，尚有波长取决于靶材的特征光谱，它可为晶体衍射提供波长单一、强度集中的特征 X 射线。金刚石是第一个应用特征射线的衍射数据测定结构的晶体[6]。图 1.3 示出金刚石的晶体结构。

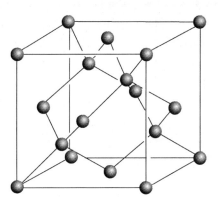

图 1.3　金刚石的晶体结构

金刚石结构在化学中对确立碳原子的 4 个键按空间四面体分布得到直接的实验证据。在这之前，van't Hoff 和 LeBel 曾预言：饱和的碳原子的 4 个键应是四面体结构。而只有在金刚石晶体的结构测定之后，才从实验上直接"看到了"它的空间图像。

根据金刚石的立方晶胞参数 $a = 356.68$ pm，及碳原子在晶胞中的分数坐标,可算出金刚石中 C—C 单键的键长为 154.4 pm,对了解原子的大小及分子的大小和形状提供了科学数据。

在金刚石结构中,每个 C—C 键的中心点具有对称中心的对称性,即相邻两个 C 原子采用交叉式构象连接,使整个结构在能量上特别稳定。

利用氯化钠和金刚石的晶胞参数以及晶体的密度等数据,Bragg 父子算得阿伏加德罗常数值为 $(6.0228\pm0.0011)\times10^{23}$ mol^{-1},数据精确度高,物理图像明晰。它和近一百年后国际单位制颁发的 6.0221415×10^{23} mol^{-1} 非常吻合。

碳的四面体结构成键规律是一切脂肪族化合物中饱和的碳原子的立体结构的基础。以后对苯的衍生物及石墨晶体结构的测定,奠定了芳香族化合物中碳原子的立体结构。

1914 年,W. L. Bragg 发表了金属铜的晶体结构[7],如图 1.4 所示。这一结构提供了金属中原子进行密堆积的实验数据,证实了 W. Barlow 关于金属中原子密堆积的模型[8]。

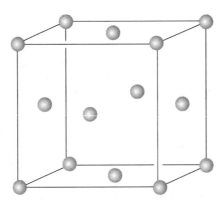

图 1.4 金属铜的晶体结构

由于金属单晶很难得到,1916 年 P. Debye 和 P. Scherrer 发表了多晶衍射法,又称为 X 射线粉末法[9a]。1917 年,A. W. Hull 也独立地创立了这个方法,并测定了 α-铁(α-Fe)和金属镁(Mg)的结构[9b]。图 1.5(a)和(b)分别示出 α-Fe 和 Mg 的晶体结构。以后在 1920 年,改进了粉末照相机,使得在 20 世纪 20 年代测定出许多常见的金属和合金的结构,为合金化学和金属材料的结构和性能奠定了基础。X 射线粉末法结合一系列同晶型晶体的结构特点,为许多无机物测定出结构,积累了一批结构数据。

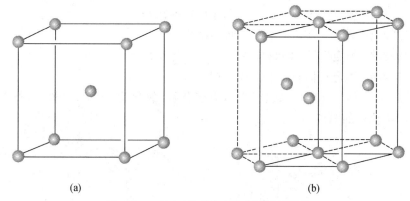

图 1.5 α-铁(a)和镁(b)的金属晶体结构

1.2 无机物晶体结构的发展

在晶体的 X 射线衍射发现的头 20 年间,Bragg 父子,P. Debye 和 P. Scherrer,A. W. Hull, L. Vegard, P. P. Ewald, G. Aminoff, W. H. Zachariasen, R. W. G. Wyckoff, L. Pauling(鲍林)等,对无机物晶体的结构进行了大量的研究[1]。下面大体按照测定结构的时间顺序,列出一些晶体名称和情况[10]。

1915 年,Bragg 父子在其交付出版的《X 射线与晶体结构》手稿中,已描述了下面 9 类化合物的完整结构:

- 氯化钠型($NaCl,KCl,KBr,KI,PbS$)
- 金刚石(C)
- 立方硫化锌型(ZnS)
- 六方硫化锌型(ZnO,CdS)
- 氯化铯型($CsCl,NH_4Cl$)
- 立方密堆积结构(Cu)
- 萤石(CaF_2)
- 黄铁矿型($FeS_2,MnS_2,CoAsS_2$)
- 方解石型($CaCO_3,MgCO_3,MnCO_3,FeCO_3,ZnCO_3,NaNO_3$)

对尖晶石($MgAl_2O_4$)、赤铜矿(Cu_2O)、赤铁矿(Fe_2O_3)等晶体结构的研究也有介绍。

1916 年,石墨、金红石(TiO_2)和锐钛矿(TiO_2)等的结构得到测定。

1919 年,$Mg(OH)_2$(层型 CdI_2 型结构)的结构得到测定。

1921 年,测定(NH$_4$)$_2$PtCl$_6$ 和 K$_2$PtCl$_6$ 的结构。

1922 年,测定 K$_2$PtCl$_4$ 型化合物的结构。

1923 年,测定 NiAs 的结构及第一个合金 Mg$_2$Sn 的结构。

1924 年,测定石榴石型的晶体结构。

图 1.6 分别示出立方硫化锌、六方硫化锌、氯化铯、萤石、方解石、石墨、金红石和砷化镍的晶体结构。

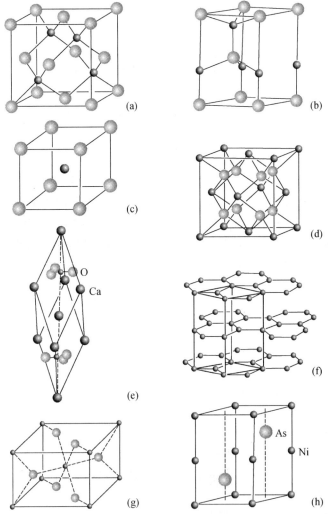

图 1.6　(a) 立方硫化锌、(b) 六方硫化锌、(c) 氯化铯、(d) 萤石、
(e) 方解石、(f) 石墨、(g) 金红石、(h) 砷化镍的晶体结构

1925—1930 年间，对石英和硅酸盐的结构原理，若干分立型、链型、层型和骨架型硅酸盐的结构特点，以及一些有代表性的结构进行了测定，确立了 $[SiO_4]$ 的四面体配位型式、连接规律，以及 Al 置换 Si 形成复杂多样的硅(铝)酸盐的结构规律。

在上述这些晶体结构的基础上，离子晶体结构理论得到发展。其中 E. Madelung, K. Kossel, M. Born, F. Haber 等有关正负离子的堆积型式、作用力本质、点阵能的计算等工作使离子化合物的结构及离子键本质的认识得到深入的发展。

在此期间，V. M. Goldschmidt 有两方面的工作推进了对离子化合物的结构认识[11]。其一是提出了结晶化学定律："晶体的结构取决于其组成者的数量关系、大小关系与极化性能。组成者系指原子(有关的离子)与原子团。"这个定律对矿物学和晶体学的发展产生了一定的影响。其二是利用经验方法对 1923 年 J. A. Wasastjerna 提出的十余个离子半径数据作了修订，并加以扩充，得到 80 多个离子的半径值。

L. Pauling 也对离子晶体结构做了两个方面意义深远的工作：其一是用半经验方法推引出离子半径数据[12]。他利用原子结构的经验规律，摆脱某些实验数据的限制，较完整地推引出各种离子的半径。在推引离子半径过程中，阐明了配位数不同对半径大小影响等有关离子半径的知识。其二是在 1929 年发表了"决定复杂的离子晶体结构的原理"一文[13]。在这篇文章中，他提出了人们称之为离子化合物结构的 Pauling 规则。

上述这些原理、规则、方法和数据，为无机物晶体的结构化学奠定了坚实的基础。在以后的半个世纪中，这些成果不断得到补充发展，使有关的内容更加充实完善，例如：

1. 有效离子半径

R. D. Shannon 等[14]利用由晶体结构测定所得的大量氧化物和氟化物数据，按离子的价态、配位数、电子自旋状态、配位多面体的几何构型等不同情况，利用 Goldschmidt 求离子半径的方法，划分离子间的接触距离为离子半径，获得约 500 个有效离子半径值。用这些数据估算各种晶体结构中离子间的距离，预见性高、结果更符合实际。

2. 键价理论

键价理论认为：晶体中每个原子有其一定的原子价，每个原子和周围配位的原子间形成一定的化学键，每个键均有一定的键价；每个原子所连诸键的键价之和等于该原子的原子价(键价和规则)。I. D. Brown 等[15]根据大量晶体结构实验测定的键长数据,提出定量计算键价的公式,根据所得键价数据,讨论晶体的结构和性质,丰富了离子晶体结构化学内容[16]。

X射线晶体学推进了无机化合物中化学键的研究。20 世纪 50 年代,W. N. Lipscomb 等利用低温衍射技术测定出若干硼烷化合物的结构,提出三中心二电子键[17],并开辟了缺电子化合物的新领域。金属-金属多重键的研究也是在 X 射线晶体学的推动下发展的。从 20 世纪 30 年代起积累的大量金属原子间距离数据,提出金属-金属原子间共价键概念。直至 60 年代,$[Re_3Cl_{12}]^{3-}$ 中的 Re=Re 双键[18]以及 F. A. Cotton 等对 $[Re_2Cl_8]^{2-}$ 中 Re≡Re 四重键[19]的提出,使金属原子间多重键的研究,迅速地获得普遍的关注[20]。

在合金晶体衍射研究工作中,20 世纪 80 年代发现了具有五重轴和超过六重轴旋转对称性的准晶体。1984 年,D. Shechtman 等发表了在 Al_6Mn 急冷凝固合金的电子衍射图具有五重旋转对称轴的报道,题目是"具有长程取向序而无平移对称序的金属相"。同时在 1984 年,郭可信等独立地在镍基和铁基高温合金电子衍射图中发现五重旋转对称轴,在 Ti_2Ni 等合金中得到有五重旋转对称轴的准晶体。他们的这些工作开创了没有平移周期性,但具有准周期的长程平移序的准晶体的新领域。在此之后,许多学者开展了有关准晶应用的探讨和研究[50]。2011 年,D. Shechtman 因发现准晶体而获得诺贝尔化学奖。若郭先生仍在世,很有可能分享这份大奖。准晶体领域的发展正在蓬勃进行。

1.3   有机物晶体结构的发展

对有机物晶体结构的测定工作,20 世纪 20 年代开始在少数晶体中实现。下面大体上按年代顺序列出一些实例。

1923 年,测定了六次甲基四胺 $[(CH_2)_6N_4]$ 的晶体结构[21],如图 1.7 所示。这是第一个完整地、准确地测定出结构的有机晶体。在当时能够测定出这样复杂的结构,应归因于分子和晶体均具有很高的对称性。分子属 T_d 点群,晶体属立方晶系,晶胞中的两个分子是按立方体心点阵安排。当忽略 H 原子的散射 X 射线能力时,按空间群 $[\bar{I}43m(No.217)]$ 的等效点系位置,C 和 N 原子分别处于 $(x_C,0,0)$ 和 (x_N,x_N,x_N) 的位置上,因而只有 x_C 和 x_N 两个待测的结构参数。对比若干衍射点的衍射强度,求得了合理的结构。当时测得 C—N 键长为 144 pm。

1929 年,测定了六甲基苯 $[C_6(CH_3)_6]$ 的晶体结构[22]。这是第一个测定结构的芳香化合物晶体。六甲基苯分子为平面正六角形,苯环中 C—C 键长 142 pm。分子的这些构型和构象数据是进一步了解芳香族有机分子结构的基础。

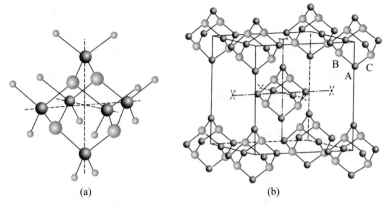

(a)   (b)

图 1.7 (a) $(CH_2)_6N_4$ 分子的结构;(b) $(CH_2)_6N_4$ 的晶胞(图中没有示出 H 原子)

1930 年,测定出尿素的晶体结构[23],为分子构型及分子间氢键提供了结构数据。图 1.8 示出尿素的晶体结构。

随着 Fourier 法[傅里叶法,即通过 Fourier 级数计算电子密度函数 $\rho(xyz)$法]的发展,计算晶胞中各坐标点上电子密度的数值,测定原子的位置,大大推进了有机晶体的结构测定工作。特别是 1934 年 Patterson(帕特森)函数法出现[24],为利用重原子法解决许多复杂的结构创造了条件。虽然绝大多数有机化合物都是由 C,H,O,N 等轻原子组成,但 H 可用 Cl,Br,I 等原子取代,形成含有重原子的化合物,也可制成含重原子的盐类,利用 Patterson 函数法解出它们的结构。

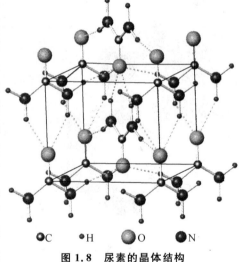

○C   ●H   ○O   ●N

图 1.8 尿素的晶体结构

(图中的 H 原子位置是根据以后不同学者多次用 X 射线衍射和中子衍射法测定和修正的[49])

1935 年,J. M. Robertson 等[25]利用酞菁和镍酞菁等的同晶型关系,推出衍射的相角,计算出电子密度函数。通过电子密度图清楚地显示出复杂分子中原子的排列。

萘($C_{10}H_8$)和蒽($C_{14}H_{10}$)晶体结构的研究工作,早在 20 世纪 20 年代就已开始,从晶胞的大小、形状了解晶体中分子的排列及其尺寸[26]。随着收集衍射数据精度的提高及计算方法的改善,在 30 年代用二维电子密度函数投影数据测定它们的结构,而 40 年代发展为利用三维衍射数据,作出三维截面的电子密度分布图,大大提高了精确度和分辨率,如图 1.9 所示。通过萘分子平面上电子密度的分布[27]可以得知 X 射线衍射法的作用,它使人们生动地"看到了"分子中原子的相对位置,增加了对 X 射线衍射法的信任。虽然化学家早已知道萘的结构式,但用 X 射线衍射法测定所得的准确键长数据,进一步为化学键理论提供了重要素材。

　　图 1.9 为通过萘和蒽分子平面的电子密度等高线图。(图中分子骨架线为笔者所加)

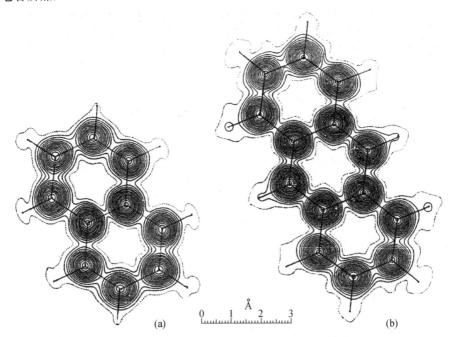

(a)　　　　　　　　　　(b)

图 1.9　通过萘(a)和蒽(b)分子平面的电子密度等高线图

　　20 世纪 40 年代 D. Crowfoot 对青霉素结构的精确测定[28],标志着 X 射线衍射法在化学中作用的飞跃。当开始测定青霉素结构时,分子的化学结构式还未确定,而是利用 X 射线衍射法定出了分子的空间结构,了解苄基青霉素分子的结构式如下:

$$C_6H_5—CH_2—CO—NH—CH—CH \overset{S}{\underset{}{\bigg|}} C(CH_3)_2$$
$$O=C—N—CHCOOH$$

这一结构的测定对了解青霉素的性质以及着手进行人工合成提供了依据。

　　20 世纪 40~50 年代对维生素 B_{12} 晶体结构的测定,是晶体的 X 射线衍射法取得成功的另一实例[29]。维生素 B_{12} 分子组成的化学式为 $C_{63}H_{88}O_{14}N_{14}PCo$,外加 24 个 H_2O 分子,共同组成一个不对称单位。当 1948 年开始测定晶体结构研究工作时,还不了解它的化学结构。经过 8 年的多方努力,于 50 年代中定出了它的空间结构。1976 年人工合成维生素 B_{12} 的完成是有机化学发展的里程碑,其中 X 射线衍射法阐明的空间结构在此工作中也占有一定的功劳。

　　X 射线衍射法应用于有机金属化合物,取得很大进展。有机金属化合物是指金属原子和碳原子直接成键(但不一定是经典的 σ 键或 π 键)形成的化合物。有机金属化合物的研究从测定出环戊二烯铁$[(C_5H_5)_2Fe]$[30~32]和 Zeise 盐$\{K[PtCl_3(C_2H_4)H_2O]\}$[33]等晶体结构后,使人们认识到碳与金属原子可以形成夹心式的化学键和 σ-π 键等多种多样形式的化学键,极大地加深了对有机金属化合物的认识。将从 X 射线衍射法获得的有机金属化合物的立体结构知识,联系工业生产中的问题加以分析应用,会给人以启迪,减少寻找性能优良的催化剂的盲目性,并解释反应的机理,促进催化反应的发展。例如,G. Natta 重视利用晶体结构数据,发展丙烯的立体定向聚合方法,建立起 Ziegler-Natta 型催化剂,应用于高聚物的合成,在石油化工中产生巨大的经济效益。

　　对环境科学、材料科学、生物酶催化模拟、医药化学等多种学科来说,有机金属化学是它们的基础内容。其中涉及的许多化学反应,均与有机金属化合物的结构有关,而要阐明反应的本质及其性能,首先需要依赖晶体的衍射效应,测定出这些化合物的组成及空间立体结构。由于有机金属化合物中键型的多样性和复杂性,经典有机的方法和理论常常无能为力,而晶体的 X 射线衍射法却可承担这一重任。

　　20 世纪 50 年代初,利用晶体的反常散射效应开辟了研究分子绝对构型的新领域。反常散射效应是 X 射线波长靠近晶体中原子的吸收限时,衍射 hkl 和 $\overline{hkl}$ 的强度产生差异,破坏了 Friedel(费理德)定律,$I_{hkl}=I_{\overline{hkl}}$。1951 年,J. M. Bijvoet 等在测定(+)-酒石酸钠铷的晶体结构时,利用 Zr Kα 射线接近铷的吸收限所产生的反常散射,定出(+)-酒石酸的绝对构型,是这方面工作的先驱[34]。详细介绍请参看 5.5 节。

1.4　生物大分子晶体结构的发展

　　将 X 射线衍射法用于测定生物大分子晶体,开始于 20 世纪 30 年代。第一张蛋白质晶体的 X 射线衍射图是 1934 年拍摄的胃蛋白酶晶体衍射图[35]。胰岛素也是最早用 X 射线衍射法进行研究的蛋白质晶体之一。胰岛素在不同条件下可生长出多种晶型的晶体,三方晶系的二锌猪胰岛素的单晶衍射图在 1935 年就由 D. Crowfoot 拍得[36],但他们直到 34 年之后才用多对同晶置换法定出晶体结构[37]。我国胰岛素结构研究组也于 70 年代初独立地定出它的结构[38]。

　　第一个氨基酸晶体的结构是 1939 年定出,它是甘氨酸[39]。接着,又测定出若干种氨基酸的晶体结构。氨基酸缩合而成多肽,多肽在生物体中具有多种功能,蛋白质也是多肽大分子。许多氨基酸和多肽的结构都有一个共同的特点:分子中 C—N 键的 N 原子的孤对电子和相邻的 C＝O 键中的 π 电子共同组成多中心键$\left[\begin{smallmatrix} O \\ \diagdown \\ C-\ddot{N} \\ \diagup \end{smallmatrix}\right]$即称为肽键。晶体结构显示:酰胺基团所连接的 6 个原子为平面构型,C—N 键带有双键成分。一般 C—N 单键键长为 149 pm,C＝N 双键键长为 127 pm,而实验测定的肽键中 C—N 间的键长为 133 pm,明显地具有双键成分。1948 年,Pauling 等在排列多肽链构象时,着眼于酰胺基共平面构象与形成的 N—H···O＝C 氢键的合理构型,将链型多肽分子采用螺旋构型或其他满足这两个条件的构型[40]。在众多的构型中提出了 α-螺旋和 β-折叠层的具体结构模型,在以后的蛋白质结构中得到了证实,对蛋白质结构的认识起了很大的作用。图 1.10 和图 1.11 分别示出 α-螺旋和 β-折叠层的结构。

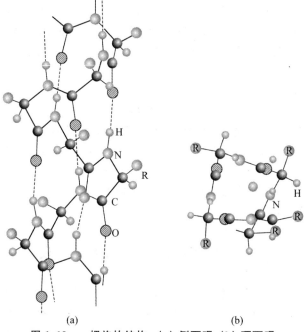

(a)　　　　　　　　　　　(b)

图 1.10　α-螺旋的结构: (a) 侧面观;(b) 顶面观

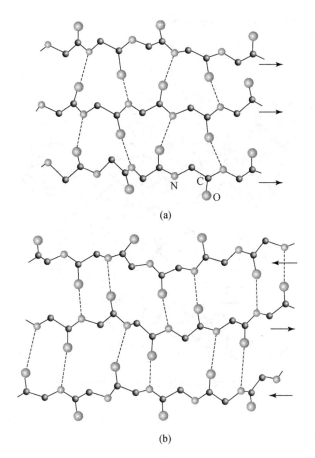

(a)

(b)

图 1.11 β-折叠层的结构

(a) 平行 β-折叠层;(b) 反平行 β-折叠层。为了简明,图中略去了 R 基团和 H 原子,虚线表示 O—H…N 氢键

α-螺旋中组成螺旋周期的氨基酸残基数目不是整数,而是 3.6 个,因为只有这样才能充分地满足酰胺基的共面性与氢键构型的合理性。每一氨基酸残基沿螺旋轴延伸 147 pm,这样螺距为 544 pm,与纤维蛋白所得的 X 射线衍射数据相当。

第一个在 2Å 分辨率数据基础上进行三维 Fourier 合成,正确地测定出蛋白质晶体结构的是 J. C. Kendrew 等对鲸肌红蛋白晶体的研究[41]以及 M. F. Perutz 对马血红蛋白晶体结构的测定工作[42]。在这些晶体结构中,已定出蛋白质分子中一个个原子的空间排列模型。根据这种蛋白质分子结构,可以阐明蛋

白质功能的生物活动过程的结构基础,创立分子生物学。图 1.12 示出鲸肌红
蛋白的三级结构模型。

图 1.12   鲸肌红蛋白的三级结构模型

脱氧核糖核酸(DNA)双螺旋结构是 20 世纪自然科学最重要的发现之一,
它于 1953 年由 J. D. Watson 和 F. H. C. Crick 提出[43]。他们当时除受到
L. Pauling 的 α-螺旋结构的启发外,主要的实验根据是由 R. Franklin 所拍的
B 型 DNA 纤维的 X 射线衍射图(图 1.13),该图明显地呈现出 DNA 结构具有
3.4 nm 的重复周期。DNA 双螺旋结构的提出及以后通过单晶衍射实验的确
定,开辟了生物化学、分子生物学和基因工程等新领域。在 DNA 双螺旋中,主
链由脱氧核糖与磷酸聚合而成,磷酸酯连在糖的 $3'$ 与 $5'$ 位上,在糖的 $1'$ 位连接
有机碱。有机碱可为腺嘌呤(A)、鸟嘌呤(G)、胸腺嘧啶(T)或胞嘧啶(C)。碱
基 A 和 T 或 G 和 C 可分别通过氢键结合成对:A:::T 和 G ::: C,其中氢键形
成的条件是一种特殊的锁和钥匙的配对关系,因为只有它们才能成对,而其他
组合都无法满足形成合理氢键的要求。在 DNA 中两条分子链间通过 A:::T
和 G ::: C 间的氢键互补配对作用形成螺旋梯,按右手螺旋排列,每一碱基对旋
转 36°,上升 340 pm,每个周期为 10 个碱基对,周期为 3.4 nm,图 1.14 示出
DNA 的结构。

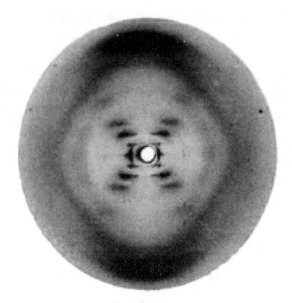

图 1.13 第一张 DNA X 射线衍射图

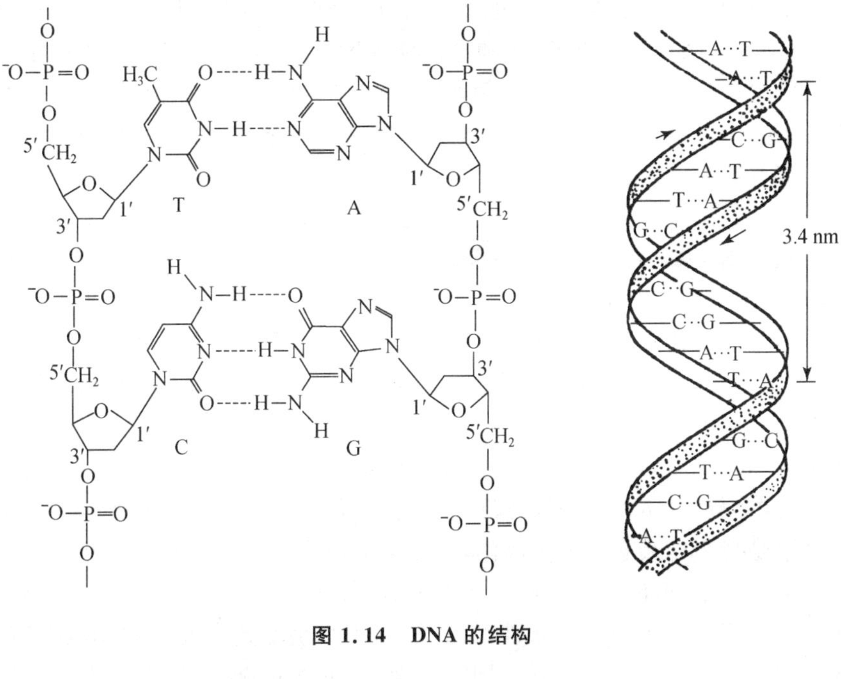

图 1.14 DNA 的结构

α-螺旋和 DNA 双螺旋模型的提出,是 X 射线衍射法测定了许多有机物的结构,积累了大量结构数据,归纳出结构规律,成功地用之于生物大分子的结果。

第一个测定出晶体结构的酶是溶菌酶[44]。从溶菌酶的晶体结构数据,已能详细地阐述酶的作用机理。不久又测定了羧肽酶的结构并阐明了其催化作用机理[45]。第一个给出三维结构 X 射线分析结果的核酸是转移核糖核酸(tRNA)[46]。第一个测定三维结构的膜蛋白是绿色红假单胞菌光合作用反应中心膜蛋白的晶体[47]。许多基础的生物大分子的晶体结构测定工作,使晶体的 X 射线衍射与生物化学、分子生物学和基因工程等许多学科紧密联系起来。

生命科学是当今自然科学研究的前沿和热点,在生物大分子晶体结构的研究工作中,许多人正从事提取分离、培养单晶体,以供 X 射线衍射使用。因为应用传统的 X 射线衍射法测定结构,只有得到尺寸足够大的晶粒,才能收集到较好的衍射数据,测定出高分辨率的空间结构。

1.5 现状和展望

从 20 世纪 60 年代起,随着电子计算机的发展,计算机控制的单晶衍射仪问世,收集衍射数据的速度、精度和自动化程度大大提高,同时解出晶体结构的直接法获得很大的发展。直接法肇始于 40 年代末,它是根据电子密度分布的特点导出相角关系,利用结构振幅数据和数学手段推出相角。60 年代以后,一个个直接法计算程序相继问世,它们具有快速、自动化强等明显优点,也具有较强普适性。目前大多数晶体结构是用直接法解出。在直接法研究工作中作出突出贡献的 H. A. Hauptman(数学家)和 J. Karle 获得了 1985 年诺贝尔化学奖,也反映了直接法的重要地位。

四圆衍射仪和直接法的发展,已经大大地改变了 X 射线晶体学的面貌。昔日 20 世纪四五十年代测定一个较复杂的晶体结构,所需时间要以年计,研究的晶体要有重原子等条件,而且所得精确度相对较低。而到 20 世纪末,只要能获得大小合适的单晶体,不论分子本身复杂性如何,不论有无重原子,大多数都能在几天之内测定出结构,而且精确度较高。而限制 X 射线这一有力工具发挥作用的因素是待测样品必须是单晶体,这由化学操作中结晶过程所决定。

近几十年来,低温、高温、高压和微重力(人造地球卫星和航天飞机上)条件下生长和处理单晶体的实验条件,又扩展了用衍射法研究化合物结构的范围,在仪器方法上也获得快速发展。同步辐射(synchrotron radiation)X 射线源的应用,可为很小的晶体(如线度为 0.03 mm 的晶体)和不稳定晶体收集衍射数据。高强度同步辐射的利用,已影响到 X 射线晶体学及晶体的散射领域的研究工作,就像激光之影响光学领域一样。面探测器(area detector)的发展,可同时记录许多衍射数据,缩短收集衍射强度的时间。例如,Siemens(西门子)公司曾采用的电荷耦合器件(charge-coupled device,CCD)为一直径 9 cm 的固态二维探测器,它将光导纤维直接和探测器结合,有 512×512 个点的信号输出,相邻两点的分辨率在 60 μm,可直接读出衍射强度,读出时间很短(2 秒),显示出它具有优越地收集衍射强度数据的性能:一方面是空间分辨力高,可同时记录衍射点强弱差别很大的衍射强度;另一方面是收集衍射数据快速,例如,用普通的 Mo 靶 X 射线封闭管(3 kW)对晶胞边长达 10 nm 的晶体,几个小时就可收集到全部衍射强度数据。所以,这种方法可以用于收集很小的晶体或不稳定的晶体的衍射强度,可用以研究相转变问题或精确的电子密度的研究等。晶体结构图形显示装置的发展,为消化和利用晶体学数据提供了有力的工具。

对生物大分子晶体,从 20 世纪 90 年代末开始,晶体学家们只要有一颗合用的单晶,几个小时采集好衍射数据,再用几周时间就可完成结构分析。就是说专业性很强的晶体结构测定,变为“常规”的分析。这得益于该领域先驱们的创造性的劳动和坚持不懈的努力,使 X 射线晶体学理论和方法不断发展和完善,对应的实验技术手段不断迅猛发展和充实。特别是高速、大容量的计算机和信息网络技术的普及;同步辐射强光源的应用;快速深冷技术的引入;应用成熟可靠的分子生物学的克隆、表达和纯化技术,较快速获得大量的纯样品;使用全自动机器人关照大规模和微量结晶扫描等技术,使专业性很强而多环节的结构测定工作,简化成为研究人员对着计算机屏幕,通过“人机对话,一问一答”或“鼠标点击”进行操作。那些刚涉足领域的初学者,也可进行“傻瓜”式操作来测定大分子晶体结构,曾经的枯燥繁琐现在变为一种享受。不仅如此,目前人们正在开发只要在衍射平台上安放晶体样品,即可以离开现场用手机遥控进行采集数据的仪器,解结构和修正,获得最终结果,也可以通过网络系统远程操作,这不是奢望。这种衍射法快速而精确地测定生物大分子结构的现状,能应对结构基因组学的要求,只要上游的环节制备出合格的目标晶体样品,就可定出结构。

国际晶体学会(International Union of Crystallography,IUCr)成立以来,除了创办学术刊物、成立各分支学会、召开学术会议等活动外,还不停顿地做了两件大事:一是建立多种晶体学数据库,二是出版大型手册,以供化学家、物理学家、矿物学家、生物学家和材料学家等使用。它们已成为从事晶体结构测定和晶体学研究工作不可缺少的工具书。

1. 晶体学数据库

现在已经有 30 多万种晶体定出了结构,积累了大量的结构数据。国际上已经建立的晶体学数据库主要有五种[48]:

(1) 剑桥结构数据库(The Cambridge Structural Database,CSD)。它有近 27 万种由 X 射线或中子衍射测定的三维晶体结构数据(统计到 2012 年)。该数据库收集含碳化合物(包括有机物、有机金属化合物及无机含碳化合物,如碳酸盐等)的结构数据。有多种检索方法,如:化合物的名称、作者姓名、某些原子基团、整个分子或部分化学结构等。

(2) 蛋白质数据库(The Protein Data Bank,PDB)。该库开始建立于 1971 年,建立在美国 Brookhaven 国家实验室。现已存有 26 000 种生物大分子的结构数据,其中 22 300 种为 X 射线衍射法测定的晶体结构,3800 种为 NMR 测定的结构。在衍射法测定结构的数据中对每个蛋白质晶体列出下列内容:收集的衍射数目、修正方法、偏差数值、已测定水分子位置的数目、蛋白质分子中氨基酸连接次序、螺旋、折叠层及转弯的分析、原子坐标参数,以及与蛋白质结合的金属原子、底物及抑制剂等的坐标参数等,详细情况参见第 6 章附录 6.1。

(3) 无机晶体结构数据库(The Inorganic Crystal Structure Database,ICSD)。建立在德国,到 2011 年已超过 14 万个无机化合物的晶体结构(不含 C—C 和 C—H 键的化合物)。

(4) NRCC 金属晶体学数据文件(The National Research Council of Canada,Metals Crystallographic Data File,NRCC)。该库建立在加拿大,约有 6 万个金属单质、金属合金、金属间物相及部分金属氢化物和氧化物的晶体结构信息。

(5) 粉末衍射文件(The Powder Diffraction File,PDF)。该库建立在美国,PDF-4(2012)汇集无机物衍射数据条目数达 328 660 条,矿物数据 39 410 条;PDF-4(2013)汇集有机化合物和有机金属化合物 471 257 条。由该数据库汇集的粉晶衍射资料,为国际衍射数据中心的粉晶数据库(Joint Committee on Powder Diffraction Standards-International Center for Diffraction Data,JCPDS-ICDD)新的电子版。储存各化合物的晶面间距 d_{hkl}、相对强度、晶胞、空间群和密度等数据,主要用于物质的鉴定。

上述这些晶体结构数据,已构成自然科学知识宝库的重要组成部分。

人们依靠晶体结构数据,可详细地考察和了解晶体的各种特性,如晶体的对称性、分子的立体构型和构象、分子之间的相互作用和分子的堆积、各个原子的热振动幅度等。由于测定一个晶体的结构,能为该晶体提供全面而准确的关于原子排列的数据,有时通过电子密度的计算,可以了解化学键中电荷的分布,了解化学键的性质。所以,晶体的衍射已成为研究化学问题所必须具备的化学手段。

　　2. 晶体学国际表

　　晶体学国际表编纂工作始于 20 世纪 30 年代。第一版以德文出版,书名为: *Internationale Tabllen zur Bestimmuny von Kristall-Strukturen*,分 I 和 II 两卷。英文书名为: *International Tables for the Determination of Crystal Structures*。

　　1952—1974 年陆续出第二版,书名为: *International Tables for X-Ray Crystallography*。共 4 卷:

Volume I　　Symmetry groups

Volume II　　Mathematical tables

Volume III　　Physical and chemical tables

Volume IV　　Revised and supplementary tables

　　1983 年迄今出版第三版,书名为: *International Tables for Crystallography*。已出版 8 卷:

Volume A　　Space-group symmetry

Volume A1　　Symmetry relations between space groups

Volume B　　Reciprocal space

Volume C　　Mathematical, physical and chemical tables

Volume D　　Physical properties of crystals

Volume E　　Subperiodic groups

Volume F　　Crystallography of biological macromolecules

Volume G　　Definition and exchange of crystallographic data

此外,还有用作教学的简明版本:

　　T. Hahn(ed.), *Brief Teaching Edition of International Tables for Crystallography*, Volume A: Space Group Symmetry, 5th edn. (corrected reprint), Chichester, Springer, 2005.

　　随着计算程序的发展,晶体结构测定工作也从少数晶体学家手中解放出来,为许多化学家所掌握和利用。晶体结构测定的速度也已能够和化学合成及应用等方面的需求同步地进行,为研究化学问题各环节所必需。

　　在晶体结构知识的引发下,相继形成和发展的新兴学科,如分子设计学、分子工程学、分子生物学、分子药理学、……也是根据分子的结构和有关化学键的性质,在分子水平上探讨问题,阐明它们的内在规律。现代的物理学、材料科学、矿物学等也都离不开晶体结构的知识。人们对非晶态物质的认识,常借助于晶体结构的知识。所以,晶体结构的知识不仅对化学,而且对整个自然科学都有着极为重要的作用。

　　由上可见,一个多世纪以来,晶体衍射的研究和发展及其在自然科学中的作用是很大的,它因此也获得了许多奖赏和荣誉。例如,在化学、物理学和生物学领域中已有近 30 个诺贝尔奖与晶体的衍射有关,如表 1.1 所示[48]。这反映了晶体衍射的研究具有历史悠久、涉及面广、成果丰富、经久不衰、至今仍在深入发展等特点。

表 1.1　与 X 射线及晶体衍射有关的诺贝尔奖[49]

学科	年份	获奖者	获奖内容
物理	1901	Wilhelm Conrad Röntgen	X 射线的发现
	1914	Max von Laue	晶体的 X 射线衍射
	1915	William Henry Bragg / William Lawrence Bragg	晶体结构的 X 射线分析
	1917	Charles G. Barkla	元素的特征 X 射线谱
	1924	Manne Siegbahn	X 射线光谱学
	1927	Arthur Holly Compton / Charles T. R. Wilson	在散射 X 射线时波长的改变(康普顿效应)
化学	1936	Peter Debye	偶极矩,液体、气体中 X 射线和电子衍射
物理	1937	C. G. Davisson / G. P. Thomson	晶体的电子衍射
化学	1946	J. B. Sumner	分离和提纯结晶蛋白酶
	1954	Linus Carl Pauling	化学键的本质,阐明复杂物质的结构
	1962	John Charles Kendrew / Max Ferdinand Perutz	肌红蛋白和血红蛋白晶体结构的测定
生理-医学	1962	Francis H. C. Crick / James D. Watson / Maurice H. F. Wilkins	脱氧核糖核酸的螺旋结构
化学	1963	Giulio Natta / Karl Ziegler	高聚物的结构化学和工艺学

续表

学科	年份	获奖者	获奖内容
化学	1964	Dorothy Crowfoot Hodgkin	青霉素和维生素 B_{12} 等重要生物物质晶体结构测定
	1969	Odd Hassel Derek H. R. Barton	构象分析
	1972	C. B. Anfinsen	蛋白质链的折叠
	1976	William Nunn Lipscomb	硼氢化物的结构和键
物理	1981	Kai M. Siegbahn Nicolaas Bloembergen Arthur L. Schawlow	化学分析电子能谱（ESCA）
化学	1982	Aaron Klug	复杂分子聚集体（如病毒、膜、染色体、肌肉纤维）用电子显微图重建三维图像
	1985	Herbert Hauptman Jerome Karle	在晶体学中用直接法解相角
物理	1986	E. Ruska G. Binnig H. Rohrer	电子光学、电子显微镜（TEM）、扫描隧道显微镜（STM）和表面结构
化学	1987	Donald J. Cram Jean-Marie Lehn Charles J. Pedersen	主宾化学、超分子化学和分子间特异的相互作用
	1988	Robert Huber Johann Deisenhofer Hartmut Michel	绿色红假单胞菌光合作用反应中心膜蛋白的晶体结构
物理	1994	B. N. Brockhouse C. G. Schull	中子散射 中子衍射
化学	1996	K. W. Kroto R. F. Curl R. E. Smalley	球碳 C_{60} 的发现
化学	2009	V. Ramakrishnan T. A. Steitz A. E. Yonath	核糖体结构和功能的研究
化学	2011	D. Shechtman	发现准晶体

参 考 文 献

[1] P. P. Ewald(ed.), *Fifty Years of X-Ray Diffraction*, Kluwer, Dordrecht, 1962.

[2] J. P. Glusker(ed.), *Structural Crystallography in Chemistry and Biology*, Hutchinson Ross Publishing Co., Pennsylvania, 1981.

[3] W. C. Röntgen, *Sitzungsberichte der Wurzburger Physikalisch Medizinischen Gesellschaft*, 1895, **28**, 132.

[4] W. Friedrich, P. Knipping and M. von Laue, *Sitzungber(kgl.) Bayerische Akad. Wiss.*, 1912, 303～322.

[5] W. L. Bragg, *Proc. Roy. Soc.* (London), 1913, **89A**, 248.

[6] W. H. Bragg and W. L. Bragg, *Nature*, 1913, **91**, 557.

[7] W. L. Bragg, *Phil. Mag.*, 1914, **28**, 355.

[8] W. Barlow, *Nature*(London), 1883, **29**, 186, 205; 1884, **29**, 404.

[9] (a) P. Debye and P. Scherrer, *Z. Physik.*, 1916, **17**, 277; 1917, **18**, 291.

    (b) A. W. Hull. *Phys. Rev.*, 1917, **10**, 661.

[10] L. Pauling, Chap. 9 and F. Laves, Chap. 11, in P. P. Ewald(ed.), *Fifty Years of X-Ray Diffraction*, Kluwer, Dordrecht, 1962.

[11] V. M. Goldschmidt, *Geochemische Verteilungsgesetze der Elemente*, Oslo, 1926.

[12] L. Pauling, *J. Am. Chem. Soc.*, 1927, **49**, 765.

[13] L. Pauling, *J. Am. Chem. Soc.*, 1929, **51**, 1010.

[14] R. D. Shannon, *Acta Cryst.*, 1976, **A32**, 751.

[15] I. D. Brown, *The Bond Valence Method in Method*, in M. O'Keeffe and A. Novrotsky (eds.), *Structure and Bonding in Crystals*, Vol. II, 1～30, Academic Press, New York, 1981.

[16] 邵美成和唐有祺, 大学化学, 1986, **1**, 1.

[17] W. H. Eberhardt, B. Crawford Jr. and W. N. Lipscomb, *J. Chem. Phys.*, 1954, **22**, 989.

[18] W. T. Robinson, J. E. Fergusson and B. R. Penfold, *Proc. Chem. Soc.* (London), 1963, 116.

[19] F. A. Cotton, N. F. Curtis, C. B. Harris, B. F. G. Johnson, S. J. Lippard, J. T. Mague, W. R. Robinson and J. S. Wood, *Science* (Washington), 1964, **145**, 1305.

[20] F. A. Cotton and R. A. Walton, *Multiple Bonds between Metal Atoms*, Wiley, New York, 1982.

[21] R. G. Dickinson and A. L. Raymond, *J. Am. Chem. Soc.*, 1923, **45**, 22.

[22] K. Lonsdale, *Nature*, 1928, **122**, 810; *Proc. Roy. Soc.* (London), 1929, **A123**, 494.

[23] R. W. G. Wyckoff, *Z. Krist.*, 1930, **75**, 529.

[24] A. L. Patterson,*Phys. Rev.* ,1934,**46**,372;*Z. Krist.* ,1935,**90**,517.

[25] J. M. Robertson,*J. Chem. Soc.* ,1935,615;1936,1195.

[26] W. H. Bragg,*Proc. Roy. Soc.* (London),1921,**34**,33;1922,**35**,167.

[27] C. Abrahams,J. M. Robertson and J. G. White,*Acta Cryst.* ,1949,**2**, 233,238.

[28] D. Crowfoot,C. W. Bunn,B. W. Rogers-Low and A. TurnerJones,*The Chemistry of Penicillin*,Princeton University Press,1949,p. 310.

[29] D. C. Hodgkin,J. Kamper,J. Lindsey,M. Mackay,J. Pickworth,J. H. Robertson,C. B. Shoemaker,J. G. White,R. J. Prosen and K. N. Trueblood,*Proc. Roy. Soc.* (London),1957,**A242**,228.

[30] E. O. Fisher and W. Pfab. *Z. Naturforsch.* ,1952,**B7**,377.

[31] P. F. Eiland and R. Pepinsky,*J. Am. Chem. Soc.* ,1952,**74**,4971.

[32] J. D. Dunitz and L. E. Orgel,*Nature*(London),1953,**171**,121.

[33] B. W. Davies and N. C. Payne,*Inorg. Chem.* ,1974,**13**,1848.

[34] J. M. Bijvoet,A. F. Peerdeman and A. J. van Bommel,*Nature*, 1951,**168**,271;A. F. Peerdeman,A. J. van Bommel and J. M. Bijvoet,*Proc. K. Ned. Akad. Wet.* ,1951, **B54**,16.

[35] J. D. Bernal and D. Crowfoot,*Nature*(London),1934,**133**,794.

[36] D. Crowfoot,*Nature*(London),1935,**135**,591.

[37] M. J. Adams,T. L. Blundell,E. J. Dodson,G. G. Dodson,M. Vijayan,E. N. Baker, M. M. Harding,D. C. Hodgkin,B. Rimmer and S. Sheat,*Nature*(London),1969, **224**,491.

[38] 胰岛素结构研究组,中国科学,1973,**16**,93.

[39] G. Albrecht and R. B. Corey,*J. Am. Chem. Soc.* ,1939,**61**,1087.

[40] L. Pauling,R. B. Corey and H. R. Branson,*Proc. Natl. Acad. Sci.* (USA),1951, **37**,205.

[41] J. C. Kendrew,R. E. Dikerson,B. E. Strandberg,R. G. Hart,D. R. Davies,D. C. Phillips and V. C. Shore,*Nature*(London),1960,**185**, 422.

[42] M. F. Perutz,H. Muirhead,J. M. Cox,L. C. G. Goaman,F. S. Mathews,E. L. McGandy and L. E. Webb,*Nature*(London),1968,**219**, 29.

[43] J. D. Watson and F. H. C. Crick,*Nature*(London),1953,**171**,737.

[44] C. C. F. Blake,D. F. König,G. A. Mair,A. C. T. North,D. C. Phillios and V. R. Sarma,*Nature*(London),1965,**206**,757;D. C. Phillips, *Sci. Am.* ,1966,**215**,78.

[45] G. N. Reeke,J. A. Hartsuck,M. L. Ludwig,F. A. Quiocho,T. A. Steitz and W. N. Lipscomb,*Proc. Natl. Acad. Sci.* USA,1967,**58**,220;W. N. Lipscomb, *Tetrahedron*, 1974,**30**,1725.

[46] S. H. Kim,G. J. Quigley,F. L. Suddath,A. McPherson,D. Sneden,J. J. Kirn,J.

Weinzierl and A. Rich, *Science*(Washington), 1973, **179**, 285.

[47] J. Deisenhofer and H. Michel, *Angew. Chem. Int. Ed. Engl.*, 1989, **28**, 829; R. Huber, *Angew. Chem. Int. Ed. Engl.*, 1989, **28**, 848.

[48] J. P. Glusker, M. Lewis and M. Rossi, *Crystal Structure Analysis for Chemists and Biologists*, VCH, New York, 1994.

[49] T. C. W. Mak and G. D. Zhou, *Crystallography in Modern Chemistry: A Resource Book of Crystal Structures*, Wiley, New York, 1992.

[50] J.-M. Dubois, *Useful Quasicrystals*. World Scientific Co. , Singapore, 2005.

第 2 章　晶体结构的对称性

2.1　晶体的点阵结构和晶胞

晶体结构的基本特征体现在具有周期性和对称性上。本节讨论从周期性衍生的点阵和晶胞的概念。

晶体是由原子(或离子、分子)在空间周期地排列构成的固体物质。在晶体中,原子(或离子、分子)按照一定的方式在空间作周期性规律排列,隔一定的距离重复出现,具有三维空间的周期性。晶体自然地生长成规整的多面体外形以及平整的晶面,标志着晶体内部原子或分子排列的规整性和周期性。按照晶体内部结构的周期性,可划分出一个个大小和形状完全一样的平行六面体,以代表晶体结构的基本重复单位,叫作晶胞。整块晶体就是按晶胞在三维空间周期地并置排列堆砌而成的。晶胞是晶体结构的基本重复单位,它一定是一个平行六面体,如图 2.1 所示。晶胞的大小和形状决定于晶体内部的结构,由晶胞参数 $a,b,c,\alpha,\beta,\gamma$ 所规定。一种晶体可以划分出多种形状的晶胞,不同形状的晶胞其晶胞参数不相同。

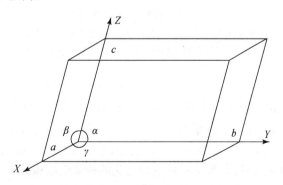

图 2.1　晶胞的形状和大小

晶体的周期性结构还可用点阵描述,点阵是一种抽象的语言。当按照晶体的周期性,用三个不相平行的单位矢量 a,b 和 c 来表达时,可取晶体内部空间的任意一点作原点。从原点出发,在三个方向上连接其周围环境和原点完全重复的最近的点作为单位矢量,由单位矢量 a,b 和 c 平移所产生的一组点构成点阵。各点阵点的周围环境一定和原点的周围环境完全相同,这是晶体结构的周期性所规定的。三个矢量相互间的夹角为 α,β,γ,按单位矢量连成的平行六面体,一定是和一种形状的晶胞相应的。图 2.2(a)示出晶体的点阵结构。

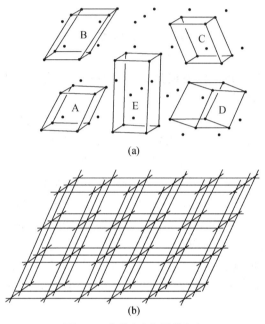

(a)

(b)

图 2.2 点阵(a)和晶格(b)

(图中黑点为点阵点,A,B,C,D 为素点阵单位,E 为带
心复单位,图中的晶格是按 A 点阵单位划分连成的)

点阵是一组按一定的周期性规律在空间排布的点,它具有下列基本性质:连接其中任意两点的矢量进行平移,均能使点阵复原,即当这些矢量的一端落在任意一点阵点上,另一端也必定落在点阵点上,在此意义上点阵应由无限数目的点所组成。晶体结构最基本的特点是它具有空间点阵式的结构。由于实际晶体有一定的大小和缺陷,点阵是实际晶体的理想化的抽象模型和近似处理方法。

将点阵按一定的方式划分出点阵单位,找出单位矢量,按它们的方向和大小连成直线格子,称为晶格,如图 2.2(b)所示。晶胞、点阵或晶格都是描述晶体周期性结构的方法。点阵和晶格在英文中是同一词"lattice"。点阵强调的是基本重复单位用一个点表示它在空间的周期排列,它反映的周期排列方式是唯一的;晶格强调的是按点阵单位划分出来的格子,由于选坐标轴和单位矢量有一定的灵活性,它不是唯一的。

一个晶体,不论原点选在晶体内部的什么位置,按晶体周期性抽象出来的点阵只有一种。对一种点阵选择重复单位矢量却可以有多种方式。图 2.2(a) 中示出几种划分点阵单位的方法。不同的点阵单位,a,b,c 不同,相应的夹角也不相同。但是,只要在平行六面体中包含的点阵点的数目相同,其体积一定是相同的。图中 A,B,C,D 4 种单位其形状虽然不同(当然 a,b,c 也不同),但都只包含 1 个点阵点,称为素单位。图中 E 包含两个点阵点,是个带心的复单位,它的体积是素单位的两倍。

点阵(或晶格)是按晶体结构的周期性规律,将重复周期的内容抽象成一组几何上的点(或线)来表示。这一个点阵点所代表的具体的晶体结构的内容,通称结构基元。结构基元的具体内容和素晶胞的内容是一致的。点阵没有涉及晶体结构的具体内容,只是集中反映结构基元在晶体中的周期重复方式。所以,点阵和晶格是一种抽象的形式,是用来描述晶体结构周期性的一种概念和方法。晶胞是根据实际晶体结构划分出来的重复单位,是具体地描述晶体结构的方法。晶胞的划分和点阵单位的划分是一致的。某一晶体的最小晶胞就是该晶体的结构基元,或称为素晶胞。结构基元是指具有周期性的结构中,能够通过平移在空间重复排列的基本结构单位。结构基元要同时满足化学组成相同、空间结构相同、排列取向相同、周围环境相同这样 4 个相同条件。结构基元常和化学组成的基本单位不同,有时一个结构基元包含几个分子。

晶体结构反映在晶胞的两个要素中,一个是晶胞的大小和形状,即晶胞参数 $a,b,c,\alpha,\beta,\gamma$;另一个是晶胞内部各个原子的坐标位置和热运动情况,即原子的坐标参数(x,y,z)和热参数。

晶胞中原子的坐标位置的表示方法是从晶胞原点至该原子作矢量 r,将 r 用单位矢量 a,b,c 表示为:

$$r = xa + yb + zc$$

该原子的坐标参数即为(x,y,z),如图 2.3 所示。选择晶胞的单位矢量不同,晶胞形状不同,原子在不同形状的晶胞中的坐标参数也不相同。晶胞原点移动,也将影响原子坐标参数,但晶胞中各个原子的坐标参数均按一种方式增减。

若一整块固体基本上为一个空间点阵所贯穿,称为单晶体。有些固体是由许多小的单晶体按不同的取向聚集而成,称为多晶,金属材料及许多粉状物质是由多晶体组成的。有些固体,例如炭黑,结构重复的周期数很少,只有几个到几十个周期,称为微晶。微晶是介于晶体和非晶物质之间的物质。在棉花、蚕丝、毛发及各种人造纤维等物质中,一般具有不完整的一维周期性的特征,并沿纤维轴择优取向,这类物质称为纤维多晶物质。

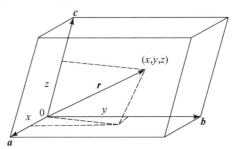

图 2.3 原子坐标参数

2.2 晶体结构的对称元素

对称性是化学和物理学等自然科学的重要基础,也是哲学、文学艺术和建筑设计的重要内容。从哲学范畴看,对称性为变换中的不变性。在文学艺术和建筑中,对称是指对而又相称,例如对联、各种文艺作品和建筑中都体现出对称的美丽景象。在自然科学中,对称是指一个物体(或一个函数)包含若干等同部分,这些部分相对(对应、对等)而又相称(相当、适合),它们能经过不改变其内部任何两点间距离的对称操作所复原。在分子和晶体中原子的空间排列经过对称操作,原来在什么地方有什么原子,操作后原来的地方仍有相同的原子,无法区别是操作前的情况还是操作后的情况,即复原了。能不改变物体内部任何两点间的距离而使物体复原的操作叫对称操作。对称操作所据以进行的点、轴线和平面等几何元素称为对称元素。

晶体的内部结构具有一定的对称性,可用一组对称元素组成的对称元素系描述。晶体所具有的对称元素系是对晶体进行分类的基础,对了解晶体的结构和性质非常重要。

晶体结构最基本的特点是具有空间点阵结构。晶体的点阵结构使晶体的对称性和分子的对称性有差别。分子结构的对称性是点对称性,只有 4 类对称元素和对称操作:

(1) 旋转轴——旋转操作

(2) 镜面——反映操作

(3) 对称中心——反演操作

（4）反轴——旋转反演操作

晶体的点阵结构，包括平移的对称操作。它一方面使晶体结构的对称性在上述点对称性的基础上增加下列 3 类对称元素和对称操作：

（5）点阵——平移操作

（6）螺旋轴——螺旋旋转操作

（7）滑移面——反映滑移操作

另一方面，晶体的对称元素和对称操作又受到点阵的制约。在晶体结构中存在的对称轴（包括旋转轴、螺旋轴和反轴）的轴次只有 1,2,3,4,6 等几种。而滑移面和螺旋轴中的滑移量，也要受点阵制约。

晶体的点阵结构只允许存在 1,2,3,4,6 等轴次的对称轴，这可证明如下：如图 2.4 所示，设点阵点 A_1,A_2,A_3,A_4 相隔为 a，有一个 n 重旋转轴通过点阵点。因为每个点阵点周围环境都相同，每一对称操作都存在对应的逆操作，以 a 作

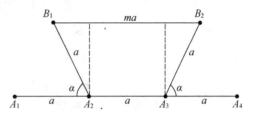

图 2.4　晶体中存在对称轴轴次的证明

半径转动角 $\alpha = 2\pi/n$，将会得到另一点阵点。绕 A_2 点顺时针方向转 α 角，可得点阵点 B_1；绕 A_3 点逆时针方向转 α 角，可得点阵点 B_2。B_1 和 B_2 连线平行于 A_1 和 A_4 连线，B_1 和 B_2 间的距离必须为 a 的整数倍，设为 ma，m 为整数，得

$$a + 2a\cos\alpha = ma$$

$$\cos\alpha = (m-1)/2, \quad |(m-1)/2| \leqslant 1$$

m	-1	0	1	2	3
$\cos\alpha$	-1	$-1/2$	0	$1/2$	1
α	$180°$	$120°$	$90°$	$60°$	$0°(360°)$
$n(=360°/\alpha)$	2	3	4	6	1

满足此方程的 α 值只能为 $0°,60°,90°,120°,180°,360°$。这就证明，点阵结构中旋转轴的轴次（$n$）只有 1,2,3,4,6 等五种。

在晶体结构中可能存在的对称元素列于表 2.1 中。表中的平移矢量、螺旋轴和滑移面是晶体微观对称性所特有的。螺旋轴对应的对称操作是旋转和平移的联合对称操作。螺旋轴 n_m 的基本操作是绕轴旋转 $2\pi/n$，接着沿着轴的方向平移 m/n 个和轴平行的单位矢量。滑移面对应的对称操作是反映和平移的联合操作。例如，b 滑移面的基本操作是按该面进行反映后，接着沿 y 轴方向滑移 $b/2$。

表 2.1 晶体中可能存在的对称元素

名　称	记　号	符　号		滑移量
		垂直纸面	在纸面内	
平称矢量	a,b,c	无		
对称中心	$\bar{1}$	○	○	无
二重旋转轴	2			
三重旋转轴	3			无
四重旋转轴	4			
六重旋转轴	6			
二重螺旋轴	2_1			平行于轴滑移 $\frac{1}{2}$ 单位矢量
三重螺旋轴	$3_1,3_2$			平行于轴滑移 $\frac{1}{3},\frac{2}{3}$ 单位矢量
四重螺旋轴	$4_1,4_2,4_3$			分别滑移 $\frac{1}{4},\frac{2}{4},\frac{3}{4}$ 单位矢量
六重螺旋轴	$6_1,6_2,6_3,$ $6_4,6_5$			分别滑移 $\frac{1}{6},\frac{2}{6},\frac{3}{6},\frac{4}{6},\frac{5}{6}$ 单位矢量
三重反轴	$\bar{3}$			
四重反轴	$\bar{4}$			无
六重反轴	$\bar{6}$			
镜面（二重反轴）	$m(\bar{2})$	———	┌ 或 ╱	无
轴滑移面	a,b 或 c	− − −		平行于投影面,沿轴的 $\frac{1}{2}a,\frac{1}{2}b$ 或 $\frac{1}{2}c$
		··········		垂直于投影面,沿轴的 $\frac{1}{2}a,\frac{1}{2}b$ 或 $\frac{1}{2}c$
双向轴滑移面	e	−·−·−		同时独立存在于箭头方向的 $\left(\frac{1}{2}a$ 和 $\frac{1}{2}b\right)$,或 $\left(\frac{1}{2}a$ 和 $\frac{1}{2}c\right)$ 或 $\left(\frac{1}{2}b$ 和 $\frac{1}{2}c\right)$
对角滑移面	n	−·−·−		$\frac{1}{2}(a+b),\frac{1}{2}(a+c)$ 或 $\frac{1}{2}(b+c)$
"金刚石" 滑移面	d	−·▸·−	$\frac{1}{8}$ ↗ $\frac{3}{8}$	平行于投影面沿两个轴的 1/4 单位矢量和垂直于投影面沿轴的 1/4 单位矢量

晶体结构中只可能存在 $1,2,3,4,6$ 重对称轴，5 重和 6 重以上的对称轴在晶体结构中不存在，这个理论上推导的结论人们称它为晶体学对称轴的轴次定理，它已得到无数的晶体衍射实验结果所证实。反之，这些实验基础也表明了晶体点阵结构的真实性。

表中所列的双向轴滑移面 e，是根据 2002 年出版的《晶体学国际表》卷 A 的第 5 修订版新增的内容列出。引入 e 滑移面能够更合理、精确而全面地表达有关的晶体结构。下面以碘分子（I_2）的晶体结构为例予以说明。

碘分子晶体属正交晶系，晶胞参数为：
$$a=713.6 \text{ pm}, \quad b=468.6 \text{ pm}, \quad c=978.4 \text{ pm}$$
晶胞中包含 4 个 I_2 分子，晶体结构沿 a 轴的投影示于图 2.5 中。图中标明在坐标参数 $z=\frac{1}{4}$ 和 $\frac{3}{4}$ 处，垂直 z 轴存在 e 滑移面。它表明，同时能将分子 **1** 通过反映并滑移 $\frac{1}{2}b$ 使和分子 **4** 重合，又能将分子 **1** 通过反映并滑移 $\frac{1}{2}a$ 和分子 **2** 重合，还能将分子 **2** 通过反映并滑移 $\frac{1}{2}b$ 和分子 **3** 重合。这种同时具有两个方向的滑移面称为"双向轴滑移面"。而未引入 e 滑移面之前，由于这个滑移面可看作 a 滑移面，即它能将分子 **1** 经过反映并滑移 $\frac{1}{2}a$ 得分子 **2**，将分子 **3** 经过反映并滑移 $\frac{1}{2}a$ 得分子 **4**；也可看作 b 滑称面，即它能将分子 **1** 经过反映

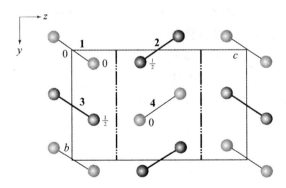

图 2.5　碘的晶体结构沿 a 轴的投影和 e 滑移面联系的 I_2 分子位置

并滑移 $\frac{1}{2}\boldsymbol{b}$ 得分子 **4**，将分子 **3** 经过反映并滑移 $\frac{1}{2}\boldsymbol{b}$ 得分子 **2**。若是只任意地选 a 滑移面或 b 滑移面，不具有精确地、单一地、完全地表达出这种对称性的特点。

由于 e 滑移面的引入，《晶体学国际表》中将下列 5 个空间群的记号作了改变，参见表 2.9 所列：

$$39 \text{ 号 } \quad Abm2 \longrightarrow Aem2$$
$$41 \text{ 号 } \quad Aba2 \longrightarrow Aea2$$
$$64 \text{ 号 } \quad Cmca \longrightarrow Cmce$$
$$67 \text{ 号 } \quad Cmma \longrightarrow Cmme$$
$$68 \text{ 号 } \quad Ccca \longrightarrow Ccce$$

2.3 晶系、晶族和空间点阵型式

2.3.1 晶系和晶族

根据晶体结构所具有的特征对称元素，可将晶体分为 7 个晶系（crystal system）。确定一个晶体的晶系时，以晶体有无特征对称元素为标准，沿表 2.2 中从上而下的顺序来定。

具体的规定如下：

立方晶系：在立方晶胞的 4 个体对角线方向上均有三重对称轴。

六方晶系：有 1 个六重对称轴。

四方晶系：有 1 个四重对称轴。

三方晶系：有 1 个三重对称轴。

正交晶系：有 3 个互相垂直的二重对称轴或 2 个互相垂直的对称面。

单斜晶系：有 1 个二重对称轴或对称面。

三斜晶系：没有特征对称元素。

表 2.2 晶族、晶系和惯用坐标系

晶族的名称和记号	晶系	特征对称元素	惯用坐标系	
			晶胞参数的限制	选坐标轴的方法
立方 c (cubic)	立方 (cubic)	4 个按立方体对角线取向的三重对称轴	$a=b=c$ $\alpha=\beta=\gamma=90°$	4 个三重轴和立方体的 4 个对角线平行,立方体的 3 个互相垂直的边即为 a,b,c 的方向。a,b,c 与三重轴的夹角为 $54°44'$
六方 h (hexagonal)	六方 (hexagonal)	1 个六重对称轴	$a=b$ $\alpha=\beta=90°$ $\gamma=120°$	$c\parallel$ 六次轴 $a,b\parallel$ 二重轴,或 $\perp$ 对称面,或 a,b 选 $\perp c$ 的恰当的晶棱
	三方 (trigonal)	1 个三重对称轴	$a=b$ $\alpha=\beta=90°$ $\gamma=120°$	$c\parallel$ 三重轴 $a,b\parallel$ 二重轴,或 $\perp$ 对称面,或 a,b 选 $\perp c$ 的晶棱
四方 t (tetragonal)	四方 (tetragonal)	1 个四重对称轴	$a=b$ $\alpha=\beta=\gamma=90°$	$c\parallel$ 四重轴 $a,b\parallel$ 二重轴,或 $\perp$ 对称面,或 a,b 选 $\perp c$ 的晶棱
正交 o (orthorhombic)	正交 (orthorhombic)	2 个互相垂直的对称面或 3 个互相垂直的二重轴	$\alpha=\beta=\gamma=90°$	$a,b,c\parallel$ 二重轴,或 $\perp$ 对称面
单斜 m (monoclinic)	单斜 (monoclinic)	1 个二重对称轴或 1 个对称面	$\alpha=\gamma=90°$	$b\parallel$ 二重轴,或 $\perp$ 对称面 a,c 选 $\perp b$ 的晶棱
三斜 a (anorthic)	三斜 (triclinic)	无	—	a,b,c 选 3 个不共面的晶棱

这里的对称轴是指旋转轴、螺旋轴和反轴,而不是指映轴。对称面包括镜面和滑移面。晶系的确定只以特征对称元素为依据,非常明确而清晰,没有任何不确定因素。

根据不同晶系的晶体在一些物理性质上的差异,可将 7 个晶系分为三级:高级晶系指立方晶系;中级晶系有六方、四方和三方晶系;低级晶系有正交、单斜和三斜晶系。

在国内外书刊中,对 7 个晶系有的用过其他名称。例如"立方晶系"用过"等轴晶系","三方晶系"用过"菱面体晶系"或"菱方系"(rhombohedral system)、"三角晶系","六方晶系"用过"六角晶系","正交晶系"用过"斜方晶系"(rhombic system)等,使用时要予以注意。

根据晶体的对称性选择平行六面体晶胞或坐标系,要遵循下列三条原则:

(1) 所选的平行六面体应能反映晶体的对称性;

(2) 晶胞参数中轴的夹角 α,β,γ 为 90° 的数目最多;

(3) 在满足上述两个条件下,所选的平行六面体的体积最小。

根据这三条原则,可将 7 个晶系的晶体选择如图 2.6 所示的 6 种几何特征的平行六面体为晶胞。每种几何特征的晶胞与一种晶族相对应。晶族(crystal family)是以按上述 3 个原则选择晶胞所得的几何特征为依据,将晶体分成 6 类的名称。由表 2.2 可见,除了将六方晶系和三方晶系合为一个六方晶族外,其他每个晶族都与晶系相同。另外,三斜晶族的记号用 a(anorthic)而不用三斜晶系的 t(triclinic),以便和四方晶族的 t(tetragonal)区分开。

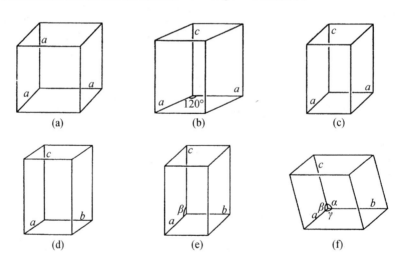

图 2.6　6 种晶胞的几何特征

(a) 立方晶胞;(b) 六方晶胞;(c) 四方晶胞;(d) 正交晶胞;(e) 单斜晶胞;(f) 三斜晶胞

根据上述选择晶胞(或坐标系)的三条原则,常见于文献的菱面体晶胞(其

几何特征为 $a=b=c,\alpha=\beta=\gamma<120°$）因轴的夹角 α,β,γ 的数值都不是 $90°$，没有被选上。另一方面，菱面体晶胞与立方晶系、六方晶系和三方晶系都有关系，不是三方晶系所特有。而六方晶胞（晶胞参数的限制条件为：$a=b,\alpha=\beta=90°$，$\gamma=120°$）既可满足三重对称轴转 $120°$ 复原的要求，也可满足六重对称轴转 $60°$ 复原的要求。从 1983 年《晶体学国际表》采用晶族表述空间点阵型式以来，比较明确地解决了三方晶系晶体分布在简单六方（hP）和 R 心六方（hR）两种空间点阵型式的问题。在空间群的表述和晶体学的各种计算上，三方晶系晶体采用六方晶胞比较方便。这对晶体学基础知识也容易理解和应用。

2.3.2 晶体的空间点阵型式

晶体的空间点阵型式是根据晶体结构的对称性，将点阵点在空间的分布按晶族规定的晶胞形状和带心型式进行分类，共有 14 种型式。这 14 种型式最早（1866 年）由 Bravias(布拉维)推得，又称为布拉维点阵或布拉维点阵型式。

根据点阵的特性，点阵中全部点阵点都具有相同的周围环境，各点的对称性都相同。当按照点阵的对称性划分点阵单位时，除了素单位外，尚有一些复单位存在。例如立方晶族，含有 2 个点阵点的体心（I）单位和含有 4 个点阵点的面心（F）单位也完全满足立方晶族特征对称元素的要求。但若只有一个面带心，例如 C 面带心［点阵点坐标为(1/2,1/2,0)］，就会破坏体对角线上三重旋转轴的对称性，不能保持立方晶族。所以立方晶族只有 3 种点阵型式：简单立方（cP）、体心立方（cI）、面心立方（cF）。四方晶族有简单四方（tP）和体心四方（tI）。六方晶族有简单六方（hP）和 R 心六方（hR）。正交晶族有简单正交（oP）、C 心正交（oC）、体心正交（oI）和面心正交（oF）。单斜晶族有简单单斜（mP）和 C 心单斜（mC）。三斜晶族则只有简单三斜（aP）。6 个晶族共计 14 种空间点阵型式，如图 2.7 所示。

图 2.7 是按《晶体学国际表》卷 A 的规定画出的。它和以前出版的《X 射线晶体学国际表》卷 I 中及若干晶体学文献中示出的 14 种空间点阵型式，在第 9 号点阵型式上不同。图 2.7 中没有画出三方菱面体素单位，而以带心的六方点阵单位 hR 代替。

一种晶体的对称性和该晶体所属点阵型式的对称性可能会不同，因为晶体的结构基元或素晶胞的对称性真实地表明晶体的对称性，将晶体的结构基元抽象成一个点阵点表示时，点是看作具有一个很小的圆球的对称性。当结构基元是一个球形原子，如金属晶体中的金属原子，晶体的对称性和点阵对称性相同。若结构基元由多个原子组成，它不具有圆球对称性，这种晶体的对称性和点阵的对称性可能就不相同,所以三方晶体用六方点阵单位表示并不意外。

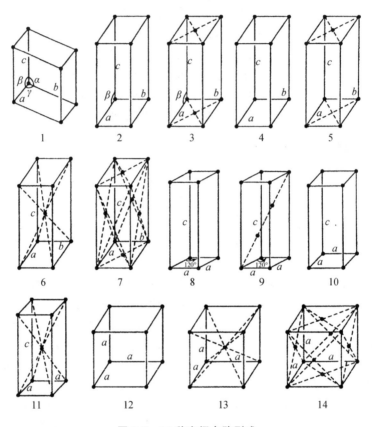

图 2.7　14 种空间点阵型式

(1) 简单三斜(aP);(2) 简单单斜(mP);(3) C 心单斜(mC);(4) 简单正交(oP);(5) C 心正交(oC);(6) 体心正交(oI);(7) 面心正交(oF);(8) 简单六方(hP);(9) R 心六方(hR);(10) 简单四方(tP);(11) 体心四方(tI);(12) 简单立方(cP);(13) 体心立方(cI);(14) 面心立方(cF)

　　由于六方晶系和三方晶系都可划分出六方型式的点阵单位(即 $a=b\neq c$, $\alpha=\beta=90°,\gamma=120°$),因它既适合于六方晶系,也适合于三方晶系的对称性,只是由于历史原因将这种型式称为六方点阵单位,不要因名称而引起误会。六方晶系晶体按六方点阵单位表达,均为素单位(hP);三方晶系晶体按六方点阵单位表达时,一部分是素单位(hP),另一部分为包含三个点阵点的复单位,3 个点阵点的坐标位置为：$(0,0,0)$；$\left(\dfrac{2}{3},\dfrac{1}{3},\dfrac{1}{3}\right)$；$\left(\dfrac{1}{3},\dfrac{2}{3},\dfrac{2}{3}\right)$，在图 2.7 中记为 hR（R 表示菱面体，Rhombohedron，因它可画出菱面体素单位）。三方晶系的这两种点阵型式 P 和 R，在空间群记号中一直在沿用着。在点阵点的空间排布上，六方晶系的 hP 和三方晶系的 hP 是一样的，只能算一种点阵型式，所以空间点阵型式是 14 种，而不是 15 种。

R 心六方（hR）和菱面体素单位的关系示于图 2.8 中。六方带心单位的晶胞参数 a_H，c_H 和菱面体单位的晶胞参数 a_R 和 α_R 间的关系列于下[1]，在解晶体结构的各种程序中都有这些内容，相互换算极为方便。

$$a_H = a_R\sqrt{2}\sqrt{1-\cos\alpha_R} = 2a_R\sin\frac{\alpha_R}{2}$$

$$c_H = a_R\sqrt{3}\sqrt{1+2\cos\alpha_R}$$

$$\frac{c_H}{a_H} = \sqrt{\frac{3}{2}}\sqrt{\frac{1+2\cos\alpha_R}{1-\cos\alpha_R}} = \sqrt{\frac{9}{4\sin^2\left(\frac{\alpha_R}{2}\right)}-3}$$

$$a_R = \frac{1}{3}\sqrt{3a_H^2+c_H^2}$$

$$\sin\left(\frac{\alpha_R}{2}\right) = \frac{3}{2\sqrt{3+\left(\frac{c_H^2}{a_H^2}\right)}} \quad \text{或} \quad \cos\alpha_R = \frac{\left(\frac{c_H^2}{a_H^2}\right)-\frac{3}{2}}{\left(\frac{c_H^2}{a_H^2}\right)+3}$$

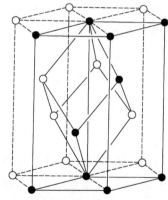

图 2.8　R 心六方（hR）和菱面体素单位的关系

（图中黑球实线为一六方晶胞，菱面体晶胞也用实线表示）

下面选两个实例,说明晶族、晶系和空间点阵型式的关系。

【例 1】 α-硒。

α-硒的分子呈三重螺旋长链结构。在晶体中,这些螺旋长链分子互相平行地堆积在一起,其结构示于图 2.9,属三方晶系,晶胞参数 $a=b=435.52$ pm,$c=494.95$ pm,它的空间点阵型式为简单六方(hP),一个点阵点代表 3 个 Se 原子。

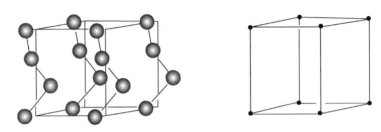

图 2.9 α-硒的晶体结构和点阵单位型式(hP)

从未有人自找麻烦用三方菱面体晶胞($a=b=c,\alpha=\beta=\gamma\neq90°$)表示,为在测定 α-硒的晶体结构和发表文章让读者容易清楚地了解它的结构,都是以六方晶胞($a=b\neq c,\alpha=\beta=90°,\gamma=120°$)进行,因它便于计算、便于作图,也使读者容易看懂。

【例 2】 六方石墨和三方石墨。

六方石墨和三方石墨都是由石墨层形分子平行堆积而形成的晶体。六方石墨中层形分子堆积的次序为 $\underline{ABAB}$…,三方石墨为 $\underline{ABCABC}$…,如图 2.10 左边所示。图 2.10 中间的图表示晶胞,六方石墨 $a=b=245.6$ pm,$c=669.6$ pm,晶胞中含 4 个 C 原子;三方石墨 $a=b=245.6$ pm,$c=1004.4$ pm,晶胞中含 6 个 C 原子。在六方石墨堆积中,通过 A 层分子(或 B 层分子)的平面为镜面,紧邻镜面的上、下层均为 B 层(或 A 层),三次对称轴和垂直于它的镜面组合形成六重反轴($\bar{6}$,▲),晶体属 D_{6h}-6/mmm 点群,为六方晶系。在三方石墨堆积中,通过 A 层分子的平面不具镜面对称性,因它上面是 C 层,下面是 B 层,它具有三重反轴对称性($\bar{3}$,▲),晶体属 D_{3d}-$\bar{3}m$ 点群,三方晶系。图 2.10 右边示出点阵单位,六方石墨属简单六方点阵型式(hP),每个点阵点代表由 4 个 C 原子组成的结构基元。三方石墨属 R 心六方点阵型式(hR),点阵单位中含 3 个点阵点,每个点阵点代表由 2 个 C 原子组成的结构基元。注意,这从三方石墨晶体结构抽象出来的点阵单位只有三重对称轴,而没有六重对称轴的对称性。

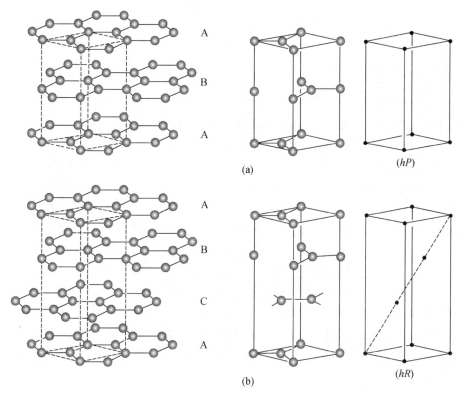

图 2.10 石墨晶体中层形分子的堆积结构、晶胞和点阵单位

(a) 六方石墨；(b) 三方石墨

由上面两例可见，引进晶族的概念以及在选择晶胞时列出第 2 个条件，即晶胞参数中 α, β, γ 为 90°的数目最多，就要求三方晶系都是以一种六方晶族表达它的两种空间点阵型式，一种是包含 1 个点阵点的 hP，如 α-硒，另一种是带心的、包含 3 个点阵点的 hR，如三方石墨。使从事晶体衍射的工作者容易理解空间点阵型式的内涵，也为理解后面的晶体学点群和空间群有更明确的思路和启迪。

在有的文献中把 6 个晶族改称为 6 个晶系，笔者认为容易引起读者的混乱，没有必要。有的文献在 14 种空间点阵型式的图形中，序号为 9 的型式仍用传统的菱面体素单位，标明为三方晶系 R 点阵。这时最好在文字中加以说明：三方晶系空间群的国际记号 P 只适用于六方晶胞。

2.4　晶体学点群

2.4.1　点群的推引

晶体的理想外形及其在宏观观察中所表现的对称性称为宏观对称性。晶体的宏观对称性是在晶体微观结构基础上表现出来的相应的对称性。晶体宏观对称性中的对称元素和晶体微观结构中相应的对称元素一定是平行的,但宏观观察区分不了平移的差异,使晶体的宏观性质呈现连续性和均匀性,微观对称操作中包含的平移已被均匀性所掩盖,结构中的螺旋轴和滑移面等在宏观对称性中表现为旋转轴和镜面。所以,在晶体外形和宏观观察中表现出来的对称元素只有对称中心、镜面和轴次为 $1,2,3,4,6$ 的旋转轴和反轴,与这些对称元素相应的对称操作都是点操作。当晶体具有一个以上对称元素时,这些宏观对称元素一定要通过一个公共点。将晶体中可能存在的各种宏观对称元素通过一个公共点按一切可能性组合起来,总共有 32 种型式,称为 32 种晶体学点群。

在 32 个晶体学点群中,对称元素排布的极射赤平投影图,示于图 2.11 中。从每个点群的图形,可以深入了解其中各种对称元素的数目、相互取向等关系,提供点群推引的信息。

表 2.3 中列出 32 种晶体学点群的序号、记号、点群中包含的对称元素和所属的晶系。从有关点群的知识可知,表中 D_{2d} 点群含 I_4 对称轴,属于四方晶系;C_{3h} 和 D_{3h} 含 I_6 对称轴,属六方晶系;对称元素中含有 i 的 11 个点群为中心对称点群,又称为劳埃对称群。

有关点群的具体推引将在下一小节末通过表 2.5 所列的内容展示。

2.4.2　点群的国际记号和对称元素的取向

点群分类的记号有熊夫利斯(Schöenflies)记号和国际记号。熊夫利斯记号中大写字母 C, D, S, T, O 各代表旋转群(Cyclic group)、双面群(Dihedral group)、反轴群(S 取自德文 Spiegelachse)、四面体群(Tetrahedral group)和八面体群(Octahedral group)。小写字母 n 代表主对称轴轴次,i 代表对称中心(inversion,反演),s 代表镜面(取自德文 spiegel,镜面),v 代表通过主轴的镜面(vertical mirror plane,垂直镜面),h 代表与主轴垂直的水平镜面(horizontal mirror plane),d 代表等分两个副轴的交角的镜面(diagonal mirror plane,对角镜面)。

表中在 Schöenflies 记号后列出国际记号,又称 Hermann-Mauguin 记号,这是晶体学中习惯使用的记号。国际记号用 $1,2,3,4,6$ 分别表示相应轴次的旋转轴,用 $\bar{1},\bar{2},\bar{3},\bar{4},\bar{6}$ 表示反轴,m 表示镜面。当镜面中含有旋转轴时,例如镜面中有三重轴则用 $3m$ 表示;若镜面垂直于三重轴则用 $3/m$ 表示。

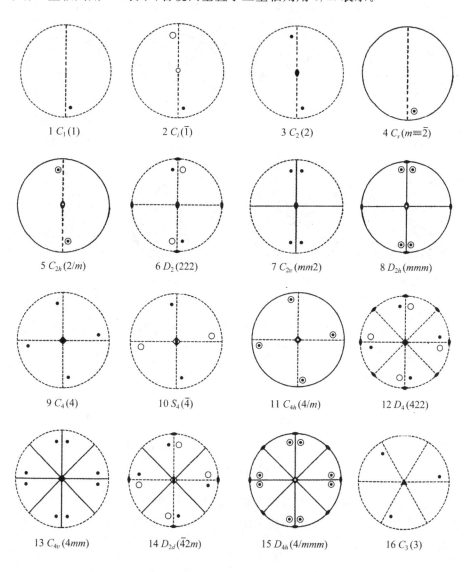

1 $C_1(1)$　　　　2 $C_i(\bar{1})$　　　　3 $C_2(2)$　　　　4 $C_s(m\equiv\bar{2})$

5 $C_{2h}(2/m)$　　6 $D_2(222)$　　7 $C_{2v}(mm2)$　　8 $D_{2h}(mmm)$

9 $C_4(4)$　　10 $S_4(\bar{4})$　　11 $C_{4h}(4/m)$　　12 $D_4(422)$

13 $C_{4v}(4mm)$　　14 $D_{2d}(\bar{4}2m)$　　15 $D_{4h}(4/mmm)$　　16 $C_3(3)$

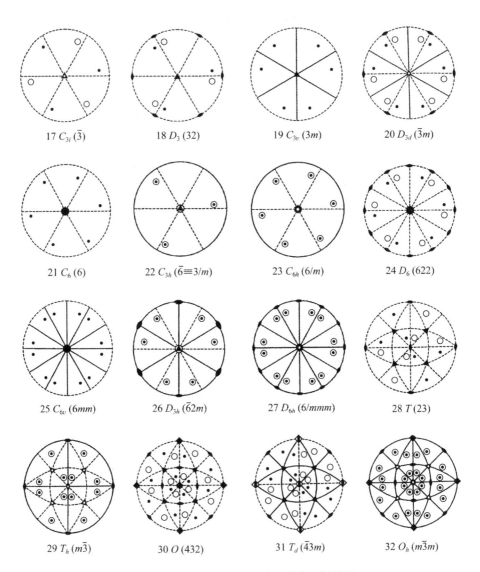

17 C_{3i} ($\bar{3}$)　　　18 D_3 (32)　　　19 C_{3v} (3m)　　　20 D_{3d} ($\bar{3}m$)

21 C_6 (6)　　　22 C_{3h} ($\bar{6} \equiv 3/m$)　　　23 C_{6h} (6/m)　　　24 D_6 (622)

25 C_{6v} (6mm)　　　26 D_{3h} ($\bar{6}2m$)　　　27 D_{6h} (6/mmm)　　　28 T (23)

29 T_h ($m\bar{3}$)　　　30 O (432)　　　31 T_d ($\bar{4}3m$)　　　32 O_h ($m\bar{3}m$)

图 2.11　32 个晶体学点群的极射赤平投影图

(图中实线表示镜面)

　　表 2.3 中示出的 32 个点群记号是分别由 1 个、2 个或 3 个对称元素符号组成,它根据各个晶系坐标轴的单位矢量 a,b,c 来规定国际记号三个位置代表的方向,列于表 2.4 中。

表 2.3 32 种晶体学点群

序　号	Schönflies 记号	国际记号	对称元素*	所属晶系
1	C_1	1	—	三斜
2	C_i	$\bar{1}$	i	
3	C_2	2	C_2	单斜
4	C_s	m	σ	
5	C_{2h}	$2/m$	σ, C_2, i	
6	D_2	222	$3C_2$	正交
7	C_{2v}	$mm2$	$C_2, 2\sigma$	
8	D_{2h}	mmm	$3C_2, 3\sigma, i$	
9	C_4	4	C_4	四方
10	S_4	$\bar{4}$	I_4	
11	C_{4h}	$4/m$	C_4, σ, i	
12	D_4	422	$C_4, 4C_2$	
13	C_{4v}	$4mm$	$C_4, 4\sigma$	
14	D_{2d}	$\bar{4}2m$	$I_4, 2\sigma, 2C_2$	
15	D_{4h}	$4/mmm$	$C_4, 5\sigma, 4C_2, i$	
16	C_3	3	C_3	三方
17	C_{3i}	$\bar{3}$	C_3, i	
18	D_3	32	$C_3, 3C_2$	
19	C_{3v}	$3m$	$C_3, 3\sigma$	
20	D_{3d}	$\bar{3}m$	$C_3, 3\sigma, 3C_2, i$	
21	C_6	6	C_6	六方
22	C_{3h}	$\bar{6}$	$I_6(C_3, \sigma)$	
23	C_{6h}	$6/m$	C_6, σ, i	
24	D_6	662	$C_6, 6C_2$	
25	C_{6v}	$6mm$	$C_6, 6\sigma$	
26	D_{3h}	$\bar{6}m2$	$I_6, 3\sigma, 3C_2$	
27	D_{6h}	$6/mmm$	$C_6, 7\sigma, 6C_2, i$	
28	T	23	$4C_3, 3C_2$	立方
29	T_h	$m\bar{3}$	$4C_3, 3\sigma, 3C_2, i$	
30	O	432	$4C_3, 3C_4, 6C_2$	
31	T_d	$\bar{4}3m$	$4C_3, 3I_4, 6\sigma$	
32	O_h	$m\bar{3}m$	$4C_3, 3C_4, 9\sigma, 6C_2, i$	

* 对称元素符号前的数字代表该对称元素的数目,未注数字的表示为 1。

表 2.4　国际记号中三个位置代表的方向

晶　系	三个位置所代表的方向		
	第 1 位	第 2 位	第 3 位
三斜	任意方向	—	—
单斜	b	—	—
正交	a	b	c
三方（取六方晶胞）	c	a	—
四方	c	a	$a+b$
六方	c	a	$2a+b$
立方	a	$a+b+c$	$a+b$

例如：第 5 号点群，单斜晶系 $2/m$，表示平行 b 有二重轴（2），垂直该轴有镜面（m）。第 8 号点群，正交晶系 mmm，表示三个镜面分别垂直于 a,b 和 c，由于两个镜面相互垂直相交，交线为二重轴，所以它也可以写成 $2/mmm$ 或 $\frac{2}{m},\frac{2}{m},\frac{2}{m}$。

对于三方、四方和六方晶系，特征对称元素三重轴、四重轴和六重轴都选为主轴，它们都和矢量 c 平行，是国际记号中的第 1 位。对四方和六方晶系，若垂直 c 有镜面 m，则第 1 位为 $4/m$ 和 $6/m$。对于有镜面 m 和三重轴垂直的情况，这时 $3/m\equiv\bar{6}$ 成为六方晶系的点群，如 22 号点群 $\bar{6}$ 和 26 号点群 $\bar{6}m2$。

在上述基础上，32 个点群中对称元素系可以较简便地选出简单的、只由对称轴组成的点群中的第 1 位对称元素作主轴，再在这基础分别加上垂直于主轴的镜面（m_h）、平行主轴的镜面（m_v）、垂直主轴的二重轴（2）以及在轴对称元素交点加对称中心（i），就得到 32 个点群，如表 2.5 所示。

在对称元素组合时，会产生新对称元素，例如对称中心、二重轴和垂直二重轴镜面任意两个组合时必定产生第 3 个。

表中从第一行开始，从左到右当该组合在主轴列中以及前面组合中有该点群的对称元素，就不再列出，D_3 是个例外，故加括号。推引 T_d 点群时，在 T-23 基础上加 m_v 必须同时和二重轴及三重轴平行。表中用黑体字表示的点群是中心对称的 Laue 群。

表 2.5 32 个点群的推引*

定主轴的轴性点群	⊥主轴加 m_h	∥主轴加 m_v	⊥主轴加二重轴(2)	在 C_1,C_3,D_2,D_4 和 D_6 中心加 i
C_1-1	C_s-m	—	—	C_i
C_2-2	C_{2h}-$2/m$	C_{2v}-$mm2$	D_2-222	D_{2h}-mmm
C_3-3	C_{3h}-$3/m(\equiv\bar{6})$	C_{3v}-$3m$	D_3-32	C_{3i}-$\bar{3}$
C_4-4	C_{4h}-$4/m$	C_{4v}-$4mm$	D_4-422	D_{4h}-$4/mmm$
C_6-6	C_{6h}-$6/m$	C_{6v}-$6mm$	D_6-622	D_{6h}-$6/mmm$
S_4-$\bar{4}$	—	D_{2d}-$\bar{4}2m$	—	—
T-23	T_h-$m\bar{3}$	T_d-$\bar{4}3m$	—	—
O-432	O_h-$m\bar{3}m$	—	—	—
(D_3-32)	D_{3h}-$\bar{6}2m$	D_{3d}-$\bar{3}m$	—	—

* 表中的黑体字表示的点群是中心对称的 Laue 群。

2.4.3 晶体学点群的对称性和晶体的物理性质

晶体学点群对称性决定了晶体所应具有的物理性质,了解它们之间的关系,一方面可通过物理性质的测定,了解晶体的对称性;另一方面是开发和应用晶体材料的重要基础内容。

在 32 个晶体学点群中,有 11 个是中心对称晶体,它们已在表 2.3 和表 2.5 中标出。一些重要的物理性质仅出现在 21 个非中心对称点群的晶体中。晶体的物理性质和该晶体的点群对称性存在密切联系:

(1)晶体的任何一种物理性质所拥有的对称元素必须包含晶体所属点群的对称元素。所以,一种晶体所属的点群是它各种宏观性质所共有的对称群,即为该晶体物理性质点群的子群。

(2)对称元素在晶体中的取向,例如三重轴、四重轴或六重轴的取向与晶体物理性质对称性的取向一致。

上述两个关系称为 Neumann 规则,它已由大量实验事实所证实。表 2.6 中列出 21 种非中心对称的晶体学点群及物理性质可能出现的情况。

晶体的对映体现象(enantiomorphism)反映晶体的手性(chirality)和不对称性(dissymmetry)与分子的手性相同。晶体旋光性与对映体现象相差 m, $mm2,\bar{4},\bar{4}2m$ 四个点群。理论上,$\bar{4}$ 和 $\bar{4}2m$ 点群中沿光轴无旋光现象,在 m 和 $mm2$ 点群中若光轴在镜面上,沿光轴也无旋光现象。

表 2.6　非中心对称晶体学点群及晶体的物理性质 *

晶　系	点　群	对映体现象	旋光性/圆二色性	压电性/倍频效应	热电性/铁电性
三斜	C_1-1	+	+	+	+
单斜	C_2-2	+	+	+	+
	C_s-m	−	+	+	+
正交	D_2-222	+	+	+	−
	C_{2v}-$mm2$	−	+	+	+
四方	C_4-4	+	+	+	+
	S_4-$\overline{4}$	−	+	+	−
	D_4-422	+	+	+	−
	C_{4v}-$4mm$	−	−	+	+
	D_{2d}-$\overline{4}2m$	−	+	+	−
三方	C_3-3	+	+	+	+
	D_3-32	+	+	+	−
	C_{3v}-$3m$	−	−	+	+
六方	C_6-6	+	+	+	+
	C_{3h}-$\overline{6}$	−	−	+	−
	D_6-622	+	+	+	−
	C_{6v}-$6mm$	−	−	+	+
	D_{3h}-$\overline{6}m2$	−	−	+	−
立方	T-23	+	+	+	−
	O-432	+	+	−	−
	T_d-$\overline{4}3m$	−	−	+	−

* 表中"＋"号表示这种性质在该点群晶体中有可能观察到,"－"号表示这种性质在该点群晶体中不可能观察到。

压电性(piezoelectricity)是指晶体受到压缩或扭转而能诱发出偶极矩的现象。热电性(pyroelectricity)又称热释电性,它和铁电性(ferroelectricity)都是存在于自发极化的晶体,其极化大小均随温度而变,铁电性还指在电场作用下能改变晶体电偶极矩取向的现象。二次谐波倍频效应(second harmonic generation,frequency doubling effect)是指光波通过晶体产生出频率为入射光两倍的光的效应。这些效应出现的点群均已列在表 2.6 中。根据表中所列的情况,可将非中心对称的晶体所属点群及其物理性质间的相互联系示于图 2.12 中。所以,非中心对称的晶体所属的点群可按能否显示的物理性质来区分。

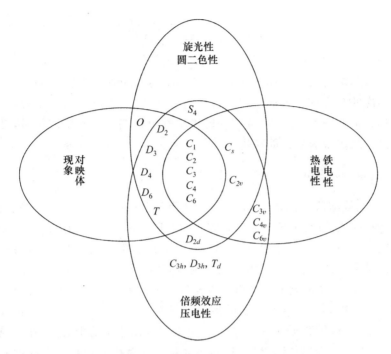

图 2.12 非中心对称晶体的点群及物理性质的联系图

晶体折射率在不同方向上的大小数值,可用折射率椭球表示。表 2.7 列出各晶系的晶体所具有的光学性质。

表 2.7 各晶系的晶体的光学性质

晶　系	折射率椭球形状	光学特性
高级晶系:立方	圆球	各向同性,无双折射
中级晶系 ⎰四方⎱三方⎰六方	旋转椭球	⎰单光轴⎱各向异性⎰有双折射
低级晶系 ⎰正交⎱单斜⎰三斜	一般椭球	⎰双光轴⎱各向异性⎰有双折射

2.5   晶体学空间群

晶体点阵结构的空间对称操作群称为晶体学空间群,简称空间群。画出和空间群相应的空间对称元素系中的各个对称元素,和点阵的平移结合,形成晶胞中对称元素的分布图形,同时按一定规则标出这些对称元素的记号,是测定和表达晶体结构所依据的重要基础内容。

2.5.1   空间群的推引

1890 年,俄国晶体学家 E. S. Fedorov(费多洛夫)完成了 230 个空间群的推引工作,使晶体结构的几何理论得到完整的发展。其后,德国的 A. Schöenflies 和英国的 W. Barlow,也分别于 1891 年和 1894 年利用不同的方法独立地推引出相同的结果。230 个空间群有时又称为费多洛夫群。

在晶体中,一个晶胞的结构就可以充分地表达由它按三维平移形成的整块晶体的结构。按表 2.2 中所列出的惯用坐标系,选出晶胞的坐标轴,再按点对称元素的交点,即图 2.11 各个点群的极射赤平投影所示的中心点,作为晶胞原点位置,画出晶胞,然后以下列步骤从点群对应的对称元素系和点阵中的平移相组合,推出空间对称元素系,就可以得到 230 个空间群。

(1) 按晶系和图 2.7 中显示的 14 种空间点阵型式,画出晶胞内各个点阵点应具有的点对称元素。

(2) 将该晶系每个点群中的宏观对称元素用包含平移的微观对称元素所替代,即将每个点群的旋转轴分别用轴次相同的旋转轴或螺旋轴替换(如二重轴分别用 2 和 2_1 替换),镜面分别用镜面或滑移面代替(如 m 分别用 m,a,b,c,d,e,n 替换),注意替换和平移操作组合后新产生的对称元素。

(3) 审视替换以及和平移操作组合后所得的对称元素。删去超出该点对称旋转轴轴次的这种组合,并将实质上相同的对称性的空间群,保留一个对称元素符号最简单的空间群,其余删去。然后画出和这个点群推引出来的空间群中对称元素在晶胞中的分布图,写出它的空间群记号。

注意,在对称元素组合过程中,由于点阵的平移性质,会产生新的对称元素。下面通过两个实例说明。

【例 1】   二重轴和点阵结合,在平移矢量中间点上将产生新的二重轴。

任意一个旋转轴 A 和纸面垂直,旋转角为 α,它和垂直于旋转轴的平移矢量 t 相结合,如图 2.13(a)所示。$A(\alpha)$ 将 1 线上的 P_1 点带至 2 线上的 P_2 点,t

矢量将 A 带至 A',将 2 线带至 3 线,2 线上的 P_2 点带至 3 线上的 P_3 点。即

$$A(\alpha) \qquad : P_1 \rightarrow P_2$$
$$t \qquad\qquad : P_2 \rightarrow P_3$$
$$A(\alpha) \cdot t : P_1 \rightarrow P_3$$

这一效果和处于中线上与纸面垂直的旋转轴 $B(\alpha)$ 逆时针方向转 α 角的效果一样:

$$A(\alpha) \cdot t = B(\alpha)$$

若旋转轴 A 为二重轴,即 $A(\pi)$。这时 $B(\pi)$ 点正处在 t 的中点,见图 2.13(b)。

由点阵单位平移矢量 a 和 c 构成的平面单位,见图 2.13(c)。当在原点位置上有一个二重轴垂直于此平面,则二重轴和平移矢量 $a,c,a+c$ 组合时,必然在这些矢量的端点和中点处出现二重轴,见图 2.13(d)。

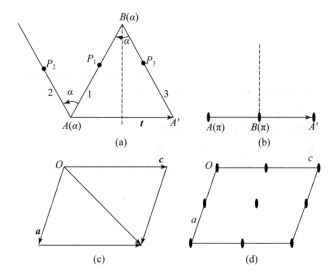

图 2.13　(a) $A(\alpha)$ 和 t 组合;(b) $A(\pi)$ 和 t 组合;
(c) 点阵单位矢量 a 和 c 构成的平面单位;(d) 平面单位中二重轴的排布

图 2.14 示出和图 2.13 相似的情况:(a) 六重轴($\alpha=60°$,⬡)和平移矢量 a,$b,a+b$ 组合时,在矢量的端点出现六重轴,矢量的中心点出现二重轴,由 3 个六重轴位置构成的等边三角形的中心点出现三重轴。(b) 三重轴($\alpha=120°$,▲)和平移矢量 $a,b,a+b$ 组合时,在矢量的端点出现三重轴,由 3 个三重轴位置构成的等边三角形中心点产生三重轴。(c) 四重轴($\alpha=90°$,◆)和平移矢量 $a,b,a+b$ 组合时,在 a,b 矢量的端点和 $a+b$ 矢量的端点及中心点出现四重轴,而在各矢量的中心点出现二重轴。(d) 对称中心(i,。)和平移矢量 $a,b,a+b$ 组合时,在

矢量的端点和中心点也必将出现对称中心。

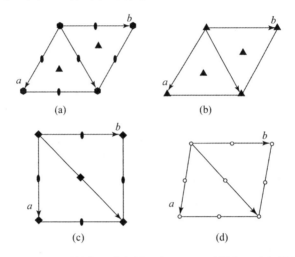

(a)　　　　　　　　　　　(b)

(c)　　　　　　　　　　　(d)

图 2.14　**(a) 六重轴和平移矢量组合；(b) 三重轴和平移矢量组合；**
(c) 四重轴和平移矢量组合；(d) 对称中心和平移矢量组合

【例 2】　镜面和点阵中的平移矢量组合，在平移矢量中点将产生新的镜面。

设有一镜面 m_1 垂直于单位矢量 a，通过点阵点 **1**。由于点阵平移操作 a 的作用，使点阵点 **2** 处也必然有一镜面 m_2 和矢量垂直。m_1 使左手形分子(1)通过反映操作和右手形分子(2)重合，m_2 使左手形分子(3)和右手形分子(4)重合，如图 2.15 所示。由图可见，在平移矢量 a 的中点必将出现镜面 m_3，垂直于矢量 a，它将这两对左、右手形分子联系起来。

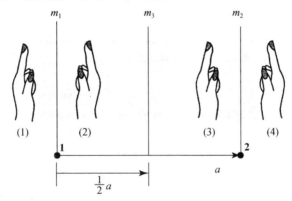

图 2.15　**镜面和点阵组合**

从上述两个实例可见,对称元素按一定方式组合时,必定产生新的对称元素,共同组成一个对称元素系。在宏观观察中某个方向有一个二重轴,在微观结构中在相同方向上就有无数个二重轴,而且这个二重轴可能是二重旋转轴,也可能是二重螺旋轴,这些二重轴既按点阵单位矢量所规定的周期重复排列,而且在单位矢量的中点还出现二重轴。

推引空间群时,可先从简单的点对称元素$(i, m, 2, 3, 4, 6, \bar{3}, \bar{4}, \bar{6})$和空间点阵型式组合,将点阵单位中每一点阵点安置该点群的对称元素,其取向和表 2.2 的惯用坐标系一致。加上组合后产生的对称元素,即可得到该空间群的对称元素系。

下面以正交晶系 C_{2v}-$mm2$ 点群为例。正交晶系有 4 种空间点阵型式,分别是 oP, oC, oF 和 oI。由于 C_{2v}-$mm2$ 点群的对称性在 a 和 b 两个矢量方向均有和它垂直的镜面(m),而 c 矢量方向只有二重轴(2)和它平行,在这 3 个面上有两种不同的对称性。所以,面心正交点阵和点对称元素组合时有两种空间群:$Cmm2$ 和 $Amm2$(或 $Bmm2$)。按此推引方法,将 C_{2v}-$mm2$ 点群的点对称元素$(m, 2)$和正交点阵型式组合,可得 5 种点式空间群(参见表 2.9):

25 号: C_{2v}^1-$Pmm2$, 35 号: C_{2v}^{11}-$Cmm2$, 38 号: C_{2v}^{14}-$Amm2$,

42 号: C_{2v}^{18}-$Fmm2$, 44 号: C_{2v}^{20}-$Imm2$

图 2.16 示出 $Pmm2$ 和 $Cmm2$ 两个空间群的对称元素分布和等效点系。

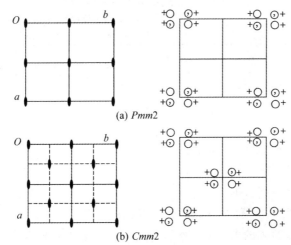

(a) Pmm2

(b) Cmm2

图 2.16 $Pmm2$ (a)和 $Cmm2$ (b)空间群中对称元素分布和等效点系沿 c 轴的投影

由图 2.16(b)可见,由点对称元素和平移矢量结合得到的空间对称元素系中,除产生新的二重轴外,还产生出滑移面 a 和滑移面 b 等非点对称元素。

根据上述方法推引点式空间群共有 73 种，如表 2.8 所列。

表 2.8   73 种点式空间群

晶　系	空间点阵型式	空间群
三斜	aP	$P1, P\bar{1}$
单斜	mP	$P2, Pm, P2/m$
	$mC($ 或 $mA)$	$C2, Cm, C2/m$
正交	oP	$P222, Pmm2, Pmmm$
	$oC, oA($ 或 $oB)$	$C222, Cmm2, Amm2, Cmmm$
	oF	$F222, Fmm2, Fmmm$
	oI	$I222, Imm2, Immm$
四方	tP	$P4, P\bar{4}, P4/m, P422, P4mm$
		$P\bar{4}2m, P\bar{4}m2, P4/mmm$
	tI	$I4, I\bar{4}, I4/m, I422, I4mm$
		$I\bar{4}2m, I\bar{4}m2, I4/mmm$
三方	hP	$P3, P\bar{3}, P312, P321, P3m1$
		$P31m, P\bar{3}1m, P\bar{3}m1$
	hR	$R3, R\bar{3}, R32, R3m, R\bar{3}m$
六方	hP	$P6, P\bar{6}, P6/m, P622, P6mm$
		$P\bar{6}m2, P\bar{6}2m, P6/mmm$
立方	cP	$P23, Pm\bar{3}, P432, P\bar{4}3m, Pm\bar{3}m$
	cF	$F23, Fm\bar{3}, F432, F\bar{4}3m, Fm\bar{3}m$
	cI	$I23, Im\bar{3}, I432, I\bar{4}3m, Im\bar{3}m$

在上述 73 种点式空间群的基础上，逐一地将点对称元素换成滑移面和螺旋轴，即将

镜面 m 换成滑移面 a, b, c, d, e, n

二重轴 2 换成螺旋轴 2_1

三重轴 3 换成螺旋轴 $3_1, 3_2$

四重轴 4 换成螺旋轴 $4_1, 4_2, 4_3$

六重轴 6 换成螺旋轴 $6_1, 6_2, 6_3, 6_4, 6_5$

归并实质上相同的、重复的空间群，就可得到列于表 2.9 中的 230 种空间群。读者也可从表 2.9 所列的内容来了解推引过程。例如 168 号点式空间群 C_6^1-$P6$，将它换成螺旋轴即得：

169 号 C_6^2-$P6_1$，   170 号 C_6^3-$P6_2$，   171 号 C_6^4-$P6_3$

172 号 C_6^5-$P6_4$，   173 号 C_6^6-$P6_5$

230 个空间群的对称元素系的分布图形,均在《晶体学国际表》中列出,为我们应用空间群的知识了解晶体中原子的排列,提供了方便条件。

2.5.2 空间群记号

属于同一个点群的晶体,可以分别隶属于几个空间群。例如,属于点群 C_{2h}-$2/m$ 有六个空间群。因为晶体为点阵结构,点阵型式可为简单单斜点阵(mP)和 C 心单斜点阵(mC),点群中的二重轴在空间群中可为二重轴(2)或二重螺旋轴(2_1),点群中的镜面在空间群中可为镜面(m)或滑移面(例如 c 滑移面)。因此,同一个点群 D_{2h}-$2/m$ 共有六种空间群:

$$C_{2h}^1\text{-}P2/m \qquad C_{2h}^2\text{-}P2_1/m$$
$$C_{2h}^3\text{-}C2/m \qquad C_{2h}^4\text{-}P2/c$$
$$C_{2h}^5\text{-}P2_1/c \qquad C_{2h}^6\text{-}C2/c$$

表 2.9 列出 230 个空间群。每个空间群中前面的记号称为 Schöenflies 记号,后面是国际记号。例如 D_{2h}^{16}-$P\dfrac{2_1}{n}\dfrac{2_1}{m}\dfrac{2_1}{a}$,$D_{2h}$ 是点群的 Schöenflies 记号,D_{2h}^{16} 是空间群的 Schöenflies 记号,"-"后是国际记号,第一个大写英文字母 P 表示空间点阵型式为简单正交点阵(oP),其后三个记号分别表示晶体中三个方向的对称性。在正交晶系中,第一位表示 a 方向,第二位表示 b 方向,第三位表示 c 方向。所以在这记号中,第一位 $2_1/n$ 表示 $\parallel a$ 有 2_1 轴,$\perp a$ 有 n 滑移面;第二位 $2_1/m$ 表示 $\parallel b$ 有 2_1 轴,$\perp b$ 有镜面;第三位 $2_1/a$ 表示 $\parallel c$ 有 2_1 轴,$\perp c$ 有 a 滑移面。各个晶系的空间群的国际记号在三个位置上规定的方向与点群中的规定相同,参见表 2.4。

表 2.9　230 个空间群记号[*]

序号	熊夫利斯记号	简短的国际记号	完全的国际记号	序号	熊夫利斯记号	简短的国际记号	完全的国际记号
1	C_1^1	$P1$		10	C_{2h}^1	$P2/m$	$P1\dfrac{2}{m}1$
2	C_i^1	$P\bar{1}$		11	C_{2h}^2	$P2_1/m$	$P1\dfrac{2_1}{m}1$
3	C_2^1	$P2$	$P121$				
4	C_2^2	$P2_1$	$P12_11$	12	C_{2h}^3	$C2/m$	$C1\dfrac{2}{m}1$
5	C_2^3	$C2$	$C121$				
6	C_s^1	Pm	$P1m1$	13	C_{2h}^4	$P2/c$	$P1\dfrac{2}{c}1$
7	C_s^2	Pc	$P1c1$	14	C_{2h}^5	$\boldsymbol{P2_1/c}$	$P1\dfrac{2_1}{c}1$
8	C_s^3	Cm	$C1m1$				
9	C_s^4	Cc	$C1c1$	15	C_{2h}^6	$C2/c$	$C1\dfrac{2}{c}1$

续表

序号	熊夫利斯记号	简短的国际记号	完全的国际记号	序号	熊夫利斯记号	简短的国际记号	完全的国际记号
16	D_2^1		$P222$	47	D_{2h}^1	$Pmmm$	$P\dfrac{2}{m}\dfrac{2}{m}\dfrac{2}{m}$
17	D_2^2		**$P222_1$**	48	D_{2h}^2	**$Pnnn$**	$P\dfrac{2}{n}\dfrac{2}{n}\dfrac{2}{n}$
18	D_2^3		**$P2_12_12$**				
19	D_2^4		**$P2_12_12_1$**	49	D_{2h}^3	$Pccm$	$P\dfrac{2}{c}\dfrac{2}{c}\dfrac{2}{m}$
20	D_2^5		**$C222_1$**	50	D_{2h}^4	**$Pban$**	$P\dfrac{2}{b}\dfrac{2}{a}\dfrac{2}{n}$
21	D_2^6		$C222$	51	D_{2h}^5	$Pmma$	$P\dfrac{2_1}{m}\dfrac{2}{m}\dfrac{2}{a}$
22	D_2^7		$F222$	52	D_{2h}^6	**$Pnna$**	$P\dfrac{2}{n}\dfrac{2_1}{n}\dfrac{2}{a}$
23	D_2^8		$I222$	53	D_{2h}^7	$Pmna$	$P\dfrac{2}{m}\dfrac{2}{n}\dfrac{2_1}{a}$
24	D_2^9		$I2_12_12_1$				
25	C_{2v}^1		$Pmm2$	54	D_{2h}^8	**$Pcca$**	$P\dfrac{2_1}{c}\dfrac{2}{c}\dfrac{2}{a}$
26	C_{2v}^2		$Pmc2_1$	55	D_{2h}^9	$Pbam$	$P\dfrac{2_1}{b}\dfrac{2_1}{a}\dfrac{2}{m}$
27	C_{2v}^3		$Pcc2$	56	D_{2h}^{10}	**$Pccn$**	$P\dfrac{2_1}{c}\dfrac{2_1}{c}\dfrac{2}{n}$
28	C_{2v}^4		$Pma2$	57	D_{2h}^{11}	$Pbcm$	$P\dfrac{2}{b}\dfrac{2_1}{c}\dfrac{2}{m}$
29	C_{2v}^5		$Pca2_1$	58	D_{2h}^{12}	$Pnnm$	$P\dfrac{2_1}{n}\dfrac{2_1}{n}\dfrac{2}{m}$
30	C_{2v}^6		$Pnc2$	59	D_{2h}^{13}	$Pmmn$	$P\dfrac{2_1}{m}\dfrac{2_1}{m}\dfrac{2}{n}$
31	C_{2v}^7		$Pmn2_1$	60	D_{2h}^{14}	**$Pbcn$**	$P\dfrac{2_1}{b}\dfrac{2}{c}\dfrac{2_1}{n}$
32	C_{2v}^8		$Pba2$	61	D_{2h}^{15}	**$Pbca$**	$P\dfrac{2_1}{b}\dfrac{2_1}{c}\dfrac{2_1}{a}$
33	C_{2v}^9		$Pna2_1$	62	D_{2h}^{16}	$Pnma$	$P\dfrac{2_1}{n}\dfrac{2_1}{m}\dfrac{2_1}{a}$
34	C_{2v}^{10}		$Pnn2$	63	D_{2h}^{17}	$Cmcm$	$C\dfrac{2}{m}\dfrac{2}{c}\dfrac{2_1}{m}$
35	C_{2v}^{11}		$Cmm2$	64	D_{2h}^{18}	$Cmce$	$C\dfrac{2}{m}\dfrac{2}{c}\dfrac{2_1}{e}$
36	C_{2v}^{12}		$Cmc2_1$	65	D_{2h}^{19}	$Cmmm$	$C\dfrac{2}{m}\dfrac{2}{m}\dfrac{2}{m}$
37	C_{2v}^{13}		$Ccc2$	66	D_{2h}^{20}	$Cccm$	$C\dfrac{2}{c}\dfrac{2}{c}\dfrac{2}{m}$
38	C_{2v}^{14}		$Amm2$	67	D_{2h}^{21}	$Cmme$	$C\dfrac{2}{m}\dfrac{2}{m}\dfrac{2}{e}$
39	C_{2v}^{15}		$Aem2$	68	D_{2h}^{22}	**$Ccce$**	$C\dfrac{2}{c}\dfrac{2}{c}\dfrac{2}{e}$
40	C_{2v}^{16}		$Ama2$				
41	C_{2v}^{17}		$Aea2$				
42	C_{2v}^{18}		$Fmm2$				
43	C_{2v}^{19}		**$Fdd2$**				
44	C_{2v}^{20}		$Imm2$				
45	C_{2v}^{21}		$Iba2$				
46	C_{2v}^{22}		$Ima2$				

序号	熊夫利斯记号	简短的国际记号	完全的国际记号	序号	熊夫利斯记号	简短的国际记号	完全的国际记号
69	D_{2h}^{23}	$Fmmm$	$F\dfrac{2}{m}\dfrac{2}{m}\dfrac{2}{m}$	99	C_{4v}^{1}	$P4mm$	
70	D_{2h}^{24}	**$Fddd$**	$F\dfrac{2}{d}\dfrac{2}{d}\dfrac{2}{d}$	100	C_{4v}^{2}	$P4bm$	
71	D_{2h}^{25}	$Immm$	$I\dfrac{2}{m}\dfrac{2}{m}\dfrac{2}{m}$	101	C_{4v}^{3}	$P4_2cm$	
72	D_{2h}^{26}	$Ibam$	$I\dfrac{2}{b}\dfrac{2}{a}\dfrac{2}{m}$	102	C_{4v}^{4}	$P4_2nm$	
73	D_{2h}^{27}	**$Ibca$**	$I\dfrac{2_1}{b}\dfrac{2_1}{c}\dfrac{2_1}{a}$	103	C_{4v}^{5}	$P4cc$	
				104	C_{4v}^{6}	$P4nc$	
74	D_{2h}^{28}	$Imma$	$I\dfrac{2_1}{m}\dfrac{2_1}{m}\dfrac{2_1}{a}$	105	C_{4v}^{7}	$P4_2mc$	
				106	C_{4v}^{8}	$P4_2bc$	
75	C_{4}^{1}	$P4$		107	C_{4v}^{9}	$I4mm$	
76	C_{4}^{2}	**$P4_1$**		108	C_{4v}^{10}	$I4cm$	
77	C_{4}^{3}	$P4_2$		109	C_{4v}^{11}	$I4_1md$	
78	C_{4}^{4}	**$P4_3$**		110	C_{4v}^{12}	**$I4_1cd$**	
79	C_{4}^{5}	$I4$		111	D_{2d}^{1}	$P\bar{4}2m$	
80	C_{4}^{6}	**$I4_1$**		112	D_{2d}^{2}	$P\bar{4}2c$	
81	S_{4}^{1}	$P\bar{4}$		113	D_{2d}^{3}	$P\bar{4}2_1m$	
82	S_{4}^{2}	$I\bar{4}$		114	D_{2d}^{4}	**$P\bar{4}2_1c$**	
83	C_{4h}^{1}	$P4/m$		115	D_{2d}^{5}	$P\bar{4}m2$	
84	C_{4h}^{2}	$P4_2/m$		116	D_{2d}^{6}	$P\bar{4}c2$	
85	C_{4h}^{3}	**$P4/n$**		117	D_{2d}^{7}	$P\bar{4}b2$	
86	C_{4h}^{4}	**$P4_2/n$**		118	D_{2d}^{8}	$P\bar{4}n2$	
87	C_{4h}^{5}	$I4/m$		119	D_{2d}^{9}	$I\bar{4}m2$	
88	C_{4h}^{6}	**$I4_1/a$**		120	D_{2d}^{10}	$I\bar{4}c2$	
89	D_{4}^{1}	$P422$		121	D_{2d}^{11}	$I\bar{4}2m$	
90	D_{4}^{2}	**$P42_12$**		122	D_{2d}^{12}	$I\bar{4}2d$	
91	D_{4}^{3}	$P4_122$		123	D_{4h}^{1}	$P4/mmm$	$P\dfrac{4}{m}\dfrac{2}{m}\dfrac{2}{m}$
92	D_{4}^{4}	**$P4_12_12$**		124	D_{4h}^{2}	$P4/mcc$	$P\dfrac{4}{m}\dfrac{2}{c}\dfrac{2}{c}$
93	D_{4}^{5}	**$P4_222$**		125	D_{4h}^{3}	**$P4/nbm$**	$P\dfrac{4}{n}\dfrac{2}{b}\dfrac{2}{m}$
94	D_{4}^{6}	**$P4_22_12$**		126	D_{4h}^{4}	**$P4/nnc$**	$P\dfrac{4}{n}\dfrac{2}{n}\dfrac{2}{c}$
95	D_{4}^{7}	**$P4_322$**		127	D_{4h}^{5}	$P4/mbm$	$P\dfrac{4}{m}\dfrac{2_1}{b}\dfrac{2}{m}$
96	D_{4}^{8}	**$P4_32_12$**		128	D_{4h}^{6}	$P4/mnc$	$P\dfrac{4}{m}\dfrac{2_1}{n}\dfrac{2}{c}$
97	D_{4}^{9}	$I422$					
98	D_{4}^{10}	**$I4_122$**					

序号	熊夫利斯记号	简短的国际记号	完全的国际记号	序号	熊夫利斯记号	简短的国际记号	完全的国际记号
129	D_{4h}^{7}	**P4/nmm**	$P\dfrac{4}{n}\dfrac{2_1}{m}\dfrac{2}{m}$	156	C_{3v}^{1}	$P3m1$	
130	D_{4h}^{8}	**P4/ncc**	$P\dfrac{4}{n}\dfrac{2_1}{c}\dfrac{2}{c}$	157	C_{3v}^{2}	$P31m$	
131	D_{4h}^{9}	$P4_2/mmc$	$P\dfrac{4_2}{m}\dfrac{2}{m}\dfrac{2}{c}$	158	C_{3v}^{3}	$P3c1$	
132	D_{4h}^{10}	$P4_2/mcm$	$P\dfrac{4_2}{m}\dfrac{2}{c}\dfrac{2}{m}$	159	C_{3v}^{4}	$P31c$	
133	D_{4h}^{11}	**P4_2/nbc**	$P\dfrac{4_2}{n}\dfrac{2}{b}\dfrac{2}{c}$	160	C_{3v}^{5}	$R3m$	
134	D_{4h}^{12}	**P4_2/nnm**	$P\dfrac{4_2}{n}\dfrac{2}{n}\dfrac{2}{m}$	161	C_{3v}^{6}	$R3c$	
135	D_{4h}^{13}	$P4_2/mbc$	$P\dfrac{4_2}{m}\dfrac{2_1}{b}\dfrac{2}{c}$	162	D_{3d}^{1}	$P\bar{3}1m$	$P\bar{3}1\dfrac{2}{m}$
136	D_{4h}^{14}	$P4_2/mnm$	$P\dfrac{4_2}{m}\dfrac{2_1}{n}\dfrac{2}{m}$	163	D_{3d}^{2}	$P\bar{3}1c$	$P\bar{3}1\dfrac{2}{c}$
137	D_{4h}^{15}	**P4_2/nmc**	$P\dfrac{4_2}{n}\dfrac{2_1}{m}\dfrac{2}{c}$	164	D_{3d}^{3}	$P\bar{3}m1$	$P\bar{3}\dfrac{2}{m}1$
138	D_{4h}^{16}	**P4_2/ncm**	$P\dfrac{4_2}{n}\dfrac{2_1}{c}\dfrac{2}{m}$	165	D_{3d}^{4}	$P\bar{3}c1$	$P\bar{3}\dfrac{2}{c}1$
139	D_{4h}^{17}	$I4/mmm$	$I\dfrac{4}{m}\dfrac{2}{m}\dfrac{2}{m}$	166	D_{3d}^{5}	$R\bar{3}m$	$R\bar{3}\dfrac{2}{m}$
140	D_{4h}^{18}	$I4/mcm$	$I\dfrac{4}{m}\dfrac{2}{c}\dfrac{2}{m}$	167	D_{3d}^{6}	$R\bar{3}c$	$R\bar{3}\dfrac{2}{c}$
141	D_{4h}^{19}	**I4_1/amd**	$I\dfrac{4_1}{a}\dfrac{2}{m}\dfrac{2}{d}$	168	C_{6}^{1}	$P6$	
142	D_{4h}^{20}	**I4_1/acd**	$I\dfrac{4_1}{a}\dfrac{2}{c}\dfrac{2}{d}$	169	C_{6}^{2}	**P6_1**	
143	C_{3}^{1}	$P3$		170	C_{6}^{3}	**P6_5**	
144	C_{3}^{2}	**P3_1**		171	C_{6}^{4}	**P6_2**	
145	C_{3}^{3}	**P3_2**		172	C_{6}^{5}	**P6_4**	
146	C_{3}^{4}	$R3$		173	C_{6}^{6}	$P6_3$	
147	C_{3i}^{1}	$P\bar{3}$		174	C_{3h}^{1}	$P\bar{6}$	
148	C_{3i}^{2}	$R\bar{3}$		175	C_{6h}^{1}	$P6/m$	
149	D_{3}^{1}	$P312$		176	C_{6h}^{2}	$P6_3/m$	
150	D_{3}^{2}	$P321$		177	D_{6}^{1}	$P622$	
151	D_{3}^{3}	**P3_1 12**		178	D_{6}^{2}	**P6_1 22**	
152	D_{3}^{4}	**P3_1 21**		179	D_{6}^{3}	**P6_5 22**	
153	D_{3}^{5}	**P3_2 12**		180	D_{6}^{4}	**P6_2 22**	
154	D_{3}^{6}	**P3_2 21**		181	D_{6}^{5}	**P6_4 22**	
155	D_{3}^{7}	$R32$		182	D_{6}^{6}	**P6_3 22**	
				183	C_{6v}^{1}	$P6mm$	
				184	C_{6v}^{2}	$P6cc$	
				185	C_{6v}^{3}	$P6_3cm$	

续表

序号	熊夫利斯记号	简短的国际记号	完全的国际记号	序号	熊夫利斯记号	简短的国际记号	完全的国际记号
186	C_{6v}^4	$P6_3mc$		209	O^3	$F432$	
187	D_{3h}^1	$P\bar{6}m2$		210	O^4	$F4_132$	
188	D_{3h}^2	$P\bar{6}c2$		211	O^5	$I432$	
189	D_{3h}^3	$P\bar{6}2m$		212	O^6	$P4_332$	
190	D_{3h}^4	$P\bar{6}2c$		213	O^7	$P4_132$	
191	D_{6h}^1	$P6/mmm$	$P\dfrac{6}{m}\dfrac{2}{m}\dfrac{2}{m}$	214	O^8	$I4_132$	
192	D_{6h}^2	$P6/mcc$	$P\dfrac{6}{m}\dfrac{2}{c}\dfrac{2}{c}$	215	T_d^1	$P\bar{4}3m$	
193	D_{6h}^3	$P6_3/mcm$	$P\dfrac{6_3}{m}\dfrac{2}{c}\dfrac{2}{m}$	216	T_d^2	$F\bar{4}3m$	
194	D_{6h}^4	$P6_3/mmc$	$P\dfrac{6_3}{m}\dfrac{2}{m}\dfrac{2}{c}$	217	T_d^3	$I\bar{4}3m$	
195	T^1	$P23$		218	T_d^4	$P\bar{4}3n$	
196	T^2	$F23$		219	T_d^5	$F\bar{4}3c$	
197	T^3	$I23$		220	T_d^6	$I\bar{4}3d$	
198	T^4	$P2_13$		221	O_h^1	$Pm\bar{3}m$	$P\dfrac{4}{m}\bar{3}\dfrac{2}{m}$
199	T^5	$I2_13$		222	O_h^2	$Pn\bar{3}n$	$P\dfrac{4}{n}\bar{3}\dfrac{2}{n}$
200	T_h^1	$Pm\bar{3}$	$P\dfrac{2}{m}\bar{3}$	223	O_h^3	$Pm\bar{3}n$	$P\dfrac{4_2}{m}\bar{3}\dfrac{2}{n}$
201	T_h^2	$Pn\bar{3}$	$P\dfrac{2}{n}\bar{3}$	224	O_h^4	$Pn\bar{3}m$	$P\dfrac{4_2}{n}\bar{3}\dfrac{2}{m}$
202	T_h^3	$Fm\bar{3}$	$F\dfrac{2}{m}\bar{3}$	225	O_h^5	$Fm\bar{3}m$	$F\dfrac{4}{m}\bar{3}\dfrac{2}{m}$
203	T_h^4	$Fd\bar{3}$	$F\dfrac{2}{d}\bar{3}$	226	O_h^6	$Fm\bar{3}c$	$F\dfrac{4}{m}\bar{3}\dfrac{2}{c}$
204	T_h^5	$Im\bar{3}$	$I\dfrac{2}{m}\bar{3}$	227	O_h^7	$Fd\bar{3}m$	$F\dfrac{4_1}{d}\bar{3}\dfrac{2}{m}$
205	T_h^6	$Pa\bar{3}$	$P\dfrac{2_1}{a}\bar{3}$	228	O_h^8	$Fd\bar{3}c$	$F\dfrac{4_1}{d}\bar{3}\dfrac{2}{c}$
206	T_h^7	$Ia\bar{3}$	$I\dfrac{2_1}{a}\bar{3}$	229	O_h^9	$Im\bar{3}m$	$I\dfrac{4}{m}\bar{3}\dfrac{2}{m}$
207	O^1	$P432$		230	O_h^{10}	$Ia\bar{3}d$	$I\dfrac{4_1}{a}\bar{3}\dfrac{2}{d}$
208	O^2	$P4_232$					

* 表中 72 个用黑体写的空间群,表示可根据晶体所属的点群通过晶体衍射的系统消光就能唯一地测定。

有关 230 个空间群的对称性、等效点系、可能出现的衍射及投影的对称性等情况,在《晶体学国际表》A 卷中均一一列出。

各种晶体归属在 230 个空间群中的分布情况,数量上相差很大。有的空间群归属于它的晶体很多,有的则很少。由形状不规则的有机分子堆积成的晶体,归属于 C_{2h}^5 者最多。根据已测定结构的一部分有机晶体的统计,这个空间群要占 1/4 左右,所以它是最重要的一个空间群。图 2.17 示出 C_{2h}^5-$P2_1/c$ 空间群对称元素的分布沿三个方向的投影图及等效点系分布图。图中画出的框架是点阵单位或晶胞轮廓。

　　图中小圆圈代表对称中心,$\int$ 代表 2_1 轴,当 2_1 轴横躺时,以 ←⋯→ 表示。$\int^{-\frac{1}{4}}$ 代表在投影轴方向高度为 1/4 点阵单位处有滑移面,滑移量沿箭头方向滑移 1/2 点阵单位。平行四边形框架代表点阵单位的大小形状。右下角的图代表等效点系,它的含义见下一小节所述。

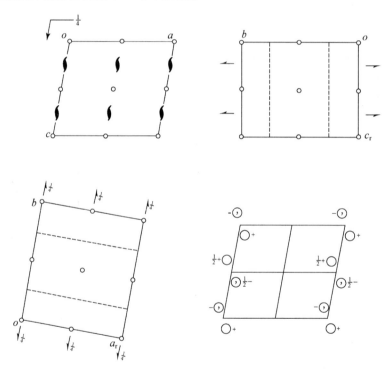

图 2.17　C_{2h}^5-$P2_1/c$ 空间群对称元素的分布沿三个方向的投影及等效点系分布图

$\Big($图中 $+,-,\frac{1}{2}+,\frac{1}{2}-$ 表示该原子在投影轴上的高度分别为 $+y,-y,\frac{1}{2}+y,\frac{1}{2}-y$。图中 ○ 和 ⊙ 分别表示由对称面联系的两种对映体$\Big)$

2.5.3 等效点系、不对称单位和结构基元

晶体的周期性结构可以用周期重复的基本单位即晶胞来描述。晶胞中对称元素按一定方式排布,当在某个坐标点有一原子时,由于对称性的要求,必然在另外一些坐标点上也要有相同的原子,这些原子由对称性联系起来,彼此是等效的,称为等效点系。在每一空间群中,当选择的原点相同时,等效点系的坐标位置就是一定的。例如 C_{2h}^5-$P2_1/c$ 空间群,原点选在对称中心上,等效点系的坐标位置如下:

$$x,y,z; \quad \overline{x},y+\frac{1}{2},\overline{z}+\frac{1}{2}; \quad \overline{x},\overline{y},\overline{z}; \quad x,\overline{y}+\frac{1}{2},z+\frac{1}{2}$$

这四个坐标表示晶胞中这套原子所处的位置,再加上平移操作,就得到晶体中这套原子全部的相对位置。

若坐标点处在对称元素上,x,y,z 具有特定的数值,这时点的数目减少,例如按图 2.17 所示,原子的坐标为 $0,0,0$,则等效点的数目降为 2,这一特殊的等效点系为:

$$0,0,0; \quad 0,\frac{1}{2},\frac{1}{2}$$

在《晶体学国际表》中,列出每个空间群的一般等效点系和各种特殊位置的等效点系及其对称性。

等效点系是从原子排列的方式表达晶体的对称性,对学习晶体化学有重要意义。

晶胞中的原子分别属于各个等效点系,不同等效点系的原子之间没有对称性的联系。通常将晶胞中没有对称性联系的这些原子总称为一个不对称单位。一个不对称单位可看作晶体中空间的一部分,由这部分出发,利用空间群的全部对称操作,可以准确地充满整个空间。所以,一个不对称单位包括描述晶体结构所需要的全部信息。不对称单位的划分方法不是单一的,可根据应用的要求进行选择。例如在分子晶体中,常选择包含一个或几个完整的分子的区域作为不对称单位,以利于表达出分子的结构。有时分子的一部分就构成一个不对称单位。

不对称单位的概念与前面所说的结构基元的概念不同,结构基元和点阵结构中的点阵点所代表的内容相应。在 C_{2h}^5-$P2_1/c$ 这个空间群中,整个晶胞构成一个结构基元,而这个结构基元由 4 个不对称单位组成。每个不对称单位包含

许多个原子,这些原子处在不同的坐标位置上。

2.5.4 平面群

晶体的周期性结构的投影或截面为二维周期性结构。晶体的三维点阵结构是由二维点阵组成。了解晶体结构的平面群,包括平面点群和二维空间群,能进一步深入对晶体周期性规律的理解。

晶体的点阵结构限制晶体的对称轴只有 $2,3,4,6$ 四种(一重轴未计)。沿这些轴的投影,成为 $2,3,4,6$ 重对称点,这些对称点的符号与沿对称轴投影的符号相同。对称面在投影中成为对称线,有镜面对称线 m(记号为————)和滑移面对称线 g(记号为 -----)两种。这样二维结构的对称性就有下列几种:

$$1,2,3,4,6,m,g$$

根据二维结构有无 $6,4,3,2$ 重对称轴,可将二维结构分为六方(h)、四方(t)、正交(o)、单斜(m)四个晶系。不同晶系对晶胞参数的限制条件及它们的点阵型式(或称二维 Bravais 点阵型式)列于表 2.10 中。

表 2.10 二维结构的晶系、晶胞参数的限制条件和点阵型式

晶　系	晶胞参数的限制条件	点阵型式
单斜	—	mp
正交	$\gamma=90°$	op,oc
四方	$a=b,\gamma=90°$	tp
六方	$a=b,\gamma=120°$	hp

由表 2.10 可见,只有正交晶系取正当晶胞时($\gamma=90°$),有两种点阵型式:一种是 op,另一种是 oc。后一种晶胞中包含两个点阵点,其 x,y 的坐标为 $0,0;\frac{1}{2},\frac{1}{2}$。

为了将二维点阵型式和三维的点阵型式区分开来,点阵型式均用小写英文字母,简单的为 p,C 面带心的为 c。

现将二维的晶系、晶胞形状、点阵型式、平面点群记号、二维空间群的编号和记号等情况列于表 2.11 中。

表 2.11 平面点群和二维空间群

晶 系	晶胞形状	点阵型式	平面点群记号	二维空间群		
				编号	简短记号	完全记号
单斜	$a \neq b$ γ 任意角度	p	1	1		$p1$
			2	2		$p2$
正交	$a \neq b$ $\gamma = 90°$	p, c	m	3	pm	$p1m1$
				4	pg	$p1g1$
				5	cm	$c1m1$
			$2mm$	6		$p2mm$
				7		$p2mg$
				8		$p2gg$
				9		$c2mm$
四方	$a = b$ $\gamma = 90°$	p	4	10		$p4$
			$4mm$	11		$p4mm$
				12		$p4gm$
六方	$a = b$ $\gamma = 120°$	p	3	13		$p3$
			$3m$	14		$p3m1$
				15		$p31m$
			6	16		$p6$
			$6mm$	17		$p6mm$

在二维空间群记号中,第一个英文小写字母 p 或 c 表示点阵型式,接着的第 1 位记号表示垂直纸面方向投影的对称点,第 2 位记号表示平行纸面方向从左到右(y 轴)的镜面对称线或滑移面对称线,第 3 位记号表示平行纸面方向由上到下(x 轴)的镜面对称线或滑移面对称线。

图 2.18 示出 17 个二维空间群对称元素的分布。二维空间群的知识在晶体结构的测定和描述中十分重要,它对于了解晶体结构沿坐标轴的投影以及在某个截面上结构的对称性和原子的排布起指导作用。

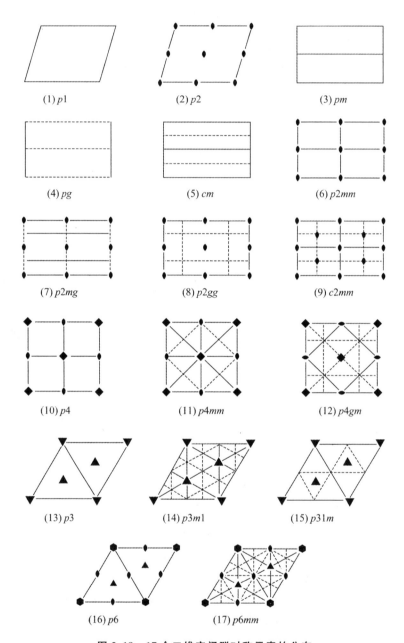

(1) p1　　　　　　　(2) p2　　　　　　　(3) pm

(4) pg　　　　　　　(5) cm　　　　　　　(6) p2mm

(7) p2mg　　　　　　(8) p2gg　　　　　　(9) c2mm

(10) p4　　　　　　(11) p4mm　　　　　　(12) p4gm

(13) p3　　　　　　(14) p3m1　　　　　　(15) p31m

(16) p6　　　　　　(17) p6mm

图 2.18　17 个二维空间群对称元素的分布

参 考 文 献

[1] T. Hahn (ed.), *International Tables for Crystallography*, Vol. A, *Space Group Symmetry*, 5th revised ed., Kluwer, Dordrecht, 2005.

[2] N. F. M. Henry and K. Londsdale (eds.), *International Tables for X-Ray Crystallography*, Vol. I, *Symmetry Groups*, Kluwer, Dordrecht, 1952.

[3] 周公度,晶体结构测定,科学出版社,北京,1981.

[4] 周公度,晶体结构的周期性和对称性,高等教育出版社,北京,1992.

[5] 王仁卉,郭可信,晶体学中的对称群,科学出版社,北京,1990.

[6] 方奇,于文涛,晶体学原理,国防工业出版社,北京,2002.

[7] 麦松威,周公度,李伟基,高等无机结构化学,第2版,北京大学出版社,北京,2006.

[8] W-K. Li, G-D. Zhou, T. C. W. Mak, *Advanced Structural Inorganic Chemistry*, Oxford University Press, New York, 2008.

[9] C. Giacovazzo (ed.), *Fundamentals of Crystallography* (3rd ed.), Oxford University Press, New York, 2011.

[10] M. M. Julian, *Foundations of Crystallography with Computer Applications*, CRC Press, London, 2008.

第 3 章　晶体的衍射方向和倒易点阵

3.1　X 射线的产生和性质

X 射线是波长范围在 1～10 000 pm 的电磁波,用作晶体衍射的 X 射线波长一般为 50～250 pm,这个波长范围与晶体点阵面的间距大致相当。波长太长(＞250 pm),样品对 X 射线吸收太大;波长太短(＜50 pm),衍射线过分地集中在低角度区,不易分辨。

晶体衍射所用的 X 射线可由 X 射线管产生,也可由同步辐射得到。X 射线管的结构示于图 3.1。它是在真空度为 10^{-4} Pa 的玻璃管内,安装阴极和阳极。

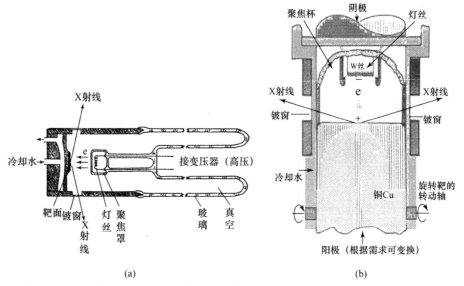

(a)　　　　　　　　　　　　(b)

图 3.1　X 射线管示意图:(a) 封闭式 X 射线管;(b) 可拆式旋转阳极靶 X 射线管

阴极为灯丝,通电加热,放出热电子;阳极为导热良好的金属,如铜、铁、钼等。阴极的热电子经聚焦,在高电压加速下,以高速度冲击在阳极上。电子的能量大约只有 1% 左右转变为 X 射线,其余绝大部分转变为热能,因此要求阳极靶材料导热良好,同时通冷却水至阳极靶使热量及时传走。X射线管的阳极一般接地,工作时由高压变压器把负高电压(约30~60 kV)加到阴极上,形成高压电场以加速电子。高速电子撞击阳极靶面所产生的X射线,其强度的分布以和靶面约成6°角度处为最强,所以通常按此角度在X射线管上开一窗口让X射线透过。

X射线管有两种:一种是封闭式X射线管,结构如图3.1(a)所示,工作时电子撞击在阳极靶面的一个固定点上,因而它的功率不能太高,以免损坏阳极靶面。封闭式X射线管可制作成细聚焦的型式,使发射的光点很小,单位面积上的X射线强度很高。另一种是可拆式旋转阳极靶X射线管,其结构如图3.1(b)所示,由于阳极靶可以转动,能承受较大功率的电子流的撞击,发射的X射线强度比封闭管强5~6倍,这种类型的X射线管既可用于小分子晶体衍射实验上,也可用于生物大分子晶体的衍射。

由X射线管射出的X射线包含两部分:一部分是波长连续的"白色"X射线,这是由于电子与阳极物质撞击时,穿过一层物质,就要失去一部分速度而降低它们的动能,穿透的深浅不同,动能降低多少不一,因此有波长不等的X射线产生,波长最短的是那些保持原有动能的电子转化发生的X射线。"白色"X射线的最短波长 $\lambda_{最短}$ 和加速电压V(V)的关系为:

$$\lambda_{最短} = \frac{hc}{eV} = \frac{1239.8}{V}(nm)$$

式中 h 为Planck常数,c 为光速,e 为电子荷电量。

另一部分X射线是由阳极材料决定的、具有特定波长的特征X射线,特征X射线的产生是由于高速电子把原子内层(例如K层)电子赶走,再由外层电子跃迁进去补充,由于位能下降而发生X射线。图3.2示出原子能级及电子跃迁

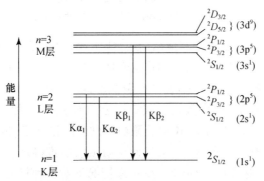

图3.2 电子能级及电子跃迁产生X射线示意图

时产生 X 射线的情况。主量子数 $n=1$ 称为 K 层，$n=2$ 为 L 层，$n=3$ 为 M 层。电子由 L 层跃迁至 K 层发生的 X 射线称为 $K\alpha$ 射线，电子由 M 层跃迁至 K 层发生的 X 射线称 $K\beta$ 射线。由于 L 和 M 等层内各能级间又有少许差别，以及受原子光谱选律的限制，$K\alpha$ 由 $K\alpha_1$ 和 $K\alpha_2$ 组成，$K\beta$ 也是由几条射线组成。各线的强度有一定比例，如 Cu 靶的 X 射线强度比例如下：

$$I(Cu\ K\alpha_2) : I(Cu\ K\alpha_1) = 0.497$$

$$I(Cu\ K\beta_1) : I(Cu\ K\alpha_1) = 0.200$$

当分辨率较低时，$K\alpha_1$ 和 $K\alpha_2$ 分不开，就用 $K\alpha$ 表示。$K\alpha$ 的平均波长按习惯用下式表示：

$$\lambda_{K\alpha} = \frac{2}{3}\lambda_{K\alpha_1} + \frac{1}{3}\lambda_{K\alpha_2}$$

而 $K\beta_2$ 等因强度太弱通常就不考虑了。图 3.3(a)示出铜靶的 X 射线波长(λ)和强度(I)的关系。

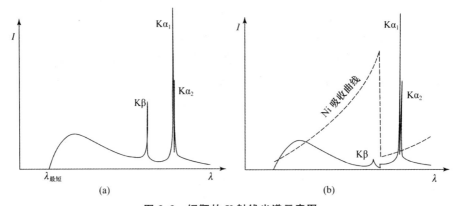

图 3.3　铜靶的 X 射线光谱示意图

（a）由 X 射线管射出的光谱；（b）经 Ni 滤波后的光谱

利用 X 射线衍射法测定晶体结构时，应注意根据样品的化学成分正确地选择 X 射线的波长。一般选择的原则是使靶材元素的特征 X 射线的波长大于或远小于样品中各元素的 K 吸收限，使产生荧光的概率较小。因此，靶元素的原子序数应比样品中元素的原子序数大 4 或 5 以上。如含有 Fe 原子的晶体，若用 Cu $K\alpha$ 射线，这时由于 Fe 原子的 K 吸收限(189.6 pm)接近于 Cu $K\alpha$(154.18 pm)，样品对 X 射线出现特殊的吸收，不但使衍射强度的准确性下降，而且同时发生大量荧光，加深衍射背景。Mo $K\alpha$ 在一般情况下对各种样品都可适用，其不能用的 Y,Sr,Rb,Kr 等几种元素不很常见，它波长较短，穿透力强，吸收较少，能

收集较多的衍射数据。现在测定晶体结构最常用的是 Mo 靶 X 射线管。表 3.1
列出常用靶金属的特征 X 射线的波长和滤波条件。

表 3.1　常用靶金属的特征 X 射线波长和滤波条件

靶金属	特征射线波长/pm				滤　波	
	$K\alpha_1$	$K\alpha_2$	$K\alpha$（平均）	$K\beta_1$	元素	K 吸收限/pm
Fe	193.60	193.99	193.73	175.65	Mn	189.6
Co	178.89	179.28	179.02	162.08	Fe	174.3
Cu	154.05	154.43	154.18	139.22	Ni	148.8
Mo	70.926	71.354	71.069	63.225	Zr	68.877

　　X 射线同可见光一样有直进性,但它折射率小,穿透力强,在它通过的路程
中能被物质吸收,单色波长的 X 射线的吸收性质符合以下公式:

$$I = I_0 \exp[-\mu t]$$

式中 I_0 和 I 分别为入射 X 射线和透过 X 射线的强度, t 是通过物质的厚度, μ
为线性吸收系数(cm^{-1})。 μ 的数值随物质的状态而改变,它可由物质的化学组
成、密度、质量吸收系数(μ_m 或 μ/p)算得。

　　X 射线波长越长,吸收越多,穿透能力越小。吸收物质的原子序数(Z)越
大,对 X 射线吸收得越多,一般有如下关系:

$$\mu_m \propto \lambda^3 Z^3$$

所以对于某一种物质, μ_m 近似地随波长的三次方(λ^3)而增加。但是物质的这种
吸收性质在某一定波长时是不连续的,会有突跃式改变。这是因为物质吸收 X
射线是使原子中的某些电子改变其量子状态,X 射线波长加长,X 射线的光量
子能量下降,当下降到某一数值,不能将物质中原子的 K 层电子激发到高能级,
这时吸收系数就会突然下降。这个由于不能激发 K 层电子而使吸收系数突然
下降的波长,称为 K 吸收限(λ_K)。对于重元素的原子(如 $Z > 53$),还有 L 吸收
限出现。利用吸收限的性质,选择吸收限的波长处在 $K\alpha$ 和 $K\beta$ 之间(一般比靶
材元素原子序数小 1),就可以通过吸收大量波长较短的 $K\beta$ 射线,而保留 $K\alpha$ 射
线,起滤波作用,获得单色 X 射线,如图 3.3(b)所示。另一种获得单色 X 射线
的方法是,利用晶体单器,以晶体中某一组固定的点阵面,选择一定的角度让
所需的波长(如 $K\alpha$)满足衍射条件,其他波长(如 $K\beta$)的 X 射线不满足衍射条件
而被除去。

　　同步辐射(synchrotron radiation)是由大量的粒子加速器产生,可在很宽的
波长范围内产生极强的 X 射线。它可用作测定不稳定样品,如蛋白质晶体的快

速收集衍射数据;用作测定衍射能力较差的样品,如粒径只有百分之几毫米的很小的晶体及纤维高聚物;用作研究固态反应过程中时间分辨的工作,以及晶体缺陷的研究等[1],详细情况将在 6.3.1 节中介绍。

晶体在入射 X 射线照射下会产生衍射效应,衍射线的方向不同于入射线的方向,它决定于晶体内部结构周期的重复方式,即晶胞的大小和形状,以及晶体安置的方位。

了解晶体衍射方向有两个基本的方程:Laue 方程和 Bragg 方程。前者以直线点阵为出发点,后者以平面点阵为出发点,两者是等效的。在现代研究晶体衍射的工作中,离不开倒易点阵的概念和工具。有关晶体衍射和倒易点阵的基础知识可参看参考文献[2]～[17]。

3.2   Laue   方   程

在考虑晶体的衍射效应时,Laue 将晶体的点阵结构用一维点阵模型作起点,来理解 X 射线和晶体的相互作用。他将一维点阵中每个点阵点看作一个原子,当 X 射线照射到原子上,每个原子都对射线起弹性散射,即每个点阵点都发射波长不变的球形波,这些波相互产生叠加作用。当某些方向相邻两个点的波程差等于波长的整数倍 $h\lambda$ 时,相互叠加增强,观察到衍射强度;而当波程差不为波长的整数倍时,相互抵消,观察不到衍射强度。这就是 Laue 方程的基础。

设有一直线点阵其周期和晶胞的单位矢量 a 平行,S_0 和 S 分别代表入射 X 射线和衍射 X 射线的单位矢量,如图 3.4(a)所示。当要求由每个点阵点所代表的结构基元间散射的次生 X 射线互相叠加,则要求相邻点阵点的光程差为波长 λ 的整数倍。由图 3.4(a)可见,光程差 δ 为 $OA-BP$,可得:

$$\delta = OA - BP$$
$$= a\cos\phi_a - a\cos\phi_{a_0} = h\lambda \tag{3.1}$$

式中 h 为整数。从矢量关系看:S_0,S 和 a 间应满足下式关系:

$$a \cdot (S - S_0) = h\lambda \tag{3.2}$$

式(3.1)和式(3.2)均为 Laue 方程[2,3]。此方程规定了 a 和 S_0 的夹角为 ϕ_{a_0} 时,则在和 a 呈 ϕ_a 角的方向上产生衍射。实际上以 a 作为轴线,和 a 呈 ϕ_a 角的圆锥面的各个方向均满足这一条件,如图 3.4(b)所示。

图 3.4(c)示出晶体中由单位矢量 a 联系的直线点阵,在 X 射线照射下,波程差等于波长整数倍($h\lambda$)。即 $h = 1, 2, 3, \cdots$ 条件下产生衍射线 $S_1, S_2, S_3, \cdots$ 的情况。

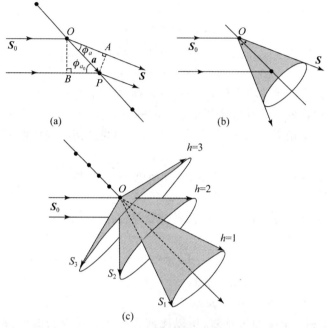

图 3.4 Laue 方程的推导

将式(3.1)和式(3.2)推广应用于晶胞的单位矢量 **b** 和 **c**,可得形式相同的方程式。同时满足 **a**,**b**,**c** 三个矢量联系的方程,即为圆锥面的交线,如图 3.5 中矢量 **S** 所示,此方向规定了晶体的衍射方向。所以,由晶胞单位矢量 **a**,**b**,**c** 规定的晶体,衍射方向由以下 Laue 方程组决定:

$$\left. \begin{array}{l} a(\cos\phi_a - \cos\phi_{a_0}) = h\lambda \\ b(\cos\phi_b - \cos\phi_{b_0}) = k\lambda \\ c(\cos\phi_c - \cos\phi_{c_0}) = l\lambda \end{array} \right\} \tag{3.3}$$

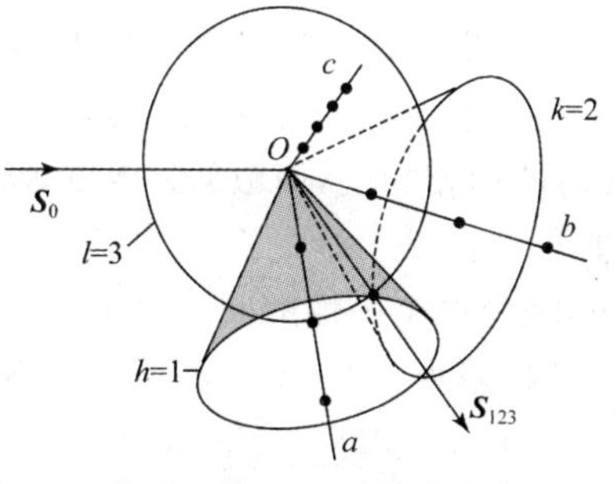

图 3.5 满足三维 Laue 方程的衍射方向 **S**

或

$$\left.\begin{array}{l} \boldsymbol{a} \cdot (\boldsymbol{S} - \boldsymbol{S}_0) = h\lambda \\ \boldsymbol{b} \cdot (\boldsymbol{S} - \boldsymbol{S}_0) = k\lambda \\ \boldsymbol{c} \cdot (\boldsymbol{S} - \boldsymbol{S}_0) = l\lambda \end{array}\right\} \tag{3.4}$$

上面两式中 h,k,l 均为整数,一组 hkl 称为衍射指标,它规定了特定的衍射方向。衍射指标的整数性决定了衍射方向的分立性,即只在空间某些方向上出现衍射。在这些衍射方向上,各点阵点之间入射线和衍射线的波程差必定是波长的整数倍。

从点阵原点 $(0,0,0)$ 到点阵点 (m,n,p) 间的矢量为:

$$\boldsymbol{T}_{mnp} = m\boldsymbol{a} + n\boldsymbol{b} + p\boldsymbol{c}$$

对衍射 hkl 而言,原点与 (m,n,p) 点的波程差为:

$$\begin{aligned} \boldsymbol{T}_{mnp} \cdot &(\boldsymbol{S} - \boldsymbol{S}_0) \\ &= m\boldsymbol{a} \cdot (\boldsymbol{S} - \boldsymbol{S}_0) + n\boldsymbol{b} \cdot (\boldsymbol{S} - \boldsymbol{S}_0) + p\boldsymbol{c} \cdot (\boldsymbol{S} - \boldsymbol{S}_0) \\ &= mh\lambda + nk\lambda + pl\lambda \\ &= (mh + nk + pl)\lambda \end{aligned} \tag{3.5}$$

因为 m,n,p 和 h,k,l 均为整数,所以此波程差必定是波长的整数倍。满足式 (3.5) 的方向意味着晶体全部晶胞散射的射线都是互相加强的,这些方向就是晶体的衍射方向,而它们的衍射指标为 hkl。

3.3　Bragg　方　程

晶体的空间点阵可按不同方向划分为一族族平行而等间距的平面点阵,不同族的点阵面用点阵面指标或晶面指标 (hkl) 表示。同一晶体不同指标的点阵面在空间的取向不同,晶面间距 $d_{(hkl)}$ 也不同。

X 射线入射到晶体上,对于一族 (hkl) 平面中的一个点阵面,若要求面上各点的散射线同相而互相加强,则要求入射角 θ 和衍射角 θ' 相等,入射线、衍射线和平面法线三者在同一平面内,才能保证光程一样,如图 3.6(a) 所示。图中入射线 $\boldsymbol{S}_0$ 在 P,Q,R 时波前的周相相同,而散射线 $\boldsymbol{S}$ 的波前在 P',Q',R' 处仍是同相,这是产生衍射的重要条件。

再考虑平面 $1,2,\cdots$,相邻两个平面的间距为 $d_{(hkl)}$,射到面 1 上的 X 射线和射到面 2 上的 X 射线的波程差为 $MB + BN$,而 $MB = BN$,则

$$MB + BN = 2d_{(hkl)}\sin\theta$$

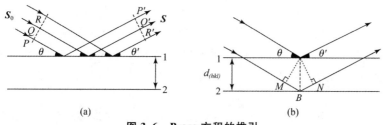

图 3.6　Bragg 方程的推引

如图 3.6(b)所示。根据衍射条件,当波程差为波长 λ 的整数倍时,各平面的衍射互相加强,得:

$$2d_{(hkl)}\sin\theta_n = n\lambda \qquad\qquad (3.6)$$

式中,n 为 $1,2,3,\cdots$整数,称为衍射级数;θ_n 为衍射角。同一族其晶面指标为(hkl)的点阵面,由于它和入射 X 射线取向不同,波程差不同,可产生衍射指标为 hkl,$2h2k2l,3h3k3l,\cdots$的一级、二级、三级、$\cdots\cdots$衍射。例如,晶面指标为(110)这组点阵面,在不同衍射角 $\theta_1,\theta_2,\theta_3,\cdots$可出现衍射指标为 $110,220,330,\cdots$的衍射。由于 $|\sin\theta|\leqslant1$,使得 $n\lambda\leqslant2d_{(hkl)}$,所以 n 的数目是有限的,n 大者衍射角 θ_n 也大。

图 3.7(a)示出衍射面间距 d_{110} 和 d_{220} 的关系。由图可见,$d_{110}=d_{(110)}$,$d_{220}=d_{(110)}/2$。对点阵面间距为 $d_{(hkl)}$ 的 n 级衍射,衍射面间距为:

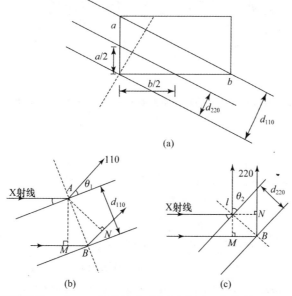

图 3.7　(a)衍射面间距 d_{110} 和 d_{220} 的关系;(b)和(c)分别示出衍射 110 和 220 的衍射方向

$$d_{nhnknl} = d_{(hkl)}/n \qquad (3.7)$$

图 3.7(b)示出衍射面间距为 d_{110}，在 θ_1 位置产生 110 衍射，相邻衍射面间波程差为 1λ；图 3.7(c)示出衍射面间距为 d_{220}，在 θ_2 位置产生 220 衍射，相邻衍射面间波程差仍为 1λ。所以，可将式(3.6)改成：

$$2d_{hkl}\sin\theta_{hkl} = \lambda \qquad (3.8)$$

这时不加括号的衍射指标 hkl 这 3 个数不一定互质[在许多文献中将衍射称为反射(reflection)，衍射指标 hkl 称为反射指标(reflective index)]。

对于式(3.8)，若不注明衍射面间距 d_{hkl} 下标时，只要公式右边不加 n，这时 $d \equiv d_{hkl}$，即

$$2d\sin\theta = \lambda \qquad (3.8')$$

在利用图 3.6 推导 Bragg 方程时，所用的条件是相邻两个点阵面上的点阵点处在同一垂直线位置，计算两个面间的波程差如图 3.6(b)或图 3.8(a)所示。这时：

$$MB = BN = d_{(hkl)}\sin\theta$$

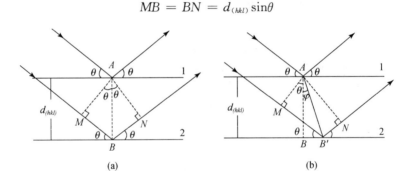

图 3.8   (a)相邻两点阵面的点阵点处在同一垂直线位置，推导 Bragg 方程；
(b)相邻两点阵面的点阵点不处在同一垂直线位置，推导 Bragg 方程

对于相邻面上不在同一垂直线位置的点 B'，这时入射角和衍射角仍为 θ，但 $MB' \neq B'N$，可按其几何关系证明下式依然成立，即

$$MB' + B'N = 2d_{(hkl)}\sin\theta$$

由图可见：

$$MB' = AB'\sin(\theta+\varphi) = AB'(\sin\theta\cos\varphi + \cos\theta\sin\varphi)$$
$$B'N = AB'\sin(\theta-\varphi) = AB'(\sin\theta\cos\varphi - \cos\theta\sin\varphi)$$
$$MB' + B'N = 2AB'\sin\theta\cos\varphi = 2d_{(hkl)}\sin\theta$$

由于点阵点是从晶体中原子排列的周期结构抽象所得的几何点，而实际上

晶面是由原子排列形成,图 3.8(b)表示出只要 θ 角满足衍射条件,晶面上全部原子对衍射的贡献是相同的,它更能反映出实际的情况。

　　Bragg 方程和 Laue 方程是等效的,可证明如下:设在三维点阵中有任意一直线点阵,周期为 a,如图 3.9 所示。入射 X 射线 S_0 和直线点阵交角为 ϕ_0,衍射线 S 和直线点阵交角为 ϕ。根据 Laue 方程[式(3.1)]可得:

$$a(\cos\phi - \cos\phi_0) = n\lambda \tag{3.9}$$

式中,n 是整数。按三角函数的和差关系:$2\sin\alpha\sin\beta = \cos(\alpha-\beta) - \cos(\alpha+\beta)$ 将式(3.9)展开,得:

$$2a\sin\left(\frac{\phi_0 + \phi}{2}\right)\sin\left(\frac{\phi_0 - \phi}{2}\right) = n\lambda \tag{3.10}$$

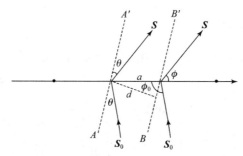

图 3.9　Laue 方程和 Bragg 方程等效性的证明

作 AA' 和 BB' 线代表点阵面(hkl),使这组面和入射线与衍射线的夹角均为 θ,这时:

$$\phi_0 - \theta = \phi + \theta$$

即

$$\theta = \frac{\phi_0 - \phi}{2}$$

$$d = a\sin(\phi_0 - \theta)$$
$$= a\sin\left(\frac{\phi_0 + \phi}{2}\right)$$

将 θ 和 d 代入式(3.10),即得:

$$2d\sin\theta = n\lambda$$

此即 Bragg 方程。

3.4　倒易点阵

　　晶体具有空间点阵式的周期性结构,由晶体结构周期规律中抽象出来的点阵,称为晶体点阵 L。晶体点阵以一套右手坐标轴系规定的单位矢量 a,b,c 表示其周期性,晶体点阵的晶胞参数用 $a,b,c,\alpha,\beta,\gamma$ 表示,V 为晶胞体积。倒易点阵 L^* 是从晶体点阵推引出来,也用右手坐标轴系规定,单位矢量为 a^*,b^*,c^*,倒易点阵的晶胞参数为 $a^*,b^*,c^*,\alpha^*,\beta^*,\gamma^*$,倒易晶胞体积为 V^*。

在 X 射线晶体学中,倒易点阵的应用非常广泛,是研究晶体衍射性质的重要概念和数学工具。各种衍射现象的几何学、衍射公式的推导、现代衍射仪器的设计和应用、衍射数据的处理,以及用衍射数据测定晶体结构的许多环节,都离不开倒易点阵。倒易点阵是 X 射线晶体学的基本内容,新版《晶体学国际表》卷 B 就是以"倒易空间"作为卷名[5]。为了了解倒易点阵的定义、性质和应用,下面分成几个小节讨论。

3.4.1 倒易点阵的定义

在上节讨论 Bragg 方程时,得到衍射 hkl 的衍射角 θ_{hkl} 和衍射面间距 d_{hkl} 的关系为:

$$\sin\theta_{hkl} = \frac{\lambda}{2}\frac{1}{d_{hkl}}$$

或

$$\sin^2\theta_{hkl} = \frac{\lambda^2}{4}\frac{1}{d_{hkl}^2} \tag{3.8}$$

由此可见,衍射角 θ_{hkl} 和衍射面间距的倒数 $1/d_{hkl}$ 成正比。对立方、四方和正交晶系晶体,3 个单位矢量 a,b,c 互相垂直的情况下,可得:

$$\frac{1}{d_{hkl}^2} = \frac{h^2}{a^2} + \frac{k^2}{b^2} + \frac{l^2}{c^2}$$

即衍射角的大小和点阵参数 a,b,c 的倒数有关。对于其他晶系,点阵面间距不仅涉及 a,b,c 等长度参数,还涉及 α,β,γ 等角度参数,计算晶面间距公式冗长复杂,对它们发生衍射的物理图像较难表达。引进倒易点阵就能清晰而明确地解决晶体产生衍射的问题。倒易点阵名称中"倒易"二字主要是源于计算 d_{hkl} 的倒数而引进的。

由点阵矢量 a,b,c 求算倒易点阵矢量 a^*,b^*,c^* 时,要用到矢量的点积和矢积。

两个矢量 a 和 b,它的点积是个标量,其值等于两个矢量绝对值及其夹角 γ 的余弦的乘积,即

$$a \cdot b = ab\cos\gamma \tag{3.11}$$

两个矢量的矢积 $a \times b$ 为矢量,它可用矢量 c^* 表示:

$$c^* = K(a \times b) \tag{3.12}$$

式中 K 为一常数。c^* 为垂直于 a 和 b 所在的平面,如图 3.10 所示。$|a \times b|$ 的绝对值为两个矢量的绝对值和夹角 γ 的正弦的乘积,即为 a 和 b 所形成的平行四边形的面积:

$$|a \times b| = ab\sin\gamma \tag{3.13}$$

c^* 的方向规定为将 a 转动到 b 时的右手螺旋运动的方向。由于这种关系,若把相乘的次序颠倒时,则矢积 c^* 的方向便会颠倒过来,即

$$a \times b = -(b \times a) \tag{3.14}$$

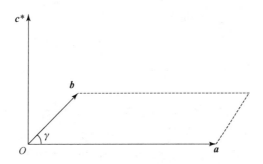

图 3.10 两个矢量 a 和 b 的矢积 c^*

倒易点阵是从晶体点阵中抽象出来的点阵,晶体点阵中的单位矢量为 a, b, c,倒易点阵中的单位矢量为 a^*, b^*, c^*,它们之间的关系(即倒易点阵的定义)为:

$$\left. \begin{array}{l} a^* \text{ 垂直于 } b \text{ 和 } c,\text{大小数值 } a^* = 1/d_{100} = 1/a\cos(a \wedge a^*) \\ b^* \text{ 垂直于 } a \text{ 和 } c,\text{大小数值 } b^* = 1/d_{010} = 1/b\cos(b \wedge b^*) \\ c^* \text{ 垂直于 } a \text{ 和 } b,\text{大小数值 } c^* = 1/d_{001} = 1/c\cos(c \wedge c^*) \end{array} \right\} \tag{3.15}$$

由此定义可见,倒易点阵的大小单位是晶体点阵长度单位的倒数来规定的。在纸面上作图可根据需要选 $\left(\dfrac{1}{100 \text{ pm}}\right)$ 或 $\left(\dfrac{1}{\lambda}\right)$ 作单位线段。

图 3.11 示意地表示两种晶体点阵中,b 垂直于纸面,箭头向下,β 值不同的单位矢量 a, c 和倒易点阵 a^*, c^* 的情况。在图 3.11(a)中,

$$\beta = 90°, \quad a \wedge a^* = 0°, \quad \cos(a \wedge a^*) = 1$$

这时 $a^* = 1/a, \quad a^* \cdot a = 1$

在图 3.11(b)中,

$$\beta = 120°, \quad a \wedge a^* = 30°, \quad \cos(a \wedge a^*) = 0.866$$

这时 $a^* = 1/0.866a$,　　$a^* \cdot a = a^* a\cos(a^* \wedge a) = 1$

图 3.11　晶体点阵 a,c(上)和倒易点阵 a^*,c^*(下)间的关系

(a) $\beta = 90°$;(b) $\beta = 120°$

　　由上可见,晶体点阵由晶体的周期性结构直接推引出 3 个不共面的单位矢量 a,b,c 规定。该晶体的倒易点阵 a^*,b^*,c^* 则由下面数学表达式来定义:

$$\left. \begin{array}{lll} a^* \cdot a = 1, & a^* \cdot b = 0, & a^* \cdot c = 0 \\ b^* \cdot a = 0, & b^* \cdot b = 1, & b^* \cdot c = 0 \\ c^* \cdot a = 0, & c^* \cdot b = 0, & c^* \cdot c = 1 \end{array} \right\} \qquad (3.16)$$

若用矢积表达,由于 $c^* \cdot c = 1$,由式(3.12)可得:

$$K = \frac{1}{c \cdot (a \times b)} = \frac{1}{V}$$

V 是晶胞的体积,所以倒易点阵可定义为:

$$a^* = \frac{b \times c}{V}, \quad b^* = \frac{c \times a}{V}, \quad c^* = \frac{a \times b}{V} \qquad (3.17)$$

式(3.16)和式(3.17)是等效的,这两公式均能表达出晶体点阵与其倒易点阵具有相互变换的性质,即倒易点阵的倒易点阵是晶体点阵。在数学公式上将全部不带 $*$ 号的字符加上 $*$ 号,将已带 $*$ 的全去掉,等式同样成立,例如:

$$a = \frac{b^* \times c^*}{V^*}, \quad b = \frac{c^* \times a^*}{V^*}, \quad c = \frac{a^* \times b^*}{V^*} \qquad (3.18)$$

　　下面以单斜晶系通过原点垂直于 b 轴的二维平面点阵及其倒易点阵的关系为例说明。图 3.12(a),(b),(c)分别表示(100),(001),(101)点阵面与倒易点阵 $h00,00l,h0h$ 间的关系。由图可见,a^* 和 c^* 分别和(100),(001)面垂直,而大小则分别和 $1/d_{(100)}$ 及 $1/d_{(001)}$ 成正比。图 3.12(d)则是单斜晶系垂直 b 轴通过原点的二维点阵和倒易点阵关系图。该二维平面点阵用单位矢量 a 和 c 表示,a 和 c 的

夹角为 β。从原点作垂直于(100)面的法线,沿此法线距原点为 $1/d_{(100)}$ 处画一点,即为倒易点阵点 100,由原点到 100 点的矢量为 $\boldsymbol{a}^*$,$\boldsymbol{a}^*$ 的长度为:

$$a^* = 1/d_{100} \tag{3.19}$$

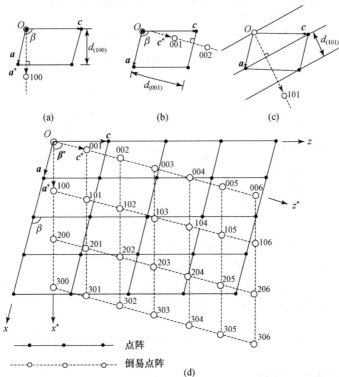

图 3.12 单斜晶系垂直 b 轴通过原点的二维点阵和倒易点阵关系图

[图中(a)、(b)、(c)分别表示(100)、(001)、(101)点阵面与倒易点阵点 $h00$、$00l$、$h0h$ 间的关系]

同理,从原点作垂直于(001)面的法线,并以 $1/d_{(001)}$ 距离画出 001 点,得矢量 $\boldsymbol{c}^*$,$\boldsymbol{c}^*$ 的长度为:

$$c^* = 1/d_{001} \tag{3.20}$$

$\boldsymbol{a}^*$ 和 $\boldsymbol{c}^*$ 的夹角为 β^*。对单斜晶系,$\beta^* = 180° - \beta$。和晶体点阵一样,倒易点阵点 $h0l$ 的位置可由 $h\boldsymbol{a}^* + l\boldsymbol{c}^*$ 求得,也可通过原点作垂直于晶体的衍射面 $h0l$,并在距原点 $1/d_{h0l}$ 处求得。

根据上述定义和矢量运算关系式,可以推引出三斜晶系的晶体点阵与倒易点阵的简单晶胞相互换算关系式,列于表 3.2 中,其他晶系可按此简化即得。例如,正交晶系 $\alpha = \beta = \gamma = 90°$,$V = abc$,由此即得:

$$a^* = 1/a, \quad b^* = 1/b, \quad c^* = 1/c$$

$$\sin^2 \theta_{hkl} = \frac{\lambda^2}{4}\left(\frac{h^2}{a^2} + \frac{k^2}{b^2} + \frac{l^2}{c^2}\right)$$

表 3.2 三斜晶系的晶体点阵和倒易点阵的晶胞参数的关系

$a^* = \dfrac{bc\sin\alpha}{V}$	$a = \dfrac{b^* c^* \sin\alpha^*}{V^*}$
$b^* = \dfrac{ac\sin\beta}{V}$	$b = \dfrac{a^* c^* \sin\beta^*}{V^*}$
$c^* = \dfrac{ab\sin\gamma}{V}$	$c = \dfrac{a^* b^* \sin\gamma^*}{V^*}$
$\cos\alpha^* = \dfrac{\cos\beta\cos\gamma - \cos\alpha}{\sin\beta\sin\gamma}$	$\cos\alpha = \dfrac{\cos\beta^* \cos\gamma^* - \cos\alpha^*}{\sin\beta^* \sin\gamma^*}$
$\cos\beta^* = \dfrac{\cos\alpha\cos\gamma - \cos\beta}{\sin\alpha\sin\gamma}$	$\cos\beta = \dfrac{\cos\alpha^* \cos\gamma^* - \cos\beta^*}{\sin\alpha^* \sin\gamma^*}$
$\cos\gamma^* = \dfrac{\cos\alpha\cos\beta - \cos\gamma}{\sin\alpha\sin\beta}$	$\cos\gamma = \dfrac{\cos\alpha^* \cos\beta^* - \cos\gamma^*}{\sin\alpha^* \sin\beta^*}$

$$V = \frac{1}{V^*} = abc(1 - \cos^2\alpha - \cos^2\beta - \cos^2\gamma + 2\cos\alpha\cos\beta\cos\gamma)^{\frac{1}{2}}$$

$$V^* = \frac{1}{V} = a^* b^* c^* (1 - \cos^2\alpha^* - \cos^2\beta^* - \cos^2\gamma^* + 2\cos\alpha^* \cos\beta^* \cos\gamma^*)^{\frac{1}{2}}$$

$$\sin^2\theta_{hkl} = \frac{\lambda^2}{4}\frac{1}{d_{hkl}^2}$$

$$= \frac{\lambda^2}{4}(h^2 a^{*2} + k^2 b^{*2} + l^2 c^{*2} + 2klb^* c^* \cos\alpha^*$$

$$+ 2lhc^* a^* \cos\beta^* + 2hka^* b^* \cos\gamma^*)$$

3.4.2 倒易点阵的性质

由晶体点阵 L 推引得到相应的倒易点阵 L^*，它是符合点阵定义具有点阵性质的一种点阵。在其中每一倒易点阵点 hkl 和晶体点阵中的一组衍射面相应。倒易点阵和晶体点阵有着相同的对称性，适合于用它解释晶体的衍射现象和规律。下面列出它的基本性质和使用时的注意事项：

（1）在倒易点阵中，由原点指向倒易点阵点 hkl 的矢量 $\boldsymbol{H}_{hkl}$ 为：

$$\boldsymbol{H}_{hkl} = h\boldsymbol{a}^* + k\boldsymbol{b}^* + l\boldsymbol{c}^* \tag{3.21}$$

$\boldsymbol{H}_{hkl}$ 必和晶体点阵中的平面点阵 (hkl) 垂直。

（2）$\boldsymbol{H}_{hkl}$ 矢量的长度

$$H_{hkl} = \sqrt{\boldsymbol{H}_{hkl} \cdot \boldsymbol{H}_{hkl}}$$

它和晶体点阵中的衍射面间距 d_{hkl} 成反比，若将比例因子选为 1，则得：

$$H_{hkl} = \frac{1}{d_{hkl}} \tag{3.22}$$

有时也将比例因子选为波长 λ。

（3）倒易点阵的单位。由倒易点阵的基本性质可得：

$$a^* = \frac{1}{d_{100}}, \quad b^* = \frac{1}{d_{010}}, \quad c^* = \frac{1}{d_{001}} \tag{3.23}$$

在晶体点阵中 d_{hkl} 用 pm（或 Å）为单位,因此 a^*,b^*,c^* 的单位为 pm^{-1}（或 $Å^{-1}$）。式(3.23)若改为：

$$a^* = \frac{\lambda}{d_{100}}, \quad b^* = \frac{\lambda}{d_{010}}, \quad c^* = \frac{\lambda}{d_{001}} \tag{3.24}$$

这时 a^*,b^*,c^* 是没有因次的单位。

（4）倒易点阵的倒易点阵是晶体点阵,即晶体点阵和倒易点阵互为倒易关系,这在式(3.17)和式(3.18)关于倒易点阵的定义表达式中,就已明确地显示出来。表 3.2 的公式也可以通过换算进行验证。但是注意,引进倒易点阵是为了解决晶体的衍射方向的规律。这时讨论倒易点阵的倒易点阵就没有意义了。

3.4.3 关于复晶胞的变换

晶体点阵按复晶胞划分,相应的倒易点阵也为复晶胞,但倒易点阵的复晶胞的带心形式不一定和晶体点阵的带心形式相同。表 3.3 列出带心复晶胞和相应的倒易复晶胞换算表,表中倒易晶胞矢量是按式(3.16)或式(3.17)从 a,b,c 计算得到 a^*,b^*,c^*,再乘以一定的倍数,如表 3.3 所列。举一例,某面心立方晶胞边长 $a=10Å$,其倒易点阵的体心立方晶胞的边长为 $2a^* = 2 \times \frac{1}{10} Å^{-1} = 0.2Å^{-1}$。

表 3.3　晶体点阵和倒易点阵晶胞矢量关系

晶体点阵		倒易点阵		
点阵形式	晶胞矢量	点阵形式	晶胞矢量[①]	hkl 限制条件[②]
P	a,b,c	P	a^*,b^*,c^*	—
A	a,b,c	A	$a^*,2b^*,2c^*$	$k+l=2n$
B	a,b,c	B	$2a^*,b^*,2c^*$	$h+l=2n$
C	a,b,c	C	$2a^*,2b^*,c^*$	$h+k=2n$
I	a,b,c	F	$2a^*,2b^*,2c^*$	$h+k+l=2n$
F	a,b,c	I	$2a^*,2b^*,2c^*$	$\begin{cases} h+k=2n \\ h+l=2n \\ k+l=2n \end{cases}$
R（六方）	a,b,c	R（六方）	$3a^*,3b^*,3c^*$	$-h+k+l=3n$

① 矢量 a^*,b^*,c^* 按式(3.17)从 a,b,c 计算得到;

② 这里的 hkl 指标是按 a^*,b^*,c^* 的晶胞矢量进行指标化。

　　图 3.13 示出晶体点阵晶胞与相应的倒易点阵的晶胞的关系。

　　为什么晶体点阵的体心晶胞所对应的倒易点阵为面心晶胞呢? 为什么倒易晶胞参数为 $2a^*$, $2b^*$, $2c^*$ 呢? 下面以图 3.14 所示的体心立方晶胞和面心立方晶胞关系为例予以说明。

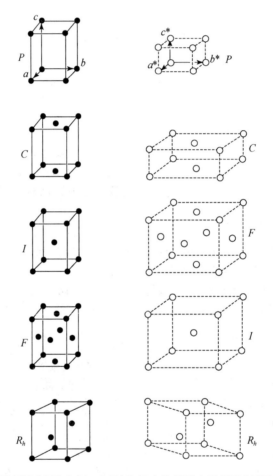

图 3.13　晶体点阵晶胞(点阵点用●表示)和相应的倒易点阵晶胞(倒易点阵点用○表示)

　　设体心立方晶胞边长为 a, 这个复晶胞可划分出菱面体素晶胞, 它的晶胞参数用 a_R, α_R 表示, 晶胞体积用 V_R 表示, 则

$$a_R = \frac{\sqrt{3}}{2}a$$

$$\alpha_R = 109°28'$$

$$V_R = a_R^3 (1 - 3\cos^2\alpha_R + 2\cos^3\alpha_R)^{1/2}$$

$$= \left(\frac{\sqrt{3}}{2}\right)^3 a^3 (1 - 0.3333 - 0.0744)^{1/2} = 0.5a^3$$

该菱面体素晶胞的倒易晶胞也为菱面体素晶胞，它的晶胞参数为：

$$(a_R)^* = \frac{1}{V_R}\frac{3}{4}a^2\sin109°28'$$

$$= \frac{1}{V_R}(0.707)a^2 = \frac{\sqrt{2}}{a}$$

$$\cos(\alpha_R)^* = -\frac{\cos\alpha_R}{1+\cos\alpha_R}$$

$$= -\frac{\cos109°28'}{1+\cos109°28'}$$

得 $$(\alpha_R)^* = 60°$$

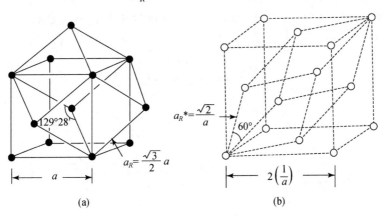

图 3.14 **(a) 体心立方晶胞及其菱面体素晶胞；**
(b) 面心立方晶胞及其菱面体素晶胞

这个倒易简单菱面体晶胞 $a_R^* = \frac{\sqrt{2}}{a}$，$\alpha_R^* = 60°$，可按图 3.14(b)所示的关系画

出倒易面心立方晶胞，它的晶胞参数为 $\sqrt{2}a_R^* = 2\left(\frac{1}{a}\right)$。所以，晶胞参数为 a 的

体心立方晶胞，其倒易面心立方晶胞参数为 $\frac{2}{a} = 2a^*$。

3.5   反射球(Ewald 球)

利用倒易点阵和反射球可为产生衍射方向的几何条件描绘出一幅简明的图像:按照晶体点阵的所处方位,画出相应的倒易点阵,沿入射 X 射线的方向通过倒易点阵原点画一直线,在此直线上选一点作圆心(C),以 $1/\lambda$ 为半径作一反射球,倒易点阵原点 O 定在入射 X 射线延伸线和球面的交点。当晶体转动时(原点不变),任意一个倒易点阵点 hkl 和反射球面相遇时,连接从球心到该 hkl 点的方向,即为衍射指标是 hkl 的衍射方向,如图 3.15 所示。这个结论可证明于下。

将 Bragg 方程[式(3.8)]改写可得:

$$\sin\theta = \left(\frac{1}{d_{hkl}}\right)\Big/\left(\frac{2}{\lambda}\right) \tag{3.25}$$

由图 3.15 可见,$1/\lambda$ 为反射球半径,AO 为直径,它等于 $2/\lambda$,P 为圆周上任意点,圆周角(即 $\angle APO$)恒等于 $90°$。若 OP 长度等于 $1/d_{hkl}$,矢量 OP 即为倒易点阵矢量 $\boldsymbol{H}_{hkl}$,或简写 $\boldsymbol{H}$。

$$\sin\theta = \frac{OP}{AO} = \left(\frac{1}{d_{hkl}}\right)\Big/\left(\frac{2}{\lambda}\right)$$

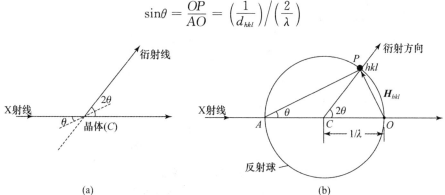

(a)   (b)

图 3.15   倒易点阵点 hkl、反射球和衍射方向

满足 Bragg 方程,而球心 C 到 P 点的连线和入射 X 射线的夹角为 2θ,2θ 为衍射角,CP 的方向为衍射方向。

用倒易点阵和反射球的几何图形表达衍射条件,是 1921 年由 P. Ewald 提出的,所以反射球又称 Ewald 球(Ewald sphere)[9]。由于球体对称性高,通过 AO 轴任意方向上截出的圆,均具有图 3.15 所示的性质。由上可见,Ewald 球是以晶体位置（C 点）为球心，$1/\lambda$ 为半径所作的立体圆球。当 X 射线照射到晶体上，沿 X 射线入射方向延伸成球的直径。直径的端点定为倒易点阵原点（O 点）。C 点和 O 点并不重合，相隔 $1/\lambda$。这种形式上的差距是为了处理衍射方向的需要，不必追究其意义。

各种收集衍射数据的方法，都是根据反射球和倒易点阵的关系设计的。不同的方法利用不同的条件使倒易点阵点和反射球相遇，符合衍射条件，并在连接反射球心到球面上该倒易点阵点的衍射方向记录衍射强度。

Laue 方程[式(3.4)]所规定的衍射方向，也可用倒易点阵表达。设倒易点阵中有一矢量 H 代表 $S-S_0$，令

$$H' = P_1 a^* + P_2 b^* + P_3 c^*$$

为了求 P_1, P_2, P_3 数值，可通过下面运算得到，以 H' 和 a 点乘得：

$$H' \cdot a = (P_1 a^* + P_2 b^* + P_3 c^*) \cdot a = P_1$$

同理得：

$$H' \cdot b = P_2$$
$$H' \cdot c = P_3$$

代入上式，并以 $S-S_0$ 代替 H'：

$$\begin{aligned} H' = S - S_0 &= [(S-S_0) \cdot a]a^* + [(S-S_0) \cdot b]b^* \\ &\quad + [(S-S_0) \cdot c]c^* \\ &= \lambda[ha^* + kb^* + lc^*] = \lambda H \end{aligned}$$

$$H = ha^* + kb^* + lc^* \tag{3.26}$$

所以衍射方向：

$$S = S_0 + \lambda H \tag{3.27}$$

或

$$S/\lambda = S_0/\lambda + H \tag{3.28}$$

或

$$\frac{(S-S_0)}{\lambda} = d_{hkl}^* = H_{hkl} = ha^* + kb^* + lc^*$$

由 Laue 方程结合倒易点阵的定义式推得满足衍射条件的式(3.28)，可用反射球图形表示，因为 S_0 和 S 均为单位矢量，反射球半径为 $1/\lambda$，矢量 $S_0/\lambda, S/\lambda$ 和 H 的关系如图 3.16 所示，它与图 3.15 是完全一致的。

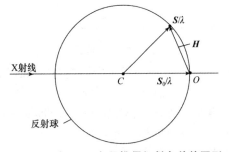

图 3.16　由 Laue 方程推得衍射条件的图形

3.6 单晶体衍射数据收集方法

3.6.1 简介

20 世纪 60 年代中期以前,收集单晶体衍射数据的方法有劳埃法、回转法、回摆法、魏森堡法和旋进法等。这些方法均按倒易点阵和反射球的几何关系设计仪器,按照 X 射线能感光胶片或激发电离物质的性质,用照相或计数器等方法记录衍射强度获得衍射图。根据倒易点阵和反射球关系将衍射点指标化,用目测法或光密度扫描仪测定各衍射点的强度。从 20 世纪 60 年代中期起,不同类型的自动衍射仪相继出现,并商品化。现在最常用的是四圆衍射仪法和面探测器法,表 3.4 对这些方法加以比较,并在本小节介绍前面几种用感光胶片记录衍射强度的方法。

表 3.4 收集单晶衍射数据的各种方法的比较

方 法	晶体安装	射 线	探测器及其运动方式	衍射数据
劳埃法	静止	多波长	平面胶片,静止	对一种安置方式得大量衍射点,不易指标化
回摆法	晶体绕轴摆动	单波长	圆筒形胶片,静止	衍射点多少决定于摆动角度的大小,衍射点分布在层线上
魏森堡法	晶体绕轴摆动	单波长	圆筒形胶片和晶体摆动同步平移运动	衍射点按倒易点阵以一定规则变形地分布
旋进法	晶体绕轴摆动	单波长	平面胶片绕轴作旋进运动	衍射点按倒易点阵不变形地分布
四圆衍射仪法	晶体在圆心按所计算的位置运动	单波长	计数器按所计算的位置定在圆上	逐点收集,将衍射峰扫测出峰形,数据精确度高
面探测器法	晶体摆动	单波长	探测面静止,多点计数探测	同时精确测定大量衍射数据

劳埃(Laue)法   晶体固定不动,用"白色"X 射线,波长连续变化,反射球半径($1/\lambda$)也连续改变,使一部分倒易点阵点有机会和反射球的球面相遇,满足衍射条件。如果入射 X 射线和晶体的某一对称轴或对称面平行,由于反射球具有圆球的对称性,由对称轴联系的各倒易点阵点必将同时落在一个球面上。由球心指向这些倒易点阵点的衍射线,将围绕入射 X 射线轴对称地出现,对称面的对称性也同样出现。

回转法和回摆法 使用单色 X 射线,波长不变,反射球具有固定的半径 (1/λ)。在晶体不断转动或摆动时,倒易点阵点也随着转动或摆动。当倒易点阵点扫过球面,该点满足衍射条件,产生衍射。当晶体的转轴和入射 X 射线垂直,垂直于转轴的倒易点阵面上的点在反射球上碰在同一水平的圆上,衍射图样出现层线形的分布。利用回摆法收集生物大分子晶体衍射数据的情况,将在 6.3.2 节中详细叙述。

魏森堡(Weissenberg)法 先按回摆法校准晶体方向,使衍射点的层线成为直线,即所需收集的倒易点阵平面和晶体的转轴垂直。然后利用一个带有窄缝的金属圆筒形层线屏,只让某一层衍射点的射线通过窄缝,而其余各层的衍射线被挡住。收集数据时,晶体绕轴慢慢转动,层线屏外侧的圆筒形胶片同步地沿着晶体转动轴移动。晶体绕轴回摆,胶片沿轴往复移动。使回摆图中同一层线上的衍射点有规律地展开在一个平面上。衍射点不会重叠,容易进行指标化,逐点测量衍射强度。

旋进法(precession method) 这方法由 Buerger 设计[11,12],可收集到不变形的、放大的、低角度的倒易点阵点对应的各衍射的分布图像,它可用作正式收集强度数据前,研究蛋白质晶体的晶胞参数、对称性、空间群等晶体学数据,以及用以了解晶体的质量等情况。

旋进法原理示意于图 3.17 中,图中表示收集通过倒易点阵原点 O 的零层倒易点阵平面的衍射图。X 射线入射到晶体上(晶体位置相当于 O 点),衍射方向为 CP 方向,衍射线在 P′ 点落在胶片上。图中 r_0 为晶体到金属屏的垂直距

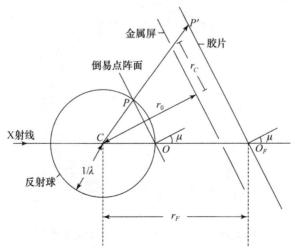

图 3.17 旋进照相法原理示意图(图中示出拍零层照片的情况)

离, r_C 为金属屏中圆形窄缝的半径, 而 r_F 为晶体到胶片中心 (O_F) 的距离 (在实际空间中可将反射球半径看作极小, 晶体位置和反射球心位置看作重合在一起)。金属屏和晶体始终同步运动。

为了获得不变形的倒易点阵平面衍射图, 胶片要始终和该倒易点阵平面平行。当晶体和胶片不动时, 在倒易点阵平面与反射球切割形成的 OP 圆圈上, 处于反射球面的全部衍射点均满足衍射条件, 金属屏上的圆圈形窄缝只让这层

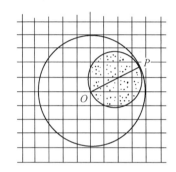

**图 3.18   倒易点阵平面
扫过反射球面部分**

的衍射线通过, 而其余各层的衍射线均被屏挡住。这样该零层倒易点阵平面的点阵点处在反射球面上, 可在胶片上感光记录下来。为了收集该点阵平面上中心部分的全部衍射数据, 必须使晶体进行旋进运动, 旋进角 $\mu = \arctan\left(\dfrac{r_C}{r_0}\right)$。这时垂直于倒易点阵平面的法线与垂直于胶片的法线围绕 X 射线入射方向进行旋进运动。倒易点阵面在反射球面上作圆锥角为 μ 的旋进运动, 相当于 OP 为直径的圆绕 O 点扫过一个大圆, 大圆的半径为 OP, 如图 3.18 所示。

在半径为 OP 的大圆范围内的各个倒易点阵点扫过反射球面时的衍射条件均相同, 所以最后得到的衍射图保持了倒易点阵面上点阵点的分布特点, 即展现了不变形的、放大的和倒易点阵点对应的衍射点的分布图像。图 3.19 示出 α-苦

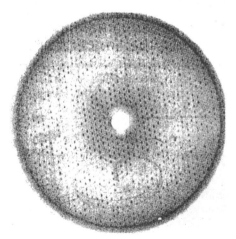

图 3.19   α-苦瓜蛋白晶体的 *hk*0 旋进照相图

(从图中可看出衍射点具有 $\bar{3}$ 的分布特点)

瓜蛋白晶体的 $hk0$ 的旋进照相图。α-苦瓜蛋白晶体的空间群为 $R3$(No. 146)，晶胞参数为：$a=b=13.09\,\mathrm{nm}$，$c=4.09\,\mathrm{nm}$。进行旋进照相时，$\mu=13°$，$r_F=100\,\mathrm{mm}$。

3.6.2　四圆衍射仪法

1. 四圆衍射仪中的测角仪

收集单晶衍射数据的四圆衍射仪的核心机械部件是测角仪，它由 ϕ(phi) 圆、χ(chi)圆、ω(omega)圆和 2θ(2 theta)圆组成。图 3.20 示出四圆衍射仪中的测角仪部分示意图。ϕ 圆是指围绕安置晶体的轴旋转的圆，即测角头绕转轴自转的圆，旋转角称 ϕ 角；χ 圆指安装测角头的垂直圆，测角头可在此圆上运动；ω 圆是通过衍射仪中心的垂直轴使 χ 圆绕垂直轴旋转的圆，亦即晶体绕垂直轴转动的圆；2θ 圆和 ω 圆共轴，载着探测器转动的圆。ϕ 圆、χ 圆和 ω 圆的作用是共同调节晶体的取向，将需要测定的衍射 hkl 的 $\boldsymbol{H}_{hkl}$ 矢量调到水平位置，并使晶体旋转到让 $\boldsymbol{H}_{hkl}$ 矢量端点和反射球面相碰，产生衍射；2θ 圆的作用是让衍射线进入探测器。4 个圆共计有 3 个轴，这 3 个轴和入射 X 射线在空间上相交于一个点，该点即晶体所处的机械中心位置。在收集衍射数据的运转过程中，晶体始终处于该中心位置。每个圆都是由独立的马达带动，通过计算机控制，让晶体的各个衍射 hkl 在特定的取向条件下满足衍射条件，记录衍射强度。

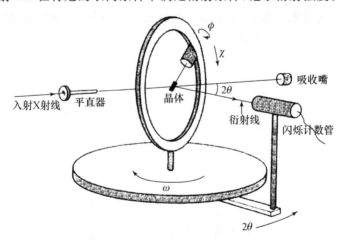

图 3.20　四圆衍射仪中测角仪的结构示意图

不同型号的四圆衍射仪中的测角仪都是根据图 3.20 所示的基本要求和原理进行设计制造。图 3.21 示出现在常用的两种衍射仪商品中测角仪的结构，(a)是 Nonius 公司生产的测角仪，(b)是 Nicolet 和理学(Rigaku)公司生产的测角仪。

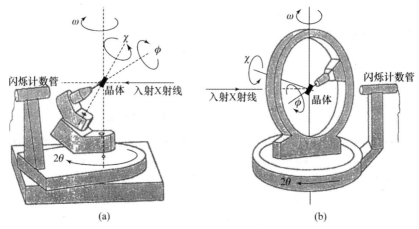

图 3.21　四圆衍射仪中常见的测角仪的结构

（a）Nonius 公司生产；（b）Nicolet 和理学（Rigaku）公司生产

2. 反射球和测角仪 4 个圆的几何关系

四圆衍射仪收集衍射数据的方法是用计算机程序进行控制，对一个一个衍射 hkl 逐点地收集。即将每个矢量 $\boldsymbol{H}_{hkl}$ 调节到反射球的赤道平面，使 $\boldsymbol{H}_{hkl}$ 端点和反射球面相切，产生衍射，同时调节探测器的 2θ 圆，使计数器准确地对着衍射线，记录衍射强度。图 3.22 示出反射球和晶体衍射 hkl 的矢量 $\boldsymbol{H}_{hkl}$ 的关系，以及通过计算机逐点地将 $\boldsymbol{H}_{hkl}$ 用 ϕ 圆、χ 圆和 ω 圆调节的情况，即：

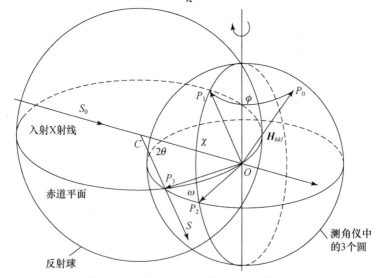

图 3.22　反射球和测角仪中 4 个圆的关系

ϕ 圆：将 $\boldsymbol{H}_{hkl}$ 矢量由 OP_0 调节到 OP_1

χ 圆：将 $\boldsymbol{H}_{hkl}$ 矢量由 OP_1 调节到 OP_2

ω 圆：将 $\boldsymbol{H}_{hkl}$ 矢量由 OP_2 调节到 OP_3

这时 P_3 点处在反射球赤道平面的球面上。从反射球球心到 P_3 的连线即衍射矢量 $\boldsymbol{S}$ 的方向，衍射角为 2θ。

3. 四圆衍射仪收集衍射数据的步骤

利用四圆衍射仪收集衍射数据大体上按下述步骤进行：

（1）安放晶体：用光学显微镜挑选外形规整、晶棱晶面清晰、大小合适的单晶体（线度为 0.3 mm，无机晶体样品尺寸还可小些）。根据晶体样品的性质，如对湿度敏感，可密封；晶体样品对室温环境稳定，可用玻璃毛，黏胶粘好所选的晶体；若晶体样品对温度敏感，可用凡士林，低温胶快速粘上，待胶干后安置于测角头。进行光学（机械）调心。

（2）寻峰和指标化：开机，X 射线光源调成所需的功率（管压和管流）打开快门，用仪器系统控制软件，自动寻找 25 个衍射峰以确定晶体的晶胞参数和取向矩阵并精修。

有了方位矩阵，就可测试一些衍射斑点的峰形，以此判定和控制晶体衍射质量。若有必要，在这里找适当数目的 Friedel 对，进行最小二乘修正，利于得到更精确的方位矩阵和晶胞参数。用精确的晶胞来进行晶胞变换为还原晶胞（对称性更高，或体积更小），核实系统消光。若衍射数据不好，宜立即更换晶体样品。

（3）编制收集衍射数据指令文件：按晶体所属晶系和 Laue 点群，设定收集衍射数据条件，编制一个指令文件控制收集衍射数据过程，包括收集数据的范围、收集次序、扫描方式、扫描宽度、扫描时间等，还要选 3～4 个监测点，在数据收集自始至终按一定周期重复测量其强度，了解晶体在收集强度过程中晶体位置有无变动、晶体有无衰变和光源强度的稳定性，以便及时加以处理。

（4）收集衍射数据：检查收集数据控制文件的各项指令。一切无误，即可启动。按指定次序逐一扫描每个衍射点的积分强度。在收集数据过程中要经常检查其运行情况。数据收集完成后，不忙取下晶体样品。

（5）进行吸收校正和数据处理：根据晶体的晶面和外形尺寸，进行吸收校正。然后对衍射数据进行处理，即将数据通过统一、还原（参看 4.6 节），形成衍射数据的初始文件，供测定结构的后续工作使用。

3.6.3   面探测器法

四圆衍射仪法收集的衍射数据精确度高,是收集无机物和有机物小分子单晶衍射数据的理想仪器。但它是逐点收集,同一时间只收集一个衍射点,当遇到晶胞很大的蛋白质晶体或其他晶体时,耗时过多。特别是用高强度同步辐射作 X 射线源,不能用四圆衍射仪来收集衍射数据。

回摆法结合成像板(imaging plate,IP)或电荷耦合器件(charged couple device,CCD)等类型的面探测器,可在短时间内同时记录大量的衍射数据,已成为收集衍射强度的重要方法。图 3.23 示出平面探测器的安排。

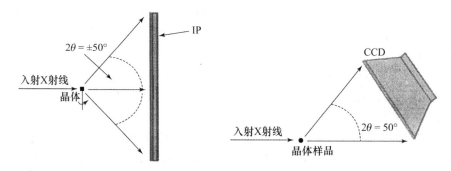

图 3.23   平面探测器 IP 和 CCD 的安排

成像板是一种磷光物质储存感光信息的平板器件。当晶体衍射线入射到板上时,将板中磷光物质感光而形成潜像。用激光照射到潜像板上,储存信息的磷光物质会发射不同波长的光,通过光电倍增器将这种光转换成放大的电信号。成像板可将衍射信息储存一定时间,用过以后又可用激光擦除原有信号,反复多次使用。详细情况请参看 6.3.1 节。

在回摆法中,晶体绕轴在一定角度内摆动,许多倒易点阵点和反射球相切,产生衍射。衍射数据信息(即衍射点的位置和强度)被记录在面探测器上。摆动角度的大小可根据晶胞大小进行选择。为了避免衍射点的信息相互重叠,晶胞大者,摆动角度可以小一些,例如摆动角度为 2°,即每隔 2°收集的衍射信息记录在一张成像板或 CCD 器件上。晶体的取向,即摆动轴不要求按照相法那样绕一个晶轴摆动。但需要在正式收集数据前,通过少量的衍射数据了解晶胞大小和取向,以及晶体所属的晶系和 Laue 点群。

面探测器衍射仪收集衍射数据过程可按下述步骤进行:

(1) 用光学显微镜选好晶体样品(注意外形和尺寸),将晶体安放于测角头上,光学调心,调晶体-探测器距离(根据衍射点强度和密集度,以及所要求的分辨率)。开机,选定 X 射线强度(管压,管流),收集十余张衍射图(IP 系统只需 2～3 张)。指标化衍射点,确定晶体的质量、晶胞参数和取向、晶体所属晶系和 Laue 群。

(用面探测器法,从原理上来说,可以不知道晶体的晶胞参数和取向进行数据收集,但无法确定最佳数据收集条件,也极可能造成后续的数据处理的困难。)

(2)根据晶体的晶胞参数和取向,晶体所属晶系、Laue 点群,以及衍射斑点质量,制定数据收集方案,包括:

① 选择面探测器到晶体的距离,以及每张回摆图的晶体回摆角度的大小,以减少或避免衍射点在回摆图上的重叠。

② 选择面探测器的 2θ 角度,在满足分辨率要求的前提下充分利用面探测器的有效面积。

③ 选择晶体回摆角度、回摆范围和方式(ϕ 扫描和 ω 扫描),按数据完全度的要求和仪器几何的设置消除盲区。

④ 按所用衍射仪的性能选择每张回摆图的曝光时间、分辨率的要求。

(3)按预先制定的数据收集方案收集数据。

(4)收集完数据,不忙取下晶体,接着进行测量晶体的晶面和外形尺寸的吸收校正。浏览和检查整套数据,根据情况,(最好是)再收集一套数据,进行平均、归并,利于提高数据完整性和质量。

由上面讨论可见,四圆衍射仪法和面探测器法收集晶体的衍射数据各有其特性和优点,如表 3.5 所列。随着科学技术的发展,平面探测器法由于效率高、操作方便,已日益显示出它的优势。

表 3.5　四圆衍射仪与面探测器衍射仪的比较

	传统的四圆衍射仪	面探测器衍射仪
数据收集方法	逐个衍射点收集	一次收集多个衍射点
数据收集速度	每分钟一到几个衍射点,慢	每分钟几百、上千个衍射点,快
数据容量	少量,一套原始数据容量一般在 1 MB 以内	大量,一套原始数据容量(压缩四倍)一般在几十到几百 MB
数据点数目	一般等于或略多于一个独立区	通常为数个独立区,重复测量次数多
完成一套数据收集所需时间	需数日	需几个、十几个小时
数据处理	相对简单,费时少	复杂,费时多,要求大容量和高速计算机

参 考 文 献

[1] J. R. Helliwell, *Macromolecular Crystallography with Synchrotron Radiation*, Cambridge Univ. Press, UK, 1992.

[2] P. P. Ewald(ed.), *Fifty Years of X-Ray Diffraction*, Kluwer, Dordercht, 1962, Chap. 4.

[3] W. Friedrich, P. Knipping and M. Laue, *Interferenz-Erscheinungen bei Röntgenstrahlen.* [*Interference Phenomena with X-Rays.*] *Sitzungsberichte der Mathematisch-Physikalischen Klasse der Königlichen Bayerischen Akademie der Wissenschaften zu München*, pp. 303~322(1912). English translation: J. J. Stezowski, in: J. P. Glusker (ed.), *Structural Crystallography in Chemistry and Biology*. Hutchinson and Ross, Stroudsburg, PA, 1981, pp. 23~39.

[4] W. L. Bragg, *Proc. Roy. Soc.* (London), 1913, **A89**, 248.

[5] U. Shmueli (ed.), *International Tables for Crystallography*, Vol. B, *Reciprocal Space*, (3rd ed.), John Wiley and Sons, New York, 2008.

[6] C. Hammond, *The Basics of Crystallography and Diffraction* (3rd ed.), Oxford University Press, 2009.

[7] M. J. Buerger, *X-Ray Crystallography*, Wiley, New York, 1942.

[8] M. M. Julian, *Foundations of Crystallography with Computer Applications*, CRC Press, 2008.

[9] P. P. Ewald, *Z. Krist.*, 1921, **56**, 129.

[10] J. Drenth, *Principles of Protein X-Ray Crystallography*, Springer-Verlag, New York, 1994.

[11] M. J. Buerger, *The Precession Method in X-Ray Crystallography*, Wiley, New York, 1964.

[12] J.-L. Staudenmann, R. D. Horning and R. D. Knox, *J. Appl. Cryst.*, 1987, **20**, 210.

[13] A. J. C. Wilson and E. Prince(ed.). *International Tables for Crystallography*, Vol. C, *Mathematical, Physical and Chemical Tables* (2nd ed.), Kluwer, Dordrecht, 1999.

[14] 周公度,晶体结构测定,科学出版社,北京,1981.

[15] 陈小明,蔡继文,单晶结构分析原理与实践,第二版,科学出版社,北京,2007.

[16] 马喆生,施倪承,X 射线晶体学,中国地质大学出版社,北京,1995.

[17] 方奇,于文涛,晶体学原理,国防工业出版社,北京,2002.

第 4 章　衍射强度和结构因子

4.1　衍射法测定晶体结构的一般步骤

利用衍射法测定晶体结构的一般步骤示意于图 4.1。在图中，中间一列从最上面的"晶体"到最后的"结论和应用"，表达出测定结构各阶段所要关注的内容和要得到的主要信息。

要获得比较理想的衍射数据，测定出准确的结构，首先必须获得质量较好的晶体。在单晶衍射中，好的晶体的标准是根据晶体的性质配合仪器的要求挑选出合适的尺寸、外形接近球形、晶粒表面洁净、没有黏附物。根据晶体的性质加以保护，使在整个收集衍射数据过程不变质，稳定地安置在测角头上。

用四圆衍射仪收集衍射数据，晶体不需要定向安置，但需严格地调心，使晶体的中心和衍射仪四个圆的圆心重合在一起。晶体安置、调心后，在正式收集衍射信息前，需要按衍射仪使用要求先收集少量衍射数据（例如 30 个衍射点），进行指标化，测定晶体的晶胞参数、晶系和晶体对称性所属的衍射群，还要推导出晶体在测角器上的取向矩阵。这些由少量衍射数据所获得的晶体对称性和晶体的取向，是正式收集晶体衍射数据的基础，十分重要，不能有错，必要时要反复核对。

图 4.1 中列出衍射强度→结构振幅→相角→结构因子等 4 个步骤，它们都涉及晶体倒易空间的信息。这些数据的下标 hkl 是衍射指标，将它标在每个物理量上，说明对每个 hkl 是独立的。hkl 的数目很多，少则数百，多可达数十万，由晶胞参数 a,b,c 的大小和所用 X 射线的波长（λ）决定。a,b,c 的数值大，倒易点阵参数 a^*,b^*,c^* 的数值小，在倒易空间中，倒易点阵点的密度大；波长（λ）短，Ewald 球的半径（$1/\lambda$）大，能产生衍射的衍射点就多。每个衍射点的衍射强度除了与晶体结构中晶胞内原子种类和数目有关，即和结构振幅有关外，还和许多物理因素以及实验条件有关，而且这些因素对每个衍射产生的影响程度也不相同，需要加以处理、校正和还原，才能得到同一标度的结构振幅 $|F_{hkl}|$。本章后面几节主要就是说明有哪些因素和衍射强度有关，应当怎样进行处理、校正，才能获得所需的 $|F_{hkl}|$。虽然现在各种商品衍射仪器都有对衍射强度进行处理、校正和还原的计算程序，但这些知识对正确地测定晶体结构、深入地了解

结构和性质的关系是很有价值的。

　　将结构振幅$|F_{hkl}|$和相角 α_{hkl} 结合,得到结构因子 F_{hkl}:

$$F_{hkl} = |F_{hkl}|\exp[i\alpha_{hkl}] \tag{4.1}$$

有了结构因子就可通过 Fourier 变换,将倒易空间的信息变换为晶体空间的信息,得到晶体的实际结构。衍射 hkl 的相角不能从衍射实验直接得到,使相角问题成为测定晶体结构的关键。图 4.1 中心线左侧小框架中列出几种测定结构的方法,实质上就是测定相角的方法。小框架和中心线上所列的虚线箭头,由相角--→结构因子--→电子密度函数--→结构模型--→测定结构方法--→相角,这是一种循环反复进行的过程,表示测定的结构模型要多次反复地进行修正,以便获得精确的结构。

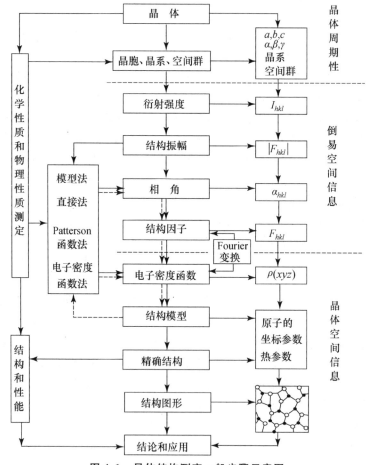

图 4.1　晶体结构测定一般步骤示意图

　　为使读者更明确地理解上述过程,本章4.2节介绍测定晶体结构涉及的一些概念和方法。接着在本章以后各节中,详细介绍获得衍射强度到结构因子的数据过程中,涉及倒易空间信息的相关内容。第5章将系统地介绍测定晶体结构各种方法的原理和特点。有关晶体结构数据的应用将在第8章中讨论。

4.2　晶体衍射的一些概念和方法

4.2.1　倒易空间和晶体空间

　　在第3章中讨论到晶体的倒易点阵,并以倒易点阵阐述晶体的各种衍射效应,推导 Laue 方程和 Bragg 方程。

　　晶体倒易点阵所在空间称为倒易空间(reciprocal space)。倒易空间是由晶体的3个不共面的倒易点阵参数 a^*,b^*,c^* 矢量所界定,是为处理晶体衍射效应建立的,又称衍射空间(diffraction space)。图4.2示出由 a^*,b^*,c^* 倒易点阵矢量构成的倒易点阵空间或倒易空间格子,它显示出倒易点阵点 hkl 在倒易空间中的分布情况,各点的指标 hkl 数值按单位矢量将它标出。图中画的球是反射球轮廓,球的半径为 $1/\lambda$,它在图中的大小尺寸单位要和倒易点阵矢量尺寸单位一致。球面要和倒易点阵原点 O 相切,球心和原点的连线为 X 射线照射到晶体的入射线。

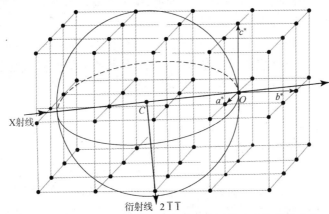

图4.2　倒易空间中倒易点阵点的分布及其产生衍射的方向

　　在收集晶体的衍射数据时,晶体经过严格调心后,入射 X 射线和晶体的连线(即 $\overline{CO}$ 线)将固定不变,这时衍射仪按照晶体的取向矩阵,通过程序指令将要收集衍射强度的衍射点调整到球面位置,接收记录球心到球面上各个衍射点

（如图中 $2\bar{1}\bar{1}$ 点）连线方向来的衍射强度信息。

　　倒易空间的大小理论上是无限的，因为 h,k,l 的数值分别从负的整数、零、到正的整数，没有其他限制。实际上以原点作圆心，以反射球体直径为半径所作的球体，在此球体以外的衍射点，不能产生衍射效应，没有实际意义。只有在探讨电子密度函数的断尾效应时，对球体以外空间的少数衍射点进行理论上的计算、校正和探讨时用上。

　　晶体空间是晶体中原子和分子所在的真实空间（real space）。晶体具有周期性结构，晶体空间由晶胞并置排列构成，晶体空间的大小就是晶粒的大小，在其中晶胞的数目是有限的。

　　晶胞中原子占据一定的空间，不同种类的原子，核外电子分布的密度不同，所占体积的大小不同。依靠晶体的衍射数据，计算出晶胞中的电子密度函数 $\rho(xyz)$，绘制出它的图形，从一个个密度极大值在晶胞中的坐标 (x_j, y_j, z_j) 确定第 j 个原子的位置，从该原子的电子分布体积及其中各点的电子密度计算电子数目，判断原子的种类，定出晶体结构。

4.2.2　衍射波的数学表示

　　具有周期结构的晶体，受到 X 射线照射时，晶体中的电子和原子等的散射波互相进行叠加，在有的方向上干涉抵消，而在某些特定方向上互相叠加增强。这些射线以不同于入射线的方向向外发射，这种现象称为晶体对 X 射线的衍射（diffraction）。

　　从衍射仪探测到各个衍射波的强度 I_{hkl}，经过一系列的修正，得到结构振幅 $|F_{hkl}|$ 或 $|F_{hkl}|^2$。在此实验数据基础上，设法求得各个衍射波的相角 α_{hkl}，得到结构因子 F_{hkl}，它是一个波函数，其波长继承入射 X 射线的波长。下面讨论波函数的几种数学表示。

　　1. 波函数的三角函数表示

　　波函数 F_n 常用余弦函数表达波长 λ，沿 x 方向波动：

$$F_n = |F_n|\cos(2\pi x/\lambda + \alpha_n) \tag{4.2}$$

$|F_n|$ 是振幅，用波的高度表示；相角 α_n 是相对于选定原点的角度差。图 4.3 中(a)和(b)分别表示两列波 F_1 和 F_2 的图形，图中示出 $|F_1| = 14.0, \alpha_1 = 0°$；$|F_2| = 7.7$，$\alpha_2 = 75°$。将这两列波叠加，得 $|F_3| = 17.6, \alpha_3 = 24.8°$。这三列波的波长都相同。

　　2. 波函数在直角坐标系中的矢量表示

　　衍射波的另一种简单表示法是在直角坐标上用矢量表示，波的振幅 $|F_n|$ 用矢量的长短表示，相角 α_n 用矢量和水平坐标轴的夹角表示。如图 4.4(a)，可得：

$$A_n = |F_n| \cos\alpha_n, \quad B_n = |F_n| \sin\alpha_n$$
$$|F_n|^2 = A_n^2 + B_n^2, \quad \tan\alpha_n = B_n/A_n \tag{4.3}$$

对于图 4.3 所示的波函数,可表达为如图 4.4(b)所示的图形,并可按此计算:

$$F_1: \quad A_1 = |F_1| \cos 0° = 14.0, \quad B_1 = |F_1| \sin 0° = 0$$

$$F_2: \quad A_2 = |F_2| \cos 75° = 2.0, \quad B_2 = |F_2| \sin 75° = 7.4$$

将两列波相加,得 F_3:

$$A_3 = A_1 + A_2 = 16.0, \quad B_3 = B_1 + B_2 = 7.4$$

$$|F_3| = \sqrt{A_3^2 + B_3^2} = 17.6, \quad \alpha_3 = \arctan(B_3/A_3) = 24.8° \tag{4.4}$$

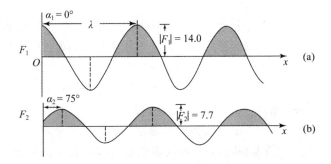

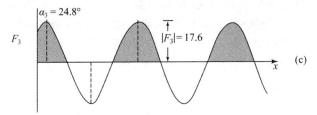

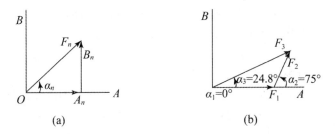

图 4.3 (a)和(b)两列波长相同而振幅和相角不同的波 F_1 和 F_2;(c)将 F_1 和 F_2 相互叠加得波函数 F_3 的图形

图 4.4 (a) AB 坐标平面上波函数的矢量表示;(b) 波函数 F_1 和 F_2 叠加为 F_3 的图形

对于多个波长相同而相角和振幅不同的波函数的叠加,可按式(4.4)扩充运用:

$$\left.\begin{array}{l} A = A_1 + A_2 + A_3 + \cdots + A_n = \sum_{i=1}^{n} A_i \\ B = B_1 + B_2 + B_3 + \cdots + B_n = \sum_{i=1}^{n} B_i \end{array}\right\} \qquad (4.5)$$

3. 波函数的复数表示

复数(complex number,Z)是一个含有 $i = \sqrt{-1}$ 的数。

$$Z = A + iB \qquad (4.6)$$

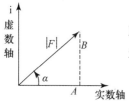

图 4.5 波函数 F 在复数
平面上的表示

对于包含振幅 $|F|$ 和相角 α 的波函数 F,可在复数平面上以矢量表达,见图 4.5。图中实数轴和虚数轴互相正交,可得:

$$\begin{aligned} F &= A + iB \qquad (4.7) \\ &= |F|(\cos\alpha + i\sin\alpha) \\ &= |F|\exp[i\alpha] \end{aligned}$$

利用复数对波函数进行表达和运算,其方法与直角坐标系中的矢量表达式基本相同,只是涉及 B 的分量前加上 i,成为 iB。由于 i 的加入在计算机运算时不会出现 A 和 B 两列数混淆的情况。所以多列复数($F_n = A_n + iB_n$)按式(4.5)相加时,只要在 B 的前面加上 i 成为 iB 即可。两个复数 F_1 和 F_2 相乘,可按指数形式将 $|F_1| \cdot |F_2|$ 算得振幅外,相角部分按照下式进行:

$$\exp[i\alpha_1] \cdot \exp[i\alpha_2] = \exp[i(\alpha_1 + \alpha_2)] \qquad (4.8)$$

共轭复数 Z^* 的表达式为:

$$Z^* = A - iB \qquad (4.9)$$

一个波函数的共轭复数只要在式(4.6)中 i 前将"+"改为"−"即得。

4.2.3   晶体空间和倒易空间的傅里叶变换

傅里叶级数(Fourier series)是一种表达周期函数的级数。由于晶体是周期性结构,它需要用周期性函数描述。一组包含正弦和余弦三角函数的级数即 Fourier 级数,适合这种要求。

一维 Fourier 级数的一般形式为:

$$\begin{aligned} f(x) &= a_0 + a_1\cos2\pi x + a_2\cos2\pi(2x) + \cdots + a_n\cos2\pi(nx) \\ &\quad + b_1\sin2\pi x + b_2\sin2\pi(2x) + \cdots + b_n\sin2\pi(nx) \\ &= a_0 + \sum_{h=1}^{n}(a_h\cos2\pi hx + b_h\sin2\pi hx) \qquad (4.10) \end{aligned}$$

式中,h 是整数,a 和 b 是常数,x 是周期中由 0 到 1 间的分数。由式(4.10)可见,任一周期函数均可分解为多项余弦函数和正弦函数的加和。晶体的内部结构具有三维周期性,周期中的电子密度 $\rho(xyz)$ 可按上式所述原理,从数学上将它用三维 Fourier 级数表达。

晶体是严格地按晶胞并置重复排列的三维周期结构,在晶体空间内,晶胞中电子密度分布函数 $\rho(xyz)$ 显示出一个一个高峰,如图 4.6(a)所示。各个峰的极大值位置相应着原子的中心位置,用 (x_j, y_j, z_j) 表示,各个峰的大小高低反映出不同种类原子散射能力的高低,用原子散射因子(f_j)表示(见 4.3 节)。

晶体受到 X 射线照射,将按照 Bragg 方程规定的条件产生衍射,衍射波的振幅和相角由结构因子 F_{hkl} 表示。在倒易空间中,衍射点 hkl 的位置由倒易晶胞参数 $a^*, b^*, c^*, \alpha^*, \beta^*, \gamma^*$ 规定,如图 4.6(b)表示。

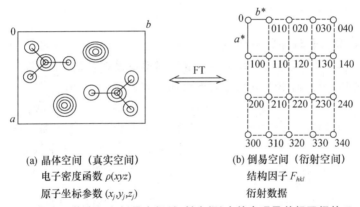

(a) 晶体空间(真实空间)　　　　　　(b) 倒易空间(衍射空间)
电子密度函数 $\rho(xyz)$　　　　　　　　结构因子 F_{hkl}
原子坐标参数 (x_j, y_j, z_j)　　　　　　衍射数据

图 4.6　晶体结构在晶体空间和倒易空间(衍射空间)中的表现及其相互间的 Fourier 变换

同一种周期结构的晶体在两种空间显示的 $\rho(xyz)$ 和 F_{hkl} 都是周期函数,都可以用 Fourier 级数的形式表示,下面列出这两种函数相互用另一种函数表达的方程(公式的推导请参看 4.8 节和 5.1 节)。

$$\rho(xyz) = \frac{1}{V} \sum_h \sum_k \sum_l F_{hkl} \exp[-\mathrm{i}2\pi(hx + ky + lz)] \qquad (4.11)$$

$$F_{hkl} = \int_v \rho(xyz) \exp[\mathrm{i}2\pi(hx + ky + lz)] \mathrm{d}v \qquad (4.12)$$

结构因子和电子密度函数两者之间的相互变换关系,符合数学中的 Fourier 变换关系,统称 Fourier 变换(Fourier transform,FT)。有时细微一点用结构因子计算电子密度函数的过程称为 Fourier 变换,而由电子密度函数计算结构因子的过程称为 Fourier 反变换(inverse Fourier transform,iFT):

$$\text{结构因子 } F_{hkl} \underset{\text{iFT}}{\overset{\text{FT}}{\rightleftharpoons}} \text{电子密度函数 } \rho(xyz)$$

而笼统一点对 Fourier 变换和 Fourier 反变换不加区分,统一称为 Fourier 变换:

$$F_{hkl} \overset{\text{FT}}{\rightleftharpoons} \rho(xyz)$$

Fourier 变换为结构因子与电子密度函数之间架起了桥梁。

4.3　晶胞对 X 射线的散射

晶体是点阵结构,它由许多完全相同的晶胞并置排列而成。晶体对 X 射线的衍射,可由各个晶胞对 X 射线的散射进行加和而得。晶胞中分布着许多原子,而原子由电子和原子核组成。本节分成电子、原子和晶胞三小节讨论它们的散射。

4.3.1　电子的散射

X 射线是波长较短的电磁波,当它在空间传播时,遇到带电粒子,如电子,会使电子产生振动。振动的带电体形成发射电磁波的波源,以球面形式向外发射。这种向各个方向发射电磁波的现象称为散射(scattering)。

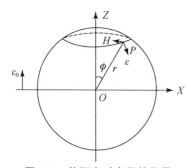

图 4.7　偏振光对电子的作用

一束 X 射线沿 X 方向前进,垂直于 X 方向有互相垂直的电向量和磁向量。设有一偏振化的 X 射线,电向量为 ε_0,遇一自由电子于 O 点,电子电荷为 e,质量为 m,这个电子在电场 ε_0 中取得一加速度 $a = \dfrac{e}{m}\varepsilon_0$。加速运动的电子为一个向各方向发射电磁波的波源,如图 4.7 所示。任意一点 P,和电子的距离为 r,ε_0 和 Z 轴平行,OP 和 Z 轴的夹角为 ϕ,根据电磁理论,电子发射的电磁波在 P 处的电向量 ε 为:

$$\varepsilon = \frac{ae}{rc^2}\sin\phi = \left(\frac{e^2}{mrc^2}\sin\phi\right)\varepsilon_0 \tag{4.13}$$

P 点电磁波的强度 I_e 为:

$$I_e = \frac{c}{4\pi}\varepsilon^2 \tag{4.14}$$

若入射 X 射线的强度为 I_0,则

$$\frac{I_e}{I_0} = \frac{\varepsilon^2}{\varepsilon_0^2} = \left(\frac{e^2}{mrc^2}\right)^2\sin^2\phi$$

或

$$I_e = I_0 \left(\frac{e^2}{mrc^2} \right)^2 \sin^2 \phi \qquad (4.15)$$

式中 I_e 为 P 处电子散射光的强度,它和入射光强(I_0)、P 点和电子间的距离(r)、散射方向与入射 X 射线在 O 点的电向量 ε_0 间的夹角 ϕ 有关。

若入射 X 射线为非偏振光,在垂直于 X 射线传播方向 OX 的平面上,电向量 ε_0 指向任意方向,不论其方向如何,总可以分解为互相垂直的两个偏振分量 ε_{0Y} 和 ε_{0Z},

$$\varepsilon_{0Y} + \varepsilon_{0Z} = \varepsilon_0$$

相应地可得:

$$I_{0Y} + I_{0Z} = I_0$$

由于 ε_0 在各个方向上的概率相等,所以可得:

$$I_{0Y} = I_{0Z} = \frac{1}{2} I_0 \qquad (4.16)$$

而

$$\varepsilon_{0Y} = \varepsilon_{0Z} = \frac{\sqrt{2}}{2} \varepsilon_0 \qquad (4.17)$$

今设 P 点处在 XZ 平面,入射 X 射线和 OP 线的夹角为 2θ,ε_{0Z} 和 Z 轴平行,ε_{0Y} 和 Y 轴平行,ε_{0Z} 和 OP 的夹角 $\phi = 90° - 2\theta$,ε_{0Y} 和 OP 的夹角为 $90°$,如图 4.8 所示。将这些关系代入式(4.15),得:

$$\begin{aligned} I &= I_Y + I_Z \\ &= \frac{I_0}{2} \left(\frac{e^2}{mrc^2} \right)^2 \sin^2 (90° - 2\theta) + \frac{I_0}{2} \left(\frac{e^2}{mrc^2} \right)^2 \sin^2 90° \\ &= \frac{I_0}{2} \left(\frac{e^2}{mrc^2} \right)^2 (1 + \cos^2 2\theta) \end{aligned}$$

或

$$I_e = I_0 \left(\frac{e^2}{mrc^2} \right)^2 \frac{1 + \cos^2 2\theta}{2} \qquad (4.18)$$

由式(4.18)可见,适用于非偏振光的散射强度公式中,有一个与角度有关的因子 $\frac{1 + \cos^2 2\theta}{2}$,这个因子称为偏极化因子,常用符号 P 表示。

当入射 X 射线为非偏振光时,电子散射 X 射线的强度与衍射角有关,需要用偏极化因子(polarization factor)P 校正:

$$P = \frac{1 + \cos^2 2\theta}{2} \qquad (4.19)$$

对于经过单色器单色化,并在赤道平面上测量衍射光强时:

$$P = \frac{1 + (\cos^2 2\theta)(\cos^2 2\theta_0)}{1 + \cos^2 2\theta_0}$$ (4.20)

式中 θ 为衍射角,θ_0 为单色器晶体的衍射角。

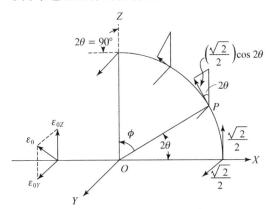

图 4.8   非偏振光对电子的作用

4.3.2   原子的散射

含有 Z 个电子的原子散射 X 射线的强度,不是简单地等于一个电子的 Z 倍(只有衍射角为 0°时是例外)。这是由于原子核外电子的分布是连续的电子云方式存在,原子在空间占有一定的体积,不同位置上的电子云的散射波在某一散射方向有相差,它们会互相干涉,使散射波振幅减小。衍射角 θ 改变,原子的散射能力改变。通常原子的散射能力用原子散射因子 f 表示。

$$f = \frac{原子散射波的振幅}{一个自由电子散射波的振幅}$$ (4.21)

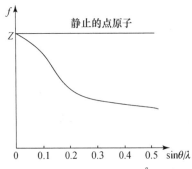

图 4.9 f-$\sin\theta/\lambda$ 曲线(λ 用 Å 为单位)

f 的大小随 θ 而变,当 $\theta = 0°$时,$f = Z$;当 θ 增大,f 减小。f 还和 X 射线波长有关,若 θ 值一定时,波长越短,f 越小。图 4.9 示出 f-$\sin\theta/\lambda$ 关系图。若电子集中在核附近成为一个理想的点,称为点原子,静止的点原子的 f 不随 $\sin\theta/\lambda$ 而变,是一常数,如图 4.9 所示。

一般求算原子散射因子时根据下列假定进行:原子是静止的;除个别外均指基

态;散射频率远大于原子内部转移频率;原子的电子密度为球形对称;电子的结合能远比 X 射线光子的能量小;电子的散射能力如同自由电子。在实际的原子中,电子受核的束缚,束缚电子的散射能力和自由电子有差别,散射波的位相也有不同,这种效应称为反常散射效应。当考虑反常散射效应时,原子散射因子的表达式[1]为:

$$f = f_0 + \Delta f' + \mathrm{i}\Delta f'' = f' + \mathrm{i}f'' \tag{4.22}$$

式中 f'(或 $f_0 + \Delta f'$)为实部,$\mathrm{i}f''$(或 $\mathrm{i}\Delta f''$)为虚部,在复数平面上表达时,实部和虚部位相差为 $90°$。

原子的反常散射效应可用以测定晶体的对称性(判别有无对称中心)和分子的绝对构型。

4.3.3 晶胞的散射

有一晶胞由 a, b, c 三个矢量规定,晶胞中有 n 个原子,其中第 j 个原子在晶胞中的分数坐标为 (x_j, y_j, z_j),原子散射因子为 f_j。设 S_0 与 S 各为在入射与衍射方向上的单位矢量,这样,联系衍射方向和晶胞参数的劳埃方程为:

$$\left.\begin{aligned}
a \cdot (S - S_0) &= h\lambda \\
b \cdot (S - S_0) &= k\lambda \\
c \cdot (S - S_0) &= l\lambda
\end{aligned}\right\} \tag{4.23}$$

此公式也可用倒易点阵表达。设在倒易点阵中,有一矢量 r 代表 $(S - S_0)$,

$$r = P_1 a^* + P_2 b^* + P_3 c^*$$

为了求 P_1, P_2, P_3 数值与晶胞的三个矢量 a, b, c 的关系,以矢量 a 和上式点乘得:

$$r \cdot a = (P_1 a^* + P_2 b^* + P_3 c^*) \cdot a = P_1$$

同理得:

$$r \cdot b = P_2, \quad r \cdot c = P_3$$

代入上式得:

$$r = (r \cdot a)a^* + (r \cdot b)b^* + (r \cdot c)c^*$$

现将 r 代入得:

$$\begin{aligned}
S - S_0 &= [(S - S_0) \cdot a]a^* + [(S - S_0) \cdot b]b^* + [(S - S_0) \cdot c]c^* \\
&= \lambda[ha^* + kb^* + lc^*] = \lambda H
\end{aligned} \tag{4.24}$$

从晶胞原点到第 j 个原子的矢量为 r_j,

$$r_j = x_j a + y_j b + z_j c$$

在衍射 hkl 中,通过晶胞原点的衍射波与通过第 j 个原子的衍射波相互间的程

差 δ 为：

$$\delta = \boldsymbol{r}_j \cdot (\boldsymbol{S} - \boldsymbol{S}_0) = \lambda \boldsymbol{r}_j \cdot \boldsymbol{H}$$

周相差 α 为：

$$\begin{aligned} \alpha &= \frac{2\pi\delta}{\lambda} = 2\pi \boldsymbol{r}_j \cdot \boldsymbol{H} \\ &= 2\pi(x_j\boldsymbol{a} + y_j\boldsymbol{b} + z_j\boldsymbol{c}) \cdot (h\boldsymbol{a}^* + k\boldsymbol{b}^* + l\boldsymbol{c}^*) \\ &= 2\pi(hx_j + ky_j + lz_j) \end{aligned} \tag{4.25}$$

晶胞中有 n 个原子，每个原子散射波的振幅（即原子散射因子）分别为 f_1，$f_2, \cdots, f_j, \cdots, f_n$，和原点的周相差分别为 $\alpha_1, \alpha_2, \cdots, \alpha_j, \cdots, \alpha_n$。这 n 个原子的散射波互相叠加而形成的复合波，若用指数形式表示，可得：

$$\begin{aligned} F &= f_1\exp[\mathrm{i}\alpha_1] + f_2\exp[\mathrm{i}\alpha_2] + \cdots + f_n\exp[\mathrm{i}\alpha_n] \\ &= \sum_{j=1}^{n} f_j\exp[\mathrm{i}\alpha_j] \end{aligned}$$

即

$$F_{hkl} = \sum_{j=1}^{n} f_j\exp[\mathrm{i}2\pi(hx_j + ky_j + lz_j)] \tag{4.26}$$

这一公式的另一种写法是以 $F_{\boldsymbol{h}}$ 代表 F_{hkl}，以 $\boldsymbol{H} \cdot \boldsymbol{r}_j$ 代表 $(hx_j + ky_j + lz_j)$，这样，式(4.26)可写为：

$$F_{\boldsymbol{h}} = \sum_{j=1}^{n} f_j\exp[\mathrm{i}2\pi\boldsymbol{H} \cdot \boldsymbol{r}_j] \tag{4.27}$$

F_{hkl} 称为衍射 hkl 的结构因子，其模量 $|F_{hkl}|$ 称为结构振幅。

4.4　晶体的衍射强度

4.4.1　一小粒完美晶体对 X 射线的衍射

有一晶体，其晶胞的三个矢量为 $\boldsymbol{a}, \boldsymbol{b}, \boldsymbol{c}$，沿 X 轴方向有 N_1 个周期，沿 Y 轴方向有 N_2 个周期，沿 Z 轴方向有 N_3 个周期，晶体中共有 $N_1 \times N_2 \times N_3 = N$ 个晶胞。假定晶体较小，不存在吸收和消光，入射 X 射线对晶体中每个晶胞的作用都相同。每个晶胞对衍射 hkl 的结构因子为 F_{hkl}，相应地每个晶胞对衍射 hkl 的散射波强度均为 $I_e|F_{hkl}|^2$。但是由于各个晶胞在空间所处的位置不同，它们的散射波的波程不同，和晶体的坐标原点的波程差也不同。设某个晶胞原点和晶体的坐标原点距离为 $m\boldsymbol{a} + n\boldsymbol{b} + p\boldsymbol{c}$，则该晶胞和晶体坐标原点的波程差为：

$$(S - S_0) \cdot (ma + nb + pc)$$

周相差为：

$$\alpha = \frac{2\pi}{\lambda}(S - S_0)(ma + nb + pc)$$

$$= 2\pi H \cdot (ma + nb + pc)$$

$$= 2\pi(ha^* + kb^* + lc^*) \cdot (ma + nb + pc)$$

$$= 2\pi(mh + nk + pl)$$

整个晶体受 X 射线照射时发出的衍射，其强度为：

$$I'_{hkl} = I_e |F_{hkl}|^2 \left| \sum_{m=0}^{N_1-1} \sum_{n=0}^{N_2-1} \sum_{p=0}^{N_3-1} \exp[i2\pi(mh + nk + pl)] \right|^2 \qquad (4.28)$$

为了了解上式的性质，先考虑一维情况，令

$$G_1 = \left| \sum_{m=0}^{N_1-1} \exp[i2\pi mh] \right|$$

这一加和为一几何级数，公比为 $\exp[i2\pi h]$。

几何级数具有下列关系：

$$a + ar + ar^2 + \cdots + l = \frac{rl - a}{r - 1}$$

其中 a 为第一项，l 为最后一项，r 为公比。将此关系代入，则可推得[①]：

$$G_1 = \left| \frac{\exp[i2\pi N_1 h] - 1}{\exp[i2\pi h] - 1} \right|$$

$$= \left| \frac{(\cos\pi N_1 h + i\sin\pi N_1 h)^2 - 1}{(\cos\pi h + i\sin\pi h)^2 - 1} \right|$$

$$= \left| \frac{i\cos\pi N_1 h \cdot \sin\pi N_1 h - \sin^2\pi N_1 h}{i\cos\pi h \cdot \sin\pi h - \sin^2\pi h} \right|$$

$$= \left| \frac{\sin\pi N_1 h}{\sin\pi h} \cdot \frac{\cos\pi N_1 h - i\sin^2\pi N_1 h}{\cos\pi h - i\sin\pi h} \right|$$

$$= \left| \frac{\sin\pi N_1 h}{\sin\pi h} \cdot \frac{\exp[-i\pi N_1 h]}{\exp[-i\pi h]} \right|$$

$$= \frac{\sin\pi N_1 h}{\sin\pi h} \cdot \left| \exp[-i\pi(N_1 - 1)h] \right|$$

$$= \frac{\sin\pi N_1 h}{\sin\pi h}$$

---

① 由于 N_1 和 h 均为整数，所以 $|\exp[-i\pi(N_1-1)h]| = 1$。

$$G_1^2 = \frac{\sin^2 \pi N_1 h}{\sin^2 \pi h}$$

由于函数 $\dfrac{\sin^2 Nx}{\sin^2 x}$ 可展开如下：

$$\frac{\sin^2 Nx}{\sin^2 x} = N + 2(N-1)\cos 2x + 2(N-2)\cos 2 \cdot 2x$$

$$+ \cdots + 2\cos(N-1)2x$$

所以，当 h 为整数时，$G_1^2 = N_1^2$。图 4.10 示出 $N_2 = 5$ 时 G_1^2 和 πh 的关系。图中横坐标 πh 中包括假定 h 不为整数的情况。

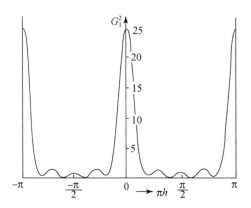

图 4.10   函数 $\dfrac{\sin^2 5\pi h}{\sin^2 \pi h}$ 与 πh 的关系

由图可见，G_1^2 的分布集中在 h 为整数值之处，而且这种集中的倾向随 N_1 的增大而递增。

上述结果推广至理想晶体的场合，N_1，N_2，N_3 的数目很大，h，k，l 均为整数，这时，

$$\left| \sum_{m=0}^{N_1-1} \sum_{n=0}^{N_2-1} \sum_{p=0}^{N_3-1} \exp[\mathrm{i}2\pi(mh + nk + pl)] \right|^2 = N_1^2 N_2^2 N_3^2 = N^2$$

代入式(4.28)得：

$$I'_{hkl} = N^2 I_e |F_{hkl}|^2 \tag{4.29}$$

式中 N 为被 X 射线照射的晶体的晶胞数目，I_e 为一个电子在该条件下的衍射强度，$|F_{hkl}|^2$ 为结构振幅。在晶体中 N_1，N_2，N_3 的数目非常大，强度已几乎完全集中地分布在 h，k，l 为整数的方向上，这些方向即为由劳埃方程指出的方向。而各个衍射 hkl 的强度正比于结构振幅的大小。

4.4.2 镶嵌晶体的衍射强度

上面的讨论是假定晶体中各部分为同一点阵所贯穿,因而它们的散射波都是具有确定周期关系的相干波。但实际晶体是一个具有镶嵌组织的晶体,即晶体是由边长约 10^3Å、取向相差数秒至数分的镶嵌晶块组成。而且入射的 X 射线也有一定的发散度。若按理想晶体模型用式(4.29)计算衍射强度,计算值和实验值并不相符。因为镶嵌晶体在某一衍射位置上能产生衍射的小晶块数目,随镶嵌晶块的取向分布而有不同,还随入射 X 射线的发散度而异。因此有必要建立衍射的累积能量 E 或积分反射 ρ 的概念[①],用以测量和计算衍射强度。

设有一个不大的镶嵌晶体,体积为 V,全部在强度为 I_0 的 X 射线照射下。现晶体以均匀的角速度 ω 旋转,当晶体进入 $\theta_{hkl} - \varepsilon$ 至 $\theta_{hkl} + \varepsilon$ 的范围内,晶体射出衍射 hkl。晶体在这个范围内转动,各个镶嵌晶块都有机会经过它的衍射位置,衍射强度随 θ 改变的关系 $I(\theta)$ 约如图 4.11 所示。$I(\theta)$ 曲线的形状与极大值和晶体中镶嵌晶块的分布情况,以及入射 X 射线的发散情况有密切关系。积分反射 ρ 为曲线下的面积和 I_0 的比值,对同一晶体来说是一个定值,它和晶体的体积(V)成正比。

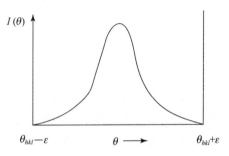

图 4.11 衍射强度随 θ 改变的关系

对衍射 hkl 来说,

$$\left. \begin{aligned} \rho &= \int_{\theta_{hkl}-\varepsilon}^{\theta_{hkl}+\varepsilon} \frac{I(\theta)\,\mathrm{d}\theta}{I_0} = Q \cdot V \\ E &= \int_{\theta_{hkl}-\varepsilon}^{\theta_{hkl}+\varepsilon} I(\theta)\,\mathrm{d}t \end{aligned} \right\} \quad (4.30)$$

因为角速度 $\omega = \dfrac{\mathrm{d}\theta}{\mathrm{d}t}$,

$$E = \int_{\theta_{hkl}-\varepsilon}^{\theta_{hkl}+\varepsilon} \frac{I(\theta)\,\mathrm{d}t}{\omega}\,\frac{\mathrm{d}\theta}{\mathrm{d}t} = \frac{I_0}{\omega} \cdot \rho = \frac{I_0 QV}{\omega} \quad (4.31)$$

或

$$\rho = \frac{E \cdot \omega}{I_0}$$

E 为衍射 hkl 在衍射过程中累积的总能量,其数值可由实验测出,例如衍射

---

① E 和 ρ 在本章中代表累积能量和积分反射,在其他章中这两符号还代表其他意义,请加以注意。

仪计数器中记录的能量即为 E 的数值。在照相法中,累积能量由感光胶片上衍射点的黑度和面积体现。衍射点的黑度高、面积大,累积能量 E 也大,实际上胶片上的衍射点是多次来回感光累积的能量。

Q 称为晶体的反射能力,和晶体体积无关。

积分反射 ρ 是衡量单位入射光强时的衍射能力,与晶体体积 V 成正比,与晶体形状和时间无关[①]。

按照反射球的半径 $(1/\lambda)$、X 射线的发散度、晶体的体积、晶体运动的角速度等的考虑,可将式(4.30)的积分算出[②],把式(4.29)及式(4.15)关系代入,可得:

$$E = \frac{I_0}{\omega} \frac{N^2 \lambda^3 e^4}{m^2 c^4} L_{hkl} P_{hkl} \mid F_{hkl} \mid^2 \cdot V = \frac{I_0}{\omega} Q \cdot V \qquad (4.32)$$

其中,

$$Q = \frac{N^2 \lambda^3 e^4}{m^2 c^4} L_{hkl} P_{hkl} \mid F_{hkl} \mid^2 \qquad (4.33)$$

$$\rho = \frac{N^2 \lambda^3 e^4}{m^2 c^4} L_{hkl} P_{hkl} \mid F_{hkl} \mid^2 \cdot V \qquad (4.34)$$

公式(4.32)～(4.34)中各符号的意义如下:

　　e:电子电荷,　　　　　　　　m:电子质量,

　　c:光速,　　　　　　　　　　λ:X 射线波长,

　　I_0:入射光强,　　　　　　　 V:晶体体积,

　　N:晶胞数目,　　　　　　　　ω:晶体转动的角速度,

　　$\mid F_{hkl} \mid$:结构振幅,　　　　　P_{hkl}:偏极化因子,

　　L_{hkl}:角速度因子(其意义将在下节讨论)。

上述公式即为衍射强度公式,它把实验测定的累积能量 E(或积分反射 ρ)和晶体的结构振幅 $\mid F_{hkl} \mid^2$ 联系起来,成为测定晶体结构的基本公式之一。这些公式在推导过程中曾假设晶体较小,没有吸收或其他因素的影响。在实际晶体中,需要对影响强度的各种因子加以考虑和校正。这些将留待下节讨论。

---

　　① 　ρ 的因次单位为:

　　　　〔能量〕·〔角速度〕·〔强度〕$^{-1}$=〔能量〕·〔弧度〕〔时间〕$^{-1}$·〔能量〕$^{-1}$〔面积〕〔时间〕

　　　　　　　　　　　　　　　=〔弧度〕·〔面积〕

所以当角速度改变时,衍射过程给出 X 射线光量子数也跟着改变。角速度快,光量子少,E 减小,而 $E \cdot \omega$ 保持不变,所以 ρ 也不变。

　　② 　推导过程可参考:A. J. C. Wilson, *Elements of X-Ray Crystallography*, Addison Wesley, 1970,132～137.

4.5 影响衍射强度的各种因子

4.5.1 偏极化因子和角速度因子

根据衍射强度公式(4.32)可见：

$$E = \frac{I_0}{\omega} \cdot \frac{N^2\lambda^3 e^4}{m^2 c^4} L_{hkl} P_{hkl} \mid F_{hkl} \mid^2 \cdot V$$
$$= KLP \mid F \mid^2$$

其中，

$$K = \left(\frac{I_0 N^2 \lambda^3 V}{\omega}\right)\left(\frac{e^4}{m^2 c^4}\right)$$

K 是个常数，它和所用晶体及具体实验条件有关。例如晶体的大小、转动的角速度、X 射线的波长、入射光强等都和 K 有关。P 是偏极化因子，其意义已在 4.3.1 节中加以讨论。L 是和角速度有关的因子，下面加以讨论。

在回摆法、回转法、魏森堡法中，每个倒易点阵点均按同样的角速度 ω 绕轴旋转，但不同的倒易点阵点其线速度不同，而依赖于由转轴到某一倒易点阵点 P 的距离。由于晶体的镶嵌取向和 X 射线的发散，倒易点阵点具有一定体积，同时反射球面也有一定厚度，且厚度并不均匀。因此，某一倒易点阵点通过反射球面所需的时间和垂直于球面的线速度成反比。当 P 点处在赤道平面上，即位于倒易点阵的零层时，P 点运动的线速度可由图 4.12 表示，由图可见，P 点和倒易点阵原点 O 的距离为 $\frac{1}{d}$，反射球的半径为 $\frac{1}{\lambda}$。P 点运动的线速度为 $\omega \times \frac{1}{d}$，速度的方向线和球面垂直线之间的夹角为 θ。P 点在球面垂直方向的线速度为 $\frac{\omega\cos\theta}{d}$，通过反射球面所需的时间正比于 $\frac{d}{\omega\cos\theta}$。若所用 X 射线波长为 λ，则

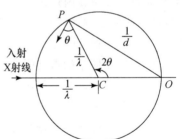

图 4.12　零层的倒易点阵点 P 扫过反射球面的情况

$$\frac{d}{\omega\cos\theta} = \frac{\lambda}{2\omega\sin\theta\cos\theta} = \frac{\lambda}{\omega\sin2\theta}$$

如果只考虑有关三角函数部分，称为洛伦兹因子(Lorentz factor)L，

$$L = \frac{1}{\sin2\theta} \tag{4.35}$$

在高角度时，2θ 接近于 π，L 增加很快。

依照相似的原理，可以推出下列情况下的 Lorentz 因子 L。

对于回转晶体法，非中央层线：

$$L = \frac{1}{\sin 2\theta} \cdot \frac{\cos\theta}{\sqrt{\cos^2\phi - \sin^2\theta}} \tag{4.36}$$

式中 ϕ 为 $\boldsymbol{H}$ 与回转轴交角的余角。

对于等倾斜魏森堡法，非零层：

$$L = (\sin 2\theta)^{-1} \left(1 - \frac{\sin^2\nu}{\sin^2\theta} \right)^{-\frac{1}{2}} \tag{4.37}$$

式中 ν 为等倾斜角，即 $\boldsymbol{S}_0$ 与回转轴交角的余角。

对于粉末法：

$$L = (2\sin^2\theta\cos\theta)^{-1} \tag{4.38}$$

在四圆衍射仪中，L 因子和零层相似，使用式(4.35)。

在旋进照相法中，角速度不是常数，角速度因子需加特殊计算[①]。

在实际计算时，常将偏极化因子 P 和 Lorentz 因子 L 结合起来计算，在手册中常以 $(LP)^{-1}$ 的形式给出具体数值[②]，便于进行计算。

4.5.2　温度因子

在推引结构因子公式(4.26)时，假定晶体中原子处于静态，但实际上原子不断地在平衡位置附近振动。对不同的温度，振动的幅度也不同，温度愈高，振动愈猛，使原子的体积变大，它影响了原子散射因子，使 f 的数值随着 $\lambda^{-1}\sin\theta$ 的增加而更快地下降。

原子在晶体中的振动幅度一般各个方向不同，常用三轴椭球描述原子各向异性的运动情况。每一组不等同的原子，不仅椭球大小不同，而且取向也不相同。原子热运动对衍射强度的影响，使结构振幅的观察值比计算值要小，且随不同的衍射角度而异，可归入原子散射因子中计算。对于只含一种原子的各向同性晶体：

$$f = f_0 \exp[-B(\lambda^{-1}\sin\theta)^2] \tag{4.39}$$

式中 f_0 表示原子处在静止状态时计算所得的数值，$\exp[-B(\lambda^{-1}\sin\theta)^2]$ 为和结构因子相应的温度因子。其中 $B = 8\pi^2\,\overline{u^2}$，$\overline{u^2}$ 表示原子平均位置到点阵面的垂

[①]　请参看：《X 射线结晶学国际表》，第 Ⅱ 卷，第 267 页。

[②]　请参看：《X 射线结晶学国际表》，第 Ⅲ 卷，第 266～290 页。

直距离的平方平均值。每套原子都有它的 B 值。

若近似地把 B 值看作一个常数,且各套原子都相同,这时结构因子公式 (4.26) 可写成:

$$F_{hkl} = \sum_j f_j \exp[i2\pi(hx_j + ky_j + lz_j)] \exp[-B(\lambda^{-1}\sin\theta)^2] \quad (4.40)$$

B 的数值不易从理论上推引,因为它随温度和原子间作用力而异。可用 Wilson (威尔逊) 统计法求近似的 B 值,将在 4.6 节中讨论。

4.5.3 吸收因子

X 射线通过晶体,被晶体吸收,强度减弱,减弱的量 $-\mathrm{d}I$ 和晶体厚度 $\mathrm{d}t$ 成正比,也和该处光强 I 成正比,比例系数为 μ,则

$$-\mathrm{d}I = \mu I \mathrm{d}t \quad (4.41)$$

μ 为线性吸收系数,单位为 cm^{-1}。当入射 X 射线强度为 I_0,经过厚度为 t 的晶体,强度变为 I,由于

$$\int_{I_0}^{I} \frac{\mathrm{d}I}{I} = -\int_0^t \mu \mathrm{d}t$$

所以

$$\frac{I}{I_0} = \exp[-\mu t] \quad (4.42)$$

或

$$I = I_0 \exp[-\mu t] \quad (4.43)$$

根据晶体吸收 X 射线,使衍射强度减弱的情况,将吸收数量通过计算加以校正,强度公式 (4.32) 变为:

$$E = \frac{I_0}{\omega} Q \cdot A \cdot V \quad (4.44)$$

A 称为吸收因子,它的数值对各衍射不一样,可用 A_{hkl} 表示。

A_{hkl} 的数值和晶体形状有关,对于有棱有角的单晶体外形,A 的数值不容易计算。通常将晶体磨成球形或圆柱形,计算它的吸收因子,加以修正。

若圆柱形晶体的半径为 R,晶体线性吸收系数为 μ,随着 μ 和 R 增加,吸收因子 A 也增大。对于一定的 μ 和 R,则 A 随着衍射角 θ 的增加而降低。根据球形晶体或圆柱形晶体的 μR 值,即可查得吸收因子数据[1],加以校正。

由于温度因子对衍射强度的影响和吸收因子相反,在一定条件下,前者 θ 增

---

[1] 在《X 射线结晶学国际表》第 Ⅱ 卷第 291~312 页中,列出圆柱形和球形晶体在不同 μR 值时的吸收因子。注意,该表中以 A 代表透过因子,以 A^* 代表吸收因子,$A^* = A^{-1}$。

大时使衍射强度的降低较多,而吸收因子则当 θ 增大时,吸收较少。这两种影响一部分互相抵消,所以在实际工作中,当晶体不太大时,经常不单独计算吸收因子。而用统计法修正温度因子时,实际上已包含修正一部分吸收因子在内。

4.5.4　消光

X 射线进入晶体,除因吸收而减弱外,尚有消光。消光分初级消光和次级消光。

1. 初级消光

在理想的镶嵌晶体中,当晶体不太大,每个镶嵌晶粒体积很小,消光现象不显著。积分反射 $\left(\rho = \dfrac{E\omega}{I_0}\right)$ 与结构振幅的平方以及晶体体积均成正比,如式(4.34)所示:

$$\rho = \left(\frac{Ne^2}{mc^2}\right)^2 \lambda^3 LP \, |\, F \, |^{\,2} \cdot V \tag{4.45}$$

在理想的完整晶体的情况下,消光会比较严重。X 射线进入晶体产生的衍射线又使另一部分晶体符合衍射条件,产生衍射,致使原衍射线的强度减弱,这种现象称为初级消光,如图 4.13(a)所示。这时积分反射仅与结构振幅成正比,而与晶体体积无关,积分反射公式变为:

$$\rho = \frac{8}{3\pi}\left(\frac{Ne^2}{mc^2}\right)\lambda^2 \cdot \frac{1 + |\cos 2\theta|}{2\sin 2\theta} \, |\, F \, | \tag{4.46}$$

式中 $\left(\dfrac{Ne^2}{mc^2}\right)|\, F \, |$ 为一次方,且不出现 V,因而使积分反射的数值减小。

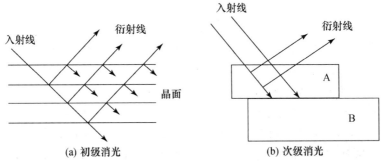

(a) 初级消光　　　　　　　　　　(b) 次级消光

图 4.13　初级消光和次级消光示意图

当晶体的镶嵌组织并不理想,而它又不是理想的完整晶体,积分反射就会与结构振幅的 1 至 2 次方成正比,并不与 $|\, F \, |^2$ 成正比。

为了减少初级消光,须将晶体予以处理,例如利用机械方法加以磨损,或将晶体浸入液体空气中淬火,使晶体炸裂成接近于理想的镶嵌组织。

2. 次级消光

当 X 射线进入晶体并满足衍射条件时,这时不论有无初级消光,能使入射光衰减的除吸收外,还有由于前面一部分晶体的衍射,使 X 射线逐渐减弱。图 4.13(b)中示出,进入镶嵌晶粒 B 的 X 射线的强度要比进入晶粒 A 的小,除吸收减弱外,还有因 A 晶体的衍射,消耗了一部分能量。这种因晶体衍射而使 X 射线强度减弱的原因,称为次级消光。

次级消光可和普通吸收那样进行处理,即在线性吸收系数 μ 上加上一因子 gQ,使

$$\mu' = gQ + \mu$$

式中,μ' 为包含有次级消光的吸收系数,Q 为反射能力,g 为次级消光系数。次级消光普遍地影响强度较大的衍射,所以比初级消光更应引起注意。

4.5.5　多重度因子

某些记录衍射强度的方法,不可能把各个衍射分开,因此所得的强度是各个衍射能量的总和:

$$E_{总} = E_{h_1 k_1 l_1} + E_{h_2 k_2 l_2} + \cdots + E_{h_j k_j l_j}$$

这里有两种情况:一种是 $h_1 k_1 l_1, h_2 k_2 l_2$ 等各种衍射的强度不相等,例如在立方晶体中,衍射 410 和 322 具有相同的 $\sin\theta$ 值,因此,在它们的粉末图中,这些衍射线重合在一起。另一种是因为对称性关系,有些衍射不仅 $\sin\theta$ 值相同,而且强度也相同。例如立方晶系的衍射 $200,020,002,\bar{2}00,0\bar{2}0,00\bar{2}$,在粉末图中只出现一条衍射线,这时,

$$E_{总} = jE_{hkl}$$

这里的 j 就称为该衍射 hkl 的多重度因子。

在常用的收集单晶衍射强度的魏森堡法、回摆法和四圆衍射仪、线性衍射仪等方法中,$j=1$。

在各种多晶方法中,多重度因子随不同晶系及不同的衍射类型而异,表 4.1 列出粉末图中多重度因子的数值。

综上所述,可将强度公式表达如下:

$$I = K \cdot P \cdot L \cdot D \cdot A \cdot j \, |F|^2 \tag{4.47}$$

式中 K 是比例常数,它和入射光强度及其他实验条件有关;P 为偏极化因子;L 是 Lorentz 因子;D 是和强度相应的温度因子;A 为吸收因子;j 是多重度因子。如果这些因子均为已知,则可从强度 I_{hkl} 中推出衍射 hkl 的结构振幅 $|F_{hkl}|$。

表 4.1　粉末图中多重度因子的数值

晶　系	点　群	劳埃点群	衍射类型	多重度因子
三斜	$1;\bar{1}$	$\bar{1}$	hkl	2
单斜	$2;m;\dfrac{2}{m}$	$\dfrac{2}{m}$	hkl	4
			$h0l,0k0$	2
正交	222 $mm2$ $\dfrac{2}{m}\dfrac{2}{m}\dfrac{2}{m}$	$\dfrac{2}{m}\dfrac{2}{m}\dfrac{2}{m}$	hkl	8
			$hk0,h0l,0kl$	4
			$h00,0k0,00l$	2
四方	$4;\bar{4};\dfrac{4}{m}$	$\dfrac{4}{m}$	$hkl,hhl,h0l$	8
			$hk0,hh0,h00$	4
			$00l$	2
	422 $4mm$ $\bar{4}2m$ $\dfrac{4}{m}\dfrac{2}{m}\dfrac{2}{m}$	$\dfrac{4}{m}\dfrac{2}{m}\dfrac{2}{m}$	hkl	16
			$hhl,h0l,hk0$	8
			$hh0,h00$	4
			$00l$	2
三方 （取六方晶胞）	$3;\bar{3}$	$\bar{3}$	$hkil,hh\overline{2h}l,h0\bar{h}l$	6
			$hki0,hh\overline{2h}0,h0\bar{h}0$	6
			$000l$	2
	32 $3m$ $\bar{3}\dfrac{2}{m}$	$\bar{3}\dfrac{2}{m}$	$hkil,hh\overline{2h}l,hki0$	12
			$h0\bar{h}l,hh\overline{2h}0,h0\bar{h}0$	6
			$000l$	2
六方	$6;\bar{6}$ $\dfrac{6}{m}$	$\dfrac{6}{m}$	$hkil,hh\overline{2h}l,h0\bar{h}l$	12
			$hki0,hh\overline{2h}0,h0\bar{h}0$	6
			$000l$	2
	622 $6mm$ $\bar{6}m2$ $\dfrac{6}{m}\dfrac{2}{m}\dfrac{2}{m}$	$\dfrac{6}{m}\dfrac{2}{m}\dfrac{2}{m}$	$hkil$	24
			$hh\overline{2h}l,h0\bar{h}l,hki0$	12
			$hh\overline{2h}0,h0\bar{h}0$	6
			$000l$	2
立方	23 $\dfrac{2}{m}\bar{3}$	$\dfrac{2}{m}\bar{3}$	hkl,hhl	24
			$hk0,hh0$	12
			hhh	8
			$h00$	6
	432 $\bar{4}3m$ $\dfrac{4}{m}\bar{3}\dfrac{2}{m}$	$\dfrac{4}{m}\bar{3}\dfrac{2}{m}$	hkl	48
			$hhl,hk0$	24
			$hh0$	12
			hhh	8
			$h00$	6

4.6 衍射强度的修正和还原

晶体的衍射强度受许多因素影响,例如入射光强度、晶体体积、晶体中包含的晶胞数目、晶体对 X 射线的吸收、晶体所处的温度、……。在这诸多的因素中,有的不因衍射指标的不同而异,如入射光强度、晶体的体积等,它们可合并成一个常数项 K 表示。另外一些因素则随着衍射指标 hkl 的不同、衍射角(θ)不同,对衍射强度有不同的影响。各个衍射 hkl 和衍射强度 I' 可表达如下:

$$I' = KLPDA \,|F|^2 \tag{4.48}$$

式中 D 为温度因子;A 为吸收因子;P 是偏振化因子,P 的表达式已示于式(4.19)和式(4.20)中;L 为 Lorentz 因子,这个因子是因为晶体转动时,倒易点阵点也在转动,对于不同的衍射角(θ)倒易点阵点在反射球面上停留的时间不同。因为 X 射线具有一定的发散性,反射球面可看作具有一定的厚度,不同衍射所相应的倒易点阵点在球面上停留的时间不同,因而积累的衍射能量不同。收集衍射强度的方法不同,L 因子也不同。用四圆衍射仪法及其他入射 X 射线垂直于旋转轴的零层衍射,L 因子的形式为:

$$L = \frac{1}{\sin 2\theta} \tag{4.49}$$

物质对 X 射线的吸收与物质本身的线性吸收系数 μ 及入射线和衍射线通过样品的距离 t 有关,吸收因子 A 对衍射强度的影响可表达成指数函数 $\exp[-\mu t]$。

温度的高低影响原子热运动的大小,通常温度越高,原子振动越大,电子云铺展的体积加大。此时原子散射因子将随 $\sin\theta/\lambda$ 的增加而下降,通常也用指数函数表达:

$$\exp[-B(\sin^2\theta/\lambda^2)]$$

有时为了方便起见,将吸收因子并入温度因子一起校正,而不出现独立的吸收因子,将 I' 经 PL 因子校正后改用 I 表示,这样式(4.48)可表达成:

$$I = \frac{I'}{PL} = K\,|F|^2 \exp[-2B(\sin^2\theta/\lambda^2)] \tag{4.50}$$

由此可见,若能将式(4.50)中 K,B 值求出,就可以从实验测定的相对强度值,引出结构振幅的绝对值 $|F|^2$ 或 $|F|$。

根据强度分布的统计规律,在衍射点数足够多时,可求得:

$$\langle |F|^2 \rangle = \sum_j f_j^2 \tag{4.51}$$

代入式(4.50)得:

$$\langle I\rangle = K\langle\,|\,F\,|^{\,2}\rangle\exp[\,-2B(\sin^2\theta/\lambda^2)\,]$$

$$= K\Big(\sum_j f_j^2\Big)\exp[\,-2B(\sin^2\theta/\lambda^2)\,] \tag{4.52}$$

$$\langle I\rangle\Big/\sum_j f_j^2 = K\exp[\,-2B(\sin^2\theta/\lambda^2)\,]$$

$$\ln\!\left[\frac{\langle I\rangle}{\sum_j f_j^2}\right] = \ln K - 2B(\sin^2\theta/\lambda^2) \tag{4.53}$$

若以 $\ln\!\left[\langle I\rangle\big/\sum_j f_j^2\right]$ 和 $(\sin^2\theta/\lambda^2)$ 作图,从斜率和截距求 B 和 K 的方法,称为 Wilson 作图法[9],如图 4.14 所示。根据统计规律,$\ln\!\left[\langle I\rangle\big/\sum_j f_j^2\right]$ 和 $\sin^2\theta/\lambda^2$ 一般可得一直线,从直线的截距可以得 $\ln K$,而从斜率可得 $-B$。这样即可将强度相对值给以绝对的标度,得到 $|F|$ 数值。

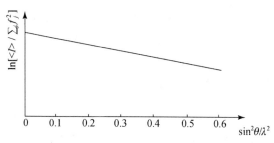

图 4.14　Wilson 作图法求 B 和 K

作图时,先按 $\sin^2\theta$ 数值分成若干区,使每区的衍射点数目较多,符合式 (4.51) 的要求。然后求各区的强度平均值 $\langle I\rangle$ 和每区的 $\sum_j f_j^2$,按式(4.53)的要求计算出 $\ln\!\left[\langle I\rangle\big/\sum_j f_j^2\right]$ 和 $\sin^2\theta/\lambda^2$,作图,即可求出 B,K 值,求得各衍射的 $|F_{hkl}|$,为测定结构提供基本数据。

4.7　系统消光和空间群的确定

晶体的衍射强度有规律地、系统地为零的现象称为系统消光(systematic absences)。系统消光的出现,是由于某些类型衍射的结构振幅数值为 0,因此衍射的强度为零。系统消光是因为结构中存在螺旋轴、滑移面和带心点阵型式等晶体结构的微观对称元素所引起。通过了解晶体的系统消光现象,可以测定在晶体结构中存在的螺旋轴、滑移面和带心点阵型式,进一步确定晶体的空间群。

例如晶体在 c 方向有二重螺旋轴（2_1 轴），如图 4.15，它处在晶胞的坐标 $x=y=0$ 处，晶胞中每一对由它联系的原子的坐标为：

$$x,y,z;\quad \overline{x},\overline{y},z+\frac{1}{2}$$

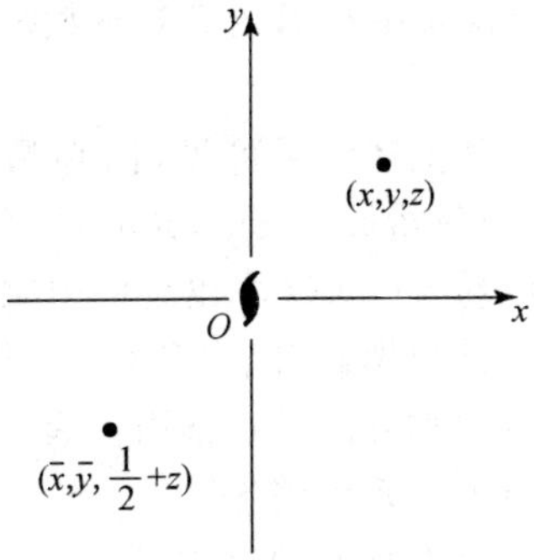

结构因子可以计算如下：

$$\begin{aligned}
F_{hkl} &= \sum_{j=1}^{n} f_j \exp[\mathrm{i}2\pi(hx_j + ky_j + lz_j)]\\
&= \sum_{j=1}^{n/2} f_j \Big\{ \exp[\mathrm{i}2\pi(hx_j + ky_j + lz_j)]\\
&\quad + \exp\Big[\mathrm{i}2\pi\Big(-hx_j - ky_j + l\Big(z_j + \frac{1}{2}\Big)\Big)\Big]\Big\}
\end{aligned}$$

$$F_{00l} = \sum_{j=1}^{n/2} f_j \exp[\mathrm{i}2\pi lz_j](1 + \exp[\mathrm{i}2\pi l/2])$$

当 l 为偶数（即 $l=2n$）时，

$$F_{00l} = 2\sum_{j=1}^{n/2} f_j \exp[\mathrm{i}2\pi lz_j]$$

当 l 为奇数（即 $l=2n+1$）时，

$$F_{00l} = 0$$

由此可见，在 c 方向上有二重螺旋轴时，在 $00l$ 型衍射中，l 为奇数的衍射强度一律为 0。

又如若晶体为一面心点阵型式，晶胞中的原子必定按下面 4 个位置同时存在：

$$x,y,z;\quad x,y+\frac{1}{2},z+\frac{1}{2};\quad x+\frac{1}{2},y,z+\frac{1}{2};\quad x+\frac{1}{2},y+\frac{1}{2},z$$

结构因子可表达如下：

$$\begin{aligned}
F_{hkl} &= \sum_{j=1}^{n/4} f_j \exp[\mathrm{i}2\pi(hx_j + ky_j + lz_j)]\\
&\quad \Big\{1 + \exp\Big[\mathrm{i}2\pi\Big(\frac{k}{2} + \frac{l}{2}\Big)\Big]\\
&\quad + \exp\Big[\mathrm{i}2\pi\Big(\frac{h}{2} + \frac{l}{2}\Big)\Big]\\
&\quad + \exp\Big[\mathrm{i}2\pi\Big(\frac{h}{2} + \frac{k}{2}\Big)\Big]\Big\}
\end{aligned}$$

当 h,k,l 全为偶数或全为奇数（即 $h+k=2n,h+l=2n,k+l=2n$）时，

$$F_{hkl} = 4\sum_{j=1}^{n/4} f_j \exp[\mathrm{i}2\pi(hx_j + ky_j + lz_j)]$$

图 4.15　2_1 轴联系的两个原子的坐标

当 h,k,l 中有偶数又有奇数时，

$$F_{hkl} = 0$$

从上述结果可见，面心晶胞的衍射指标 h,k,l 中有偶数又有奇数存在时（如衍射指标为 $112,300$），衍射强度一律为 0。带心点阵的系统消光可从带心的倒易点阵 hkl 中出现的限制条件来理解，参看表 4.2。

其他螺旋轴、滑移面和带心点阵类型的系统消光的范围和性质，可用同样的原理和方法进行推引。表 4.2 列出晶体的带心型式和存在的滑移面、螺旋轴所出现的系统消光。

由表可见，当存在带心点阵时，在 hkl 型衍射中产生消光；存在滑移面时，在 $hk0,h0l,0kl$ 等类型衍射中产生消光；而当晶体存在螺旋轴时，在 $h00,0k0$，$00l$ 型衍射中产生消光。带心点阵的系统消光范围最大，滑移面者次之，螺旋轴者最小。系统消光的范围越大，相应的对称性的存在与否就越能从系统消光现象中得到确定。

表 4.2　晶体的对称性和系统消光

带心类型和对称元素		取　　向	衍射的消光条件
带心型式	A 心(A)		hkl：$k+l=2n+1$
	B 心(B)		hkl：$h+l=2n+1$
	C 心(C)		hkl：$h+k=2n+1$
	体心(I)		hkl：$h+k+l=2n+1$
	面心(F)		hkl：h,k,l 不全为奇数或不全为偶数
滑移面	a	$\perp \boldsymbol{b}$	$h0l$：$h=2n+1$
	a	$\perp \boldsymbol{c}$	$hk0$：$h=2n+1$
	b	$\perp \boldsymbol{a}$	$0kl$：$k=2n+1$
	b	$\perp \boldsymbol{c}$	$hk0$：$k=2n+1$
	c	$\perp \boldsymbol{a}$	$0kl$：$l=2n+1$
	c	$\perp \boldsymbol{b}$	$h0l$：$l=2n+1$
	e	$\perp \boldsymbol{a}$	$0kl$：$k,l=2n+1$
	e	$\perp \boldsymbol{b}$	$h0l$：$h,l=2n+1$
	e	$\perp \boldsymbol{c}$	$hk0$：$h,k=2n+1$
	n	$\perp \boldsymbol{a}$	$0kl$：$k+l=2n+1$
	n	$\perp \boldsymbol{b}$	$h0l$：$h+l=2n+1$
	n	$\perp \boldsymbol{c}$	$hk0$：$h+k=2n+1$
螺旋轴	2_1	$\parallel \boldsymbol{a}$	$h00$：$h=2n+1$
	2_1	$\parallel \boldsymbol{b}$	$0k0$：$k=2n+1$
	2_1 或 $4_2,6_3$	$\parallel \boldsymbol{c}$	$00l$：$l=2n+1$
	3_1 或 $3_2,6_2,6_4$	$\parallel \boldsymbol{c}$	$00l$：l 不为 3 的倍数
	4_1 或 4_3	$\parallel \boldsymbol{c}$	$00l$：l 不为 4 的倍数
	6_1 或 6_5	$\parallel \boldsymbol{c}$	$00l$：l 不为 6 的倍数

应用表 4.2 所列的对称性和系统消光的关系时,需要注意下面几点:

(1) 要按点阵型式、滑移面和螺旋轴的顺序来了解对称性。因为一种消光规律可能包含另一种消光规律。例如,体心点阵的消光条件是 $h+k+l=2n+1$,根据这个条件随之而来的有:在 $hk0$ 型衍射中消光的有 $h+k=2n+1$;$h0l$ 型衍射中,$h+l=2n+1$;在 $0kl$ 型衍射中,$k+l=2n+1$;$h00$ 型衍射中,$h=2n+1$;$0k0$ 型衍射中,$k=2n+1$;$00l$ 型衍射中,$l=2n+1$ 等。这时并不等于在垂直于 3 个轴的方向上都存在 n 滑移面;也不等于平行于 3 个轴的方向都存在 $2_1,4_2,6_3$ 螺旋轴。

(2) 同一晶体可以选择多种晶胞,由系统消光所推得的晶体微观对称性,必须和晶体中实际的晶轴取向结合起来,并表达成符合实际使用的选轴形式。

(3) 消光规律一般不能给出有无旋转轴、镜面和对称中心的判据。对称中心的有无可通过倍频效应、压电效应、旋光性及结构振幅的统计规律来判别。

根据系统消光规律不能区分晶体有无旋转轴、镜面及对称中心,所以 230 个空间群中只有 58 个可根据系统消光确定,而有些属于同一劳埃点群的几个空间群具有相同的系统消光情况。230 个空间群根据系统消光可划分成 120 种衍射群,进一步的确定要根据测定结构过程中所得的结构信息以及晶体的物理性质等加以解决。

利用系统消光确定空间群时,要注意同一晶体由于选轴不同,系统消光的规律不同。不要把同一空间群因选轴的不同而判断为两个不同的空间群。

4.8　结　构　因　子

4.8.1　结构因子的含义和表达

结构因子是衍射指标 hkl 的函数,用 F_{hkl} 表示,它由两部分内容组成:结构振幅 $|F_{hkl}|$ 和相角 α_{hkl},表达式为:

$$F_{hkl} = |F_{hkl}| \exp[i\alpha_{hkl}] \tag{4.54}$$

结构振幅是指晶胞内全部电子在衍射 hkl 的衍射方向上的散射与在晶胞原点上的经典的点电子的散射的比值,即

$$|F| = \frac{一个晶胞内全部电子散射波的振幅}{一个点电子散射波的振幅}$$

相角 α_{hkl} 的物理意义是指某一晶体在 X 射线照射下,晶胞中全部原子产生衍射 hkl 的光束的周相,与处在晶胞原点的电子在该方向上散射光的周相,两

者之间的差值,如图 4.16 所示。图中晶胞的原点用一黑点表示,入射的 X 射线与衍射 hkl 方向的波和来自原点的电子在该方向的散射波,它们的波长(λ)均相同。由于衍射 hkl 的相角是处在原点的电子在该方向上散射光的周相对比而定,所以图中由原点散射的波取 $\alpha=0$。把衍射光周相超前定为正值,落后定为负值。由此可见,选择晶胞原点的位置不同,相角的数值一般也不相同。相角并没有绝对不变的定值。相对的相角值是和已选定的原点相对应的。

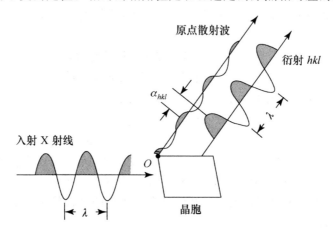

图 4.16 衍射 hkl 的相角 α_{hkl} 的物理意义示意图

计算电子密度函数 $\rho(xyz)$ 需要全部结构因子数据,但由于收集衍射强度,经过校正、统一和还原推出的只是结构振幅 $|F_{hkl}|$,而得不到相角 α_{hkl}。这就是晶体结构测定的基本困难所在,通常称为相角问题。

为了解决相角问题,人们提出许多方法,它们的共同特点是把已知的关于晶体结构的知识、结构化学知识及衍射强度信息等结合起来,将隐含在衍射数据中包含的有关相角的信息挖掘出来,推引出近似的相角,再利用电子密度函数等的 Fourier 级数的数学特性,定出近似结构,然后逐步修正,定出较准确的相角和较准确的电子密度函数,测定出精确的晶体结构。

根据已测定的晶胞参数和各个原子在晶胞中的位置,就可以计算出该晶体的结构因子 F_{hkl}。晶胞参数由 a,b,c 三个单位矢量规定,晶胞中有 n 个原子,其中第 j 个原子的坐标为 (x_j,y_j,z_j),原子散射因子为 f_j。由 4.3 节推导出衍射 hkl 的结构因子 F_{hkl} 为:

$$F_{hkl} = \sum_{j=1}^{n} f_j \exp[\mathrm{i}2\pi(hx_j + ky_j + lz_j)] \tag{4.55}$$

$$F_{hkl} = |F_{hkl}|\cos\alpha_{hkl} + i|F_{hkl}|\sin\alpha_{hkl}$$
$$= A_{hkl} + iB_{hkl} \tag{4.56}$$

$$|F_{hkl}| = (A_{hkl}^2 + B_{hkl}^2)^{\frac{1}{2}}$$

$$A_{hkl} = |F_{hkl}|\cos\alpha_{hkl} = \sum_{j=1}^{n} f_j\cos 2\pi(hx_j + ky_j + lz_j)$$

$$B_{hkl} = |F_{hkl}|\sin\alpha_{hkl} = \sum_{j=1}^{n} f_j\sin 2\pi(hx_j + ky_j + lz_j)$$

相角为：
$$\alpha_{hkl} = \arctan(B_{hkl}/A_{hkl})$$

图 4.17 示出在直角坐标平面上结构因子 F_{hkl} 中 A_{hkl}，B_{hkl} 和 α_{hkl} 等的相互关系。

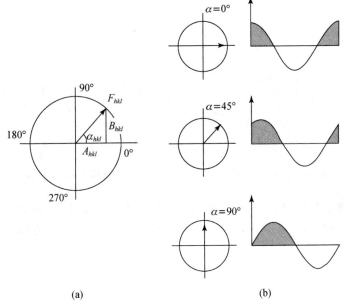

(a)　　　　　　　　　　　(b)

图 4.17 **(a) 直角坐标平面上 F_{hkl} 中 A_{hkl}，B_{hkl} 和 α_{hkl} 间的关系；(b) 不同的相角时，振幅 A_{hkl} 在 0°～360°区间内的变化（图中纵轴用 $A_{hkl} = |F_{hkl}|\cos\alpha_{hkl}$ 表示，略去下标 hkl）**

由于 $\boldsymbol{H} \cdot \boldsymbol{r}_j = hx_j + ky_j + lz_j$，其中 $\boldsymbol{r}_j = x_j\boldsymbol{a} + y_j\boldsymbol{b} + z_j\boldsymbol{c}$，$\boldsymbol{r}_j$ 是从晶胞原点指向晶胞中第 j 个原子的矢量。$\boldsymbol{H} = h\boldsymbol{a}^* + k\boldsymbol{b}^* + l\boldsymbol{c}^*$，$\boldsymbol{H}$ 是指和该晶体的晶胞相对应的倒易点阵中由原点到倒易点阵点 hkl 的矢量。这样结构因子的矢量表达式为：

$$F_{hkl} = \sum_j f_j \exp[\mathrm{i}2\pi \mathbf{H} \cdot \mathbf{r}_j] \tag{4.57}$$

若用三角函数表示则为：

$$F_{hkl} = \sum_j f_j [\cos 2\pi \mathbf{H} \cdot \mathbf{r}_j + \mathrm{i}\sin 2\pi \mathbf{H} \cdot \mathbf{r}_j] \tag{4.58}$$

晶胞中各个原子散射波的叠加的表达式(4.55)，在复数平面上图示于图 4.18 中。

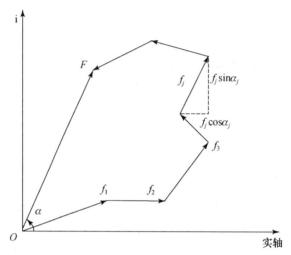

图 4.18   晶胞中各个原子散射波的叠加在复数平面上的表示

当晶体有对称中心,而且晶胞的原点处在对称中心上,这时晶胞中的 n 个原子可分成两半,一半原子的坐标为 (x_j, y_j, z_j),另一半坐标为 $(\bar{x}_j, \bar{y}_j, \bar{z}_j)$,结构因子为：

$$
\begin{aligned}
F_{hkl} &= \sum_{j=1}^{n/2} f_j \exp[\mathrm{i}2\pi(hx_j + ky_j + lz_j)] \\
&\quad + \sum_{j=1}^{n/2} f_j \exp[-\mathrm{i}2\pi(hx_j + ky_j + lz_j)] \\
&= 2\sum_{j=1}^{n/2} f_j \cos 2\pi(hx_j + ky_j + lz_j)
\end{aligned}
\tag{4.59}
$$

$$A_{hkl} = + \,|\,F_{hkl}\,|\ \text{或} - |\,F_{hkl}\,|$$

$$B_{hkl} = 0$$

$$\alpha_{hkl} = 0 \text{ 或 } \pi$$

所以对于中心对称的晶体,晶胞原点处在对称中心上时,结构因子 F_{hkl} 在复数平

面上与实轴重合,而且

$$F_{hkl} = F_{\bar{h}\bar{k}\bar{l}}$$

在关注衍射强度时,Friedel 指出：衍射 hkl 和 $\bar{h}\bar{k}\bar{l}$ 的强度应相等,即

$$I_{hkl} = I_{\bar{h}\bar{k}\bar{l}}$$

这一结论称为 Friedel 定律,它可以从结构因子 F_{hkl} 和 $F_{\bar{h}\bar{k}\bar{l}}$ 在复数平面上的图形(见图 4.19)表达证明。由于

$$F_{hkl} = A_{hkl} + iB_{hkl}$$

而 $A_{hkl} = A_{\bar{h}\bar{k}\bar{l}}$, $B_{hkl} = B_{\bar{h}\bar{k}\bar{l}}$,因为 $I^2 = A^2 + B^2$,所以可容易证得 $I_{hkl} = I_{\bar{h}\bar{k}\bar{l}}$,衍射 hkl 和 $\bar{h}\bar{k}\bar{l}$ 的结构振幅相同,即 $|F_{hkl}| = |F_{\bar{h}\bar{k}\bar{l}}|$。但要注意对非中心对称晶体的结构因子并不相同,即 $F_{hkl} \neq F_{\bar{h}\bar{k}\bar{l}}$。

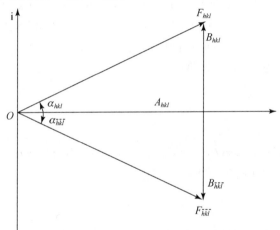

图 4.19 F_{hkl} 和 $F_{\bar{h}\bar{k}\bar{l}}$ 在复数平面上的图形

当一部分原子存在反常散射的情况下,晶体不具备对称中心时,结构振幅 $|F_{hkl}|$ 和 $|F_{\bar{h}\bar{k}\bar{l}}|$ 也会略有差异,此时 $I_{hkl} \neq I_{\bar{h}\bar{k}\bar{l}}$,破坏了 Friedel 定律。根据这种衍射强度的差异,可应用于测定分子的绝对构型等。

为了简化结构因子的表达,便于书写运算,在推引相角和计算电子密度函数时,许多数学公式中衍射指标加以简化,将 hkl 的三个整数用一个黑体的小写字母 $\boldsymbol{h}$ 或 $\boldsymbol{k}$ 表示[①]。即用 $\boldsymbol{h}$ 代表 h_1, k_1, l_1；用 $\boldsymbol{k}$ 代表 h_2, k_2, l_2；用 $\boldsymbol{h}'$ 代表另外

---

① 请读者注意 $\boldsymbol{h}$ 和 $\boldsymbol{H}$ 的差别：本书前 6 章中 $\boldsymbol{h}$ 是 hkl 的缩写,仅仅是代表数字,不是矢量；$\boldsymbol{H} = h\boldsymbol{a}^* + k\boldsymbol{b}^* + l\boldsymbol{c}^*$,是倒易空间中由倒易点阵原点到衍射点 hkl(或 $\boldsymbol{h}$)的矢量。有些书中,不用 $\boldsymbol{h}$ 而用 $\boldsymbol{H}$ 代表衍射指标,这样 $\boldsymbol{H}$ 就有了两种不同的含义。

一个衍射指标 h', k', l'。相应地用 $F_h F_{h-h'}$ 表示 $F_{hkl} F_{h-h', k-k', l-l'}$ 等等。这样结构因子的表达式 (4.1) 和 (4.57) 将表达为：

$$F_h = |F_h| \exp[i\alpha_h] \tag{4.60}$$

$$F_h = \sum_j f_j \exp[i2\pi H \cdot r_j] \tag{4.61}$$

而相角 α_{hkl} 简化为 α_h：

$$\alpha_h = \arctan(B_h/A_h) \tag{4.62}$$

$$|F_h| = (A_h^2 + B_h^2)^{\frac{1}{2}} \tag{4.63}$$

4.8.2　结构因子的电子密度函数表达式

前面对晶胞中各个原子的核外电子对 X 射线散射波的叠加，是采用原子散射因子 f_j 代表晶胞中第 j 个原子的全部核外电子的总散射能力，再进行叠加。其实，在晶胞中电子的分布可直接地用电子密度函数 $\rho(xyz)$ 表示。$\rho(xyz)$ 代表在晶胞中坐标为 (x, y, z) 处单位体积中的电子数目。在 (x, y, z) 点附近微体积元 $\mathrm{d}v$ 中的电子数目为：

$$\rho(xyz)\mathrm{d}v = \rho(r)\mathrm{d}v$$

微体积元中电子的散射为：

$$\rho(xyz)\exp[i2\pi(hx + ky + lz)]\mathrm{d}v = \rho(r)\exp[i2\pi H \cdot r_j]\mathrm{d}v \tag{4.64}$$

将全晶胞的微体积元的散射波加和，即得：

$$F_{hkl} = \int_v \rho(xyz)\exp[i2\pi(hx + ky + lz)]\mathrm{d}v \tag{4.65}$$

这时以简化的公式表示如下：

$$F_h = \int_v \rho(r)\exp[i2\pi H \cdot r]\mathrm{d}v \tag{4.66}$$

$$\rho(r) = \frac{1}{V} \sum_h F_h \exp[-i2\pi H \cdot r] \tag{4.67}$$

现代计算技术常用式 (4.65) 或式 (4.66) 将电子密度分布函数进行 Fourier 变换，从晶胞中全部微体积元的散射积分求得结构因子。

4.8.3　单位结构因子

根据结构因子表达式：

$$F_{hkl} = \sum_j f_j \exp[i2\pi H \cdot r_j]$$

若晶胞中只含一种原子，其原子散射因子为 f，则

$$F_{hkl} = f \sum_j \exp[i2\pi \boldsymbol{H} \cdot \boldsymbol{r}_j]$$

实际原子有一定大小,f 将随 $\sin\theta/\lambda$ 增加而下降,如图 4.9 所示。但对假想的静止的点原子,f 是一常数,不随 $\sin\theta/\lambda$ 而改变,对于这种假想情况,可引进单位结构因子(unitary structure factor)U_{hkl} 概念[7]。U_{hkl} 定义为:

$$U_{hkl} = F_{hkl,点} / F_{000} \tag{4.68}$$

对于有热振动的原子,U_{hkl} 的表达式为:

$$U_{hkl} = F_{hkl} / \sum_j f_j \tag{4.69}$$

可见 U_{hkl} 是一种结构因子,它和 F_{hkl} 有着相同的相角,但它的绝对值在 $0\sim1$ 之间,最大值为 1,这时相当于所有原子都同位相。由此可见,若晶胞中全部原子处于衍射 hkl 相应的衍射面上,则原子同位相,$U_{hkl}=1$。实际的晶体结构很难使全部 hkl 都具有 U_{hkl} 为 1 的数值。不过可以理解 U_{hkl} 值越大的衍射 hkl,原子应越接近于坐落在该组衍射面上。

对于中心对称晶体,原点处在对称中心上,

$$U_{hkl} = 2 \sum_{j=1}^{n/2} \left(f_j / \sum_j f_j \right) \cos 2\pi(hx_j + ky_j + lz_j) \tag{4.70}$$

式中$\left(f_j / \sum_j f_j \right)$代表第 j 个原子所占散射能力的分数。如果原子相同,它等于 $1/n$,如果原子不同,则 F_{hkl}^2 的平均值和 U_{hkl}^2 的平均值可表达为:

$$\langle F_{hkl}^2 \rangle = \sum_{j=1}^{n} f_j^2$$

$$\langle U_{hkl}^2 \rangle = \sum_{j=1}^{n} \left(f_j / \sum_j f_j \right)^2 \tag{4.71}$$

早在 1948 年,Harker(哈克尔)和 Kasper(卡斯帕)推导出单位结构因子不等式:

$$U_{hkl}^2 - \frac{1}{2} \leqslant \frac{1}{2} U_{2h2k2l} \tag{4.72}$$

由此公式可见:当 $|U_{hkl}|$ 的数值较大,例如大于 0.7,不等式左边之和将大于 0,这时要求 U_{2h2k2l} 的符号必须为正,而且随着 U_{hkl} 数值增大,U_{2h2k2l} 为正的概率也随着增加。

4.8.4 归一结构因子

在用直接法测定相角时,归一结构因子(normalized structure factor)E_{hkl} 更常用,它的定义为:

$$E_{hkl} = F_{hkl} / \left(\varepsilon_{hkl} / \sum_j f_j^2 \right)^{\frac{1}{2}} \tag{4.73}$$

式中，ε_{hkl} 是整数，通常为 1。现将 3 个低级晶系的 ε 值列于表 4.3 中。

表 4.3   三个低级晶系各类衍射的 ε 值

晶　系	点　群	hkl	$0kl$	$h0l$	$hk0$	$h00$	$0k0$	$00l$
三斜	1	1	1	1	1	1	1	1
	$\bar{1}$	1	1	1	1	1	1	1
单斜	2^*	1	1	1	1	1	1	1
	m^*	1	1	2	1	2	1	2
	$2/m^*$	1	1	2	1	2	2	2
正交	222	1	1	1	1	2	2	2
	$mm2^{**}$	1	2	2	1	2	2	4
	mmm	1	2	2	2	4	4	4

　　* 以 **b** 为单轴；** 以 **c** 为单轴。

　　利用 E_{hkl} 代替 F_{hkl}，采用直接法推导某些衍射的相角比较方便。因为在实际晶体结构中，原子散射因子 f 是 $\sin\theta/\lambda$ 的函数，随着 $\sin\theta/\lambda$ 增大 f 减小。而 E_{hkl} 已经用 $\left(\varepsilon_{hkl} \sum_j f_j^2 \right)^{\frac{1}{2}}$ 除，减少了这种影响，相当于一种点模型，因而更直接地反映原子在晶胞中分布的结构因素，使问题简化。图 4.9 已示出正常的原子与理论的点原子的原子散射因子随 $\sin\theta/\lambda$ 变化的情况。

参 考 文 献

[1] 周公度,晶体结构测定,科学出版社,北京,1987.

[2] 马喆生,施倪承,X 射线晶体学：晶体结构分析基本理论及实验技术,中国地质大学出版社,武汉,1995.

[3] 陈小明,蔡继文,单晶结构分析原理与实践,第 2 版,科学出版社,北京,2007.

[4] 方奇,于文涛,晶体学原理,国防工业出版社,北京,2002.

[5] 麦松威,周公度,李伟基,高等无机结构化学,第 2 版,北京大学出版社,北京,2006.

[6] J. P. Glusker, M. Lewis, M. Rossi, *Crystal Structure Analysis for Chemists and Biologists*, VCH Publisher Inc. , New York, 1995.

[7] W. Massa, *Crystal Structure Determination*, Springer, Berlin, 2000.

［8］M. M. Julian, *Foundations of Crystallography with Computer Applications*, CRC Press, London, 2008.

［9］U. Shmueli, *Theories and Techniques of Crystal Structure Determination*, Oxford University Press, Oxford, 2007.

［10］C. Giacovazzo (ed.), *Fundamentals of Crystallography*, 3rd ed., IUCr/Oxford Science Publications, Oxford, 2011.

［11］W.-K. Li, G.-D. Zhou, T. C. W. Mak, *Advanced Structural Inorganic Chemistry*, IUCr/Oxford Science Publications, Oxford, 2008.

第5章 电子密度函数的计算和精修

5.1 电子密度函数表达式

5.1.1 电子密度函数表达式的推引

从上章式(4.10)得到周期函数 $f(x)$ 的 Fourier 级数表达式:

$$f(x) = a_0 + \sum_{h=1}^{n} (a_h \cos 2\pi hx + b_h \sin 2\pi hx) \qquad (5.1)$$

由于三角函数可用指数函数表达:

$$\exp[ix] = \cos x + i\sin x \qquad (5.2)$$

或表达为:

$$\cos x = \frac{1}{2}(\exp[ix] + \exp[-ix])$$

$$\sin x = -\frac{i}{2}(\exp[ix] - \exp[-ix]) \qquad (5.3)$$

代入式(5.1)化简得:

$$
\begin{aligned}
f(x) = a_0 &+ \frac{1}{2}\{a_1\exp[i2\pi x] + a_1\exp[-i2\pi x] \\
&+ a_2\exp[i2\pi(2x)] + a_2\exp[-i2\pi(2x)] + \cdots\} \\
&- \frac{i}{2}\{b_1\exp[i2\pi x] - b_1\exp[-i2\pi x] \\
&+ b_2\exp[i2\pi(2x)] - b_2\exp[-i2\pi(2x)] + \cdots\} \\
= a_0 &+ \frac{1}{2}\{(a_1 - ib_1)\exp[i2\pi x] + (a_2 - ib_2)\exp[i2\pi(2x)] + \cdots \\
&+ (a_1 + ib_1)\exp[-i2\pi x] + (a_2 + ib_2)\exp[-i2\pi(2x)] + \cdots\} \\
= &\sum_{h=-n}^{n} C_h \exp[i2\pi hx] \qquad (5.4)
\end{aligned}
$$

式中令 $C_0 = a_0$，$C_h = \frac{1}{2}(a_h - ib_h)$，$C_{\bar{h}} = \frac{1}{2}(a_h + ib_h)$。

对于具有三维周期性的晶体结构,其电子密度分布函数可按式(5.4)表达于下:

$$\rho(xyz) = \sum_{h'} \sum_{k'} \sum_{l'} C_{h'k'l'} \exp[\mathrm{i}2\pi(h'x + k'y + l'z)] \tag{5.5}$$

式中 h', k', l' 是整数,其值为 $-\infty \sim \infty$ 之间,包括 0。将式(5.5)代入结构因子的电子密度函数表达式(4.65),得:

$$F_{hkl} = \int_v \sum_{h'} \sum_{k'} \sum_{l'} C_{h'k'l'} \exp[\mathrm{i}2\pi(h'x + k'y + l'z)] \cdot$$
$$\exp[\mathrm{i}2\pi(hx + ky + lz)]\mathrm{d}v$$
$$= \int_v \sum_{h'} \sum_{k'} \sum_{l'} C_{h'k'l'} \exp\{\mathrm{i}2\pi[(h+h')x + (k+k')y + (l+l')z]\}\mathrm{d}v \tag{5.6}$$

由于这是周期性的指数函数,除 $h = -h'$, $k = -k'$, $l = -l'$ 项外,其余各项之和为 0,这时

$$F_{hkl} = \int_v C_{\overline{hkl}} \mathrm{d}v = VC_{\overline{hkl}}$$
$$C_{\overline{hkl}} = \frac{1}{V} F_{hkl} \tag{5.7}$$

将式(5.7)代入式(5.5),以 $\bar{h}$, $\bar{k}$, $\bar{l}$ 代替 h', k', l',以 $\frac{1}{V} F_{hkl}$ 代替 $C_{\overline{hkl}}$,又由于 $\bar{h}$ 是由 $-\infty$ 到 ∞ 且与 h 的含义相同,故得:

$$\rho(xyz) = \frac{1}{V} \sum_h \sum_k \sum_l F_{hkl} \exp[-\mathrm{i}2\pi(hx + ky + lz)] \tag{5.8}$$

按照结构因子的不同形式,电子密度函数式(5.8)可改写成其他形式,如:

$$\rho(xyz) = \frac{1}{V} \sum_h \sum_k \sum_l |F_{hkl}| \cos[2\pi(hx + ky + lz) - \alpha_{hkl}] \tag{5.9}$$

$$\rho(xyz) = \frac{1}{V} \sum_h \sum_k \sum_l [A_{hkl} \cos 2\pi(hx + ky + lz) + B_{hkl} \sin 2\pi(hx + ky + lz)] \tag{5.10}$$

对于中心对称晶体,晶胞原点处于对称中心上时:

$$\rho(xyz) = \frac{1}{V} \sum_h \sum_k \sum_l |F_{hkl}| \cos 2\pi(hx + ky + lz) \tag{5.11}$$

5.1.2 推引相角的方法

从上一小节可知,计算电子密度函数的基本原始数据是结构因子。已知结构因子由两部分组成:结构振幅($|F_{hkl}|$)和相角(α_{hkl})。结构振幅可从上章介绍

的方法获得,相角则需要从其他途径推求。现在常用来推引各个衍射 hkl 的相对相角测定晶体结构的方法,大体可分为下列 7 类:

1. 模型法

模型法又称试差法,利用已知有关晶体结构和结构化学的知识估计相角。这类方法主要根据晶体的对称性、晶胞中包含的原子种类和数目,由已知的结构化学的一般规律,提出结构模型,用此模型计算结构因子和衍射强度,把计算的强度和测量的强度相比较,以检验所得结构的合理性。

2. Patterson 函数法

这个方法只利用收集衍射强度数据所得的衍射波的结构振幅 $|F_{hkl}|^2$,而不涉及相角,它提供的结构信息具有客观性,而不包含人为的假设和猜想,使结合模型法提出的初始结构模型有了客观依据。实践证明,这个方法是非常有效而成功的。这个方法将在 5.3 节中详细讨论。

3. 直接法

直接法依据的是晶胞中电子密度不应为负值,而且各个原子的位置上将出现分立的峰。利用数学的统计方法,将隐含在晶体衍射数据所得的结构振幅中的相角信息挖掘出来。这个方法充分利用计算技术来探索结构,已成为测定晶体结构的主要方法,将在 5.2 节中详细讨论。

4. 同晶置换法

同晶置换法是直接测定相角最早的方法,有着重大的历史功绩,随着大分子晶体学的发展,同晶置换法又显示出它的威力,将在 5.4 节中详细讨论。

5. 电子密度函数法

用电子密度函数法推引相角是在已知部分相角的基础上,计算电子密度函数,从中获得更多的结构信息,在新的基础上再计算相角。这样,一方面可以扩充到更多的衍射的相角,另一方面可以改进原来部分衍射的相角。电子密度函数法既是推引部分衍射的相角以测定晶体结构模型的重要方法,也是修正模型结构,得到精确结构的重要手段。

6. 反常散射法

这个方法将在 5.5 节和第 6 章中结合应用进行讨论。

7. 绝对相角的实验测定法[12]

这个方法需要特殊而又非常精密的仪器设备条件,还没有用它来测定某个晶体的全部衍射相角,从而定出这个晶体的结构。

5.2 直 接 法

直接从结构振幅数据中包含的信息,根据其统计规律,通过特定衍射的数学关系计算推引出相角的方法称为直接法。

直接法依据下列电子密度分布的特性,作为处理问题的出发点:① 晶胞中各个位置上电子密度恒大于或等于零;② 每个原子的电子集中分布在原子核附近的 100 pm 的半径范围内;③ 电子密度分立地分布,不相互重叠。

使用直接法涉及下面的概念、统计规律、公式和步骤,现简单地加以介绍[1,8,10,11]。

5.2.1 归一结构因子的若干统计规律

虽然我们曾说 X 射线衍射实验中一般只能获得结构振幅的数值而失去相角,但是衍射强度分布的统计规律却能反映出晶体是否有对称中心对称性的信息。这一信息在结构测定的初始阶段是十分重要的。

非中心对称晶体的强度分布范围通常比中心对称的晶体狭窄,即中心对称的晶体比非中心对称的晶体具有较多数目的弱衍射点。若用归一结构因子 E 的绝对值$|E|$的概率 $P(E)$对$|E|$作图,统计规律的分布可以显示出中心对称和非中心对称的差异,如图 5.1 所示。

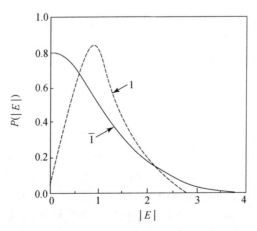

图 5.1 归一结构因子的绝对值$|E|$的分布概率图

[实线表示中心对称($\bar{1}$)的晶体,虚线代表非中心对称(1)的晶体]

表 5.1 列出归一结构因子 E 的若干种平均值在中心对称晶体和非中心对称晶体的数值,以及 E 的数值分布的统计规律。

E 值的这些统计规律一般是符合较好的,但是应当注意它并不是晶体有无对称中心的判断标准,因为晶体并不是原子完全无序分布的组合。晶体是否有对称中心要依靠它的物理性质的测定(例如出现倍频效应的晶体一定没有对称中心的对称性),以及最后修正阶段的数据来定。

表 5.1　归一结构因子 E 值的理论的统计规律[1,7]

(a)	平均值	非中心对称	中心对称	超中心对称*
	$\langle E \rangle$	$0.886\left(=\sqrt{\dfrac{\pi}{4}}\right)$	$0.798\left(=\sqrt{\dfrac{2}{\pi}}\right)$	0.718
	$\langle E^2 \rangle$	1.000	1.000	1.000
	$\langle E^2-1 \rangle$	0.736	0.968	1.145
	$\langle (E^2-1)^2 \rangle$	1.0	2.0	
	$\langle (E^2-1)^3 \rangle$	2.0	8.0	
(b)	E 值大于某一数值的百分数			
	E 值大于的数值	非中心对称	中心对称	超中心对称*
	0.20	96	84	73
	1.00	36.8	31.7	23
	2.00	1.8	4.6	6.2
	3.00	0	0.3	1.0

* 超中心对称是指具有中心对称的分子处在中心对称的空间群的一般位置上。

5.2.2　结构不变量和结构半不变量

1. 结构不变量

结构不变量是指某些数量唯一地由晶体的结构所决定,而与晶胞原点所选择的位置无关。例如,结构振幅 $|F_h|$ 就是一种结构不变量。结构因子 F_h 是随晶胞原点位置的改变而变化的,它不是结构不变量,这是因为

$$F_h = |F_h|\exp[\mathrm{i}\alpha_h] \tag{5.12}$$

其中,相角 α_h 不是结构不变量所引起。根据结构因子的表达式进行运算,可以得到晶胞原点的位置移动 r_0,会引起结构因子的位相移动 $\Delta\alpha_h$:

$$\Delta\alpha_h = -2\pi H \cdot r_0 \tag{5.13}$$

虽然单个衍射的相角 α_h 随晶胞原点位置的改变而变化,但在某些情况下,几个衍射的相角的线性组合是结构不变量。例如当

$$h_1 + h_2 + h_3 = 0$$

即 $h_1 + h_2 + h_3 = 0$，$k_1 + k_2 + k_3 = 0$，$l_1 + l_2 + l_3 = 0$，则

$$\alpha_{h1} + \alpha_{h2} + \alpha_{h3} = 常数 \tag{5.14}$$

式(5.14)表示几个相角的线性组合所得的数值不受原点移动的影响，是一个结构不变量。更普遍一点地说，当

$$\sum_{h_j} A_{h_j} h_j = 0$$

则

$$\sum_{h_j} A_{h_j} \alpha_{h_j} = 常数 \tag{5.15}$$

式中 A_{h_j} 为一整数，式(5.15)表示 $\sum_{h_j} A_{h_j} \alpha_{h_j}$ 是结构不变量，不受原点移动的影响。例如对衍射 $101, 2\bar{2}\bar{3}$ 和 $\bar{3}2\bar{4}$ 满足衍射指标之和为 0 的条件，所以 $\alpha_{101} + \alpha_{2\bar{2}\bar{3}} + \alpha_{\bar{3}2\bar{4}}$ 为结构不变量，不受原点改变的影响。同样对衍射 h_1 为 123，h_2 为 246 而言，因为

$$2(-h_1) + h_2 = 0$$

可得：

$$2\alpha_{-h1} + \alpha_{h2} = 常数$$

即是一个结构不变量。

式(5.15)适用于所有的空间群，是直接法推引相角的理论基础。式(5.15)可证明如下：

若将晶胞原点移动 r_0，由 O 移至 O'，每个衍射点的相角都会发生变化，相角改变量 $\Delta\alpha_h$ 不仅与 r_0 有关，还和衍射指标有关，相角的线性组合，由原点为 O 时的 $\sum_{h_j} A_{h_j} \alpha_{h_j}$，变为原点为 O' 时的 $\sum_{h_j} A_{h_j} \alpha'_{h_j}$。按式(5.13)，两者关系为：

$$\sum_{h_j} A_{h_j} \alpha'_{h_j} = \sum_{h_j} A_{h_j} \alpha_{h_j} - 2\pi \left(\sum_{h_j} A_{h_j} H_j \right) \cdot r_0$$

当

$$\sum_{h_j} A_{h_j} h_j = 0$$

则

$$\sum_{h_j} A_{h_j} H_j \cdot r_0 = 0$$

$$\sum A_{h_j} \alpha_{h_j} = \sum A_{h_j} \alpha'_{h_j} = 常数$$

2. 结构半不变量

在了解结构半不变量时，需先明确初始原点和允许原点的概念。初始原点是指《晶体学国际表》[13,14] 中对每个空间群所指定的原点。允许原点是指和初始原点等价的原点，等价是指不同的原点能给出相同的结构因子计算公式。

结构半不变量是指某一些相角的线性组合所得的数值，只是由晶体结构所

决定,不受原点位置在允许原点间变动而受影响。

以空间群 $P\bar{1}$ 为例,根据式(5.15),因为 $2(-\boldsymbol{h})+(2\boldsymbol{h})=0$,所以 $2\alpha_{-\boldsymbol{h}}+\alpha_{2\boldsymbol{h}}$ 是一个结构不变量,它对于一个确定的结构具有确定的数值,与原点的位置无关,当然也与原点是否在对称中心上无关。当把原点选在对称中心上,由结构因子表达式(4.58)可知,相角不是为 0 就是为 π,这时:

$$2\alpha_{-\boldsymbol{h}} = 0 \quad (\text{或 } 2\pi,2\pi \text{ 也包括在 0 中}) \tag{5.16}$$

由此可得:

$$2\alpha_{-\boldsymbol{h}} + \alpha_{2\boldsymbol{h}} = \alpha_{2\boldsymbol{h}} \tag{5.17}$$

故 $\alpha_{2\boldsymbol{h}}$ 是一个结构半不变量。按此可为 $P\bar{1}$ 空间群得出下列推论:

(1) 单个衍射 hkl,若 h,k,l 均为偶数,α_{hkl} 是个结构半不变量,它们的相位值由结构唯一确定,当晶胞原点由一个对称中心移至另一个对称中心时,其值不改变。

(2) 单个衍射如 211 或 231 等衍射指标有奇有偶时,它们的相角都不是结构半不变量,但它们线性组合后若衍射指标均为偶数,例如 $\alpha_{211}+\alpha_{231}$,则是结构半不变量。

(3) 多个衍射线性组合后,衍射指标均为偶数时,相角的线性组合是结构半不变量。例如,$\alpha_{211}+\alpha_{212}+\alpha_{241}$ 是结构半不变量。

3. 原点的规定

在直接法中,依靠两个衍射 $\boldsymbol{h}$ 和 $\boldsymbol{k}$ 的相角 $\alpha_{\boldsymbol{h}}$ 和 $\alpha_{\boldsymbol{k}}$ 就有很高的概率推得第三个衍射 $\boldsymbol{h}+\boldsymbol{k}$ 的相角 $\alpha_{\boldsymbol{h}+\boldsymbol{k}}$ 对大多数中心对称的空间群,可以选择 3 个衍射的相角定义原点的位置。以 $P\bar{1}$ 空间群为例,晶胞中包含 8 个对称中心,允许原点只限于这 8 个点(参见表 5.2 第一列)。不论选择哪一个为原点,结构因子的计算公式都是相同的,所以它们是等价的原点。但是由于选择不同的原点,原子坐标参数不同。设初始原点在(000),原子 j 在初始坐标系中的坐标矢量为 $\boldsymbol{r}_j$,当原点移动 $\boldsymbol{r}_0$,即新原点在原来坐标系中的坐标矢量为 $\boldsymbol{r}_0$,这时原子 j 的坐标矢量为 $\boldsymbol{r}_j'$:

$$\boldsymbol{r}_j' = \boldsymbol{r}_j - \boldsymbol{r}_0$$

坐标原点的这种变动,引起衍射 $\boldsymbol{h}$ 的相位增加 $\Delta\alpha_{\boldsymbol{h}}$:

$$\Delta\alpha_{\boldsymbol{h}} = -2\pi\boldsymbol{H}\cdot\boldsymbol{r}_0 \tag{5.18}$$

或

$$\Delta\alpha_{hkl} = -2\pi(hx_0 + ky_0 + lz_0) \tag{5.19}$$

式中 x_0,y_0,z_0 分别代表 $\boldsymbol{r}_0$ 在三个坐标轴上的投影分量。这样,将原点从(000)移至 $\left(\dfrac{1}{2}00\right)$,则

$$\Delta\alpha_{hkl} = -2\pi(h/2) = -h\pi \tag{5.20}$$

所以对衍射指标 h 为偶数(用 e 表示,even)的衍射,原点的移动对相位没有影响,以"$+$"表示;而对 h 为奇数(用 o 表示,odd)的衍射,原点的上述移动会引起相位的余弦改变符号,以"$-$"表示。表 5.2 列出 $P\bar{1}$ 空间群中的 8 种衍射指标类型的结构因子的符号和原点位置的关系。

从表 5.2 可见,衍射 hkl 三个指标同时为偶数的衍射 eee,它们的相位不随原点在允许原点的范围内改变而变化,为结构半不变量。而对 oee 型衍射,前面 4 种原点相位不变,记为"$+$";后面 4 种原点,相位改变 π,记为"$-$"。所以,若指定一个 oee 型衍射的符号为"$+$",这就相当于将原点的位置限制在前面 4 种可能的位置上:(000),$\left(00\dfrac{1}{2}\right)$,$\left(0\dfrac{1}{2}0\right)$,$\left(0\dfrac{1}{2}\dfrac{1}{2}\right)$。若再选一个 ooe 型衍射,指定它的符号为"$+$",由表可见,就将原点限制在 (000) 和 $\left(00\dfrac{1}{2}\right)$ 上。若再选一个 eoo 型(或 eeo,oeo,ooo 型)衍射,指定它的符号为"$+$",这就唯一地规定坐标系的原点在 (000) 的位置上了。

表 5.2 $P\bar{1}$ 空间群中 8 种衍射指标类型的结构因子的符号与原点的位置的关系

原点位置	衍射类型							
	eee	eeo	eoe	eoo	oee	oeo	ooe	ooo
$0\ 0\ 0$	$+$	$+$	$+$	$+$	$+$	$+$	$+$	$+$
$0\ 0\ \dfrac{1}{2}$	$+$	$-$	$+$	$-$	$+$	$-$	$+$	$-$
$0\ \dfrac{1}{2}\ 0$	$+$	$+$	$-$	$-$	$+$	$+$	$-$	$-$
$0\ \dfrac{1}{2}\ \dfrac{1}{2}$	$+$	$-$	$-$	$+$	$+$	$-$	$-$	$+$
$\dfrac{1}{2}\ 0\ 0$	$+$	$+$	$+$	$+$	$-$	$-$	$-$	$-$
$\dfrac{1}{2}\ 0\ \dfrac{1}{2}$	$+$	$-$	$+$	$-$	$-$	$+$	$-$	$+$
$\dfrac{1}{2}\ \dfrac{1}{2}\ 0$	$+$	$+$	$-$	$-$	$-$	$-$	$+$	$+$
$\dfrac{1}{2}\ \dfrac{1}{2}\ \dfrac{1}{2}$	$+$	$-$	$-$	$+$	$-$	$+$	$+$	$-$

非中心对称晶体原点的规定和晶体的绝对构型有关,请参看有关文献[10]。

5.2.3 Sayre 公式

1. Sayre 公式的表达

Sayre 认为[15]，对于由相同而分立的原子组成的晶体，原子间不重叠，这时电子密度分布函数 $\rho(r)$ 出现相同而分立的峰，它的平方函数 $\rho^2(r)$ 也是由相同的分立的峰组成，峰的位置和 $\rho(r)$ 相同，差别在于峰的形状，即"平方原子"有着不同的散射因子。如果 $\rho(r)$ 和 $\rho^2(r)$ 的 Fourier 系数用 F_h/V 和 G_h/V 表示，则由式(4.61)得：

$$F_h = f \sum_j \exp[\mathrm{i}2\pi \boldsymbol{H} \cdot \boldsymbol{r}_j] \tag{5.21}$$

$$G_h = g \sum_j \exp[\mathrm{i}2\pi \boldsymbol{H} \cdot \boldsymbol{r}_j] \tag{5.22}$$

由于加和是对相同的位置向量 $\boldsymbol{r}_j$ 进行，所以

$$G_h = \left(\frac{g}{f}\right)F_h$$

$\rho^2(r)$ 是 $\rho(r)$ 本身的乘积，$\rho^2(r)$ 的每个 Fourier 系数都是 F_h/V 自身的卷积，因而可得：

$$\frac{G_h}{V} = \left(\frac{g}{f}\right)\frac{F_h}{V} = \frac{1}{V^2}\sum_k F_k \cdot F_{h-k}$$

或

$$F_h = \left(\frac{f}{gV}\right)\sum_k F_k F_{h-k} \tag{5.23}$$

式(5.23)即 Sayre 公式。此公式说明，任意一个结构因子 F_h 可从许多其指标之和为 $\boldsymbol{h}$ 的各对衍射的乘积加和而得。例如 F_{213} 可从 F_{322} 和 $F_{11\bar{1}}$，F_{624} 和 F_{411}，F_{235} 和 F_{022} 等的乘积加和求得。

表面上看，上式并无用处，测定一个结构因子需要事先知道所有其他的有关结构因子的相角和数值。但仔细分析，当有一个的乘积的数值较大，对加和起决定作用时，通常就可以用它定出 F_h 的相角，在实际工作中，是选绝对值大的 E_{h-k} 和 E_k 推求 E_h 的相角，它亦即 F_h 的相角。

用直接法推求 E_h 相角时，常用 Σ_2 公式和概率函数公式。下别分别讨论中心对称结构和非中心对称结构使用这两个公式的情况。

2. 中心对称结构

对于中心对称的结构，解决相角问题仅是定结构因子 F_h 的正负号（用 S 表示）。重要的公式有两个：

(a) Σ_2 公式

根据 Sayre 公式

$$F_h = \frac{1}{V}\left(\frac{f}{g}\right)\sum_k F_k F_{h-k} \tag{5.23}$$

用 $F_{\bar{h}}$ 乘方程的两边,得:

$$F_h^2 = \frac{1}{V}\left(\frac{f}{g}\right)\sum_k F_{\bar{h}} F_k F_{h-k} \tag{5.24}$$

上式左边等于正实数。对于振幅 $|F_h|$ 有较大值的强衍射,既然左边为一个较大的正实数,则相应右边加和号内的一些绝对值较大的项可能等于正实数,由此得出,若 F_h, F_k, F_{h-k} 都具有较大的值,则

$$S(h)S(k)S(h-k) \approx +1 \tag{5.25}$$

符号"$\approx$"表示等式可能是正确的,此公式称为三重积符号关系。

若用 E_h 代替 F_h,选用 $|E|$ 值较大的衍射(一般选出占独立衍射数的10%左右),用下面称为 Σ_2 关系式表达式(5.24)和式(5.25)的结论:

$$S(h) \approx \sum_k S(k)S(h-k) \tag{5.26}$$

或写成

$$S(E_h) \approx S\sum_k E_k E_{h-k} \tag{5.26'}$$

式中 $S(h)$ 或 $S(E_h)$ 表示 E_h 的正负号,即 E_h 的相角(α_h 为 0 以"$+$"表示,为 π 以"$-$"表示)。

(b) 概率函数公式

对于中心对称晶体,三重积关系中概率的概念很重要。以统计的方法用于估计每一三重积关系为正的概率可表示为:

$$P_+(h,k,h-k) = 0.5 + 0.5\tanh\left[(N^{-\frac{1}{2}})|E_h E_k E_{h-k}|\right] \tag{5.27}$$

式中 N 是晶胞中原子的数目,$\tanh$ 为 x 的双曲线正切,即

$$\tanh(x) = (e^x - e^{-x})/(e^x + e^{-x})$$

而 E_h 为正的概率则为:

$$P_+(E_h) = 0.5 + 0.5\tanh\left[(N^{-\frac{1}{2}})|E_h|\sum_k E_k E_{h-k}\right] \tag{5.28}$$

3. 非中心对称结构

对于非中心对称晶体,相角的推导要复杂得多,因为相角已不再只局限于 $0°$ 或 $180°$ 这两个值了。

(a) Σ_2 公式

根据相角的线性组合是结构不变量的式(5.15),当 h 能和许多 k 及 $h-k$

构成关系时, E_h 的相角 α_h 可由相关的相角 α_k 和 α_{h-k} 推得：

$$\alpha_h + \alpha_k + \alpha_{h-k} \approx 0$$

或者由许多相关的相角关系得到的相角取其平均值：

$$\alpha_h \approx \langle \alpha_k + \alpha_{h-k} \rangle_k \tag{5.29}$$

（b）概率函数公式

对于非中心对称晶体，概率最大的相角值由正切公式计算：

$$\tan\alpha_h \approx \frac{\sum |E_k \cdot E_{h-k}| \sin(\alpha_k + \alpha_{h-k})}{\sum |E_k \cdot E_{h-k}| \cos(\alpha_k + \alpha_{h-k})}$$

利用正切公式对相角关系式所推导的结果进行检验、修正，经多次循环，可使相角值越来越精确。为使循环过程收敛加快，引入加权正切公式：

$$\tan\alpha_h \approx \frac{\sum \omega_k \omega_{h-k} |E_k \cdot E_{h-k}| \sin(\alpha_k + \alpha_{h-k})}{\sum \omega_k \omega_{h-k} |E_k \cdot E_{h-k}| \cos(\alpha_k + \alpha_{h-k})} \tag{5.30}$$

式中权因子 $\omega_k = \tanh\left(\dfrac{1}{2}\beta_h\right)$，$\beta_h$ 称为品质因子。

5.2.4 E 图的应用

利用 Σ_2 关系和概率函数公式等推引出一部分绝对值较大的 E_h 的相角，用 E_h 作为 Fourier 级数的系数，计算所得电子密度图称为 E 图（ρ_E）。

$$\rho_E(xyz) = \frac{1}{V} \sum_h \sum_k \sum_l E_{hkl} \exp[-\mathrm{i}2\pi(hx + ky + lz)] \tag{5.31}$$

实践证明，若晶胞中不对称单位的每个原子（除 H 原子外）平均有 $7\sim10$ 个绝对值较大的 E_h 用来计算 E 图，往往就能近似地反映出晶胞中原子的分布。根据晶体的性质、成分和分子的结构化学知识，分析 E 图，推引出晶胞中原子的坐标参数，提出试用结构。

由于 E 图所用的数据有限，大约只占全部收集到的独立衍射数目的 10% 左右，说明这一方法能够突出问题的主要环节，用少而精的部分数据反映结构的轮廓和面貌。但是 E 图代表的是点原子的分布，而且只用了一小部分数据，所以假的峰可能出现，峰的高度也有可能不反映实际情况。因此解释 E 图就需要更多的结构化学知识，以便正确地进行推理和判断，对 E 图进行去伪存真的解释，获得正确的结构模型。

利用直接法测定晶体结构通常包含下列步骤：

（1）计算衍射 hkl 的 E_{hkl} 值，并按大小次序排列。

（2）按 E 值的统计分布，判断晶体是否有对称中心及晶体所属的空间群。

（3）选择 3 个衍射规定它的相角以规定原点。对非中心对称晶体再规定一个衍射的相角以规定对映体。此外，再规定几个衍射的相角（称起始套）共同作为扩充相角的起点。

（4）利用三重积关系和概率公式推求约占总衍射数 10% 强度大的 E_{hkl} 的相角。因起始套规定的相角不同，将为 E_{hkl} 推出多种相角，即有多重解。

（5）计算各套多重解的 E 图。

（6）解释 E 图得结构模型，用 Fourier 法进行扩充和修正。

现在已按直接法编制成多种计算程序，自动地、一步接一步地进行计算，在晶体结构测定中广泛地使用。

5.3　Patterson 函数法

5.3.1　Patterson 函数

Patterson 函数[6,9,16]是由 A. L. Patterson（帕特森）于 1934 年提出[16]，用结构振幅 $|F_{hkl}|^2$ 数值作为 Fourier 级数的系数，计算所得的函数称为 Patterson 函数 $P(uvw)$：

$$P(uvw) = \frac{1}{V} \sum_h \sum_k \sum_l |F_{hkl}|^2 \exp[-\mathrm{i}2\pi(hu + kv + lw)] \quad (5.32)$$

其意义指晶胞中 (x, y, z) 处的电子密度 $\rho(xyz)$ 和 $(x+u, y+v, z+w)$ 处的电子密度 $\rho(x+u, y+v, z+w)$ 乘积的加和值，即

$$P(uvw) = \int_0^1 \int_0^1 \int_0^1 \rho(xyz)\rho(x+u, y+v, z+w) \cdot V \mathrm{d}x\mathrm{d}y\mathrm{d}z \quad (5.33)$$

对它的意义可从较简单的一维定义来了解：

$$P(u) = \int_0^1 \rho(x)\rho(x+u)a\mathrm{d}x \quad (5.34)$$

由 $\rho(x)$ 可知，在 x 为 0 到 1 周期中，x 处的电子密度数值为 $\rho(x)$，在 $x+u$ 处的电子密度数值为 $\rho(x+u)$。x 的数值不同，$\rho(x)$ 和 $\rho(x+u)$ 也都不同。$P(u)$ 是指 x 从 0 到 1 整个周期中 $\rho(x)\rho(x+u)$ 乘积的加和值。当 u 为从 0 到 1 周期中任意一个数值时，就有相应的一个 $P(u)$ 值。$\rho(x)$ 是周期函数，周期的长度为 a；$P(u)$ 也是一个周期函数，周期的长度也为 a。

图 5.2 示出 $\rho(x)$ 和 $P(u)$ 的关系。由图可见，当 $\rho(x)$ 中有 1, 2, 3 三个高峰，在 $P(u)$ 中就有 1-1, 1-2, 1-3, 2-1, 2-2, 2-3, 3-1, 3-2, 3-3 等 9 个高峰。由于峰

的相互重叠,实际数目要比此数少。

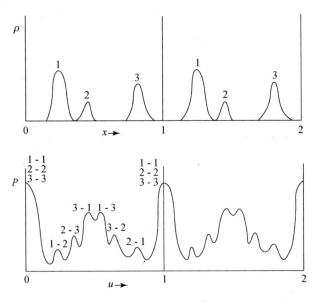

图 5.2　$\rho(x)$ 和 $P(u)$ 的关系

图 5.3 示出二维的 $\rho(xy)$ 和 $P(uv)$ 的关系,晶胞中有 3 个原子(1,2 和 3),$P(uv)$ 相当于分别将 1,2 和 3 三个原子处于原点时所得的原子间的矢量之总和。

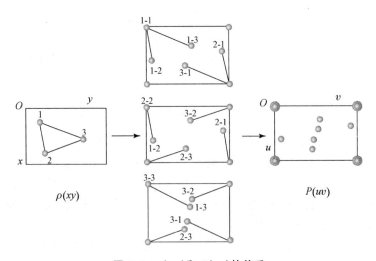

图 5.3　$\rho(xy)$ 和 $P(uv)$ 的关系

若晶胞的三个素矢量为 a,b,c,原子 1 的坐标为 (x,y,z),原子 2 的坐标为 $(x+u,y+v,z+w)$。从原点指向原子 1 的矢量为 r_1,指向原子 2 的矢量为 r_2,则

$$r_1 = xa + yb + zc$$
$$r_2 = (x+u)a + (y+v)b + (z+w)c$$
$$r = r_2 - r_1 = ua + vb + wc$$

(x,y,z) 和 $(x+u,y+v,z+w)$ 为晶胞中原子的分数坐标,表达三维空间中晶体的结构,称为晶体空间;(uvw) 表示晶体空间中两点间相差的矢量,它所表示的空间称为矢量空间。矢量空间表达出原子间的矢量,$P(uvw)$ 中峰的位置是和晶胞中原子间矢量相对应的,它是个相对的差值,不论某一对原子在晶胞中处在什么位置上,只要差值相同,原子间的矢量峰就一样。

由于上述原因,$P(uvw)$ 具有下列基本性质:

1. 关于峰的数目

若晶胞中有 N 个原子,则相应地在矢量空间中有 N^2 个原子间矢量峰,其中有 N 个是各个原子自身的矢量,处在原点。所以,峰的理论数目是 $1+N(N-1)$ 个。而且由于互相重叠,实际出现的峰的数目也要比 $N(N-1)$ 个非原点峰少。

2. 峰的高度和大小

在 $P(uvw)$ 中由 $1,2$ 两个原子形成的矢量峰,其高度大致为:

$$原点峰高 \times \frac{Z_1 Z_2}{\sum_j Z_j^2}$$

式中,$\sum_j$ 是指对晶胞中全部原子的加和。

两个原子形成的矢量峰要比原子本身大,图 5.4 示出晶体空间中原子的大小和矢量空间中矢量峰的大小。

3. $P(uvw)$ 的对称性

在矢量空间中,任意两个原子间的矢量都有正向矢量和相应的反向矢量,它们是由处于原点的对称中心联系的。所以,$P(uvw)$ 是中心对称函数。不论晶体结构[即 $\rho(xyz)$]有无对称中心,$P(uvw)$ 均具有对称中心对称性。

在晶体空间中有 17 个二维空间群,在矢量空间中只有 7 个可能出现,它们是 $P2,P2mm,C2mm,P4,P4mm,P6,P6mm$。

在晶体空间中有 230 个空间群,其中 92 个是中心对称的,相应地在矢量空间中只有 24 个可能出现。

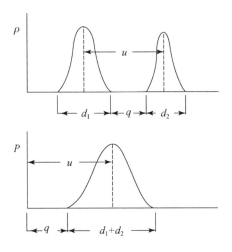

图 5.4　原子的大小和原子间矢量峰的大小

5.3.2　Harker 截面

　　和电子密度函数相似,在计算三维 $P(uvw)$ 数据时,通常把一个轴向的数据取某一固定值,这时所得的二维图形称为截面,如 $P(uv0)$, $P\left(uv\dfrac{1}{2}\right)$ 等等。

　　根据晶体的对称性,选算一些截面,使同一等效点系联系的原子间矢量落在这些截面上,便于推引原子在晶胞中的坐标位置,这种截面称为 Harker 截面,因为最早由 D. Harker(哈克尔)提出[17]。例如平行于 C 轴方向有 2_1 螺旋轴,由它联系的等效点为:

$$x,y,z;\quad \bar{x},\bar{y},z+\frac{1}{2}$$

同一等效点系联系的两个原子间的矢量的坐标为:

$$2x,2y,\frac{1}{2};\quad \overline{2x},\overline{2y},\frac{1}{2}$$

这时计算 $P\left(uv\dfrac{1}{2}\right)$ 截面,则同一等效点系联系的矢量均在这个截面上,找出这些矢量的相互关系,即可推引出原子的坐标参数。通常称同一等效点系联系的原子间的矢量称为 Harker 矢量或 Harker 峰。兹将按照对称元素的分布,选算各种 Harker 截面的情况列于表 5.3 中。

表 5.3　对称元素和 Harker 截面

对称元素的方向	对称元素	截　面
∥C 的对称轴	$2,3,\bar{3},4,4_2,\bar{4},6,\bar{6},6_2,6_3$	$P(uv\,0)$
	$2_1,4_1,4_2,6_1,6_5$	$P\left(uv\,\dfrac{1}{2}\right)$
	$3_1,3_2,6_2,6_4$	$P\left(uv\,\dfrac{1}{3}\right)$
⊥C 的对称面	m	$P(0\,0\,w)$
	a	$P\left(\dfrac{1}{2}\,0\,w\right)$
	b	$P\left(0\,\dfrac{1}{2}\,w\right)$
	$n\left(\dfrac{a}{2}+\dfrac{b}{2}\right)$	$P\left(\dfrac{1}{2}\,\dfrac{1}{2}\,w\right)$
	$d\left(\dfrac{a}{4}+\dfrac{b}{4}\right)$	$P\left(\dfrac{1}{4}\,\dfrac{1}{4}\,w\right)$

5.3.3　重原子法

　　Patterson 函数给出晶体中每一对原子间的矢量峰,峰的位置表示每对原子在空间的相对位置,峰的高度正比于这两个原子各自所含电子数目的乘积。这一函数为测定晶体结构提供了客观的、很有价值的信息。但最大的困难在于原子间的矢量峰数目很多:重叠交盖严重,不易分辨。例如,晶胞中有 40 个原子,非原点峰就有 1500 多个。因此,实际应用时常用重原子法。所谓重原子,是指在一不对称单位中有一个或少数几个原子,它们含有较多的电子,散射能力强,在 Patterson 函数中它们的峰特别显著。例如晶胞中 40 个原子,4 个为重原子,这些重原子形成的非原点矢量峰只有 12 个,由于 Patterson 函数具有中心对称的性质,独立的峰最多只有 6 个,它们数目较少,明显突出,容易辨认,配合空间群和等效点系数据,一般不难根据它们的矢量分布情况,定出原子的坐标参数。而其余的轻原子则可在此基础上,用 Fourier 函数法等测定。这种先测定重原子参数的方法称为重原子法,是 Patterson 函数测定晶体结构应用最广泛的方法。

　　重原子法可从结构因子的表达式,即式(4.55)出发来理解:

$$F_{hkl} = \sum_j f_j \exp[\mathrm{i}2\pi(hx_j + ky_j + lz_j)]$$

将原子分为重原子(M)和轻原子(P)两部分,上式可改写为:

$$F_{hkl} = \sum_M f_M \exp[\mathrm{i}2\pi(hx_M + ky_M + lz_M)]$$
$$+ \sum_P f_P \exp[\mathrm{i}2\pi(hx_P + ky_P + lz_P)] \tag{5.35}$$

从各个原子散射波叠加成结构因子出发,对于许多衍射,因为重原子 M 的贡献大,f_M 常起主导作用,图 4.18 可表达成图 5.5 所示的样子。

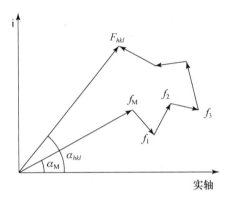

图 5.5　重原子(M)起主导作用的结构因子的图形

由图 5.5 可见,对于重原子起主导作用的衍射,重原子贡献的相角 α_M 常和衍射 hkl 的相角 α_{hkl} 近似。将式(5.9)中的 α_{hkl} 改为 α_M 计算电子密度函数,就能近似地反映出晶胞中原子的分布:

$$\rho(xyz) = \frac{1}{V} \sum_h \sum_k \sum_l |F_{hkl}| \cos[2\pi(hx + ky + lz) - \alpha_M] \tag{5.36}$$

5.3.4　分子置换法简介

一个晶体的 Patterson 函数由两部分组成:分子自身内部的原子矢量和分子间的原子矢量。前者叫自身矢量,它们靠近原点;后者是一个分子中的诸原子和另一个分子中的诸原子间的矢量,称交叉矢量,一般离原点较远。图 5.6 示出分子的取向不同,自身矢量峰取向也不同,可以通过旋转使其重合的情况。

利用 Patterson 函数通过分子置换法[2,10,18]测定结构的原理如下:设已知结构的分子 P′与欲求解晶体中的未知结构分子 P 有相当的相似程度,可把分子 P′作为 P 的模型分子。按一定原则构造出合适的模型晶胞,分子 P′的各个原子在模型晶胞中的位置矢量为 $r'_j, j=1,2,3,\cdots,n,n$ 为分子中的原子数。待测分

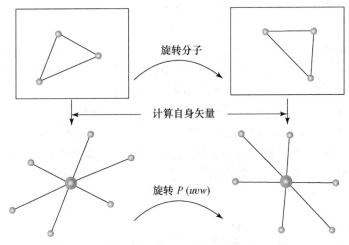

图 5.6　分子取向不同,自身矢量取向也不同

子 P 中相应原子在真实晶胞中的位置矢量为 r_j。通过比较模型晶体和待测的实际晶体的 Patterson 函数,由自身矢量求得一个旋转矩阵 R,由交叉矢量求得一个平移矢量 T 使之符合式(5.37):

$$r_j = Rr_j' + T \tag{5.37}$$

利用式(5.37),使得模型分子 P' 在模型晶胞中的取向通过旋转操作 R 与实际待测晶体中分子 P 的取向一致,然后通过平移矢量 T 把模型分子带到晶胞中的正确位置,从而得到结构的初步模型。

在求平移矢量 T 时,常利用某一包含平移操作的对称元素(例如 2_1 螺旋轴)进行。例如在模型晶体中,由 2_1 轴联系起来的两个 P' 分子质心间的平移矢量为 t',而真实晶体中由 2_1 轴联系起来的两个 P 分子的质心间的平移矢量为 t,利用 Patterson 函数的分子间交叉矢量,调节模型晶体的平移矢量 t',使它刚好等于真实晶体中的平移矢量 t,这时两种 Patterson 函数图应当一致,其乘积的积分应有极大值。即计算下一函数,使其具有极大值。

$$T(t) = \int P(u)P'(u,t')\mathrm{d}u \tag{5.38}$$

式中,$P(u)$ 是采用实际晶体结构振幅的实验值计算得到的 Patterson 函数,$P'(u,t')$ 是从理论上计算由指定的对称元素联系起来的两个模型分子的交叉 Patterson 函数。当这两个模型分子的平移矢量 t' 刚好等于实际晶体中的平移矢量时,$T(t)$ 将有一个极大值。用这种方法可以求平移矢量 T,按式(5.38)将模型分子移至正确位置。

　　应用分子置换法需要有一种已知的相似分子为前提,常用于大分子的结构分析。这个方法不需要制备含重原子的同晶型衍生物。对于利用已知蛋白质分子结构去测定不同种属的同类蛋白质分子的结构,测定由非晶体学对称性联系起来的同种分子之间的取向和位置关系,研究酶与相应抑制剂形成的复合物中酶与抑制剂之间的相互作用等类的问题,常常可得较好的结果。

　　斑头雁是一种能适应高原缺氧的候鸟,它能飞越喜马拉雅山到印度过冬,它的血红蛋白应具有高度的氧亲和性。测定斑头雁氧合血红蛋白的晶体结构,当有助于阐明它的生物功能。利用分子置换法,以已知结构的人的血红蛋白的晶体作为模型晶体,测定了 2.0Å 分辨率的斑头雁氧合血红蛋白的晶体结构[19]。图 5.7 示出 β 亚基的血红素周围的电子密度图,由图可明显地看出和血红素中 Fe 原子配位的氧分子的位置。

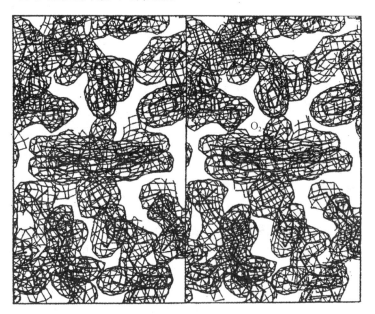

图 5.7   斑头雁氧合血红蛋白晶体中 β 亚基的血红素周围的电子密度图[19]

(图中左右两图分别为 β_1,β_2 亚基的情况,右边的已标明 O_2 分子的位置。

本图由北京大学生物系华子千,卢光莹教授提供)

5.4   同晶置换法简介

　　同晶置换是指两种或两种以上的晶体,它们具有同样的对称性、相同的空间群、相似的晶胞大小和形状,并且绝大多数原子的种类及其在晶胞中的位置也相同,只是个别原子用不同原子置换。例如钾铝明矾 $KAl(SO_4)_2 \cdot 12H_2O$ 和钾铬明矾 $KCr(SO_4)_2 \cdot 12H_2O$ 是一对同晶置换的晶体,Al^{3+} 被 Cr^{3+} 置换,其对称性保持不变,晶胞参数也变化很小。

一般说来,小分子晶体进行理想的同晶置换的数目不多,因为置换原子的大小差异,常常会引起配位数及晶胞参数的改变,偏离了同晶型性。而生物大分子晶体中包含大约 $30\% \sim 50\%$ 的水,在晶体中生物大分子作有规则的固定的排列,孔隙中充满位置不很确定(指处于半流动状态)的水分子或母液中的其他溶剂分子。若将生物大分子晶体浸泡在含重金属离子或含重原子组成的小分子的溶液中,重原子通过孔隙通道进入生物大分子晶体内部,置换晶胞中某些位置上的溶剂分子,形成同晶置换晶体。

同晶置换法对于晶体结构的测定曾经起着很大的作用。早在 20 世纪 30 年代,就用同晶置换法测定了酞菁($C_{32}N_8H_{18}$)的结构[20],是首次应用这个方法于二维投影,而获得巨大的成功,证明了这个方法的威力。20 世纪 50 年代以来,在生物大分子晶体结构的测定工作中,同晶置换法显示出独特的作用,成为研究生物大分子晶体结构的重要手段和方法。

同晶置换法测定相角的原理如下:

两个同晶置换的晶体,设第一个为 M_1P,第二个为 M_2P,M_1 和 M_2 代表互相置换的重原子,P 代表其他若干个相同的原子,如蛋白质分子,它们在晶胞中处于相同的位置。这两个晶体的结构因子可以表达如下:

$$(F_{hkl})_1 = f_{M_1} \exp[i2\pi(hx_{M_1} + ky_{M_1} + lz_{M_1})]$$
$$+ \sum_P f_P \exp[i2\pi(hx_P + ky_P + lz_P)] \tag{5.39}$$

$$(F_{hkl})_2 = f_{M_2} \exp[i2\pi(hx_{M_2} + ky_{M_2} + lz_{M_2})]$$
$$+ \sum_P f_P \exp[i2\pi(hx_P + ky_P + lz_P)] \tag{5.40}$$

若以 F_1 和 F_2 分别代表$(F_{hkl})_1$ 和$(F_{hkl})_2$,以 ΔF_{12} 代表两者之差,则由上面两个公式可得:

$$\Delta F_{12} = F_1 - F_2$$
$$= (f_{M_1} - f_{M_2}) \exp[i2\pi(hx_M + ky_M + lz_M)] \tag{5.41}$$

因为晶胞中 M_1 和 M_2 的坐标参数相同,故用 x_M, y_M 和 z_M 表示之。下面分两种情况讨论利用公式(5.41)测定 F_1 和 F_2 的相角。

1. 中心对称的晶体

当晶体或投影的结构有对称中心,而晶胞原点处在对称中心上,式(5.41)

可简化为:

$$F_1 - F_2 = 2(f_{M_1} - f_{M_2})\cos[2\pi(hx_M + ky_M + lz_M)] \tag{5.42}$$

这时当用 Patterson 函数的方法测定了 M 原子的坐标参数后,即可计算式 (5.42)右边的数值。

由于晶体含有对称中心,F_1 和 F_2 的相角只可能为 0 或 π,即可能为 $\pm F_1$ 和 $\pm F_2$,这时有 4 种组合情况:

| F_1 | $+$ | $+$ | $-$ | $-$ |
| F_2 | $+$ | $-$ | $+$ | $-$ |

按此 4 种组合计算 ΔF_{12}(即 $F_1 - F_2$),得到 4 个数值。将这些数值和由式 (5.42)右边计算的结果进行比较,看哪一种组合符合得好,即可求得 F_1 和 F_2 的正负号,得到 F_1 和 F_2 的相角。

2. 非中心对称的晶体

利用同晶置换法测定没有对称中心的晶体结构时,一般的方法至少需要两对同晶置换晶体,才能定出相角。设这两对同晶置换晶体分别为:$M_1 P$ 和 $M_2 P$,$M_1 P$ 和 $M_3 P$,式(5.41)可推广如下:

$$\Delta F_{12} = F_1 - F_2$$
$$= (f_{M_1} - f_{M_2})\exp[i2\pi(hx_M + ky_M + lz_M)]$$
$$\Delta F_{13} = F_1 - F_3$$
$$= (f_{M_1} - f_{M_3})\exp[i2\pi(hx_M + ky_M + lz_M)] \tag{5.43}$$

当求得置换原子 M_1, M_2, M_3 在晶胞中的坐标位置后,即可根据式(5.43)计算 ΔF_{12} 和 ΔF_{13}。若 $|F_1|, |F_2|, |F_3|$ 分别为晶体 $M_1 P, M_2 P, M_3 P$ 的结构振幅,它可由衍射强度经过统一还原推得。有了上述这些数据,就可以通过下述方法求出 F_1 的相角。

求 F_1 相角时,先在复数平面上从原点出发画 ΔF_{12},ΔF_{12} 是个矢量,画时要注意它的大小和方向,然后以原点为圆心,$|F_1|$ 为半径画一圆,再以 ΔF_{12} 端点为圆心,$|F_2|$ 为半径画一圆。这两个圆有两个交点:A 和 A',OA 和 OA' 的矢量均能满足:

$$\Delta F_{12} = F_1 - F_2$$

因此 F_1 的相角可能为 α 或 α',如图 5.8(a)所示。为了决定究竟应选哪一个相角,则要利用第二对同晶型晶体 $M_1 P$ 和 $M_3 P$。图 5.8(b)示出由两对同晶置换晶体定 F_1 相角的情况,在图 5.8(a)的基础上,从原点画出 ΔF_{13},然后以 ΔF_{13} 端点为圆心,$|F_3|$ 为半径画一圆,这时三个圆有一个共同交点 A,由原点 O 指向 A

点的矢量即为结构因子 F_1 在复数平面上的图形,从而定出 F_1 的相角 α 的数值。

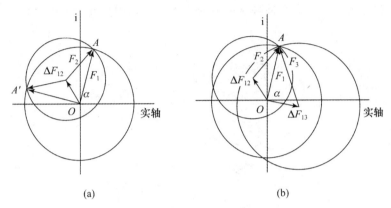

图 5.8 同晶置换法测相角的原理

(a) 一对同晶;(b) 两对同晶

利用多对同晶置换晶体测定相角,应注意解决下列几个问题:

(1) 制备出同晶置换晶体,置换原子 M_2,M_3 等应为重原子。

(2) 通过重原子法等测定出同晶置换的重原子的坐标参数和占有率。

(3) 同晶置换晶体的晶胞应取共同的原点,使置换原子在晶胞中的位置相同。

(4) 各同晶置换晶体的衍射强度要经过统一还原,使 $|F_1|$,$|F_2|$,$|F_3|$,$|\Delta F_{12}|$,$|\Delta F_{13}|$ 等都在同一标准上,这样才能进行比较,才能画在同一个图上。

用 Patterson 函数法和同晶置换法等已测定出许多种结构很复杂的生物大分子晶体的结构。

5.5 反常散射法

5.5.1 手性及绝对构型

手性是指物体像手一样,没有镜面的对称性。手性物体和它在镜子中的像并不完全相同,不可能通过旋转和平移等动作使它们叠合。例如,一只左手在镜子中的像是右手,彼此具有等当的关系,但它们并不完全相同,是不能叠合的。按左手的形状和尺寸做一只不能变形的手套,是不适合于右手穿戴的。

手性分子有左手性和右手性的区别。图 5.9 示出 CHFClBr 分子和六螺苯分子的两种手性分子。这两种手性分子各形成一对对映体。处在右边的为右手螺旋构型,处在左边的为左手螺旋构型。彼此由镜面联系,即左右两边的分子互成镜像关系。一个手性分子究竟属于哪一种构型是分子的绝对构型问题。

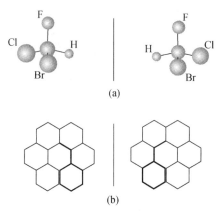

图 5.9　手性分子的一对对映体

(a) CHFClBr；(b) 六螺苯

有些晶体的外形也有手性。图 5.10 示出酒石酸晶体的一对对映体。1848 年,L. Pasteur(巴斯德)在显微镜下观察到了酒石酸晶体存在对映体的现象[22]。他仔细地一粒一粒地将两种外形的晶体分开,然后分别地测定这两种外

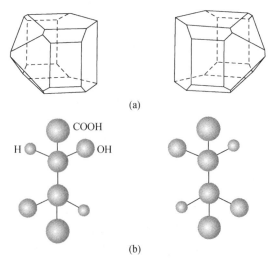

图 5.10　(a) 酒石酸晶体的一对对映体；

(b) 酒石酸分子的一对对映体

形的晶体溶液的旋光度。他发现,浓度相同的两种晶体溶液旋光的度数虽然相同,但旋光方向相反,一个是左旋,一个是右旋。Pasteur 的这一工作第一次把一个外消旋的物质分离成旋光性质不同的两个部分。这两部分内所含的酒石酸分子的绝对构型不同。图 5.10(a)中一种外形的晶体所含的分子为(b)中所示的一种绝对构型的分子。

晶体和分子的绝对构型是指它们的结构表达在一绝对的坐标系上时,其原子的排布具有特定的方向性。为了规定这种方向性,早期用 D- 和 L- 来区分,以后采用 R- 和 S- 的规定。图 5.10(b)左边分子中有两个不对称碳原子,其绝对构型均为 R,而旋光度则为右旋,即(+),所以标明 RR-(+)-酒石酸。右边的分子则为 SS-(−)-酒石酸。

5.5.2 反常散射效应

原子散射因子通常是按原子中电子的空间分布情况计算而得。若入射的 X 射线的频率比原子的任一吸收频率都高时,可假定电子的束缚能比 X 射线光子的能量小,每个电子都可看作自由电子,这时计算的原子散射因子以 f_0 表示。实际上,原子中的电子是个束缚电子,当 X 射线的波长接近原子的吸收限时,X 射线的光子将会激发电子到激发态上,或者发射出该原子的电子,这就使原子散射 X 射线的能力发生改变,这时原子散射因子可用复数表示:

$$f = f_0 + \Delta f' + i\Delta f''$$

式中,$\Delta f'$ 和 $i\Delta f''$ 称为反常散射校正的实部和虚部,它们的数值随着 X 射线波长的变化而改变,在吸收限附近,它们的数值最大。$\Delta f'$ 和 $\Delta f''$ 的数值随衍射角 θ 的变化较小,在一般工作时可以看作不随 θ 值的变化而改变。但是 $\Delta f'$ 和 $\Delta f''$ 均和入射 X 射线波长及原子的吸收限有关。$\Delta f'$ 通常是负数,所以 $f_0 + \Delta f'$ 要小于 f_0,而 $\Delta f''$ 是正值。关于 $\Delta f'$ 和 $\Delta f''$ 的数值可查有关资料[23]。

原子的反常散射效应,要影响到晶体的衍射强度。下面将分几点予以讨论。

1. 衍射强度的中心对称定律

在晶体 MP 中,包含重原子 M 和轻原子 P 各若干。若重原子 M 的原子散射因子为 f_M,轻原子 P 的原子散射因子为 f_P,当 M 和 P 的反常散射效应均很小而可以忽略不计时,结构因子的表达式为:

$$F_h = \sum_j f_j \exp[i2\pi \boldsymbol{H} \cdot \boldsymbol{r}_j]$$

$$= \sum_M f_M \exp[i2\pi \boldsymbol{H} \cdot \boldsymbol{r}_M] + \sum_P f_P \exp[i2\pi \boldsymbol{H} \cdot \boldsymbol{r}_P] \tag{5.44}$$

因为 f_{M} 和 f_{P} 均没有反常散射校正，f_j 和它的共轭复数 f_j^* 相等（$f_j = f_j^*$）。

由于衍射强度 I_h 正比于 F_h 和它的共轭复数 F_h^* 的乘积，即

$$I = K F_h \cdot F_h^* \tag{5.45}$$

而

$$
\begin{aligned}
F_h^* &= \sum_j f_j^* \exp[-\mathrm{i}2\pi \boldsymbol{H} \cdot \boldsymbol{r}_j] \\
&= \sum_j f_j \exp[-\mathrm{i}2\pi \overline{\boldsymbol{H}} \cdot \boldsymbol{r}_j] \\
&= F_{\bar{h}}
\end{aligned}
\tag{5.46}
$$

所以

$$F_h \cdot F_h^* = F_{\bar{h}} \cdot F_{\bar{h}}^* \tag{5.47}$$

即

$$I_h = I_{\bar{h}} \tag{5.48}$$

此即为衍射强度的中心对称定律，或称 Friedel 定律。

在复数平面上，F_h 和 $F_{\bar{h}}$ 的关系及衍射强度的中心对称定律示于图 5.11（a）中。

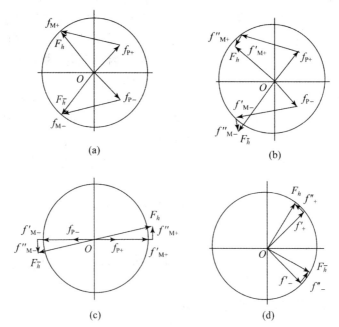

图 5.11　晶体 MP 的 F_h 和 $F_{\bar{h}}$ 的关系

（a）无反常散射效应；（b）存在反常散射效应；（c）中心对称晶体；

（d）只含一种原子的晶体（图中 f 下标的＋，－号是指衍射指标）

2. 重原子 M 的反常散射效应对衍射强度的影响

若在晶体 MP 中,原子 M 有显著的反常散射效应,而 P 原子的反常散射效应可以忽略不计,原子 M 的原子散射因子 f_M 是个复数:

$$f_M = f_{0,M} + \Delta f'_M + i\Delta f'' = f'_M + if''_M \tag{5.49}$$

$$f_M^* = f_{0,M} + \Delta f'_M - i\Delta f'' = f'_M - if''_M \tag{5.50}$$

这时可分为下面三种情况:

(1) 晶体为非中心对称晶体:由于

$$F_h = \sum f_j \exp[i2\pi \boldsymbol{H} \cdot \boldsymbol{r}_j]$$

$$F_h^* = \sum f_j^* \exp[-i2\pi \boldsymbol{H} \cdot \boldsymbol{r}_j]$$

$$F_{\bar{h}} = \sum f_j \exp[-i2\pi \boldsymbol{H} \cdot \boldsymbol{r}_j]$$

$$F_{\bar{h}}^* = \sum f_j^* \exp[i2\pi \boldsymbol{H} \cdot \boldsymbol{r}_j]$$

而 $f_j \neq f_j^*$,所以

$$F_h \cdot F_h^* \neq F_{\bar{h}} \cdot F_{\bar{h}}^*$$

即

$$I_h \neq I_{\bar{h}}$$

这就破坏了衍射强度的中心对称定律,如图 5.11(b) 所示。图中示出反常散射效应显著的重原子 M 的结构因子的两部分:实部 f'_M 和虚部 f''_M,虚部的相角总要比实部提前 $\pi/2$。衍射指标为 $\boldsymbol{h}$ 和 $\bar{\boldsymbol{h}}$ 这对衍射,在文献中又称为 Bijvoet 对 (Bijvoet pair)。

(2) 晶体为中心对称晶体:由第 4 章可知,中心对称的晶体,若晶胞原点处在对称中心上,由于晶胞中的原子一定成对地出现,在 (x, y, z) 上有一某种原子,在 $(-x, -y, -z)$ 上必有另一相同的原子,$F_h = F_{\bar{h}}$。结构因子的实部处在实轴上,而虚部的相角总要比实部提前 $\pi/2$,如图 5.11(c) 所示。这时晶体的衍射强度满足中心对称定律,即 $I_h = I_{\bar{h}}$。

(3) 若晶胞中只包含一种原子,不论这种原子的反常散射效应多么显著,也不论晶体的结构是否有对称中心,都满足 $|F_h| = |F_{\bar{h}}|$ 的条件,如图 5.11(d) 所示。

5.5.3 分子绝对构型测定的方法和实例

利用原子的反常散射效应测定晶体中分子的绝对构型,可用下面三种实验方法[2]:

第一种方法是直接测量大约二三十对 I_h 和 $I_{\bar{h}}$ 间有显著差异的数值,列出

它们的大小。这些差值必须高于标准误差的范围才有意义。然后用两种对映体的坐标参数:一套为 x_j, y_j, z_j,另一套为 $-x_j, -y_j, -z_j$,以及反常散射的原子散射因子,计算所选的结构因子 F_h 和 $F_{\bar{h}}$ 的数值,分别对比这两套结构因子的绝对值 $|F_h|$ 和 $|F_{\bar{h}}|$ 的大小,看哪一种对映体的 $|F_h|$ 和 $|F_{\bar{h}}|$ 的差值与 I_h 和 $I_{\bar{h}}$ 的差值趋势相同。

第二种方法是直接用两种对映体的原子坐标参数计算 R 值:

$$R = \left[\frac{\sum \omega(|F_o| - k^{-1}|F_c|)^2}{\sum \omega |F_o|^2} \right]^{\frac{1}{2}} \tag{5.51}$$

取 R 值小的结构推求分子的绝对构型。在这种计算中,I_h 和 $I_{\bar{h}}$ 的差值很小的衍射数据也应包括在内进行计算。

第三种方法是用 $\Delta f''$ 数据乘以 η 作为一个参数进行最小二乘修正。η 需要修正到 $+1$ 或 -1 以对应于正确的或不正确的模型。另一种修正的方法是引入绝对结构参数 x,将结构因子表达为:

$$|F_{hkl,x}|^2 = (1-x)|F_{hkl}|^2 + x|F_{\overline{hkl}}|^2 \tag{5.52}$$

这种修正用的模型相当于晶体中包含一对对映体的晶体,一种对映体含量为 x,另一种对映体含量为 $1-x$。

下面讨论用第一种方法测定青蒿素分子的绝对构型的情况。

青蒿素分子的结构经过修正后,进一步测定绝对构型[26]。方法是直接测定对绝对构型敏感的 15 对衍射的强度,这 15 对的衍射指标为:113,234,424,251,514,543,621,634,641,651,653,813,841,10.4.3,12.2.3。

计算结构因子是利用 C 和 O 的 $\Delta f'$ 及 $\Delta f''$ 数据,所得的绝对构型示于图 5.12 中。

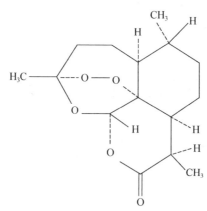

图 5.12   青蒿素分子的绝对构型

测定分子绝对构型的具体步骤和方法如下：

（1）对于包含重原子 M 又非中心对称的晶体，选择 X 射线波长应比原子 M 的吸收限稍短些，以使收集所得的衍射强度数据中反常散射效应显著。

（2）按右手坐标轴系选轴，并准确地进行指标化，测定衍射强度。如果用单晶衍射仪收集衍射强度数据，应当注意用同一个晶体收集到 hkl 和 $\bar{h}\,\bar{k}\,\bar{l}$ 的强度数据。

（3）利用正常的原子散射因子，按常规方法测定晶体的结构，列出晶胞中原子的坐标参数。由于分子是手性分子，必然具有两套互为镜像的两种构型分子的原子坐标参数。把两套参数都列表示出，判断哪一套是 D-型，哪一套是 L-型。

（4）仔细测定 I_H 和 $I_{\bar{H}}$，列出其中强度差别较大的衍射，并标明是 $I_H > I_{\bar{H}}$ 或者是 $I_H < I_{\bar{H}}$。

（5）按 D-型和 L-型两套原子的坐标参数和原子散射因子（包括原子 M 的反常散射校正数据），计算强度差别较大的衍射的结构因子 F_H 和 $F_{\bar{H}}$。将计算结果和实验测定的强度进行对比，看和哪一种符合，即可判别该分子究竟是 D-型还是 L-型。

5.6 晶体结构的精修

5.6.1 电子密度图的应用

前面几节介绍的直接法、Patterson 函数法、同晶置换法等，往往只能定出一部分衍射的相角或测出一部分原子（如重原子）的坐标位置。这时，利用最小二乘法等数学计算程序以及各种电子密度函数法获得完整的和精确的结构过程，称为结构的精修。最小二乘法等精修程序已很普遍和完善，这里不再介绍。下面简单介绍通过电子密度函数法完成整个晶体结构测定的情况。

电子密度函数法把完成初始结构的测定和精确地修正结构结合了起来，是完成结构测定工作的关键步骤。修正的结果是否合理、是否达到要求，常用结构振幅的计算值 $|F_c|$ 和实验测定值 $|F_o|$ 的符合程度，即偏差因子 R 表示。R 因子有多种表示形式（参见第 6 章附录 6.2），其中经典的一种如下式所示：

$$R = \frac{\sum ||F_o| - |F_c||}{\sum |F_o|}$$

常用的电子密度函数及所得的电子密度图的名称列于表 5.4 中。表中式（5.53）是电子密度函数 $\rho(xyz)$ 的定义式。此公式是 Fourier 级数的加和式，所以电子密度函数法又称为 Fourier 合成（Fourier synthesis）法或 Fourier 级数（Fourier series）法。

表 5.4　各种电子密度图和电子密度函数的表达式[1,2,9]

名　　称	ρ 的表达式*
直接电子密度图	$\rho(xyz)$
	$= \dfrac{1}{V} \sum_{hkl} \| F_{hkl} \| \cos[2\pi(hx+ky+lz) - \alpha_{hkl}]$　　(5.53)
F_o 合成图	$\rho_o(xyz)$
	$= \dfrac{1}{V} \sum_{hkl} \| F_o \| \cos[2\pi(hx+ky+lz) - \alpha_c]$　　(5.54)
F_c 合成图	$\rho_c(xyz)$
	$= \dfrac{1}{V} \sum_{hkl} \| F_c \| \cos[2\pi(hx+ky+lz) - \alpha_c]$　　(5.55)
E_o 合成图	$\rho_E(xyz)$
	$= \dfrac{1}{V} \sum_{hkl} \| E_o \| \cos[2\pi(hx+ky+lz) - \alpha_c]$　　(5.56)
差值($\|F_o\| - \|F_c\|$) 电子密度图	$\rho_\Delta(xyz)$
	$= \dfrac{1}{V} \sum_{hkl} (\| F_o \| - \| F_c \|)\cos[2\pi(hx+ky+lz) - \alpha_c]$　(5.57)
差值($2\|F_o\| - \|F_c\|$) 电子密度图	$\rho'_\Delta(xyz)$
	$= \dfrac{1}{V} \sum_{hkl} (2\| F_o \| - \| F_c \|)\cos[2\pi(hx+ky+lz) - \alpha_c]$　(5.58)

* 式中 $\sum\limits_{hkl}$ 系 $\sum\limits_{h}\sum\limits_{k}\sum\limits_{l}$ 的简写，F_o，F_c 和 α_c 系 $F_{o,hkl}$，$F_{c,hkl}$ 和 $\alpha_{c,hkl}$ 的简写。

5.6.2　ρ_o，ρ_c 和 ρ_E

F_o 合成图又称为 ρ_o 图，它是用 $|F_o|$ 和 α_c 通过式(5.54)的 Fourier 级数计算所得的 $\rho_o(xyz)$ 的图形。式中所用的 $|F_o|$（或写成 $|F_{o,hkl}|$）是从收集晶体的衍射强度数据，经过统一还原而得的结构振幅的数值。α_c（或写成 $\alpha_{c,hkl}$）则是根据由 Patterson 函数法等推引得到的原子坐标计算所得，或是用直接法或用同晶置换法等推得的相角。通过计算，获得 ρ_o 图，从图中常常可得到更多的结构信息，补全和找准原子的坐标位置数据。在新的结构模型基础上，再计算 α_c，计算新一轮的 ρ_o 图，测出更准确原子的坐标参数。在此基础上结合原子的热参数（参看 8.6 节）计算 α_c 和更新一轮的 ρ_o 图。如此一轮又一轮的迭代计算，定出准确的晶体结构。

利用 $\rho_\circ$ 进行迭代计算时,对于有对称中心的晶体,使用起来简单准确。因为中心对称晶体衍射 hkl 的相角 α_{hkl} 不是 0 就是 π,只要选择了正确的相角,就可算出准确的电子密度函数,当然还受到衍射强度的准确性和衍射点数目多少的限制(注意,对于中心对称的晶体只有原点处在对称中心上,才能使相角取值为 0 或 π)。在 230 个空间群中,有对称中心的只有 92 个,还不到半数,但在结构的投影中,有对称中心的投影远超过半数,因为沿偶次轴的投影都具有对称中心的对称性。另外,晶体结构的对称性在各个空间群中的分布是不均匀的。对一般的无机物、小分子有机物,中心对称的晶体数目要大于非中心对称晶体的数目。

在没有对称中心的结构中,相角的数值可为从 0 到 2π 中的任意一个角度,这时利用 $\rho_\circ$ 进行迭代计算要多几轮才能逐步逼近。

F_c 合成图又称 ρ_c 图,它是用 $|F_c|$ 和 α_c 的数据计算的一种电子密度图,由 ρ_c 图可以看出由于 hkl 衍射的数目有限所引起的"断尾效应"等的偏差。另外,将 $\rho_\circ$ 和 ρ_c 结合,可以计算差值电子密度图。

E_c 合成图又称 ρ_E 图,它是以 $|E_c|$ 和 α_c 数据进行 Fourier 合成所得的点原子模型的电子密度函数图。ρ_E 图的作用已在直接法中说明。

5.6.3 差值电子密度图

差值图 $\rho_\Delta(xyz)$ 是以 $|F_{o,hkl}| - |F_{c,hkl}|$ 以及 $\alpha_{c,hkl}$ 通过式(5.57)计算所得的一种电子密度图,它相当于将 $\rho_\circ$ 图和 ρ_c 图在空间各坐标位置上逐点地相减所得的差值图。

差值图有时要比 $\rho_\circ$ 图能提供更多的结构信息。如果计算 F_c 所用的模型与真实结构非常符合,则所得的差值基本上是平坦的、接近于 0 的数值,这时仅仅由于强度测量的误差及衍射点数目有限带来一些无规分布的背景,而不会出现高峰或低谷。如果在差值图中出现高峰,说明在真实结构中应该有原子的位置上,在计算 F_c 所用的模型中没有放原子,或者所放的原子种类不对,模型中给的原子太轻。反之,差值图中出现低谷,说明在真实结构中该位置没有原子而模型中放了原子,或者真实结构中有个较轻的原子而模型中放了较重的原子,因而多减去了一些。

差值图常用于完成部分原子位置已知的结构。为此目的,把原子坐标位置比较确定的原子放在结构模型中计算 F_c,而把有争议的、不确定的原子不放在结构模型中,再根据差值图出现的高峰和低谷,提出新的结构模型。

在含有重原子的结构中,重原子位置确定以后,轻原子的位置虽可通过 $\rho_\circ$

图得到,但是扣去重原子的差值图可以免除重原子坐标不准的干扰和级数收敛不好引起误差所带来的影响,使轻原子的峰更明显、更准确地显现,便于测定轻原子的位置。

表 5.4 中列出以 $2|F_o|-|F_c|$ 为系数的差值电子密度函数,由它计算的图形可理解为所提的模型结构的电子密度图与两倍的电子密度图之差。图中除显现模型的电子密度图外,还出现正常峰高的真实结构和模型结构电子密度的差值。这种差值图在生物大分子晶体结构的测定中应用较多。如前所述,在生物大分子晶体中,水及溶剂分子占有很大的比重,它们形成连续相,构成通道。当底物、抑制剂或药物分子与生物大分子晶体相互作用时,会取代和生物大分子结合的水,因而有序的水的电子密度被配位分子的一部分电子密度置换,这意味着在差值图上没有明显的峰出现,而且,由于某些相角数据的不正确,甚至在差值图上在底物和抑制剂取代部位出现负值的峰,影响生物大分子结构的正确测定。经验证明,利用 $2|F_o|-|F_c|$ 以及 α_c 进行 Fourier 合成所得的电子密度图能较好地反映出生物大分子的结构。

5.6.4　变形电子密度图(X-N 图和 X-X 图)

变形电子密度图(deformation density map)是一种差值电子密度图,用以深入地研究价电子的分布,研究化学键的性质[3,9,21]。

用质量很高的晶体样品,在获得衍射强度数据时,尽量降低吸收和消光的影响,用最小二乘法多次精修原子坐标参数和热参数,偏差因子 R 值可降到 0.03 或更低。这种偏差除包含有 $|F_o|$ 测定时的误差及原子坐标参数和热参数的误差外,还有由原子结合成分子时,原子之间的化学键使价层电子发生变形的影响。变形电子密度图就是利用衍射数据,获得由于原子间形成化学键使电子云变形的图像。有两种方法求变形电子密度图:其一是将晶体的 X 射线衍射数据和中子衍射数据结合起来应用,称为 X-N 图;其二是将常规的 X 射线衍射数据和高角度的 X 射线衍射数据结合起来应用,称为 X-X 图。

1. X-N 图

原子对中子的散射作用主要是由于原子核。原子核很小,对中子衍射来说是点原子,f_n(原子对中子的散射因子)不随衍射角而改变。在理论上,ρ_n 中峰的分布应很集中。实际上,ρ_n 中峰的分布比 ρ_X 中的确是较集中一些,但差别不大。导致 ρ_n 中峰铺开的原因主要是原子振动。用中子衍射研究原子振动是较灵敏的方法,每个原子的振动可用振动参数表示。将晶体用中子衍射准确地测定出原子坐标参数和振动参数,用 X 射线衍射准确地测定同一个晶体的结构,

用下式计算 $\rho_{变形}$，即可从中了解电子云的变形。

$$\rho_{变形} = \rho_o(X) - \rho_c(n) \tag{5.59}$$

式中 $\rho_o(X)$ 表示用 X 射线衍射实验按式(5.54)计算所得的电子密度函数；$\rho_c(n)$ 是用中子衍射获得的原子坐标参数和振动参数，结合电子云球形分布的 f_X，即原子的 X 射线散射因子，计算出结构因子，按式(5.53)计算所得的电子密度函数。

2. X-X 图

利用下式计算的 $\rho_{变形}$ 称为 X-X 图：

$$\rho_{变形} = \rho_o(X) - \rho_{c,ho}(X) \tag{5.60}$$

式中 $\rho_o(X)$ 如前所述；$\rho_{c,ho}(X)$ 表示只用高角度的 X 射线的衍射数据计算 ρ_c，以消除断尾效应所产生的影响。

变形电子密度图的应用将在 8.4 节中进行讨论。

参 考 文 献

[1] J. P. Glusker, M. Lewis and M. Rossi, *Crystal Structure Analysis for Chemists and Biologists*, VCH, New York, 1994.

[2] Jan Drenth, *Principles of Protein X-Ray Crystallography*, Springer-Verlag, New York, 1994.

[3] J. D. Dunitz, *X-Ray Analysis and the Structure of Organic Molecules*, Cornell University Press, London, 1979.

[4] M. F. C. Ladd and P. A. Palmer, *Structure Determination by X-Ray Crystallography*, 2nd ed., Plenum Press, New York, 1985.

[5] P. Luger, *Modern X-Ray Analysis on Single Crystals*, Walter de Gruyter, Berlin, 1980.

[6] C. Giaeovazzo (ed.), *Fundamentals of Crystallography*, International Union of Crystallography, 3rd ed, Oxford Univ. Press, New York, 2011.

[7] U. Shmueli (ed.), *International Tables for Crystallography*, Vol. B, *Reciprocal Space*, Kluwer Academic Publishers, Dordrecht, 1993.

[8] G. H. Stout and L. H. Jensen, *X-Ray Structure Determination: A Practical Guide*, 2nd ed., Wiley, New York, 1989.

[9] 周公度,晶体结构测定,科学出版社,北京,1982.

[10] 陈小明,蔡继文,单晶结构分析原理与实践,第二版,科学出版社,北京,2007.

[11] M. M. Woolfson and Fan Hai-fu, *Physical and Nonphysical Methods of Solving Crystal Structures*, Cambridge University Press, 1995.

[12] S. L. Chang, *Cryst. Rev.*, 1987, **1**, 87~187.

[13] T. Hahn (ed.), *International Tables for Crystallography*, Vol. A, *Space-Group Symmetry*, 2nd revised ed., Kluwer, Dordreeht, 1987.

[14] N. F. M. Henry and K. Londsdale (eds.), *International Tables for X-Ray Crystallography*, Vol. Ⅰ, *Symmetry Groups*, revised ed., Kluwer, 1952.

[15] D. Sayre, *Acta Cryst.*, 1952, **5**, 60.

[16] A. L. Patterson, *Phys. Rev.*, 1934, **46**, 372.

[17] D. Harker, *J. Chem. Phys.*, 1936, **4**, 381.

[18] M. G. Rossmann (ed.), *The Molecular Replacement Method*, Gordon and Breach, New York, 1972.

[19] J. Zhang, Z.-Q. Hua, J. R. H. Tame, G.-Y. Lu, R.-J. Zhang and X. C. Gu, *J. Mol. Biol.*, 1996, **255**, 484.

[20] J. M. Robertson, *J. Chem. Soc.* (London), 1934, 615.

[21] T. C. W. Mak and Gong-Du Zhou, *Crystallography in Modern Chemistry*, A *Resource Book of Crystal Structures*, Wiley, New York, 1992.

[22] L. Pasteur, *Ann. Chim. Phys.*, 1948, [3]**24**, 442.

[23] C. H. MacGillavry and G. D. Rieck (eds.), *International Tables for X-Ray Crystallography*, Vol. Ⅲ, *Physical and Chemical Tables*, Kynoeh Press, Binmingham, 1962.

[24] A. F. Peerdeman, A. J. van Bommel and J. M. Bijvoet, *Proc. Kon. Ned. Akad. Weten.*, 1951, **B54**, 16.

[25] J. M. Bijvoet, A. F. Peerdeman and A. J. van Bommel, *Nature* (London), 1951, **168**, 271.

[26] Qinghaosu Research Group, Institute of Biophysics, Academia Sinica, *Scientia Sinica*, 1980, **23**, 380.

[27] W. Clegg (ed.), *Crystal Structure Analysis: Principles and Practice*, 2nd ed., Oxford University Press, New York, 2009.

[28] W. Massa, *Crystal Determination*, 2nd ed., Springer-Verlag, Berlin, 2004.

[29] J. P. Glusker and K. N. Trueblood, *Crystal Structure Analysis*, A *Primer*, 3rd ed., Oxford University Press, New York, 2010.

第6章 生物大分子晶体衍射[①]

6.1 引 言

在典型的生物细胞中含有约 99％的水和 $10^4 \sim 10^5$ 种不同种类的小分子,其余的约 1％则是多聚体,分子量相当大($10^4 \sim 10^{12}$ 之间),称为生物大分子。

生物大分子是由分子量为 $50 \sim 150$ 之间的不同单体,如 L-型氨基酸、核苷酸、糖等,按特定次序以共价键和非共价键相连接组成。生物大分子按化学组成可分为 4 种:① 多肽和蛋白质——由 21 种氨基酸残基聚合;② 核酸(DNA,RNA)——是 4 种核苷酸的聚合物;③ 碳水化合物——糖的多聚体;④ 膜——脂肪结构的聚集体。它们彼此间又按不同的组合方式连接(结合),或同其他分子结合,维持确定的空间组织,在体内参与和执行很多功能,如基本代谢、复制(再生)、修复和进化、能量和信息的生成和储存、通信、催化、转移、配位、调节、结构的支撑、防卫免疫和运动等等。这些众多的重要功能是以它们各自的结构为基础的,而确定结构的重要手段,则是生物大分子 X 射线晶体衍射、电子显微镜和核磁共振(NMR)技术等。

近三十年来,生物大分子晶体衍射领域,由于不断引入新思想、新理论、新概念、新技术和方法,特别是得益于强有力的算法-规则系统和计算机技术(包括网络),加上新型强光源的使用和低温技术的普及,以及分子生物学技术的辅佐,大大改善和加快了目的样品的制备、衍射数据收集和处理、定相角、电子密度的解释、模型搭建和修正,以及结果的表达等生物大分子结构测定诸环节的速度,使以往费时费事的结构测定环节变得更加简捷、快速和方便,趋于完善和成熟。尤其是近五六年间,在大分子晶体学领域,出现和使用 PHENIX 这样的

① 致谢:特别向笔者的好友中国科学院生物物理研究所王大成院士和他的科研群体表示由衷的感谢。这些年,他和他的同事,包括研究生,在科研协作过程中给了笔者无微不至的关怀和热情的帮助。本章中的几处实例是跟他合作研究得到的,是他们无私提供的。另外,美国德州 TAMU 的李平卫教授和北京大学化学与分子工程学院的王哲民教授也提供了珍贵的资料和实例。借此,也向他们表示诚挚的谢意。

功能强大、快速、简便、易用的(兼顾初学者和专业研究人员需求的)综合性自动化程序系统,仅通过几次鼠标的点击操作,即可"一通到底",使结构生物学工作者受益匪浅。如今,不仅提高了 X 射线衍射技术测定生物大分子结构的效率和速度,由此大大缩短测定周期,而且所测得模型的精度之高和数量之多,以往任何时期都无法比拟。PDB 数据库中归档的结构数目,每年按指数形式增加。截至 2013 年 5 月,已有 90 810 个,其 88% 是通过 X 射线衍射法确定的。而在 2013 年 4 月为 89 003 个,仅仅一个月就增加了 1800 个。生物大分子晶体衍射的发展,不仅丰富了结构生物学和分子生物学等相关学科内容,也为实际应用(如药物设计)提供了可靠的结构依据。

尽管生物大分子晶体学是解决生命活动相关的重要物质结构的强有力手段,是最为人们所信赖和期望的结构确定技术,但要知道一个重要的事实,它只是一门典型的近似科学,而不是精确科学。由于生物大分子晶体的特殊性和 X 射线衍射固有的内在属性所决定,使生物大分子晶体学具有下列局限性:

(1) 晶体的不完整性:即总含有程度不同的镶嵌度,总含有比例很高的溶剂水(流动性)和原子的热运动,使其 X 射线衍射达不到原子分辨率。

(2) 所用的物理参数和常数,包括波长值、原子散射因子(随 $\sin\theta/\lambda$ 增加而变小),都是近似值。

(3) 有限的衍射数据:即由于所用的波长有限,采集到的 hkl 非为 $-\infty \rightarrow +\infty$,从而 Fourier 断尾效应不可避免地直接影响后续的电子密度图。

(4) 衍射实验的系统、随机误差和涨落(所用设备的几何限制和调零,灵敏度和精确度,以及射线源强度的涨落,探测系统的灵敏度、稳定度、噪音和效率)。

(5) 由于(2)的缘故,$F_c \rightarrow F_o$ 偏差约 2% 或 $F_c - F_o \neq 0$,从而残数(residue) R 因子不为 0。最终,结构模型无法避免偏差(discrepancy index)、总有"不一致度",因此要用不可靠性来量度。

(6) 只用纯 X 射线衍射数据,不能决定完整的结构模型,必须借助和依赖其他相关信息。比如,没有一级结构序列,就不能构建蛋白质分子结构(由于误差,从电子密度等高线图不能直接辨认它是什么原子,不能区分 C,N,O,S),结构测定过程带有操作人员的主观推测;电子数目和形状很接近的一些残基,单从电子密度高度和形状难以辨认和区分。

(7) 组成生物大分子(如蛋白质分子)的原子数目一半为氢原子,用 X 射线衍射方法不能直接确定晶体中的氢原子位置,不能测定化学和生物学功能有重要作用和意义的氢原子的真实坐标。因为氢原子只含有一个电子,对 X 射线的衍射能力最弱,且随 $\sin\theta/\lambda$ 增加而很快变小,从而对观测值的贡献很小;并且由于氢原子轻,易受热振动的影响,加上实验误差,氢原子定位的精度差;无法直接修正氢的参数及其偏离值,几乎不参与模型的修正,而固定或限制于立体化学匹配的位置,仅参与结构因子的计算。即便衍射质量很好(借助低温)的高分辨数据,也要用与其相连的非氢原子来限制构象,按各向同性位移修正。

(8)计算电子密度函数的相角 α 隐藏于原子坐标 (x,y,z) 之中,即

$$\alpha_i = 2\pi(hx_i + ky_i + lz_i)$$

而晶胞中 (x,y,z) 处的电子密度 ρ 值决定于 X 射线强度(随入射 X 射线强度、曝光时间、晶胞大小和形状而变化),因此,相角也是近似值。

(9)用 X 射线衍射方法测定的结构是时间和空间的平均结构和平均构象。

(10)用现行的 X 射线衍射方法,晶胞大小超过 2000Å 的生物大分子组装体的结构几乎被限制,要借助低温高分辨率电子显微镜重构技术。

测定一个生物大分子晶体结构,通常包括下列步骤:① 生物大分子样品的分离、提取和纯化;② 制备晶体样品;③ 制备同晶型重原子衍生物;④ 采集衍射数据和处理;⑤ 确定重原子位置;⑥ 计算相角;⑦ 计算电子密度图和诠释;⑧ 结构模型的修正;⑨ 结构表述。这些步骤并不独立,而是彼此相关、步步相扣,每一步工作结果的好坏直接影响下一步工作,甚至影响最终结果。因此,个别步骤和环节遇到问题做不下去而返回前一步查找原因是常见的事。

6.2 生物大分子晶体制备

6.2.1 生物大分子晶体的特性

这里所指的生物大分子晶体的特性是与经典的"小"分子晶体比较而言。生物大分子晶体不好培养,尤其是具有衍射质量的合格晶体样品。生物大分子晶体生长条件苛刻,重复性较差;晶体长不大,其尺寸很难达到 $1\sim2\text{ mm}$;晶体对环境变化(如温度变化)敏感,不稳定;晶体内部"空旷"(空腔或通道)含有大量溶剂(30%~80%或更多),可看成热力学"两相"的高熵体系,因此离不开母液,在空气中失去溶剂水而"垮掉";晶体因生物大分子在溶液中的柔软性和运动的动态特性,没有小分子晶体那样紧密,机械强度弱而易碎,给晶体操作带来

一定困难；对辐射敏感，易受辐射损伤（衰减），直至"死"掉（完全失去衍射能力）；衍射能力弱，很难达到原子分辨率；晶体对称性低，晶胞大，衍射斑点密集。生物大分子晶体的这些特性，给晶体的操作和操纵、晶体的表征和衍射数据采集带来相当的困难。

由于生物大分子本身固有的特性和结构的复杂性，加上结晶体系的复杂性和影响参数的众多，人们对生物大分子晶体生长过程（机理）的理解仍粗浅和贫弱，对影响晶体最终质量的关键因素了解和掌握得不多，还有迄今尚未被认识和掌握的"偶然"影响因素。因此，时下生物大分子晶体生长，基本上以技艺和经验起重要作用的"尝试法"为主导，很难控制结晶过程达到预期目标，更无法预测结果。生物大分子晶体培养的现状是，尽管现已开发和普及自动操作的"机器人"，由此减轻了不少工作量，也节省了宝贵的样品量，但其基本思想和原理没有摆脱以往的尝试法，没有根本性的突破，仍很难满足迅猛发展的结构生物学需求。特别是当今结构基因组学、蛋白质结构组学，急需高通量、快速精确地测定全部基因产物的"靶"。有不少很有意义的课题因不能及时得到适合衍射质量的优质单晶而不能启动，或影响进展，甚至停滞不前，"停工待料"。可见，获得适合衍射质量的优质单晶是测定大分子晶体结构的前提，在某种意义上是结构生物学课题的重要瓶颈（以 X 射线衍射技术为研究结构的途径时）。

6.2.2 生物大分子样品的提取和纯化

1. 提取方法概述

生物大分子晶体学工作者首先面临的是要制备合格的，即高纯（"结晶纯"或构象纯），而足够量的、课题所赋予的目标生物大分子样品。有了目标生物大分子样品，才可着手进行结晶，获得有衍射质量的单晶，并采集衍射数据。有了合格的衍射数据才算得上是结构测定工作的前提。

生物大分子样品的提取和纯化主要通过两种途径：一是天然提取，即应用传统的生物化学手段，从天然生物资源提取；二是应用分子生物学手段离体连接 DNA 分子技术，即重组 DNA 表达提取。

天然提取采用传统的生物化学途径，要耗费天然生物资源，提取手续相对繁杂，且产量（产率）低（常见的提取纯化比约接近 5000），尤其目的蛋白来源稀少，如从稀缺物种的组织中提取时，更难满足结晶纯和足够数量的样品。

现在时兴的天然蛋白基因的重组表达，是获取大量高纯目的蛋白样品的最佳途径。特别是，通过重组 DNA 技术获得的生物大分子样品，是经历相对缓和的条件得到,结晶成功率也高。关于这一方法,可参看有关分子生物学实验技术和生物化学实验的书。在这里仅介绍一种用分子生物技术制备样品的原核表达系。

2. 重组 DNA 表达提取

目前用于重组表达体系的有原核生物(细菌、病毒)和真核生物(酵母、昆虫细胞和哺乳动物细胞等多种)。但真核生物表达蛋白,存在技术要求高、时间周期长、费用相对昂贵等诸多问题。

在各种表达质粒系列中,以 E. coli(大肠杆菌)为主的原核表达体系简单易行、快速高效,为此近来原核表达体系成为表达提纯各种蛋白样品的首选。

pET 原核表达系统(Novagen),因为载体和表达宿主菌 BL21(DE3)系列是近来一个非常成功的克隆表达重组蛋白的表达系统[BL21(DE3)是一种蛋白酶缺陷型菌株,非常适宜于重组蛋白的表达],被广泛应用于大肠杆菌内重组蛋白的表达。

目的基因被克隆到 pET 质粒载体上,受噬菌体 T7 或 T7lac 强转录及翻译信号控制,表达由宿主菌提供的 T7RNA 聚合酶诱导。宿主细胞一般为 λDE3 的溶原菌,其中 DE3 部分包含了由 lacUV5 启动子控制的 T7RNA 聚合酶基因。在非诱导状态下,由宿主菌基因组和 pET 质粒中的 lacI 基因共同产生的阻遏蛋白,不仅可以阻止在 lacUV5 启动子控制下的 T7RNA 聚合酶基因的转录,也可作用于 pET 质粒载体中目标基因的启动子 T7lac,双重阻遏目标基因的表达,目的基因往往能够完全处于沉默状态而不转录。加入诱导剂 IPTG,就与阻遏蛋白结合,使之失去结合 lac 操纵子的能力,T7RNA 聚合酶基因得到表达,而被表达出的 T7RNA 聚合酶就结合到 pET 载体目的基因的 T7 或 T7lac 启动子上,可启动目的基因的表达。T7RNA 聚合酶的诱导十分有效,而且有良好的选择性,当充分诱导时,几乎绝大部分细胞资源都用于表达目的蛋白(诱导表达数小时后,目的蛋白通常可以占细胞总蛋白的 50% 以上)。如果目的基因的快速翻译对其新生肽链的折叠不利,此表达系统有时也能通过降低诱导物浓度,或者降低宿主菌的培养温度来控制蛋白的转录翻译速度,以此提高正确折叠的目的蛋白产量,减少包涵体。

然而,有时有些蛋白在此系统中,无论怎样调节和改善条件,也不能很好地翻译和折叠。若遇到这种情况,就需要更换表达载体,采用其他表达体系。在表达一些对细胞正常生长有害的蛋白时,为了防止目的蛋白的本底表达,需要更严谨地控制 T7RNA 聚合酶的表达活力。通常是选用氯霉素抗生的 pLysS 或 pLysE 菌株,这两种菌株编码 T7 溶菌酶基因,可使之在宿主细胞中少量表达 T7 溶菌酶。T7 溶菌酶能与 *E. coli* 细胞壁的肽聚糖层结合,同时又是 T7RNA 聚合酶的天然抑制物,能抑制其转录活性。具体实践中,先制备感受态细胞,然后转化感受态细胞,再诱导表达。

从成千上万种生物大分子混合物中纯化出一种生物大分子,就是利用不同生物大分子蛋白质之间有许多物理和化学性质的差异。它们由于不同大小、不同的表面电荷和疏水性,组成肽链的氨基酸残基可以是荷正电或荷负电的、极性的或非极性的、亲水性的或疏水性的。此外,多肽折叠成非常确定的二级、三级结构,将形成独特的形状和大小;在生物大分子蛋白质表面氨基酸残基的分布状况,将影响电荷分布、疏水和亲水性分布等。利用待分离的目的蛋白与混合物中共存的其他蛋白质之间的性质上的差异,可以设计出一组有效而合理的分级分离步骤。

作为纯化依据的生物大分子性质,可以列举如下:

(1) 溶解度:蛋白质溶解度在不同溶剂中大不一样,从基本不溶($<10 \ \mu g/mL$)到极易溶($>30 \ \mu g/mL$)不等。影响蛋白质溶解度的可变因素包括 pH、离子强度、离子性质、温度和溶剂的极性。蛋白质在其等电点处不易溶解。利用和调节影响蛋白质溶解度的因素,可制备蛋白质晶体。

(2) 配体结合能力:只与待分离的分子可逆结合,与其他不响应。有许多酶同底物、效应分子、辅助因子和 DNA 模板结合。

(3) 金属结合能力:有不少酶含有胱氨酸或组氨酸残基,能与铜、锌、钙、镍二价离子结合。可利用此性质,将酶结合于已固定有相应螯合金属离子的柱子上。

(4) 可逆性缔合:有些酶在某些溶液条件下,会聚集成二聚体、四聚体。若改变条件,则又变为单体。利用不同的条件,可按大小进行分级分离。

(5) 分子大小:蛋白质的大小各不相同,有的为只含几个氨基酸的小肽,有的为含几千至上万个氨基酸的多肽,还有的为巨大的多亚基复合物,可能更大。

(6) 分子形状:分子外形有近似球状或柱状,也有很不对称的。它们在离心、通过膜和电泳凝胶中的小孔运动时,受形状影响而受力不同。

(7) 密度:蛋白质的密度常见于 $1.3 \sim 1.4 \ g/cm^3$ 之间。有些蛋白有例外,密度超出这一范围。遇到这种特例,就用密度梯度法分离之。

(8) 分子电荷:净电荷取决于氨基酸残基所带正、负电荷总和。在氨基酸组成中,天冬氨酸和谷氨酸残基占优势,在 pH 7.0 处带净负电荷,称之为酸性蛋白质;赖氨酸和精氨酸残基占优势的为碱性蛋白质。蛋白质表面电荷由溶液的 pH 决定。

（9）等电点：pI 为蛋白质的净电荷为零时的 pH，由蛋白质带正、负电荷的氨基酸残基数目和滴定曲线决定。

（10）电荷分布：在蛋白质表面荷电的氨基酸残基可均匀分布，亦可以成簇地分布，使不同的区域带正、负电荷情况不同，而这种非随机的电荷分布可用来鉴别之。

（11）疏水性：一般疏水性残基基团在分子内部，但也有一些处于表面。这个表面疏水性残基的数目和分布决定该蛋白质是否能与疏水柱填料结合，以此进行分级分离。

（12）翻译后修饰：引入糖基、酰基、磷酸基等来修饰，可作为分级分离的依据。

（13）特异性序列或结构：在蛋白质分子表面上的氨基酸残基精确的几何表象可用来作为分离的基础。例如，得到只能识别蛋白质分子的特定部位的抗体，将此种特异性抗体连接于填料，即可制备免疫亲和柱。免疫亲和层析可获得高选择性分离。

（14）非寻常性质：某些蛋白质可能具有不寻常的热稳定性，或具有不寻常的抗蛋白酶解的抗性，在纯化时可加以利用。

（15）基因工程构建的纯化标记：随着基因工程技术的进步，克隆编码某一蛋白质 cDNA 已变得容易。于是，有可能构建出大肠杆菌的经诱导生产大量所需基因产物的菌株。通过改变 cDNA 在被表达蛋白的氨基酸链 N 端或 C 端加上少许几个额外氨基酸。应用这种方法已相当普遍。这个额外加上的"标记"可作为一种有效的纯化依据。现在普遍施行的标记之一是在 N 端加 $6\sim10$ 个组氨酸，以此可借助它能与 Ni^{2+} 螯合柱结合牢的能力，经淋洗后用游离咪唑洗脱，或通过调降 pH 至 5.9，使组氨酸充分质子化，不再与 Ni^{2+} 结合，从而使该蛋白得以纯化。

获得生物大分子样品之后，样品的均匀性或聚集态的检测可用凝胶层析、动态光散射（DLS）和沉降分析；纯度的检测，常用电泳技术。

6.2.3　生物大分子结晶过程的独特性和影响因素

生物大分子的结晶过程或晶体制备过程，不易控制。主要困难之一是没有能指导结晶实践的理论，仅靠大量的尝试；另一个困难是样品量少，经过多种提取、纯化手续和表征过程所得的样品一般只有几个毫克量级。从这个意义上考虑，要将每个实验用量降至最少量（体积），以此用有限样品来尝试多种不同的结晶条件，以便提高结晶成功的概率。

1. 生物大分子结晶过程的独特性

从溶液培养常规的有机或无机小分子晶体,与从溶液培养生物大分子晶体,表观上看不出不同。然而事实上,这两者在很多方面有着重要的差异。这种差异不仅表现在它们结晶时成晶核和成核之后的生长条件、生长机理和动力学,以及形成晶体内部点阵的分子网格结构上,还表现在晶体本身的物理、机械性质上。因此,在实验室获得晶体的方法、操纵晶体和使用晶体的方式和技术都不同,尤其在影响衍射数据质量上差异很大。

(1) 从晶体生长的条件而言,影响晶体完整度的因素,生物大分子晶体根本上不同于常规的小分子晶体。生物大分子晶体成核时,其过饱和度非常高,高达百分之几百甚至上千。由于结晶所用的技术,晶体的成核、生长和停止生长各步骤不能截然分开(过程),就在同一个溶液体系、环境中进行。显然,晶体生长的过饱和度也相当高。生物大分子晶体是从化学组成复杂的溶液体系中结晶,如缓冲剂、盐、离子和其他添加剂等多种组分。这种结晶溶液体系,比常规的小分子结晶体系复杂得多。

(2) 由于生物大分子独特的物理化学性质和易变性、构象的柔软性(或者稳定性差),以致它对外部环境特别敏感,晶体点阵相互作用力不强。大分子结晶的条件,如温度范围很窄,一般 4～30℃,虽然也有更高的温度,比如笔者培养 Trp,tRNA-合成酶晶体的最适合温度是 35～40℃。生物大分子结晶的 pH 范围也很窄,多半在中性或样品的等电点 pI 附近及生理 pH 范围结晶。这里也有例外,如胃蛋白酶在酸性条件结晶且很稳定(在胃中 pH 2.5 具最大活性稳定)。

(3) 生物大分子晶体含有大量的溶剂水,是"固相和液相的两相"体系。固相是由每个大分子组成,在固相中它们之间接触面积小,形成开放的即连通的通道和腔,其中装有大量溶剂水(30%～80%)。这样的生物大分子晶体,可看成是热力学上的高熵体系。晶体中的溶剂水,有些是直接与大分子表面亲水基团成瞬变的氢键,与大分子成整体的结构水,或分子外包成氢键网格的壳层,起支撑晶体内部骨架作用。而大部分水是无序状。形象地看,晶体中的生物大分子就像溶剂水湖中分立的"群列岛"。占据晶体点阵结点位上"活"的大分子,彼此间接触面小,相互作用力弱,加上溶剂水的流动性,其晶体没有常规小分子晶体那样紧密,结果导致它们的衍射能力差。因此,生物大分子晶体的衍射分辨率达不到理论极限。

生物大分子晶体有高度水合作用,在空气环境下容易丢失水。晶体脱水给操作带来不少麻烦。如果晶体长时间暴露于空气中,就会失去晶体的溶剂水,致使失去衍射能力。为此,以往为了防止晶体干燥脱水,将衍射用的晶体密封于专制的毛细管中。现在是用快速冷冻晶体样品,在维持低温条件下进行衍射实验(事先将晶体样品用合适的冷冻液进行预处理,防冰晶)。

生物大分子晶体高溶剂含量,意味着可使小分子试剂自由扩散到大分子晶体的内部。人们利用本来给衍射带来"负面"影响的这个特性,制备重原子衍生物,还可以当晶体为进行生化实验的"体系",在不影响和干扰晶体点阵的前提下,在结晶母液中加入有意义的抑制剂、底物、辅基、配体等,通过晶体溶剂水中扩散作用使之达到酶的活性中心,和辅基结合位或配基结合位结合。接着,收集该晶体的衍射数据,用差值傅立叶技术可以确定引入的配体、抑制剂、底物等的结合方式、方位和位置。在晶体中,大分子之间接触和连接力不强,通过化学和物理方法可以影响或改变分子堆积。常规的小分子晶体一般具有一定的机械强度(即硬度),从而便于操作,但生物大分子晶体机械强度弱,脆弱易碎,给晶体操作带来一定困难。总之,生物大分子晶体中的大量的溶剂水,一方面有它的负面性,另一方面有它的正面性。因此,由生物大分子晶体衍射法测定的结构与溶液态测定结构没有差异,非常接近。

(4) 培养常规的小分子晶体,可以达几个毫米至厘米级,然而培养生物大分子晶体大小很难达到这个尺寸。(生物大分子晶体尺寸很有限,长不大。最常见的尺寸要求为 0.1 mm。)但是由于应用同步辐射光源和低温技术的常规化,其大小线度只要达 0.05 mm,即可满足结构测定要求。

生物大分子不含倒反对称,从而它们的晶体可适用的空间对称群有限,只有 65 个。生物大分子晶体光学活性各向均匀(各向同性),双折射不强,但可用来将结晶体系析出的大分子晶体与母液中小分子盐或缓冲剂等组分的晶体区分开来。

(5) 生物大分子结晶过程与小分子晶体一样,包括三个步骤:成核、生长和停止生长。然而,生物大分子结晶过程是一个相当复杂的多参数过程,迄今尚未完全弄清楚。生物大分子结晶是只有在过饱和度很高的溶液中进行,而这个过饱和度是近 1000% 的很高的条件,是小分子晶体生长无法比拟的;每种生物大分子都有自己特有的物理、化学和生物学性质(一种蛋白质有一个结晶条件,换句话说,就是有唯一、专一的条件,从而不能同别的,即便同种、族类之间,彼此相互借用,而只能借鉴)。还有,生物大分子在溶液中的最稳定范围限制于很窄的温度和 pH。影响结晶的多种参数不独立,而是相互影响,因而增加了复杂性,也增加了鉴别的难度。因为生物大分子在溶液体系中的构象柔软性和易变性(化学多功能性),使之对外界条件变化格外敏感。还有一些参数、大分子样品来源、结晶所用容器几何和迄今尚未搞清的原因等。诸如此类特性和原因，阻止了深入系统地研究生物大分子的结晶原理，至今仍没有建立真正意义上的能指导结晶实践的理论。

2. 影响生物大分子结晶的因素

影响生物大分子结晶的因素可分为如下三类：

（1）生物学因素：大分子来源、纯度和所含杂质类型，配体、抑制剂和效应物，大分子聚集状态，后转移修饰，酶解或水解，化学修饰，基因修饰，大分子稳定性，等电点，该样品的历史经历等。

（2）化学因素：pH，浓度，过饱和度，沉淀剂的类型和浓度，离子强度，特殊离子、金属离子、交联剂和多价离子，氧化还原环境，去污剂/表面活性剂，非大分子杂质等。

（3）物理学因素：温度，表面（包括容器的几何和清洁度），达到平衡的技术和途径，时间，震动和机械干扰，重力和压力，电磁场，介质的介电常数，介质的黏度，达平衡的速率，成晶核是异质的还是均质的等。

还有在结晶操作中引起的偶然的其他因素。最有影响的参数或因素为结晶体系的 pH、离子强度、温度、浓度及过饱和度等。

近来人们已经积累了不少经验，加上以实验为基础开发了实用技术和技巧，只要用足够量的（几十毫克）高纯样品启动，总有机会成功获得有衍射质量的单晶，至少对水溶性蛋白质而言如此。难的是要获得那些非水溶性的膜蛋白晶体，尽管在此领域也已取得很大的进步。蛋白质晶体生长是从溶液过饱和状态开始（启动），逐渐形成热力学稳定态，其中蛋白质分子在固相和溶液之间隔离。

3. 溶解度对晶体生长的影响

影响生物大分子溶解度的因素很多，制备蛋白质晶体常用的沉淀剂列于表 6.1 中。从化学因素分析，有下面几点：

（1）pH：pH 对于蛋白质溶解度影响很大。pH 接近蛋白质的等电点时，其溶解度降至最小。

（2）盐浓度：离子强度对蛋白质溶解度有逆效应。蛋白质溶解度随离子强度指数降低，是所谓的盐析现象；还有，在离子强度很低时蛋白质溶解度也降低，是所谓的盐溶效应。在实践中，增加盐浓度可利于蛋白质沉淀，或将蛋白质溶液对水透析使蛋白沉淀。

（3）有机溶剂：有机溶剂能够沉淀蛋白质的性质可解释为两个效应引起，一个是它从蛋白质溶液中夺取水分子，另一个是降低介质的介电常数。有机溶剂会增强蛋白质表面相反电荷之间的静电吸引力，从而降低溶解度。使用有机溶剂为沉淀剂时，由于它们的挥发性而不易控制条件，往往在降低体系温度的情况下操作。近来，常用的有机试剂有挥发性小的 MPD(使用前要提纯!)。要注意，有机试剂对蛋白质等生物大分子有毒性，影响蛋白质构象，甚至使之变性，为此要谨慎(降低环境温度可缓和这种影响)。

(4) PEG(聚乙二醇)：是一种具有独特性能的高分子沉淀剂。常用于蛋白质结晶用的分子量范围为 200～20 000。PEG 影响蛋白质溶解度的有些性质同盐类和有机溶剂一样。在结晶中主要利用它的体积不相容(volume-exclusion)性质，促进溶剂结构，也促进相分离。PEG 还有很多其他应用。

表 6.1　制备 X 射线衍射用的蛋白质晶体(实验)常用的沉淀剂

分类	实　例
无机盐	硫酸铵、硫酸钠、氯化钠、氯化钾、氯化铵、硫酸镁、氯化钙、氯化锂、硝酸铵
有机盐	柠檬酸盐(酯、根)、乙酸盐、甲酸盐(酯、根)、丙二酸盐*、十六烷基三甲基铵盐
有机溶剂	乙醇、丙酮、异丙醇、二噁烷(二氧杂环己烷)、2,4-二甲基戊二醇(MPD)、聚乙二醇(PEG)

* 丙二酸钠盐为成功率相当高的沉淀剂。

还有一系列其他参数和因素影响大分子的结晶过程，如样品的纯度、样品的浓度、温度，此外有些阳离子起稳定蛋白质分子构象的作用。

样品中的杂质阻碍形成衍射级质量的晶体。从生物晶体发生学(biological crystallogenesis)的概念强调蛋白质样品的纯度具有特殊的含义，即样品必须是"分子纯净"，不含有不相干的大分子和其他不需要的小分子；另一层含义是指样品结构和构象均一。这一概念是基于这样的事实，X 射线衍射用的优质单晶是只有从相同构象和相同物理化学性质的确定物料中获得。在这里说的无杂质和均匀，就是样品中的所有分子绝对完全相同。这样才能保障衍射的要求，得到具有足够衍射能力、镶嵌度好、在射线束中长时间稳定(耐辐射)的大单晶。

人们在化学和生物化学上一直把结晶过程当作纯化步骤，从混合物中能得到结晶，以此达到纯化样品的目的。然而，这样得到的晶体大小、形状，和衍射质量的要求相差很远。

所用的蛋白质样品纯度的可信度，决定于检测方法的特异性、灵敏度和分辨率等因素。

在蛋白质溶液中，蛋白质浓度和沉淀剂浓度关系的相图示于图 6.1 中。图中的溶解度曲线是标志溶液未饱和区和过饱和区的分界线。在过饱和区中，晶核是在不稳定区域发生；晶体生长是在介稳区域进行。这两个态离开平衡态远，但溶液析出固体(包括沉淀)时可达到。

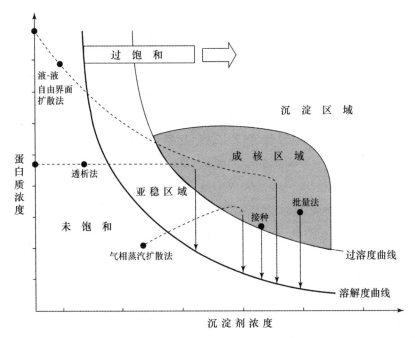

图 6.1　典型的蛋白质结晶相图

(图为蛋白质浓度和沉淀剂浓度的函数图，图中绘制了表示动态平衡的溶解度曲线，以及目前常用的结晶方法的路径。溶解度曲线表示溶液和固相平衡，它将相图分为两大区，未饱和区和过饱和区。后者根据结晶行为分为 3 个区域：① 过饱和度很高的沉淀区，在此蛋白质分子聚集成无定形沉淀；② 过饱和度为"中等"的不稳定区，在此蛋白质分子可自发地有序聚集成晶核；③ 过饱和度为低的亚稳区域，在此晶核可以稳定地生长，为晶体有序生长的最佳条件区域。相图左下为未饱和区，蛋白质处于完全溶解态，在此区域不会发生结晶。本图由英国伦敦帝国理工学院 M. Chayen 教授提供，经少许改动)

4. 建立过饱和度的方法

不影响和改变生物大分子构象的前提下，用缓和的方式将其溶解度降低，达到最小。下面列出一些方法：① 将大分子样品直接与过量沉淀剂混合，快速达到过饱和条件(批量法)；② 改变体系的温度；③ 提高溶液体系中的盐浓度(盐析)；④ 降低溶液体系中的盐浓度(盐溶)；⑤ 提高或降低溶液体系中的 pH；⑥ 体系中添加配体，改变生物大分子的溶解度；⑦ 改变介质的介电常数；⑧ 用物理方法去水——蒸发；⑨ 体系中添加高分子多聚物；⑩ 体系中添加交联剂；⑪ 浓缩；⑫ 去掉体系中的促溶剂。

生物大分子溶解度曲线图或者相图，是描述生物大分子在溶液中的状态（例如，固相和液相）与其环境条件（如，温度和浓度）的函数，因此这个溶解度曲线图是处理不同生物大分子结晶体系状态的有用工具。图 6.1 表明，可通过沉淀剂的浓度改变生物大分子的溶解度。生物大分子在溶液中，只有在某些确定的浓度范围内以均匀相存在，在图中指"未饱和区"。当体系结晶，由于条件的变化而一旦到达极限浓度，大分子不再维持均匀溶液态，而在溶液中出现新的状态，即固相和液相，达到两相平衡态。此现象是所有生物大分子结晶实验的基本过程。在上面介绍生物大分子结晶过程的特性中已提到，它们的结晶是只有在过饱和度很高的条件下才进行。为此，设法改变其溶液条件，使体系达到过饱和，即溶液达到溶解度极限，形成结晶。而这个过饱和与图中的过饱和度的三个亚区，即沉淀区、不稳区-成核区和介稳区-晶体生长区，对应。只有体系的过饱和达到不稳区（经过一定时间克服势垒），才可能发生有序的集聚，形成晶核，再随时间的进程过饱和度下降，体系达到相图的介稳区，晶核开始生长。然而在实践中，常常遇到如下不同情况：① 体系中无任何变化，溶液仍维持均匀态；② 体系中出现新的相，但不为晶体，而是无定形的聚集体；③ 形成晶体，但不稳定。因为没有严格的定量理论指导，目前克服这些问题的实际方法仍是尝试法，即反复地试不同的条件和优化条件。但是，如果有样品的溶解度曲线相图，结合该图，就可利于调整和控制生物大分子结晶过程，有效地关照体系在过饱和区内不稳区-成核区和介稳区-晶体生长区之间的路径。

6.2.4 生物大分子晶体制备的实验技术

在进行结晶实验时，常遇到的困难主要是样品量少。经过费时费事的手续所得的样品量，一般只有几个毫克。经验告诉我们，结晶的起始浓度一般至少要 10 mg/mL。按照这个数量级浓度要求，若有 5 mg 纯蛋白样品，可以制备共 500 μL 溶液。这意味着，如果降低每次结晶实验的样品体积用量，就可增加试验次数，由此能提高结晶成功的概率。下面，介绍目前三种常用制备生物大分子晶体的方法和原理。

1. 批量法（是最古老的方法）和微批量法

这个方法，用专用的小器皿将蛋白质样品和沉淀剂按一定的配比组合在一起，密封静置于指定的温度环境。这意味着，体系一下子达到过饱和。要注意的是，容易导致形成过多的成核，从而产生很多小晶体。此方法近来改良为应用油（硅油）组合：将少量（1 μL 或更小）蛋白质样品溶液与一定比例的沉淀剂混合在一起，弄成小滴浸入油介质中，待结晶（参看图 6.2）。

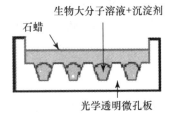

图 6.2　批量法结晶常用的装置

2. 气相蒸汽扩散法(悬滴,"三明治",或坐滴扩散法)

这是目前应用最普遍的方法,操作容易,样品容量少,可节省样品。实际做法为,在事先硅化处理过的盖玻片上,用小滴(1~10 μL)的蛋白质样品与等量的沉淀剂进行混合后,倒置悬挂于池液上面,密封于小室,使之静置于指定温度环境,待气相平衡使蛋白溶液达过饱和,其中发生成核,并析晶、生长,见图 6.3,常用 24 孔培养板(Linbro plate)。悬滴蒸汽扩散法,制备液滴大小受限制。如果样品溶液表面张力大而弥散于盖玻片,成不了液滴,就用坐滴法。用坐滴法的优点是可以做大液滴,也可以用挥发性有机沉淀剂体系。

晶体生长过程可从图 6.1 中两个折线箭头所示。由于蛋白质液滴中的水分往气相蒸发扩散,体系从稳定态逐渐地按箭头所示方向从未饱和溶液区到达过饱和的不稳定区,经过生成晶核、晶体逐渐生长,溶液成分逐渐向平衡态的溶解度曲线移动。图 6.3 所示的三种方法,体系达到不稳定态的路径不尽相同,但最终的状态是一致的。

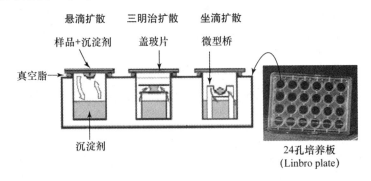

图 6.3　悬滴,"三明治"和坐滴扩散法结晶装置示意图

3. 微量透析法

如图 6.4(a)和(b)所示,将蛋白质样品注满于小容量池(常见的容量有 5～100 μL),用预先处理过的合适孔径透析膜封住池口,再使之浸泡于装有沉淀剂的大容器。小池中的蛋白质溶液与池外沉淀剂之间流通是通过半透膜进行。小分子的沉淀剂分子可自由地通过膜,而大分子的蛋白质通不过膜。该方法优点是,蛋白质样品容量保持恒定,可以无限制地改变外部溶液;局限是,结晶室的溶剂不能小于 5 μL。有时可以考虑用双透析法,能获得大单晶。操作中一定要注意,在透析膜与样品溶液接触面之间不要有气泡。

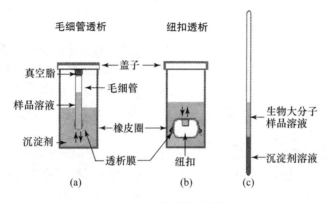

图 6.4　透析法培养晶体

(a) 毛细管透析法装置;(b) 纽扣透析装置;(c) 装晶体用的毛细管

毛细管液-液扩散法是简单易行且成功率较高的晶体培养方法。实际操作中,可以利用装晶体用的毛细管或医院取血样用毛细管,按图 6.4(c)所示截断,断面一定要整齐。用微量注射器分别注入样品和沉淀剂,然后密封静置。在毛细管中两种溶液的位置决定于它们的密度。要注意的是,样品溶液和沉淀剂接触面一定要清晰,不要有气泡。

6.2.5　晶体的表征和获得合用晶体的方法

1. 晶体表征的内容

获得单晶之后,必须对它进行表征。这是制定下一步收集数据策略的基础,或是改进晶体质量的依据,也为结构与性能相关讨论提供线索。具体内容如下:① 特征的外形和尺寸、颜色、力学机械性质、密度、光学敏感性、耐温特性等。X 射线的衍射特性,即衍射能力可达的衍射分辨率、耐辐射能力和可能的寿命以及镶嵌度($0.2°\sim0.5°$)。② 晶胞参数。③ 晶体对称性和可能所属的空间群。④晶胞中有多少分子(不对称单位内容,即分子数目,溶剂含量-Matthews 值 V_m)和可能收集到的衍射斑点数等。

此外,还可作以下三方面的估算:① 晶胞内非氢原子数目的估计。一个非氢原子约占据 $17\mathring{A}^3$ 的体积,因此晶胞内非氢原子数目≈晶胞体积($\mathring{A}^3$)/17。② 结合元素分析结果,推测可能的分子式。③ 从晶胞参数推测可能的结构。

2. 如何得到合用的大单晶

获得生物大分子的合用大单晶,应注意下述各点讨论的各个注意事项和方法:

(1) 要制备高纯(结晶纯)生物大分子样品。

(2) 结晶用的容器,一定要干净和灭菌(还有,移液枪需预先校准)。

(3) 试剂(尽量使用级别高的)要提纯,比如 MPD,要用超纯水配制,配制浓度和 pH 严格准确,贴好标签(品名、浓度、pH 和制备日期等)。最好是专人专用,防止污染。一次配制容量要足够(防止多次配制,以免不重复),清洁处储藏待用。

(4) 操作面要保持清洁,不要的试剂、无关的试剂一定要挪开;结晶操作时,最好一个人,在安静环境中进行(不要忘记贴好标签-样品、批号日期、操作者姓名和特殊的警示)。

(5) 结晶温度,要在准确的 4℃和 25℃(两个温度)环境中静置。恒温箱运行稳定,无声无振动并保持干净(最好专人专用,前 48 小时不要打开培养箱门!)。

(6) 观察晶体时尽量快速、小心,记录要详细(批号,现象,定性、半定量,拍彩色照片为据),要有耐心。生物大分子晶体生长速度慢,长不大是常见的事(记住,慢利于晶体长大!)。

(7) 发现晶体外形尺寸已足够大,晶面晶棱清晰,就马上挑出。若在体系中滞留时间长,对晶体衍射不利。

(8) 过一个月后,液滴有沉淀,这并非坏事,在该条件附近有望出结晶。若液滴仍是清汤,无"动静",要考虑改变参数或改变结晶方法再试。生物大分子在极端条件中结晶并非少见(比如,考虑温度改为高温 $30\sim40℃$,或继续静置半年或一年,可能有意外的惊喜)。

(9) 遇到多颗小晶体,又长不大,或簇状,就考虑在现行条件附近少许改参数,即用缓和的条件,或加洗涤剂,或可以考虑"接种"。

(10) 不要轻易地废弃所有结晶用的液滴,留着要回收,待纯化。

（11）利用微重力环境。

3. 如何改善晶体衍射能力

生物大分子晶体的衍射能力一般与晶体样品的尺寸大小以及晶体内部有序度有关。从衍射画面上分辨衍射能力可分为如下四种情况：没有衍射、衍射弱(约 10Å)、有前景的衍射(6～3.5Å)、衍射好(＞2.8Å)。也要看其衍射强度和斑点的弥散度或锐度。改善晶体衍射能力的方法有：

（1）要用新鲜的晶体。若是结晶样品不及时挑出结晶容器，晶体会变坏，即衍射能力下降。

（2）如果只在冷冻条件下尝试采集衍射数据，那么晶体装入毛细管，试一试在室温条件下的衍射是个不错的想法。要知道晶体辐射损伤问题。晶体在 X 射线束中暴露，会受到程度不同的辐射损伤，有的晶体干脆"死掉"。这种辐射损伤，在室温条件下更为敏感和明显。如果在头一张衍射画面上发现衍射很弱，那么下一张可能看不到高分辨率的衍射斑点，甚至可能几乎"死掉"。

（3）冷冻衍射实验就可以大大降低晶体样品的辐射损伤。用尼龙小环安置晶体比起用毛细管手续简便，且晶体受损害的概率小。过去晶体样品装入毛细管，操作中晶体难免受机械力，或因晶体母液蒸发干燥、脱水等因素影响衍射质量。操作晶体要轻，避免晶体受机械损伤。

（4）换颗晶体样品试一试；冷冻晶体，请用大尼龙环。

（5）晶体放入高浓沉淀剂条件，晶体晶胞会收缩，从而惊人地改善分辨率。

（6）如果在低温下晶体衍射能力还不能令人满意，可以试一试低温和室温之间，要做退火处理操作，也许有助于改善晶体衍射能力。

6.2.6 重原子衍生物的制备

在不扰动蛋白质分子构象或晶体有序度的前提下，晶体中引入一个或几个重金属原子，使之与蛋白质分子特定部位结合，就能得到同晶型衍生物，用来解决相角问题。同晶置换法是由 Peruts 及其同事提出，在测定肌红蛋白和血红蛋白结构、解决相角中起关键作用。这个思想和方法一直延续到现在，在解决生物大分子晶体结构相角问题中得到应用。理论上，只要有一个重原子衍生物且反常散射效应明显即可，而实践中最好有多个重原子衍生物。

1. 引入重原子的方法

引入重原子有两种方法：将蛋白质与重原子试剂在结晶条件下共晶；将重原子试剂扩散至晶体中蛋白质分子表面合适部位。然而，这些方法均为尝试过程(在 Se-Met 方法和技术之前,这个步骤同制备母体晶体步骤一起,曾经是无法预测结局为何的结构测定的另一个"限速"步骤)。由于蛋白质分子结构的复杂性和固有的特性,加上晶体中分子堆积交错复杂,合理地制备优质的同晶型衍生物不容易。在实践中常用的方法为后者,即将晶体样品浸泡于含重原子试剂的母液中,让重原子扩散引入。

引入重原子于蛋白质晶体的依据是,利用大分子晶体含有大量溶剂水和含有溶剂通道(腔)。实际操作时,选好完整的晶体样品浸泡于含有重金属试剂的母液中,使之扩散到大分子表面的特定部位结合,或者母体蛋白是金属蛋白,如已含有的 Zn,Cu,Mn,Fe 等被置换。浸泡时间短者就几分钟,长者数月。实际重原子试剂浓度为几个直至 50 mmol/L 不等,要看是否会毒化损害晶体为准,即不要激烈地改变晶体生长的母液环境。近来,已经有一批制备重原子衍生物的专用试剂商品化,常用的重金属有 Hg,Pb,U,Au 等和稀土元素。此外,卤素(氯、溴、碘等)也用来作"重原子"制备衍生物。

在多数情况下,重金属原子同蛋白质分子表面残基,如谷氨酸、天冬氨酸、末端羧基、丝氨酸、苏氨酸等,以及缓冲剂的醋酸盐、柠檬酸盐、磷酸盐通过静电相互作用配位;还可通过可极化或共价相互作用与蛋氨酸、半胱氨酸、组氨酸残基,以及缓冲体系中的卤素离子(Cl^-,Br^-,I^-)、S—、CN^-、咪唑等配位。近来,在高压条件下引入惰性气体(如 Xe)作为重原子,也可制备衍生物(疏水区非特异性"结合")。

在核糖体这样巨大的组装体的结构测定中,Yonath 等人就引入大的重原子簇,比如 Ta_6Br_{14},Ta_6Cl_{14},Nb_6Cl_{14},$K_5H(PW_{12}O_{40}) \cdot nH_2O$,$C_{22}H_{280}N_{24}O_{38}P_7Au_{11}$ 等。控制同晶型晶体质量,主要看其晶胞参数的变化(<5%)和衍射图谱(强度)的变化。

2. 在寻找重原子衍生物过程中常遇到的问题

(1) 硫酸铵:硫酸铵是在制备生物大分子晶体中最常用的沉淀剂。

然而,硫酸铵阻碍重原子与生物大分子的结合:① 与铵离子平衡。当 pH 高时,溶液中的氨同重原子配位,从而阻止重原子同蛋白质分子结合。如遇到这种情况,请选用别的盐,如 Li,Cs,K 或 Na 的硫酸盐来替代,或者用 PEG。② 体系中离子强度高时,减弱静电相互作用,不利于重金属离子与蛋白质分子结合,可用 PEG 来替代硫酸铵。

(2) 增加辐射损伤:生物大分子晶体引入重原子之后,对辐射更为敏感。晶体的 X 射线照射引起辐射损伤是由晶体内部形成自由基所致(引发化学反应,甚至化学键的断裂,影响点阵结构)。辐射损伤是随照射强度和照射时间成比例,严重影响 X 射线衍射数据质量。这个过程,降低 X 射线束中晶体温度,可以有助于缓解其影响,即降到几度,比如室温至 5℃。如今,X 射线衍射系统基本配备低温冷冻设备,在收集衍生物衍射数据的整个过程,都要启动之。

(3)磷酸盐不溶解:磷酸盐是制备晶体时常用的缓冲剂,又是浸泡剂。然而,有些重原子,包括稀土和铀离子的磷酸盐不易溶解。如遇到这种情况,应该将磷酸盐换成另外合适的缓冲剂,常用有机缓冲剂替换。几乎所有的重原子衍生物制剂都有毒或剧毒,因此实验室存放管理上有严格规定,使用上都有安全守则。若控制不好,如试剂浓度、用量,不仅毒化蛋白质晶体(破坏蛋白质分子构象,破坏晶格而使晶体变疏),对操作人员也有伤害!

目前有关制备生物大分子晶体重原子衍生物和表征的数据资料已汇集成库,可在如下网址查询:http://www.bmm.icnet.uk/had/。

3. 重原子对 X 射线衍射强度的影响

大分子晶体中引入一个或几个重原子之后,衍射强度如何变化?以单子叶甘露糖结合凝集素蛋白质分子为例,该晶体晶胞不对称单位含 4 个分子,每一个分子含有 3344 个非氢原子。组成典型的蛋白质的(C,N,O)"平均原子"含 7 个电子,这时蛋白质分子含 3344×7＝23 408 个电子。如果引进一个汞原子(80 个电子),在这 23 408 个海量的电子中的影响如何,可想而知。

了解引进重原子之后重原子对整个蛋白质晶体衍射强度的变化,可用 Crick 和 Magdoff 的式子评估,中心对称衍射的相对均方根强度变化为:

$$\sqrt{\frac{\overline{(\Delta I)^2}}{\overline{I_P}}} = 2 \times \sqrt{\frac{\overline{I_H}}{\overline{I_P}}}$$

式中,$\overline{I_P}$ 为晶胞中母体蛋白质的平均衍射强度,$\overline{I_H}$ 为晶胞中只含有重原子时的平均衍射强度。非中心对称衍射的相对均方根强度变化为:

$$\sqrt{\frac{\overline{(\Delta I)^2}}{\overline{I_P}}} = \sqrt{2} \times \sqrt{\frac{\overline{I_H}}{\overline{I_P}}}$$

假如一个汞原子($Z＝80$)与不同分子量的生物大分子结合,且其占有率为 100%,这时衍射强度的平均相对变化为:对分子量 14 000 有 0.51;56 000 有 0.21;112 000,0.18;224 000,0.13;448 000,0.09。由此可知,随着分子量的增加,应该引入原子量更大的重原子或前文介绍的大分子量的重原子簇,比如 $Ta_6Br_{12}^{2+}$。这样,才足以引起能够统计测定的衍射强度变化精度 5%～10% 范围,并符合相角测定要求。

6.3　生物大分子晶体衍射数据的收集

6.3.1　X 射线源和探测器

与小分子晶体衍射实验不同,生物大分子晶体主要是由 C,N,O,H 等轻原子和大量水组成,晶体衍射能力弱。为此,生物大分子晶体衍射实验时,首先考虑选强光源,如旋转靶或同步辐射。尽管如此,细聚焦封闭管式 X 射线光源,其强度远不及旋转靶或同步辐射,但从成本考虑,其设备操作简单,管理维护容易,可连续运行 1000 小时,在生物大分子衍射实验中仍可派上用场,主要用作初步晶体学表征和定性检测,为后续正式采集数据作些准备,以及配合晶体制备做些工作。

1. 同步辐射光的产生

当荷电粒子,如电子或正电子在真空中的运动速度接近相对论速度即光速时,突然受到磁场(或电场)力的作用而改变行进方向,则在前进方向的切线方向发出强的电磁辐射,称为同步辐射光。这个辐射的能量决定于荷电粒子的速度。当粒子的速度接近光速时,发出的电磁辐射光谱能扩展到 X 射线范围(其波长范围宽),即光谱包括微波、红外、可见、紫外、软 X 射线、X 射线波长领域的连续光。

同步辐射的主要设备包括储存环、光束线和实验站。储存环使高能电子在其中持续运转,是产生同步辐射的光源;光束线利用各种光学元件将同步辐射引出到实验大厅,并"裁剪"成所需的状态,如单色、聚焦等;实验站则是各种同步辐射实验开展的场所。

2. 同步辐射光的特性和应用

由储存环发射出来的辐射光有如下特性:① 光强度非常强,是普通光源强度的几百倍到几万倍,且光源非常稳定。从紫外到软 X 射线领域中,几乎没有这样实用的射线源。因此,适用于那些衍射能力差的晶体样品、薄片、针状晶体或晶胞特别大的晶体。② 光谱涵盖范围为微波到 X 射线波长的连续光谱。用单色器任选所要的波长(如选用短波长,吸收少、降低辐射损伤、延长晶体寿命),或者用作多波长反常散射(MAD)和劳埃衍射的理想光源。③ 平行的光源(具有锐的方向性)。④ 高度的偏光性(光的振动面显著地偏)。⑤ 脉冲状的光。脉冲幅度为 10 亿至 100 亿分之一秒。⑥ 由于是超高真空中发生的清洁光,不会污染设备和样品。

上述的所有光特性、波长分布和角度分布等均同理论计算值相符,从而可作为一次性标准光源利用。

同步辐射在晶体衍射方面可举出如下几方面的应用:① 晶体点阵参数的精确测量;② 衍射强度曲线的精确测定;③ 晶体内各种波长效应的研究;④ 小角散射;⑤ 平面波 X 射线相貌;⑥ 过渡态结构分析(时间分辨晶体学);⑦ 反常散射(MAD);⑧ 非晶态和液体结构研究;⑨ 扩大生物大分子结构研究范围,测微小晶体;⑩ 适用于特殊条件和极限条件下的衍射实验,如低温、高温、高压、电场、磁场等。

3. X 射线自由电子激光(XFEL)

X 射线自由电子激光是 1976 年由美国斯坦福大学 John Madey 发现,是近来快速发展起来的一个新的非常有前景的 X 射线。目前实用的 X 射线自由电子激光装置能发出波长在 X 射线范围 $0.05 \sim 6$ nm 的电子束形成的超强激光,其强度为目前世界上最强的同步辐射光源 Spring8 的 10 亿倍,兼有同步辐射和激光两者的优点,为波长均一的高质量光(脉冲间隔小于几个飞秒)。这个新型超强光源的发现和应用为人们打开了进入和认识"超级快速"、"超级微小"的世界之门,使人们能够捕捉在飞秒(1 fs$=10^{-15}$ s)级短时间内发生的化学过程,拍摄原子尺度动态图像,从而使阐明生物的单分子行为和结构成为可能,给物质结构研究领域提供了革命性的途径。

XFEL 在生物大分子晶体学中的应用,将摆脱以往需要制备"大的、有衍射质量的"晶体样品和辐射衰减影响的困境,在室温(不用低温)下实现收集生物大分子微小晶体(约 200 nm)数据。特别适合研究瞬时分子结构变化(过渡态),从而进一步扩充和拓宽生物大分子研究领域。这个超强脉冲 X 射线源,即线性相干光源的高能、高效性,对晶体样品要求低等特点,将真正地激起和开辟生物大分子飞秒 X 射线纳米晶体学,使连续飞秒晶体学的概念实用化,必将克服传统晶体学的两个瓶颈——相角问题和制备晶体样品的困境,揭示和阐明纳米晶体和单分子结构,的确让人们关注和期待。未来的发展,可大大减少和改进生物大分子样品消耗量,实现从头定相角的反常衍射方案(解蛋白质结构不需要基初模型)。XFEL 技术已经开辟和建立了一个崭新的飞秒 X 射线纳米晶体学,人们不久将会实现梦寐以求的晶体学的最终目标——测定最小的晶体乃至单分子结构。

主要设备:以第三代同步辐射光源为光子源,核心设备为线性加速器、波荡器(或摇摆器)磁铁以及聚焦系统。结合理论、实验以及技术的进步,这个新型光源 XFEL 装置已经实用化,为用户提供了新的研究平台。

　　4. X 射线探测器

　　X 射线的探测是利用 X 射线与物质相互作用的性质。早期是利用其感光胶片中银盐性质而用照相方法探测。目前在生物大分子晶体衍射实验中，广泛应用和时兴的有影像板(IP)和电荷耦合器件(CCD)。

　　(1) X 射线衍射用探测器的特性

　　采集 X 射线衍射实验时，要略知探测系统的特性对采集优质衍射数据有好处(尽管 X 射线衍射平台已选定好)：① 可探测量子效率(detective quantum efficiency)；② 动态范围，最大和最小观测信号之比，对 X 射线而言要求 10^5 以上即可；③ 计数率要线性；④ 灵敏度(每单位时间可观测的光子的最小量，相对探头的背低噪音。灵敏度决定于信号/噪音值比)；⑤ 光谱敏感度，决定于入射光子能量变化；⑥ 稳定性(包括探测器的寿命和有限操作时间内的稳定性，称为短时稳定性，要小于 1%)。此外，还有探测面的有效区域、空间均匀性、空间分辨率、能量正比性、能量分辨率，以及面对时间分辨的晶体学试验中的数据采集率等。

　　目前在 X 射线衍射实验中常用的探测器主要有点探测器(single photon counter)和面探测器(area detector)。① 点探测器：正比计数器、闪烁计数器/光电倍增管等。逐点记录，一次记录一个反射点，记录精度高。但记录速度不如面探测器。② 面探测器：影像板(image plates, IP)、多丝正比计数器(multiwire proportional counter)等。一次记录许多反射点，记录效率高。可以看作以往的照相底片+测微光度计一体的人眼。IP 可在室温下工作，探测面大小可以制成 350 mm×350 mm，像素大小为 50 μm×50 μm。电荷耦合器件(charge coupled device, CCD)芯片工作温度为 $-40\sim60$℃。芯片不能做大，常见的探测面大小为 60 mm×60 mm，像素大小为 50 μm×50 μm。

　　(2) 影像板的工作原理和结构

　　在基片上涂有一层光励荧光涂层，由掺杂 Eu^{2+} 的 BaFBr：Eu^{2+} 微晶(粒径 5 μm 左右)组成。当 IP 暴露在 X 射线中，Eu^{2+} 受到激发失去一个电子变为 Eu^{3+}，失去的电子进入导带并为晶格中卤素离子的空穴所俘获，形成亚稳态色心。当用激发光(He-Ne 激光，633 nm，红色)照射 IP 时，色心吸收激发光，释放被俘获的电子，并与 Eu^{3+} 结合成激发态的 Eu^{2+}，然后释放光励荧光(390 nm，蓝色)，光励荧光通过光电倍增管(PMT)读取，如图 6.5 所示。IP 可在室温下工作，可以制成 350 mm×350 mm，像素大小为 50 μm×50 μm。利用 IP 记录的衍射系统示意图见图 6.6。

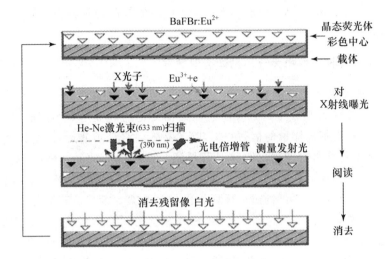

图 6.5 IP 的工作原理示意

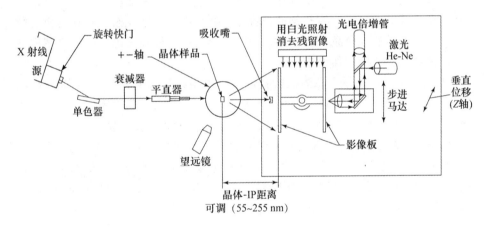

图 6.6 IP 的结构示意

（3）CCD 探测器

因为 CCD 探测器具有宽广的动力学范围、良好的空间分辨率、低噪音、高的计数效率和位置灵敏性，近来在生物大分子晶体衍射实验中取代了所有的其他探测器系统。在生物大分子晶体衍射实验用的 CCD 探测器的荧光体为 $Gd_2O_2S(Tb)$，屏幕大小为 $300\ mm^2$；探测面由 4096×4096 个像素组成，每个像素的大小为 $12\ \mu m\times12\ \mu m$；空间分辨可达 $1\ \mu m(5\sim20\ \mu m)$；读出时间为小于 1 秒；光衰减时间为几百微秒。为了降低背景噪音，要冷却至 $-30℃$。读取

时间(read out time)1 秒(高速快门 1 毫秒),晶体样品与探测器间可调距离为
1000 mm。

6.3.2　回摆法收集生物大分子晶体衍射数据

1. 回摆法概述

成功地进行 X 射线生物大分子晶体结构测定的前提是要用高质量的衍射
强度数据。要收集高质量的衍射数据,除了高效、稳定、可靠运行的衍射设备之
外,还要有高质量衍射能力的晶体。若得到了这样优质的晶体样品,要立即选
定用何种辐射和最适合的收集数据实验。可利用实验室高功率 X 射线设备进
行晶体表征实验,确认衍射质量,规划数据收集方案和策略。若情况允许,利用
同步辐射光源更佳。系列化研究中(因序列和结构同源性),结构测定主要采用
分子置换法,即用固定波长或进行单纯的高分辨率结构测定;研究全新蛋白质
晶体结构,计划要用 MAD 技术,包括重原子衍生物,可选波长可调线束(wave-
length-tunable beamline)。如果手头的晶体尺寸小,最好选用细聚焦光源。目
前,在冷冻技术的应用较为普及的情况下,推荐采用低温冷冻条件收集衍射数
据。总之,根据晶体样品,在选定的衍射实验平台上,按预先确定的结构测定方
案,及时收集所要衍射强度数据。

以往,在生物大分子晶体衍射数据采集中主要用旋进相机和四圆衍射仪。
这两种方法操作简单、方便,一度成为常用方法,但数据采集效率不高。生物大
分子晶体的晶胞大(近百,甚至几百至上千埃)、衍射斑点多而密集,更为严重的
是晶体样品在数据收集过程中易遭受辐射损伤而使衍射强度逐渐减弱,直至晶
体"死掉"。因此,生物大分子晶体衍射数据采集要求快速、高效、操作简便。回
摆法能满足这一要求。其实回摆照相法是最早用于单晶结构研究的古老方法,
如今是回摆法复活。当然,在硬件和控制软件两方面,有以往无法比拟的完善。
这个方法已成为现行的生物大分子晶体衍射数据采集方法中的主角,近二三十
年间应用最为广泛,是目前在收集生物大分子晶体 X 射线衍射数据中最常用
的、效率最高的主流方法。

收集数据时,晶体绕垂直于入射 X 射线的轴转动一个小角度(0.2°～2°,根
据情况角度增量还可以调小为 0.05°～0.2°),所产生的衍射斑点记录在垂直于
入射 X 射线的平面探测器画面。晶体再转动相同角度(转动方向可正、可负),
收集另一部分数据。晶体转动小角度,可以避免记录在探测器画面上的衍射斑
点的重叠。倒易空间的独立单元包括在连串曝光的不同画面之中。当一簇倒
易点阵面垂直于晶体旋转轴时,就产生一系列层线,设晶体转动小角度 $\Delta\Phi$,起

始角和终止角处倒易点阵面与 Ewald 球相交成的两个圆在垂直于入射 X 射线的探测器面,此时在边缘处形成含有衍射斑点的一对新月牙形状的衍射花样,如图 6.7 所示。

图 6.8 示出回摆时月牙中的衍射点所处的位置。显示出一些衍射点能完全记录下它的衍射强度,而另一些衍射点只能部分记录下它的衍射强度的情况。图中用(a)~(d)四个小图加以展示。

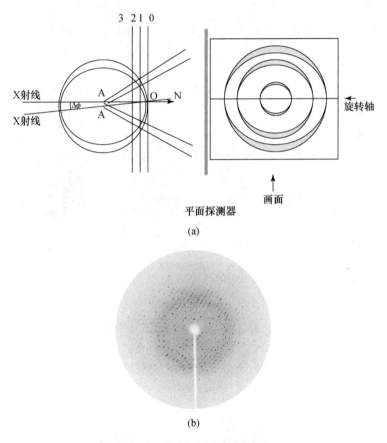

图 6.7　月牙形状的衍射花样

(a) 在画面上显示三个倒易点阵面同 Ewald 球相交的投影和所形成的月牙。最里面的月牙对应带 1 指标的倒易面产生,而带 0 指标的倒易点阵面与 Ewald 球正好相切。(b)为用 CCD 记录的实际衍射谱,是很多密集的倒易面产生的月牙

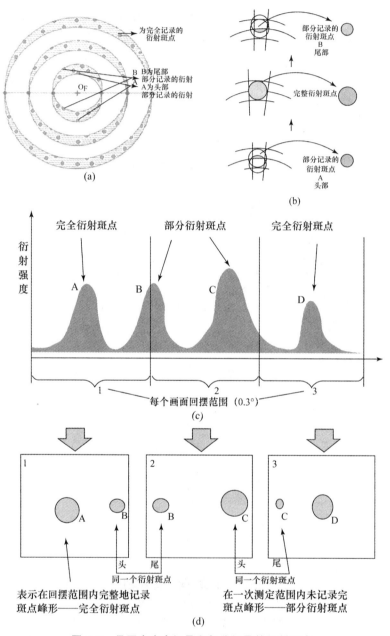

图 6.8   月牙中完全记录和部分记录的衍射斑点

(a) 单个画面上的月牙;(b) 斑点通过衍射球壳的情况;(c) 连续的 3 张画面上录谱情况;(d) 连续的 3 张画面记录的衍射斑点

在图 6.8 中，A 为该衍射斑点在旋转角范围末尾时被记录的部分点；B 为倒易点阵点在另一端被记录的部分斑点。A 点丢失（未被记录的）的部分，可在前一张画面上找到，而 B 斑点丢失部分，在下一个回摆画面上可以找到。在旋转法采集的所有部分记录斑点的缺失部分，从一系列连续拍摄的画面上都可以补回。为了满足结构测定，要尽可能采集足够的衍射数据，为此在实际操作时，让晶体样品系统地旋转或回摆，使每个倒易点阵点同衍射球相切碰。所采集到的衍射斑点，可用已配置好的处理程序系统进行必要的处理。

从理论和原则上讲，倒易点阵点为无限，因而衍射点也为无限才是。但实际所选用的 X 射线波长长度确定，与此对应的反射球半径有限，从而所收集到的衍射点不可能是衍射指标(hkl)为 $-\infty$ 到 $+\infty$ 的数据。加上晶体本身的紧密度、衍射能力和探测空间的限制，即便借用现行的最佳实验手段，也难以采集"完全"的数据。这就是后续结构测定中傅里叶变换"断尾效应"的根本原因，现行的 X 射线晶体学只能用有限的 $h, k, l,$ 和 $-h, -k, -l$，是无法避免的局限之一。而对生物大分子晶体来说，晶体固有性质的影响（如对温度、湿度、辐射等的敏感），使收集到的衍射数据的完全度和质量远不及或不如小分子晶体的衍射数据。

2. 采集数据之前要制定最佳策略

以晶体表征的结果为依据，要选定衍射设备（光源、探测器），用什么方法收集，要不要低温冷冻设备，能够预测样品晶体收集多少衍射点（衍射点数目）。然后，按以下顺序准备：① 选晶体；② 选合适的防冻剂；③ 溶剂交换；④ 晶体安装用组件；⑤ 制备藤氏尼龙环；⑥ 低温技术。生物大分子晶体在收集衍射数据的过程中容易遭受辐射损伤，导致衍射强度下降或失去，以致"死"掉。这种辐射对晶体的损伤在室温下更为明显，随照射的时间进程而加重。

影响数据质量的因素：从晶体表征的结果为依据收集采集系统的稳定程度（X 射线源的稳定度；探测系统的稳定性、灵敏性和分辨率）；晶体样品本身外形的完整性、镶嵌度、孪晶度、对辐射敏感程度（衰减）以及对 X 射线的吸收程度；收集数据的环境温度和湿度；收集过程中样品的移动。

通过表征了解的晶胞大小，可以估算应该收集到的衍射斑点数目。不考虑晶体对称性时，要收集晶体分辨率为 d_m（或 $d_{最小}$）的衍射数据。实际可收集的衍射数目 N_r 中，只有 $N_r/2$ 个为独立。

$$N_r = 4\pi/3d_m^3 V^* = 4\pi V/3d_m^3 \qquad (6.1)$$

数据收集中要提醒的是，注意千万不能因某种技术事故或操作疏忽，丢失整片的或者区域的数据。如果使用这样的数据，即便测定了结构，那也是无法容忍的畸形结构。如果真的出现了上述故障,一定要及时补救该丢失部分的数据。一般可接受的原始数据完整度应超过 90%。若因某种原因而有缺失衍射数据,这些丢失的衍射(点)数据在倒易空间应随机分布;全部数据至少要多于独立数据(即它的丰度或冗余度)的 2~3 倍以上,才利于得到正确的比例因子,从而提高数据的精度。数据的质量在整个结构分析各阶段,特别是对相角的确定、电子密度的计算以及结构模型的修正等的影响格外敏感。数据质量的好坏直接影响最终模型的质量。如果数据的收集量大(冗余度高),可能会使数据的 $R_{归并}$ 因子也增大。因为统计测量的信息量的真相将表现在最终的电子密度图中,在这种情况下最终的准确性将会提高。

3. 数据收集时考虑的参数

(1) 晶体到探测器的距离和分辨率:晶胞越大,该距离应加大,以免衍射点重叠。晶体衍射能力强,则应收集高分辨率数据,θ 角大分辨率高,但收集高分辨率数据时必定会牺牲低分辨率数据质量。所以对一个新蛋白来说,也可先收一次中等分辨率的数据,以满足起始工作的要求。如用分子置换法,则最初用 4A 数据也可以了;多对同晶置换法跟踪肽链走向时,有 3A 电子密度图也足够了。低分辨率电子密度图比高分辨率电子密度图连续性好,当然粘连也严重。

(2) 回摆角度:由三个因素决定。① 在不增加衍射点重叠条件下,回摆角尽量大,这与晶胞大小有关。晶胞大,回摆角要小。如 100Å 左右时,每幅画面大约 0.2°~2°。② 衍射斑点大小,镶嵌弥散度。③ 分辨率。所要的分辨率越高,容许的回摆角越小。最大回摆角可用下式评估:

$$\Delta_{回摆角(最大)} = \arctan(d_{最小}/晶胞边长) - 衍射斑点宽度$$

(3) 曝光时间:取决于晶体衍射能力和晶体在 X 射线束照射下的寿命(或稳定性)。如果晶体衍射能力弱,寿命短,则要在这二者之间取得折中平衡。减少曝光时间,可收集更多画面得到一套完整的数据,但这样的结果可能导致衍射点强度相对弱,数据误差可能大一些。加长曝光时间,可能要两颗晶体才能收集一套完整数据,则数据合并时会加大数据的误差。

在回摆法收集数据时,要注意盲区问题。在回摆轴附近的倒易空间区域,衍射通过 Ewald 球耗去时间,引起劳伦兹校正很大。

用平板探测器(IP,CCD)在指定的相机参数条件下记录衍射斑点(位置和强度)时,要在确保质量的前提下一个衍射不落地记入可受设置的几何参数和硬件(入射光强,探测器可接受的有效面积)影响,记录衍射图谱,将合格的单晶安放在衍射仪测角头上,并用 X 射线束照射晶体,在晶体背后的探测器记录满足衍射条件的衍射谱,但不是全部。

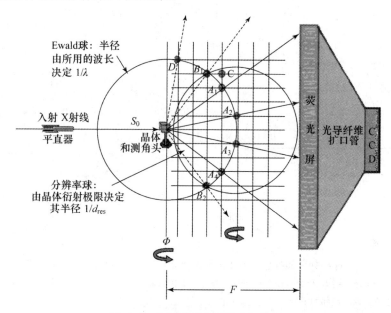

图 6.9 数据采集系统的几何关系

(当探测器有效面大小和入射线强度确定的情况下,调整晶体-探测器距离
F 直接影响衍射记录的完整性和分辨率)

从图 6.9 可知,如能满足如下三个条件,面探测器能记录倒易点阵点所产生的衍射:① 安放在测角头的晶体围绕轴旋转 $\Delta\Phi$,使其倒易点阵点与 Ewald球相碰;② 其倒易点阵点必须在晶体样品分辨率球范围内,例如约 2.5~1.5Å;③ 衍射斑点必须触及探测器面。

A 点:图中间的 4 个点 A_1, A_2, A_3, A_4 满足上述三个条件,从而能收集到(录谱)。

B 点:B_1, B_2 是个边缘点,仍在 Ewald 球 ES 和晶体分辨率球 RS 范围的弱衍射点,但不能射中探测器而漏记(探测器大小、几何限制和相机距离等因素)。

C 点:在分辨率范围,但不能与 Ewald 球相碰,不能收集。

D 点:可与 Ewald 球相碰,但在晶体衍射极限之外,不发生衍射。

从晶体-探测器"电子胶片"(画面)之距离 F 和衍射花样半径 R,可以求得 k 角关系,从而得到 d^* 值(见图 6.10):

$$\tan k = R/F, \quad \cos k = [(1/\lambda) - d^*]/(1/\lambda)$$

$$d^* = (1/\lambda) - (1/\lambda)\cos k$$
$$= (1/\lambda) - (1/\lambda)\cos[\arctan(R/F)]$$

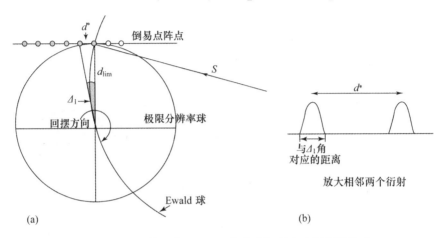

(a)　　　　　　　　　　　　　　　　　　(b)

图 6.10　回摆轴垂直于纸面回摆角和衍射斑点间距的关系

(a) 球半径为 d^* 的极限分辨率球边缘倒易点阵点相邻衍射之间角距为 $\Delta_1 = d^* / d_{lim}$；
(b) 表示两个相邻的衍射点

(设右衍射点正好通过 Ewald 球，并在探测器画面形成斑点。右边衍射通过 Ewald 球之前，左边衍射未到达，并触及 Ewald 球。不然，则两个挨着的衍射发生重叠。因此，最大允许回摆角应为 $\Delta_1 - \Delta_2$)

4. 采集衍射数据的实施步骤

由于 IP 探测器对 X 射线具有高的灵敏度，良好的空间、时间分辨率和宽广的线性动态范围(10^6)，低噪音，整个探测区域无盲区，能够保证采集质量好的衍射数据。目前，在国际范围配置 IP 探测器的 X 射线衍射系统(包括控制计算机软件)，应用相当普遍。在此，以 Raxis 系统为例介绍如何采集生物大分子晶体衍射数据。

(1) 预计划：首先，要访问和了解所用的 X 射线衍射系统，了解设施及其具体操作要求；根据晶体样品表征结果(若已有)，如晶体衍射能力、衍射寿命、衍射极限和镶嵌度等，制定好采集数据的策略。若尚没有，则进行基本表征和预期目标的制定。考虑光源(波长、管压和管流)，计划要收集的分辨率、相机距离、每个画面的曝光时间，快速制定采集数据的参数，并小心控制好相关步骤过程和后处理手续，总可以采集令人满意的数据。

(2) 设定：根据你的晶体习性、晶体寿命(衰减)、衍射能力或衍射极限、晶胞参数，确定计划要收集的分辨率[可观测衍射点数目 N_r 与分辨率 d_m 的关系,即式(6.1)]、相机距离(探测器距离)、曝光时间和回摆角(这些可以参照预先晶体表征结果)。要编号 Crystal. dat 文件。这个文件就是控制收集数据和处理数据所需的参数,是共享于收集数据和处理数据的模块。将选定的晶体样品安放于测角头,小心调好光学中心;用初设的条件(光源,相机参数)拍两张,回摆角 Φ 间隔 90°的静止照片(画面)每个曝光时间约为 20 分钟。根据这些衍射谱,判断衍射质量,确定和修正晶体方位矩阵和晶胞参数,调整晶体到画面之距即相机距离、待收集的分辨率和数据套。在这一步,用尝试法调节和优化显示画面的对比度及动态范围。进而查看衍射斑点重叠情况,进一步调整相机距离。根据画面的边缘点衍射质量,选一些高角度(分辨率)点进行积分。如果这些点显得模糊,且其 I/σ_i 低,就要增加画面的曝光时间。在此选定中等分辨率的斑点来确定后面的数据处理,以及积分时要用的最佳测定框,即积分框(measurement box)。

(3) 方位矩阵和模拟:利用前面调节参数结果,可以进行模拟数据收集。这有助于选择最合适的回摆角、间隔和相机距离、数据收集最合理角度区间,指定所要的分辨率和完整度。

6.3.3 数据处理

1. 数据处理的步骤

现行的收集衍射数据系统都配有数据处理(包括数据质量的评估)分析和还原等程序,比如性能优越而成熟的 DENZO,HKLF-2000,MOSFLM 以及 XDS 等。数据处理一般包括以下几个步骤:

(1) 指标化,以确定晶胞参数和点阵类型。现在所有的衍射平台都配备数据处理软件,采用自动指标化快速高效地进行(衍射数据的指标化有两步,即,先用简单点阵型式指给每个衍射点指标,以此识别和区分倒易空间每个斑点,然后利用空间群的点群对称相关性还原和归并。这就需要精确的晶胞参数)。

(2) 修正晶体和探测器参数(进行探测器及光源依赖关系校正),并预测可收集全部衍射点的记录位置。

(3) 整合(现经常用峰形拟合法):包括预定点位置的强度测量及合适背景值的估算,进行强度积分。

(4) 对称等效点的比例因子的校正、平均和归并,得到(可靠的比例因子)一套独立数据,用空间群对称相关的衍射进行统计分析。

利用全部数据精确修正晶胞参数。在此过程中,还需要校正随时间变化的晶体衰减及晶体外形不规则所造成的吸收效应的差异。若进行后修正（post-refinement），对于那些部分点（partiality）强度偏差的估计有改善，在病毒晶体学中尤为适用。强度数据最终统一标度（scaling）后，一般情况下，所得到的衍射强度数据的 R 因子变化应在 3%（晶体衍射能力好的数据）和 11%（晶体衍射能力差、弱的数据）之间。衍射强度的 R 因子的定义和表达式将在本章附录 6.2 中介绍。

对于某些空间群，倒易格子的几何对称性比其强度的对称性高（这样对指标的选择可能存在歧义），因此，对于一个独立指标数据群可能要求在计算前进行指标操作。当格子表现出赝对称性时也可能是这样（如两个几乎大小相同的晶胞）。一套完整的原始数据的完整度应超过 95%，而且缺失数据在倒易空间中应随机分布；全部数据至少高于独立数据（即它的冗余度，或称丰度）的 2～3 倍以上，才利于得到正确的比例因子，提高数据的精度。

数据质量对整个结构分析的各阶段，如相角的求解、电子密度图的计算和结构模型的修正，都有重要影响。如果数据的收集量大（冗余度高），会使数据的 $R_{归并}$ 增加，因为统计测量的信息量的真相将表现在电子密度图中，这将利于提高最终结果的准确性。

$R_{归并}$ 作为分辨率函数的指标必须进行监测，实践证实，最高分辨率壳层的 $R_{归并}$ 不应超过 25%。数据的完整性对确定初始相角以及整个结构测定是很重要的，但对于以后的差值，电子密度图的影响就不明显了。对于非晶体学对称性，差值电子密度图所需的数据部分可进行粗略估计，如对于五重对称，一个（随机样品的）完整数据的 1/5 应就足够了。在回摆法收集的各个不同的画面的衍射强度必须统一到一起，由此获得最佳评估衍射强度。

$R_{对称}$ 是一套数据精度的内部量度，是比较对称性相关的本该严格相等强度的衍射斑点之间的差异。$R_{对称}<0.05$ 表明数据质量不错，$0.05 \leqslant R_{对称}<0.10$ 表明该数据可用，而 $0.10 \leqslant R_{对称}<0.20$ 为数据有问题。这个对称相关衍射强度变化反映了整套数据的变化。

2. 数据收集中的一些技巧

首先，根据晶体表征参数，按式（6.1）估算在目标或预定的分辨率下可收集的衍射点数目。

根据晶体样品的衍射能力，包括分辨率和辐射损伤衰减等，结合衍射平台的机械参数，确定最佳"照相"条件（晶体-探测器距离、回摆范围和增量、曝光时间等）；减少盲区，用较短的波长（这在同步辐射中能实现），或把晶体对称轴略偏回摆轴几度（这比较费时，不值得尝试），或偏斜晶体回摆轴，增大反常散射效应,用接近元素吸收边的波长。要知道,每幅画面上的衍射点的位置及其指标是由许多因素决定的。

晶体的晶胞参数是最重要的决定因素,其次是晶体对 X 射线的取向。另外,晶体的镶嵌度、入射线的位置、每幅画面回摆角的范围、晶体到探测器 CCD 和 IP 的距离等各种因素都对衍射点的位置有影响。这些参数有的是完全不知道的,有些虽知道但还需更精确的数值,以便使预测点和实际点符合得更好。为了得到正确的衍射强度,要选择适当的衍射点大小和积分面积。执行 Denzo 程序就能使未知的参数,如晶胞参数、晶体取向变成已知,并使不精确的参数更为精确。

3. 关于晶体尺寸大小

(1) 晶体散射能力同晶体中的晶胞数目成正比。

(2) 晶胞数目与晶体的体积成正比。

(3) 晶体中的晶胞数目取决于晶胞大小,反过来,晶胞大小决定于蛋白质本身的大小、晶体中的堆积紧密程度、晶胞不对称单位分子数目,以及晶体的对称性。

(4) 尺寸相同的晶体,盐的衍射能力远大于蛋白质晶体(因为晶胞小,衍射斑点分得很开)。

(5) 有序度:晶体散射能力决定于晶体中晶胞内容的相同程度。蛋白质晶体外形和尺寸大小不完全说明其真实的衍射能力。但是参与衍射的体积越大,衍射越强。可见,尽可能培养出大单晶,并选用尺寸大的晶体来采集数据为好。

(6) 在收集数据的过程中影响质量的因素:晶体在射线束中遭受辐射损伤,致使其衍射能力减弱,增加镶嵌度,甚至使晶体致死;晶体对射线的吸收效应;收集数据所设置的几何参数、辐射光源和探测器的不稳定性。

4. 处理衍射数据

处理生物大分子晶体衍射数据常用的程序主要有 MOSFLM,HKL-2000 和 Denzo。这里简要介绍用 Denzo 脱机处理数据,一般分三步进行。

(1) 自动指标化,得到晶体的格子类型、晶胞参数、晶体取向参数、X 射线位置坐标等信息。如果显示的预测点和实际衍射点基本一致,则自动指标化过程正常,并输出 14 种格子和晶胞参数变形表、晶体取向参数等信息。选取最高对称性而又有最小变形的格子,作为晶体可能的格子类型。

(2) 用 Fit 命令修正有关的参数。一般先修正晶体取向参数、晶胞参数和射线位置参数,并从中等分辨率逐渐向高分辨率扩展。注意,有些参数是高度相关的,不要同时修正,除非已有高质量的高分辨率数据。当某些参数不再需要修正时,也可固定这些参数,修正其他参数。

(3) 调节镶嵌度及点的形状和大小,以求得衍射点的积分强度。如果实际衍射点多于预测点,则增加镶嵌度值;反之则减小。预测点的形状和大小是否与实际点吻合,可通过 Image Window 窗口考察,并改变椭球长短轴的值使两者更好吻合。执行 Denzo 程序,输出一个文件".x",它含有一些参数及衍射点指标 hkl、强度 I 等13项信息。修正结果好的话,κ^2 值应接近1或在2以下。当第一幅画面处理完后,可用批处理方式处理所有其他画面,得到一系列的".x"文件,供 Scalepack 程序。

Scalepack 的说明:由于数据收集过程中晶体衍射能力有衰减,不同方位时晶体对射线的吸收情况也不同,以及射线强度的涨落等因素,所以对称性联系起来的等效衍射点之间的强度并不相等。因此,要选择一幅画面作为参考,计算每一幅画面的比例因子 k 和 B 因子,用 k 因子和 B 因子校正后,把 Denzo 输出的所有".x"文件中的等效点进行平均和合并,并用全部数据对晶胞参数、晶体取向、镶嵌度进行更精确的修正,最后给出一套完整的数据文件".sca"及对数据的统计分析。Scalepack 不仅可以比例合并从一个晶体来的衍射数据,也可有其他的应用,例如,用于重原子衍生物的搜寻,即收集几幅衍生物的画面与母体数据相比,以检验是否是一个有用的衍生物;多套母体数据的合并;对某些空间群与另一套数据合并时的重新指标化;完整的两套数据比较;反常散射信息的探测;高分辨率数据和低分辨率数据的合并;决定晶体所属的空间群。

6.3.4 反常散射数据的收集

因为反常散射信号强度差异小,采集数据时要求测量精确。另外,收集反常散射数据时还要注意,高分辨率数据的强度普遍弱,不能提供有用的相角信息,因此宁可选低一些的分辨率,也要保证衍射强度强的精确衍射。

从反常散射信号可以获得两种信息:① 一个结构和其对映体之间选择的信息;② 相角信息:作为同晶置换法的补充,或者选用合适的 X 射线波长收集数据,为母体晶体提供相角信息(如果母体含有可用的反常散射体)。

1. 收集多波长反常散射(MAD)数据

有不少生物大分子晶体结构已成功地应用到多波长反常散射技术测定,且其数目越来越多。应用该方法的前提是,晶体样品必须含有反常散射体,其吸收边在 0.6~1.8Å 范围;要有波长可调的同步辐射 X 射线源。如今比较容易做到这两个要求,因此 MAD 技术成为测定全新生物大分子晶体结构的首选。有些天然金属蛋白质,以及辅基金属和通过人为引入重金属的同晶型衍生物均可当作反常散射体。已发现,硒能给出可用于 MAD 的反常散射信号。因为几乎所有的生物大分子都含有 S,用分子生物学的方法(如果蛋白样品能从 *E. coli* 产生)能较快地置换蛋氨酸引入类似 S 的 Se-Met,并在接近母体蛋白结晶的条件制备 Se-Met 衍生物晶体(美国哥伦比亚大学的 Wayne Hedrickson)。实践中,要收集 3~4 种波长的衍射数据块,选波长时要求反常散射组分的实部和虚部的差异最大。这可用反常散射体吸收边附近取波长的方法实现。如果有可能,最好将 Bijvoet 对同时收集在一起。为此,在收集衍射数据时,将晶体样品调整成在探测器面上有镜面。

　　另一种方法是,改变收集数据块,交替收集 Bijvoet 对。要使数据对保持在一起,数据还原手续较为复杂。相角的计算是用最小二乘拟合多波长数据的途径和方法。要顺利进行这一步,对数据的质量和精度要求较高。这是因为分散项的效应小,只有 3%~5% 数量级。与同晶型法定相角不同,相角的实际能力在高分辨率处增大。对蛋白质原子而言,其散射因子随分辨率的增加而降得很快,然而反常散射体不随分辨率变化,结果差值的百分比增大。所有数据是从一颗晶体收集到的,因此没有所谓的同晶型的问题,减轻了比例标度的问题。期望的差值大小与评估同晶型差异类似,可用下式计算:

对 Bijvoet 对的差: $\qquad 0.77\Delta f''\sqrt{N_A}\,/\sqrt{M_W}$

对分散项的差: $\qquad 0.39(^{\lambda_1}f'-^{\lambda_2}f')\sqrt{N_A}\,/\sqrt{M_W}$

式中,M_W 为生物大分子(如蛋白质)的分子量,N_A 为反常散射体数目。

　　2. 选波长

　　在应用 MAD 方法时,每个衍射一般用 3 种波长收集。至少要选 2 种波长,也可选 4 种波长。为 SAD 或 SIRAS 选单波长(要收集母体数据所用的单波长)。

　　在可调同步辐射线站衍射平台,已配有专门用来选波长的 EXAFS。在操作中在晶体样品吸收边附近扫描决定所要的谱线,即在收集数据的平台测角头处,晶体样品旁边配好闪烁计数管,开启就测量吸收边期望范围 X 射线荧光谱。因为反常散射体受化学环境的影响,实际观测谱线同有关表中列的可查值有位移。实验发现,对于散射体的吸收边,一般溶液中自由态和蛋白在晶体样品中结合态不同,结合态的曲线比较自由态的往右移(能量高的一侧)。

从荧光谱中分实部和虚部两组分,找出 $\Delta f'$ 和 $\Delta f''$ 波长函数。选波长,就在 f'' 最大处和 f' 最小处,它们分别在吸收峰和吸收边处确定。而选第三个波长,远程是在使 f'' 和 $^{\lambda_1}f_A - ^{\lambda_2}f'_A$ 之差最大处。有时还可以选第四个波长,选吸收边之前,其 f' 就最大。这些提供的相角信息不多,但却有助于提高冗余度。

一般情况下,可按图 6.11 所示选择 3 种波长: ① λ_1,最大 f'' 峰波长(peak wavelength); ② λ_2,最小 $|f'|$ 偏转或拐点波长(inflection wavelength); ③ λ_3,最大 $f'' \times \Delta f'$ 远程波长(remote wavelength)。如果要用 SAD 或 SIRAS 法,就选单波长(要收集母体数据所用的单波长)。

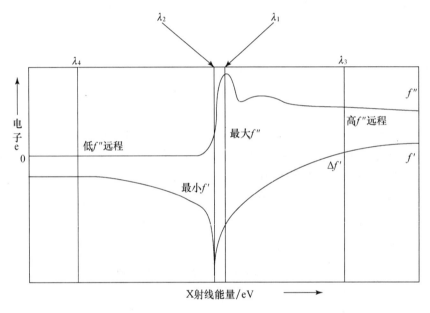

图 6.11　MAD 法选择 4 种波长(λ_1、λ_2、λ_3、λ_4)的根据
[在重原子(如 Se)的吸收边附近绘制的反常散射因子]

在收集生物大分子晶体衍射数据时,晶体在 X 射线束中总是遭受辐射而衍射衰减,而且衍射设施仪器(包括光源拟合探测系统)难免随时间有漂移。为了减少上述影响到最小,采集有质量的 MAD 数据,在每个波长的数据必须快速、及时收集。这要求计算机控制的单色器运行精确,在多次反复运行操作中定位精确。为此要经常性地校正单色器,以便扫描晶体样品吸收边的金属薄片接近所用的波长。收集 Bijvoet 对(见图 6.12)时的理想情况是,如果晶体样品有镜面,该 Bijvoet 对应该在同一个画面上,因为该镜面使探测器面平分。另一种方法是,操作时指定 χ 和 φ,另一个在 $\chi=-\chi$ 和 $\varphi=+180°$处收集,可使它们彼此接近。目前,应用 CCD 较为普遍,可以保证其精度。如果是 IP,那么建议用 FAST 系统。

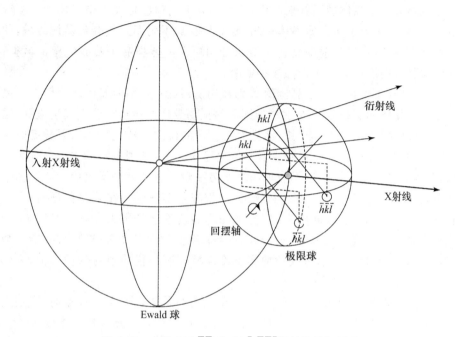

图 6.12　收集 $hkl,\overline{hkl}$ 和 $hk\bar{l},\overline{hk}\bar{l}$衍射的几何原理

　　因为反常散射信号不强,与此相关的数据质量要求高,用第一个单波长收集到的数据要完整,或者整个数据完整度$>95\%$,才适合于 SAD 或 SIR;用于 MAD 的 Friedel 数据完整度要 100%;用 2 或 3 波长时 MAD 的 Friedel 数据完整度要求 $45\%\sim80\%$。

　　3. 收集步骤

　　为了收集 Bijvoet 对,要专门调整晶体样品的测角头和探测器:① 进行 EXFAS 荧光扫描,以此确定峰波长 λ_1、偏转波长 λ_2 和远程波长 λ_3。② 拍两个图来评估和确定曝光时间和距离。③ 用前面收集的画面进行指标化,MOSFLM 确定回摆角步长(间隔)和范围。注意数据完整度,特别是 Friedel 完整度。④ 按次序收集峰波长 λ_1、调变偏转波长 λ_2 和远程波长 λ_3 的衍射数据。⑤ 小心进行处理数据。

6.3.5　晶体的衰减和晶体的冷冻技术

1. 冷冻晶体减慢衰减

生物大分子晶体遭受辐射损伤,导致晶体不同程度地失去衍射能力。多数情况下,生物大分子蛋白质晶体对热(温度)敏感,不耐温。热会致晶体衰减,使衍射质量降低,室温辐射损伤将不能保证用单个晶体样品采集到完整的数据。这个问题可用闪冷晶体于低温途径解决。

以往,收集生物大分子晶体的 X 射线衍射时的一个障碍是由辐射引起的晶体衰减。晶体的衰减是由 X 射线辐射和热损伤致使晶体点阵受损或遭破坏,结果是不仅阻碍数据的连续采集,而且引起测量的误差。这是采集衍射数据时影响质量的主要原因之一。过去克服和解决这个问题,是用多颗晶体样品采集数据,即当晶体照射损伤衰减不能再用时换另一颗。这种做法不仅使收集数据手续繁杂,而且给数据统一还原(缩放比例)带来很多麻烦。在采集数据时,由热和辐射引起的晶体衰减问题,应用冷冻晶体的技术途径可大大减缓其影响,或几乎完全得到解决。近来,冷冻技术配合采集生物大分子晶体 X 射线衍射数据,已变得常规化。在如何成功地实施冷冻操作获得优质衍射数据方面,人们已经积累了可借鉴的经验。

骤冷实验有下列几个步骤:① 选择合适的晶体;② 选择防冻剂,溶剂交换;③ 选好晶体安放组件;④ 制作尼龙环;⑤ 闪冷(骤冷)操作和晶体转移。

2. 如何冷冻晶体样品

缓慢冷却晶体,会使晶体周围和内部溶剂结冰,干扰衍射图谱和截断晶体点阵,从而影响衍射强度和质量。快速闪冷晶体,能防止结冰,防止晶体辐射损伤、衰减,可改善衍射数据质量。

在选防冻剂之前,先了解样品晶体生长的母液组成。一般先试用原母液。选防冻剂没有可遵循的理论,只有尝试法,尽量选与母液类似的组分。

若所用的沉淀剂为 MPD,一般考虑不用添加其他任何防冻剂,但可以改变浓度(即改低为浓)。若所用的沉淀剂为盐溶液,要用防冻剂溶液来洗晶体外表,或进一步交换晶体内部溶剂。若所用的沉淀剂为小分子量 PEG,可考虑用甘油。

溶剂交换:闪冷操作时最令人关注的部分溶液是晶体外表溶液(但有时就要求处理晶体内部溶液)。溶剂交换的基本准则是类似晶体样品的洗净和浸(泡)操作,但又要看每个晶体的特性。有的晶体不能耐住激烈的溶剂变化,要考虑用逐级浸(泡)和透析的方法,以保证进行溶剂交换。有的晶体不好在自然型状态引入,要考虑先用戊二醛进行交联(cross-linking),然后引入防冻剂。将晶体浸泡于油中,在晶体外表形成油膜,保证使额外溶剂最少。

试晶体样品之前,用稍大一些的尼龙环(或丝环,约 1 mm×1 mm)来浸,将母液试闪冷(快速浸于液氮,查看是否透明。若不透明,说明母液组分不合适。再提高防冻剂浓度,直到环中的液体变透明)。用此法找到合适的防冻剂浓度后,要立即试晶体样品。首先,用此条件简单地洗晶体;不行,则(可以逐步)在制备晶体的环境和温度下,提高浸泡防冻液浓度。浸泡时间决定于温度和黏度:在室温下,4~6 h;在 4℃,8~12 h。闪冷操作是要保证待冷样品整体受冷均匀(各向同性!),而缓慢操作则会使晶体"玻璃化"。

3. 晶体冷冻的相关技术

在前面已提到,几乎所有生物大分子晶体都对辐射敏感。尽管其敏感程度随不同物种而不同,但在 X 射线照射环境中均会遭受辐射损伤。人们对生物大分子晶体辐射损伤的物理化学机制了解不多,但辐射光化学公认,晶体在照射环境中受损伤是辐射与大分子相互作用所致:一是自由基的形成,二是"加热"效应。前者,活泼自由基通过晶体内部溶剂通道扩散到各处,直接破坏大分子结构中的共价键,扰乱构象和点阵结构;后者,加强晶体中分子和原子的热运动,增加无序度,进而影响晶体衍射强度质量和衍射寿命。

在衍射实验的过程中,辐射损伤效应以衍射斑点强度的下降和弥散为特征。这种影响对倒易空间衍射点位置并非各向同性,在衍射角度高处斑点比低处更为明显。当然,偶尔在低衍射角处也可见。另外,在实践中发现,含有重金属的衍生物晶体受辐射损伤影响比母体晶体更为明显。这种损伤与受照射的辐射波长(单色或多色)、强度、时间以及温度密切相关。在实践中,可用滤波的方式滤掉不需要的波,用单色波利于减低辐射损伤,延长晶体寿命。我们知道,生物大分子晶体含有大量的溶剂水(30%~80%),室温条件下离子化自由基在晶体通道内部的扩散更加增强,其影响更为显著。如果应用强的射线源,如同步辐射,辐射损伤结果更为严重。正常的生物大分子晶体在实验室转靶 X 射线照射下,一般能耐住几天,但在第三代同步辐射的强光束照射下,只经受得住几分钟到几秒钟。

然而,在低温冷冻条件下,衍射情况就明显改观。现在采集生物大分子晶体衍射数据常在冷冻条件下进行,如 100 K。这种低温显著限制了自由基在晶体内部的游动,从而利于提高衍射数据最大分辨率,延长晶体的衍射寿命。

要提醒的是,冷冻生物大分子晶体难免带来一些问题,稍许不注意,则使本来质量好的晶体变坏。其主要原因是,晶体所含有的溶剂水和外部表面水结冰所致。在实践中,为了克服这些负面影响,安放晶体采集数据之前,先将晶体样品转移至防冻剂中预处理,使晶体内外不结冰。常见的防冻剂一般含有高百分比的甘油 glycerol,或者低分子量 PEG,或者其他有机溶剂,如 MPD。

在生物大分子晶体衍射数据采集时,常用的冷冻操作步骤为:

(1) 要找合适的防冻剂。这个防冻剂不仅可以防止成冰,也不至于破坏晶体样品。平常是加量合适的组分。最常见的是将前面提到的甘油加入到母液中。最保险的方法或技巧是先不用晶体样品,而试一试"空白"防冻剂,直到防冻剂确实不出现特征的冰环。一旦找到有希望的防冻缓冲液,接着用小晶体来再试,确认防冻剂在晶体中的扩散不至于损伤晶体。

(2) 将晶体样品迅速从母液转移到含有防冻剂的溶液,使晶体停留片刻,从几秒到几分钟。时间决定了晶体在过程中是否稳定。

(3) 用尼龙环取晶体样品,立即放至液氮中使之迅速冷冻(也可以用液态丙烷)。如果在衍射设备上已装有低温控制器,就立刻启动采集数据。要记住,冷冻操作尽可能要快速进行,这样可以避免或减少镶嵌度的急剧增加,也利于避免冰晶和盐晶。晶体是否冷冻得完全,取决于晶体样品本身的尺寸。如果晶体样品尺寸很小(线度小于约 20 μm),那么不一定要用防冻剂。近来,更为普遍使用的冷冻晶体方法是将晶体直接浸泡于液氮之中。

6.3.6　衍射数据分辨率

生物大分子晶体 X 射线衍射中分辨率的概念,同光学显微镜影像中所用的概念相同。分辨率是度量生物大分子晶体衍射数据质量的另一个指标(源自晶体质量的指标,即晶体表征的重要参数)。如果晶体中的所有大分子以完全相同的方式排列成完美的晶体,那么在产生衍射时,晶体中参与衍射的所有分子都会以相同方式散射 X 射线,而其衍射图谱将显示确定的晶体结构细节。晶体中的大分子,由于其局部柔软性或"运动",而使它们的排布有所不同,那么该晶体的衍射图谱不会显示像前者那样确定的细节。

在生物大分子晶体学中,表示电子密度图的分辨率也用 $d_{最小}$ 表示,其物理意义为最小晶面间距。对 Cu Kα 辐射可达的最大分辨率 λ/2 为 0.7709Å。用这个分辨率足以测定原子分辨率的蛋白质结构(碳碳单键数量级则是 1.5Å 范围)。但是,蛋白质等生物大分子晶体因为其固有的特性,如晶体含有大量无序水,晶体堆积不紧密,大分子柔性而原子热振动较大,衍射数据收集过程遭受辐射损伤而镶嵌度增大,实际分辨率很难达到原子分辨率。在实践中,分辨率好于 3.5Å 的电子密度图,就可以辨认和测定多肽链的走向和折叠;从中等分辨率的电子密度图(分辨范围为 3.2~2.2Å),可清楚分辨绝大多数残基侧链;从高分辨率(分辨率高于 1.2Å),比如 1.2Å 电子密度图,能清楚地辨认主链上的羧基氧、芳香环残基特性,有时甚至还能显出分立的原子位置。这样的衍射分辨率,在实验室衍射平台上较难达到,即便晶体质量好。然而,应用同步辐射强光源采集数据则较容易做到。

高角度 $\sin\theta/\lambda$ 的衍射给出结构信息的细节。原子坐标的细小变化,会影响和产生高角度结构因子的大变化。$d_{最小}$ 是衍射实验的自然分辨率的量度,它由一些因素决定,例如:① 结晶体的化学组成,重原子是强的散射体,即便在高角度;② 在衍射实验条件(温度、压力等)下,化学稳定性;③ 所用辐射的 λ、探测器等设施的灵敏度和稳定度,都会影响分辨率。粗略地讲,X 射线 $d_{最小}$ 可达到极限,无机化合物晶体,0.5Å;有机化合物晶体,0.7~1.5Å;生物大分子晶体,1.0~3.0Å,如图 6.13 所示。近来人们应用同步辐射强光源、高效灵敏探测器和冷冻技术,获得了 Crambin 花菜素的 0.48Å 分辨率衍射数据和电子密度图。

由于自然分辨率的限制,还有"人为引入"的(以往为了节省计算量和时间)限制,造成严重的断尾效应。计算电子密度时总要分割晶胞格子,分得太粗,则电子密度(等高线)的最大值落到格子点之间,不好确定;若分得过细,则无谓地增加计算量。

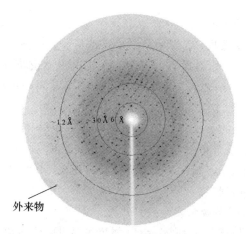

图 6.13 同步辐射光源拍摄、CCD 记录的 EAFP 晶体回摆衍射画面

[灰色圆表示可取的不同分辨率数据域。斑点的黑度表示对应的衍射强度 $F(hkl)$。随分辨率的提高,最外壳层可观测衍射斑点数目少而弱]

分辨率与衍射斑点数目关系,可以用式(6.1)(不考虑晶胞对称性)表示。在 4.1 节(参看图 4.1,f-sinθ/λ 曲线)曾提到,由于原子散射因子随 Bragg 角的增加而变小,结果衍射强度$|F_H|$值就必然变弱,到$(\sin\theta/\lambda)_{最大}=1/(2d_{最小})$以上的衍射值为零。

分辨率是表示衍射图谱中所包含的结构细节水平的量度,计算电子密度图时,指电子密度图中显示的细节水平。分辨率高的结构,比如分辨率为 1Å,表明晶体有序度高,从电子密度图中能辨认出每个原子。分辨率低的结构,比如分辨率为 3Å 左右的电子密度图等高线,只能显示蛋白质肽链的基本走向,而不能确切辨认原子。其实,结晶学方法测定的绝大多数结构分辨率是介于这两个分辨率之间的。

6.3.7　衍射数据的评估

1. 影响数据质量的因素

晶体结构测定的最终质量决定于在结构测定过程中所用的衍射数据质量。判定衍射数据质量的最重要指标要看如下参数,如数据分辨率、数据的完整度、I/σ(衍射信号对背底之比)、总的和最高分辨壳层的 $R_{归并}$。这些参数是所用的晶体样品本身衍射质量、收集数据实验条件(硬件)和技术,以及数据处理环节和操作技巧决定。在此要提醒的是,一定要搞清楚它们的意义和它们数值之间的关系。

单晶衍射数据的还原和分析有如下几个步骤:① 处理数据之前,要统揽、观察和分析粗的原始数据;② 对衍射谱进行指标化;③ 修正晶胞参数和"相机"(探测器)参数;④ 进行衍射斑点的积分;⑤ 找出观测值之间的相对比例因子;⑥ 用全部的衍射数据精确修正晶胞参数;⑦ 利用空间群对称性进行数据的归并和测定数据的分析。

应用读取时间短的 CCD 或 IP,就能够收集记录转角增量小(0.05°～0.2°)的衍射谱,同时记录整个衍射峰形(三维)。要评估这种衍射数据,就需要大容量的高速计算机,并匹配 MADNES,XDS,X-GEN,MOSFLM 和 HKL2000 等不同版本的数据处理程序。

2. 如何评价衍射实验收集的数据质量

对生物大分子晶体衍射而言,衍射强度普遍弱,分辨率不高(几乎达不到 $d_{最小}=\lambda/2$),完整度和冗余度都差,要看实际情况分析。要提醒的是,一般在弱衍射中含有很重要的信息,要慎重。处理弱衍射和截取高分辨率数据时,要参照两个指标:① $\langle I/\sigma \rangle$,是衍射信号强度的量度。这个值一般随分辨率的提高而变小。② 一个壳层中所有衍射数据的归并因子，R，R_{int}（或 R_o）。这个值随分辨率变大而变大，请参见附录 6.2。那么，如何从噪音水平的衍射中区分出信号？多数晶体学工作者认为，如果数据的总的 $\langle I/\sigma \rangle \leqslant 2.0$，指定分辨率壳层 $R_{int} \geqslant 0.45$，可认为是噪音，应舍去。

下面讨论评价衍射数据质量的要点：

（1）衍射数据的分辨率

它是评价生物大分子结构模型可信度水平的重要参数，是指结构测定和修正时所用的衍射数据分辨率（常称为结构模型分辨率），单位为 Å。分辨率定义为可测定 X 射线衍射的晶体点阵面的最小间距（d_m）。分辨率可确定在电子密度图中能辨认和区分结构特征的最小距离和细节的水平。分辨率高，意味着 d_m 值小，更能鉴别，因为可用来测定结构的独立衍射点数目更多。按习惯，分辨率分为低分辨率、中等分辨率、高分辨率和原子分辨率。

（2）等效点的等效性

$R_{对称}$ 是一套数据精度的内部量度，是比较与对称性相联系的衍射强度之间的差异。对称相关的衍射强度变化，应反映整个数据（套）的变化。在实践中，与对称相联系的或相关的衍射平常不完全独立。$R_{对称} < 0.05$，数据质量为好；$R_{对称} < 0.10$，数据仍可用（$R_{int} < 10\%$）；$R_{对称} > 0.20$，数据可能有问题。比较没有任何相关性的两套数据，理论的 $R_{对称} = 0.57$。不同晶体数据或其中一套数据指标化有问题时，$R_{对称} = 0.35$。

（3）衍射强度对强度的 $\sigma(I)$ 之比

衍射强度的标准偏差 $\sigma(I)$ 是一个测量值精度的评估，相对于一套数据精度/整体精度，它是组合计数统计背底-峰高-背底变化，与衍射测量次数相关。$I/\sigma(I)$ 或 $F_o^2/\sigma(F_o^2)$ 是在数据处理中常用来抑制和过滤的判据。这个比值大致为 $2/5$，如果偏小就不可靠。可观测点 $[I \geqslant 2\sigma(I)]$ 所占的百分率（指独立区）达 $2/3$ 以上，如果低于 $1/2$，表明数据质量不甚可靠。若用 R_o 表示，应小于 10%。

（4）完整度

收集到的衍射斑点总的数目，与晶体晶胞大小、晶体能衍射的能力、分辨率 d_m^3 有关，也与衍射设备的 X 射线强度和探测系统的精度、灵敏度有关，还与收集的几何有关。

数据的完整度（可能的独立衍射的总数）决定于很多因素，一般要求大于 95%。这样的数据完整度，几乎可以满足结构测定和表述的所有目标要求。特别要提醒的是，结构测定不能容忍数据中成批（一个"区域"）地丢失衍射点。如果丢失的衍射点是在各个方向，是随机的，那么虽然完整度低了，但尚可忍受。

（5）真实的冗余度

指收集衍射数据时，从晶体样品不同的方位测量同一个衍射的多重度。要求 3.0，这个值越大，越有利于数据精度，但数据数目随之变得"很多"。

（6）数据过滤

在一套数据中有不可靠的衍射斑点和"局外物"，就会使数据本身和所得结果失真（多半是由仪器设备的意外引起），必须从数据中滤去那些不可靠的衍射点。在数据中发现有疑点，就用 $F/\sigma(F)$ 判据来核实。要比较两个测定值，可以用其差对平均之比，即 $(F_1-F_2)/[(F_1+F_2)/2]$。这个值大于 1，表明该衍射必有问题（两测量值之一可能是"局外物"！）。

3. 有效性

最高分辨率球壳内可观测点 $[I \geqslant 2\sigma(I)]$ 所占的比例应在 35% 以上（总的 $\langle I/\sigma \rangle$ 值 $\geqslant 2.0$，给定分辨率壳层 $R_{int} \leqslant 0.45$）。处理弱衍射和截取高分辨率数据时，要参照两个指标：① $\langle I/\sigma \rangle$，是衍射信号强度的量度，这个值一般随分辨率的提高而变小；② 一个壳层中所有衍射数据的归并因子 R_{int}（或 R_{σ}），这个值随分辨率提高而变大。$\langle I/\sigma \rangle$ 值随分辨率的提高而变小，而 R_{int} 值却变大。

4. 关于孪晶（双晶）

孪晶是一个晶体生长反常所致，是同种物种组成的晶体中不同的分立域以特殊方式相互重叠形成。以往，在生物大分子晶体衍射实验中遇到与孪晶相关的问题，往往加以回避。现在处理孪晶问题，无论从理论和实验技术上都有明显的进展。尽管孪晶问题在生物大分子晶体衍射中并不常见，也不十分熟悉，但在生物大分子晶体结构测定常用的标准程序，如 SHELXD，CNS 中，已含有处理孪晶衍射数据和测定结构所需的功能。

我国结晶学工作者从来自百合科的传统中药材囊丝黄精的根状茎中分离纯化得到一种黄精凝集素 PCL 天然蛋白，并获得有衍射质量的晶体。该晶体孪晶现象十分严重，给衍射数据处理带来不少困难（晶体衍射点含有难辨认的双峰分布，数据呈现赝高级对称性）。应用 CNS 程序成功地处理衍射数据，发现该晶体的孪晶比重（孪晶分数为 0.398）高。参照 CNS 软件包中的"Structure refinement with hemihedral twinning"的方案，引入孪晶的操作 $(h, -k, -l)$，最终完成结构测定和修正，由此找到造成分子在晶体堆积过程中孪晶两个结构域叠合成赝正交的排布方式，使数据处理过程的指标化变困难的缘由。该晶体晶胞中有 4 个分子，分子 A、B 和分子 C、D 间有明显的非结晶学二重对称关系，而且这个非结晶学的二重轴与结晶学 X 轴非常接近。

这里少许介绍晶体衍射实验中与孪晶征兆相关的值得注意的一些迹象。

（1）度量标准的对称性高于劳埃对称性（在单斜晶体结构，当 β 角接近 $90°$，或者 a 和 c 轴几乎相等时，从衍射图不好辨认）；

（2）对称性高的劳埃群的 R_{int} 值仅少许大于对称性低的劳埃群；

（3）同一组分的不同晶体衍射数据呈现不同的 R_{int} 值（表明对称性低的劳埃群为正确，意味着孪晶扩展程度不同）；

（4）生物大分子晶体和一些不带心对称晶体的 $|E^2-1|$ 平均值明显低于期望值 0.736，如果有两个孪晶结构域，则每个衍射为两者的贡献；

（5）空间群似乎三方或六方时；

（6）晶体表观的系统消光与任何已知的空间群对不上（即不符合正规的消光规律）；

（7）现成的衍射数据看来有序，但结构不能解（这也可能与错定晶胞有关，比如轴长度定成一半长）；

（8）晶胞轴长，不正常地长；

（9）晶胞参数修不下去；

（10）在衍射图谱中，有些斑点呈现为很锐，而有些斑点呈现为裂开；

（11）弱衍射的 $K=$ 平均$(F_o^2)/$平均(F_c^2) 值系统地大（也许，可能不是双晶引起，而可能是定错空间群）；

（12）从衍射数据列表中带有"不一致衍射"标志的 F_o 比 F_c 大很多；

（13）在电子密度图中有怪密度峰（能当溶剂水，也不能当无序），根本无法解释；

（14）衍射数据质量不错，但 R 因子居高不下。

上述衍射现象，如果不是单纯的衍射斑点的分裂，而是与地道的孪晶相关，应该早些引起注意并及时应对，以免耽误结构测定进程。

6.4　相角测定法

由于生物大分子晶体结构的复杂性和特殊性，为了给读者以完整的引导，有些内容虽然已在第 5 章中作了介绍，本节仍根据测定生物大分子晶体衍射相角所需的知识和原理稍加系统叙述和讨论。

6.4.1　同晶置换法

1. 概述

相角问题是 X 射线衍射法测定结构的基本障碍之一。过去解决生物大分子晶体衍射相角问题,主要为制备重原子衍生物,应用同晶置换法来解决。

同晶置换法的思想,可追溯到 Bragg 比较 NaCl 和 KCl 衍射谱来定结构。Perutz 和他的同事 1957 年首次成功地应用该方法测定了肌红蛋白 6Å 分辨率结构,紧接着,1959 年测定了血红蛋白 5.5Å 分辨率结构,该方法一直以来是计算和推引生物大分子晶体衍射相角的主要方法。此后的几十年,几乎所有的生物大分子晶体结构都是用同晶置换技术测定的,且至今仍起着重要作用。

完整的同晶置换衍生物,其电子密度同母体晶体的电子密度相比,区别仅在重原子位置。在前面已交代,制备重原子衍生物时,利用生物大分子晶体含有大的溶剂通道和孔腔,使含重原子制剂扩散到分子表面,不扰乱和改变母体分子构象和结晶体结构的情况下,重原子与生物大分子专一结合。一般要看引进重原子以后晶胞参数的变化和衍射谱的变化来确定是否为合格的同晶型。如果已知重原子在分子或晶体中的结合位置,利用它们的衍射谱中的强度变化,就可以推引出母体分子晶体的相角。在实践中,母体晶体和衍生物晶体之中大分子构象有所不同,它们的晶胞参数不会严格相同,从而很难做到完整的同晶置换。非同晶晶体引起的误差比衍射数据的误差更为严重,但那些大分子中适度的变化并不影响同晶置换法的应用。非同晶型经常反映在晶胞参数的变化上。但确定同晶型,要通过快速收集衍射谱(强度数据),与母体的衍射谱进行比较,并检查晶胞参数和数据质量。

应用同晶置换法确定相角有如下几个步骤:① 设法通过浸泡、化学修饰和基因修饰等方法,制备一个或多个合格的重原子衍生物;② 小心收集母体和衍生物晶体的衍射数据,进行衍射强度数据的还原和校正;③ 应用 Patterson 函数法或直接法确定晶胞中重原子位置;④ 修正重原子参数;⑤ 计算和推引生物大分子相角,计算生物大分子的电子密度。

2. 基本原理

在小分子晶体结构测定中,寻找晶胞中重原子位置可直接观测结构因子振幅,应用 Patterson 函数法计算 Patterson 图确定。有了它,就可以用傅里叶迭代解决结构。然而,在生物大分子晶体中引进重原子的同晶置换衍生物的重原子数目与整体结构原子数目之比太小,只用生物大分子重原子衍生物的观测结构振幅为系数计算的 Patterson 图没有意义。为了应用同晶置换法,先要确定重原子对衍生物晶体结构因子中的贡献。如果引进重原子的衍生物和母体,这两个晶体的结构振幅已知,可以计算各种不同的差值 Patterson 函数,即可用于 $|F_{PH}^2 - F_P^2|$ 为系数的 Patterson 图。

母体结构因子 $\boldsymbol{F}_\mathrm{P}$、衍生物的结构因子 $\boldsymbol{F}_\mathrm{PH}$ 和重原子结构因子 $\boldsymbol{F}_\mathrm{H}$ 有如下矢量关系：

$$\boldsymbol{F}_\mathrm{H} = \boldsymbol{F}_\mathrm{PH} - \boldsymbol{F}_\mathrm{P} \quad \text{或} \quad \boldsymbol{F}_\mathrm{PH} = \boldsymbol{F}_\mathrm{P} + \boldsymbol{F}_\mathrm{H} \tag{6.2}$$

此式中的 $\boldsymbol{F}_\mathrm{P}$ 和 $\boldsymbol{F}_\mathrm{PH}$ 从实验可以测定,但 $\boldsymbol{F}_\mathrm{H}$ 不能直接估算。要估算最佳 $\boldsymbol{F}_\mathrm{H}$ 值,利用 $\boldsymbol{F}_\mathrm{H}$ 估算值应用 Patterson 函数确定晶胞中重原子的近似位置,再用差值傅里叶、最小二乘法改善其位置。有了重原子的位置,可以计算重原子结构因子 $\boldsymbol{F}_\mathrm{H}$。并将衍生物和母体衍射数据进行统一标度和归并之后计算交叉傅里叶,即衍生物差值傅里叶图进行核对。但是,在衍生物中有多个重原子时,情况不是那么简单。因此,近来应用直接法求重原子位置更为有效(如在 Se-Met 衍生物中确定多个 Se 位置时,基本用直接法)。

3. 重原子参数的修正

一般晶体中引进重原子后,重原子在晶胞中位置是未知,从而不能计算求得矢量 $\boldsymbol{F}_\mathrm{H}$,但用 $\boldsymbol{F}_\mathrm{PH}$ 和 $\boldsymbol{F}_\mathrm{P}$ 可以估算振幅 $|\boldsymbol{F}_\mathrm{H}|$。

在前面的原理中,实际是假定所有测量值没有误差,即母体和衍生物晶体为完整的同晶型,但这不是事实。因为 $\boldsymbol{F}_\mathrm{PH}$ 和 $\boldsymbol{F}_\mathrm{P}$ 是由实验测定的,而 $\boldsymbol{F}_\mathrm{H}$ 是由重原子近似位置计算得到。实验误差有如下三种来源:首先来自强度数据,主要归因于测量不精确和数据标度;其次是重原子的坐标、占有率和温度因子;最后是同晶型度差。

计算蛋白质晶体相角时先用经典的 Patterson 合成法或直接法确定重原子在晶胞中的位置,然后要修正重原子的位置坐标 (x, y, z)、温度因子 B 和占有率。这里着重介绍寻找重原子在晶胞中的位置后其坐标的修正。修正的基本思想是,通过使 $\boldsymbol{F}_\mathrm{PH}$ 观测值尽量接近其计算值,改善上述的参数。在这里应用最小二乘法是基于 Rossmann 的最小化:

$$\varepsilon = \sum_\mathrm{h} w(h) \left[(F_\mathrm{PH} - F_\mathrm{P})^2 - k F_\mathrm{H}^2 (\text{计算}) \right]^2 \tag{6.3}$$

使 $|F_\mathrm{PH}(\text{观测})|$ 尽可能接近 $|F_\mathrm{PH}(\text{计算})|$。式中,为闭合误差,其含义示于图 6.14 中;$w(h)$ 为权重因子,由数据的 $(\sin\theta)/\lambda$ 决定,而小分子晶体学中 $w(h) = 1/\sigma^2(h)$;σ 为标准偏差;k 为比例因子,是校正 $F_\mathrm{H}^2(\text{计算})$ 为理论上更可接受的值。当 $\boldsymbol{F}_\mathrm{PH}$,$\boldsymbol{F}_\mathrm{P}$ 和 $\boldsymbol{F}_\mathrm{H}$ 指向相同方向时,$\boldsymbol{F}_\mathrm{PH} - \boldsymbol{F}_\mathrm{P}$ 和 $\boldsymbol{F}_\mathrm{H}$ 值的大小大致相同。如果 $\boldsymbol{F}_\mathrm{PH}$ 和 $\boldsymbol{F}_\mathrm{P}$ 之差为大,那么出现这种情况的概率大;如果包括反常散射贡献大,就会有利于改善。反常散射体位置参数的修正,是以 $^\circ\boldsymbol{F}_\mathrm{A}$ 的观测和计算结构因子之间差最小化为条件的。还有一方法是,将反常散射贡献 MIR 方法如测定相角一样处理。图 6.14(a) 为完整的同晶型矢量图;一般 $\boldsymbol{F}_\mathrm{PH}$ 的观测值和计算

值不一样是由于"未闭合量"所致。

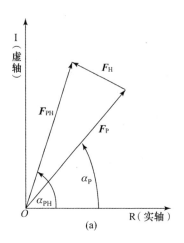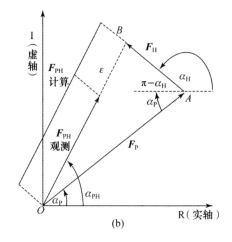

图 6.14　单对同晶相角关系

（a）表示无误差，理想的单对同晶置换中结构因子和相角关系；（b）矢量图表示实际的
母体生物大分子结构因子 F_P 和重原子结构因子 F_H 对其衍生物结构因子 F_{PH} 的矢量加和。
ε 为闭合误差

利用经过修正的重原子参数，就可得到初始的蛋白质相角 α_P。重原子参数的进一步修正，可采用 Dickerson 提出的"未闭合量"方法［见图 6.14(b)］。在同晶型完整时，矢量三角形 $F_P + F_H = F_{PH}$ 是闭合的，但是在实践中这个条件总是得不到满足，在观测的 F_{PH} 和计算的 F_{PH} 之间因种种原因总有差异。此时 F_{PH} 的计算值是从三角形 OAB 的余弦定律求得：

$$F_{PH} = \left[F_P^2 + F_H^2 + 2F_P F_H \cos(\alpha_H - \alpha_P) \right]^{1/2} \tag{6.4}$$

4. 单对同晶型

母体的结构因子 F_P 为一个矢量，用结构振幅 $|F_P|$ 和相角 α_P 描述，重原子衍生物结构因子 F_{PH} 矢量大小同样用其结构振幅 $|F_{PH}|$ 和相角 α_{PH} 描述，而 F_{PH} 也可以用 F_P，F_H 矢量加和得到，后者就是重原子对衍生物结构因子的贡献。

这样，将引入重原子所得的子衍生物的结构因子 F_{PH} 看成母体的结构因子 F_P 和重原子对结构因子的贡献 F_H 的加和，即 $F_{PH} = F_P + F_H$；同晶型差值 $F_{PH} - F_P$ 可从母体和衍生物晶体的衍射数据计算得到，在图 6.15 中示出在 $|F_{PH}| > |F_P|$ 的情况下 $F_{PH} - F_P$ 与 CB 对应的情况。

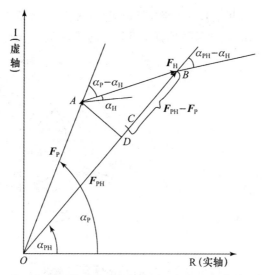

图 6.15 单对同晶置换法中定义结构因子振幅和相角关系的矢量图

从矢量图 6.15 中三角形关系可知：

$$BD = F_H \cos(\alpha_{PH} - \alpha_H)$$

$$OA = OC = F_P$$

$$OD = F_P \cos(\alpha_P - \alpha_{PH}) \tag{6.5}$$

利用这个关系，就可写出：

$$F_{PH} - F_P = F_H \cos(\alpha_{PH} - \alpha_H) - F_P[1 - \cos(\alpha_P - \alpha_{PH})]$$

$$= F_H \cos(\alpha_{PH} - \alpha_H) - 2F_P \sin^2[(\alpha_P - \alpha_{PH})/2] \tag{6.6}$$

如果 F_H 大小与 F_{PH} 和 F_P 大小相比要小，那么正弦项变得很小（可忽略），上式可写成：

$$F_{PH} - F_P \cong F_H \cos(\alpha_{PH} - \alpha_H) \tag{6.7}$$

当矢量 F_H 和 F_P 共线，则

$$|F_{PH} - F_P| = F_H \tag{6.8}$$

此式表明，从两个同晶型体的差别能求得重原子的 F_H 的数值大小；反过来，可从重原子位置求得 F_H，如图 6.16 所示。

通过衍射实验可以知道两套数据，即结构因子 F_P 和 F_{PH} 的振幅大小，而它们的相角尚未知（或者说，它们的方向未知），而对 F_H，其大小和方位都未知。这样，就用同晶型差 $F_{PH} - F_P$ 的平方，即 $(\Delta|F|_{iso})^2$，为 Patterson 合成法的系数，可以得到重原子的矢量图。如果这个 Patterson 图不好诠释，就可尝试直接法。

在此顺便提及,如果有反常散射,就可以用$(\Delta|F|_{ano})^2$为系数计算得到反常散射体的 Patterson 图;用此系数计算所得的图的背景噪音,比分别算的图更低。

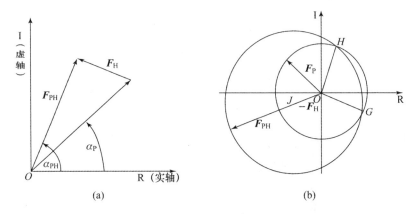

(a)   (b)

图 6.16　单对同晶结构因子矢量图

（a）表示理想的同晶型母体蛋白质 F_P 和重原子结构因子 F_H 对重原子衍生物结构因子 F_{PH} 贡献的矢量图;（b）单对同晶置换法对应的相角计算。哈克图:O 和 J 分别表示半径 F_P 和 F_{PH} 的两个圆心,而 OH,OG 分别表示蛋白质 F_P 的两个可能的解

5. 多对同晶型

如果有两个以上的合用的同晶型重原子衍生物晶体,就可以解决单对同晶置换法中遇到的相角不确定性的问题,见图 6.17。在上面单对同晶型的矢量图

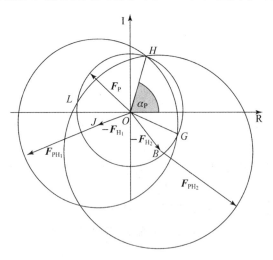

图 6.17　多对同晶型之间矢量关系图

基础上再找一个同晶型衍生物,则两个不同的重原子衍生物 PH_1 和 PH_2,可用 MIR 法构筑哈克图。第三个圆的半径为 F_{PH_2},圆心为 FH_2 端点 B。这样第三个圆与之在 H 点相交,这个公共点就是原先单对同晶置换未能确定的相角解之一,则是 MIR 法确定的相角,原点 O 与三个圆的公共交点 H 连线决定蛋白质的相角 α_P。

6. 蛋白质的相角

如果知道结构因子振幅 $|F_P|$,$|F_{PH}|$,$|F_H|$ 和相角 α_H,从它们之间的关系可以计算出蛋白质的相角 α_P。由于在实践中所有的观测值不可避免地含有实验误差,上述的 ε 不为零,处理这些误差时往往假定全部的误差来自 $|F_{PH}|$ 和 $|F_H|$,而 $|F_P|$ 没有误差。每个蛋白质相角 α_P 和 $\varepsilon(\alpha)$ 是计算得到的。如果 $\varepsilon(\alpha)$ 小,则相角 α 正确的概率高。衍生物 J 的每个衍射的高斯概率分布(P),对 ε 作了假定:

$$P(\alpha) = P(\varepsilon) = N\exp[-\varepsilon^2(\alpha)/2E^2] \tag{6.9}$$

式中,N 为归一化因子,E^2 为 ε 的均方。E 值小,与概率曲线锐度相关,有利于相角;E 值大,则反过来。

目前,在生物大分子晶体结构测定中应用的标准程序包 CCP4 和以往的 PROTEIN 都有常规计算相角所需的所有的程序和接口,以及根据 MIRAS 技术和各种类型的傅里叶图的示法。另外,上面提到的概率方法是在 MLPHARE 和 SHARP 中详尽编程,不仅可以修正重原子和反常散射体参数,还可以多波长反常散射 MAD 法和 MIR 计算相角(其基本原理为最大拟然法进行参数修正和相角计算)。

6.4.2 分子置换法(MR)

1. 概述

用同晶置换法得到一套生物大分子起始相角和第一个结构模型,接着对这个初始模型进行修正,使观测 $|F_o|$ 与基于结构模型计算的 $|F_c|$ 之差最小。

如果有与待定蛋白质同源的氨基酸序列已知的另一蛋白质结构,那么就可以借用而容易获得初始模型,并接着进行修正。这一过程可应用于:① 如有一个结构已知的和另一个结构未知的生物大分子,期望两者相似;② 基于观察蛋白质在序列同源,且其多肽链的折叠很相似。问题是,如何将结构已知分子从其结晶的排列中抽取转移到结构未知蛋白质晶体之中。这个方法即为分子置换法,由 Rossmann 和 Blow 在 1962 年提出。目标晶胞中分子的布局,需要合适的方位和精确的位置。这个方法要求两个步骤,一是旋转,二是平移。在旋转步骤,要确定已知分子和未知分子彼此的空间方位,然后将正确方位的分子平移到另一分子处,进行彼此的叠合。

　　分子置换法的其他用途是,如果晶体结构不对称单位含有多个分子或亚基,那么可以确定它们之间的相对位置。这个相对关系即非结晶学对称性,可以用来为进行分子平均、改善蛋白质相角提供重要信息。

　　2. 基本原理

　　应用生物大分子 Patterson 函数可计算得实际结构中原子之间的矢量图,即 Patterson 图。如果原子对属同一分子内,那么对应的矢量相对短,它们的端点离 Patterson 图原点不远,称之为自 Patterson 矢量。如果没有分子之间矢量(交叉 Patterson 矢量),那么不同晶体结构的相同分子的 Patterson 图内区域将相同。对同源蛋白来说,它们不会确切相等,但很相似。为此,自 Patterson 矢量能给我们提供已知结构和未知分子结构之间的旋转关系。

　　分子置换法有如下 3 种不同类型的基本应用:① 搜寻晶体不对称单位中非晶体学对称元素的方位,并用这个对称信息求得晶体结构分析的相角信息。② 在未知晶胞中,通过旋转和平移已知分子或分子碎片,设法求得一个未知结构的起始相角模型。如果晶体不对称单位只含一个分子,则是六维问题(3 个旋转角和 3 个平移矢量),但实际计算中化解为两个三维问题。如果在不对称单位有 n 个相同分子,则有 $n \times 6$ 维问题。旋转函数是用来确定 3 个旋转角,而平移函数,或称定位技术,是用来正确定位合理方位的分子。③ 所得"模型"修正之前,用以优化其方位和位置。

　　在实际操作时,将分子内所有原子矢量的"集"平移到晶胞原点,这样有两组矢量:在给定的一个分子内的原子矢量(自 Patterson 矢量)和不同分子之间的原子矢量(交叉 Patterson 矢量)。利用这些获得的对称元素与多对同晶置换技术组合,可以改善重原子位置的修正;通过局部对称元素进行电子密度平均,可改善电子密度质量;在结构模型修正时对原子位置进行约束和限制;可以约束相角。

　　3. 旋转函数

　　旋转函数可用来解决如何从 X 射线衍射数据中,得到一个晶体不对称单位的相同单元(分子或域)之间的角度关系(自旋转函数),或者在两个不同的晶型晶体中有相同或者紧密相关分子之间的角度关系(交叉旋转函数)。旋转函数是用来确定 3 个旋转角;平移函数是用来确定合理取向的分子在晶胞中的位置。

　　所有分子自矢量峰,即自 Patterson 峰一定落在以晶胞原点为心、分子大小为半径的球体范围内。

　　在应用旋转函数时要注意如下三点:① 计算旋转函数的数据分辨率。计算时不用考虑低分辨率的数据(溶剂区延伸),因为这些低分辨率的数据对旋转不敏感。而高分辨率数据对模型敏感。数据的最佳分辨率区间为 3~5Å 之间,中等分辨率为适宜。② 要用强衍射点,因为计算旋转函数基本决定于 Patterson 图的旋转。③ 正确选择积分区域和范围,即这个区域的形状和大小。经验表明,最好选球形且其半径大小少许小于分子直径。

旋转函数的局限性:各种不同的结晶学情况会导致计算旋转函数困难。例如,搜寻结构的形状与"球形"偏离较大(棍棒状或者长条扁平状),或者晶胞边长大小不匀(某一边特长或特短),不易成功;自 Patterson 矢量与交叉 Patterson 矢量之比小;结构很大,Patterson 空间大小受到限制。

4. 平移函数

上面介绍的旋转函数是基于围绕通过原点的轴旋转的 Patterson 函数(不考虑平移)。而分子置换法的最终解是从旋转函数得到分子或亚基的正确方位之后,使之在实空间进行平移,将它同另一个分子或亚基重叠。为了达到此目的,最简单的方法是施行尝试法。就是将已知分子在整个不对称单位进行移动,并计算结构因子 F_c。然后,通过计算 R 因子或相关系数 C(作为分子位置的函数)同观测结构因子进行比较。R 因子为:

$$R = \frac{\sum_{hkl} \left| \left| F_o \right| - k \left| F_c \right| \right|}{\sum_{hkl} \left| F_o \right|} \tag{6.10}$$

标准的线性相关系数 C 为:

$$C = \frac{\sum_{hkl} (\left| F_o \right|^2 - \overline{\left| F_o \right|^2}) \times (\left| F_c \right|^2 - \overline{\left| F_c \right|^2})}{\left[\sum_{hkl} (\left| F_o \right|^2 - \overline{\left| F_o \right|^2})^2 \sum_{hkl} (\left| F_c \right|^2 - \overline{\left| F_c \right|^2})^2 \right]^{1/2}} \tag{6.11}$$

用这个相关系数同 R 因子比较,有对比例标度不敏感的优点;用 $k \left| F_o \right|^2 +$ 常数(这里 k 为强度值的比例因子)替代 $\left| F_o \right|^2$ 给出一样的值。搜寻 R 因子的计算过程,不需由每次分子移位的原子坐标来计算 F_c,但要计算与晶体对称相关分子的每套相角移位(shift),这样可节省计时。从旋转函数所得结果,用小步长改变旋转参数的方法修正。

另外一个比前面的尝试法更直接的方法则是,计算平移函数给出一套模型结构的交叉 Patterson 矢量和观测的 Patterson 矢量之间的相关性。在此,交叉 Patterson 矢量之意义为,在晶体学对称操作[C]$+d$ 相关模型结构中,两个分子的原子之间矢量得到的 Patterson 图的矢量。在三斜 P 空间群,没有任何晶体学对称性,任意选原点不会影响结构因子的绝对值,没有必要计算平移函数。

平移函数有其局限性：平移函数对旋转角的精度过分敏感；衍射强度数据套中，可能有系统地丢失衍射强度数据（用平面探测器收集数据时，会发生某些晶面数据成批成批地丢失）；遇到某些"病态"晶体学状态，比如，局域对称轴与结晶学对称轴近乎平行，或者强的矢量谱与结晶学对称轴平行，有些结果需要人工干预。

5. 如何选择搜寻模型，实施分子置换法

在上面注意事项中已经交代，在分子置换计算中，要注意如何平衡搜寻模型的精度与其完整性。模型精确，则分子置换函数信号与噪音之比高（与旋转、平移函数对应峰锐），容易辨认；反过来，模型选得不合理，离目标结构相差较大，含有不精确的结构，就会降低信噪比。

选择搜寻模型合理与否，也影响分子置换得成功与否。目前，在 PDB 库中存有近十万个生物大分子结构，根据目标结构同源，同类的"现有生化或结构信息"扫描获得参照模型，经过"必要的合理的加工剪裁、修饰"（C_α-或 C_β-模型）可用。一般在搜寻模型含有侧链、温度因子高的区域，会干扰。要去掉或保留哪些部位，要由探针结构序列与未知待测结构的序列比较来定。同源性越高，分子置换成功的概率越高。在实践中，也有两者同源性仅为 30%～50% 而获得成功之例。

在实践中，分子置换法的实施一般分以下 3 个步骤进行：

（1）计算交叉旋转函数，指出分子的正确取向。在不同分辨率范围内重复进行计算以检查峰的重复性。计算中试用几个不同的积分半径，但积分半径不应超过未知分子预期尺寸的一半，尤其是必须小于晶胞最短的尺寸，以避免侵入邻近的原点峰。P1 模型晶胞的尺寸应远远大于模型分子（以避免分子间矢量对 Patterson 函数的干扰）。观测结构因子的锐化可能对峰的解释有好处。

（2）将模型以"正确"取向放置在真实的晶胞中（请特别注意原子坐标的正交化的变化情况！），重新运行交叉旋转函数（相对旋转现在应为零）进行检查。由于第三步对取向的准确性非常敏感，应注意获取可能的最优数值，如果几个数值看起来都同等有效，每一个都要尝试第三步。最近设计了一种相关系数修正（基于将观测值和计算值的 Patterson 系数之间的一致性最大化）的简单方法，可以用于修正大量最好的交叉旋转函数的解。这一方法的出现提供了一种自动、可靠的方法去筛选和改进大量的交叉旋转函数的解。

（3）计算平移函数以寻找模型分子在晶胞中的正确位置，可根据 R 因子和相关系数的标准来判断。一般相关系数比 R 因子具有更高的灵敏度及可靠性。

在实际应用中，不对称单元中存在多个未知分子使计算和分析的难度增大,除非这些分子之间的相对位置已知。在研究模型中加入分子间的相对位置信息,对于结构解析有帮助(如对于二聚体、三聚体或四聚体,尝试低聚物模型)。该方法的应用成功与否可能主要取决于所用的模型,一般情况下,成功的MR方法的范例,其模型分子和未知分子之间的 r.m.s. 的偏差不大于 1Å。

6. 判断分子置换法的结果是否正确

(1) 最常用的是检查晶胞堆积的合理性(分子之间有无不合理的接触)。

(2) 比较不同分辨率范围的解如何。

(3) 结构不对称单位含有多个亚基(分子),要计算和查看自身旋转函数的结果是否与亚基之间的关系吻合。

(4) 如有重原子衍生物数据,可利用 MR 法所得的模型相角计算差值傅里叶图,检查图上重原子位置。接着,对模型进行刚体修正[开始是在低分辨率下,起始 R 因子应在 59% 以下(随机),通常为 50%]。在修正过程中,此 R 值应下降,修正可延伸至二级结构单元,最后进行全面修正。起始模型的相角往往含有较大误差,此时修正可能带入人为的因素。

7. 评估分子置换解

如果所得的解 R 因子为 0.35~0.55,认为达到可能的正确解指标范围,该模型为有希望。尽管分子置换解的 R 值受几种因子的影响,如衍射强度数据质量、探针结构质量、任何强度屏幕,但已经被应用到数据。如果结构具有非晶体学对称性,其解应该与对称性一致。平移函数也可以用来试验该解的正确性,即立即优化正确解的角度和平移量,然后再用改进的角度来计算分子置换的平移函数。如果该解正确,这样就改进了平移函数,使信噪比低。

分子置换精度有限,若达到下列指标,可进行修正而得到有希望的解:① 旋转函数灵敏度约 3°~5°;② 平移函数 0.2~0.5Å;③ 晶体堆积分析灵敏度,一般 1Å;在晶体不对称单位,只含有一个分子,那么分子置换可实行。

8. 分子置换法常用的程序

早期分子置换法是在实空间实施,而最早的应用程序是 1965 年由德国Huber 编写。如今,有好多计算程序,有的是分子置换专用的,独立运行;有的是作为模块融入结构测定标准程序包中。纯分子置换用的程序,有 1994 年由Navaza 编写的 AMORE,1990 年由童亮和 Rossmann 开发的 GLRF,以及Vagina,Teplyakov 的 MOLREP 和 BEAST(Read,2001)。应用 AMORE 处理分子置换时,从搜寻模型开始,旋转、平移操作完全自动化,也包括每个可能解的刚体修正。近来改进了版本,既可以在 UNIX 系统,又可以在微软系统运行,且全部操作在多窗口界面按鼠标方式进行,用起来非常方便。GLRF 提供不同类型的旋转、平移函数,且所有操作都是在倒易空间进行 Patterson 相关修正。与其他分子置换法程序不同的是应用了 Looked 旋转函数,考虑非结晶学对称性,用改善的信噪比来平均 n 个独立的旋转函数。BEAST 是应用了基于拟然法的分子置换法。目前生物大分子晶体结构测定常用的标准程序包,例如CCP4,CNS 和 PROTEIN 中都含有分子置换法模块,用起来相当方便。

6.4.3　多波长反常散射法(MAD)

1. MAD 法定相角的优点

MAD 方法定相角是基于如下特点:完美的同晶型、能快速获得相角、相角质量好,为此所得电子密度图质量好,能够快速地搭建较好的模型,从而修正模型收敛快。在实验设备方面,可用新的强力同步辐射线束及不断改善的硬件设施,比如第三代可调波长同步辐射;基于 Patterson 函数法和直接法的结构测定计算程序;在理论上或在实践上不受大小的限制,可用分子生物学途径将硒代甲硫氨酸方便地引入到未知结构中。

应用 MAD 技术的前提是要有衍射能力强的晶体(其分辨率要好于 2.8Å)。原子的反常散射组分基本上与衍射角无关,随散射角的增加可获得高的质量。这个有力的性质和确切的同晶型可适合于整个分辨率相角,从而可产生质量好的电子密度图。

由于分子生物学的发展,可调强力同步辐射和低温技术的普及,应用 MAD方法成功地确定生物大分子晶体结构的例子越来越多。这主要由于:

(1) 用同一个样品采集全部数据,可以忽略系统误差来源,从而致使相角更精确。

(2) 因为在高分辨处反常散射仍很强,高分辨项的相角更易精确测定。

(3) 不同于 MIR,用 MAD 法不带有尝试过程,通常仅一次试验即可得到可诠释的电子密度图。

(4) 因为电子密度图质量好,能够快速地搭建较好的模型,从而修正模型收敛快。

元素 C,N,O 和 S 吸收边离可及能量范围较远,无法用于 MAD 法定相角。通常选用原子序数在 29～40 之间或大于 60 的元素,它们具有可及吸收边。这些有利因素包含在常见的天然生物大分子中的过渡金属,也可以选用硒,用人工手段和方法引入到生物大分子中。

2. 制备硒代甲硫氨酸衍生物

Se-Met 衍生物的制备要点是要有足够的甲硫氨酸(概率 $p=1/59$)。参照一个 Se-Met,可以确定分子量大约 1.5×10^4 的蛋白相角。制备硒代甲硫氨酸衍生物的步骤如下:

(1) 一个与 B834(DE3)菌株相容的媒介和在虫胶下含有 T7RNA pol 基因的甲硫氨酸——营养缺陷型菌株。

(2) 在含有 Se-Met 的生长介质中表达(是基于 M9 的冬眠合剂)。

(3) 硒代甲硫氨酸取代蛋白的结晶。根据情况,要添加 DTT 或类似物防止 Se-Met 的氧化。

在制备和使用 Se-Met 时要注意其毒性。

3. MAD 方法定相角的步骤

MAD 定相角的步骤可大致需要下表所涉及的方法和相关知识:

方　法	预先了解的知识
直接法	$\rho \geqslant 0$,原子分立性
分子置换法	要有同源模型
同晶置换法	重原子基础结构
反常散射	反常散射体的基础结构
电子密度的调整(相角改善)	溶剂平滑,直方图,非结晶学对称平均,部分结构,相角扩充

不少生物大分子晶体含有金属辅基,而这些金属对 Cu Kα X 射线有反常散射能力。另外,常用来制备衍生物的重金属都具有反常散射能力。

在数据中判断是否有反常散射信号,主要是将"中心数据"(centric data,在此反常散射信号被删去)同"非中心数据"(acentric data)的 R_{symm} 进行比较。反常散射信号本身表示 Friedel 定律(F^+ 与 F^- 相等)被破坏,以此可以判断。尽管这一效应经常显得小,Bijvoet 对与 Friedel 对不再保持相等。这可以用同一颗晶体样品来测定。这样小的信号也可以从不同的晶体(如同同晶置换情况)得到。在第 4 章中已提到,当入射 X 射线能量接近原子内部被束缚的内层电子的共振频率时,就发生反常散射。$\Delta f'$ 和 $\Delta f''$ 项的物理意义分别为散射因子的实部和虚部的变化。总的散射可表示为:

$$f_A = f_0 + \Delta f_\lambda' + \Delta f_\lambda''$$

因为反常散射的差异不大,对测定强度要求苛刻,要非常精确。从反常散射数据中可获得两种信息:① 可以选择一个结构及其对映体;② 相角信息可以作为同晶置换法的补充,或者选合适的波长,收集母体晶体的相角信息(如果母体已含有反常散射体)。近来,由于 X 射线源硬件的发展和优越条件,用 MAD 法测定有意义的生物大分子结构的数量很多,该方法越来越普及。

4. 从 Friedel 定律被破坏中推引相角

假设晶体样品含有一组反常散射体,那么就按照 Hendrickson 和 Ogata (1997 年)将散射因子分成散射体的每个不同组分的贡献,即

$$^{\lambda}F(h) = {}^{\circ}F_{N}(h) + {}^{\circ}F_{A}(h) + i^{\lambda}F'_{A}(h) + {}^{\lambda}F''_{A}(h) \tag{6.12}$$

式中,$^{\circ}F_{N}$ 为正常散射因子的贡献;$^{\circ}F_{A}$,$^{\lambda}F'_{A}$,$^{\lambda}F''_{A}$ 为复合原子形状因子的各个对应组分的贡献。对中心对称的衍射,还有:

$$^{\lambda}F(-h) = {}^{\circ}F_{N}(-h) + {}^{\circ}F_{A}(-h) + i^{\lambda}F'_{A}(-h) + {}^{\lambda}F''_{A}(-h)$$

$$^{\lambda}F_{A}(h) = {}^{\circ}F_{N}(h) + {}^{\circ}F_{A}(h) + i^{\lambda}F'_{A}(h) + {}^{\lambda}F''_{A}(h) \tag{6.13}$$

这两个结构因子的几何描述见图 6.18。矢量图表示 Friedel 定律的破坏。h 符号的倒反引起原先散射因子的组分为实数的,所有贡献者的相角为负。对于 f'' 相关部分也变了,但由于虚部 i,$^{\circ}F_{A}(-h)$ 和 $^{\lambda}F'_{A}(-h)$ 有关两个矢量必须用相角$+\pi/2$绘制。此结果表明,上面原本相等的$^{\lambda}F(h)$和$^{\lambda}F(-h)$不再相等,即$^{\lambda}F(h) \neq {}^{\lambda}F(-h)$。其强度不等,Friedel 定律被破坏。

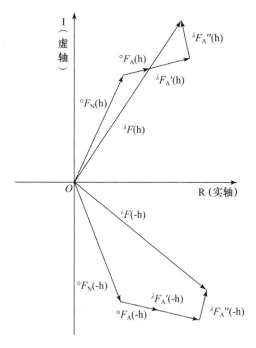

图 6.18　Friedel 定律被破坏示意图

反常散射差值 Patterson 图为：

$$^{\lambda}F(h) \text{ 和 } ^{\lambda}F(-h) \approx (2/k)[^{\circ}F_A(h) + ^{\lambda}F'_A(h)]\sin(\alpha_h + \alpha_A) \qquad (6.14)$$

式中，α_h 为 $^{\lambda}F(h)$ 的相角；α_A 为反常散射的相角；$k = [^{\circ}F_A(h) + ^{\lambda}F'_A(h)]/^{\lambda}F''_A(h)$。反常散射差值 Patterson 系数则是：

$$\Delta F^2_{反常} = {}^{\lambda}F(h) - {}^{\lambda}F(-h) \approx (4/k^2)[^{\circ}F_A(h) + ^{\lambda}F'_A(h)]^2 \sin^2(\alpha_h + \alpha_A)$$

$$(6.15)$$

如果相角 α_A 垂直于相角 α_h，那么 $\Delta F_{反常}$ 为最大；当两个矢量成共线，则 $\Delta F_{反常}$ 为零。这同 MIR 情况正好相反。在反常散射差值 Patterson 图中含有反常散射体的峰，其峰高与 $(4/k^2)[^{\circ}F_A(h) + ^{\lambda}F'_A(h)]^2$ 的半高成正比（因为 $\sin^2$ 项），适合决定反常散射体结构。

6.4.4 电子密度调整和相角组合方法改进相角

1. 引论

利用蛋白质相角就可以计算出电子密度图，当图的质量足够好，则依据模型的特征，可以着手构建分子结构模型。然而，在实践中很少遇见这样理想的情况。因为实验数据的误差，结构相角质量总是不理想，从而电子密度图总带有"杂峰"，或不完整，或走样，需要进一步改善相角质量，以便获得可靠的电子密度图。

为了得到改善的电子密度图，以往用了一些常规的方法，比如，生物大分子晶体溶剂区的平滑（溶剂平滑技术）；理想电子密度分布拟合（应用频率分布图，即直方图）；非晶体学对称性（NCS）（分子平均）；蛋白质分子构架——全链的连接性（分子骨架）；原子性，即可分性（电子密度函数的原子化）；结构因子振幅加权；实验相角（用于相角组合）等，结果明显改观。

在实际进行电子密度图调整时，那些对电子密度函数的化学和物理限制和约束是在实空间进行。如果对结构因子振幅和相角误差的评估要好，那应该在倒易空间进行。在实践中，对实空间和倒易空间进行几轮迭代，参照图 6.19，获得了改善的电子密度图。计算加权的密度图，并用作进行全部的实空间调整的基础。然后，将调整的密度图作傅里叶逆变换，产生结构振幅和相角。以结构振幅观测值和从改善的电子密度图计算的结构振幅一致度，用来评估改善密度图的权重，又反过来用于相角组合（即这个改进的相角同实验相角组合产生新的相角）。

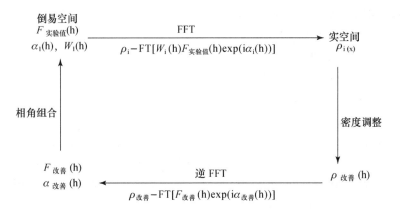

图 6.19　电子密度调整过程(实空间和倒易空间进行反复迭代约束限制)

2. 关于溶剂平滑

在 6.1 节中提到,生物大分子晶体含有大量溶剂水。如果修正好的晶体结构,其电子密度图中分子之间的溶剂空间是相当平滑的。但修正之前和未曾修正的电子密度对应溶剂区,因为晶体中的溶剂水为无序态,电子密度带有动态性,增加了溶剂区密度的背景。加上实验数据相角质量差和溶剂区噪音,整个电子密度显得不干净,给辨认和确定分子交界带来困难。实践证明,如果相角质量好,则电子密度清晰,容易辨认分子交界。1985 年,美国华裔晶体学家汪必成提出平滑电子密度,确定一个阈值,自动跟踪分清蛋白质区域和溶剂区的方法。这个方法对于溶剂水含量高的晶体相当有效。

在溶剂平滑过程中,晶体的溶剂含量是一个重要的输入参数。溶剂含量可从 Matthews 的参数 V_M 值估算:

$$V_M = V_{晶胞}/M_{蛋白质} \tag{6.16}$$

对蛋白质而言,常见 V_M 值在 $1.6 \sim 3.5 \text{Å}^3$ 范围。如果知道 V_M 值,就可以推测晶胞中的蛋白质分子数目,也可以推测晶体中的溶剂含量。

蛋白质在晶胞中所占体积 $V_{蛋白质}$ 或 V'_p 为晶体体积 V 和晶胞中蛋白质质量之分数:

$$V'_p = 1.6604/d_{蛋白质} V_M \tag{6.17}$$

蛋白质密度约为 1.35 g/cm^3 ,可以求得近似的 $V'_p = 1.23/V_M$, $V'_{溶剂} = 1 - V'_p$ 。

汪必成的平滑电子密度图计算是在实空间进行,起初很费计算机用时。Leslie 发现,在倒易空间用快速傅里叶法进行计算相当有效。

3. 关于频率分布图或直方图(histogram)拟合

频率分布图或直方图拟合是一个源于图形调整的处理技术,其目的在于将一个图形离度分布带到理想分布,从而影响和改善图形质量。

在改善电子密度图过程中要作一个假设,高质量的晶体结构电子密度图一定带有特征的频率分布,可用来在比较别的密度图过程作为参照。密度图质量差,表明该密度偏离标准频率分布。张永健和 Main(1988 年)系统地研究了一些蛋白质晶体的电子密度频率分布,并注意到理想的电子密度频率分布决定于分辨率、整体温度因子和相角误差。然而,这与结构的构象无关。如果整体温度因子锐化成 $B_{overall}$ 为零,那么频率分布可处理为只是分辨率的函数。张永健和 Main 指出,除了从已知的蛋白质结构求出理想的电子密度频率分布图以外,还可以用它的分析公式预测这种频率分布。可参看张永健编写的 SQUASH 和 CCP4 程序包中的 DM。

4. 分子平均

分子平均是在晶体结构测定过程中,为改善相角和电子密度图质量而常用的方法之一。如果晶体晶胞不对称单位含有两个以上相同分子,就可以应用分子平均,以此得到明显改进的相角。在与旋转函数相关的一节中,提到了如何求得这个不对称单位多个分子对称关系的 NCS,即局部对称轴。

如果用 Patterson 搜寻或者重原子反常散射体的分布,可以找到晶胞不对称单位中的相同亚单位和分子之间的空间关系。这个对称轴没有旋转轴次的限制,即允许五重、七重、九重等都可以。

实践证明,结构测定过程对于这些不同的相关的亚单位,分子关联的电子密度图不同(原则上本应相同,但因为相角有误差,相同的分子或亚单位对应的电子密度图彼此表现变形而不同)。用局部对称轴关系 NCS 进行平均,得到改善的电子密度图,也可改善蛋白质相角。这个分子平均是在直接空间进行。现行程序有 AVE,RAVE.h 和 MAIN 等。这些程序进行分子平均的基本步骤大致相同:

(1)要从起始的电子密度图,包括从分子置换法得到的分子模型,确定分子交界。从电子密度开始,就要用局部密度相关函数确定分子"外罩",这个"外罩"必须包括整个分子。局部密度相关函数区分用 NCS 作变换操作,得到相似的电子密度晶体体积。分子置换法得到的分子模型可以直接进行。

(2)关联亚单位、分子之间特定的电子密度进行平均。分子包层所有格子点应通过每个 NCS 相关电子密度值匹配,并进行平均。在 NCS 相关的多体包层,其 NCS 对称操作子(元素)定义在整个多体包层的重心处。要定义每个

NCS 单体较难,为此在建结构模型阶段,蛋白质分子肽链的连续性会有助于辨认三级结构。要基于 NCS 单体包层进行分子平均,必须确定与这个包层相关联的 NCS 操作子,这个在现成的有关应用程序中可以进行。

（3）用已平均的电子密度重新构筑整个晶胞。在这一步,分子包层外空间显示已相当平滑。接着,对该电子密度进行傅里叶反向变换。这样所得相角可直接使用,或者与已知相角信息组合,来计算新的改进的电子密度图。

这些过程重复多次,直到电子密度收敛。在进行分子平均大循环之后,所得结果对修正局部对称性操作很有帮助。

5. 相角组合

在测定生物大分子晶体结构过程中,相角信息可有不同的来源,比如,同晶置换法、反常散射、部分结构、溶剂平滑和分子平均等。我们期望将这些不同来源的相角进行合理组合,以改善整个相角。20 世纪 70 年代初,Hendrickson Lattman 提出一个有效方法,即每个衍射的概率曲线用一个指数形式表达:

$$P_s(\alpha) = N_s \exp(K_s + A_s \cos\alpha + B_s \sin\alpha + C_s \cos2\alpha + D_s \sin2\alpha) \quad (6.18)$$

式中,下标 s 表示相角信息源;系数 K_s, A_s, B_s, C_s, D_s 决定于结构因子振幅,或其他,如衍生物强度误差的标准偏差大小,但与蛋白质相角 α 无关。

整体概率函数 $P(\alpha)$ 是每个相角概率的乘积:

$$P(\alpha) = \prod_s P_s(\alpha) = N' \exp\left[\sum_s K_s + \left(\sum_s A_s\right)\cos\alpha + \left(\sum_s B_s\right)\sin\alpha \right.$$
$$\left. + \left(\sum_s C_s\right)\cos2\alpha + \left(\sum_s D_s\right)\sin2\alpha\right] \quad (6.19)$$

式中,K_s 和系数 $A_s \sim D_s$ 为每一个相角信息源的特殊表达式。

6.5　电子密度图的计算

6.5.1　电子密度图的类型

在计算电子密度图中所用的傅里叶合成的系数和相角信息来自不同的途径。通过多种方法推引出结构因子的相角,比如前述的重原子同晶置换、SIR、MIR、MAD、SAD、分子置换法和直接法等。有了相角信息和实验得到的衍射强度数据(或结构因子),就可以用傅里叶合成技术计算出各种电子密度图。电子密度是搭建实际目标结构模型的直接依据,也是检验结构模型正确与否的依据。

　　电子密度函数和结构因子之间关系的变换,称为傅里叶变换。它们的数学表达式已在前面的 4.8 节和 5.1 节中表示。不同于小分子晶体结构测定,在生物大分子晶体结构测定过程中,需要计算多种显示不同特征的电子密度图。下面将在表 5.4 所列的基础上讨论它们在生物大分子晶体学中的应用。

　　1. F_o 图

　　F_o 图是用观测值的衍射振幅 F_o 和最通用的 $\alpha_{计算}$ 进行传统的傅里叶合成得到。与小分子晶体结构测定不同,这种 F_o 图不能提供任何生物大分子晶体学相关的有用信息,因此在生物大分子晶体结构测定中根本不用。

　　2. F_c 图

　　按晶体学的目的和要求来说,F_c 图提供的信息最少:因进行傅里叶合成得电子密度图时,所用的是计算的振幅和计算的相角。计算时你投放什么,密度图就显现什么。这种图可以用来检查和核实,特别是低分辨率的级数断尾问题。比如,即便是 $5\sim3\text{Å}$ 分辨率范围的 F_c 图,由于密度不连贯,也很难诠释(因为丢掉了低分辨数据)。F_c 图还可以用来检验程序运行得正确与否。如果显示的图不像你投放的或者对称性不正确,那说明有错。

　　3. F_o-F_c 差值图

　　差值电子密度图是用 $|F_o|-|F_c|$ 为傅里叶系数和 $\alpha_{计算}$ 相角计算得到的。该图含有不少有用的信息,但较难诠释。在实践中,从差值电子密度图能寻找、发现和改正现行的不完整结构模型所用的信息,如可找回丢失的水分子;找回模型中未找全的剩余部分;用来寻找突变体中的变动部分;发现目前结构模型中错误匹配和拟合的部分,确定在前一步引入和调整的部位可信性等,从而配合修正过程使模型趋于完善。还有其他类型的差值图:同晶型差值图用 $|F_{PH}|-|F_P|$,α_P 从中找重原子位置;$F_{突变体}-F_{野生型}$ 差值图,从中可以查看突变体结构(若突变体结晶成相同晶胞)。但是,$F_{突变体}-F_{野生型}$,$\alpha_{野生型}$ 傅里叶图并非与 $(F_{突变体}, \alpha_{突变体})-(F_{野生型}, \alpha_{野生型})$ 相同,即两个电子密度图之差。

　　这种差值傅里叶合成得到的电子密度图,能提供化学修饰或突变结构信息、酶学反应机制、构象变化信息、动态变化,以及分子之间相互作用信息。为此,用来研究底物或抑制剂的结合、辅酶、过渡态的模拟物及各种配体结合,最终可以阐明活性部位细节、催化机制、驾驶调控后的机制等。

　　差值电子密度图有如下几种基本密度谱:① 在 F_o 项有一个峰相应的电子密度,不意味着在 F_c 项一定有峰对应的密度。② 负峰表示该位置 F_o 项密度小于 F_c 项。这个差别源自原子的热运动、B 值的变化或占有率的变化。③ 正的电子密度与负的电子密度成对出现,表示要将对应的原子从负区移至正区。④ 从差值图中不好确定原子或基团位置。这是由于密度有空穴,使邻近正峰形状畸变引起,其真实位置稍偏离正峰。

4. $2F_o - F_c$ 傅里叶图

这是在生物大分子晶体测定中最常用的电子密度图,可认为是一个 F_o 图和一个 $F_o - F_c$ 图的加和(密度显现在加倍的高度)。该电子密度图包含两个:经典傅里叶合成图和差值电子密度图,两个图的叠加信息相对容易诠释,因为该图显示的是生物大分子模型的电子密度。$2F_o - F_c$ 图的质量取决于相角质量。这个电子密度图显示的不是模型的最终确切位置,而是仍带误差的位置。但是,该位置接近模型应该存在的位置,在修正可收敛半径范围内。

还值得一提的是,有时类似 $2F_o - F_c$,可以用不同的系数进行傅里叶合成,从而减缓相角的偏移,如 $3F_o - 2F_c$[或 $0.5F_o + (F_o - F_c)$]和 $5F_o - 3F_c$ 等。

如果 R 因子大于 0.25,可怀疑模型相角。此时最好用约缺(OMIT)图,因为计算相角时去掉了你认为模型中有问题的部分。也可以用 $3F_o - 2F_c$,$4F_o - 3F_c$ 傅里叶图。

5. 约缺(OMIT)图

这种图是揭示结构中有无不合理或有无错误的最好方法。其前提是要求没被约缺(删去)的结构大部分为正确。在用 OMIT 图计算相角时,去掉现行结构模型中不确定的、待检验的部分,用模型剩余部分进行计算产生电子密度图。获得 OMIT 图的主要难点是如何用正确的比例因子来标度 F_o 为 F_c。如果模型的一部分约去,那么 F_c 的加和就小于 F_o 的加和。正确的做法是,做任何约缺之前,要用合适的比例标度。每次计算 OMIT 图时,约去数目应为模型的 10% 为好。这意味着,要算出很多个 OMIT 图来检验整个模型(尽管这些 OMIT 图中有些残余相角偏移)。

最好的一类 OMIT 图是约缺的那部分从没有包括在模型中(如辅因子或抑制剂),这种区域的密度清晰,可信度高,尤其是以 MR 为基础的结构测定。需要说明的是,从上文可知,OMIT 图的本质是差值电子密度图,即

$$\Delta \rho(xyz) = (1/V) \sum_{hkl} (|F_o| - |F_c|) \exp[-2\pi i(hx + ky + lz) + i\alpha_c]$$

$$(6.20)$$

式中,系数 F_c 为部分模型的结构因子,就是从模型中已"删去"了一部分片段,而所用的相角 α_c 为已去掉片段的模型相角。去掉的片段,就是在电子密度图解析中不能很好地诠释,或认为有疑问而不确定的部分(即已从整个模型中去掉,对相角计算没有贡献)。这个电子密度图表示删去的部分对应的电子密度高度

为一半高。还可以计算：

$$\rho(xyz) = (1/V) \sum_{hkl} |F_o| \exp[-2\pi i(hx + ky + lz) + i\alpha_c] \quad (6.21)$$

这个密度图就显示去掉片段的整体模型,图中呈现对应密度高度为半高。如果用 $2|F_o| - |F_c|$ 为系数计算密度,其电子密度就显示整个模型,但去掉片段的高度,则是呈现满高度。此外,还可以用 Sim 加权计算 OMIT 图。

目前,生物大分子晶体学中那些计算量大的结构因子、电子密度图和结构模型修正等的计算,都用快速傅里叶变换(FFT)法,要充分加以利用,以节省计算机内存,提高计算速度和效率。

6.5.2 差值电子密度图的应用

X 射线晶体衍射技术可应用于测定和搞清全新蛋白质、核酸及其复合物,以及组装体等生物大分子结构的细节和构象。

差值傅里叶 ΔF(或差值电子密度 $\Delta\rho$)在生物大分子晶体结构测定中有多种用途,比如寻找生物大分子晶体结构中的水分子(加水)、尚未确定的部分结构和原子,配合最小二乘法在模型修正中调整模型分子,作为结构测定最后步骤等。检查密度的平坦程度是判定测定结束的依据。在这里介绍另一个重要应用。

应用差值傅里叶 ΔF 技术能为生物化学、生理学研究和实验设计提供重要的、可靠的结构基础,比如那些底物、抑制剂、激活物、辅酶、过渡态模拟物和其他配体与生物大分子结合,以及突变细节。尽管所得信息仍是静态的时间平均,不是直接捕捉到的过渡态影像,但那是经历上述诸重要反应后,母体生物大分子结构活性部位和其周边区域与功能匹配的残基排布情况和变化细节,这些信息必将有助于阐明催化机理、驾驶和驱动活性的调控机理。这就是差值傅里叶合成技术在结构测定中配合修正、完善模型(包括搜寻溶剂水分子等)的应用之外,另一个重要的应用领域。

这些研究是利用生物大分子晶体的特性,即晶体具有贯穿整个点阵的大的溶剂水通道,而那些能与配体结合的活性部位残基暴露于通道壁表面,有利于经过扩散、接触而发生反应。因此,将感兴趣的小分子直接注入于母液,就在晶体中进行(不干扰点阵结构)上述反应,形成稳定的二元或三元复合物,同重原子衍生物晶体一样,收集衍射强度数据,然后用 $\Delta F = (|F_{复合物}| - |F_{母体}|)$ 和母体晶体的相角,测定它们的结构(或者利用母体结构坐标数据)。

X 射线晶体衍射技术的快速发展、日趋完善和常规化,加上已经积累的精度较高的结构资料(如 PDB 中结构模型坐标、结构振幅和相角等),使应用差值傅里叶合成技术(不用做全部的衍射实验)快速地研究生物化学中几乎所有与结构相关的工作成为可能,如化学修饰、酶学机理、构象变化、动力学、生物大分子与配体相互作用等。

要应用差值傅里叶技术进行生物大分子之间相互作用、构象变化、酶学反应和催化机理相关的研究,只需培养经过改造、修饰的生物大分子或配体复合物晶体,并收集它们的衍射数据。根据要观测的结构细节和水平,决定收集≤3Å 分辨率或>5Å 数据,然后计算差值傅里叶 $\Delta\rho$ 图,并诠释密度图。

传统的 X 射线衍射技术只能提供静止的、统计的结构模型,即时间的平均和组成晶体的所有分子,以及体积的平均。因此,不能得到过渡态的、短暂的、动态结构的直接图像。然而这些局限性可以通过差值傅里叶技术改善:测定不同的配体序列,比较和考察母体蛋白活性区和结合部位的变化细节(差值密度图的电子密度形状、形态和它们的位置可以辨认),有根有据地推断结构的动态变化。现在,生物大分子晶体学研究硬件设施的发展及结构测定速度和精度的提高,大大拓宽了 ΔF 技术的应用领域。

6.5.3 电子密度图诠释

1. 生物大分子电子密度图的特征和诠释

现在,由于有不少功能强大、操作简便的显示和诠释电子密度图(自动跟踪密度,搭建结构模型)的实用的"自动化"图形演示系统,使曾认为费时费事的辨认和解释电子密度图的工作大大简化。

因为生物大分子晶体固有的特性限制,在生物大分子晶体结构测定中,最常见的分辨率范围是 $1.7\sim2\text{Å}$,而在这个常规范围的分辨率密度图中,化学上完全不同的 O,NH_2 和 CH_3 在电子密度等高线上表现几乎一样,单凭密度形状和密度高度几乎分不清。这是因为 X 射线衍射是电子散射,而它们含有的电子数目几乎相等。因此,在常规的分辨率的密度图中,侧链 Thr(T) 和 Val(V) 两者的表现几乎相同,分辨 Asp(D)-Asn(N) 和 Glu(E)-Gln(Q) 对的情况也如此。在这一分辨率,也很难区分 His(H) 和 Phe(F) 侧链,有时经常误判 Glu(E) 和 Asp(D)。特别是那些分子表面残基的侧链往往固定性差或构象柔软,除了侧链头一个原子以外其他部分电子密度都不明显。此时易将 Arg,Lys 长侧链误认为 Ala。首先要正确辨认电子密度。因为数据质量和相角质量的影响,电子密度往往不能精准地反映化学问题。另外,以轻原子如 C,N,O,H 等为主体的电子密度,单凭等高线高度差别来辨认,使诠释整体结构和细节尤为困难。

在晶胞中给定一个点 (xyz) 处的电子密度,直接与衍射强度 $I\propto F^2$ 相关;反过来,衍射强度 I 决定于晶胞中所有原子的相对位置、入射 X 射线强度、曝光时间、晶体大小形状等。可见,衍射实验结果的精确只是相对的,不是绝对的。这意味着,没有进行电子密度图的合理标度,像衍射数据的标度那样,就很难正确地诠释电子密度图,因为密度不能告诉你该放什么原子。为了给电子密度图有意义的标尺,即每立方 Å 的电子数,就必须对测量的强度值进行合理的标度(结构测定的第一个自由变量,即整体比例因子)。当然,这个标度主要决定于结构模型和电子密度图本身的解释。

在多数情况下,辨认电子密度的高度和形状,依据一级序列、原子性质和几何,可容易地诠释和构筑模型。然而,假如预先没有序列信息,靠电子密度高度和形状来识别 N 和 O 尤其难。因为这两者配位几何差不多,且电子数目仅差一个,在一般电子密度图中两者情况几乎一样,甚至颠倒。

为正确地诠释电子密度图,要建立结构模型,生物大分子晶体学工作者必须熟悉基本化学知识,比如利用键长、键角等相关知识,对 $C(sp^3)$,$C(sp^2)$,$C(sp)$,$N(sp^3)$,$N(sp^2)$,O,$S—O$ 和 $P—O$ 加以区别,以及利用金属离子的配位特性等。还要有晶体学知识,比如在修正中遇到某一个原子热参数(温度因子)过大,应知道是由现行结构模型中该原子位置没有足够的电子所致。

2. 一级序列是电子密度图诠释所必需的

前述的生物大分子晶体电子密度图诠释中的情况和问题,不同于小分子晶体结构测定,密度图诠释中一级序列是必需的根本依据。没有氨基酸序列和辅助信息,就不能确定结构。因此,常规的分辨率密度图的诠释是用已知的序列拟合于电子密度形状,而不能分辨和分清个别原子,特别是全新大分子结构测定。迄今,电子密度图的诠释是借助“基团”外部形状特征来进行,而不是辨别和捕捉原子类型。尽管这样,耶鲁大学的 Tom Steitz 等曾在一级序列未知的情况下测定了 2.2Å 分辨率酵母己糖激酶的结构。后来,通过克隆、表达、重组 DNA 技术确认了其一级序列,发现 60% 是正确的。由此也认为,X 射线衍射技术也是确定序列的重要补充手段。20 世纪 90 年代初,我国晶体学工作者也用 X 射线衍射方法发现和校正了天花粉一级序列的错误。

根据生物大分子结构特性,即便有了一级序列信息,密度图的诠释最好也要按分辨率次序,由低分辨率到高分辨率进行,这样所得的结构信息细节不同,也利于发现细微变化特征,结果可靠。特别是在全新生物大分子晶体电子密度图的诠释中,最保险可靠的辨认结构特征、搭建结构模型的做法即是,按分辨率次序进行。不同分辨率的电子密度图提供不同层次的结构特征和信息,为此,需要准备相应的密度图。

（1）从低分辨率（$d_m > 5\text{Å}$）密度图中可分辨出分子整体形状、大小等特征和分子交界，分子的周围环境和堆积，亚基或结构域的排布，以及对称性等简单信息和重原子位置等。对此分辨率的密度图用不着一级序列。从低分辨率密度图中，剥离出"完整的中心分子"，然后在这个分子密度图中跟踪主链，定骨架。此时，若遇到呈现长度大于 10Å、直径约为 $4 \sim 6\text{Å}$ 的圆柱状密度团，那则是 α-螺旋（决定于等高线水平），而 α-螺旋之间空间一般为 $10 \sim 12\text{Å}$。辨认 β-片和 β-股，没有螺旋那么明显，但也比较容易。在此分辨率，较难分清—S—S—和盐键（比如 Arg-Asp，Arg-Glu）。

（2）中等分辨率（$d_m < 3\text{Å}$）、分辨率为 $2 \sim 3\text{Å}$ 的密度图相对容易解释，可分辨出连续的由 C，N，O 组成的"相同电子密度"，即主链的走向。由于分子本身的动态、晶体的无序、相角和数据的误差，而密度值总有变化，必须借助序列结构信息和生化知识，对应密度图来识别和跟踪多肽链的走向和大部分侧链。在主链走向中，相邻的 C_a 之距为 3.8Å 左右。在此分辨率密度图中，仍不能鉴别出个别原子，但可以区分直接相连的基团，是否在氢键范围和范德华距离。

（3）在高分辨率（$d_m < 1.5\text{Å}$）密度图中，在前面已构建的分子骨架基础上，根据密度高度、形状、大小和周围环境，依据化学知识可辨认个别原子。除了特殊情况，如无序、柔软性、动态变化，基本可以完善整体模型和细节特征。需要提醒的是 Gly 残基的特殊性（φ/Ψ）、Pro 残基的顺反问题，以及主链的 N 端（羰基离相邻的 C_a 端点距离约为 2.5Å）和 C 端（羰基离相邻的 C_a 之距约为 1.5Å）。

电子密度图的诠释和拟合过程中，即便密度质量好，但由于相角的不精确，或者严重的断尾效应、晶体内部分子的动态和静态无序，加上数据的测量误差，也会导致局部区域密度表现畸变。

3. 加水和加底物

生物大分子晶体的重要特性之一，是含有大量的溶剂水（占晶体的 $30\% \sim 80\%$）。水分子在生物大分子结构中起相当重要的作用，同时影响其发挥生物学功能。因此，结构的另一重要方面是溶剂水区域的描述。

溶剂水有两种类型，一是大量的，具动态性（"无序的"，"流动的"），用衍射方法不能确定它们的位置。另一是有序的，与生物大分子结合的水——结构水，作为蛋白质分子结构的重要组成部分，同酶分子相关底物、抑制剂一样，也在结构测定的阶段来解决。

在生物大分子晶体结构测定中，建立结构模型过程是电子密度图诠释和模型的修正操作交替进行，使分子模型趋于完整。在这一过程交替穿插进行"加水"操作。

当模型经过修正，R 因子为 0.25 左右时，通过计算 $F_o - F_c$ 差值密度图，显示未加解释的其他电子密度，平常人们把峰高于 2σ 且相对分立的电子密度（离开蛋白质分子表面亲水基团合理距离，约 3Å 的）辨认为水分子。在实践中，将差值电子密度图显出的所有峰匹配成水分子位，是危险的。这会给现行的模型中带入大量的自由变量，从根本上冻结进一步的修正。从表面上看，似乎减少了噪音，又使 R 因子下降，但是从化学上失去真实意义，这种模型无法令人接受。

晶体学方法检测的水分子数目，有经验规则可遵循。迄今，众多的实例和经验表明，晶体结构模型中的水分子数目与数据质量、相角质量和分辨率相关。分辨率为 2Å 时，能检测到每一个残基对应 1 个分子水，而高分辨率，比如分辨率为 1Å 时，一个残基对应 1.6~2 个分子的水。结构模型修正快要结束时，务必用此规则检查水分子情况，包括数目。

在 $2F_o - F_c$ 密度图中，水加到峰高低于 2σ 密度处，一定要用修正方法仔细核实其真实性和合理性。如果在修正中发现水分子的温度因子 B 大于 50.0Å^2，说明这其实为噪音。

加水操作时，常遇到的困难之一是部分无序的水。这时要注意用其占有率和非接触距离。还要注意，在分子模型中加水会增加待修的参数数目（每一个水 xyz 和 B），从而降低 R 因子。如果加水不合理，其温度因子会反常。

差值傅里叶图显示的未加解释的其他电子密度，除了水分子之外还有可能是缓冲剂分子、盐、尚未找全的其他意外的小分子，或蛋白质分子剩余部分等。若遇到一堆管状的密度，愣把它们解释为几个水会找错。遇到这类密度，开始可匹配成几个水，随着修正的进程和相角的改进，会发现这部分密度显现为同蛋白质分子以弱力相连的其他别的分子。这样从密度图"找到"的分子，经修正 R 因子降低之后，要求根据电子密度的形状和化学知识，再仔细检查该分子的真实性和所有水的合理性。还有，如果发现有三个负电荷侧链指向一个水分子，那么，该"水分子"很可能是阳离子。

在电子密度图中正确地辨认和确定水分子的位置，有利于整体模型的进一步修正。如果衍射数据质量好且相角质量好，那么寻找"水分子"之后的差值电子密度图应该平坦（小于 0.3 e/Å³）、均匀、干净。

4. 氢键

氢键在生物大分子（比如蛋白质、核酸）中主要起两方面作用：① 在维持高级结构方面起关键作用。在核酸中，链内核苷酸碱基间配对，形成 DNA 链之间双螺旋结构；在蛋白质中，形成多肽链之间特定构象（二聚体、三聚体、四聚体等）。② 在发挥生物学功能、非共价相互作用、键活性中起最关键作用。然而，由于氢原子的电子结构的特殊性(只含一个电子),导致生物大分子晶体衍射方法确定氢键不是直接的。因此,生物大分子中的氢原子是"模型化"或用理论方式加上的,而不是实验确定的。只要参考和参照(小分子晶体结构精确测定的)氢键的给体和受体之间距离合理、正确,就认定为形成了氢键。这个距离一般认为在 2.5~3.3Å 范围,3Å 为在生物大分子和水中常见的距离。键角是决定增强氢键强度的另一个重要参数。闭合氢键使之可形成正确的几何,同时增强键强度。

在生物大分子晶体及结构中,氢键经常形成网状结构,水分子则是形成氢键网的关键介质。这是因为水分子特别灵巧,在形成氢键时,既可以作给体,又可以作受体。

组氨酸可以有各种质子化态,分析氢键可以确定最可能的质子化态,即要看形成氢键是以受体形式,还是给体形式。在电子密度图中,组氨酸和苏氨酸、谷氨酰胺、天冬酰胺侧链的趋向往往模糊不清,因为单凭电子密度,C,N,O 之间电子密度差异小,不能准确地区分或分清。用类似的方法分析氢键就利于确定相关侧链的方位和原子。氢键的分析有助于决定多数模糊的氨基酸侧链的正确趋向。

生物大分子的三维结构是以共价键形成的"刚性"骨架并由氢键所支撑和稳定;对于驱动和操纵(移动)分子识别过程,主要决定于这个氢键机制;生物生化活性过程所需的分子移动性,则与氢键的形成和断裂直接相关。生物大分子的结构和功能是由氢键决定。生物大分子表面带有很多潜在的形成强氢键的基团和弱氢键的基团。各种 C—H 给予体和 π-受体分布在分子表面或分子内部,形成 C—H⋯A 和 X—H⋯π 相互作用。分布在表面的功能残基操纵水和生物大分子相互作用,促进周边结构稳定化。分子内部氢键在确定和稳定分子构象中起相当重要的作用。生物大分子的结构不像有机晶体中分子那样是随时间稳定的(time-stable),而是非时间稳定的(not time-stable)结构。生物大分子晶体点阵点位上的分子是"活"的,而且保持生物活性。晶体含有 30%~80% 的溶剂水,填充于大分子之间的通道或空腔之中。在晶体通道或空腔之中发生的水、离子和一些小分子的扩散,同溶液体系一样具有相同的时间尺度。在溶液中发生的分子结构涨落和生物活性同样在晶体中发生。生物大分子晶体是一个高熵体系,因此,在晶体中的氢键不为时间稳定态,也表明了生物活性的"起源"。

6.5.4 结构模型的搭建

从 MAD 相角计算的电子密度图质量够好,在完成或基本完成电子密度图的诠释后,就可开始搭建结构模型。

当年 John Kendrew 搭建 2Å 分辨率肌红蛋白模型,所用材料是很多林立的木棍和不同颜色的夹子(电子密度不同高度,用不同颜色表示)。模型高度为一人之高,可见模型所占有的空间何其大,工作量何等大。20 世纪 80 年代,普遍使用透明有机玻璃或玻璃板面上绘制二维电子密度等高线,按晶胞划分距离重叠成三维电子密度图,从中辨认和解释,建立分子结构模型,整个操作是在很大的暗室进行。接着,就普及了 Richards Box 和 Mini-Map,仍使用透明胶片上绘制等高线,叠合成三维电子密度盒,可以在明亮屋子的任何地方,借用普通读片光箱搭建分子结构模型,如图 6.20 所示。

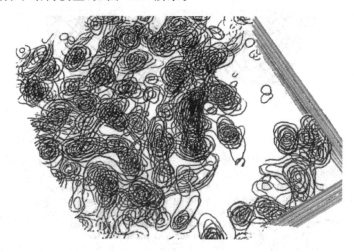

图 6.20 在透明的胶片上绘制指定区域的二维电子密度等高线图

[每张按等间隔重叠堆成三维,用彩色的 Mark 笔直接标记电子密度"重心"(图是叠合 5 张做成)。这样制成的 Mini-Map(A4 纸大小),可以在任何亮的地方观察和跟踪电子密度,操作起来相当方便。根据电子密度图的形状,便于直观地找出 NCS 轴和去向。如果有了 Mini-Map,结合计算机显示屏幕的图(比如,O 的密度文件)进行诠释和建模,效果相当不错]

目前,由于高速大容量计算机技术的快速发展和普及(硬件如 CPU、内存、图形卡等技术),开发了很多功能完善、界面友好、方便易用的多种版本的分子结构绘图演示软件,如 Coot,PyMol,O,Molscript 等。只要计算三维电子密度,在计算机显示屏幕上绘制网格(密度等高线高度为 1σ),比如用 O 或 Phenix.autobuild(高度集成和自动化建模调整模块)经过反复迭代、调整、改善密度、建模、修正等手续,即可快速搭出所要的目标结构模型,同时表示不同层次和细节的各种模型。现在只要有标准格式的原子坐标(PDB 格式),就能快速建立高质量的结构模型,引用、描述和阐明研究结果并公示。

　　根据不同的目的、用途和要求(强调不同层次、特征),可用不同的方式,调用不同的模式,进行对接和剪裁,绘制各种漂亮的三维结构,包括卡通和动态的"电影"。上面提到的这些程序利用 RGB 颜色空间调色板 256 色源,可以图形显示适配器(color graphics adaptor,CGA)或增强型图形显示适配器,高分辨 1034×768 显示模式自由地组合。绘图表示结构模型,色彩搭配要以细腻、柔和、眼睛舒适、避免花哨、不刺激为要点。根据需要,也可以调用视频图形阵列(video graphics array)显示"动态"结构。这些绘图显示程序基本上在 UNIX,Linux 操作系统上开发和运行。近来还兼顾到在 Windows(包括 2000,XP,VISTA,WIN7),MAC 操作系统上也可运行,比如 PyMol,Molscript。

6.6　晶体结构模型的修正

6.6.1　引论

　　应用单对同晶置换(SIR)、多对同晶置换(MIR)、反常散射(SAD,MAD)等方法得到的生物大分子结构初始模型,是从观测衍射数据结合实验相角计算的电子密度图诠释搭建的。在此阶段的相角质量不精确,模型的分辨率低于观测振幅(此时未用全部分辨率的数据)。应用分子置换法(MR)测定结构时,因起始模型相角是用类似的结构为搜寻模型,从而所得电子密度图会导致严重的"模型偏差"。因此,所得的结构模型显现的结构特征较粗,或者含有误差,甚至严重错误,不能提供期望的结构细节和信息。

　　基于这种粗的结构模型计算的结构因子与观测的结构因子之间符合度偏差较大。这个符合度是用 R 因子表示。初始模型的 R 因子值,一般在 45%～50% 范围。为了从结构模型获得可靠而精细的结构信息,必须对这个初始模型进行修正。所谓的修正,就是调整结构模型,使计算的结构因子接近观测的结构因子过程。目前,有多种修正方法和技术,可以使 R 因子达到 10%～20%,甚至更低。

　　调整生物大分子结构模型的方法,主要是改变结构模型中所有原子的(不包括 H 原子)坐标参数 (x,y,z) 和温度因子 B。以木瓜蛋白酶为例,分辨率为 1.65Å 的独立衍射数据数目为 25 000 个点,待修的参数[非氢原子参数,3 个坐标 (x,y,z) 和 1 个温度因子 B]可达 8000 个。这时衍射数据数目对待修参数数目之比仅为 3,过定度(overdetermination)很差。理想情况是,模型中的每个原子要有 12 个观测值,或者说,一个平移自由度要有 4 个观测值。生物大分子晶体衍射能力很难达到这个要求。对中等分辨率(2.5Å),每一个自由度对应的观测值少于1,是未加额外假定的过定度的问题。这就是为什么在生物大分子结构修正过程中,要引入尽可能多的"额外观测值"的理由。在确定的分辨率,衍射数据量已被限定的情况下,为了改善模型修正中的过定度,不得不借用如下信息来增加数据量或者减少待修参数量。

这些"额外观测值",第一来自立体化学数据,取自小分子氨基酸和小肽精确结构测定的键长、键角等值。第二是在生物大分子晶体通道和腔内所含有的无序的填充水。这些无序水在晶体中所占据的区域,在电子密度图中应该显现为平坦。"溶剂平滑"技术在生物大分子晶体结构修正中起重要作用。第三是非晶体学对称轴。如果组成结构的分子或域之间有特定的对称关系,就可以用分子置换法找到"非晶体学对称轴",并将这个信息施加于修正过程。

应用于键长、键角相关立体化学信息,在修正中有两种途径和方法。一个是,在修正过程中把它们当作刚体,只改变二面角。这就是所谓的"约束"(constrained)几何和修正。这种方法有效地减少待修的参数数目。问题是在结构模型中因有很多角度运动而难以调节模型结构中小的、有待"最佳拟合"的部分。另一个是,在修正过程中用能量项来控制立体化学参数,允许它们围绕标准值变化,即所谓的"限制"(restrained)。在修正中,原子坐标可变,但要限制住键长、键角、扭角和范德华接触。可见,这种限制就是"观测值"。这个方法容易去掉结构小部分的问题,但难以去掉大部分,比如整个分子或结构域的问题。

结构模型修正的最终目的是,将一个结构模型同实验观测衍射数据和预先的化学信息一致并同时达到最佳,使之达到在化学、物理和数学上合理。在这个最佳化过程中所用的目标函数在正常情况下取决于很多参数,其中最重要的是原子坐标。

结构模型的修正是基于结构模型计算的结构因子(计算的衍射图谱)与衍射实验观测的结构因子(观测的衍射图谱)拟合差最小,而依据这种粗模型计算的结构因子难以与观测值接近,为此必须调整结构模型原子的坐标参数和温度因子,使计算的结构因子与观测结构因子间差异最小。

在生物大分子晶体结构修正中,数目众多的待调参数使目标函数复杂化,且导致多重最小问题,即目标函数含有很多局部最小附加到整体的最小之中。这个复杂性导致修正过程不稳定,使梯度下降和优化技术失效,比如传统的最小二乘法或共轭梯度方法。在结构模型修正中,X射线衍射强度数据是唯一的观测值,且自始至终不变(一旦数据收集实验结束,这个衍射强度观测值数据则恒定不变),而这个观测值不同于小分子晶体,受生物大分子晶体的固有特性的限制和影响而分辨率不高,多数衍射强度为弱且精度也差,特别是高角度的衍射。这给晶体结构测定,特别是初始结构模型修正带来困难。因为在高角度衍射中,多半含有重要的结构信息,但它们的强度值却弱,一般其信号强度同噪音(背底)水平差不多,从高角度衍射谱中很难区分开。必须慎重对待之,决不能轻易当背底去掉。其结果,必然使参与修正的衍射数据数目减少。

生物大分子及其晶体的特性使结构模型的修正更为复杂:

(1) 生物大分子由几千甚至上万个原子组成,待定的参数很多;晶胞大,衍射点数目很多,它们的强度弱。

(2) 晶体的衍射分辨率有限,一般达不到原子分辨率,数据和待定参数之比低(可达 1),远不及小分子(可达几十至上百)。组成大分子的原子数目一半之多的氢原子不参与修正。

例如,在分辨率为 2.0Å 的黄精凝集素 PCL 晶体结构修正中,独立衍射点数目为 27 181,而模型中 3344 个非氢原子的每一个原子待修参数(坐标 xyz 和各向同性温度因子 B),总共 13 376 个,这时观测值与待修参数之比仅为 2,过定度很低。这使传统的最小二乘修正的收敛半径小而易陷局部最小阱,不易达到整体收敛,也不能用全自动修正。

(3) 生物大分子,如蛋白质和核酸等,几乎所有原子是以共价键连接成线性链,从而几何学上彼此非常依赖,要遵循和保持合理的键长、键角。因此,所有的原子不能用线性的最小二乘法独立地修正,或者组成生物大分子的单个原子不能处理成独立的运动,必须用能量或立体化学约束等手段减少待修的参数数目(第二项),将观测值数目与待修的参数之比达到合理。

上述问题给生物大分子结构模型的修正中应用传统的最小二乘带来重要限制。为此,开发和发展了不少系统的方法和施行程序来修正生物大分子晶体结构模型,主要用非线性最小二乘法,加上差值傅里叶合成方法,通过应用合理的权重,多次重复、迭代,逐次近似逼近真实的非氢原子坐标(包括各向同性温度因子),使从结构模型计算所得的结构因子值同衍射实验所得的观测值接近,降低 R 因子,最终可达 10%～20%。(因为氢原子只含一个电子,对 X 射线衍射贡献小,在生物大分子晶体学修正中一般不计,尽管这种做法不是很科学。即便这样,结构模型中待修的非氢原子数目仍然相当多。)

6.6.2 传统的最小二乘(LS)修正

最小二乘修正方法在晶体学中应用较广泛,比如在晶体表征和数据收集时,用衍射角修正晶胞参数、Wilson 曲线,热运动分析和求原子基团、分子碎片的最小二乘平面等,而且修正的结果都用 R 表示。

通过电子密度图的诠释建立的生物大分子初始结构模型,一般不够精确(因为种种限制和制约,电子密度等高线不能严格对应和反映绝对的电子数目,从而基于电子密度图辨认和搭建的结构模型甚至含有严重错误),从而基于这种粗模型很难提取化学和生物化学相关的信息细节(如能量、几何参数、键长、键角、折叠以及分子之间相互作用等),因此必须进行修正。初始分子结构模型含有某些错误,比如从电子密度图辨认的多肽链走向和位置也许可能正确,但是其中的氨基酸残基沿肽链有位移,用传统的修正方法,如小分子结构修正中常用的最小二乘法自动修正,很难从有误差的位置"复原"到正确的位置。需要用人工方式反复、交替进行调整、修正和校准结构模型,使总体误差最小。

在最小二乘法修正结构模型过程中,将 X 射线衍射实验得到的强度数据结构因子 F_o 值固定不变,而改变参数使基于这个变化的结构计算的结构因子 F_c 值接近 F_o 值,其差为最小。它的数学表达式是将 $\sum_{hkl}(|F_o|-|F_c|)^2$ 为目标函数并使之达到最小,或将下述 Q 函数达到最小:

$$Q = \sum_{hkl} w(hkl)(|F_o(hkl)| - |F_c(hkl)|)^2 \qquad (6.22)$$

式中,加和要包括全部的晶体学独立衍射点;w 为赋给每个观测值的权重,在小分子晶体学,一般 $w(hkl)=1/\sigma^2(hkl)$;σ 为衍射实验的标准偏差。在生物大分子晶体学,用 $(\sin\theta/\lambda)$ 相关函数更适合。式中 $|F_o(hkl)|$ 值假定为绝对标度。Q 的最小值是通过调整和改变原子参数 $U_j(j=1,2,3,\cdots,n)$ 来找,并决定 $|F_c(hkl)|$。对所有 U_j 的 Q 偏微分等于零,即 $\partial Q/\partial U_j=0$。

用最小二乘修正结构模型的过程是一个多次循环迭代的过程,在每一轮或每个步骤中参数都要变化,这样使参数变化达到最终期望值。平常,参数达到最终的期望值之前要经过多循环轮次,把有偏离的原子拉到正确的收敛范围之内,以致原子参数变化足够小。如果待修正的结构模型偏离正确的模型较大时,收敛范围小(或收敛半径小)。往往整体达到最小函数之前,陷入多重的局部最小。这一结果不是我们要的真正的最小。

由于观测衍射数据值(F_o)数目与待测结构参数之比小,不能仅用传统的最小二乘修正法修正。为此,人们设法增加这个比值(用已知的立体化学知识和能量学知识来"约束"和"限制"减少待修的参数数目,间接地"增加"观测值)的方法和途径,使生物大分子结构模型的修正能够可靠、稳定和顺利地进行。按国际晶体学会(IUCr)推荐,对非中心对称型结构,该值为 8,而对中心对称型为 10。

6.6.3　非最小二乘修正的一些特殊方法

结构模型修正的最小二乘法是调整模型中的原子位置坐标参数和热参数，基于调整的参数计算的结构因子 F_c 值逼近实验观测 F_o 值，使两者之间差为最小。这时的原子坐标来自起始模型，比如从 MIR 法得到相角计算的电子密度图。如果这个电子密度图借助氨基酸不能诠释，一般在该处设一套虚设原子。这些虚设原子要服从如下前提条件：① 虚设原子应分布于整个密度图范围允许的或期望显现出蛋白质的地方；② 原子对之间距应为原子间距的数量级；③ 每个原子周围不应有三个以上近邻；④ 虚设原子的电子数目要与该局域电子密度高度大致匹配。

开始修正时要在最小的函数[见式(6.22)]中引入一个比例因子 k：

$$Q_k = \sum_{hkl} w(hkl) \left[\,|\,F_o(hkl)\,| - k \times |\,F_c(hkl)\,|\, \right]^2 \tag{6.23}$$

其中 k 为观测结构因子与计算结构因子之间的比例因子，在每一轮开始时用下式计算出 k 值：

$$k = \left(\sum_{hkl} |\,F_o(hkl)\,| \times |\,F_c(hkl)\,| \right) \Big/ \sum_{hkl} \left[\,|\,F_c(hkl)\,|\, \right]^2 \tag{6.24}$$

在扩展或提高分辨率之前，建议要计算差值电子密度，以避免电子密度图诠释中的重大误差。这种手续非常费时和费事，为此晶体学家发展和引入了多种特殊的修正方法。下面仅简单介绍其中的几种。

1. 刚体修正

刚体修正是生物大分子晶体结构修正的第一步，特别是用分子置换法进行结构测定时。因为刚体修正大大减少待修的参数数目，其修正过程（速度）很快。例如，在分子置换中将模型分子整体或基团在晶胞中的位置和方位进行修正，即对每个基团只修正 6 个参数，3 个旋转(α, β, γ)和 3 个平移(T_x, T_y, T_z)。这是一个纯结晶学修正，不带任何立体化学信息，其最小化函数还是 Q_k[见式(6.23)]。

在生物大分子晶体结构测定中，最常见的是中等分辨率，对这个分辨率数据来修正，不会有明显的衍射数据与待修参数之比的影响。而每个基团的偏离由组合基团中的所有原子的位置偏移来计算。刚体修正时，用中等分辨率衍射数据足够（刚体修正时，观测衍射数据与待修参数之比不低），从低分辨率开始修正。

2. 立体化学限制最小二乘修正

在进行结构模型修正时作了一个假定，即结构是由原子组成。然而，这里还有可能包括各种额外的补助信息，比如芳香基团趋于平面性等。晶体学工作者在进行结构模型修正时利用这种限制，把限制当成一个额外观测值，以此间接地

增加用于修正的数据,缓解了生物大分子结构修正中数据与待定参数之比偏低的问题。这样,由式(6.22)表达的最小函数 $Q = \sum_{hkl} w(hkl)(|F_o(hkl)| - |F_c(hkl)|)^2$ 改写成:

$$Q = \sum_{hkl} w(hkl)(|F_o(hkl)| - |F_c(hkl)|)^2 + \sum_{hkl}(1/\sigma^2)(R_t - R_o)^2$$

(6.25)

式中 σ 为赋给限制的标准偏差,R_t 为目标值,而 R_o 为实际待限制的值。

现在常用的生物大分子晶体学修正程序,把限制,如立体化学限制作为模块完全融入修正和调整过程。如果结构模型不完整,偶尔要计算差值电子密度图或 OMIT 图等,以供手调模型。为了获得精确的结构模型,以往广泛使用的 PROLSQ,TNT 等都应用了立体化学限制最小二乘技术。

3. 能量修正

将 X 射线项和势能函数项放到一起进行最小化,而势能函数项中包括键应力、键角弯曲、扭角势能(垒)、范德华力等。但在多数情况,将静电相互作用力忽略。因为这是长程相互作用,对那些原子位置的小变化不敏感。还有计算时假定分子在真空中,这样,如果不引入合适的介电常数,则静电势能相当高。这时,要最小化的函数为:

$$Q = (1 - W_X) \times E + W_X \times \sum_{hkl} w(hkl)[|F_o(hkl)| - |F_c(hkl)|]^2$$

(6.26)

式中,E 为能量项;W_X 值为控制能量和 X 射线项相关贡献,就在 $W_X = 0$(表示纯能量最小)和 $W_X = 1$(纯 X 射线项最小)之间任意选择,它取决于经验。可根据有关程序中提供的 $E_{(键长)}$、$E_{(键角)}$、$E_{(扭角)}$、$E_{(二面角)}$ 和 $E_{(范德华)}$ 等参数进行修正。

在分子动力学 MD 或 SA 修正之前,进行这个能量修正(如果你习惯应用 EREF),对结果很有利。

4. 分子动力学(MD),模拟退火(SA)

如果基于电子密度图诠释搭建的起始结构模型与实际结构模型差异不甚大,那么用传统的最小二乘方法修正,即容易收敛到正确的解。然而,在分子结构模型中原子间距与实际结构模型中相应的距离(坐标)偏差大时,在修正过程中整体体系容易陷入局部最小。为了避免在修正结构模型过程中出现这种局面,就需要调节使体系收敛路径克服 Q 函数中的势能。这个方法或技术,就是分子动力学,1987 年由耶鲁大学的 Brunger 和他的同事们提出,并应用于生物大分子晶体结构修正。分子动力学的基本思想是,作为高级的修正技术,为了使原子克服能垒,给体系"加热"升至足够的温度,然后缓慢冷却来达到体系能量最小。要指出的是,在模拟退火(SA)中的所谓"温度",其含义不是真实的物理温度,而是指控制修正的广义的参数。

MD 法修正生物大分子晶体结构模型的好处是,其收敛半径大,能将达几个 Å 单位的偏离值拉回期望的位置来,或者说,模型中原子基团起始位置偏离势能最小的模型(最终位置)几个 Å。在此过程,不用作任何手工干预,从而大大加快修正环节。以往要做这种计算,很是费计算机时,现在高速、大容量计算机的普及,已使 MD,SA 成为常规的修正。

分子动力学修正的进程是,用每一轮修正之后计算的 R 因子来控制。现在结构测定结果要求有 2Å 分辨率的结构 R 因子,不应大于 20%,而 R_{free} 因子一般应 $\leqslant 25\%$(这个值虽然比经典 R 因子值大,但更客观而真实地反映了模型结构信息),请参考本章附录。

分子动力学(MD)和 SA 方法明显改善了生物大分子晶体学修正的有效性。特别是结合扭角动力学方法(TAMD)和交叉最大似然目标函数(CVML)(各自独立地起作用),更为明显地增大收敛半径,比其他结构修正方法更有效地使初始模型偏差变好。预计不久将从 MAD 方法获得质量好的相角,结合这些有效的修正方法,会快速获得精确模型。

5. 最大似然法(ML)

近年数理统计理论表明,最大似然法(maximum likelihood refinement, ML)优于传统的最小二乘方法(LS),它没有作高斯误差分布假设。它的基本思想是:最佳模型与观察值一致度为最佳,而一致度在统计学上通过观察值概率来度量。当模型已知时,观察数据评估为条件概率分布,且似然与实验数据条件概率分布成正比。在修正过程中,简化地将每个衍射观察值误差彼此独立,然后建立每个衍射的条件概率分布,并将所有单独概率乘在一起得到联合条件分布。因为一个函数的最大化等于该函数的负对数(LLK)的最小化,且用加和处理比乘积更利于操作,在实践中赋值实施,不仅节省大量的计算机资源,又可与交叉-确认方法配合,得到更为合理可靠的模型参数(原子坐标和温度因子)。近几年 ML 法已几乎完全替代了 LS 法。

目前在结构模型修正中常用的 CNS,BUSTER 和 REFMAC 等程序中都有详解。

6. 交叉-确认方法,任意 R 因子

结构模型整体质量是用 R 因子表示(请参看本章附录中的 R 因子)。在前面已提到,高分辨率结构模型,比如分辨率为 1.5Å,那么相应 R 因子应该为 0.15 左右。要知道,R 因子作为整体数值,不能指出模型内部局部误差。然而,

用实空间的 R 可评价之。在计算电子密度时,在非零格子计算得:

$$R_{\text{实空间}} = \sum |\rho_{\text{o}} - \rho_{\text{c}}| \Big/ \sum |\rho_{\text{o}} + \rho_{\text{c}}| \qquad (6.27)$$

因为在结构修正中,可以用任意的手段(多半是由操作者的主观意愿,或无知乱来所致的过度拟合)使传统的 R 因子变小,这个结果模型的 R 因子虽然低,但难免含有重大误差。

的确,模型的整体误差可以通过另一个独立进行的结构解析结果进行比较,或通过同源结构模型比较来辨认。然而,对衍射数据要用更精确的方法鉴别误差。在实践中,这样的过度拟合的例子并不少见。对待修的结构模型引用过多的可调参数,或立体化学限制过弱等方式,会对衍射数据过度拟合。最典型的是,在待修的模型中引入过多的水分子,"企图"拟合衍射数据,以此补偿模型和数据中的误差。

$$D = \sum W_{\text{i}} |F_{\text{io}} - F_{\text{ic}}|^2 \qquad (6.28)$$

如果假设所有观测数据为独立而且是正规分布,那么目标函数 D 是原子模型的似然函数的负的对数线性函数。结果是,目标函数,又可以说 R 因子,是通过增加模型参数的方法来达到最小。且不管其模型正确与否,而这些参数是在修正模型过程中所用的。为了克服这种不能令人满意甚至令人担心的情况,20世纪 90 年代初 Brunger 等对生物大分子修正过程引进了 $R_{\text{任意}}$ 因子概念,即应用一个交叉-确认的统计学方法。

因为生物大分子晶体学数据是过度测量的,从而为交叉-确认,从数据中一部分可以省略。比如,将数据分成两部分,即小部分随机取约 10% 的"试验数据"和大部分约 90% 的"工作数据"来参与晶体学修正。

$R_{\text{任意}}$ 因子是用不参与修正的"试验数据"来计算的,因此,它不使模型含偏差。然而,$R_{\text{任意}}$ 因子一般比期望的传统 R 因子大。$R_{\text{任意}}$ 因子与模型的相角精度之间有高度相关性,又与坐标误差有经验关系,该值大,表明模型中含有相对大的误差。

7. 关于原子分辨率的修正

如果生物大分子晶体的 X 射线衍射分辨率等于 1.2Å,并在衍射外壳层的衍射强度大于 2σ 的斑点数目接近 50%,就认为达到原子分辨率。这时观测值参数之比高(≈ 10)。用这种分辨率数据进行生物大分子晶体结构模型的晶体学修正时,原则上可以不作任何"限制"(G. M. Sheldrick, *Acta Cryst.*, 1990, A46, 467~473),同小分子晶体结构修正一样,可应用传统的方法。这时,每个原子可以用 11 个参数描述并修正,即原子类型(经辨认之后固定):三个位置参数(x, y, z);一个各向同性原子偏离参数(atomic displacement parameter, ADP),即温度因子 B;六个各向异性原子偏离参数(ADP)U_{ij};一个占有率。

　　以往,在生物大分子晶体学领域,因为实验技术的限制,很难收集到高分辨率,尤其原子级分辨率的数据,从而几乎没有遇见过原子分辨率模型的修正问题。然而,近来由于同步辐射强光源、高灵敏、稳定的平面探测器和低温设备的发展和应用,加上高速、大容量计算机的普及,不时会遇见原子级分辨率结构测定的问题。此外,功能强大的修正程序系统,如 SHELXL 和 REFMAC,以及最大似然函数算法的引入,不用作众多的约束和限制即能进行原子级分辨率结构修正。

6.6.4　晶体结构测定结果质量的评价和量度

　　建立模型之后,首先要定性地检查模型的总的特征:① 一级结构与现行模型对应情况如何;② 分子骨架的 Ramachandran(拉氏)$\varphi\Psi$ 图如何;③ 有无过高的温度因子 B,残基的温度因子 B 高,与其柔软性相关,或者没有定好,尤其分子表面区域的;④ 有无未满足的氢键;⑤ 电荷是否配对;⑥ 分子间接触距离,即范德华距离如何;⑦ 有无暴露的疏水残基和基团;⑧ R 因子,自由 R 因子是否可接受(是否与结构分辨率对应);⑨ 最终的差值电子密度图是否平坦、干净。

　　在实践中常用的定量或半定量的检查内容有:

　　(1) 共价几何(键长,键角。平常修正时,这些被约束于"理想值或理论值",键长标准偏差允许范围要求 0.02Å,键角要求 2°)。

　　(2) 平面性:一些基团是期望成平面,如 Phe,Tyr,Trp,Mis 和 Arg,Asn, Asp,Glu,Gln 的末端基。

　　(3) 各原子和基团就位是否合理(在分子表面处的那些给体和受体与"邻居"之间,溶剂氢键)。

　　(4) 对水溶性蛋白分子,极性基团应集中在分子表面,疏水基团应趋于分子内核,堆积密度约 0.75。

　　(5) 带电荷残基应该在分子表面(或接近),整体显电中性。

　　(6) α-螺旋(3.6$_{13}$-螺旋,3$_{10}$-螺旋,4$_{16}$-螺旋等),β-股(starnd),β-片(sheet), β-桶腰(bulge)。

　　(7) 其他如:① β-回折变向(发针形,hairpins,reverse turns)类型 Ⅰ,Ⅱ, Ⅲ,γ;② 两条肽链之间—S—S—键。

　　除用 R 因子评判质量外,常用的非直接评估模型坐标不确定性方法,还有通过绘制 Luzzati 曲线和 σ_A 曲线(见 SIGMMA 和 CNS 程序),也可用衍射组分精度指标(DPI)来实现。

在前面讨论了如何评价结构模型的可靠性，如何评估模型中坐标不确定性。要知道，对生物大分子晶体学方法，从衍射实验所得的数据（常规分辨率）不足以决定精度高的原子位置。为此，晶体学修正过程中，应基于分子的化学结构知识和构象性质施行额外的限制。建立大分子结构模型时，我们必须考虑多肽链构象的能量规则。因为多肽链具有一定的伸展构象，由一个一个的单个肽基组成，而它们彼此用主链上的 C 原子同与其相邻的 N 原子相连的肽键连接。如同图 6.21 所示的伸展构象，根据结构性质，将主链分成两个，一个是由一个碳 C_α 原子伸展到下一个 C_α 的重复单元，这个重复单元是刚性的平面，在 C_α 处用共价主链；另一个是在主链上唯一的自由转动的键，每个单元有两个这样的键，即 C_α—C 和 C_α—N。围绕 C_α—C 转动的角为 φ，围绕 C_α—N 转动的角为 ψ。此外，第三个表示多肽链构象的参数为肽扭角 ω。这个角的期望值为 $180°$，而对顺式 *cis*-肽来说，该值为 $0°$。肽平面，ω 常见变化幅度为 $\pm20°$，如果过分严格限制，就有可能引起人为的畸形。

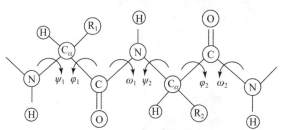

图 6.21　完全伸展构象多肽链中 φ 和 ψ 角的定义

［完全拉伸的多肽链：围绕 C_α—NH 键旋转角（C_{n-1}—N_n—$C_{\alpha n}$—C_n）为 ψ，围绕 C_α—C＝O 键旋转角（N_n—$C_{\alpha n}$—C_n—N_{n+1}）为 φ。肽平面平常 $\omega=180°$。从 N 端开始到 C 端，以此定义 $N\psi_1$、C_α、φ_1、羰基、ω_1、N、φ_2、C_α、φ_2、羰基、ω_2］

在主链上的每一个氨基酸残基转动时，因为它们的侧链与主链的空间阻碍，有的转角是禁阻，即不允许所有的 φ 角和 ψ 角组合。这种主链的折叠构象的合理性，可用 Ramachandran plot 绘图确定。在图中绘制主链上的每个残基对另一个残基的二面角 φ 和 ψ，为此该图又称为 $\varphi\psi$ 图（参看图 6.22 和图 6.23）。正确的主链结构数据在 $\varphi\psi$ 图中，有落户对应的允许区域。落户于允许区域的 α-、β-二级结构和确定的转折，从能量上基本合理。但甘氨酸残基例外，它可以落户于 $\varphi\psi$ 图的任何区域。

生物大分子中原子结构的共价几何正确性，可用小分子晶体结构确定的标准值进行比较确认，而所谓标准数据可以从 CSD 剑桥数据库获取，或从 Engh 和 Huber 的小分子晶体结构测定值的汇集中来（R. A. Engh, R. Huber, *Acta*

Cryst., 1991, A47, 342~400)。

整体结构模型中的参数偏离,可以用 PROCHECK 和 WHAT IF 程序检验。该程序用数据库中的标准的键长、键角值来分析芳香基团的平面性,也可以类似检查 RNA 和 DNA 寡基,或多核苷酸晶体结构碱基模型的键长、键角。那些同大分子结合的化学修饰过的单体基团或小分子,即所谓的"异质基团"的确认较困难。主要是因为结合大分子的配体分子构象受大的影响不确定,有关这些数据不易建立,目前在 PDB 库中也不好找。还有,其他立体化学参数也要核实,如侧链上的扭角(χ_1、χ_2、χ_3)和肽键扭角 ω,C_α 的四面体的扭曲,二硫键的几何,非成键参数-范德华 VDW 接触,氢键,盐键和溶剂分子相关的参数。应用 PROCHECK 来进行结构模型相关的核实工作可参见文献(G. N. Ramachandran, C. Ramakrishnan, V. J. Sasisekharan, *J. Mol. Biol.* 1963, 7, 95~99)。

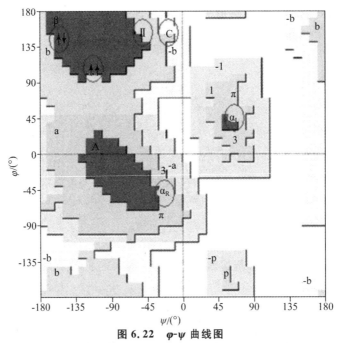

图 6.22 φ-ψ 曲线图

[绘制拉氏(Ramachandran)图时,列出 φ-ψ 角值在最合理区域[A,B,L](黑色表示)的残基数目和百分比;在附加允许区域(a,b,l,p)(灰色表示)的残基数目和百分比;在更宽容的允许区域(~a,~b,~l, ~p)(浅灰色)的残基数目和百分比;和不允许区域(禁阻)(白色表示)的残基数目和百分比。还统计出非甘氨酸和非脯氨酸残基数目;除了甘氨酸和脯氨酸的末端残基,甘氨酸(图中用△表示)和脯氨酸残基数目。

符号分别表示:

β-反平行(↑↓)、平行(↑↑)和 α_R α_L C 右螺旋、左螺旋和多聚甘氨酸,胶原]

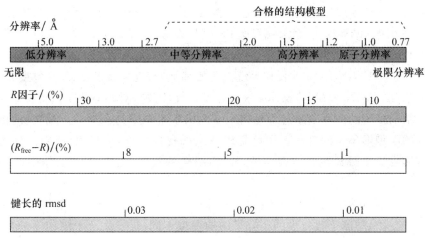

图 6.23　生物大分子晶体结构模型评价标准(判据)

（说明：R 因子和任意 R 因子之差大于 7%，表明模型修正可能过度拟合实验数据。如果该差值小，比如 2%，那意味着，修正中所用的"试验数据"并非真正"任意"，而是在结构模型中可能有赝对称或错误）

6.6.5　晶体结构模型的表述

　　经过结构模型的修正，获得精确的结构模型之后，要用计算机绘图工具绘制和表达不同的颜色（按国际晶体学会、化学会推荐的化学元素的标准颜色），以最好表现分子特征的整体结构、活性相关部位和其细节、分子之间相互作用、分子四级结构、集聚态或堆积等。

　　由于高速、大容量计算机技术的快速发展和普及（硬件如 CPU、内存、图形卡等技术），加上开发了很多功能完善、界面友好、方便易用的多种版本的分子结构绘图演示软件，如 Coot，PyMol，O，Molscript 等，只要计算三维电子密度图在计算机显示屏幕上绘制网格，比如用 O 或 Phenix. autobuild（高度集成和自动化建模调整模块），经过反复迭代、调整、改善密度、建模、修正等手续，可快速搭出所要的目标结构模型，同时表示不同层次和细节的各种模型。现在只要有标准格式的原子坐标（PDB 格式），就能快速建立高质量的结构模型，便于引用、描述和阐明研究结果并公示。

　　根据不同的目的、用途和要求（强调不同层次、特征），可用不同的方式调用不同的模式，绘制各种漂亮的三维结构，包括出版发表质量的图，如电子密度、分子表面电荷分布、卡通的动画、分子叠合和对接，以及动态的"电影"。上面提到的这些程序利用 RGB 颜色空间调色板 256 色源，可以图形显示适配器（color graphics adaptor,CGA)或增强型图形显示适配器,高分辨 1034×768 显示模式自由地组合。绘图表示结构模型,色彩搭配要以细腻、柔和、眼睛舒适为要。根据需要,也可以调用视频图形阵列(video graphics array)显示"动态"结构。这些绘图显示程序基本上在 UNIX,LINUX 操作系统上开发和运行,近来在 Windows(包括 2000,XP,VISTA ,WIN7),MAC 操作系统上也可运行,比如 PyMol,Molscript。

结构模型的图形表示过程是揭示一个肉眼看不见的分子、原子层次的微观世界的面貌形象化的过程。用计算机技术可视化过程,将抽象的、数字化的结果转换成五彩缤纷的、"科学与艺术"相结合的过程,是晶体学工作中的一种享受。

以往晶体学结构模型的表述常用"球棍"模型,不管其对象。若要表示和描述分子整体,与原子数目少的小分子结构模型不同,生物大分子结构复杂,含有上千个、上万个非氢原子,如用常规的"球棍"和填充模型表示,反而使结构糊,几乎显不出分子特征。在下面用肌红蛋白分子结构为例说明,根据不同目的和层次要求,可快速绘制和表示不同的模型[参看图 6.24(c)和图 6.25(b)常见的"球棍"模型,显不出分子特性]。但是,如用生物大分子组成单元,如 α-螺旋、β-片、环等二级结构单元和超二级结构表示,模型既生动,又清楚[图 6.24(a),(b)和(d);图 6.25(a),(c)]。

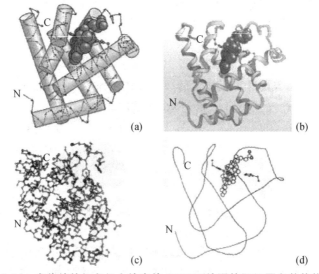

图 6.24   在传统的打印机上输出的 ORTEP 绘图的肌红蛋白整体模型

[在不同的表示中,模型图(a)和(b)结构特征显得清楚;(c)过于复杂,显不出结构特征;而(d)只显示肽链走向、卟啉环和铁同链结合特征]

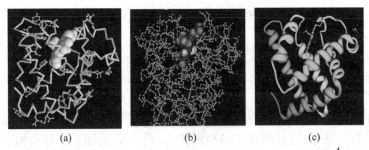

图 6.25 从 PDB 库中获得(entry lmbo)坐标,用现行的 PyMol 绘制的肌红蛋白三种表达模型

(这三张图各有各的强调特征的部位。为了便于观察,分子显示方向和部位与图 6.24 相同)

如果要表示活性部位结构细节,或者需要强调和突出,如分子活性中心、分子相互作用、金属原子配位等局部环境,就得用"球,棍"混合图表示原子和共价键。

*　*　*

尽管生物大分子晶体衍射已取得迅猛的发展和令人敬佩的巨大成就,整个领域趋于完善,然而仍有不少局限(为生物大分子晶体所固有的)有待解决。为此,展望和期待将来生物大分子晶体衍射能不断延伸发展,从而自由地应对结构基因组学的需求。有了那些与生命体的基本过程相关的重要物质的结构同真实机理的研究,也必然有利于开发高效、特异(选择)、无毒的人类重大疾病相关药物制剂和有关研究有重大突破。

生物大分子晶体学的发展与分子生物学的发展相比,与分子生物学等学科的要求相比,仍有相当的差距和发展空间,特别是生物学有意义的生物大分子结构测定仍受结晶难或不结晶阻碍。需尽快地从传统的衍射实验和研究中解脱,将精力投入到生物大分子晶体生长相关的基本和基础研究。生物大分子晶体衍射未来的发展,主要有两方面趋势:一是基于目前的理论和概念,以及相关实验方法和技术,继续开发和发展更加可靠、更加有效和快捷方便的方法,实现最小化或全自动结构测定,与高分辨低温电子显微镜技术密切配合,发挥衍射技术测定结构的综合能力和威力;二是应用这些方法和技术突破生命活动中有重大意义的、大而复杂的复合物、膜蛋白、病毒和组装体分子结构。要解决生物大分子晶体固有特征引起的"小晶体"、"大晶胞"、"无序晶体"和分辨率问题,特别是那些很难结晶或不结晶的蛋白质(如人细胞中 10^6 种蛋白质就是如此),从真正意义上实现高通量,应对结构基因组学的需求,最终彻底阐明所有基因产物的结构。

　　在最近五六年间,超强线性相干脉冲光源(LCLS 的 XFEL)的出现和与此相应的连续飞秒纳米晶体学(SFX)的形成,在室温条件下能够克服或摆脱迄今在传统的生物大分子衍射中一直困扰人们的大分子晶体样品问题和局限(即晶体尺寸和辐射损伤引起的衰减),使衍射研究领域拓宽和延伸到几个微米至几百纳米大分子晶体,直至单分子的微弱衍射,由此给大分子晶体衍射带来革命性的变革。连续飞秒纳米晶体学的形成和出现,是否意味着或象征着生物大分子结构测定开创了新时代,令人期待。

第 6 章附录

附录 6.1　生物大分子结构相关的数据库介绍

　　在生物大分子结构相关领域,能共享的数据库相当多,除了 PDB 库以外,较常用的数据库有:对查询蛋白质序列进行相似性分析以确定其结构的数据库;根据同源性导出的蛋白质二级结构数据的 HSSP 库;有效蛋白质结构分类数据库——已知结构蛋白质进行有层次的分类;与 PDB 库相连的分子模型数据库——使用的三维结构数据库用自动结构对比程序等。这些数据库中的信息资料是通过互联网系统(在线)供全世界共享的公用财富,不仅为结构生物学学科本身,还为人们从原子、分子水平上认识生命活动相关领域提供了重要的定量参考依据,迄今不断地影响着生物、化学、物理、医药医学等相关学科和技术领域,并将继续发挥重要作用。与结构分子生物学工作最密切相关的,还是 PDB 库。

　　1. PDB 数据库

　　PDB(Protein Data Bank)为蛋白质的基本立体结构数据库,1971 年建立于美国布鲁克海文国家实验室。只因历史的原因称之为蛋白质数据库,其实 PDB 库网罗了几乎所有的生物大分子结构相关的信息资料。

　　该主页有如下超链接:新闻,3DB 浏览器及其他查询和浏览工具,向 PDB 库提交数据,PDB FTP 服务器,PDB 文件,镜像站点,用户组,大分子晶体信息文件,分子生物学服务器/数据库/有关的 Web 站点、软件等。每个大分子结构是以分立的文件形式记录的,这些文件由 PDB 库方管理者指定的 ID 码(或 PDB Code,由阿拉伯数字和英文组成的四位代码)来识别入口文件(entry),如肌红蛋白为 1mbo,每个文件的"指纹"只反映某一个大分子结构的信息。众多的大分子结构通过唯一的入口文件来识别和调用。

主体是在 ID 四位代码下收录了结构生物学工作者应用 X 射线晶体衍射法、核磁共振(NMR)和低温电子显微镜技术测定描述生物大分子(蛋白质、DNA、RNA 和它们的复合物,如病毒、分子组装体)的每个原子坐标和与此相关的重要信息,即每种生物大分子的来源、相关研究文献资料、提取方法、其序列和组成、结晶和晶体学参数,以及相关实验方法和结构测定方法等,内容相当丰富,是用一定的文字编码为标头的、简明注解归档储存的库 wwPDB。可用的文件格式为 PDB,mmCIF,XML,包含目标检索、下载,以及结果的评估等,使用起来相当方便。这些年,其数据量以指数形式递增,截至 2013 年 6 月,在生物大分子数据库 PDB 中归档存放的结构数目(原子坐标)为 90 810 个,其中多数为用 X 射线衍射法测定的。

近年来随着互联网信息的开发和应用,人们可以进行资源共享,还可以通过三维图像显示软件,如 RASMOL,VRML 显示蛋白质的结构图像,为 PDB 资源的利用提供了更为广阔的空间。尤其是,PyMol 分子结构图形显示软件与 PDB 文件友好、柔软地结合,可以随意、方便地描绘各种结构图像。

库里所含的上述数据资料,不仅充实和丰富了结构分子生物学内容,不断地提供重要参考(如今结构生物学研究中离不开,比如进行分子置换法、酶底物或抑制剂分子对接等),而且还影响着相关的领域,如分子设计和新药开发。

如果结构测定和修正结束,要将结果存入和归档于 PDB 数据库,要求你提供如下数据资料(按确定的文件格式):

(1) 结构因子数据。

(2) 修正好的结构模型——与结构相关的附加信息:蛋白质生物来源,产物、晶体的制备方法和结晶学数据细节。

(3) 结构模型相关信息文件。记录的头,要列出晶胞参数(晶胞、空间群等)、氨基酸序列、二级结构;记录的内容要包括原子序数、原子名称、残基类型、残基名称、坐标 xyz 和 B 值、占有率。

(4) 提供有关结构的文献。

数据库的管理者是结构生物信息学合作研究组织(Research Collaboration for Structural Bioinformatics,RCSB,http://www.rcsb.org/pdb/)。目前,除了美国以外,在欧洲的英国、亚洲的日本等都有其子站,用起来相当方便(阅读和投放)。用于查看 PDB 数据库中结构的有大量软件工具,其下载网址为:http://www.umass.edu/microbio/rasmol/。

PDB Finder 数据库是在 PDB,DSSP,HSSP 基础上建立的二级库,它包含 PDB 序列、作者、R 因子、分辨率、二级结构等。这些信息不易从 PDB 中直接读取,随着 PDB 库每次发布新版,PDB Finder 在 EBI 自动生成。网址为:http://www.cmbi.kun.nl/swift/pdbfinder/

2. 生物大分子结晶数据库(BMCD)与 NASA 的蛋白质晶体生长数据文档 (美国)

其英文为:Biological Macromolecule Crystallization Database (BMCD) and NASA Archive for Protein Crystal Growth Data,网址为:http://ibm4.carb.nist.gov:4400。

BMCD 包括摘自文献的结晶数据及结晶条件。目前 BMCD 包括来自 2297 个生物大分子的 3258 个晶体。此外,还包括 NASA 蛋白质晶体生物数据文档。该网页列出了可获取的信息内容,并可超链接进入。

3. NRL-3D 数据库

NRL-3D 数据库也是所有已知结构蛋白质的数据库,可用于对查询蛋白质序列进行相似性分析以确定其结构。其网址为:http://pir.georgetown.edu/pirwww/dbinfo/nrl3d.html。

4. ISSD 数据库

ISSD 数据库是蛋白质数据库,其每个条目包含一个基因的编码序列,同相应的氨基酸序列对比,并给出相应多肽链的结构数据。核苷酸序列取自 GenBank,结构参数来自 PDB,包括多肽骨架原子坐标、二面角,还有 DSSP 程序所预测的二级结构。其网址为:http://www.protein.bio.msu.su/issd/。

5. HSSP 数据库

HSSP 数据库是根据同源性导出的蛋白质二级结构数据库。每一条 PDB 项目都有一个对应的 HSSP 文件。因此,应先按蛋白质的 PDB 编号,例如 1bda 在 HSSP 的 INDEX 中查找 1dba.hssp.Z。该数据库同时提供了 SWISS-PROT 数据库中所有蛋白质序列的同源性。其网址为:http://www.sander.embl-heidelberg.de/hssp/。

6. 蛋白质结构分类数据库(SCOP)

蛋白质结构分类数据库(Structural Classification of Proteins,SCOP)是对已知的蛋白质三维结构进行手动分类得到的数据库,将已知结构蛋白质进行有层次的分类(这一方法十分有效)。该资源允许用户分析查询蛋白质是否与已知结构蛋白质具有相似性。其网址为:http://scop.mrc-lmb.cam.ac.uk/scop/。

7. MMDB 蛋白质分子模型数据库

分子模型数据库(Molecular Modeling Database,MMDB)由 NCBI 的 MMDB 研究小组维护。这是 Entrez 检索工具所使用的三维结构数据库,以 ASN.1 格式反映 PDB 库中的结构和序列数据。NCBI 同时提供一个配套的三维结构显示程序 Cn3D。其网址为:http://www.ncbi.nih.gov/Structure/MMDB/mmdb.shtml。

8. Dail/FSSP 数据库

是基于 PDB 数据库中现有的蛋白质三维结构,用自动结构对比程序 Dail 逐一比较而形成的折叠单元和家族分类库,随 PDB 库的更新而更新。其网址为:http://www.ebi.ac.uk/dali/。

9. 其他相关链接

比如,生物大分子数据库(NHGRI/NCBI Histone Sequence Database),2D 与 3D 结构预测数据库(SWISS-3D IMAGE,展示蛋白质和其他生物大分子的 3D 结构图形)。

此外,用 X 射线衍射方法测定和修正的结构资料正式发表文章之前,可用 RCSB (Rutgers University)在线 ADIT 工具(http://www.rcsb.org/)尽快地通过 PDB 网站 web site 传输和存档。该数据库的管理者是结构生物信息学合作研究组织(Research Collaboration for Structural Bioinformatics,RCSB)。

附录 6.2 关于 R 因子

R 因子来源于英文名称"residual factor",中文名称在不同的书籍中有偏差因子、残差因子和偏离子等。它是在晶体结构测定过程中,从衍射数据收集和处理,提出结构模型到完成结构测定的各个阶段,作为质量控制的指针,评估结构模型可靠性的一种因子。

R 因子是 X 射线衍射法测定的结构模型整体质量的量度。它在结构模型修正过程中起导航作用,是整体模型质量的一种判据。R 因子用来度量计算所得的模拟衍射谱与实验观测的衍射谱的拟合程度,可代表结构振幅的观测值和计算值之间的一致度,不是表示模型的精度,而是表示结构模型的不精确度,即偏差指数(discrepancy index)、不一致度(disagreement)、残数(residue),是不可靠性(unreliability)的量度。一般 R 值越大,可靠性越小,整体质量越差。附录表 6.1 列出已在生物大分子晶体结构测定各个环节中用到的 R 因子,分成三个小表排列。表(a)中 $|F_o|$ 和 $|F_c|$ 分别为观察和基于结构模型计算的结构振幅。

R 因子常用小数表示,也可以用百分数(%)表示。完全随机的原子"结构模型"的 R 因子为 0.63,而"完全"精确拟合的"结构模型"R 因子应为 0。在生物大分子晶体学结构中常见的 R 因子约为 0.20。对于高分辨率的结构,比如分辨率为 1.6Å,其对应的模型 R 因子应为 0.16 左右。值得注意的是,R 因子作为结构模型整体质量的量度,该值小,并不代表结构模型正确,也不指示不存在局部误差。因此,目前有不少判据来确认结构模型的正确性。还可以通过用另一个独立的结构解析或通过同类大分子结构比较来鉴别。

　　正确的结构模型必定 R 因子低(小),但 R 因子低(小)的结构模型不一定是正确的。因为可以用任意的方法随意地将 R 因子变小,比如结构模型中引入过多的可调参数进行过度拟合,匹配确定的衍射数据,或者是立体化学限制过弱,都可以降低模型的 R 因子。最典型的例子是模型中引入过多的水分子,以此拟合衍射数据来补偿模型或数据中的误差。在修正结构模型过程中,经常调整给定的结构模型,使之与实验衍射数据拟合好,以此改善 R 因子。但是计算所得模拟的衍射谱与实验观测的衍射谱(F_c 与 F_o)这两者总是不能完全拟合。一是因为生物大分子晶体中分子之间的大通道含有大量的溶剂水,这些水没有确定的结构,且不包括在结构模型中;另一个原因是那些无序和振动以及组成大分子一半的氢原子,没有考虑在模型之中。

附录表 6.1　各种类型的 R 因子
(a) 生物大分子晶体学中常用的 R 因子

类型和名称		表达式	说　明
结构模型整体质量的量度	传统的 R 或 R_1	$R_1 = \dfrac{\sum\limits_{hkl}\|\|F_o\|-\|F_c\|\|}{\sum\limits_{hkl}\|F_o\|} = \dfrac{\sum\limits_{hkl}\|\Delta F\|}{\sum\limits_{hkl}\|F_o\|}$	$\sum\limits_{hkl}$:参与修正的所有衍射的加和
	传统的 R_{1k}	$R_{1k} = \dfrac{\sum\limits_{hkl}\|\|F_c\|-k\|F_o\|\|}{\sum\limits_{hkl}\|F_o\|}$	$k = \dfrac{\sum\limits_{hkl\in T}\|F_c\|}{\sum\limits_{hkl\in T}\|F_o\|}$ 比例因子
	传统的 R_{2k}	$R_{2k} = \dfrac{\sum\limits_{hkl}\|\|F_o^2\|-k\|F_c^2\|\|}{\sum\limits_{hkl}\|F_o^2\|}$	结构修正实践中用的是 F^2
	传统的 R_2	$wR_2 = \left[\dfrac{\sum\limits_{hkl}w(F_o-F_c)^2}{\sum\limits_{hkl}wF_o^2}\right]^{1/2}$	w:权重值,$w=1/\sigma$ 由数据收集和数据还原过程决定的 $\sigma(F_o^2)$
	$R_{任意}$ R_{free} 或自由 R	$R_{任意} = \dfrac{\sum\limits_{hkl\in T}\|\|F_o\|-k\|F_c\|\|}{\sum\limits_{hkl\in T}\|F_o\|}$	衍射数据分为:测试组 T 和工作组 W $hkl\in T$:表示所有衍射属于测试组 T
	$R_{实空间}$ $R_{\text{real-space}}$	$R_{实空间} = \dfrac{\|\rho_{观测}-\rho_{计算}\|}{\|\rho_{观测}+\rho_{计算}\|}$	$\rho_{观测}$:用观测值计算的电子密度 $\rho_{计算}$:用计算值计算的电子密度

（b）衍射数据处理、统一和还原过程中的 R 因子

类型和名称		表达式	说　明	
数据处理统一还原	与对称性相关衍射 R_{int}	$R_{\text{int}} = \dfrac{\sum \mid F_o^2 - \overline{F_o^2} \mid}{\sum F_o^2}$	度量衍射谱与劳埃群拟合程度	两者的值应该小于 0.2。如果大于 0.2，表示数据可能含有大量的弱衍射，或者空间群定错
	R_σ R_{sigma}	$R_\sigma = \dfrac{\sum \sigma(F_o^2)}{\sum F_o^2}$	衍射强度平均误差 σ：衍射强度标准偏差	
	$R_{\text{对称}(I)}$ $R_{\text{Symm}(I)}$	$R_{\text{对称}(I)} = \dfrac{\sum\limits_{hkl} \sum\limits_{i} \mid I_i(hkl) - \overline{I(hkl)} \mid}{\sum\limits_{hkl} \sum\limits_{i} \mid I_i(hkl) \mid}$	$\sum\limits_{hkl}$：所有衍射 hkl 加和　i：对称性有等效贡献的衍射　$I_i(hkl)$：第 i 个衍射 hkl 强度　$\overline{I(hkl)}$：对称性相关等效点强度的平均　（$R_{\text{对称}(F)}$ 中的物理量含义同上对应）	< 0.05
	$R_{\text{对称}(F)}$ $R_{\text{Symm}(F)}$	$R_{\text{对称}(F)} = \dfrac{\sum\limits_{hkl} \sum\limits_{i} \mid\mid F_i(hkl) \mid - \overline{\mid F(hkl) \mid} \mid}{\sum\limits_{hkl} \sum\limits_{i} \mid F_i(hkl) \mid}$		
	不同的画面，或不同的数据套之间相同指标衍射点的归并不是对称性相关：$R_{\text{归并}}$ R_{erge}	$R_{\text{归并}(I)} = \dfrac{\sum\limits_{hkl} \sum\limits_{j=1}^{N} I_{hkl} - I_{hkl}(j)}{\sum\limits_{hkl} N \times I_{hkl}}$ $R_{\text{归并}(F)} = \dfrac{\sum\limits_{hkl} \sum\limits_{j=1}^{N} \mid\mid F_{hkl} \mid - \mid F_{hkl}(j) \mid\mid}{\sum\limits_{hkl} N \times F_{hkl}}$	$\sum\limits_{hkl}$：所有独立衍射的加和　N：参与归并的衍射数套数　I_{hkl}：衍射 hkl 的强度　$I_{hkl}(j)$：待归并的衍射 hkl 的强度	< 0.04

（c）重原子衍生物数据质量相关的 R 因子

类型和名称		表达式	说　明
与重原子衍生物质量相关	$R_{\text{居里}}$ R_{Cullis}	$R_{\text{居里}} = \dfrac{\sum\limits_{hkl} \mid\mid F_{\text{PH}} \pm F_{\text{P}} \mid - F_{\text{H}(\text{计算})} \mid}{\sum\limits_{hkl} \mid F_{\text{PH}} \pm F_{\text{P}} \mid}$	F_{P}，F_{PH} 和 F_{H} 带正、负号。若 F_{P} 和 F_{PH} 符号相反，则按 $F_{\text{PH}} + F_{\text{P}}$；如果符号相同，则按 $F_{\text{PH}} - F_{\text{P}}$
	$R_{\text{克劳特}}$ R_{Kraut}	$R_{\text{克劳特}} = \dfrac{\sum\limits_{hkl} \mid\mid F_{\text{PH}} - \mid F_{\text{P}} + F_{\text{H}(\text{计算})} \mid}{\sum\limits_{hkl} \mid F_{\text{PH}} \mid}$	可适用于一般衍射相角修正　确认同晶置换法重原子修正　该值小，表明重原子置换率高
	$R_{\text{反常}}$ $R_{\text{anomalous}}$	$R_{\text{反常}} = \left[\dfrac{\sum\limits_{hkl} (\mid \Delta F_{\text{观测}}^{\pm} \mid - \mid \Delta F_{\text{计算}}^{\pm} \mid)^2}{\sum\limits_{hkl} (\Delta F_{\text{观测}}^{\pm})^2} \right]^{1/2}$	$\Delta F^{\pm}$ 为 Friedel 对的结构因子振幅之差
	$R_{\text{衍生物}}$ R_{deriv}	$R_{\text{衍生物}} = \dfrac{\sum\limits_{hkl} \mid\mid F_{\text{衍生物}(hkl)} \mid - \mid F_{\text{母体}(hkl)} \mid\mid}{\sum\limits_{hkl} \mid F_{\text{母体}(hkl)} \mid}$	确认同晶置换衍生物的同晶质量

传统的 R 或 R_1 是用参加电子密度函数的衍射来计算,若观察不到衍射强度,$|F_o|$ 为 0,而 $|F_c|$ 总是一个非零数值,对于这种衍射不参加计算,则 R 值偏低。小分子晶体结构精修结果,R 值可达 $0.02\sim0.06$。生物大分子晶体结构约为 0.2,要视收集衍射数据的分辨率而定。若把观察不到衍射强度 $|F_o|$ 不看作 0,而作为已观测到的最弱的衍射强度的一半来处理,同时对 $|F_c|$ 加上一个比例因子 k,这时所得的为 R_{1k},这种 R 因子能更好地反映及认定模型的可靠性。

在结构模型修正中用的数据是 F^2,并且为了避免衍射背底高度比 F_o^2 的峰值还大,使 F_o^2 出现负值的不合理情况,对 F_o^2 加一比例因子,这时计算偏差因子用 R_{2k} 表示。

修正模型的偏差因子,也有用 wR_2 表示。这种因子涉及权重值 w 的问题(最常见的 $w=1/\sigma$)。在最小二乘修正过程中所用的权重 w 值对收敛非常敏感。实际所用的权重值 $w=1/\sigma$,是由数据收集和数据还原过程决定的 $\sigma(F_o^2)$ 值,而 $\sigma(F_o^2)$ 是归并衍射点强度时的标准偏差,若用 F 就难以估算这个 $\sigma(F)$ 值。wR_2 就是针对这种情况提出的因子。wR_2 值比传统的 R 值大,但对结构模型中的局部误差更为敏感。

在此要指出的是,计数误差并非唯一地影响衍射数据的观测值。因此,在用权重时,有必要更改权重。根据经验决定其他量,如 F_o^2 本身。Wilson 提议,用基于 $\sigma(F_o^2)$ 的权:

$$W = 1/[\sigma^2(F_o^2) + (ap)^2 + bp], \quad p = (F_o^2 + 2F_c^2)/3$$

式中 a 和 b 是使品质因子为 1.0 的可调参数。

在权重的因子中不用为 wR_1,这是因为在结构模型修正实践中,R_1 因子的理论表达式用 $R_1 = (\sum \| F_o | - w | F_c \|)/\sum | F_o |$ 表示,此结果在实践中会遇到如下问题:因为 $I \propto F^2$,即 F^2 来自衍射实验。如果要用 F 来进行修正和表述,要将实验得到的 F^2 进行开方。其结果对衍射强度弱的或负的测量强度(由于计数统计误差,背底信号高于峰的信号,此时测定的强度值为负),引起一些数学问题。为了防止这种情况,在实际处理和应付这个问题时,以往人为地将负的强度值都置于零,或赋予任意的小的正值。利用这样的数据进行修正,会导致模型的系统误差偏移或变型。从晶体衍射学,特别是对生物大分子晶体衍射而言,它们的衍射强度普遍弱,而在弱衍射中仍含有重要的结构信息,尤其高角度的衍射,因此,忽略这些衍射就会影响结构测定结果。

$R_{任意}$ 因子是指将整个衍射数据任意地分为两组:测试组和工作组。测试组(或子集 T,Testing)一般随机地取整个数据的约 10%,用来计算结构模型的 R

因子,但不参与模型的修正;而约 90% 的衍射数据,即工作组 W 用来进行结构模型的修正。用 T 子集衍射 $(hkl \in T)$ 计算的 R 因子称为 $R_{任意}$,其表达式列于附录表 6.1(a)。算出一个 $R_{任意}$ 值之后,再另取约 10% 的测试组进行计算,得到另一个 $R_{任意}$,这样多次进行计算。这种计算 $R_{任意}$ 的交叉-确认统计概念,使度量晶体结构模型的质量更为客观,要比传统的 R 不易过度拟合。$R_{任意}$ 是来自不参与结构模型修正的衍射数据,虽然它的对应值会比传统的 R 稍高一些,比如 2.5Å 分辨率的结构模型 $R_{任意}$ 约为 0.25 附近。$R_{任意}$ 与原子模型的精度之间相关性高。从经验得知它和结构模型中原子坐标误差关系密切,即 R 值大,表明原子坐标可能有误。所以,它是检验结构模型的客观判据,可作为整体结构模型修正过程和最终结果的重要导航和判据。

$R_{实空间}$ 是用来检查结构模型修正质量的另一种指标,是在晶胞分割的每一个格子(非零的)计算电子密度,它能揭示模型细节的误差,按附录表 6.1(a)中所列的公式进行计算而得。

附录表 6.1(b)中所列的 R 因子是针对衍射数据处理统一和还原过程中的质量。

R_{int} 因子的值由所有等效衍射点的 F_o^2 的平均值 $\overline{F_o^2}$ 与各个衍射点的强度之差决定。其值应小于 0.2,若大于该值,表明等效衍射点强度不相等。其原因主要有:① 衍射数据的精度差,如在数据中弱衍射点多;② 吸收校正没有做好,导致在不同方向测量的等效衍射强度不相等;③ 测定的劳埃群有问题。

R_σ 指示衍射强度的标准偏差,反映其背底强度 $\sigma(F_o^2)$ 之和与峰强度之和的比值,表示整套数据的平均信噪比。若 R_σ 值大,则表示数据的强度太弱或数据处理有误。

$R_{对称}$ 是指在一个衍射数据套中,对称相关衍射的强度值的一致度。对称相关衍射应具有相同的强度。如果 $R_{对称} > 0.05$,表明数据中有某种类型的测量误差。

$R_{归并}$ 是指在不同的数据套中,或数据测定的不同画面之间相同衍射(不是对称性相关的)多次测量一致度的量度。

附录表 6.1(c)中所示的 R 因子是和重原子衍生物数据质量相关的。$R_{居里}$ 只适用于中心对称衍射。在表达式中的 F_P,F_{PH} 和 F_H 要带正负号。如果 F_P 和 F_{PH} 两者符号相反,则用 $F_{PH} + F_P$;若两者符号相同,则用 $F_{PH} - F_P$。在修正时 $R_{居里}$ 值在 0.4~0.6 之间为合理。

$R_{克劳特}$ 可适用于一般衍射相角的修正,在同晶置换法中用以确认重原子在衍生物中对生物大分子相角的贡献。

$R_{反常}$ 指示在反常散射效应作用于 Friedel 对的结构振幅之差修正时的大小。

$R_{衍生物}$ 指示在修正过程中原子同晶置换所得的衍生物的质量。要注意,置换过程晶胞参数不发生明显变化。

结构模型的可靠性除了用 R 因子表达外,还可用品质因子 S(goodness of fit)表示:

$$S = \left[\sum w(F_o^2 - F_c^2)/(N_R - N_p) \right]^{1/2}$$

式中,N_R 为独立的衍射点数目,N_p 为参与修正的参数总数,这两者之差表示过定度。参数的数目由晶体学独立的原子数目决定,大致大于不对称单位原子数目的 $9 \sim 10$ 倍。从理论上,如果所用的权重值合适,则 S 值为 1,或接近 1。$S < 1$ 意味着模型好于数据,数据可能有问题或修正过程有问题(如,需要重新处理数据或进行吸收校正;查一下所用的空间群是否正确等)。

参 考 文 献

[1] A. Liljas, L. Liljad, J. Piskur, G. Lindbom, P. Nissen, M. Kjeldgard, *Text Book of Structural Biology*, World Scientific, 2012.

[2] C. Giacovazzo, H. L. Monaco, D. Viterbo, F. Scordari, G. Gilli, G. Zanotti, M. Catti, Edited by V. Giacovazzo, *Fundamentals of Crystallography* (3rd ed.)(IUCr Texts on Crystallography, 2), 2011.

[3] A. Messerschmidt, *X-Ray Crystallography of Biomacromolecuales: A Practical Guide*, Wiley-VCH Verlag CmbH & Co. KGaA, 2007.

[4] C. W. Carter, R. M. Sweet, et al, *Methods in Enzymology*, Vol. 114, 115, 276, 277, Part A and Part B, Academic Press Inc., 1997.

[5] D. E. McRee, *Practical Protein Crystallography*, Academic Press, San Diago, 1993.

[6] M. G. Rossmann, E. Arnold, ed., *International Tables for Crystallography*, Vol. F, *Crystallography of Biological Molecules*, Kluwer Academic Publishers, Dordrecht, 2001.

[7] J. P. Glusker, M. Lewis and M. Rossi, *Crystal Structure Analysis for Chemists and Biologists*, VCH, 1994.

第 7 章 多 晶 衍 射[①]

多晶样品易于获得,多晶 X 射线衍射(又称粉晶衍射或粉末衍射)实验相对易于实现,因此,多晶衍射是所有衍射法中应用最广泛的一种。利用多晶衍射数据,可以得到样品的物相组成与含量、晶体的点阵参数、晶粒大小、晶格畸变等信息;对于难于培养出较大单晶体的样品,多晶衍射也可以应用于结构分析——通过初始模型采用 Rietveld 方法进行结构精修,甚至可以进行晶体结构的从头测定。

多晶衍射与单晶衍射遵循相同的晶体学原理,但是,与单晶衍射相比,多晶衍射相当于三维倒易空间的单晶数据变化是以晶面间距 d 值为变量的一维数据,也就是说,d 值相同的衍射会完全重合,d 值相近的数据会发生重叠。因此,多晶衍射方法与技术既与单晶有类似之处,也有其特殊之处。

典型的多晶 X 射线衍射图中,以 2θ(2θ 与晶面间距 d 的关系通过 Bragg 方程关联)为横坐标,衍射强度为纵坐标。图 7.1 给出几种常见物质的多晶 X 射线衍射图,在这张衍射图上,可以得到的信息是:衍射峰及其位置,衍射峰的强度和衍射峰的形状。衍射峰是否出现、峰位置在何处由晶体的空间群和晶胞参数决定,即反映了晶体结构倒易空间的分布情况,其中,衍射峰的系统消光给出点阵类型与空间群的信息;衍射峰强度由晶胞中原子位置决定;而衍射峰的形状与仪器几何光路及条件、晶粒大小、晶格畸变等密切相关。

如何获得多晶衍射图,如何正确地提取相应的衍射信息,并且有效地利用这些数据是多晶衍射需要解决的问题。

① 致谢:本章第 7.1～7.4 节参考了林炳雄教授编写的北京大学内部教材《多晶 X 射线衍射》讲义,第 7.5 节参考了董成研究员在第 10 届粉末衍射学术会议上的文章。笔者衷心感谢北京大学化学与分子工程学院林炳雄教授将我引入多晶衍射的研究领域,感谢北京大学化学与分子工程学院林建华教授在研究工作与结构精修中的指导,感谢中国科学院物理研究所董成研究员提供了参考资料与指标化程序 PowderX,感谢北京大学物理学院杨金波教授提供了关于中子衍射的部分参考文献。

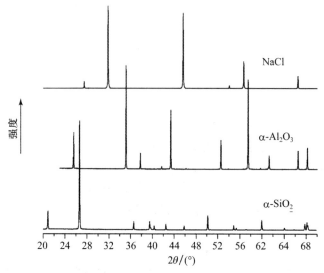

图 7.1　几种常见物质的多晶 X 射线衍射图

7.1　多晶 X 射线衍射方法

多晶衍射按其收集衍射强度数据方法的不同,可分照相法和衍射仪法两类。

7.1.1　照相法

照相法又分为 Debye-Scherrer 法和聚焦法两种。

1. Debye-Scherrer 法

又称作粉末照相法。单色 X 射线入射到做成棒状的多晶粉末样品上而产生衍射,用 X 光底片收集衍射信号;底片装在闭光的圆筒照相机内,而样品则安装在圆筒相机中心轴上,见图 7.2。摊平研细的样品(颗粒小于 20～30 μm),用一支长约 10 mm、直径约 0.5 mm、粗细均匀、粘有胶黏剂的林德曼玻璃丝(Be-B玻璃),在样品上轻轻滚动,样品聚集成位于玻璃丝顶端的均匀圆柱体。此法中,光源为点焦斑,入射线束经平直器作用以限制其发散度,基本上为平行光。

当 X 射线照射到多晶样品上,由于样品由大量的各个方向取向均等的小晶体构成,对于一组晶面(hkl)而言,与入射线 S_0 方向成 2θ 角、符合 Bragg 方程的方向将出现衍射,形成以入射线为中心、4θ 为顶角的衍射圆锥,见图 7.2 和图 7.3。对于每一个 hkl 衍射,均有一个衍射圆锥相对应。衍射圆锥顶角 $4\theta \leqslant \pi$ 对应的区间为低角区,而顶角 $4\theta > \pi$ 为高角区。图 7.3 给出 X 光底片与衍射圆锥相交的一对衍射线条 A 和 B，二者之间的距离为 $2L$(mm)。

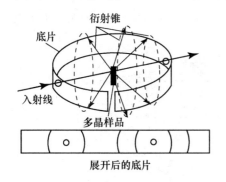

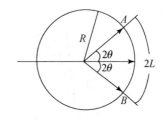

图 7.2　Debye-Scherrer 法(粉末照相法)　　　　**图 7.3　衍射线条与衍射角的关系**

　　从相机几何可以看出，衍射线对 A、B 之间距($2L$)与圆锥角(4θ)及相机半径(R)的关系为：

$$\theta = L/(2R)$$

这里求得的 θ 角的单位是弧度，若改为度(°)，$\theta = 57.3 \cdot L/(2R)$；标准 Debye 相机半径 R 为 57.3 mm 或 114.6 mm，所以量得一对衍射线条的距离，就可以很方便地求出 θ 值。而衍射线条的强度可以用黑度计来测量。

　　Debye-Scherrer 法的优点在于：样品用量少；制样过程中小晶粒主要是滚动黏附，实验过程中样品在旋转，所以择优取向较小；所有的衍射同时记录，光源强度的涨落现象影响不大，衍射相对强度可靠。但该法的主要缺点是：曝光时间长，冲洗底片麻烦，角度和强度不能直接读出，整个实验周期长，但更重要的是分辨率与灵敏度差，弱衍射反映不出来。

　　2. 聚焦法

　　X 射线管发出的 X 射线呈扇形发散，在 Debye-Scherrer 法中入射线需要经平直器处理，平行化过程使得 X 射线的强度大大减弱；即便如此，X 射线仍有一定的发散度，发散的 X 射线使底片背底加重从而使弱衍射更难以分辨出来，衍射的灵敏度差。聚焦法解决了以上问题。

　　聚焦法中，将粉末样品制成与相机曲率半径相同的弯曲面状，底片放在样品与入射线之间，如图 7.4 所示。图中，S 为样品，F 为入射线孔，S 与 F 之间之大弧为胶片。聚焦法巧妙地利用了"同弧上的圆周角相等"的几何原理。从 F 入射的 X 射线发散照在整个样品上，位置 A 处有一小晶粒的晶面(hkl)产生衍射，衍射线与 FA 成 2θ 角(即 $\angle FAG$ 的补角)，则位置 B、C 晶粒的晶面(hkl)也产生衍射,样品中不同位置的同一 hkl 衍射聚焦在底片上,形成一个衍射点 G。一个 hkl 衍射对应于一个聚焦的线条,G_1,G_2 和 G_3 为不同 hkl 形成的衍射点。

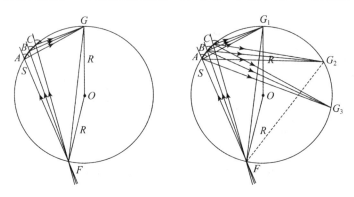

图 7.4　多晶 X 射线衍射聚焦法示意图

聚焦法中,G 可以看成是 F 的"像",入射点越细,得到的衍射线越细。衍射的 2θ 越小,聚焦成像越差;2θ 越大,聚焦成像越好。另外,由于仅在入射线水平方向有聚焦作用,垂直方向没有聚焦作用,所以所用的光源为线焦点,要求垂直发散度尽可能小。

聚焦法的优点:样品用量少,背底浅,成像清晰,较弱的线条可以显现出来。这种方法的缺点是容易发生择优取向,为此,粒度要求更细,一般要达到 μm 数量级。

7.1.2　多晶 X 射线衍射仪的一般原理

多晶 X 射线衍射仪大多基于聚焦法。衍射仪核心部分包括 X 光光源、测角仪、探测器(含记录仪)三大部分。X 光光源可采用固定靶,也可以采用转靶。衍射仪设计中,X 光光源到样品的距离等于样品到探头(探测器)的距离,探头与样品绕同一轴旋转,入射的 X 光照射到样品上,产生的衍射被探头接收,通过记录部分给出衍射信号。

衍射仪中,以样品为圆心,探测器按确定半径(R)运动的部分称为测角仪(图 7.5)。在聚焦法中,从 F 入射的 X 射线照射到样品上,产生了 G_1、G_2、G_3 等衍射(图 7.4),这些衍射中只有衍射 G_2 符合测角仪的设计,即入射线光源到样品的距离等于样品到探头的距离,所以只有 G_2 衍射才能为探头所接受,产生 G_2 衍射的晶面应基本上平行于样品面。

图 7.4 中的圆称为聚焦圆,在聚焦相机中此圆的半径为定值。在衍射仪

中,对于半径为某一定值的聚焦圆,只能探测到一个衍射。为了获得样品产生的所有衍射,就必须不断改变聚焦圆半径,即一个衍射对应于一个聚焦圆。

改变聚焦圆半径可通过样品和探头绕同心轴旋转实现,图 7.5 示出旋转的情况。图中 F 点为固定光源,FS 值不变,S 和 D 绕样品表面中心轴按顺时针方向——即 2θ 增大方向旋转。随着探测器位置的变化,F、S 和 D 形成不同的聚焦圆,如图 7.6 所示。左图中,$FS=SG_1$,对应一个角度 $2\theta_1$,聚焦圆半径为 r_1;右图中,$FS=SG_2$,对应一个角度 $2\theta_2$,聚焦圆半径为 r_2。一个聚焦半径对应一个 2θ 值并且最多只可能产生一条衍射线。

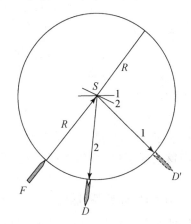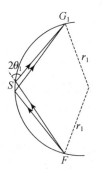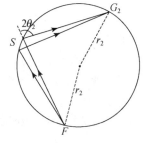

图 7.5　衍射仪中样品与探测器同心旋转

　　F:光源;R:扫描半径

　　S:样品;D',D:探测器

图 7.6　衍射仪中的聚焦圆

　　F:光源;S:样品;G_1,G_2:衍射线;

　　　　　　r_1,r_2:聚焦半径

因此,要收集样品所有的衍射线,若光源不动,则试样必须旋转,探头也必须跟着旋转,它们的旋转速度必须满足这样的关系:样品与探测器同轴转动的转速之比为 1:2。此即通常所说的 θ-2θ 联动扫描。实现聚焦的另一个方法:可以使样品保持不动,光源和探测器相向同速转动,此为 θ-θ 联动扫描。

这里特别要注意分清扫描半径和聚焦半径的概念。扫描半径指样品到探头的距离,即 R,在整个测定过程中是恒定不变的;聚焦半径(指光源 F、样品 S 和探头三点共圆时的半径)在整个扫描过程中随时都在变化。聚焦法中,要求样品的曲率半径与相机的曲率半径相等。但在衍射仪上,聚焦半径随扫描过程而在不断变化,不可能使样品在转动中逐渐弯曲成不同的曲率半径。这就使得在实际工作中,样品只能做成平板状。平板状的样品与聚焦条件有偏离。既然只有基本上平行于样品面的晶面的衍射才能被接收到,那么在衍射仪法中,择优取向的影响将会起很大作用,样品的处理、制备等需要特别小心。

衍射仪法的优点在于分辨率高,背底小,自由空间大——可以附加许多配件来满足特殊要求条件下的实验;还有,数据收集速度快,衍射角 θ 和相应的衍射强度值可直接读出,方便快捷。衍射仪法的缺点是,样品的需要量较大,存在择优取向问题,例如对层状结构的样品平行于层的晶面的择优取向严重。为解决此问题,要求样品粒度尽可能小,必要时应加一些冲淡剂冲稀之。

7.1.3 测角仪的调整与衍射实验

1. 衍射仪的调整

按照聚焦法得到的衍射图谱,理论上衍射峰应是窄而对称的,但实际上,从衍射仪上得到的衍射峰都有一定宽度和形状。当 $2\theta < 90°$ 时不对称,向前倾;$2\theta = 90°$ 时对称;$2\theta > 90°$ 时不对称,向后倾。这是由于光源聚焦不理想、平板样品、样品存在吸收、狭缝有一定宽度等诸多因素综合影响,导致衍射偏离严格的聚焦几何条件而引起的。

为了使测角仪的工作状态尽量接近聚焦条件,在使用测角仪之前要对测角仪进行调整。调整好的指标是:能最有效地获得衍射强度;分辨率好;2θ 角度准确。

α 石英结晶好,纯度高,2θ 从 21° 到 150° 都有衍射线,所以可采用粒度 $5 \sim 15~\mu m$ 的 α-石英作为衍射标准样品来考察并调整仪器的状态。采用 Cu Kα 光源,在扫描速度为 1°/min 的条件下,$2\theta = 26.64°$ 的测量峰与理论值吻合;在 $2\theta \approx 36°$ 可以察觉 α_1 和 α_2 双峰,从 $2\theta > 40°$ 开始,α_1 和 α_2 双峰可以分开,α_1 峰的半高宽约为 0.1°;2θ 在 68° 左右的 5 个衍射峰(俗称"五指峰")明显分辨出来,其实,这里有三个指标(212,203,301)的衍射,若仪器状态正常,此处 α_1 和 α_2 可以分开,而 203 衍射的 α_2 峰与 301 衍射的 α_1 峰重叠,于是可观察到五个峰,故名。

2. 样品的制备与衍射条件选择

由衍射仪的聚焦原理可知,只有基本上与样品平面平行的点阵面产生的衍射才可以被探测器接收,因此要获得强度准确的衍射数据,要求点阵中所有 hkl 面平行于样品平面的概率相等。这就要求晶粒细且均匀分布。同样组成的样品由于样品细度不同,衍射峰强度可能会不一样,即样品的粒度大时会影响强度。晶粒越细,统计分布越均匀,强度数据就越可靠。要特别注意可能产生择优取向的样品,如黏土等片状样品经压样操作后与片平面平行的晶面往往更易平行于样品表面排列,而其他晶面平行于表面分布减少,造成了晶面取向统计分布不均,从而影响衍射强度数据的准确性。因此,片状样品处理时更要注意磨细和加入冲淡剂如 MgO 等,尽可能使样品晶面取向随机分布。为避免"择优取向",也可以在仪器的样品架上加装"旋转"附件,使平板样品在聚焦条件下绕平板样品垂直中心轴快速旋转。

样品的衍射强度与 X 射线在样品上的照射面积有关。照射面积随 2θ 角的改变而改变。照射"面积"$AC = 2\alpha l/\sin\theta$,如右图所示,$\theta$ 为衍射角度。发散狭缝大,

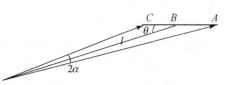

低角度照射"溢出";发散狭缝小,高角度面积小,强度弱。如何合理选择狭缝,可以参照仪器特点与实验要求确定。必要时可以分段选择不同狭缝进行数据收集。

收集衍射数据时,可以采用连续扫描或者步进扫描模式。在物相分析时,可以选用连续模式,强度采用"计数率(counts per second, cps)"。在进行相定量或结构分析时,多采用步进扫描模式。步进扫描又分定数法和定时法。所谓"定时法",即设定一定的步长(如 $0.02°$),在每步均停留一定时间,如 5 秒,强度采用计数(counts);所谓"定数法",即为设定样品在每步的计数,如设定计数为5000,每步强度测定达到 5000 个计数再转入下一步。

多晶 X 射线衍射仪法收集得到的衍射强度数据的误差是分析中需要考虑的问题。数据误差随仪器类型不同而不同。有些仪器在记录强度数据时通常也会给出误差值。对于未列出误差的数据,可认为计数误差服从"大数定理",当 N 相当大时,在 N 个脉冲的计数中,其最可几误差为:$\sigma = N^{1/2}$,相对误差为:$\sigma/N = 1/N^{1/2}$。可见,N 越大,误差就越小;反之 N 越小,误差就越大。在实际工作中,强峰的误差小,而弱峰的测量误差大,因此在实验中欲测准弱衍射峰的强度,可延长测量时间来累积脉冲数。如果探测器是逐点记录衍射强度,强度数据在不同时间记录,管压管流随时间的波动都会带来强度的偏差,所以要求仪器的稳定性好。

7.2 多晶 X 射线衍射的积分强度

在多晶 X 射线衍射中,衍射峰的强度为:

$$I_{hkl} = I_0 \left(\frac{e^4}{m^2 c^4}\right) \frac{\lambda^3}{8\pi R^2 V_c^2} \frac{1 + \cos^2 2\theta}{2} \frac{1}{2\sin^2\theta\cos\theta} |F_{hkl}|^2 \cdot D \cdot \Delta V \cdot j$$

式中,I_{hkl} 表示指标为 hkl 的衍射峰的强度;I_0 是入射 X 射线强度;e 为电子电荷;m 为电子质量;c 为光速;λ 为 X 射线波长;R 为样品中心至衍射图距离,即衍射仪的半径;V_c 是晶胞体积。这些参数可以合并为常数项 K'。θ 为 Bragg

角;P 为极化因子$\left(P=\dfrac{1+\cos^2 2\theta}{2}\right)$,与衍射光发生偏振有关;$L$ 为 Lorentz 因子

$\left(L=\dfrac{1}{2\sin^2\theta\cos\theta}\right)$,与衍射几何有关。$P$ 和 L 均与角度有关,合称 PL 因子。F_{hkl}

为结构因子;D 为温度因子(又称 Debye 因子,参看表 8.10);ΔV 为样品参与衍射的体积;j 是多重度因子。这些参数与物相、结构信息相关。

简化的衍射强度公式可表示为:

$$I_{hkl} = K' \cdot P \cdot L \cdot |F_{hkl}|^2 \cdot D \cdot \Delta V \cdot j$$

衍射强度公式中,各因子的影响讨论如下。

PL 因子:$PL=\dfrac{1+\cos^2 2\theta}{4\sin^2\theta\cos\theta}$,$PL$ 因子随角度的变化见图 7.7。可以看出,低

角度时,PL 因子较大且随衍射角增大而急剧减小,在 θ 角范围 $20°\sim80°$(相应地,2θ 为 $40°\sim160°$)之间,PL 因子变化不大。

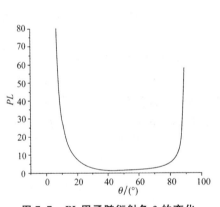

图 7.7　PL 因子随衍射角 θ 的变化

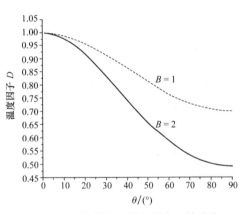

图 7.8　温度因子 D 随衍射角 θ 的变化

温度因子:实际晶体中,原子不是静止地处在坐标参数所确定的位置,而是在不断地进行热振动,这种振动增大了原子散射波的位相差,衍射强度被减弱因而应予以修正。温度因子 D 反映了结构中原子的热振动情形:

$$D = \exp(-2B\sin^2\theta/\lambda^2), \quad B = 8\pi^2 U$$

式中,U 为原子位移参数,$U=\langle u^2\rangle$,$\langle u^2\rangle$ 是位移振幅的均方值;B 也称温度因子。

通常,轻原子的温度因子较大,重原子的温度因子较小。一般说来,无机晶体的温度因子 $B<1$ Å^2;而有机物中含有 C,H,O,N 等轻原子,B 可达约 $2\sim6$ Å^2。图 7.8 给出 B 分别为 1 Å^2 和 2 Å^2 时,对于 Cu Kα 为衍射光源,D 随衍射角的变化关系。可以看出,由于原子的热振动,导致高角度的衍射强度大大降低。

以上参数中，PL 因子、结构因子 F_{hkl}、温度因子均与单晶衍射表达一致。体现多晶衍射特点的分别是样品参与衍射的体积 ΔV 和反映晶面间距相同的晶面数目的多重度因子 j。

体积因子 ΔV 表示参加衍射的粉末样品的总体积。当考虑吸收效应时，样品参与衍射的有效体积将小于 ΔV。棒状样品高角度吸收弱，低角度吸收强，而平板状样品吸收效应与角度无关。在平板状样品时，ΔV 这个物理量可以 $A_\circ/2\mu$ 代之，即 ΔV（有效体积）$= A_\circ/2\mu$。$A_\circ$ 为入射光截面，μ 为线性吸收系数。这就是说，采用衍射仪进行实验时，体积为 ΔV 的样品产生的衍射强度仅等于体积为 $A_\circ/2\mu$ 的样品在没有吸收效应时所产生的衍射强度，所以 $A_\circ/2\mu$ 可称为平板样品的有效体积，它与衍射角 θ 无关。

多重度因子（倍数因子）j 对应于衍射中 d_{hkl} 相等的晶面的数目，这是因为多晶衍射中 d_{hkl} 相等的晶面的衍射叠加在一起。j 由晶体的对称性和晶面指标的特点决定。

例如，对于正交晶系：

hkl 衍射，$j=8$，因为 hkl，$\bar{h}kl$，$h\bar{k}l$，$hk\bar{l}$，$\bar{h}\bar{k}l$，$\bar{h}k\bar{l}$，$h\bar{k}\bar{l}$，$\bar{h}\bar{k}\bar{l}$ 的晶面间距相等；

$hk0$ 衍射，$j=4$，因为 $hk0$，$\bar{h}k0$，$h\bar{k}0$，$\bar{h}\bar{k}0$ 的晶面间距相等；

$h00$ 衍射，$j=2$，因为 $h00$，$\bar{h}00$ 的晶面间距相等。

对于立方晶系，hkl 衍射，$j=48$：

$$
\begin{array}{cccccccc}
hkl & \bar{h}kl & h\bar{k}l & hk\bar{l} & \bar{h}\bar{k}l & \bar{h}k\bar{l} & h\bar{k}\bar{l} & \bar{h}\bar{k}\bar{l} \\
klh & \bar{k}lh & k\bar{l}h & kl\bar{h} & \bar{k}\bar{l}h & \bar{k}l\bar{h} & k\bar{l}\bar{h} & \bar{k}\bar{l}\bar{h} \\
lhk & \bar{l}hk & l\bar{h}k & lh\bar{k} & \bar{l}\bar{h}k & \bar{l}h\bar{k} & l\bar{h}\bar{k} & \bar{l}\bar{h}\bar{k} \\
hlk & \bar{h}lk & h\bar{l}k & hl\bar{k} & \bar{h}\bar{l}k & \bar{h}l\bar{k} & h\bar{l}\bar{k} & \bar{h}\bar{l}\bar{k} \\
khl & \bar{k}hl & k\bar{h}l & kh\bar{l} & \bar{k}\bar{h}l & \bar{k}h\bar{l} & k\bar{h}\bar{l} & \bar{k}\bar{h}\bar{l} \\
lkh & lk\bar{h} & l\bar{k}h & \bar{l}kh & lk\bar{h} & \bar{l}kh & l\bar{k}h & \bar{l}k\bar{h}
\end{array}
$$

若晶体的衍射点群属于 O_h，则阶次为 48，即上述 48 个衍射强度全等，多重度因子为 48；若衍射点群属于 T_h，阶次为 24，即上述 48 个衍射分成两组，每组的 24 个衍射强度全等。不同晶系、不同对称性、不同衍射指标的多重度因子不同。多重度因子可参看表 4.1。

因此，在多晶 X 射线衍射中，用衍射仪进行实验时多晶衍射的积分强度要综合考虑上述因素的影响。和单晶类似，多晶衍射也存在原消光和次级消光的影响，二者均使实验测得的衍射强度减弱。原消光为理想完整晶体或较大的镶嵌块内部入射线与衍射线相互间干涉作用，导致振幅的减弱。次消光为每个镶嵌块间的屏蔽作用,即减弱入射线的强度。所以,原消光比次消光影响大。当然,晶体若存在原消光时也同时存在次消光,因为晶体存在原消光时整个晶体同时产生衍射,此时靠近表面的格子面对内部格子面产生"屏蔽作用"。原消光现象在晶体尺寸较大、完整性好、衍射强度大且衍射角较小的情况下作用较强。次消光也是在强度大、衍射角较小的衍射时较为严重。由于消光现象的存在,计算值往往比实验所测得的强度为高,尤其是晶体较大时,对于低衍射角的高强度衍射,计算值与实验值相差甚远。一般在粉末多晶法中,由于样品中晶体较小,所以消光现象比单晶法影响较弱,但即使是粉末多晶体,低角度衍射线的强度实验值通常也偏小。

7.3　X 射线衍射物相定性分析

多晶衍射最基本的功能就是进行固体样品的物相分析。具有某种组成的物质的结构可能仅为一种,此时形成一个物相,例如 $CuSO_4 \cdot 5H_2O$,Na_2SO_3等;而某些物质,其组成相同,但结构不同,形成多种物相,例如 TiO_2,常见结构有三种形式:金红石、板钛矿和锐钛矿。对一个固体样品,既需要知道其组成,也需要知道构成此固体样品的物相,如此才能真正了解其特性。

7.3.1　物相定性分析的基本原理

X 射线衍射物相分析的依据,可从两个方面来讨论。

第一,任何一个结晶的固体化合物都可以给出一套独立的衍射图谱,其衍射峰的位置及强度完全取决于此物质自身的内部结构特点。晶体对 X 射线的衍射与晶面间距 d 有关,产生衍射的充分必要条件为:

$$2d\sin\theta = n\lambda, \qquad 结构因子\ F_{hkl} \neq 0$$

晶面间距与晶胞参数 a,b,c 及其 3 个夹角 $\alpha(b \wedge c)$,$\beta(c \wedge a)$,$\gamma(a \wedge b)$,或其相应的倒易点阵常数 a^*,b^*,c^* 及其夹角 $\alpha^*(b^* \wedge c^*)$,$\beta^*(c^* \wedge a^*)$,$\gamma^*(a^* \wedge b^*)$,以及衍射指标之间存在确定的数学关系,见表 3.2。晶胞参数不同,晶面不同,对 X 射线衍射方向亦不同,衍射角不同;各衍射峰的强度由晶体中的原子分布方式决定。由此可见,每种晶态物质都有其独特的 X 射线衍射图谱,二者之间存在一一对应的关系。

第二,物质不会因为与其他物质混合而引起衍射的变化,即混合物中各物相的衍射互不干扰,彼此独立。因此,可用衍射图谱来鉴别晶态物质——将待检物相的衍射图谱与已知物相的衍射图谱相比较。混合物的衍射图谱是各组成物质物相图谱的简单叠加,这就是 X 射线衍射法进行物相定性分析的依据。

7.3.2 标准衍射卡片及其检索

1. 标准衍射卡片

1938 年,J. D. Hanawalt,H. Rinu,L. K. Frevel 三人收集了 1000 种物质的衍射图,并以 *d-I* 数据组代替衍射花样,开始制作衍射数据卡片的工作。1942 年,美国测试与材料协会(American Society for Testing and Materials,ASTM)将收集到的衍射数据汇编成 1300 张卡片正式出版,简称为 ASTM 卡片。到 1972 年,ASTM 卡片已出版 22 组,其中 1~6 组是 20 世纪 50 年代初的,有机物卡片与无机物卡片分开装盒,7~22 组有机与无机卡片统一编排,每组卡片前面部分为无机物、后面是有机物,与此同时出版了相应的索引。

1972 年以后,美国、英国、法国、加拿大等国组织起来成立了"粉末衍射标准联合委员会"(Joint Committee on Powder Diffraction Standards,JCPDS),负责编辑和出版粉末衍射卡片,因此卡片简称为 JCPDS 卡,卡片内容、形式均与 ASTM 卡片一致。将卡片装订成书以便于查阅,称为粉末衍射文件(powder diffraction files),简称 PDF 卡片。目前,该数据卡片由位于美国的国际衍射数据中心(International Center for Diffraction Data)负责收集和管理,称 ICDD-JCPDS 卡,也简称 ICDD 卡。

现以 25-1467 号卡片为例,介绍其基本构成框架与内容。卡片中所用符号是早期沿袭下来的,有的和文献中现在通用符号不同,查阅时要注意。

(1) 25-1467

	d	3.79	2.80	5.82	5.85	BaZrSi₃O₉ (3)
(2)	I/I₁	100	100	40	40	Barium Zirconium Silicate

25-1466

BaO·ZnO₂·3SiO₂ ★

(4) Rad. CuKα λ 1.5418 Filter Dia.
Cut off I/I₁ Diffractometer I/I cor.
Ref. Masse and Durif, Compt. rend. 276C 1029-31 (1973)

(5) Sys. Hexagonal S.G. P6̄c2 (188)
a₀ 6.755 b₀ c₀ 9.980 A C 1.4774
α β γ Z Dx 3.85
Ref. Ibid. V 197.2Å³

(6) εα nωβ εγ Sign
2V D mp Color
Ref.

(7) Synthesized from BaCO₃, ZrO₂, SiO₂, 1000°-1350℃
Benitoite structure.
To replace 19-149.

(8)

d A	I/I₁	hkl	d A	I/I₁	hkl
5.82	40	100	1.623	2	310
4.98	9	002	1.600	25	106
3.79	100	102	1.544	9	132
3.38	40	110	1.537	11	304
3.20	19	111	1.494	10	116
2.924	35	200			
2.797	100	112			
2.523	4	202			
2.496	13	004			
2.297	6	104			
2.210	25	210			
2.158	6	211			
2.022	10	212			
2.009	35	114			
1.950	18	300			
1.900	16	204			
1.842	16	213			
1.817	20	302			
1.689	6	220			
1.656	18	124			

©Joint Committee on Powder Diffraction Standards 1975

FORM M-2

　　卡片分为不同区域,写有不同信息与符号,其代表的意义分别如下:

　　(1) 卡片号:25-1467,25 代表卡片所在组数,1467 是卡片号;右上角的数字表示该卡片背面的另一个卡片;在 PDF 文件中右上角数字不存在。

　　(2) 该相的三强线及第一个峰的 d 值与相对强度。

　　(3) 化学式及物质的英文名称,可以是矿物名称;右上角的符号表示卡片数据的可靠度或者数据的获取方式:常见的有 ★,i,○,C 四种符号,或者为空白。其中,★表示数据非常可靠;i 表示数据比较可靠;空白表示可靠性一般;○表示数据可靠度差;20 组之后某些卡片标记为 C,表示数据是由晶体结构数据计算得到的。个别卡片的记号为 R,表示数值为 Rietveld 精修结果。

　　(4) 数据收集的实验条件:Rad 为辐射种类(如 Cu Kα);λ 为波长;Filter 为滤波片;Dia 为相机直径;Cut Off 为对称式 Debye 相机刀边口所对张角;I/I_1 为衍射强度的测量方法;Ref. 为此区参考文献。

　　(5) 晶体学数据:包括晶系(sys)、空间群(SG)、晶胞参数($a,b,c,\alpha,\beta,\gamma$)、晶胞参数的比值(A,C=$c/a$);计算密度(Dx)、晶胞中所含化学式数目($Z$);Ref. 为参考文献(Ibid 意为"同上",表示和上栏的参考文献相同)。

　　(6) 物质的物性数据:$\varepsilon\alpha,n\omega\beta,\varepsilon\gamma$ 为折射率;sign 为光性,正或负;2V 为光轴夹角;D 为实验测得密度;mp 为熔点;Color 为样品颜色;Ref. 为此区参考文献。

　　(7) 与物质相关的进一步信息:例如样品来源,制备方法,化学性质,热分析数据[如升华点(S. P.)、分解温度(D. T.)、转变点(T. P.)及实验温度等]。

　　(8) 在所列条件下收集到的晶面间距 d、衍射强度 I 与衍射指标 hkl 值,其中衍射强度以最强峰 I_1 为 100,其他峰根据 I/I_1 的比值取值。有些卡片只有 d 和 I 值,衍射指标未给出,可能该衍射图尚未指标化。

　　可以看出,从衍射卡片上可以了解物质结构及相关的基本信息。

　　2. 卡片的检索:卡片集索引

　　卡片索引是一种能帮助使用者从几十万张卡片中迅速查到所需要的卡片的工具书。卡片集索引分为两本:有机索引(*Organic Index to the Powder Diffraction File*)和无机索引(*Inorganic Index to the Powder Diffraction File*)。索引方法有字母索引和数字索引两种。

　　(1) 数字索引(Hanawalt Index)

　　将已经测定的所有物质的最强线的面间距 d 值从大到小按顺序分 87 组:$d>20$ Å,为一组;19.9~18.0 Å,为一组;以此类推,各组的 d 值范围随其包括的物相数目而改变。最后两组为:0.89~0.80 Å 为一组,$d<0.80$ Å 为一组。在同组中,每条索引按第二个 d 值大小排列,若第二个 d 值相同,则按第三个 d

值大小排列,以此类推,编排成所有的数字索引。

每条索引包括对应物相八强线的 d 值及其大致的强度 I/I_1,强度放在 d 值的右下角(X 表示强度约为 100%,数字如"3"表示强度约为 30%),以及化学式、名称及卡片的顺序号。在每条索引的前面给出该卡片的可靠度符号。八条最强线的 d 值在索引中排列方式是:前面三个位置为八条线中 $2\theta < 90°$ 的三条最强线,第四位至第八位则为其余五条线按强度次序的排列;随后给出的是物相的化学式和卡片号。某些条目在卡片号后还有一个比值,称作参比强度值,在物相定量分析中具体讨论。有些物质的化学式后面带有数字和字母,其中数字表示晶胞中的原子数目,字母代表晶系(C-立方,H-六方,T-四方,O-正交,R-三方 R 格子,M-单斜,A-三斜)。

考虑到影响强度的因素比较复杂,为了减少因强度测量的差异而带来的查找困难,前三条衍射线的 d 值轮流占据索引中第一位,分别以 $d_1 d_2 d_3$,$d_2 d_3 d_1$,$d_3 d_1 d_2$ 进行排列,因此同一化合物或同一张卡片在整个数字索引中出现三次,即同一张卡片以三条数字索引出现。

(2) 字母索引(Davey Index)

按照物相英文名称的字母顺序编排条目,每个条目占一横行。英文名称写在最前面,其后依次排列着化学式、三强线的 d 值和相对强度、卡片编号,以及参比强度。

无机物索引有两种:物相名称与矿物名称索引。物相名称索引按物相的英文名称的字母顺序编排条目;矿物名称索引按此物相的矿物英文名称的字母顺序排列。

有机化合物索引也分两种:名称索引和分子式索引。有机化合物名称索引,即按有机化合物英文名称的字母顺序排列;分子式索引,则按此物相所含碳原子的数目顺序排列。

卡片索引集中最实用且用得最多的是字母索引。因为要分析的样品一般都知道其化学组成,据此可以估计样品中可能存在的物相,这样物相分析就可有目的地在可能的化合物中寻找。当待测样品中的物相或元素完全不知时,可以使用数字索引。

7.3.3 物相分析:实验与判断

1. 物相定性分析的步骤

(1) 按 7.1.3 节要求制样并获得衍射数据;

(2) 通过衍射峰的位置根据 Bragg 方程计算 d 值,读取强度数据,计算相对强度 I/I_1;

（3）用字母或数字索引检索 PDF 卡片；

（4）找出相应的卡片进行比对，判定唯一准确的 PDF 卡片。

由于卡片所载实验条件不可能与实际实验条件完全一致，即便条件相同，数据也很可能存在系统误差，所以实测衍射图的 d 值与卡片 d 值是有差别的。实测 d 值与卡片 d 值之间允许误差范围，例如：$d \approx 1$Å，误差为 ± 0.003Å；$d \approx 3.5$Å，误差为 ± 0.03Å；$d \approx 8$Å，误差为 ± 0.25Å。若误差在这个范围内，就认为实测 d 值与卡片 d 值是相符的。实验时也要注意温度与仪器零点的影响。消除仪器误差，可以加入内标物，如石英相 SiO_2，CaF_2 等。

2. 在定性分析中需要注意的问题

（1）实验数据与 PDF 卡片上的数据常常不完全一致，如面间距 d 值和相对强度 I/I_1 值。在进行数据对比时，d 值的符合比相对强度符合更重要，相对强度值只作参考。

（2）对于不同晶体，在低角度时 d 值相一致的机会很少，而在高角度，不同晶体间衍射峰相似的机会较大。因此，在相分析中低角度区的衍射与卡片数据的符合比高角度区的符合更重要。

（3）在多相混合样品中，不同相的某些衍射峰可能互相重叠，因此某些强线实际并不是某一物质的强衍射。如果以其作为最强线进行分析，就难以得到符合的结果。混合相样品的分析是一项非常细致的工作，一般要经过多次尝试。

（4）有些物质的结构相似，仅晶胞参数有不大的差别，原子散射能力也很相似，这时它们的衍射峰差别很小。分析时必须和其他实验方法，如化学分析、电子探针、能谱分析等相结合，才能得出正确结果。

（5）不同编号的同一物质的卡片数据以较晚发表卡片上的数据为准。

（6）混合试样中某相的含量很少或该相的衍射能力很弱时，在衍射图上该相的衍射峰显示不出来，因此无法确定该物相是否存在。所以，这种方法只能确定某相的存在，而不能确定某相的绝对不存在。

利用多晶 X 射线衍射分析物相，样品用量少且不破坏原样品，准确度高，是分析固体的最基本的方法。这一方法的局限性在于灵敏度低，当混合物中某物相含量低于 3% 时，就很难鉴定出来。样品的衍射图谱质量与物相的衍射能力有关，当样品中某些物相含有重原子，而另外样品为轻原子（C，H，O，N）组成，则轻原子组成的物相更不易鉴别，以至有的物相含量到 40% 还鉴别不出来。若物相太多而衍射线重叠严重，也不易鉴定，可考虑采用其他方法（重力、磁力等）使某些物相富集或者分离，再分别鉴定。利用 X 射线衍射作物相分析时，也常常要和其他分析如化学分析、光谱、X 射线荧光等相互配合才能奏效。

7.3.4　数字化的 PDF

随着计算机技术的发展,数字化 PDF 及相应的自动检索技术与程序发展迅速。ICDD 提供电子版 PDF。其中,PDF-2 是广泛应用的一个数据库,它包括所有的 PDF 卡片及 PDF 卡片上的全部数据,2007 年版共包含 199 574 个物相。PDF 提供两种检索软件,PCPDFWIN 和 ICDD SUITE。前者具有在 PDF-2 中寻找和显示某物相数据的功能;后者实际上是 PCPDWIN 和索引软件 PCSIWIN 的组合。PCSIWIN 具有检索的功能,可以实现元素选择、部分化学名的检索等多种功能。利用计算机的强大计算功能,在卡片中给出一张模拟衍射的棒状图。

PDF-4 是目前 ICDD 重点推介的数据库,2012 年推出的 PDF 卡片包括760 019 种物相的数据。它是一种新式的关系数据库。该数据库中,不是按物相的形式记录,而是把所有数据按其类型(如衍射数据、分子式、d 值、空间群等)存于不同的数据表中。分为 32 种类型。在一种类型的下面可有数百子类。这种数据库具有非常强的发掘数据的能力。PDF-4 提供物相的结构数据,还包含一些软件,可以自动做一些计算拟合工作,如可以从单晶结构数据得到多晶衍射谱;基于仪器构造参数(如狭缝)及晶粒加宽等的引入,可以将实验得到的d、I 数据转变为数字化的衍射谱,等等。

7.4　X 射线衍射物相定量分析

与应用于物相定性分析一样,多晶 X 射线衍射法也是进行物相定量最得力的工具。物相定性分析是相定量分析的出发点,只有确认了样品中含有指定的物相,相定量才有意义。利用 X 射线衍射进行定量分析时,某一物相的衍射强度随其含量的增加而提高,但是由于吸收作用的影响,含量与强度之间不是简单的正比关系,需要进行校正。采用衍射仪进行相定量,吸收效应不随 θ 角而改变,易于校正。

7.4.1　多相体系的强度公式

多晶样品中各物相的衍射彼此独立,互不相干。单相体系衍射强度的简化公式为:

$$I_{hkl} = K'PL \left| F_{hkl} \right|^2 D \Delta V j$$

当选定某一 hkl 指标的衍射峰后,$\left| F_{hkl} \right|^2$ 和 j 就是确定的值,Bragg 衍射角 θ 也是定值,与角度相关的各项也随之确定。因此,对于选定 hkl 的衍射,衍射强度

仅是样品受照射有效体积 ΔV 的函数,将确定的各项值合并为常数 K,则衍射强度 I 与 ΔV 的关系为:

$$I = K\Delta V$$

可见,被照射的有效体积越大,衍射强度也越大。I 随 ΔV 变化,所以具有容量性质。使用 Bragg-Bretano 型衍射仪,样品为平板状时有效体积为:

$$\Delta V = A_\circ/(2\mu)$$

式中,$A_\circ$ 为入射 X 射线的垂直截面积,μ 为样品的线吸收系数。对于某一 hkl 的衍射峰,强度公式可写为:

$$I = KA_\circ/(2\mu) \tag{7.1}$$

当样品为多相体系时,各物相能独立地产生衍射。由于 X 射线衍射强度为容量性质,可以将多相体系看成这样一个体系,即各单相体系的体积权重加和。各相的体积分数为:

$$v_i = \frac{V_i}{V_\text{t}}$$

式中,v_i 为 i 相的体积分数,V_i 为 i 相的体积,V_t 为样品的总体积。

若混合体系由 n 相组成,则

$$\sum_{i=1}^{n} v_i = 1, \quad \mu_\text{t} = \sum_{i=1}^{n} v_i\mu_i$$

式中,μ_t 为混合体系的总线吸收系数,μ_i 为 i 相的线吸收系数。因此,多相体系中 i 相的强度公式为:

$$I_i = K'PL \mid F_{hkl} \mid^2 D \frac{A_\circ}{2\mu_\text{t}} jv_i$$

对于确定的 hkl 衍射,在保持一定的实验条件下,

$$K_i = K'PL \mid F_{hkl} \mid^2 D \frac{A_\circ}{2} j$$

K_i 为常数。i 相的强度公式可以简化为:

$$I_i = K_i v_i/\mu_\text{t} \tag{7.2}$$

式中,v_i 和 μ_t 都是变数且 $\mu_\text{t} = \sum_{i=1}^{n} v_i\mu_i$,即 μ_t 是 v_i 的函数,这样 I_i 和 v_i 之间就不是线性关系了。

在讨论样品的吸收效应时,普遍采用质量吸收系数 μ_m。质量吸收系数 μ_m 与 X 射线的波长有关,但是只与组成物质的元素及其在样品中的质量分数有关,而与其聚集状态无关。质量吸收系数与线吸收系数 μ 之间的关系为 $\mu_m = \mu/\rho$,这里 ρ 为样品的密度。若样品为 n 组分体系,$w_1, w_2, \cdots, w_n$ 为样品各物相的质量

分数,则样品的质量吸收系数为:

$$\mu_{mt} = \frac{\mu_t}{\rho_t} = w_1\left(\frac{\mu_1}{\rho_1}\right) + w_2\left(\frac{\mu_2}{\rho_2}\right) + \cdots + w_n\left(\frac{\mu_n}{\rho_n}\right) = \sum_{i=1}^{n} w_i\mu_{mi} \quad (7.3)$$

多相体系中,总质量吸收系数 μ_{mt} 与总线吸收系数 μ_t 的关系为:

$$\mu_{mt}\rho_t = \mu_t = \sum_{i=1}^{n} v_i\mu_i$$

对于混合体系中的 i 相:

$$v_i/\mu_t = v_i/(\mu_{mt}\rho_t) = \frac{V_i/V_t}{\mu_{mt}\rho_t}$$

$$= \frac{\left(\dfrac{mw_i}{\rho_i}\right)\Big/\left(\dfrac{m}{\rho_t}\right)}{\mu_{mt}\rho_t} = \frac{w_i}{\rho_i\mu_{mt}}$$

因此,采用质量吸收系数,n 相体系中 i 相的衍射强度公式 $I_i = K_i v_i/\mu_t$ 可以转化为:

$$I_i = \frac{K_i}{\rho_i}\frac{w_i}{\mu_{mt}} \quad (7.4)$$

式(7.4)是 X 射线相定量分析最基本的公式。以下所述相定量的各种方法都以此式为出发点。

7.4.2 相定量分析基本方法和原理

相定量分析方法有外标法、内标法、参比强度法、自动冲洗绝热法等。各种相定量方法均从式(7.4)出发,这些方法的建立都是为了计算或消去式中的常数 K_i 和总质量吸收系数 μ_{mt},从而使得可以直接从实验测得的强度数据计算出待求物相的含量。

1. 外标法

若多相体系中各相的化学组成相同而结构不同,即混合物由 n 个同分异构体构成,由于质量吸收系数只与物质的化学组成有关,与聚集态无关,即同分异构体的多相体系的质量吸收系数是一个常数,不随各组分的质量分数的变化而改变,恒有 $\mu_{mt} = \mu_{m1} = \cdots = \mu_{mi} = \mu_{mn}$。混合样品中 i 相选定衍射峰的强度:

$$I_i = \frac{K_i}{\rho_i}\frac{w_i}{\mu_{mt}}$$

相同实验条件下,纯 i 相样品该峰的衍射线强度:

$$I_i^0 = \frac{K_i}{\rho_i}\frac{1}{\mu_{mi}}$$

i 相在混合样品的含量：

$$w_i = \frac{I_i}{I_i^0}$$

因此，在相同的实验条件下测得纯物相与其在混合样品中指定衍射峰的强度，利用强度数据之比即可求出样品中物相的含量。

若混合物由质量吸收系数不相等的两相组成，两相含量分别为 w_1 和 w_2，有 $w_1 + w_2 = 1$。在同样条件下，只要测出其中一相（如第一相）在混合物体系中及其纯相的衍射强度，就可以得到该相的含量求取公式为：

$$\frac{I_1}{I_1^0} = \frac{w_1 \mu_{m1}}{w_1(\mu_{m1} - \mu_{m2}) + \mu_{m2}}$$

知道 μ_{m1} 和 μ_{m2}，测得 I_1 和 I_1^0，可求出 w_1，进而求出 w_2。

对于样品总体化学组成已知的样品，根据样品中各元素的含量，可以通过式(7.3)计算出样品的质量吸收系数 μ_{mt}。若欲知样品中第 i 相的含量，也可用外标法。相同实验条件下，混合样品中 i 相的含量与其在混合体系的衍射峰的强度及纯相的衍射线强度之间的关系为：

$$w_i = \frac{I_i}{I_i^0} \frac{\mu_{mt}}{\mu_i}$$

外标法原理简单，但局限性也较大，仅适用于上述有限体系，需要纯物质作为外标物，并严格控制实验条件：制样条件（如样品的处理、压样用力情况等）平行，仪器稳定性好。通常需要多次制样和测试以检验衍射强度数据的重复性，从而保证测量的准确性。

2. 内标法

在 n 相（$n > 2$）体系样品中，样品中各组分的质量吸收系数 μ_m 不同。在此情况下，需要在样品中定量加入一种标准物质 s 相（原 n 相混合体系不含此物相）进行测量，这样的分析方法称为内标法。

在 n 相混合体系中加入一定量的已知内标物 s 后，在新混合体系中原 n 相体系的质量分数为 w_o，s 相质量分数为 w_s：

$$w_o + w_s = 1$$

式中，$w_o = \sum_{k=1}^{n} w_k'$，$w_k'$ 为 k 相在新体系中的质量分数。

原 n 相体系的总质量吸收系数为 μ_{mt}，混合后新体系中总质量吸收系数为 μ_{mt}'。在新的混合体系中，根据相定量基本公式，有：

$$I_i = \frac{K_i}{\rho_i} \frac{w_i'}{\mu_{mt}'}, \quad I_s = \frac{K_s}{\rho_s} \frac{w_s}{\mu_{mt}'}$$

二者相比,得:

$$\frac{I_i}{I_s} = \frac{K_i w_i'/\rho_i \mu_{mt}'}{K_s w_s/\rho_s \mu_{mt}'} = \frac{K_i/\rho_i}{K_s/\rho_s} \frac{w_i'}{w_s} = K \frac{w_i'}{w_s} \tag{7.5}$$

式(7.5)就是内标法的基本公式。此式中消去了混合体系的质量吸收系数。

已知 $w_i' = w_i(1-w_s)$,有:

$$\frac{I_i}{I_s} = K \frac{w_i'}{w_s} = K \frac{(1-w_s)w_i}{w_s}$$

w_s 已知,上式进一步简化为:

$$\frac{I_i}{I_s} = K' w_i \tag{7.6}$$

即 i 相强度与内标强度之比与其在原 n 相混合体系中的含量成正比,K 或 K' 取值可通过校正曲线得到。在工作中,可准确配制一系列 i 和 s 含量已知的样品,充分混匀,选定内标物和待测相的衍射峰,通过实验求出衍射强度,作 $\frac{I_i}{I_s}$-$\frac{w_i'}{w_s}$ 图,由斜率即得 K 值。实验中必要时可加适宜的稀释剂实现 i 和 s 相含量调整。K 亦可通过计算获得,在此不赘述。

用于相定量的内标物的选择条件如下:① 内标物的测试峰和样品中待测组分的衍射峰尽量靠近,但不重叠,与其他衍射峰也不重叠。② 衍射峰强度要足够高。③ 结晶完整性高,要避免晶粒有择优取向。一般尽量选用立方晶系的物质为内标物。④ 性质稳定,在 X 射线照射下不会发生变化,也不会和被测样品起化学反应。

校正曲线适用于任何包含有待测物相的多相体系,只要求选用相同的内标物和相同的衍射峰即可。需要注意的是,若校正曲线所用的衍射峰在样品中与其他组分衍射峰重叠,就要另外选择新的衍射峰,可以通过实验重新作校正曲线,也可以通过新的衍射峰与校正曲线中所用衍射峰积分强度的比值,对原来的校正曲线进行处理(各点乘以该比值),即可得到新选衍射峰的校正曲线,而不必重新做实验。

3. 参比强度法

参比强度法是在内标法基础上的发展——本质上还是内标法。该方法中,选用刚玉为参考标准物,获得各物相与刚玉质量分数比为 1:1 时指定衍射峰的强度比值作为参比强度值,由此在相定量过程中加入内标物后不必作工作曲线,而是通过参比强度、衍射强度、内标物的加入量获得待测相的含量。由于通过一定量的内标物的加入就可以获得待测物相的含量,故可以将内标物看作冲洗剂,相应的方法也称基体冲洗法。

在 n 相体系中加入内标物 f 为冲洗剂,形成$(n+1)$相的体系,第 i 相指标为 hkl 的衍射强度:

$$I_i = \frac{K_i}{\rho_i}\frac{w_i}{\mu_{mt}}$$

纯 i 相的衍射强度:

$$I_i^0 = \frac{K_i}{\rho_i}\frac{1}{\mu_{mi}}$$

将以上二式相比,可得:

$$I_i = I_i^0 \mu_{mi} \frac{w_i}{\mu_{mt}} \tag{7.7}$$

类似地,在 n 相与所加内标物 f 构成的$(n+1)$体系中,f 相的衍射强度:

$$I_f = I_f^0 \mu_{mf} \frac{w_f}{\mu_{mt}} \tag{7.8}$$

将式(7.7)与式(7.8)相比,可得:

$$\frac{I_i}{I_f} = \frac{I_i^0 \mu_{mi}}{I_f^0 \mu_{mf}} \frac{w_i}{w_f} = K \frac{w_i}{w_f} \tag{7.9}$$

其中,$K = \dfrac{I_i^0 \mu_{mi}}{I_f^0 \mu_{mf}}$。若求出 I_i^0,μ_{mi},I_f^0,μ_{mf},即可计算出 K 值。类似于外标法,测试这些强度数据时要求保持相同的实验条件。但是,实际工作中,多相与单相体系分次实验时,仪器、制样等条件往往难以保证完全一致。要解决这一问题,就有必要引入第三种物质作为参比物质,以消去条件变化的影响。

刚玉(corundum,α-Al_2O_3,R-$3c$,$a=4.759Å$,$c=12.992Å$,$\gamma=120°$)具有纯度高、稳定性好、易获得且无择优取向等特点,被用作参比物质或称为通用内标物。当将一定量刚玉作为参比物加入体系,选择刚玉(113)衍射峰为参比峰。在同一衍射图中,待测相 i 和刚玉(113)的衍射峰的强度 I_c 的比值可以根据式(7.9)写出:

$$\frac{I_i}{I_c} = \frac{I_i^0 \mu_{mi}}{I_c^0 \mu_{mc}} \frac{w_i}{w_c} \tag{7.10}$$

式中,w_c 为刚玉在体系中的质量分数,I_c^0 为纯刚玉(113)衍射峰的强度,μ_{mc} 为纯刚玉的质量吸收系数。当将纯样品与刚玉按 $1:1$ 混合,式(7.10)中衍射强度的关系变为:

$$\left(\frac{I_i}{I_c}\right)_{1:1} = \frac{I_i^0 \mu_{mi}}{I_c^0 \mu_{mc}} \frac{w_i}{w_c} = K_i \frac{w_i}{w_c} = K_i \quad (w_i : w_c = 1) \tag{7.11}$$

K_i 称为 i 相物质的参比强度,为该相与刚玉(α-Al_2O_3)以质量比 $1:1$ 混合时,X 射线多晶衍射图中两相最强线的强度比。同样,将内标物 f 和刚玉配制成质量比 $1:1$ 的混合物,可以求出内标物 f 的参比强度:

$$\left(\frac{I_f}{I_c}\right)_{1:1} = \frac{I_f^0 \mu_{mf}}{I_c^0 \mu_{mc}} \frac{w_f}{w_c} = K_f \frac{w_f}{w_c} = K_f \quad (w_f:w_c=1) \tag{7.12}$$

对比式(7.11)和式(7.12),得出:

$$\frac{I_i}{I_f} = \frac{I_i^0 \mu_{mi}}{I_f^0 \mu_{mf}} \frac{w_i}{w_f} = \frac{K_i}{K_f} \frac{w_i}{w_f}, \quad K = \frac{K_i}{K_f}$$

由此得到的 K 值,均以刚玉为参比,故称参比强度法。参比强度法的基本公式:

$$\frac{I_i}{I_f} = \frac{K_i}{K_f} \frac{w_i}{w_f} \tag{7.13}$$

其中,K_i 和 K_f 均为参比强度。可以看出,体系中任意二组分的强度比正比于二组分的浓度比,比例系数等于二组分的参比强度的比值,与样品中其他组分的存在无关。应用参比强度法时,只要知道待测相和内标物的参比强度,即可求算待测相的含量,不必再作校正曲线。实验时将一定量的内标物加入样品中混匀、压样,然后在同一扫描中测出待测相的衍射峰与内标物的测试峰的强度比,应用公式(7.13)可计算出待测物相的含量。

由于参比强度法统一了参比物,使定量分析工作得以标准化。1972 年版 JCPDS 卡片给出一些物质与刚玉相比的参比强度数据,就是上节提到的在查阅 ICDD-JCPDS 卡片时看到的参比强度值。使用参比强度时,注意仪器条件与样品的状况。实验工作中,也可以根据需要和样品的特点,自己测定参比强度值。

将参比强度法应用两相体系,有:

$$\frac{I_1}{I_2} = \frac{K_1}{K_2} \frac{w_1}{w_2} \tag{7.14}$$

$$w_1 + w_2 = 1$$

如果 K_1,K_2 已知,可以从一张衍射图上得到体系中两相的含量,不必另加内标物,故称自动冲洗。

对于多相体系,若选刚玉为内标物加入 n 组分体系中,若仍选择刚玉的 (113)衍射峰,$K_f = K_c = 1$,则有:

$$\frac{I_i}{I_c} = \frac{K_i}{K_c} \frac{w_i}{w_c} = K_i \frac{w_i}{w_c}$$

$$w_i = \frac{w_c}{K_i} \frac{I_i}{I_c} \tag{7.15}$$

从一张衍射图上,可以更简洁地得到待测相的含量。总之,参比强度法选

择刚玉作参比物,以其(113)衍射峰为测试峰,通过将待测物纯相与刚玉按 1∶1
的质量关系配成均匀的混合样,测出各物种的参比强度 K_i,针对待测的混合多
相体系选一定的内标物,再根据参比强度与衍射峰强度求出混合体系中待测相
的含量,是一种标准简便的相定量方法。

4. 自动冲洗绝热法

在 n 相组成的多相体系中,不加内标物,从一张衍射图上求得各相的含量
的方法为自动冲洗绝热法。原理上,自动冲洗绝热法与参比强度法相同。对于
n 相混合体系,任意两相之间存在如下关系:

$$\frac{I_i}{I_f} = \frac{K_i}{K_f}\frac{w_i}{w_f}$$

可以看出,对 n 相组成的体系,任何两项之间都存在这种关系式,两两组合得
$n(n-1)/2$ 个方程,但其中只有 $(n-1)$ 个独立方程,加上各组分的含量之和等
于 1,即 $\sum\limits_{k=1}^{n} w_i = 1$,可以得到 n 个独立方程。对于含 n 相的混合体系,有 n 个未知
数 $w_1, w_2, w_3, \cdots, w_k, \cdots, w_n$,若求第一相的含量,可写出如下 n 个方程式:

$$\frac{I_1}{I_i} = \frac{K_1}{K_i}\frac{w_1}{w_i} \quad (i = 1, 2, 3, \cdots, n)$$

其中,$i=1$ 的方程是恒等式,非独立方程。以上 n 个方程可改写为:

$$w_i = \frac{I_i}{K_i}\frac{K_1}{I_1}w_1$$

将各项代入归一化方程 $\sum\limits_{i=1}^{n} w_i = 1$,得:

$$w_1 = \left(\frac{K_1}{I_1}\sum_{i=1}^{n}\frac{I_i}{K_i}\right)^{-1}$$

类似地,对体系中任意一相 j,有:

$$w_j = \left(\frac{K_j}{I_j}\sum_{i=1}^{n}\frac{I_i}{K_i}\right)^{-1} \tag{7.16}$$

这个公式是自动绝热原理的基本公式。

如果混合样中各组分都是可以鉴定的结晶物质,且有已知的参比强度 K_i 值,
则无需加入冲洗剂,可直接应用式(7.16)求算各组分的含量。从式(7.16)也可看
出,若不加任何冲洗剂在一张衍射图上对 n 相体系进行分析,必须对样品中所有
的组分进行测试——从得到的衍射图中求出每个峰的衍射强度,查出对应相的参
比强度 K_i 值,才能计算含量。当样品中有无定形物质存在时,就不能应用这个公
式来计算,而只能往样品中加入内标物,由式(7.13)将待测组分含量求出。

随着计算机软件的发展,根据自动冲洗绝热法原理,近年来利用 Rietveld 原理开展全图无标相定量的工作发展很快,这方面的进展将在介绍 Rietveld 方法时一并讨论。

7.4.3　物相定量分析实验方法

1. 参比强度的测定

根据参比强度的定义:

$$K_i = (I_i/I_c)_{1:1}$$

在实验中,配制刚玉(α-Al_2O_3)与待测物纯相质量比为 1：1 的混合样,选择刚玉(113)的衍射峰和 i 相最强衍射峰为测试峰,求出参比强度 K_i。

实际上,可以不必一一配制样品求取,而可以配制几个物相与刚玉组成的混合样一并求出。样品中,各相都准确称量,且质量分数尽可能相近。以刚玉为内标物($K_c = 1$),利用参比强度法的基本公式:

$$\frac{I_i}{I_c} = \frac{K_i}{K_c} \frac{w_i}{w_c}$$

得:

$$K_i = \frac{I_i}{I_c} \frac{w_c}{w_i} \tag{7.17}$$

这样,通过一次实验同时测出各物相的衍射强度,再利用式(7.17)求出各物相的参比强度。为使参比强度值可靠,可将配制好的样品分成多份,重复测量并求取平均值。

若测量 K_i 时用积分强度,则所得的参比强度 K_i 对于不同型号的衍射仪均适用,且对该相的结晶度无要求。但由于衍射仪背底选取对于积分强度影响较大,以及积分强度求取不方便等原因,一般习惯用峰高来表示衍射强度,在这种情况下,要求配制所用参考相的结晶状态要与待测样中该物相的结晶状态相同。为了鉴定纯物质与样品中该物相的结晶状态是否相同,可以通过比较两样品对应的衍射峰的半峰宽是否一致来确定。因此,在给出参比强度数据时,应将实验条件和所用衍射峰的半峰宽加以说明,以方便采用。

2. X射线相定量分析方法特点与实验注意事项

相定量分析方法有外标法、内标法、参比强度法、自动冲洗绝热法等,在实际工作中,最常用的还是参比强度法。参比强度法的主要优点为:① 标准化。采用刚玉作参比物,得出任何结晶物质的参比强度 K_i,利于比较。② 方法简单。在测得物质的参比强度后,使用灵活方便。③ 容易解决峰重叠的问题。可以根据具体的实验体系选择合适的衍射峰。

在利用 X 射线衍射进行物相定量分析时,要注意以下问题:

(1) 根据样品情况仔细进行处理和制样,样品尽可能细,通常粒度要小于 15 μm;尽可能消除样品的择优取向。

(2) 合理选择衍射条件,如管压、管流、狭缝、扫描速度、扫描区间;处理数据审慎,必要时重复测试。

(3) 衍射峰强度用积分强度且要有足够大的计数;如果用峰高代替积分强度,要注意仪器型号与实验条件。同种型号仪器的峰高与峰宽的比值随 2θ 变化相同,而不同型号仪器的峰高与峰宽的比值随 2θ 变化不同。因此,用峰高代替积分强度得到的校正曲线只能在同一型号的仪器上通用。若用积分强度得到校正曲线,不同型号的仪器也可以通用。另外,若内标物和待测物所选衍射峰位置很接近时,用峰高获得的校正曲线在不同型号的仪器上基本上也可以近似采用。若欲测组分的晶粒大小在 200 nm 以下,并且不同样品的晶粒大小不一样时,就不能用峰高来代替积分强度。

(4) X 射线衍射相定量分析的灵敏度约 5%。如果衍射得出某物相的含量较高,一般表明该物相的确存在;如果分析出的含量较低,或者含量很低无法给出,则需要仔细分析该物相是否存在,结合样品来源或制备方法、化学分析的数据以及其他分析表征数据做出判断。

7.5　衍射图的指标化

前已述及,在多晶衍射图中,三维倒易空间的数据变化是以衍射角(与晶面间距 d 对应)为变量的一维数据。因此,如何将衍射图还原为三维的倒易点阵——给出每个衍射峰对应的衍射指标,实现晶体点阵的重建——求得晶胞参数 $(a,b,c,\alpha,\beta,\gamma)$,是多晶衍射分析的出发点。由衍射数据出发,推出各个衍射峰对应指标的过程,称为指标化。

指标化的基本依据:
$$d_{hkl} = f(h,k,l,a,b,c,\alpha,\beta,\gamma)$$
或者采用倒易点阵参数,具体的表达式如下:

$$\frac{1}{d_{hkl}^2} = h^2 a^{*2} + k^2 b^{*2} + l^2 c^{*2} + 2hka^* b^* \cos\gamma^*$$
$$+ 2klb^* c^* \cos\alpha^* + 2hla^* c^* \cos\beta^* \tag{7.18}$$

在上述晶面间距、衍射指标和晶胞参数的关系式中,每个含有 3 个指标参数,在衍射图中,n 条衍射线可以列出 n 个方程,加上 6 个晶胞参数,一般情况下,n 个

方程含 $3n+6$ 个未知数,即便对于对称性最高的立方晶系,也有 $3n+1$ 个未知数。从数学上看,指标化似乎是个"无解"的难题。

那么,如何进行求解?重在考虑衍射峰的关系和变化规律。衍射指标只能取整数,在衍射图的低角度区域,首先出现指标低的衍射峰。因此,对多晶衍射峰进行指标化的过程是个将尝试和推理结合的过程。以下我们先针对立方晶系讨论解析法,然后进一步扩展到六方、四方和正交晶系,通过这些例子对指标化的基本原理与分析思路有个基本的展示。最后,简要介绍常用的几种指标化程序的特点,以及指标化结果的分析判据。

7.5.1 立方晶系指标化方法:解析法

对于立方晶系,晶面间距、衍射指标和晶胞参数的关系可以为:

$$\frac{1}{d_{hkl}^2} = \frac{h^2 + k^2 + l^2}{a^2} \tag{7.19}$$

为简洁起见,处理不同指标的晶面间距关系时常以 Q_{hkl} 代表 $1/d_{hkl}$。立方晶系只有一个晶胞参数 a 需要确定,因此,不同的衍射峰的 Q 值之间存在由晶面指标确定的比例关系:

$$\frac{Q_i}{Q_j} = \frac{h_i^2 + k_i^2 + l_i^2}{h_j^2 + k_j^2 + l_j^2}$$

由于衍射指标 hkl 只能取整数,且在上述关系式中以平方和的形式出现,因此,在选取 hkl 参数时,从小到大按 $0,1,2,3,\cdots$ 进行选择和组合即可。hkl 的组合、平方和 $h^2 + k^2 + l^2$ 列入表 7.1,考虑到系统消光,简单立方(P)、体心立方(I)和面心立方(F)对应出现的指标以"Y"示出。

表 7.1 立方晶系的 hkl 及其平方和 $h^2 + k^2 + l^2$

hkl	$h^2+k^2+l^2$	P	I	F	hkl	$h^2+k^2+l^2$	P	I	F
100	1	Y			311	11	Y		Y
110	2	Y	Y		222	12	Y	Y	Y
111	3	Y		Y	320	13	Y		
200	4	Y	Y	Y	321	14	Y	Y	
210	5	Y			400	16	Y	Y	Y
211	6	Y	Y		410,322	17	Y		
220	8	Y	Y	Y	411,330	18	Y	Y	
300,221	9	Y			331	19	Y		Y
310	10	Y	Y		420	20	Y	Y	Y

可以看出,对于简单立方,Q 值的比例关系为:$1:2:3:4:5:6:8:9:$
$10:11:12:13:14:16:17\cdots$,其中缺失 7 和 15;对于体心立方,只有 $h+k+$
$l=2n$ 的衍射可以出现,因此 Q 值的比例关系为:$2:4:6:8:10:12:14:$
$16:18:20\cdots$,化简后为 $1:2:3:4:5:6:7:8:9:10\cdots$,其中出现 7;对
于面心立方,hkl 奇偶混杂的衍射发生系统消光,Q 值的比例关系为:$3:4:8:$
$11:12:16:19:20\cdots$,不但简单的数值 1,2 缺失,其他指标也缺失,出现疏密
交替的衍射花样。

根据这些关系,从衍射图上,可以对立方晶系的点阵类型给出初步判断。
立方晶系多晶衍射图指标化的一般步骤为:

(1) 读出图中的衍射角(2θ),由 Bragg 方程 $\sin\theta=\lambda/(2d)$,可知采用恒波长
辐射源时 $\sin^2\theta$ 的比值与 Q 值的比值相同,因此,可以计算出 $\sin^2\theta$ 值并按从小
到大的顺序排列。

(2) 计算各 $\sin^2\theta$ 与最小 $\sin^2\theta$ 值的比值。

(3) 如比值都接近整数,就化为整数;如有比值不接近整数,通过观察数值
关系乘以一个适当的整数如 $2,3,\cdots$,使所有的比值接近整数的值,进一步化为
整数。

(4) 根据比值关系及表 7.1 给出格子类型,确定各衍射峰的指标 hkl。

(5) 根据 Bragg 方程 $2d\sin\theta=\lambda$ 关系,计算各衍射峰的 d 值,根据式(7.19)
计算晶胞参数 a。

7.5.2　Hesse-Lipson(赫西-利普森)解析法

这一方法适用于四方、六方与正交晶系,其原理仍基于由晶体周期性决定
的衍射峰之间的变化关系。对于四方和六方这两个晶系,晶面间距、衍射指标
和晶胞参数的关系分别为:

四方晶系:
$$\frac{1}{d_{hkl}^2}=\frac{h^2+k^2}{a^2}+\frac{l^2}{c^2}$$

六方晶系:
$$\frac{1}{d_{hkl}^2}=\frac{4}{3}\frac{h^2+hk+k^2}{a^2}+\frac{l^2}{c^2}$$

对于含三个参数的正交晶系,晶面间距、衍射指标和晶胞参数的关系为:

$$\frac{1}{d_{hkl}^2}=\frac{h^2}{a^2}+\frac{k^2}{b^2}+\frac{l^2}{c^2}$$

这里以正交晶系为例,讨论 Hesse-Lipson 解析法处理问题的思路。以下为
处理方便,结合 Bragg 方程 $2d\sin\theta=\lambda$,令 $q_{hkl}=\sin^2\theta_{hkl}$,正交晶系的方程变换为

如下形式：

$$q_{hkl} = \sin^2\theta = Ah^2 + Bk^2 + Cl^2$$

$$A = \lambda^2/4a^2, \quad B = \lambda^2/4b^2, \quad C = \lambda^2 + 4c^2$$

显然，有关联但不同指标的 q 值之间存在如下关系：

$$q_{hkl} = q_{h00} + q_{0k0} + q_{00l} = q_{hk0} + q_{00l}$$
$$= q_{h0l} + q_{0k0} = q_{0kl} + q_{h00} = \cdots$$

$$q_{1kl} - q_{0kl} = q_{100}$$

$$q_{2kl} - q_{0kl} = 4q_{100}$$

$$q_{3kl} - q_{0kl} = 9q_{100}$$

$$\cdots\cdots$$

因此，该方法的处理过程是，读出各峰对应的衍射角，求取各衍射角正弦值的平方，由小到大排列，依次相减：

$$\Delta\sin^2\theta_{ij} = \sin^2\theta_i - \sin^2\theta_j \quad (j = 1,2,3,\cdots; i = j+1, j+2, j+3, \cdots)$$

即依次相减，观察差值出现的频度及差值之间存在的整数比关系。选出现频度高的差值 $\Delta\sin^2\theta$ 作为轴面衍射的 $\sin^2\theta$，查看原始数据中是否存在 $1, 4, 9$ 倍数的值，若存在，则该差值可以认为是 $100, 010$ 或 001 的衍射。若设为 100，接着寻找可能的 010 和 001，进行拟合，重复数次，直到所有衍射线均可指标化。

对于单斜和三斜晶系，指标化处理过程更为繁琐复杂。目前多借助计算机通过指标化程序处理。

7.5.3 常见指标化程序原理和方法

如上所述，早期指标化主要依靠 d 的比值关系等进行尝试，对于对称性高的晶系，处理尚可，但对于低对称性的晶系，很难找到合适的结果。20 世纪 60 年代以来，随着计算机的发展，出现了多种指标化程序，大大促进了指标化工作的开展。目前，指标化工作主要依赖计算机，计算原理有晶带法、面指数尝试法、连续二分法和蒙特卡洛方法，代表性的软件为 ITO，DICVOL，TREOR 和 MacMaille。

1. ITO——晶带法

由晶面间距、衍射指标和晶胞参数的基本方程（7.18），可以推导出：

$$Q_{h0l} = h^2 a^{*2} + l^2 c^{*2} + 2hla^* c^* \cos\beta^* \tag{7.20}$$
$$Q_{h0\bar{l}} = h^2 a^{*2} + l^2 c^{*2} - 2hla^* c^* \cos\beta^*$$

式（7.20）中两式相加，有：

$$Q_{h0l} + Q_{h0\bar{l}} = 2(h^2 a^{*2} + l^2 c^{*2}) \tag{7.21}$$

式(7.20)中两式相减,有:

$$\cos\beta^* = \frac{Q_{h0l} - Q_{h0\bar{l}}}{4hla^*c^*} \tag{7.22}$$

类似地,可以得到:

$$Q_{0kl} + Q_{0\bar{k}l} = 2(k^2b^{*2} + l^2c^{*2}), \quad \cos\alpha^* = \frac{Q_{0kl} - Q_{0\bar{k}l}}{4klb^*c^*}$$

$$Q_{hk0} + Q_{\bar{h}k0} = 2(h^2a^{*2} + l^2b^{*2}), \quad \cos\gamma^* = \frac{Q_{hk0} - Q_{\bar{h}k0}}{4hka^*b^*} \tag{7.23}$$

式(7.21)~(7.23)是 Runge-ITO-de Wolff 晶带解析法依据的基本公式。

运用晶带解析法指标化的基本步骤是:

(1) 计算出 Q 值和任意两个 Q 值的和$(Q_i + Q_j)$后列表。

(2) 假定两个最小的 Q 值对应的面指标 hkl 分别为 100 和 010: $Q_{100} = a^{*2}$, $Q_{010} = b^{*2}$;计算出 $2(Q_{100} + Q_{010})$ 值。

(3) 在$(Q_i + Q_j)$和值表中寻找在实验误差范围内等于 $2(Q_{100} + Q_{010})$ 的值。如果找到了,就可用公式算出 $\cos\gamma^*$ 值。如找不到,可再假定其中的一个 Q 值对应 200 或 020 来继续尝试;也可另选别的小 Q 值来作类似的尝试。

(4) 根据 a^*,b^* 和 $\cos\gamma^*$ 值,就可以根据公式计算出属于所有 $hk0$ 晶带的衍射线位置。把不属于 $hk0$ 晶带的最小 Q 值作为 Q_{001},可用类似(3)的步骤计算出 $\cos\alpha^*$ 和 $\cos\beta^*$。

(5) 得出所有倒易晶胞参数后计算全部可能的 Q 值,与实验结果在误差范围内符合,就认为得到了初步的指标化结果。随后,可能还要对所得的初步晶胞进行约化。

2. TREOR——晶面指数尝试法

1985 年,Werner 等发表了基于面指数尝试法的计算机程序 TREOR。TREOR 基于在倒易空间中的半穷举搜索:选若干低角度的衍射线作为基本晶面的衍射,赋予它们指定范围内的小整数晶面指标 hkl,代入式(7.22),求解方程算出晶胞参数,利用解得的参数尝试指标化其余的衍射线,并寻找最可能的解。

例如,对于单斜晶系:

$$Q_{hkl} = \frac{1}{d^2} = h^2a^{*2} + k^2b^{*2} + l^2c^{*2} + 2hla^*c^*\cos\beta^*$$

含有四个待求解的晶胞参数,取四条相互独立的低角度衍射线,赋予其一定的指标$(h,k,l<3)$进行尝试;计算倒易格子的参数;利用所得参数逐一计算第 5,

6,7 等衍射峰,并与实验值比较;直到将多条衍射线(几乎所有)加入后,对照合理,有可能是待求的解。

TREOR 程序包含正交、单斜和三斜晶系的占优晶带测试(测试前三条线是否来自同一晶带的衍射),也包含发现单斜的 020 衍射的步骤(利用关系式: $Q_{020}+Q_{h10}=Q_{h30}$)。对单斜及更高对称性晶系,成功率在 95% 以上。对三斜晶系处理难度较大。该程序有很多优点,如计算速度快,可指定容忍误差和不能指标化的衍射数目等。缺点是不能自动指认空间群和带心晶格,品质因数 M_{20} 和 F_{20}(见 7.5.4 节)可能被低估。

3. DICVOL——二分法

1972 年,Louër 首次提出二分法指标化方法,之后基于此方法的计算机程序 DICVOL 得到发展。DICVOL 从正空间出发,以晶胞边长及夹角为变量,在有限的区间内,用二分法逐步缩小晶胞参数的范围,寻找合理的指标化结果。以下以立方晶系为例说明此法的基本原理。

给定晶胞参数范围: a 在 a_0 和最大值 a_M 之间;每步搜索步长 p 为 0.5Å,开始进行 a 从 $[a_0+np]$ 到 $[a_0+(n+1)p]$ 的测试直到 a_M。其中每步要计算:

$$Q_{-,hkl} = \frac{h^2+k^2+l^2}{a_0+(n+1)p}$$

$$Q_{+,hkl} = \frac{h^2+k^2+l^2}{a_0+np}$$

对于各步计算结果,在误差范围内,与所有实验得到的 Q_{obs} 值(一般为前 20 个)进行比较,如果满足:

$$Q_{-,hkl} \leqslant Q_{obs} \leqslant Q_{+,hkl}$$

再把如上区间分成两半,继续测试;找到更接近的数值范围,分两半;连续共做 6 次二等分,可使晶胞参数的变化范围限定在 0.5Å/2^6(=0.0078Å)之内。

DICVOL 程序的优点是,由于使用正空间搜索,可以避免占优晶带的问题;由于是穷举搜索,原则上不会有遗漏;处理过程首先进行体积较小晶胞的计算,通常可避免产生晶胞体积加倍的赝解。程序的缺点是,三斜和单斜晶系计算时间长。

4. McMaille——蒙特卡洛法

McMaille 软件 2002 年由 Armel Le Bail 开发,需要输入衍射角度和强度,采用 Monte Carlo 算法或网格搜索算法进行指标化;对杂线不敏感,可以给出含有 R 因子的结果。这一方法不仅适用于高对称性的晶系,用于对称性低的晶系指标化也有适当的结果。缺点是,计算过程对计算机资源占用大,计算时间较长。

7.5.4 指标化结果的判断

多晶衍射图指标化在数学上是个多解问题,因此常常可以得到多种结果。如何判断结果的合理性? 哪一个是最可能的结果? 需要一定的判据对指标化结果的可靠性进行分析,以便选出正确合理的解。最常用的两个品质因数是 de Wolff 提出的 M_{20} 和 Smith 提出的 F_N。M_{20} 的定义如下:

$$M_{20} = \frac{Q_{20}}{2\bar{\varepsilon}N_{20}} \tag{7.24}$$

式中,Q_{20} 是观察到(且已指标化)的第 20 条衍射线的 Q 值;N_{20} 是计算 Q 值到 Q_{20} 时所得出的不同 Q 值的个数,显然,观察线条数与计算线条数的比值为 $20/N_{20}$;$\bar{\varepsilon}$ 是 Q 观察值和计算值之间的平均偏差:$\bar{\varepsilon} = \frac{1}{20}\sum_{i=1}^{20}|\Delta Q_i|$。根据 de Wolff 的分析,在不能指标化的线条少于 2 且 $M_{20} \geqslant 10$ 时结果基本正确,$M_{20} < 6$ 时结果值得怀疑,$M_{20} < 3$ 时几乎没有意义。

F_N 定义如下式,为两项的乘积,前一项与准确性有关,后一项与数据完备性有关。

$$F_N = \frac{1}{|\Delta 2\theta|}\frac{N}{N_{预测}} \tag{7.25}$$

式中,$N_{预测}$ 是到第 N 条观察衍射线的可能衍射线的数目;$|\Delta 2\theta|$ 是 2θ 观察值与计算值之间偏差绝对值的平均。Smith 建议 N 值取 30,如果衍射线不够 30,则取为全部衍射线数目。F_N 值越大,结果越可靠。很难确定地说 F_N 值多大就对应正确解,但多数正确解 F_N 值在 10 以上。

对于 M_N 和 F_N 相近的指标化结果,要优先选择:① 有更高对称性的晶胞;② 体积最小的晶胞;③ 理论衍射线数目小的晶胞。除了考虑品质因数 M 和 F 外,需如下进一步综合判断:

(1)最初输入的全部衍射线是否都能被指标化? 未被指标化的衍射线要找出解释。

(2)未参与最初指标化的低角度弱峰和高角度峰是否能基于所得晶胞给以恰当的指标? 若可以,标志结果较可靠。

(3)如果指标化结果中含有明确的系统消光规律,则结果更可靠。

(4)通过检索数据库,找到具有类似结构的化合物;与电子衍射的结果一致。

(5)如已知分子式和样品密度,可根据单胞内的分子数 Z 为整数来判断结果是否合理。对有机分子,晶胞体积 V 和晶胞内分子个数 Z 之间有如下近似关系:$V \approx 18ZN_{NHA}$,其中 N_{NHA} 是分子中非氢原子(C,N,O 等)的总数。

（6）用多种计算程序，都得到相同的结果。

进一步，考虑处理物相的基本结构参数，如键长、键角的关系等，化学上合理；在此基础上，根据指标化结果进行全谱拟合，最终能解出合理的晶体结构。

综上所述，指标化是结构分析的基础。首先，指标化的结果不仅给出每个衍射峰对应的晶面指标，同时也得到了晶胞参数$(a,b,c,\alpha,\beta,\gamma)$，实现了晶体点阵和倒易点阵的重建；指标化也能给出晶体对称性的重要信息（晶体所属的晶系、点阵类型、可能的空间群等）。其次，用一套晶胞参数$(a,b,c,\alpha,\beta,\gamma)$能成功指标化衍射图中所有衍射线，是确认样品为单相的重要依据。再次，根据指标化所得的晶胞参数、样品的实际组成和已知结构的原子结构参数，计算得出衍射图并与实验衍射图对照，可以判明样品是否与已知化合物具有相同的晶型。指标化也是晶胞参数精修等多种衍射分析方法的基础。

在指标化原理分析与程序开发方面，我国有多位学者做出了贡献，代表性的工作是中国科学院物理所董成研究员开发的 PowderX 程序。该程序基于 TREOR 原理，采用友好的用户界面，可读入多种数据格式，方便地进行数据处理，也可以给出不同的数据格式，是一个很好用的指标化软件。

7.6 平均晶粒度的 X 射线测定

许多物质实际上是由一些细小单晶紧密聚集而成的二次聚集态，这些细小单晶是一次聚集态。利用 X 射线衍射线的宽化效应测定的就是一次聚集态在垂直于某一晶面方向的平均厚度，即平均晶粒度。本节我们从讨论 Scherrer 方程的物理意义出发，简要介绍其数学推导，并重点分析其应用。

7.6.1 Scherrer 方程：物理意义与数学表达

如果一个小晶体在垂直于(hkl)晶面方向上有 p 层间距为 d 的格子面（图7.9），则在该方向上晶体厚度 $D_{hkl} = pd_{(hkl)}$。当入射 X 射线方向与晶面(hkl)之间夹角符合 Bragg 反射时，相邻两个晶面反射线之间的光程差为：

$$\Delta l = 2d\sin\theta = n\lambda$$

当 θ 角变化了一个很小的角度 δ 时，则其光程差为：

$$2d\sin(\theta+\delta) = n\lambda + \Delta l$$

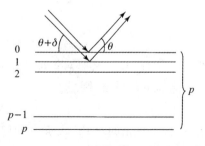

图 7.9 一定厚度晶粒对 X 射线的散射

为理解不同厚度的晶粒与 X 射线的作用而导致衍射峰宽化的物理意义,我们先定性讨论波叠加与峰的宽化,给出近似的 Scherrer 方程。然后,再从波的叠加角度,推出 Scherrer 方程。

1. Scherrer 方程的近似导出

在 Bragg 方程 $2d\sin\theta = n\lambda$ 中,n 为晶面 (hkl) 的衍射级数。晶面 (hkl) 对应于晶体内部一组相互平行的平面点阵或格子面,晶面间距为 d。就同一平面点阵,对入射和反射 X 射线犹如等程面,而同一格子面组中不同层的格子面所反射的 X 射线有程差。因此对于衍射 hkl,只需讨论晶面组 (hkl) 中层间的相互干涉作用。

我们知道,当光程差为波长的一半,即 $\Delta l = \lambda/2$,光波完全相消,振幅为零——这里可以看成 X 射线衍射峰起峰之处。对于厚度为 p 层的晶粒而言,有以下关系:

$$2d\sin\theta = n\lambda$$
$$2 \times 2d\sin\theta = 2 \times n\lambda$$
$$2 \times 2d\sin(\theta + \delta) = 2 \times n\lambda + \Delta l$$

若 δ 变化到某一数值,使得第 $p/2$ 层与起始层的光程差 $\Delta l = \lambda/2$,则二者的散射波相消,以此类推,第 1 层和第 $(p/2+1)$ 层,第 2 层和第 $(p/2+2)$,……,第 $(p/2-1)$ 层和第 p 层两两相消,有以下关系:

$$\Delta l_{(p/2)} = \lambda/2$$
$$(p/2)2d\sin\theta = (p/2)n\lambda$$
$$(p/2)2d\sin(\theta + \delta) = (p/2)n\lambda + \lambda/2$$
$$\sin(\theta + \delta) = \sin\theta\cos\delta + \cos\theta\sin\delta$$

当 δ 较小,有 $\cos\delta = 1$,$\sin\delta = \delta$(弧度值),则

$$(p/2)2d\sin(\theta + \delta)$$
$$= (p/2)2d(\sin\theta\cos\delta + \cos\theta\sin\delta)$$
$$= (p/2)2d\sin\theta + (p/2)2d\delta\cos\theta$$
$$= (p/2)n\lambda + pd\delta\cos\theta$$

即 $$(p/2)n\lambda + pd\delta\cos\theta = (p/2)n\lambda + \lambda/2$$

又知 $pd = D_{hkl}$,则

$$D_{hkl}\delta\cos\theta = \lambda/2$$

注意,以上讨论的对 Bragg 角 θ 的偏离角度 δ 是从开始衍射峰起始处考虑,根据图 7.10 知,衍射峰的半高宽 $\beta \approx 2\delta$,可得:

$$\beta_{hkl} = \frac{\lambda}{D_{hkl}\cos\theta}$$

此即联系晶粒大小和半峰宽的近似 Scherrer 方程。

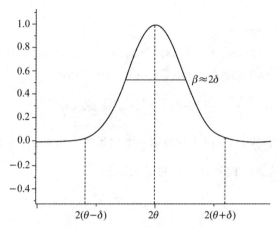

图 7.10 Bragg 角处衍射峰的出现

2. 准确 Scherrer 方程的导出

晶面 (hkl) 对应于晶体内部一组相互平行的平面点阵或晶面,晶面间距为 d。就同一平面点阵,对入射和反射 X 射线犹如等程面,而同一晶面组中不同层的格子面所反射的 X 射线有程差。当 θ 角变化了一个很小的角度 δ 时,相邻晶面的光程差为:

$$\Delta l = 2d\sin(\theta+\delta) = n\lambda + 2d\delta\cos\theta$$

对应的位相差为:

$$\Delta\varphi_0 = \frac{2\pi\Delta l}{\lambda} = 2n\pi + \frac{4\pi d\delta\cos\theta}{\lambda}$$

由于指数或三角函数的周期性,有:

$$\Delta\varphi_0 = \frac{4\pi d\delta\cos\theta}{\lambda}$$

当振幅为 E_0 的 X 射线照射到一定厚度的晶粒上(图 7.9),小晶体中晶面组 (hkl) 中各平面层 $1,2,\cdots,p$ 反射该电磁波的场强分别为:

$$E_1 = E_0\exp\left[i2\pi\left(\frac{t}{\tau}-\frac{x}{\lambda}\right)+\varphi_0\right]$$

$$E_2 = E_0\exp\left[i2\pi\left(\frac{t}{\tau}-\frac{x+\Delta l}{\lambda}\right)+\varphi_0\right] = E_1\exp(i\Delta\varphi_0)$$

......

$$E_p = E_0 \exp\left\{i2\pi\left[\frac{t}{\tau} - \frac{x + (p-1)\Delta l}{\lambda}\right] + \varphi_0\right\} = E_1 \exp[i(p-1)\Delta\varphi_0]$$

$E_1, E_2, \cdots, E_p$ 的振幅相等，相邻两个波的位相差为 $\Delta\varphi_0$，将以上 p 个波相加（图7.11），有：

$$\begin{aligned}
E &= E_1 + E_2 + \cdots + E_p \\
&= E_1 + E_1\exp(i\Delta\varphi_0) + E_1\exp(2i\Delta\varphi_0) + \cdots + E_1\exp[2i(p-1)\Delta\varphi_0] \\
&= E_1\{1 + \exp(i\Delta\varphi_0) + \exp(2i\Delta\varphi_0) + \cdots + \exp[i(p-1)\Delta\varphi_0]\} \\
&= E_0\exp\left[i2\pi\left(\frac{t}{\tau} - \frac{x}{\lambda}\right) + \varphi_0\right]\sum_{k=0}^{p-1}\exp(ik\Delta\varphi_0)
\end{aligned}$$

当 p 个向量合成后，合成向量与第一个向量的夹角为 $\alpha = \dfrac{p}{2}\Delta\varphi_0$，见图7.11。

根据光学原理，这 p 个向量合成后的振幅为：

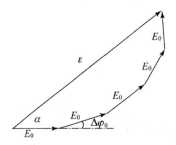

图7.11　电磁波向量的叠加

$$\begin{aligned}
\varepsilon &= E_0\sum_{k=0}^{p-1}\exp(ik\Delta\varphi_0) \\
&= E_0\left[\sin\left(\frac{p}{2}\Delta\varphi_0\right)\middle/\sin\left(\frac{1}{2}\Delta\varphi_0\right)\right] \\
&= E_0 p\sin\left(\frac{p}{2}\Delta\varphi_0\right)\middle/\left(\frac{p}{2}\Delta\varphi_0\right)
\end{aligned}$$

已知，

$$\lim_{\alpha\to 0}\left(\frac{\sin\alpha}{\alpha}\right) = 1 \quad （\alpha \text{ 为角度}）$$

当 $\Delta\varphi_0 = 0$，ε 取最大值，$(\varepsilon)_{max} = E_0 p$。衍射强度与振幅的平方成正比：

$$\begin{aligned}
\frac{I}{I_{max}} &= \frac{(\varepsilon)^2}{(\varepsilon)_{max}^2} = \frac{\left[E_0 p\sin\left(\frac{p}{2}\Delta\varphi_0\right)\middle/\left(\frac{p}{2}\Delta\varphi_0\right)\right]^2}{(E_0 p)^2} \\
&= \sin^2\left(\frac{p}{2}\Delta\varphi_0\right)\middle/\left(\frac{p}{2}\Delta\varphi_0\right)^2
\end{aligned}$$

令 $\Phi = p\Delta\varphi_0 = \dfrac{4\pi\delta pd\cos\theta}{\lambda}$，在半高宽处，有：

$$\frac{I_{1/2}}{I_{max}} = \frac{(\varepsilon)_{1/2}^2}{(\varepsilon)_{max}^2} = \sin^2\left(\frac{\Phi}{2}\right)\middle/\left(\frac{\Phi}{2}\right)^2 = \frac{1}{2}$$

要求得 Φ 值，可通过 $\sin^2\left(\dfrac{\Phi}{2}\right)\middle/\left(\dfrac{\Phi}{2}\right)^2$ 对 $\dfrac{\Phi}{2}$ 作图，见图7.12。注意，这里 Φ 值的单位是弧度。由图中可以求出，$\Phi/2 = 1.40$。将这一关系代入 $\Phi = p\Delta\varphi_0 = \dfrac{4\pi\delta pd\cos\theta}{\lambda}$ 和 $\Delta\varphi_0 = \dfrac{4\pi\delta d\cos\theta}{\lambda}$，得：

$$\Phi = p\Delta\varphi_0 = \frac{4\pi\delta pd\cos\theta}{\lambda} = 2 \times 1.40$$

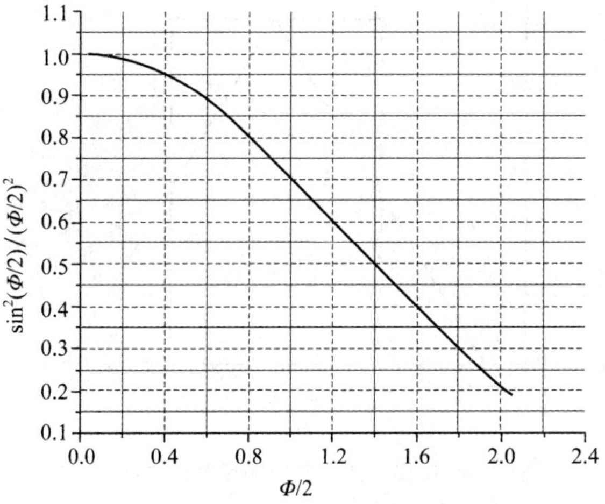

图 7.12　$\sin^2\left(\dfrac{\Phi}{2}\right)\Big/\left(\dfrac{\Phi}{2}\right)^2$ 和 $\dfrac{\Phi}{2}$ 关系图

注意,这里的 δ 是衍射峰半高宽处对 Bragg 角 θ 的偏离角度,衍射图中以 2θ 为横坐标,故由样品晶粒引起的衍射峰宽化的半峰宽 β_{hkl} 与 δ 的关系为:$\beta_{hkl}=4\delta$,又知样品的厚度 $D_{hkl}=pd$,有:

$$\beta_{hkl} = \frac{0.89\lambda}{D_{hkl}\cos\theta}$$

此即 Scherrer 方程。

7.6.2　衍射峰分析

1.　衍射峰因子的相互作用

由实验得到的多晶衍射图中,衍射峰的宽化可用函数 $h(x)$ 表达,它是仪器的几何因子 $g(x)$ 与晶粒因子 $f(x)$ 二者相互作用的结果,即二者的卷积(convolution)。利用 Scherrer 方程,由衍射峰半高宽测定平均晶粒大小,需要提取出纯由晶粒因子引起的衍射峰宽。卷积的数学概念很清楚,借助于计算机,数据处理也不麻烦,相关的处理方法可以参看数学书籍。这里,我们通过两个方脉冲函数的卷积,简要说明卷积的物理意义。设有方脉冲函数 $y(x)$:

$$y(x) = 5 \quad (-5 < x < 5)$$
$$y(x) = 0 \quad (x \leqslant -5 \text{ 和 } x \geqslant 5)$$

这样两个如上的方脉冲函数卷积后,得到一个三角形的函数,如图 7.13 所示。

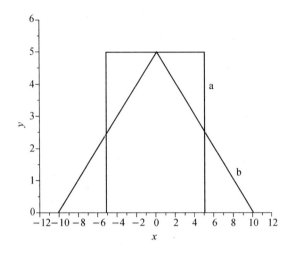

图 7.13　两个方脉冲函数的卷积

可以认为,所谓"卷积",就是用一个函数"调制展开"另一个函数。衍射实验得到的实验数据对应的函数 $h(x)$ 与仪器几何因子 $g(x)$ 和晶粒因子函数 $f(x)$ 的关系示于图 7.14。

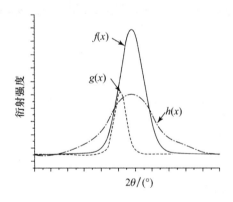

图 7.14　$g(x)$ 与 $f(x)$ 卷积形成的衍射图形

2. $K\alpha_1$ 和 $K\alpha_2$ 的双线加和与分离度

衍射实验通常采用的 X 射线光源为 $K\alpha$ 辐射,$K\alpha$ 是由 $K\alpha_1$ 和 $K\alpha_2$ 双线组成的,二者的强度比近似等于 $2:1$。二者的峰形函数形式类似,但由于 $K\alpha_1$ 和 $K\alpha_2$ 射线的波长存在 $\Delta\lambda$ 差异,它们所产生的衍射峰形有一位移 $\Delta(2\theta)$,这两个衍射峰线性叠加,给出实验衍射图,见图 7.15。

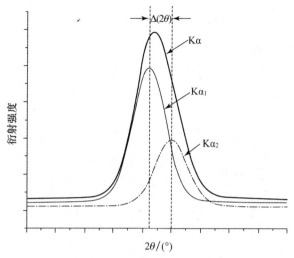

图 7.15 Kα₁ 和 Kα₂ 衍射的叠加

由于 $K\alpha_1$ 和 $K\alpha_2$ 波长不同,使得 $K\alpha_1$ 和 $K\alpha_2$ 衍射峰最大值位置相差 $\Delta(2\theta)$。当产生 hkl 衍射时,对应的衍射峰极大值 $2\theta_1$ 和 $2\theta_2$ 位置分别由 Bragg 方程确定:

$$2d\sin\theta_1 = n\lambda_1$$

$$2d\sin\theta_2 = n\lambda_2$$

α_1 与 α_2 双线分离度为 $\Delta(2\theta) = 2(\theta_2 - \theta_1)$,它可通过如下处理得到:

$$\frac{2d(\sin\theta_2 - \sin\theta_1)}{2d\sin\theta} = \frac{\lambda_{K\alpha_2} - \lambda_{K\alpha_1}}{\lambda_{K\alpha}} = \frac{\Delta\lambda}{\lambda_{K\alpha}}$$

其中,

$$\sin\theta_2 - \sin\theta_1 = \sin\theta_2 - \sin(\theta_2 - \Delta\theta)$$

$$= \sin\theta_2 - \sin\theta_2\cos\Delta\theta + \cos\theta_2\sin\Delta\theta$$

由于 $K\alpha_1$ 和 $K\alpha_2$ 双线之间的波长相差很小,$\Delta\theta$ 较小,故 $\cos\Delta\theta = 1$,$\sin\Delta\theta = \Delta\theta$,有:

$$\sin\theta_2 - \sin\theta_1 \approx \cos\theta\Delta\theta$$

$$\frac{\Delta\theta\cos\theta}{\sin\theta} = \frac{\Delta\lambda}{\lambda_{K\alpha}}, \quad \Delta\theta = \frac{\Delta\lambda}{\lambda_{K\alpha}}\mathrm{tg}\theta$$

即

$$\Delta(2\theta) = \frac{2\Delta\lambda}{\lambda_{K\alpha}}\mathrm{tg}\theta$$

上式即为 $K\alpha_1$ 和 $K\alpha_2$ 之间的双线分离度与角度的关系。

对铜靶,$\lambda_{K\alpha_2} = 154.44\ \mathrm{pm}$,$\lambda_{K\alpha_1} = 154.06\ \mathrm{pm}$,则 $\Delta\lambda = 0.38\ \mathrm{pm}$;$\lambda_{K\alpha} = \frac{2}{3}\lambda_{K\alpha_1} + \frac{1}{3}\lambda_{K\alpha_2} = 154.18\ \mathrm{pm}$,则双线分离度为:

$$\Delta(2\theta) = \frac{2\Delta\lambda}{\lambda_{K_\alpha}}\text{tg}\theta = 0.2246\text{tg}\theta$$

铜靶、钼靶和铁靶的 $\Delta(2\theta)$-2θ 曲线见图 7.16。可以看出,波长越短,分离越严重;低角度时,双线分离度较小,而随角度增大,二者分离越来越明显。从 $\Delta(2\theta)$-2θ 曲线可以方便地查出衍射峰在不同 2θ 角的分离度。

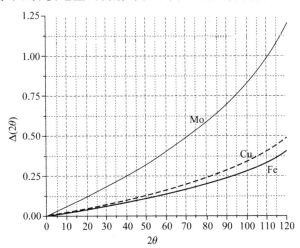

图 7.16　不同光源双线分离度与角度的关系

7.6.3　β 值的确定：K_α 双线分离与仪器因素的处理

由实验所获得的衍射峰半高宽 B,是 K_{α_1},K_{α_2} 双线辐射、晶粒大小因子、仪器因子等综合作用的结果。要测晶粒大小,也就是要得到晶粒大小引起的半高宽 β,必须对衍射峰宽度 B 进行 K_{α_1},K_{α_2} 双线校正和仪器因子校正。下面我们对这些校正步骤进行说明。

1. K_{α_1} 和 K_{α_2} 的双线分离

由于 K_{α_1} 和 K_{α_2} 产生的衍射峰存在一定的分离度 $\Delta(2\theta)=2(\theta_2-\theta_1)$,对某一 hkl 衍射,若衍射峰起始的位置分别为 $2\theta_1$ 和 $2\theta_2$,显然,在 $2\theta_1$ 至 $[2\theta_1+\Delta(2\theta)]$ 之间,K_{α_2} 无贡献;同理,在 $[2\theta_2-\Delta(2\theta)]$ 至 $2\theta_2$ 之间,K_{α_1} 无贡献。

为了从实验图谱中分理出 K_{α_1} 辐射所产生的衍射峰,需要进行二者的分离。由于二者的叠加为线性组合,可以按 $\Delta(2\theta)/n$ 的等间隔划分实验所得的衍射图,如图 7.17 所示。由上述分析可知,在第 1 到第 n 区间内,没有 K_{α_2} 衍射的贡献。以 $n=3$ 为例,以强度比 $I(\alpha_1):I(\alpha_2)=2/1$,可以给出以下关系:

$$I_1 = I_1(\alpha_1)$$

$$I_2 = I_2(\alpha_1)$$

$$I_3 = I_3(\alpha_1)$$

$$I_4 = I_4(\alpha_1) + I_4(\alpha_2) = I_4(\alpha_1) + \frac{1}{2}I_1(\alpha_1)$$

$$I_4(\alpha_1) = I_4 - \frac{1}{2}I_1(\alpha_1)$$

$$I_5 = I_5(\alpha_1) + I_5(\alpha_2) = I_5(\alpha_1) + \frac{1}{2}I_2(\alpha_1)$$

$$I_5(\alpha_1) = I_5 - \frac{1}{2}I_2(\alpha_1)$$

$$I_6 = I_6(\alpha_1) + I_6(\alpha_2) = I_6(\alpha_1) + \frac{1}{2}I_3(\alpha_1)$$

$$I_6(\alpha_1) = I_6 - \frac{1}{2}I_3(\alpha_1)$$

$$I_7 = I_7(\alpha_1) + I_7(\alpha_2) = I_7(\alpha_1) + \frac{1}{2}I_4(\alpha_1)$$

$$I_7(\alpha_1) = I_7 - \frac{1}{2}I_4(\alpha_1)$$

......

$$I_i = I_i(\alpha_1) + I_i(\alpha_2) = I_i(\alpha_1) + \frac{1}{2}I_{i-3}(\alpha_1)$$

$$I_i(\alpha_1) = I_i - \frac{1}{2}I_{i-3}(\alpha_1)$$

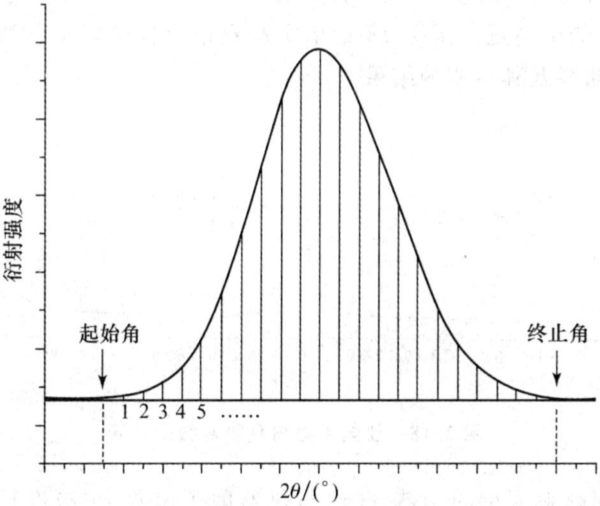

图 7.17　衍射峰的等间隔划分

可见,通过衍射数据可读出 I_1, I_2, I_3 的值。利用强度加和的关系,通过上述公式可以获得所有角度的 $K\alpha_1$ 强度 $I(\alpha_1)$ 值,得到 $I(\alpha_1)$-2θ 关系,从而得到纯 $K\alpha_1$ 的衍射图。应当注意,采用这种方法得到 $I_i(\alpha_1)$,从起始角到衍射峰最大值之后的约中间位置,即峰值后的约一半处,具有较好的准确性。但是,再往后,因为 $I_i(\alpha_1)$ 与 $\frac{1}{2}I_{i-n}(\alpha_1)$ 的差值越来越小,测量的随机误差会使所得 $I_i(\alpha_1)$ 曲线产生较大误差,曲线发生起伏,因此,分离出的 $I(\alpha_1)$ 曲线在后半部分准确性较差。

2. 仪器因子的校正:卷积与去卷积

经过双线分离获得 $h(x)$ 和 $g(x)$ 峰形图后,需要解析出晶粒因子函数 $f(x)$ 的半高宽和积分宽。可以利用结晶完好的标准样品的衍射得到仪器的几何因子函数 $g(x)$,进而通过去卷积获得晶粒因子函数 $f(x)$。然而,在实际工作中,每次进行去卷积是一件很麻烦的事情。解决的办法是,采用一个合理的函数表达晶粒因子,调解函数的参数,关联函数半高宽 β 与晶粒大小的关系。例如,晶粒大小导致的衍射峰宽化近似可以用 Cauchy 函数 $f(x)=\dfrac{1}{1+k^2x^2}$ 表达,半高宽 $\beta=2/k$,所以通过改变 k 值可得出具有不同 β 值的 $f(x)$。采用晶粒大小分布在 $5\sim15~\mu m$ 之间且结晶完好的石英(α-SiO_2)的实验峰形作为 $g(x)$ 函数,对 Cauchy 函数 $f(x)=\dfrac{1}{1+k^2x^2}$,改变 k 值($k=1,2,5,10,15,\cdots,40$),获得相应的 β 值,将每个 k 对应的 $f(x)$ 函数分别与 $g(x)$ 卷积,即得到相应的 $h(x)$ 函数及其对应的半高宽。图 7.18 给出实验室衍射仪的峰形函数 $g(x)$、$k=10$ 的 $f(x)$ 函数曲线及其卷积的结果。

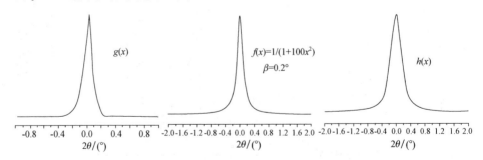

图 7.18　仪器函数与晶粒函数的卷积

代表不同晶粒大小的函数 $f(x)$ 与仪器因子函数 $g(x)$ 进行卷积,拟合得到不同的实验峰形函数 $h(x)$,求出实验半峰宽 B,作 B-β 曲线,见图 7.19。利用这一工作曲线,可以从实验所得衍射图中方便地获得相应晶粒大小的半高宽。

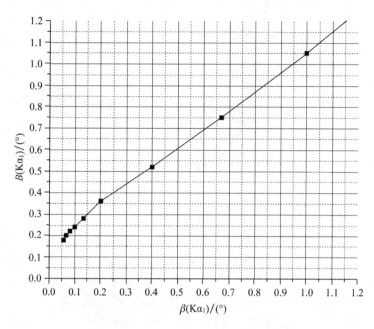

图 7.19 实验半峰宽(B)与晶粒大小半高宽(β)

对于仪器几何因子的校正还有另外两种近似处理方法。第一种是假定仪器因子和晶粒因子均为高斯型分布曲线,则

$$B^2 = \beta^2 + b^2$$

第二种假定是仪器因子和晶粒因子均为 Cauchy 型分布曲线,则

$$B = \beta + b$$

通过这两种近似,可以大致了解晶粒引起的半峰宽大小。因为衍射仪的峰形既有高斯成分,也有 Cauchy 成分,所以常常难以简单处理。另外,由于各种狭缝的作用,导致衍射峰不对称,处理峰形更需要仔细。

7.6.4 Scherrer 方程的应用

得到晶粒宽化而引起的半峰宽后,可以利用 Scherrer 方程计算晶粒大小。图 7.20 给出晶粒大小与衍射峰宽的关系曲线。可以看出,当晶粒尺寸小于几十纳米,衍射才开始有明显宽化;当小于 10 nm,宽化较为明显($\approx 1°$);当约

5 nm,衍射峰半高宽可达约 2°;若晶粒进一步变小,则信号可信度变差。因此,利用 Scherrer 方程,直接由实验半峰宽求晶粒大小的适宜范围为 2~20 nm。

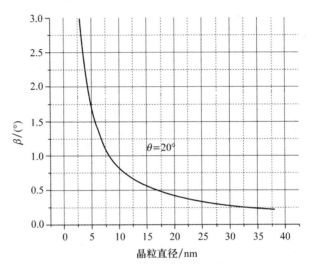

图 7.20 晶粒大小与衍射峰宽化

通过 Scherrer 方程求取晶粒大小时,应当注意:

(1) 当用半高宽 β_{hkl} 时,D_{hkl} 代表垂直于 (hkl) 晶面的厚度(或晶粒直径)。

(2) (hkl) 晶面大小与 β_{hkl} 无关,半高宽 β_{hkl} 只与晶粒在垂直于 (hkl) 晶面方向上的厚度有关。

(3) D_{hkl} 越大,δ 越小,表示衍射峰收敛越快;D_{hkl} 越小,δ 越大,表示衍射峰收敛越慢。

(4) Scherrer 方程适宜的范围在 2~200 nm 之间。晶粒太小,衍射峰宽化严重,实验数据误差较大;而晶粒大于一定值,宽化效应很弱,由晶粒宽化引起的半高宽可以忽略。

还需指出的是,以上讨论的是晶粒结晶生长较好、无晶格畸变的情况。如果存在晶格畸变,则需要分离畸变和晶粒大小的效应。实际工作中,晶粒变小也往往伴随着晶格畸变,因此,衍射峰会更为复杂。

7.7 多晶 X 射线衍射结构分析的重要方法——Rietveld 法

晶体结构解析通常由单晶衍射数据确定。然而,由于许多化合物难以得到单晶,有些材料的性质是在多晶状态下体现,因此利用多晶 X 射线衍射数据开展结构分析是必须进行的工作。早期的多晶结构分析,主要还是通过提取积分强度数据,采用与单晶分析类似的方法解决。由于多晶衍射存在衍射峰的重叠问题,合理分配衍射强度难度很大,可以取得的有效数据少,只能用于一些相对简单的结构分析且准确度较差。20 世纪 60 年代,Rietveld 提出了解决这一难题的"全图拟合方法",使得基于多晶衍射数据的结构精修成为结构分析重要方法之一。Rietveld 峰形拟合物相分析与晶胞参数修正、晶体结构精修、Rietveld 无标相定量、结构从头解析等方法已经深入到多晶衍射分析的各个方面。

7.7.1　Rietveld 方法的基本原理

Rietveld 方法处理多晶数据时,不再进行衍射峰的分离,而是反其道而行——通过将利用初始模型计算得到的强度数据分解,与各实验点数据关联来进行分析。其基本要点如下:

(1) 采用步进扫描的实验数据:收集一套高质量的步进扫描数据,得到的每个数据点都是一个观测点。

(2) 设置初始模型:对于拟分析的物相找到或者建立一个较为合理的初始结构模型。

(3) 峰形函数拟合与应用:通过对实验数据的拟合,找到一个合适的数学函数模拟衍射峰,利用此函数将由初始模型计算出的衍射强度分解为与步进实验数据各步对应的计算值。

(4) 最小二乘法全图拟合:将各点的实验数据与理论数据进行比较,采用最小二乘法进行全图拟合,获得与实验数据更为接近的晶体结构参数。

1. 衍射数据收集

一套准确的衍射实验数据是结构分析的基础。要得到质量好的数据,既要保证样品制备,合理选择衍射仪器、衍射几何和基本条件(如管压、管流、狭缝等),也包括对于特定样品设置相应的角度范围、步长、每步停留时间等。

用于结构分析的样品,要求结晶良好,晶粒大小适当,没有择优取向。根据仪器的光路不同,可采用不同的样品架。例如,对于 Bragg-Brentano 几何,最好采用较大的样品架,如铝框架;对于采用 Debye-Scherrer 几何的仪器,可选用毛细管装样。尽量保证大量晶粒随机统计分布。根据样品的特点,选择角度范围,一般 2θ 起始角从第一个峰之前 $2°\sim3°$ 开始,终止角约到 $120°\sim130°$,步长选 $0.01°\sim0.02°$,停留时间数秒——根据仪器功率、探测器效率等确定。选择的原则,考虑使最强衍射峰最高处计数为 20 000 左右。计数时间长,衍射强度高,信噪比好,统计误差小,弱峰明确。但是,强到一定程度,差别不大——甚至可能引入另外的"误差"——导致拟合度变差。这一问题将在后面结合 R 因子讨论。

2. 初始结构模型

Rietveld 方法本质上是一种精修技术,需要根据初始结构模型计算衍射强度 I_{hkl}。因此,需要从一个可以反映实际晶体结构的合理近似模型开始。初始模型可以参考异质同晶类似结构、固溶体等获得,也可以从基本组成、化学键与晶胞组成等信息通过结构分析建立,或者从高分辨电子显微像中推得。接近正确的部分结构经过 Rietveld 修正确认后,进一步可以通过 Fourier 差值分析得到整个结构。

3. 峰形函数

选择峰形函数(profile-shape-function)非常重要。用于描述多晶衍射峰的代表性峰形函数 Ω 见表 7.2。

表 7.2　一些常用的峰形函数

函数类型	函数表达式	半峰宽 H^*
Gaussian	$\Omega_0(x) = G(x) = a_G \exp(-b_G x^2)$ $a_G = \dfrac{2}{H}\sqrt{\dfrac{\ln 2}{\pi}}, \quad b_G = \dfrac{4\ln 2}{H^2}, \quad \beta_G = \dfrac{1}{a_G}$	$H^2 = u\tan^2\theta + v\tan\theta + w$
Lorentzian	$\Omega_1(x) = L(x) = \dfrac{a_L}{1 + b_L x^2}$ $a_L = \dfrac{2}{\pi H}, \quad b_L = \dfrac{4}{H^2}, \quad \beta_L = \dfrac{1}{a_L}$	$H^2 = X\tan\theta + [Y+F]/\cos\theta$
Modified Lorentzian (Ⅰ)	$\Omega_2(x) = ML(x) = \dfrac{a_{ML}}{(1 + b_{ML} x^2)^2}$ $a_{ML} = \dfrac{4\sqrt{\sqrt{2}-1}}{\pi H}, \quad b_{ML} = \dfrac{4\sqrt{\sqrt{2}-1}}{H^2}$	$H^2 = X\tan\theta + [Y+F]/\cos\theta$
Modified Lorentzian (Ⅱ)	$\Omega_3(x) = IL(x) = \dfrac{a_{IL}}{(1 + b_{IL} x^2)^{2/3}}$ $a_{IL} = \dfrac{4\sqrt{2^{2/3}-1}}{\pi H}, \quad b_{IL} = \dfrac{4\sqrt{2^{2/3}-1}}{H^2}$	$H^2 = X\tan\theta + [Y+F]/\cos\theta$
Voigt	$\Omega_4(x) = G(x) \otimes L(x) = \displaystyle\int_{-\infty}^{+\infty} L(x-u)G(u)\mathrm{d}u$	—
Pseudo-Voigt	$\Omega_5(x) = pV(x) = \eta L'(x) + (1-\eta)G(x)$	

* 本列中,u,v,w,X,Y,F 为描述半峰宽随衍射角 θ 变化关系的参数。

对于某衍射峰,取 Bragg 角处的 $2\theta=0$,向两边展开。用于进行峰形展开的函数各有特点,例如 Gaussian 函数图形变化较缓,拖尾效应小;而 Lorentzian 函数图形变化较快,拖尾效应大。图 7.21 分别是两个简单的 Gaussian 函数和 Lorentzian 函数(Cauchy)的示意。

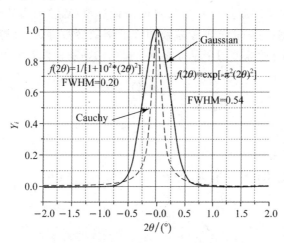

图 7.21　Gaussian 函数和 Cauchy 函数

对于粉末中子衍射,峰形函数接近于 Gaussian 函数;而对于 X 射线衍射,则为 Gaussian 函数与 Lorentzian 函数的"组合",二者的卷积形式为 Voigt 函数,二者的权重加和则为赝 Voigt 函数。峰形函数与仪器、样品特性密切相关。得到衍射数据后,通过对实验数据进行拟合,确定相应的函数类型及参数。

4. 最小二乘法全图拟合

由初始结构模型计算出衍射强度——该强度为某一衍射指标的积分强度:

$$I_{hkl} = K \cdot P \cdot L \cdot |F_{hkl}|^2 \cdot D \cdot \Delta V \cdot J$$

确定了峰形函数后,可以通过峰形函数将积分强度展开,得到按 2θ 角展开的强度:

$$Y_{c,j} = I_{hkl} \otimes \Omega$$

考虑某一角度处,可能有来自不同衍射指标的贡献,并将背底数据 Y_b 加入,有:

$$Y_{i,c} = A(2\theta_i)\sum_n s_n \sum_h I_{n,hkl}\Omega_n(2\theta_i - 2\theta_B) + Y_b(2\theta_i)$$

式中,$Y_{i,c}$ 代表角度 $2\theta_i$ 处的强度计算值;$A(2\theta_i)$ 是吸收和照射面积强度校正;n 表示对角度 $2\theta_i$ 处强度有贡献的各物相,对 n 加和表示对所有物相进行加和,对

hkl 加和表示对所有衍射指标进行加和；S_n 为比例因子；$2\theta_B$ 是 Bragg 角；$I_{n,hkl}$ 是 n 物相不同指标 hkl 积分强度；Ω_n 是峰形函数；$Y_b(2\theta_i)$ 是背底值。

可以采用数学多项式拟合背景函数，求得不同角度处的背景值，也可以通过选点读入背景值而采用内插法获得所需角度的数值。

利用计算机程序逐点比较衍射强度的计算值（$Y_{i,c}$）和实验值（Y_i），用最小二乘法调节晶胞参数、原子坐标参数和峰形函数参数等，使计算值与实验值尽可能吻合，即拟合的偏差因子尽可能小。通用的是加权偏差方因子 R_{wp}：

$$R_{wp} = \left[\frac{\sum\limits_{i=1}^{n} w_i (Y_i - Y_{i,c})^2}{\sum\limits_{i=1}^{n} w_i Y_i^2}\right]^{\frac{1}{2}}$$

其中，$w_i = 1/\sigma_i^2$，$\sigma_i = \sqrt{Y_i}$。

相关的其他偏差因子有 R_p 和 R_{exp}，二者的定义如下：

$$R_p = \frac{\sum\limits_{i=1}^{n} |(Y_i - Y_{i,c})|}{\sum\limits_{i=1}^{n} |Y_i|}$$

$$R_{exp} = \left[\frac{N - P}{\sum\limits_{i=1}^{n} w_i Y_i^2}\right]^{\frac{1}{2}}$$

式中，R_{exp} 是统计学期望的误差，N 是测量数据的点数，P 是精修参数的数目。最小二乘法的拟合结果的拟合优度（GOF）值定义为：

$$\text{GOF} = \frac{R_{wp}}{R_{exp}}$$

GOF 数值接近于 1，表示拟合结果令人满意；如果数值为 1.5 或更高，可能需要考虑参数或者理论模型的选择。这里提请注意的是，衍射数据强度过高，可能导致 GOF 数值增大，这是因为：

$$\text{GOF} = \frac{R_{wp}}{R_{exp}} = \left[\frac{\sum\limits_{i=1}^{n} w_i (Y_i - Y_{i,c})^2}{N - P}\right]^{\frac{1}{2}}$$

反过来，当衍射强度低，分子项的数值之和小，使 GOF 减小。这也是有时候一些数据看起来不太好，但 GOF 值较小的原因。所以，作为精修结果的判据，要合理理解偏差因子。精修后，通常 R 因子 $< 10\%$，但有时也会出现 R 因子较大的情况，例如约 20% 的情况，这就要针对具体体系、具体结构分析：对于一些致

密相的无机化合物,数据质量好、结构合理时 R 因子可以很小;而对于一些多孔结构如沸石,由于孔道中存在溶剂或者无序分布的物种,则 R 因子会比较大。关键是从结构化学角度分析,结构要合理。

7.7.2 Rietveld 方法的应用(1):峰形拟合

要从多晶衍射数据中解析结构,需要提取不同衍射指标的数据,这又回到了本章一开始就提到的难题——多晶衍射峰的重叠问题。随着高速计算机的发展和高分辨衍射仪的使用,全图分解(whole powder pattern decomposition, WPPD)成为多晶衍射数据分析中解决这一问题的重要方法。在这一过程中,采用"分解"拟合而不是去卷积的方法来处理多晶衍射图。目前常用的两种方法分别是 1980 年 Pawley 提出的"Pawley 方法"和 1988 年 Le Bail 提出的"Le Bail 方法"。

1. Pawley 方法

Pawley 认为,随衍射角变化的衍射图由以下参数确定:

(1) 每个衍射指标 hkl 的强度 I_{hkl},若有 N 个衍射指标,就有 N 个强度参数;

(2) 确定衍射峰位置的晶胞参数 $a,b,c,\alpha,\beta,\gamma$,共 6 个参数;

(3) 仪器零点修正,1 个参数;

(4) 峰宽参数 u,v,w,共 3 个参数;

(5) 与峰形函数选取相关的其他参数,如表示函数中 Lorentzian 成分和 Gaussian 成分参数 η 等,有 m 个参数。

在 Pawley 方法中,不考虑结构因子,而是从实验数据出发,对衍射峰的强度以及上述(2)~(5)项中涉及的共 $N+10+m$ 个参数,进行最小二乘法全图拟合,调整各参数和各衍射指标的强度值,获得衍射图的计算曲线,得到峰形函数。对于分离度较好的衍射峰,峰强由实验强度确定;而对于衍射峰重叠严重的峰,特别是当两个衍射峰的峰位之差 $\Delta(2\theta)$ 小于数据的步长,需要采用硬性的限定:使各指标的衍射强度相等来分配实验强度;若衍射峰严重重叠但尚可以分开,则采用软性的强度约束,从衍射峰强均匀分配出发进行修正,获得各指标的衍射值。在这一拟合过程中,参数达 $N+10+m$ 个,因此,需要进行大量的计算工作且强度的分配可能不尽合理。

2. Le Bail 方法

又称 Le Bail 拟合(Le Bail fitting)。与 Pawley 方法类似之处是,该法中仍然选用了(2)~(5)中的 $10+m$ 个参数进行最小二乘法拟合,但衍射强度不纳入拟合中,而是采用了一种"赋值—计算—赋值"的循环过程来确定强度。不需结构模型,Le Bail 法赋予各衍射峰一个大致的初值作为"计算值",利用 Rietveld 拟合程序,采用所赋计算值对实验观察值进行分配,计算所得观察值再设为新的计算值,对 $10+m$ 个参数进行最小二乘法修正,不断循环,如图 7.22 所示。

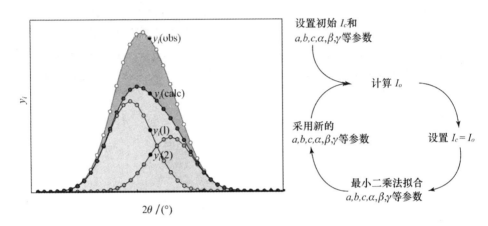

图 7.22　Le Bail 拟合示意

　　图 7.22 中,实验观察值如黑线和白点所示,计算值见黑线黑点。衍射峰 1 的强度由下式给出:

$$I_o(1) = \sum_i Y_i(o) \times Y_i(1)/Y_i(c)$$

类似地,衍射峰 2 的强度为:

$$I_o(2) = \sum_i Y_i(o) \times Y_i(2)/Y_i(c)$$

这里 $Y_i(c) = Y_i(1) + Y_i(2)$,加和是对该衍射峰有贡献的所有点的数据。这一方法对衍射强度进行分配,对于任何数目重叠的衍射峰均适用。因为起始的衍射强度从任意的赋值开始,因此数据达到收敛,需要相当多的迭代步骤——但是由于各步参与最小二乘法进行修正的参数数目只有晶胞参数和峰形函数参数,各步运行很快,总体运行时间大大缩短。注意,由于拟合过程中将实验值赋作计算值,故原则上 R 因子应趋于 0。

　　"Pawley 方法"和"Le Bail 方法"孰优孰劣? 不同的人有不同的观点。有人认为,只能采用"Pawley 方法"——不仅给出强度,而且给出误差;另有人则认为,"Le Bail 方法"快速而通用。这两种方法均存在缺点:解决重叠严重的衍射峰的强度分配仍是难题。特别是对于对称性高的晶系，由于 Laue 对称性导致衍射峰严重重叠，因此，程序只能均分衍射强度。这是多晶衍射本身固有的问题。

　　尽管如此，峰形拟合为分析多晶衍射图提供了极大的帮助。这两种方法的出现主要是解决从多晶衍射数据中提取各衍射峰的强度以解析结构，实际上，峰形拟合处理可以提供更多的信息。① 在没有合适的结构模型或者只需要了解准确的晶胞参数的情况下，可以通过峰形拟合快速处理衍射图，得到相关的信息；② 峰形拟合有助于判断空间群的设定是否合理，例如，对于 *Pnma* 或 *Pbma* 空间群，很难看出哪个更合理，通过 Pawley 或 Le Bail 拟合，可以很快给出选择；③ 由于 Pawley 或 Le Bail 拟合计算强度与结构无关，因此，*R* 因子可以尽可能地小，这也提示，表征含结构参数的 Rietveld 精修结果的 *R* 因子不可能更低。目前，在进行 Rietveld 结构精修之前，往往先进行峰形拟合，以确定晶胞参数、峰形函数等。当峰形拟合满意后，代入结构参数，若 Rietveld 精修结果显示衍射峰依然吻合很好，*R* 因子略有升高，那么结构模型正确；反之，若代入结构参数，精修后的计算值和实验值差别很大，那一定是相关参数有问题，需要重新选择调整。

　　当然，峰形拟合提取数据的主要目的还是为了解析结构。通过峰形拟合提取出的不同指标的强度数据与单晶衍射的数据类似，采用处理单晶数据的程序和方法可以解析出结构模型，这一结构模型可以作为初始模型再引入 Rietveld 结构精修之中。

7.7.3　Rietveld 方法的应用(2)：结构精修、完善与相定量

1. 结构的拟合与精修

　　这里给出两个例子。在第一个例子中，详细讨论精修过程的处理方法，给出与 Rietveld 精修相关的需要报告的拟合结果和格式。第二个例子，则简要介绍通过 Fourier 差值合成获得完整的结构。

　　【例 1】　类水榴石型化合物 $Sr_6Sb_4Mn_3O_{14}(OH)_{10}$ 的结构分析与精修。

　　石榴石（garnet，$A_3B_2B_3'O_{12}$）和水榴石［hydrogarnet，$A_3B_2(OH)_{12}$］是结构密切相关的两类化合物。石榴石 $A_3B_2B_3'O_{12}$ 中，A 为八配位的半径较大的阳离子，如稀土、碱土金属离子，B 和 B′ 分别为八面体、四面体配位的半径较小的阳离子，B 位离子常见的有 Al^{3+}，Mg^{2+}，Ti^{4+}，Zn^{2+}，Fe^{3+} 等，B′ 位则有 Al^{3+}，Si^{4+}，Zn^{2+}，Ge^{4+}，Fe^{3+} 等。石榴石的三维骨架结构由八面体和四面体通过共顶点连接而成。若每个四面体位（B′ 位）的阳离子都被 4 个 H^+ 取代，则形成水榴

石 $A_3B_2(OH)_{12}$。水榴石含有大量羟基,孤立的 $B(OH)_6$ 多面体通过 A 位阳离子的静电作用以及氢键作用相互连接,代表性的化合物有 $Ca_3Al_2(OH)_{12}$。介于水榴石与石榴石之间可以存在一系列中间化合物,即四面体位置的 B′ 离子部分被 H^+ 取代,形成如 $Ca_3B_2(B'O_4)_x(OH)_{12-4x}$($B = Al, Mn$; $B' = Si, Ge$)的类石榴石型化合物,如钙铝榴石(grossularite)、水石榴石(hibschite)、加藤石(katoite)。

以下以 $Sr_6Sb_4Mn_3O_{14}(OH)_{10}$(SSM)为例,讨论结构模型确定与 Rictvcld 精修过程。这个化合物在强碱性水热条件下合成,其化学式通过元素分析、IR 光谱和热重分析等确定。多晶 X 射线衍射数据指标化结果表明,SSM 属立方晶系,晶胞参数 $a = 1.31367\ nm$,根据衍射的消光规律($h+k+l = 2n+1$),可以判断其为体心立方结构。进一步分析衍射图,发现其与石榴石型化合物的图谱非常相似。参照石榴石的结构,建立 SSM 的初始结构模型。

绝大多数石榴石和水榴石的结构均属 $Ia\bar{3}d$ 空间群,因此首先采用 $Ia\bar{3}d$ 空间群,Sr^{2+} 占据 24c 格位(3/8,1/2,1/4),Sb^{5+} 占据 16a 格位(0,0,0),Mn^{2+} 占据 24d 格位(1/4,3/8,0)且占有率为 1/2。利用该模型进行 Rietveld 结构精修时发现,2θ 角度为 32.1°(衍射指标 332),49.2°(衍射指标 543),60.9°(衍射指标 831/743)等的衍射峰强度计算值接近于零,与实验值差别很大,见图 7.23。

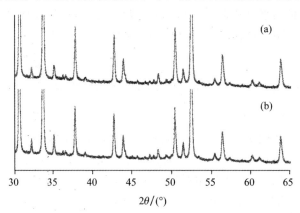

图 7.23 采用不同空间群精修 $Sr_6Sb_4Mn_3O_{14}(OH)_{10}$
结构结果比较: (a) $Ia\bar{3}d$,(b) $I\bar{4}3d$

当去掉对称中心,将 $Ia\bar{3}d$ 降为其子群 $I\bar{4}3d$ 时,$Ia\bar{3}d$ 群的 24c 格位(3/8,1/2,1/4)和 16a 格位(0,0,0)可以分别变为 $I\bar{4}3d$ 群的 24d 格位(x,1/2,1/4)和 16c 格位(x,x,x),这意味着采用 $I\bar{4}3d$ 空间群时,这两个位置在精修中将获得

一定自由度,而这种坐标的调整将导致结构因子以及衍射峰计算值的变化。同时,$Ia\bar{3}d$ 中的 24d 格位在 $I\bar{4}3d$ 空间群分裂为 12a 和 12b 两种格位,此时 Mn^{2+} 的占位有如下方式:第一种方式与原 24d 格位对应,即离子在 12a 与 12b 格位均有分布,两个格位的占有率之和等于 1;第二种方式则选择满占 12a 格位,使 12b 格位全空,或者反过来,即选择满占 12b 格位,使 12a 格位全空;第三种和第二种实际上完全等价。从多晶 X 射线结构精修结果来看,很难有效区分以上几种占位方式。但是,12a 和 12b 格位之间由对称中心关联,如果两个位置均有分布,则后面测得的反铁磁倾斜的性质难以理解,因此,可以认为 Mn^{2+} 优先占据 12a 或 12b 格位。结构分析中,将 Mn^{2+} 放在 12a 位置且占有率为 1。采用 $I\bar{4}3d$ 空间群,通过精修 Sr^{2+} 与 Sb^{5+} 的原子坐标,衍射峰的强度趋于合理。图 7.24 给出多晶 X 射线衍射 Rietveld 全图拟合 $Sr_6Sb_4Mn_3O_{14}(OH)_{10}$ 结构的分析结果。

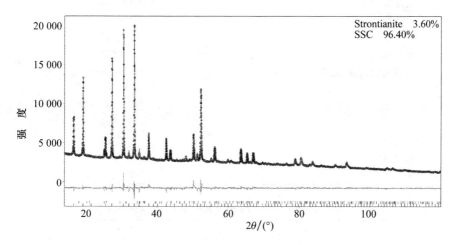

图 7.24　$Sr_6Sb_4Mn_3O_{14}(OH)_{10}$ 多晶 X 射线衍射全图拟合结构分析结果

(○代表实验观察值,实线为计算值,衍射图下的曲线为差值,竖线指示 Bragg 衍射峰位)

表 7.3 列出化合物的基本信息、衍射条件、结构参数与精修结果;表 7.4 给出 SSM 的原子坐标参数、占有率与温度因子。由于氢原子的散射能力弱,在结构分析中难以定位。结构精修结果中金属原子、氧原子的含量与根据元素分析推出的结果相符合,结合金属原子的价态,一样可以推得 SSM 的化学式为 $Sr_6Sb_4Mn_3O_{14}(OH)_{10}$。

表 7.3　$Sr_6 Sb_4 Mn_3 O_{14}(OH)_{10}$ 的 X 射线衍射数据收集条件、晶体学参数与 Rietveld 分析结果

报告内容	数据或说明
晶体学数据	
化学式	$Sr_6 Sb_4 Mn_3 O_{14}(OH)_{10}$
摩尔质量 $M_r/(g \cdot mol^{-1})$	1571.64
空间群	$I\bar{4}3d(220)$
晶胞参数/nm	$a=1.31367(1)$
晶胞体积 V/nm^3	2.2691(1)
结构单元 Z	4
计算密度 $D_x/(10^3\ kg \cdot m^{-3})$	4.571
光源类型与波长 λ/nm	Cu Kα_1,0.15406
线吸收系数 μ/mm^{-1}	681.9
数据收集条件	
衍射仪	Bruker D8 Advance
收集方法	Debye-Scherrer 几何
样品制备	样品用 Mylar 膜支撑
扫描方式	步进
收集方式	透射
2θ 角度范围与步长/(°)	14.000~119.984,0.0144
结构精修	
R_p,R_{wp},χ^2	0.0266,0.0384,2.10
R_{exp}	0.0265
数据点数目	7360
精修的参数数目	22
计算程序	Topas 2.1

表 7.4　$Sr_6 Sb_4 Mn_3 O_{14}(OH)_{10}$ 原子坐标参数、占有率和温度因子

原子	Wyckoff 位置	x	y	z	占有率	B/nm^2
Sr^{2+}	24d	0.3698(2)	0.5	0.25	1	0.0106(3)
Sb^{5+}	16c	0.4989(1)	0.4989(1)	0.4989(1)	1	0.0211(3)
Mn^{2+}	12a	0.25	0.375	0	1	0.024(1)
O(1)	48e	0.3994(5)	0.2956(6)	0.2000(6)	1	0.021(1)
O(2)	48e	0.3648(5)	0.4826(6)	0.0497(6)	1	0.021(1)

　　由表 7.4 的结构参数算出 $Sr_6 Sb_4 Mn_3 O_{14}(OH)_{10}$ 的部分键长、键角和键价数据,列入表 7.5 中。可以看出,Sr—O 和 Sb—O 键长均在正常范围,中心原子 Sr^{2+}、Sb^{5+} 键价也合理,而 MnO_4 四面体中的 Mn—O 键长偏长,中心原子键价偏低,这是由 MnO_4 四面体畸变造成的。与 Ca-Al-Si-O 系列类水榴石相比,由

于 Sr^{2+} 原子半径较大，使 $Sr_6Sb_4Mn_3O_{14}(OH)_{10}$ 整体骨架变大。由 SbO_6 和 MnO_4 四面体共顶点相连的结构骨架中，SbO_6 八面体的中心离子 Sb^{5+} 对氧离子的吸引较强，而四面体位置只有一半被过渡金属离子占据，因而导致 MnO_4 四面体畸变较为严重。氧原子的键价也反映出结构连接特点，$O(2)$ 键价接近于正常值 2，而 $O(1)$ 键价约为 1，这是因为它与氢原子的成键作用未考虑在内，或者说它是 OH。关于键价理论的讨论详见 8.7 节。

表 7.5　$Sr_6Sb_4Mn_3O_{14}(OH)_{10}$ 的部分键长、键角和键价数据

项目	键参数	项目	键参数	项目	键价和
SbO₆ 八面体		MnO₄ 四面体		Sb^{5+}	5.07
Sb-O(1)键长（pm）	217×3	Mn-O2 键长/pm	217×4	Mn^{2+}	1.43
Sb-O(2)键长/pm	189×3	O2-Mn-O2 键角/(°)	98.6×2	Sr^{2+}	1.92
O(1)-Sb-O(1)键角/(°)	95.5×3	O2-Mn-O2 键角/(°)	115.2×4	$O^{2-}(1)$	0.93
O(2)-Sb-O(2)键角/(°)	81.3×3	SrO₈ 多面体		$O^{2-}(2)$	2.07
O(1)-Sb-O(2)键角/(°)	89.8×3	Sr-O(1)键长/pm	266×2,279×2		
O(1)-Sb-O(2)键角/(°)	92.7×3	Sr-O(2)键长/pm	254×2,264×2		

【**例 2**】　$La_2Ca_2MnO_7$ 的结构解析与完善。

在开展 $CaO\text{-}La_2O_3\text{-}MnO_x$ 相图研究中，发现了一个新化合物 $La_2Ca_2MnO_7$，多晶 X 射线衍射数据指标化结果显示，该化合物属三方晶系，$R\bar{3}$ (No.148) 空间群，晶胞参数 $a=562.176(4)$ pm，$c=1731.61(2)$ pm。通过多晶 X 射线衍射数据（实验条件：转靶，Cu $K\alpha$ 光源，$\lambda=154.18$ pm，管压 50 kV，管流 120 mA，步长 0.02°，每步停留时间 6 s）解析得到结构，Rietveld 精修见图 7.25，晶体学参数见表 7.6。

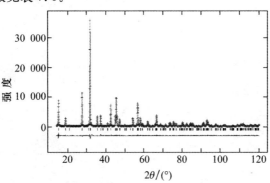

图 7.25　$La_2Ca_2MnO_7$ 的多晶 X 射线衍射分析

表 7.6　La₂Ca₂MnO₇ 晶体学数据

原子	位置	x	y	z	$U/\text{Å}^2$	占有率
Mn	$3a$	0	0	0	0.0087	1
La	$6c$	0	0	0.37757(3)	0.0077	0.937/0.077*
Ca	$6c$	0	0	0.82745(7)	0.0139	0.937/0.077*
O(1)	$18f$	0.0148(4)	0.5023(3)	0.6024(1)	0.0214	1
O(2)	$18f/3b$	0/0	0.128(1)/0	0.5/0.5	0.0079	0.1667/1

＊La 和 Ca 相互取代的比例。

La₂Ca₂MnO₇ 结构可以看成三方钙钛矿层 La₂MnO₆ 和类石墨结构的 Ca₂O 层交替排列构成,见图 7.26(a)。结构中有两个独立的氧原子:O(1) 和 O(2)。O(1)是钙钛矿层 La₂MnO₆ 的氧,O(2)位于 Ca₂O 层中,是通过 Fourier 差值合成得到的。最初认为该化合物中 Mn 为＋2 价,化学式可能是 La₂Ca₂MnO₆,Ca²⁺ 处于三方钙钛矿层之间。在结构分析中,采用 Fourier 差值分析,发现在 Ca²⁺ 离子层存在剩余电子云密度,对应着一个 O 原子,见图 7.26(b),这个氧原子实际位置对 $3b$ 略有偏离。结构精修时,若将其固定在 $3b$,则温度因子很高;若采用 $18f$,即三个坐标参数均放开,占有率为 1/6,运行不稳定。因此,我们采取了折中的办法,将 $x=0$ 和 $z=0.5$ 固定,精修参数 y,得到了合理的参数和温度因子。

可见,在 Rietveld 结构精修中,确认部分原子位置后可以进行 Fourier 差值分析,如果结构完整,则剩余电子云密度很低;若仍有需要确认的原子,可以从差值电子云密度图中读出,再代入结构模型进一步作精修确定。

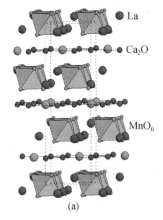
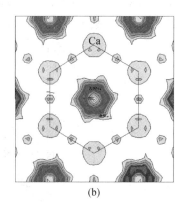

(a)　　　　　　　　　　　　　　　　(b)

图 7.26　La₂Ca₂MnO₇ 的结构

(a) 三方钙钛矿层 La₂MnO₆ 和 Ca₂O 层交替排列;(b) 只考虑 Ca²⁺ 时 Ca₂O 层的差值电子云密度

2. 全图拟合定量分析

对于多相混合体系,当由晶体结构数据计算得到衍射强度 $I_{n,hkl}$ 后,可以在精修后通过比例因子计算各相的质量比。计算第 i 相的质量比 w_i 的公式如下:

$$w_i = s_i Z_i M_i V_i / \sum_n s_n Z_n M_n V_n$$

式中,Z_i 是一个晶胞中的分子数,M_i 是分子的摩尔质量,V_i 是晶胞的体积。

多晶 X 射线衍射 Rietveld 分析需要借助于程序进行,目前常用的程序有 Fullprof,GSAS 等,读者可以从晶体学网站上免费获得。

7.8 中 子 衍 射

X 射线衍射已是结构研究的常规方法,是晶体结构分析不可或缺的工具。但是,由于 X 射线是与物质中的电子发生作用,各种元素的散射能力与原子序数平方近似成正比关系,使得衍射强度中轻、重原子的贡献差别较大,当存在重原子时,影响轻原子位置的准确确定;与此同时,相邻原子因核外电子数相近,散射能力相当,在结构中的分布难以区分;另外,X 射线是中性的光子,对物质的磁结构不敏感。而这些不足,可以由中子衍射得到补充。因此,中子衍射与 X 射线衍射相结合,已经成为物质科学研究和新材料研发的重要方法。利用中子衍射研究物质的磁结构和电子结构,也成为现代凝聚态物理探索物质奥秘的重要手段之一。

7.8.1 中子的基本性质、产生与探测

1. 中子的基本性质

中子是一种微观粒子,它由一个上夸克和两个下夸克组成,其基本参数列于表 7.7 中。可以看出,相比于电子,中子质量大很多,作为一种微观粒子,其物质波的波长(λ)与质量(m)、速率(v)的关系,根据 de Broglie 关系式,如下:

表 7.7 中子的基本参数

质量	$1.674927351(74) \times 10^{-27}$ kg
电偶极矩	$< 2.9 \times 10^{-26}$ e·cm
磁矩	$-1.04187563(25) \times 10^{-3} \mu_B$ $-1.91304272(45) \mu_N$
g 因子	$-3.82608545(90)$
自旋	½

$$\lambda = \frac{h}{mv}$$

其中，h 为 Planck 常数。将中子看作气体，其能量分布与温度的关系符合分子动力学统计：

$$E = \frac{1}{2}mv^2 = \frac{3}{2}kT$$

有：

$$\lambda^2 = \frac{h^2}{3mkT}$$

可以算出，室温 273 K 下，中子的均方根速率为 2200 m/s，相应的波长为 155 pm。这一波长正好与 X 射线波长相近，能量又恰好与原子振动的能量相当。因此，中子是研究物质晶体结构与晶格振动的重要工具。

2. 中子的产生

很多核反应都可以产生中子，例如，1932 年 Chadwick 在以下核反应中发现中子：

$$_2^4\alpha + {}_4^9\text{Be} \longrightarrow {}_0^1\text{n} + {}_6^{12}\text{C}$$

而要得到高通量的中子，主要有以下两种方式：

(1) 基于核反应堆，通过 ^{235}U 的裂变产生中子。典型的反应堆由核燃料、控制棒和屏蔽体组成。中子的波长与它经过的减速剂温度有关。温度高达 2000 K 的石墨减速剂给出波长很短的中子，而液氢(20 K)给出波长非常长的中子。用作多晶衍射的中子的减速剂是接近室温的水(轻水或重水)。它所给出的中子波长最可几分布约在 160 pm。通过单色器获得单一波长的中子。根据 Bragg 方程，通过不同晶面的衍射，引导出波长不同的中子束。表 7.8 给出以锗单晶作单色器，调整单色器的晶面取向，按一定取出角($2\theta_M$)获得的中子波长。取出角指衍射束和入射中子流的夹角。

表 7.8　中子波长 λ(pm)的选择(锗单色器)

衍射指标 hkl	晶面相对 511 面转动角度 $\omega_M/(°)$	λ/pm	
		$2\theta_M = 90°$	$2\theta_M = 120°$
311	−9.45	241	295
400	15.79	200	245
133	−60.94	184	225
511	0.00	154	188.6
533	−24.52	122	149.5

为和实验室常用的铜靶 X 射线源波长匹配，中子衍射常选 Ge(511)晶面在 $2\theta_M = 90°$ 的衍射束($\lambda = 154$ pm)作为恒波长(constant wavelength，CW)源。

（2）散裂源。其基本原理是，将质子加速，让高速运动的质子轰击重的原子核，如 W，Pb，Hg 等，高速运动的质子与重核作用引起中子"溢出"并导致核的碎裂，如此释放出的中子能量也很高，达 20 MeV，这些高能中子进一步与原子核作用导致更多中子的释放，这种"散裂"过程中每个质子诱导的中子产率可达 20～30 个。脉冲式的质子信号引发脉冲式的中子信号，因此，散裂源可产生"时间飞行（time-of-flight，TOF）"谱。

3. 中子的探测

中子的探测基于引发高吸收、高灵敏重离子形成的核反应。通常的中子探测器是充有 ^{3}He 或 ^{10}BF$_3$ 气体的计数管。反应如下：

$$^1n + ^3He \longrightarrow ^1H + ^3H + 0.77 \text{ MeV}$$

$$^1n + ^{10}B \longrightarrow ^7Li + ^4He + 2.3 \text{ MeV}$$

反应中所产生的气体粒子电离给出信号，γ 射线亦有一些响应。中子通过吸收而被探测，长波长的中子探测效率可达 90%，而短波中子的低一些（<30%）。

7.8.2　物质对中子的散射：散射长度

中子不带电、能量低、穿透性强、无破坏性，是研究物质结构与物理过程的重要工具；中子作为波和物质发生衍射作用，与 X 射线遵循相同的晶体学原理。但是，中子与物质的作用方式与 X 射线不同，中子是与原子核发生作用，中子受核的散射与核的性质有关。原子对中子的散射能力用散射长度表达，在衍射中主要考虑弹性散射，图 7.27 给出一些元素的相干散射长度，也给出了氢元素的几种同位素的散射长度。

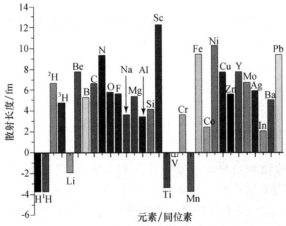

图 7.27　元素/同位素原子的中子散射能力

可以看出,元素对中子的散射有如下特点:

(1) 与原子序数没有直接的关联,轻元素和重元素的散射能力差别不大,利用中子衍射技术可分辨轻元素(如 H,B,C 等)。

(2) 近邻元素的散射因子可以相近(如 O 和 F),也可以相差很大(如 Mn 和 Fe)。

(3) 散射长度可以为正,也可以为负(如 Li,Ti,Mn),或者接近于零(如 V)。利用这一特点,可以选择钒管作为中子衍射的样品管,也可以通过调制体系中某些元素的组成,实现指定元素的散射长度和为零,而突出其他元素的贡献。

(4) 同种元素不同同位素的散射能力可以差别很大,如 ^{1}H,^{2}H 和 ^{3}H 的散射长度分别为 -3.74 fm,6.67 fm 和 4.79 fm。由于 ^{1}H 的自然丰度为 99.9885%,^{2}H 为 0.0115%,^{3}H 仅约 10^{-16},因此氢元素的折合散射长度等于 ^{1}H 的散射长度。图 7.27 中其他元素的散射长度均为考虑丰度后的折合值。

(5) 由于原子核很小,可以看成"点",因此中子的散射长度随 Bragg 角改变几乎没有变化。因此,在高角度依然可以获得强度较高的衍射数据。

以上主要讨论相干散射问题。有些元素(或同位素)存在很强的非相干散射,如 ^{1}H,非相干散射的发生不仅使得衍射背景变强,也会导致衍射强度大大降低;有些元素存在很强的吸收效应,如 ^{10}B,吸收会导致参与衍射的中子比例大大降低。在这些情况下,需要进行同位素取代,对于含氢元素的样品,进行氘代;对于含硼元素的样品,则采用 ^{11}B 富集的原料进行样品制备。

7.8.3　中子衍射晶体结构分析

对于多晶体系,利用中子衍射与 X 射线衍射互补的特点,将二者结合进行结构分析,可以给出更精确的晶体结构信息。

【例 1】　中子衍射确认晶体结构与氧含量。

在 $SrO\text{-}In_2O_3\text{-}CoO_x$ 相图研究中,得到了一个新化合物 $Sr_3In_{0.9}Co_{1.1}O_6$,它与文献报道的化合物 $Ca_3Co_2O_6$ 结构类似,为类六方钙钛矿型,指标化及 X 射线衍射结果表明,其空间群为 $R\bar{3}c$,晶胞参数 $a=9.5905(1)$ Å,$c=11.0175(1)$ Å,结构示意见图 7.28。

由于 X 射线结构精修对于氧的占有率不敏感,且金属原子的占有可以调整,因此研究中需要确认的问题是:① 组成是否可能为 Sr_3InCoO_6? ② 如果确实是 $Sr_3In_{0.9}Co_{1.1}O_6$,是否存在氧空位? ③ In(Ⅲ)离子和钴离子如何分布?

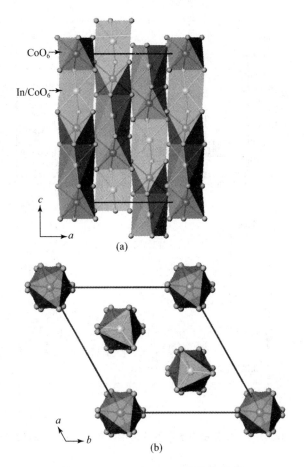

图 7.28 $Sr_3 In_{0.9} Co_{1.1} O_6$ 结构示意图

利用系列变温高分辨中子衍射(1.5,4,30,60,90,120,150,180,210,240,270,298 K)数据进行结构精修[图 7.29(a)给出 1.5 K 数据的 Rietveld 精修图],结果表明,结构中确实不存在氧缺陷,因此 Co 为三价离子,与化学分析的结果相吻合。结构中,$(In_{0.9} Co_{0.1}) O_6$ 三棱柱与 CoO_6 八面体共面连接形成一维链,占据八面体位置的 Co(Ⅲ)为低自旋态($S=0$),占据三棱柱位置的 Co(Ⅲ)为高自旋态($S=2$),高自旋态的 Co(Ⅲ)孤立分布,中子衍射表明 1.5 K 没有磁有序,磁化率测试给出其 g 因子为 2.0。通过变温中子衍射数据还发现,占据八面体位置的 Co(Ⅲ)的各向异性温度因子 U_{33} 外推至热力学零度仍有残余值[图 7.29(b)],说明该离子存在空间分布无序。

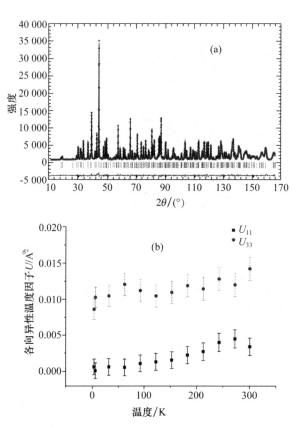

图 7.29　Sr₃In₀.₉Co₁.₁O₆ 多晶中子衍射结构精修与 Co(Ⅲ)的各向异性温度因子

【例 2】　中子衍射确认 B 原子的位置。

硼原子对 X 射线散射的能力比较弱,利用 X 射线衍射研究硼酸盐结构常常会遇到一些困难。YBO_3:Eu 是一种重要的荧光材料,可用于等离子体平面显示器件中的红色荧光粉。YBO_3 有两种不同结构,早期低温物相被认为具有六方碳钙石(vaterite)型结构。人们曾对 YBO_3 低温物相的结构进行了大量的研究,红外光谱和固体核磁共振研究表明,该结构中的硼酸根离子为四面体配位。由于 YBO_3 低温结构很接近于高对称性的六方结构,给结构的研究造成很多困难。X 射线单晶衍射只能给出低温物相的平均结构。利用中子衍射仔细研究了 YBO_3 低温物相的结构,发现 YBO_3 低温物相属于单斜晶系,结构中的硼酸根以 $B_3O_9^{9-}$ 基团形式存在。YBO_3 的高温物相也具有单斜结构,结构中的硼酸根离子为 BO_3^{3-} 基团。

图 7.30 给出 YBO_3：Er(掺有少量 Er)低温相的多晶中子衍射精修图。图 7.31 示出 YBO_3 低温物相和高温物相的结构及其变换关系。YBO_3 低温物相中的硼酸根以 $B_3O_9^{9-}$ 三元环形式存在,其中硼为四配位;高温物相中的硼离子是以三配位的 BO_3^{3-} 形式存在的。两个物相中的稀土离子位置基本不变,硼酸根离子发生变化 $B_3O_9^{9-} \rightarrow 3BO_3^{3-}$(图 7.31),相变过程伴随部分 B—O 键断裂。由于在化学键重组过程中原子位置将进行调整,因此相变过程出现较大的热滞后现象。

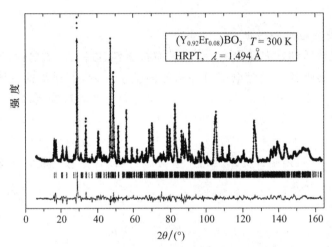

图 7.30　YBO_3 低温相的多晶中子衍射

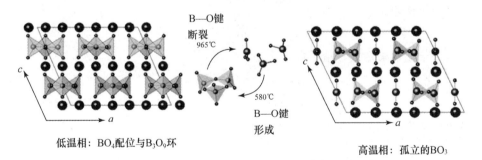

图 7.31　YBO_3 低温物相和高温物相的结构及其中硼酸根配位的变化

7.8.4　中子衍射磁结构分析

中子独特的特点是有磁矩,利用磁矩和物质磁矩的作用,可以给出物质的磁结构信息。1949 年 Shull 用中子衍射研究了 MnO 的磁结构(他于 1994 年获诺贝尔物理学奖）。从此,中子成为研究磁结构最直接和有力的工具。关于中子对磁结构的散射、中子与自旋波的作用等是物理学前沿领域研究的课题。这里,仅就磁衍射问题进行简单的讨论。

1. 中子的磁矩

中子自旋量子数为 1/2,与此对应的磁矩

$$\gamma = -1.913\,\mu_N$$

式中,μ_N 是核磁矩单位,$1\,\mu_N = 5.05 \times 10^{-27}\,A \cdot m^2$。中子的磁矩比电子磁矩小约 1000 倍。

2. 物质的磁性和磁矩

磁性是物质的基本属性之一。物质有抗磁性、顺磁性、铁磁性、反铁磁性等磁性质。抗磁性源于成对电子对外磁场的拮抗作用,但通常这一效应非常微弱。当物质中有未成对电子存在时,电子自旋磁矩和轨道磁矩构成物质磁矩的重要来源（核磁矩亦有贡献,但相比于电子运动产生的磁矩要弱,分布无序且主要产生非相干散射,此处不考虑）。未成对电子的存在是物质显示顺磁性的基础,磁性原子的磁矩是自旋磁矩和轨道磁矩的加和,由总自旋矢量 S 和总轨道角动量矢量 L 确定。

自旋磁矩:

$$\mu_S = 2\sqrt{S(S+1)}\,\mu_B$$

式中,μ_B 是 Bohr 磁子($1\,\mu_B = 9.27 \times 10^{-24}\,A \cdot m^2$)。

轨道磁矩:

$$\mu_L = \sqrt{L(L+1)}\,\mu_B$$

原子的总磁矩由总量子数 J 决定:

$$\mu_J = g\sqrt{J(J+1)}\,\mu_B$$

其中,$J = (L+S), (L+S-1), \cdots, (L-S+1), (L-S)$。自旋-轨道耦合结果,使得电子填充少于半充满时 $J = L-S$,而超过半充满时 $J = L+S$。g 为 Lande 因子,由下式确定:

$$g = 1 + \frac{J(J+1) + S(S+1) - L(L+1)}{2J(J+1)}$$

对于唯自旋磁矩($L=0$),$g=2$;对于纯轨道磁矩($S=0$),$g=1$。对于大多数过渡金属而言,由于价电子与配位场的静电作用,轨道"猝灭"为 0 或接近于 0,表现为唯自旋状态;而对于稀土元素,自旋和轨道贡献应一并考虑,不同离子有不同的 g 因子。

3. 中子对物质的磁散射作用

同种元素的价态不同,未成对电子数不同,故磁散射因子随原子价态(磁矩)而变化;未成对电子多分布在外层,中子和磁性物质相互作用时磁散射作用存在位相差,散射因子随$(\sin\theta/\lambda)$变化发生与 X 射线类似的衰减。表 7.9 给出几种过渡金属对中子散射的情况,将核散射一并列出以供参考比较。

表 7.9 几种过渡金属元素核散射与磁散射长度的比较

原子或离子	核散射长度 $b/(10^{-12} \text{ cm})$	自旋量子数 S	磁散射振幅 $p/(10^{-12} \text{ cm})$	
			$\theta=0$	$\sin\theta/\lambda=0.25\text{Å}^{-1}$
Cr^{2+}	0.35	2	1.08	0.45
Mn^{2+}	-0.37	5/2	1.35	0.57
Fe(金属)	0.96	1.11	0.6	0.35
Fe^{2+}	0.96	2	1.08	0.45
Fe^{3+}	0.96	5/2	1.35	0.57
Co(金属)	0.28	0.87	0.47	0.27
Co^{2+}	0.28	2.2	1.21	0.51
Ni(金属)	1.03	0.3	0.16	0.1
Ni^{2+}	1.03	1.0	0.54	0.23

当物质中磁矩呈无序分布时,物质在磁场中表现为顺磁性。此时,物质对中子的磁散射不发生相干作用,散射信号分布在背景之中;当一定条件下,物质中的磁矩发生有序化,则会出现磁衍射峰。若有序分布为铁磁性,即磁矩平行同向排列,磁晶胞和晶体学晶胞重合,衍射峰的数目不发生变化,磁衍射贡献叠加在晶体结构的衍射峰中,使得衍射强度特别是低角度的衍射强度发生变化。若有序分布为反铁磁性,即相邻磁矩反平行排列,磁晶胞比晶体学晶胞大,是晶体学晶胞的超晶胞,既有部分磁衍射贡献叠加在晶体结构的衍射峰中,也会出现新的衍射峰,特别是在低角度部分有独立的磁衍射峰。

我们知道,随着温度降低,热运动受到抑制,物质的磁矩倾向于有序化。很多物质在一定的温度常常发生磁相变,典型的磁相变有:由顺磁相变为反铁磁有序或者铁磁有序,因此,通过变温中子衍射分析,由衍射峰及其强度随温度变化而发生的改变可以得到磁结构的信息。

【例 1】 MnO 的磁结构。

MnO 晶体结构为 NaCl 型,立方晶系,$Fm\bar{3}m$ 空间群,晶胞参数 $a=443$ pm。

磁测量数据表明,MnO 在 120 K 发生显著的反铁磁有序相变。MnO 在 300 K 和 80 K 的中子衍射图见图 7.32(a)。比较两张衍射图可以看出,在 300 K,第一个衍射峰的指标为(111),与晶体结构特点相吻合,其在约 10°的弥散峰对应于短程有序的磁散射;而在 80 K,在约 10°出现明显的衍射峰——对应于磁有序而发生的衍射。磁晶胞可以用晶体学晶胞参数的两倍指标化,$a_M = 885$ pm。与此对应的磁矩分布见图 7.32(b)。可以看出,磁矩在(111)面内方向相同,为铁磁有序,而相邻面之间磁矩反向排列,为反铁磁有序。沿[111],周期性加倍。如果从⟨001⟩方向看,相邻磁矩反平行排列,晶胞参数也需要加倍。中子衍射给出了磁结构的排布,证明了反铁磁相变的发生。

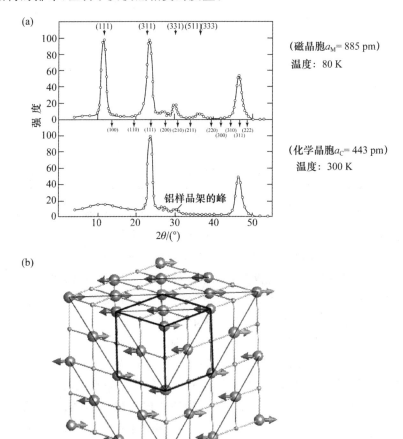

图 7.32　MnO 的中子衍射(a)与磁结构(b)

【例 2】 Fe_3O_4 的磁结构分析。

Fe_3O_4 是一种典型的铁氧体材料,室温下就存在较强的磁有序。Fe_3O_4 具有立方反尖晶石型结构,其中,氧离子作立方密堆积,Fe^{3+} 占据四面体位置,而 Fe^{3+} 和 Fe^{2+} 共同占据八面体位置。科学家推测,该结构中可能的磁有序为:四面体和八面体位置的离子磁矩反平行排列,即呈反铁磁分布,但是由于两个位置的磁性离子种类和数目不同——四面体位置的 Fe^{3+} 和八面体位置的 Fe^{3+} 磁矩恰好抵消,而八面体位置的 Fe^{2+} 平行排列,存在净磁矩,故显示亚铁磁性。由于四面体和八面体位置相互独立,因此,其磁晶胞与晶体学晶胞应该一致。1951 年,Shull 给出了该化合物在室温下的 X 射线和中子衍射结果,证实了这一推测,见图 7.33。可以看出,二者出现的衍射峰位置相同,但是峰强度差别显著,中子衍射中(111)衍射强度显著增强,这是因为中子衍射中既有核衍射的贡献,也有磁衍射的贡献,计算显示磁贡献比核贡献约高 30 倍。

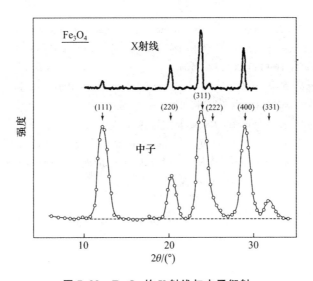

图 7.33　Fe_3O_4 的 X 射线与中子衍射

如上,我们简述了中子衍射磁结构分析的基本内容,未涉及中子与磁结构作用的大小、形状因子、极化中子等概念。关于中子与磁矩作用的本质认识及其应用需要进一步的数学和物理基础,感兴趣的读者可以阅读参考文献[9]～[12]。

参 考 文 献

[1] 梁敬魁,粉末衍射法测定晶体结构,上下册,科学出版社,北京,2003.

[2] R. A. Young, *The Rietveld Method*, Oxford University Press, 1993.

[3] D. L. Bish, J. E. Post (ed), *Modern Powder Diffraction*, *Reviews in Mineralogy*, Volume 20, Bookcrafters, Inc. , Chelsea, Michigan, 1989.

[4] C. Dong, *J. Appl. Crystallogr.*, 1999, **2**, 65.

[5] 李阔,王颖霞,苏婕,林建华,类水榴石型化合物 $Sr_6Sb_4M_3O_{14}(OH)_{10}$ (M＝Co,Mn)的合成、结构与性质,物理化学学报,2010, **26**(7),1823～1831.

[6] Y. X. Wang, Y. Du, R. W. Qin, B. Han and J. H. Lin, Phase Equilibrium of La-Ca-Mn-O system, *J. Solid State Chem.* , 2001, **156**, 237～241.

[7] Y. X. Wang, J. H. Lin, Y. Du, R. W. Qin, B. Han and C. K. Loong, A hexagonal perovskite-intergrowth compound $La_2Ca_2MnO_7$, *Angew. Chem. Int. Ed.* , 2000, **39**, 2739.

[8] J. H. Lin, D. Sheptyakov, Y. X. Wang, P. Allenspach, Structures and phase transition of vaterite-type rare earth orthoborates: A neutron diffraction study, *Chem. Mater.* , 2004, **16** (12), 2418～2424.

[9] G. E. Bacon, *Neutron Diffraction*, Clarendon Press, Oxford, 1975;
中译本：谈洪,乐英,译,中子衍射,科学出版社,北京,1980.

[10] C. G. Shull, J. S. Smart, *Phys. Rev.* , 1949, **76**, 1256～1257.

[11] C. G. Shull, E. O. Wollan, W. C. Koehler, *Phys. Rev.* , 1951, **84**, 912～921.

[12] R. J. Harrison, Neutron diffraction of magnetic materials, *Reviews in Mineralogy & Geochemistry*, 2006, **63**, 113～143.

第8章 晶体结构数据的应用

晶体结构通过衍射法测定后,在文献资料中通常将晶体的对称性、晶胞参数、晶胞中的分子数、原子的坐标参数及热振动参数等列出。这些数据是人们认识微观世界的一个知识宝库,蕴藏着丰富的结构信息,如果运用得当,将对化学、物理学、生物学及有关的科学和技术起到重大的作用。许多专著已对晶体结构数据的应用作了典型的分析[1,2]。有关晶体结构的原始数据除了通过数据库检索查阅外,还可从有关晶体结构的文献中查找[3~11]。

8.1 晶胞参数的应用

晶胞参数是测定晶体结构所得的数据之一,配合晶体的一些宏观性质数据如密度等,在化学中有重要应用。

对一种晶体,不同的作者因选择晶轴的不同,可能给出不同的晶胞参数值。由于晶体是点阵结构,同一种晶体不论如何选择晶轴或是否为带心晶胞,它们的简单晶胞(晶胞中只含 1 个点阵点)的体积都是相同的。

从晶胞参数 $a, b, c, \alpha, \beta, \gamma$ 的数值,可很容易计算得晶胞体积 V,所用公式如表 3.2 所示。如果已知晶体的密度 D,就可算出晶胞中包含物质的质量 m:

$$m = V \cdot D \tag{8.1}$$

若以 M 代表组成晶体的分子的相对分子质量(即分子量或式量),以 Z 表示晶胞中包含的分子数,则

$$m = ZM = VD \tag{8.2}$$

当 m 以克(g)为单位,一个分子的质量为 M/N_A 克,N_A 为阿伏加德罗常数;D 以 $g \cdot cm^{-3}$ 为单位,从晶胞参数计算出晶胞体积 $V(cm^3)$,$1\ pm^3 = 10^{-30}\ cm^3$。

$$m(g) = \frac{ZM}{N_A}(g) = VD(g) \tag{8.3}$$

在式(8.3)中包含有 M, N_A, Z, V, D 等 5 个参数,当知道其中任意 4 个,就可以求出第 5 个,还可算出晶胞中包含的质量 m。这样,根据不同的情况,可用已知的数据求出所需的数值。

下面以实例说明晶胞参数的应用。

【例 1】 测定阿伏加德罗常数。

阿伏加德罗常数可用多种方法测定,利用晶体的 X 射线衍射法是其中之一,这种方法比较直观、简明,由它得到的数值可和其他方法所得的结果互相验证核对。

例如,Si 的相对原子质量(即原子量)为 28.0855,20℃时实验测定的密度为 $D=2.32831\,\mathrm{g\cdot cm^{-3}}$,立方晶胞参数 $a=543.089\,\mathrm{pm}$,晶胞中包含 8 个 Si 原子。根据这些数据及式(8.3)关系可得:

$$N_A = \frac{ZM}{DV}$$

$$= \frac{8 \times 28.0855\,\mathrm{g\cdot mol^{-1}}}{(2.32831\,\mathrm{g\cdot cm^{-3}}) \times (543.089 \times 10^{-10}\,\mathrm{cm})^3}$$

$$= 6.0244 \times 10^{23}\,\mathrm{mol^{-1}}$$

这和国际计量组织于 2009 年公布的物理常数值 $N_A = 6.0221415 \times 10^{23}\,\mathrm{mol^{-1}}$ 很接近。

【例 2】 测定原子量。

已知金为面心立方结构,立方晶胞参数: $a=407.825\,\mathrm{pm}(25℃)$,晶胞中包含 4 个 Au 原子,25℃时 Au 的密度为 $19.285\,\mathrm{g\cdot cm^{-3}}$,Au 的摩尔质量($M$)可计算如下:

$$M = \frac{N_A DV}{Z}$$

$$= \frac{1}{4}\big[(6.022 \times 10^{23}\,\mathrm{mol^{-1}}) \times (19.285\,\mathrm{g\cdot cm^{-3}}) \times$$

$$(407.825 \times 10^{-10}\,\mathrm{cm})^3\big]$$

$$= 196.93\,\mathrm{g\cdot mol^{-1}}$$

所以其原子量为 196.93,这和 IUPAC 于 2009 年公布的数值 196.966569 很接近。

【例 3】 测定晶体的组成。

从晶胞参数及晶体密度数据,可以计算出晶胞中包含物质的质量,从而了解晶体的组成。例如,含水晶体中包含结晶水的数目等。

三方二锌猪胰岛素晶体属于空间群 C_3^4-R3,六方晶胞的晶胞参数[12]为:

$$a = 8246\,\mathrm{pm}, \quad c = 3394\,\mathrm{pm}$$

晶体密度为 $1.245\,g \cdot cm^{-3}$。晶胞内包含 3 个六聚体,所以对六聚体而言,$Z=3$。不计算水分子时,每个六聚体由 6 个胰岛素分子和 2 个 Zn 原子组成。每个胰岛素分子包含 51 个肽,化学式为:

$$C_{255}H_{380}O_{78}N_{65}S_6$$

其分子量为 5797。则六聚体(不计算水)的分子量为:

$$6 \times 5797 + 2 \times 65.4 = 34913$$

根据上述数据及假定晶体中填充六聚体之间的溶剂分子全部为水分子,则晶胞内水分子的数目可通过下列计算得到。

(1) 晶胞中包含质量(m)为:

$$m = VD$$
$$= (8246^2 \times \sin 60° \times 3394) \times (10^{-10}\,cm)^3 \times 1.245\,g \cdot cm^{-3}$$
$$= 2.488 \times 10^{-19}\,g$$

(2) 3 个六聚体的质量为:

$$m = 3 \times (34913\,g \cdot mol^{-1})/(6.022 \times 10^{23}\,mol^{-1})$$
$$= 1.739 \times 10^{-19}\,g$$

(3) 六方晶胞中包含水的质量为:

$$(2.488 \times 10^{-19} - 1.739 \times 10^{-19})\,g = 0.749 \times 10^{-19}\,g$$

(4) 水分子的数目为:

$$\frac{0.749 \times 10^{-19} \times 6.022 \times 10^{23}}{18.00} = 2506$$

(5) 平均每个六聚体摊到的水分子数目为:

$$\frac{2506}{3} = 835$$

所以,三方二锌猪胰岛素晶体的组成若以六聚体计算应为:

$$(C_{1530}H_{2280}O_{468}N_{390}S_{36}Zn_2) \cdot 835H_2O$$

【例 4】 测定晶体的缺陷及混合价态化合物的组成。

根据晶胞中包含物质的质量,可以了解晶体的缺陷情况及混合价态的化学式。

例如氧化亚铁(FeO)为 NaCl 型结构,在通常称为富氏体的实际晶体中,总是存在正离子空缺的缺陷,它们的化学式偏离整比性:

$$Fe_xO \qquad (x<1)$$

由于要保持晶体的电中性,需要将部分 Fe^{2+} 氧化为 Fe^{3+}。今有一批富氏体,测得其密度为 $5.71 \text{ g} \cdot \text{cm}^{-3}$。通过 X 射线衍射法,测得它的立方晶胞参数: $a = 428.0 \text{ pm}$。根据这些衍射数据即可了解晶体的实际组成以及标明铁的价态的化学式。

实际晶体 Fe_xO 的化学式量 M 为:

$$M = D \cdot V \cdot N_A / Z$$
$$= \frac{1}{4} \big[(5.71 \text{ g} \cdot \text{cm}^{-3}) \times (428.0 \times 10^{-10} \text{ cm})^3 \times$$
$$(6.022 \times 10^{23} \text{ mol}^{-1}) \big]$$
$$= 67.4 \text{ g} \cdot \text{mol}^{-1}$$

对化学式为 Fe_xO 而言,扣除 O 原子的原子量(16.00)之后,被 Fe 的原子量(55.8)除,即得 x 值:

$$x = \frac{67.4 - 16.0}{55.8}$$
$$= 0.92$$

所以,这批氧化铁的化学式为 $Fe_{0.92}O$。

当用表明价态的化学式 $Fe_y^{3+} Fe_{(0.92-y)}^{2+} O$ 表示时,可用下式求出 y 值:

$$3y + 2(0.92 - y) = 2$$

得
$$y = 0.16$$

所以,价态化学式为 $Fe_{0.16}^{3+} Fe_{0.76}^{2+} O$。$Fe^{3+}$ 占 Fe 的总量为 17.4%,Fe^{2+} 为 82.6%。这一数据可和化学分析所得结果互相验证。

【例 5】　计算晶体的密度。

晶体的密度一般可通过实验测定。但若手头已有晶胞参数等数据,可按式(8.3)计算而得。例如,已知金属钠为体心立方点阵,立方晶胞参数 $a = 429.0 \text{ pm}$,根据 Na 的原子量为 22.99,可按下式算出金属钠的密度 D:

$$D = \frac{M \cdot Z}{N_A V}$$
$$= \frac{(22.99 \text{ g} \cdot \text{mol}^{-1}) \times 2}{(6.022 \times 10^{23} \text{ mol}^{-1}) \times (429.0 \times 10^{-10} \text{ cm})^3}$$
$$= 0.967 \text{ g} \cdot \text{cm}^{-3}$$

【例 6】　相变的研究。

今以金属锡的相变为例说明晶胞参数的应用[13]。锡有白锡和灰锡两种晶型,白锡又称 β-锡,呈现金属性,稳定的温度范围为 $-13 \sim 212\text{℃}$;灰锡又称 α-锡,呈现非金属性,稳定的温度范围在 $-13 \sim -130\text{℃}$。灰锡为金刚石型结构,是半导体。图 8.1 示出灰锡和白锡的结构。

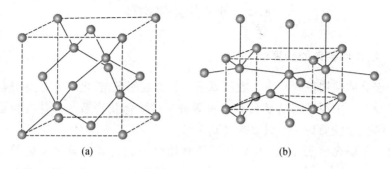

图 8.1 灰锡(a)和白锡(b)的结构

白锡属四方晶系,晶胞参数为:
$$a=583.2\,\text{pm}, \quad c=318.1\,\text{pm}, \quad Z=4\,(\text{Sn})$$
灰锡属立方晶系,晶胞参数为:
$$a=648.9\,\text{pm}, \quad Z=8\,(\text{Sn})$$
由晶胞参数及晶胞中的原子数就很容易算得两种晶体中每个原子所占的体积:

白锡: $\dfrac{(583.2\,\text{pm})^2 \times 318.1\,\text{pm}}{4}=2.705\times10^7\,\text{pm}^3$

灰锡: $\dfrac{(648.9\,\text{pm})^3}{8}=3.415\times10^7\,\text{pm}^3$

由这些数据可见,两种晶型原子所占体积差别极大,导致在低温时当白锡变为灰锡,体积膨胀,就出现成块的金属锡变成粉末,这一现象又称锡疫。

曾有报道:1812 年冬天,拿破仑的军队进入俄罗斯时,士兵制服上的锡纽扣纷纷碎裂,此现象就是因为温度很低,发生了由白锡转变为灰锡的相变,使晶体的体积大大地膨胀所引起。

上述仅是晶胞参数应用的少数实例。在实际工作中,可根据所需解决的问题和已有的数据查阅文献资料,得到晶胞参数值,用以解决实际问题。例如,根据不同温度下的晶胞参数值,可以计算物质的热膨胀系数。对于中级晶系和低级晶系晶体,利用这种方法求得的膨胀系数,可以反映出各向异性的特点。又如利用固溶体的组成和晶胞参数的关系曲线,可以求得固溶体的化学组成,当进行一系列的研究工作时,这种方法常比化学分析更为简便。再如根据晶胞参数与化学组成的变化关系,可以测定平衡条件下的固溶体的饱和溶解度,而定出相图中的相界等等。

8.2 分子的几何构型

8.2.1 键长和键角的计算

测定晶体结构得到晶胞参数和原子坐标参数的数值,就可用以计算晶体内部分子和离子中原子间的键长和键角等分子的立体构型数据。这些数据对了解分子的化学性质是极为重要的基础信息。

化学是研究分子结构、改造分子和利用分子的科学。通过晶体的衍射效应,获得分子的立体几何构型,就把分子的面貌展现出来;通过分子模型等可把分子"放大"到可以用手捉摸摆弄的水平,对认识分子得到更为直观的效果。

根据晶胞参数 $a, b, c, \alpha, \beta, \gamma$ 以及原子坐标参数 (x_j, y_j, z_j),可按式(8.4)计算原子间的键长值。

图 8.2 示出晶胞中的 3 个原子,它们的坐标参数分别为原子 $1(x_1, y_1, z_1)$,原子 $2(x_2, y_2, z_2)$ 和原子 $3(x_3, y_3, z_3)$。原子 1 和原子 2 间的键长值 r_{12} 为:

$$r_{12} = [(\Delta x)^2 a^2 + (\Delta y)^2 b^2 + (\Delta z)^2 c^2 + 2\Delta x \Delta y ab\cos\gamma$$
$$+ 2\Delta x \Delta z ac\cos\beta + 2\Delta y \Delta z bc\cos\alpha]^{\frac{1}{2}} \tag{8.4}$$

式中 $\Delta x = x_2 - x_1, \Delta y = y_2 - y_1, \Delta z = z_2 - z_1$。此公式是适用于三斜晶系的公式,其他晶系可按晶胞参数间的关系予以简化。例如,对正交晶系 $\alpha = \beta = \gamma = 90°$,这时

$$r_{12} = [(\Delta x)^2 a^2 + (\Delta y)^2 b^2 + (\Delta z)^2 c^2]^{\frac{1}{2}}$$

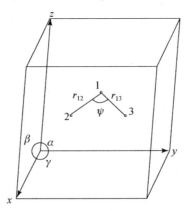

图 8.2 计算键长和键角

对于原子 1 和相邻的成键原子 2 和 3 间的键角 ψ，即 $\angle 213$，可按下式计算：

$$\cos\psi = \frac{r_{12}^2 + r_{13}^2 - r_{23}^2}{2r_{12}r_{13}} \qquad (8.5)$$

式中 r_{12} 和 r_{13} 是原子 1—2 和 1—3 间的键长，而 r_{23} 则是原子 2···3 间的非键距离（或键长）。

8.2.2 分子几何构型测定实例

许多化合物的结构是由 X 射线衍射方法测定的，下面通过一些实例，分析如何从晶体结构数据得出分子的几何构型，进而探讨有关的化学问题。

【例 1】 硼烷 B_5H_9。

硼烷 B_5H_9 的晶体结构数据列于表 8.1 中。利用表中的数据，按照式（8.4）和式（8.5）算得键长、键角数据，据此画得分子的立体构型图，示于图 8.3(a) 中。

表 8.1 B_5H_9 的晶体结构数据[14]

晶系　四方晶系　　空间群 $I4mm$(No.107)

晶胞参数　$a = 716(2)\,pm$，$c = 538(2)\,pm$

晶胞中分子数　$Z = 2(B_5H_9)$

原子坐标参数

原 子	x	y	z
B(1)	0	0	0.202(4)
B(2)	0.175(2)	0	0
H(1)	0	0	0.427(9)
H(2)	0.328(6)	0	0.092(9)
H(3)	0.136(6)	0.136(6)	−0.165(9)

B_5H_9 分子属 C_{4v} 点群，顶上 B(1) 和底平面的 4 个 B(2) 原子距离相等，均为 166 pm。而底平面的 4 个 B(2)—B(2) 的键长为 177 pm。在此结构中存在着同一个 H 原子同时和两个 B 原子成键，B—H 键长较长，达 135 pm，这是一种缺电子多中心键，记为三中心二电子硼氢桥键 $\underset{B\quad B}{\overset{H}{\wedge}}$。$B_5H_9$ 分子共有 24 个价电

子,5 个 B—H 键用去 10 个电子,4 个 $\begin{array}{c}\text{H}\\ \diagup\diagdown\\ \text{B}\quad\text{B}\end{array}$ 桥键用去 8 个电子,剩余的 6 个电

子通过五中心六电子硼键将 5 个硼原子结合在一起。

五中心六电子硼键可理解为由 2 个 B—B 键和 1 个 BBB 三中心二电子键

$\left[\begin{array}{c}\text{B}\\ \diagup\diagdown\\ \text{B}\quad\text{B}\end{array}\right]$ 通过如图 8.3(b)所示的共振杂化体结构间共振而得。

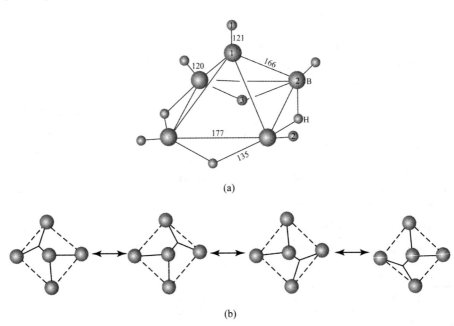

(a)

(b)

图 8.3 B$_5$H$_9$ 的分子结构

[图中大球为 B 原子,1,2 指 B(1)和 B(2),小球为 H 原子,1,2,3 分别指 H(1),H(2),H(3)。

键长单位为 pm,底平面与 B(2)-B(2)-H(3)平面的夹角为 119°]

一系列硼烷、碳硼烷及其衍生物结构的测定,以及缺电子多中心键的确立,
是晶体的衍射效应促进硼烷化学诞生和发展的明显例证。

【例 2】 青蒿素。

青蒿素是从治疗疟疾的中药植物青蒿中提取的一种有效成分,它的化学成
分为 $C_{15}H_{22}O_5$。通过晶体结构测定得到的晶体结构数据列于表 8.2 中。图 8.4
示出它的分子结构。

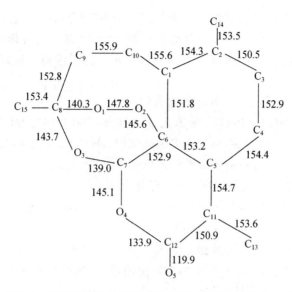

图 8.4 青蒿素的分子结构(图中数字为键长,单位为 pm)

表 8.2 青蒿素的晶体结构数据[15]

晶系 正交晶系 空间群 $P2_12_12_1$ (No. 19)

晶胞参数 $a=2407.7(6)$ pm, $b=944.3(3)$ pm, $c=635.6(1)$ pm

晶胞中分子数 $Z=4(C_{15}H_{22}O_5)$

原子坐标参数

原子	x	y	z	原子	x	y	z
C_1	.3988(3)	.3963(6)	.7582(10)	C_{11}	.3514(3)	.0222(7)	.9393(9)
C_2	.3421(3)	.4693(7)	.7258(11)	C_{12}	.3508(2)	.0508(7)	.1729(8)
C_3	.2973(3)	.3667(9)	.6620(11)	C_{13}	.1938(3)	.0849(8)	.3779(8)
C_4	.2931(2)	.2371(8)	.8054(11)	C_{14}	.1529(4)	.4104(8)	.0646(15)
C_5	.3498(2)	.1608(6)	.8096(9)	C_{15}	.0277(3)	.1695(8)	.7079(13)
C_6	.3951(2)	.2618(6)	.8881(8)	O_1	.4823(2)	.1892(4)	.0437(8)
C_7	.3864(2)	.2933(7)	.1218(9)	O_2	.4469(2)	.1857(4)	.8539(6)
C_8	.4840(2)	.3294(7)	.1165(11)	O_3	.4317(2)	.3587(5)	.2165(6)
C_9	.4956(3)	.4355(7)	.9405(12)	O_4	.3732(2)	.1701(5)	.2487(7)
C_{10}	.4417(3)	.5032(7)	.8492(11)	O_5	.1649(2)	.0335(6)	.8007(8)

　　由图可见,青蒿素分子结构具有很不一般的特色,从 C_6 起到 O_5 止,出现 C—O—O—C—O—C—O—C—O 这样 C 原子和 O 原子交替排列的长链。如果没有晶体结构的数据,而只由谱学性质和化学性质所得的数据,很难提出青蒿素分子的正确结构来。

【例 3】　钼和硫的一些原子簇化合物。

　　将钼酸铵[$(NH_4)_6Mo_7O_{24}$]、硫氰化铵(NH_4SCN)和盐酸羟胺($NH_2OH \cdot HCl$)在氮气气氛中一起反应后,再加入多硫化铵[$(NH_4)_2S_x$],静置在冰箱中使其结晶,产品中包含一种红色晶体和两种黑色晶体[16,17]。

　　红色晶体经 X 射线衍射测定其化学组成为:

$$(NH_4)_4[Mo_3(NO)_3(\mu_3\text{-}S)_2(\mu_2,\eta^2\text{-}S_2)_2(\eta^2\text{-}S_2)_2 \cdot$$
$$(\mu_2\text{-}S_3NO)] \cdot 3H_2O$$

表 8.3 列出它的晶体结构数据。图 8.5 示出负离子[$Mo_3(NO)_3(\mu_3\text{-}S)_2(\mu_2,$ $\eta^2\text{-}S_2)_2(\eta^2\text{-}S_2)_2(\mu_2\text{-}S_3NO)]^{4-}$ 的结构。由图可见,这种负离子是一个很复杂的

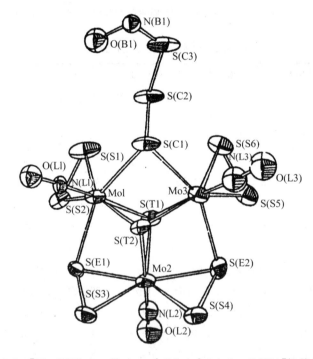

图 8.5　$[Mo_3(NO)_3(\mu_3\text{-}S)_2(\mu_2,\eta^2\text{-}S_2)_2(\eta^2\text{-}S_2)_2(\mu_2\text{-}S_3NO)]^{4-}$ 的结构

多核离子,其中硫以多种化学组成的形式出现,并以多种配位形态和钼结合。这些化学组成和结合状态用其他谱学方法是难以测定的。由此可以显示出晶体的 X 射线衍射法,在测定原子簇化合物、有机金属化合物等复杂体系结构时所独具的威力。

其他两种具有金属光泽的黑色晶体,其中数量多的一种呈针状,其组成为 $(NH_4)_2[Mo_2(S_2)_6] \cdot 2H_2O$ [17(a)];另一种晶体数量很少、颗粒很小,呈六角形,其组成为 $(NH_4)_2[Mo_2(S_2)_6] \cdot \dfrac{8}{3}H_2O$ [17(b)]。

表 8.3 $(NH_4)_4[Mo_3S_2(NO)_3(S_2)_4(S_3NO)] \cdot 3H_2O$ 的晶体结构数据[16]

晶系 三斜晶系　空间群 $P\bar{1}$(No. 2)

晶胞参数 $a=935.5(2)$pm, $b=974.0(2)$pm, $c=1579.5(4)$pm
$\alpha=89.85(2)°$, $\beta=91.80(2)°$, $\gamma=99.37(1)°$

晶胞中分子数 $Z=2$

原子坐标参数

原 子	x	y	z	原 子	x	y	z
Mo(1)	.2786	.7896	.1327	N(L1)	.4429	−.1617	.0874
Mo(2)	.0962	.0046	.1313	N(L2)	−.0833	.0346	.2145
Mo(3)	.2296	.7709	.3511	N(L3)	.3597	−.1963	.4331
S(T1)	.0533	.7468	.2227	N(B1)	.7006	.4605	.2520
S(T2)	.3511	.9511	.2535	N(A1)	.5706	.1729	.1181
S(S1)	.1292	.7007	.0068	N(A2)	.2103	.2624	.9218
S(S2)	.2162	.5531	.0733	N(A3)	.6390	−.0031	.3772
S(S3)	.2222	.1759	.1339	N(A4)	.9843	.3947	.2011
S(S4)	.1730	.1600	.3528	O(L1)	.5547	−.1242	.0537
S(S5)	.0322	.6594	.4368	O(L2)	−.2065	.0563	.2017
S(S6)	.1465	.5252	.3818	O(L3)	.4501	−.1758	.4940
S(E1)	.1507	.9943	.0792	O(B1)	.6560	.4689	.1711
S(E2)	.0833	−.0398	.3869	O(W1)	.8345	.2396	.3772
S(C1)	.3904	.6713	.2529	O(W2)	.2677	.2614	.6595
S(C2)	.3546	.4529	.2405	O(W3)	.3829	.3921	.5046
S(C3)	.5280	.3974	.2905				

【例 4】　六硝酸银合乙炔银[18]。

六硝酸银合乙炔银($Ag_2C_2 \cdot 6AgNO_3$)的晶体结构数据列于表 8.4 中。从表所列数据可见,三方晶胞中只含有 1 个 Ag_2C_2 和 6 个 $AgNO_3$。前者 Ag 原子[表中的 Ag(2)]的坐标参数 $x=y=z$,是位于三重反轴上;后者的 Ag 原子[表中的 Ag(1)]处于一般位置。根据晶体的对称性($R\bar{3}$ 空间群具有三重反轴)及晶胞中只含 1 个 Ag_2C_2,早期用照相法收集衍射强度,Patterson 函数法及模型法测结构时,推论出 Ag_2C_2 是直线形分子,它坐落在三重反轴上。随着四圆衍射仪的发展,收集衍射数据的精确度大为提高。用精确的强度数据对结构进行修正,发现 C_2^{2-} 和三重反轴垂直。为了不破坏三重反轴的对称性,C_2^{2-} 统计地处于 3 个位置,每个位置的占有率为 1/3。C_2^{2-} 中 C≡C 间的键长为 119.7 pm,为三重键。C_2^{2-} 包合在由 8 个 Ag^+ 形成的菱面体的笼形空腔之中,形成$[C_2@Ag_8]^{6+}$ 原子簇,如图 8.6 所示。(Ag_8C_2)$^{6+}$ 和周围的 NO_3^- 互相以离子键结合,组成晶体。通过晶体结构的测定,六硝酸银合乙炔银晶体中不存在 Ag_2C_2 分子,它的化学式不应写成 $Ag_2C_2 \cdot 6AgNO_3$,而应写成(Ag_8C_2)(NO_3)$_6$。

表 8.4　$Ag_2C_2 \cdot 6AgNO_3$ 的晶体结构数据[18]

晶系　三方晶系　　　空间群　$R\bar{3}$(No. 148)
晶胞参数　$a=794.5(2)$pm,$\alpha=106.08(2)°$
晶胞中分子数　$Z=1(Ag_2C_2 \cdot 6AgNO_3)$

原子坐标参数

原　子	x	y	z	k^*
Ag(1)	.8603(1)	.7529(1)	.1415(1)	1
Ag(2)	.2651(1)	.2651(1)	.2651(1)	1/3
O(1)	.7525(6)	.4373(6)	.1277(6)	1
O(2)	.5466(6)	.8217(7)	−.5020(6)	1
O(3)	.7956(6)	.8378(7)	−.5675(6)	1
N	.6336(6)	.8433(6)	−.6069(7)	1
C	.9544(133)	.9818(92)	.0456(75)	1/3

* k 为占有率。

后来通过 X 射线衍射法又测定了 $Ag_2C_2 \cdot 5AgNO_3$,$Ag_2C_2 \cdot 5.5AgNO_3 \cdot 0.5H_2O$,$Ag_2C_2 \cdot 2AgClO_4 \cdot 2H_2O$ 和 $Ag_2C_2 \cdot 8AgF$ 等晶体的结构。在这些结构中,C_2^{2-} 的 C≡C 键长以及 C_2^{2-} 由 Ag^+ 包合形成的多面体情况示出于图 8.7 中。由于在晶体中这些多面体是相互共面、共边或共顶点连接在一起的,而不是分立地存在,所以没有标出它的形式上的价态。

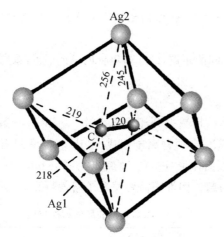

图 8.6 $(Ag_8C_2)^{6+}$ 离子的结构(键长单位为 pm)

$Ag_2C_2 \cdot 5AgNO_3$：$C{\equiv}C$ 122 pm，$[C_2@Ag_7]$ 为单帽三方棱柱体[图 8.7(a)]。

$Ag_2C_2 \cdot 5.5AgNO_3 \cdot 0.5H_2O$：$C{\equiv}C$ 117.9 pm，$[C_2@Ag_7]$ 为单帽八面体[图 8.7(b)]。

$Ag_2C_2 \cdot 2AgClO_4 \cdot 2H_2O$：$C{\equiv}C$ 121.7 pm，$[C_2@Ag_6]$ 为八面体[图 8.7(c)]。

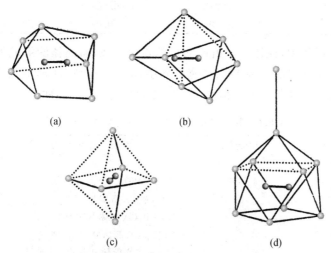

图 8.7 乙炔银复盐中 C_2^{2-} 由 Ag^+ 包合形成的多面体

(a) $[C_2@Ag_7]$；(b) $[C_2@Ag_7]$；(c) $[C_2@Ag_6]$；(d) $[C_2@Ag_9]Ag$

$Ag_2C_2 \cdot 8AgF$：$C \equiv C$ 117.5 pm，$[C_2@Ag_9]$Ag 为单帽四方反棱柱体[图 8.7(d)]。

根据 C 和 Ag 之间的距离，C_2^{2-} 和包合的 Ag^+ 之间除离子键外，还形成 σ 和 π 混合型化学键。

【例 5】   五氯化磷。

五氯化磷的晶体结构数据列于表 8.5 中[9]。由这些数据可以算得五氯化磷是由$(PCl_4)^+$和$(PCl_6)^-$两种离子组成。$(PCl_4)^+$呈四面体形，P—Cl 键长为 197 pm；$(PCl_6)^-$呈八面体形，P—Cl 键长 204～208 pm。这两种离子像 CsCl 晶体结构那样堆积在一起。因堆积需要使离子略偏离正多面体构型。

表 8.5   五氯化磷的晶体结构数据

晶系   四方晶系   空间群 $P4/n$(No.85)

晶胞参数 $a=922$ pm，$c=744$ pm

晶胞中分子数 $Z=4(PCl_5)$

原子坐标参数

原　子	x	y	z
P(1)	1/4	1/4	0
P(2)	1/4	3/4	-0.38
Cl(1)	1/4	3/4	-0.10
Cl(2)	1/4	3/4	0.34
Cl(3)	0.31	0.084	0.15
Cl(4)	0.335	-0.046	-0.38

在无机晶体中，往往表示组成的化学式很相似，而晶体的组成很不同。例如在表 8.6 中列出的 7 种 MX_5 型卤化物中，M：X 都是 1：5，但晶体的组成单位却不相同。这些晶体的结构都是通过 X 射线衍射法测定的。

表 8.6   若干 MX_5 型化合物在晶体中的结构单位

MX_5	M 的配位	在晶体中的结构单位
PBr_5	4	PBr_4^+，Br^-
PCl_5	4 和 6	PCl_4^+，PCl_6^-
$SbCl_5$	5	$SbCl_5$（三方双锥形）
$NbCl_5$	6	Nb_2Cl_{10}（八面体共边）
NbF_5	6	Nb_3F_{15}（八面体共顶点，成三元环）
MoF_5	6	Mo_4F_{20}（八面体共顶点，成四元环）
BiF_5	6	$(BiF_5)_n$（八面体共顶点，长链）

由不同的结构单位组成的晶体,显现出不同的性质。晶体结构数据为阐明这些化合物的结构和性能提供了重要基础。

【例6】 球碳化合物 $C_{60}(OsO_4)(4\text{-}t\text{-}C_4H_9\text{-}C_5H_4N)_2$ 的晶体结构[19]。

1985年,Kroto 和 Smalley 等从质谱的实验中观测到了 C_{60} 等全碳分子,引起科学界的极大兴趣。1990年分离制备了常量球碳 C_{60} 等物质,使它成为一种新的碳的同素异形体、一种新的材料,利用这种新材料做原料进行化学反应,制备出新的一族有机化合物:球碳族有机化合物。例如,将球碳 C_{60} 和 OsO_4、4-t-Bu-Py 在甲苯溶液中进行反应,可以得到标题化合物:

$$C_{60} \xrightarrow[\text{4-}t\text{-BuPy}]{\text{+OsO}_4} \quad \text{(见结构图)}$$

$C_{60}(OsO_4)(4\text{-}t\text{-Bu-Py})_2$ 晶体为第一个测定出晶体结构的球碳族化合物。由于 C_{60} 分子近于圆球形,在由纯 C_{60} 组成的晶体中,分子不停地高速旋转,难以通过晶体结构测定出分子的构型。而连接了很大基团的 $C_{60}(OsO_4)(4\text{-}t\text{-Bu-Py})_2$,在晶体中分子不再旋转,利用 X 射线衍射法测定它的结构,第一次从实验上确证了球碳 C_{60} 的结构中 C 原子排列成足球的形状。

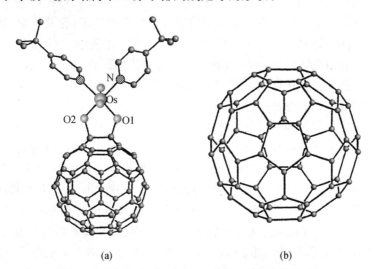

(a) (b)

图8.8 球碳化合物和球碳的结构

(a) 球碳化合物 $C_{60}(OsO_4)(4\text{-}t\text{-}C_4H_9\text{-}C_5H_4N)_2$;(b) 球碳 C_{60}

$C_{60}(OsO_4)(4\text{-}t\text{-Bu-Py})_2$ 晶体属四方晶系,空间群为 $I4_1/a$,晶胞参数为

$a = 3.0751(5)$ nm, $c = 2.4800(7)$ nm, $Z = 16[C_{60}(OsO_4)(4\text{-}t\text{-}Bu\text{-}Py)_2 \cdot 2.5C_6H_5CH_3]$。球碳化合物分子的结构示于图 8.8(a)中。

在该分子中，上的两个 O 原子加在 C_{60} 的一个六元环-六元环共

棱的两端碳原子上，如图 8.8(a)所示。C_{60} 为 60 个顶点、32 个面组成，其中 20 个为六元环、12 个为五元环，没有出现两个五元环互相共棱连接的情况，C_{60} 的结构示于图 8.8(b)中。

C_{60} 中 C 原子(除去和 O 原子连接的两个 C 原子外)基本上呈球面形分布，球的半径为 $346 \sim 356$ pm，从球心到 C 原子的平均距离为 351.2(3) pm，和 O 原子连接的两个 C 原子到中心的距离稍远，为 380(2)pm 和 381(3) pm。对六元环-六元环共边(6/6)的 C---C 距离为 138.6(9) pm，而六元环-五元环共边的(6/5)的 C---C 距离为 143.4(5) pm。两种不同的键长预示有两种形式的键，(6/6)的 C—C 键含双键成分较多。分子间的最短的 C---C 距离为 329(4) pm。

8.2.3　键长和原子半径

利用 X 射线衍射法已测得百万个晶体结构，从中可计算得各种分子中原子间距离的数值。原子间的距离由原子间结合力性质所决定，有共价键、离子键、金属键、配位键、氢键以及分子间的范德华引力等。不同的化学键有不同的键长。键长具有相对守恒性，其实验测定值经过分类整理，汇集在一起可供查阅。文献[20]汇集了有机化合物中不同类型的化学键的键长值。文献[21]汇集了无机和配位化合物的键长值。

将键长按一定条件和假设划分为两个原子半径之和，求出原子半径值。原子半径是原子大小的一种衡量，是估计分子中原子间距离的一种方法。原子半径是一种总称，在不同的原子间结合力条件下，原子半径可分为[22a]：

- 原子共价半径——包括共价单键半径、共价双键半径、共价叁键半径等。
- 离子半径——由于从离子间距离求离子半径的出发点不同，有不同的离子半径值。主要有 Pauling 离子半径和 Shannon 的有效离子半径。前者采取半经验方法，可获得假想情况下的离子半径值；后者根据离子的氧化态、配位数、配位型式、高自旋或低自旋的电子排布等条件，较细致地分别加以整理，力求所得数据与实验测定值符合得更好，而不管中心原子与配位原子之间化学键的性质。
- 金属原子半径——由金属和合金的晶体结构推得[22b]。

● 范德华半径——根据分子间的距离推得。

利用键长或原子半径及键角可以推得分子骨架的大小,加上范德华半径可以求得分子的大小形状。这些数据为探讨分子的性质提供了重要的基础素材。

8.3 分子的构象

8.3.1 构型和构象

分子的构型(configuration)指分子中原子或基团的连接次序、连接方式、原子间的键长和键角等。图 8.9(a)示出由于双键不能自由旋转而出现的两种异构体,它们由于原子的连接方式不同分属于两种不同的构型:顺式构型和反式构型。图 8.9(b)示出因存在不对称碳原子,使该手性分子具有两种绝对构型。

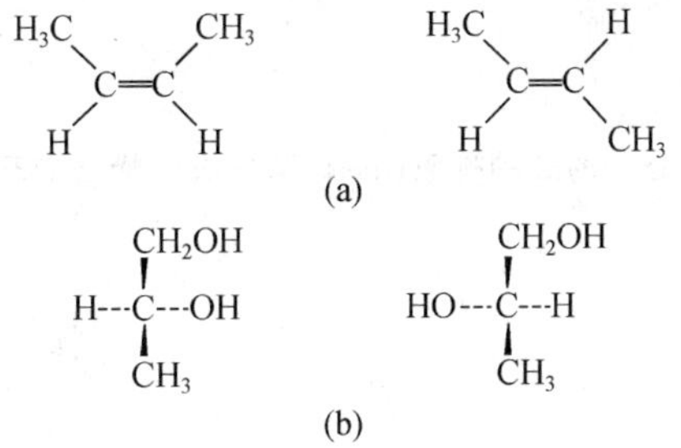

(a)

(b)

图 8.9 分子的构型

(a) 顺式构型和反式构型;(b) 手性分子的两种不同的绝对构型

分子的构象(conformation)涉及分子在三维空间中的真正形状。由于分子中由共价单键(或某些分数键及配位键)连接的两部分可以围绕共价单键旋转,当构型确定后,因两部分相对的旋转角度不同,使得分子的形状改变。分子中原子在空间排布状况和形状称为分子的构象。分子构象的变化可以不涉及原子的连接次序改变及共价键的断裂和重新形成等过程。图 8.10 示出乙烷分子的三种不同的构象,其中的 H 原子分别用 a,b,c,d,e,f 表示,上部为透视式,下部为 Newman 投影式。图的序号(a)为重叠式,(b)任意式,(c)交叉式。环戊二烯铁的三种不同构象也示于图 8.10 中,图中表示出投影图,(d)为交叉式,(e)为任意式,(f)为重叠式。

图 8.11 和图 8.12 分别示出五元环和六元环的几种构象图。

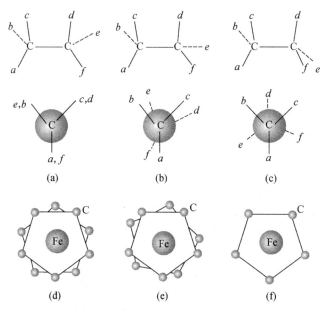

(a)　　　　　　(b)　　　　　　(c)

(d)　　　　　　(e)　　　　　　(f)

图 8.10　乙烷分子的三种构象(a～c)和环戊二烯铁的三种构象(d～f)

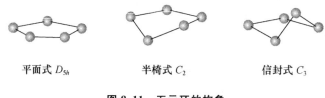

平面式 D_{5h}　　　　　半椅式 C_2　　　　　信封式 C_3

图 8.11　五元环的构象

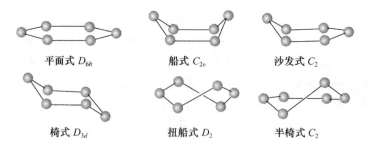

平面式 D_{6h}　　　　　船式 C_{2v}　　　　　沙发式 C_2

椅式 D_{3d}　　　　　扭船式 D_2　　　　　半椅式 C_2

图 8.12　六元环的构象

8.3.2 构象的表示

表示分子构象的重要参数是扭角(torsion angle)。扭角是指依次排列的 4 个原子 A—B—C—D[图 8.13(a)],当顺着中间的 B—C 键观看时,上部的 A 原子顺时针扭动而和 D 重合所需要的角度($+\omega$),如图 8.13(b)所示,逆时针方向需要转动的角度定为负值。若换一个方向沿 C—B 键观看时,依然是定义上部的 D 原子顺时针方向扭动使和 A 重合所需要的角度($+\omega$),如图 8.13(c)所示。

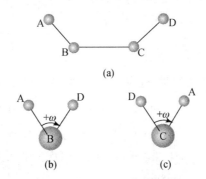

图 8.13 扭角的定义

扭角的计算采用以下公式:

$$\cos\omega = \frac{(\mathbf{AB} \times \mathbf{BC}) \cdot (\mathbf{BC} \times \mathbf{CD})}{(AB \cdot BC \cdot BC \cdot CD)\sin\theta_{ABC}\sin\theta_{BCD}} \tag{8.6}$$

式中,分子上的黑体字 **AB**,**BC** 和 **CD** 等指 A→B,B→C,C→D 的矢量,分母上的 AB,BC,CD 则指它们的键长。**AB** 矢量可用晶胞单位矢量及分数坐标表达如下:

$$\mathbf{AB} = (x_A - x_B)\boldsymbol{a} + (y_A - y_B)\boldsymbol{b} + (z_A - z_B)\boldsymbol{c} \tag{8.7}$$

例如,要计算青蒿素分子中 C—O—O—C 的扭角,可利用表 8.2 的晶胞参数和 C_6,C_8,O_1,O_2 等原子的坐标参数进行计算而求得。青蒿素分子绝对构型的 C—O—O—C 的扭角为 $+132.6°$[15]。

和扭角有关的另一概念是二面角(dihedral angle)(ϕ)。二面角是指两个平面法线间的夹角。在 A—B—C—D 4 个原子体系中,A—B—C 和 B—C—D 两组 3 个原子分别形成两个平面,它们的扭角和二面角的定义和关系示于图 8.14 中。

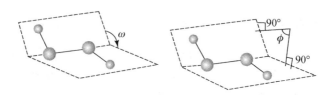

图 8.14　扭角 ω 和二面角 ϕ 的关系

由图 8.14 可见：

$$二面角＝180°－扭角 \tag{8.8}$$

或
$$\phi＝180°－\omega$$

8.3.3　多肽链的构象

蛋白质和一系列生物物质是链状的氨基酸，其化学结构如下：

$$H_2N-\underset{\underset{R_1}{|}}{\overset{\overset{H}{|}\ \overset{O}{\|}}{C}-C}-N-\underset{\underset{R_2}{|}}{\overset{\overset{H}{|}\ \overset{O}{\|}}{C}-C}-N-\underset{\underset{R_3}{|}}{\overset{\overset{H}{|}\ \overset{O}{\|}}{C}-C}\cdots\cdots-N-\underset{\underset{R_n}{|}}{\overset{\overset{H}{|}}{C}}-COOH$$

N 端　　　　　氨基酸残基　　　　　　　　　　　　　　　　C 端

链中相当于氨基酸的单元结构称为氨基酸残基。链中的 C—N 键将两个氨基酸残基连接起来，它是两个氨基酸分子缩水形成的酰胺键。酰胺键相邻的 C＝O 的 π 键和 C—N 键中 N 原子上的孤对 π 电子的相互作用，形成 π_3^4 的离域键，通称肽键（peptide bond）。肽键中的 C—N 键具有双键成分，表现在 C—N 键键长缩短，大多数在 133 pm 左右，而和此 C—N 键有关的 6 个原子共平面 $\begin{array}{c}O\qquad\ \ C_\alpha-\\ \diagdown\ \diagup\ \\ C-N\\ \diagup\qquad \diagdown\ \\ -C_\alpha\qquad H\end{array}$ ，这个酰胺平面基团通称为肽单元。由多个肽单元连成的链状分子，称为多肽链。含肽数目为 2～50 个左右的氨基酸分子一般称为多肽，大于 50 个的称为蛋白质，但不是绝对的，蛋白质和多肽的分界线并不很明确。

在多肽链中，将肽连接成长链的化学键是共价单键，因为多肽链中的单键可以自由旋转，多肽链有着多种构象。

描述多肽链构象的方法，IUPAC 于 1969 年作了规定[23]，如图 8.15 所示。图中 ϕ 和 ψ 分别指定为：C—N—C_α—C 和 N—C_α—C—N 的扭角。

图 8.15 所示的构象,也可看作用两个酰胺基平面相对于由 N—C$_\alpha$—C 3 个原子决定的平面的扭角来描述。

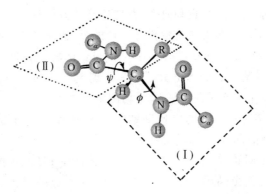

图 8.15 多肽链构象的描述方法

[以连接两个酰胺平面(Ⅰ和Ⅱ)的 C$_\alpha$ 为共用的顶点,绕 C$_\alpha$ 的两个共价单键(C$_\alpha$—N 和 C$_\alpha$—C)旋转的扭角,分别定义为 ϕ 和 ψ]

根据理论模型计算,蛋白质结构的各种二级结构的扭角最优值列于表 8.7 中。这些数值已得到 X 射线衍射所测定的蛋白质晶体结构数据所证实。

表 8.7 蛋白质二级结构的扭角[2]

结　　构	$\phi/(°)$	$\psi/(°)$	结　　构	$\phi/(°)$	$\psi/(°)$
α 螺旋(3.6$_{13}$)	−57	−48	β 弯曲Ⅰ,2 级	−70	−30
3$_{10}$ 螺旋(3.0$_{10}$)	−76	−4	β 弯曲Ⅰ,3 级	−90	10
π 螺旋(4.4$_{16}$)	−57	−70	β 弯曲Ⅱ,2 级	−60	130
平行 β 折叠层	−119	113	β 弯曲Ⅱ,3 级	80	0
反平行 β 折叠层	−139	135	γ 扭转,1 级	172	128
β 突起,1 级	−95	−65	γ 扭转,2 级	68	−61
β 突起,2 级	−130	150	γ 扭转,3 级	−131⁻	162

8.3.4 天花粉蛋白的结构与功能的研究[①]

中药天花粉是瓜蒌(栝楼)的块根。我国秦汉时代《神农本草经》中就已提

---

① 8.3.4 节原始文稿和插图由中国科学院生物物理研究所董贻诚、吴伸和马星奇诸位研究员提供。

到它的药用价值,宋代《太平圣惠方·桂心散方》中首次明确提出它有堕胎作用。20 世纪 60 年代初,由于计划生育工作的需要,我国医务工作者和科技工作者通过对民间堕胎秘方的收集和研究,发现这些秘方中只有天花粉才是引起堕胎的最主要药物。但中药天花粉中含有多种成分,通过分离、纯化和药理试验,发现引产的有效成分是天花粉蛋白(trichosanthin,TCS)。它是分子量为 27 000、由 247 个氨基酸残基组成的单链分子。为了测定 TCS 的空间结构,阐明它的结构与功能关系,开展了 TCS 的晶体结构测定工作[24]。

　　天花粉蛋白在 pH 8.8 的巴比妥钠缓冲液中结晶得到的是单斜晶系,属 C2(No.5)空间群的晶体,晶胞参数 $a=7.546$ nm,$b=7.552$ nm,$c=8.885$ nm,$\beta=99.51°$,每个不对称单位内含 2 个蛋白分子。在 pH 5.4 的柠檬酸缓冲液体系中结晶,得到正交晶系、$P2_12_12_1$(No.19)空间群的晶体。晶体的外形示于图 8.16 中。晶胞参数 $a=3.823$ nm,$b=7.658$ nm,$c=7.912$ nm,$Z=4$,在不对称单位中的蛋白质分子含非氢原子 1914 个,氢原子 1933 个,水分子 873 个。

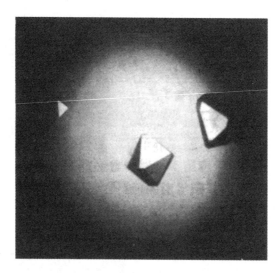

图 8.16　天花粉蛋白正交晶系晶体的外形图

　　利用同晶置换法和电子密度函数法测定出单斜晶系晶体的分辨率(4Å)的电子密度图,由此辨认分子的肽链走向,如图 8.17 所示。分子中 α 螺旋相对集中在蛋白质分子的中央,β 折叠层分布在 α 螺旋的外围。高分辨的分子结构是根据正交晶系晶体 1.73Å 分辨率的衍射数据进行精化得到。

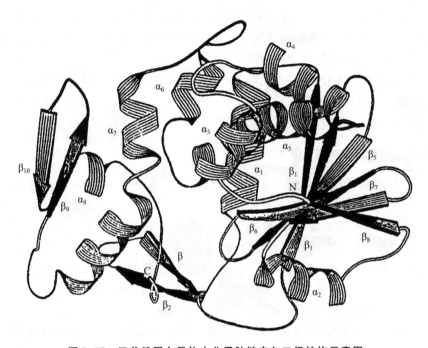

图 8.17　天花粉蛋白晶体中分子肽链走向二级结构示意图

（图中肽链构象顺序为：N-β_1-α_1-β_2-β_3-β_4-β_5-β_6-β_7-α_2-β_8-α_3-α_4-α_5-α_6-α_7-β_9-β_{10}-α_8-C）

天花粉蛋白正交晶系晶体的高分辨率的研究工作是利用同步辐射光源收集衍射强度数据，分辨率达 1.1Å，共收集独立衍射点 63 000 个。将这些数据进行精化，定出 1752 个氢原子，占氢原子总数的 91%（利用差值电子密度图上的峰定氢原子位置）；以及 803 个水分子的位置，占理论计算应有水的数目的 92%。

由上述情况可见，在天花粉蛋白晶体的晶胞中，原子数目非常多的条件下，利用 X 射线衍射法能够测定出多肽链中绝大部分氢原子的位置（90% 以上），这是 X 射线晶体学在实验工作和计算工作上取得重大进展的表现。

8.4　化学键的类型和性质

青山绿水、花草树木、鸟兽虫鱼、房舍道路……展现在我们眼前的客观物质世界，都是由几十种原子通过各种化学键结合成分子，再聚集而成的。化学键是指分子中将原子结合在一起的相互化学作用。广义而论，化学键还包括分子之间的相互作用。在物质世界中，万物各具特性，而产生这些特性的内部结构根源是不同分子中有着不同的化学组成和不同的化学键，使分子具有不同的结构，多种多样的结构使世界五彩纷呈。

通过晶体的衍射效应，测定晶体和分子中原子的空间排布及价电子的分布情况，使人们对化学键的认识逐步深入，揭示出丰富多彩的键型，了解到物质世界多样性的内部结构根据。下面分两个小节通过实例说明。

8.4.1 化学键的本质及其多样性

离子键、共价键和金属键是三种典型的化学键[1,25]。X 射线衍射法测定晶体结构，加深对这些化学键本质的认识。

离子键的本质是静电作用。当两种电负性差异较大的原子碰到一起时，电负性小的原子将价电子转移给电负性大的原子，形成正、负离子。正、负离子间通过静电作用，即离子键，结合成离子晶体。NaCl 是用 X 射线衍射法测定的第一个晶体结构（参见图 1.2），在当时对化学起了很大作用，已于 1.1 节中予以介绍。以后对 NaCl 的深入研究，又提供了新的知识。

图 8.18 示出 NaCl 晶体的 $\rho(xy0)$ 电子密度截面图。图中电子密度等值线

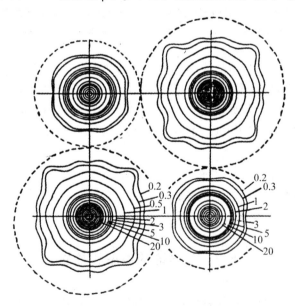

图 8.18 NaCl 晶体的 $\rho(xy0)$ 图[26]

围绕着的小原子代表 Na^+，大的代表 Cl^-。图中等值线标明的数字是电子密度的数值，单位为 e $Å^{-3}$。电子密度分布围绕原子核呈球形，到原子边界上，下降到很小，接近 0，如图中虚线所示。各原子核周围包含的电子数目，可由虚线内的 $\rho(xyz)$ 乘以体积加和而得。小的 Na^+ 周围有 10.1 个电子，而大的 Cl^- 周围有 17.8 个电子。这就直接从实验上证明了 NaCl 晶体是由 Na^+ 和 Cl^- 离子所组成。每个离子周围为荷异性电荷、略有极化的球形离子。图中所示的虚线圈出了离子的大小，这是从实验上直接测定离子半径的一种方法。

共价键由两个原子的原子轨道同相叠加而成，两核之间增加了电子云，核间电子云同时受到两个原子核正电荷的吸引作用而形成电子桥，把两个核结合在一起。金刚石中碳原子间的化学键是典型的共价键，每个碳原子通过 sp^3 杂化轨道和相邻的 4 个碳原子的 sp^3 杂化轨道互相叠加成分子轨道，每个分子轨道由两个自旋相反的电子所占据。所以当共价键形成时，原子间分布的电荷要比两个自由原子所带电荷的简单加和值多一些，金刚石晶体的电子密度分布证明了共价键的这个本质[27]。图 8.19(a)示出金刚石的晶体结构，图中 A，B，C，D，E 原子是处在(110)面上的原子。图 8.19(b)为通过(110)面的电子密度截面图，图中的 A，B，C，D，E 诸原子与图(a)中是相应的，等值线的单位为 e $Å^{-3}$。由图可见，原子之间电荷密度并不为 0。图 8.19(c)是相应截面上的变形电子密度图，由此图可以明显地看出两个碳原子间共用电子对，使得电子聚集在两个原子之间，形成共价 σ 键。

金属键可看作金属晶体中原子的价层轨道互相叠加，形成分子轨道，它们是扩展到整块晶体的离域分子轨道。原子的价电子处于这些分子轨道，运动于整块金属晶体中。这些离域范围很大，在三维晶体空间中运动的电子与带正电的原子实互相吸引，形成金属晶体。离域电子和原子实的吸引作用没有方向性，对每个原子实来说基本上是球形对称的。金属晶体中的原子就像圆球进行密堆积。

利用衍射法测定了大量金属和合金的结构，显示出金属结构中具有原子进行密堆积和高配位数等特点。金属所显示的物理特性也反映了金属键的这种本质。

通过晶体的 X 射线衍射，获得大量化合物的晶体结构数据。根据化合物的组成，按照各种元素的结构情况进行分类归纳整理，可以对各元素的结构化学和成键特点有深入的理解。下面以氢原子为例予以说明。

氢是元素周期表的第一种元素，核中质子数为 1，核外只有 1 个电子处在 1s 轨道上。虽然氢原子只有 1 个 1s 轨道参加成键，但是由于合成化学和结构化

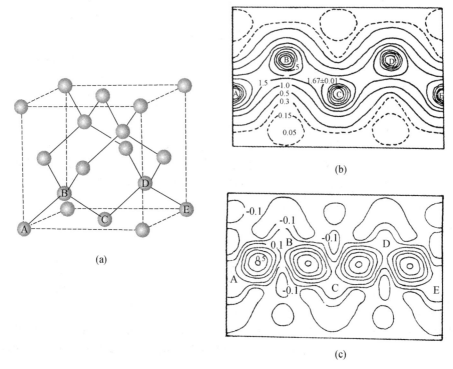

图 8.19　(a) 金刚石的晶体结构；
(b) 通过(110)面的电子密度截面图；
(c) 通过(110)面的变形电子密度截面图

学的发展,通过含氢化合物的晶体结构,已经阐明氢原子在不同的化合物中可以形成多种型式的化学键。氢原子除了能形成共价键、离子键、金属键、氢键和缺电子多中心氢桥键等早已知道的键型以外,通过衍射方法又提出下面一些新的键型。

1. **过渡金属氢桥键**[1]

在过渡金属氢化物中,H 原子除了形成端接的 M—H 键[如 $HMn(CO)_5$]外,还可以形成多配位的氢桥键:M—H—M 桥键,如$[W(CO)_5—H—W(CO)_5]^-$；$(\mu_3\text{-}H)M_3$ 三桥键,如 $H_3Ni_4Cp_4$；$(\mu_6\text{-}H)M_6$ 键,如在 $HCo_6(CO)_{15}^-$ 中,H 原子处在由 6 个 Co 原子组成的八面体中心,同时和 6 个 Co 原子桥连。图 8.20 示出通过中子衍射法测定的上述化合物的结构。

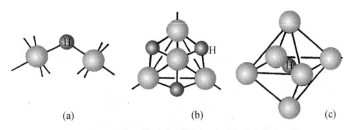

图 8.20 若干过渡金属氢化物的结构

(a) $[HW_2(CO)_{10}]^-$;(b) $H_3Ni_4Cp_4$;(c) $[HCo_6(CO)_{15}]^-$

(小球为 H 原子,大球为金属原子。为清楚起见,没有将 CO,Cp 等配体画出)

2. 氢分子配键[28,29]

在 W(η^2-H_2)(CO)$_3$[P(C_3H_7)$_3$]$_2$ 以及 [Fe(η^2-H_2)(H)(PPh$_2$-CH$_2$CH$_2$PPh$_2$)$_2$]BPh$_4$ 等化合物中,H_2 分子与金属原子从侧面结合,结构式(未写出烃基)可写为:

这些化合物中,H_2 作为配体,以它的成键 σ 轨道电子提供给金属空轨道,形成 σ 配键;另一方面,金属原子的 d 轨道电子提供给 H_2 分子中的 σ* 反键轨道,形成反馈 π 配键。借这两种作用而形成 σ-π 配键。

3. C—H→M 桥键

在若干有机金属化合物中,烃基上和 C 原子键连的 H 原子能和金属原子 M 形成 C—H→M 键。这种键的英文名称为 agostic bond,"agostic"来源于拉丁文,意思是抓住使其靠在近旁。有的文献称这种键为抓氢键。

饱和碳氢化合物对金属原子 M 通常是没有化学作用的。然而近年来通过晶体的衍射效应,测定了一系列有机金属化合物,发现有些 C—H 键上的 H 原子能和 M 原子相互作用,改变烃基的几何构型。例如,在图 8.21 中示出 C—H→Ta 键的结构情况。由图可见,Ta 原子为了抓住 H 原子使其靠在近旁,∠TaCH 从理论值(sp² 杂化)的 120°分别变为 84.8°和 78.1°,使 Ta 和 H 间形成化学键。

C—H→M 键的形成,促使 C—H 键变长、减弱,活性增加,活化了惰性的烃基,对有机催化反应将会有重大的作用。

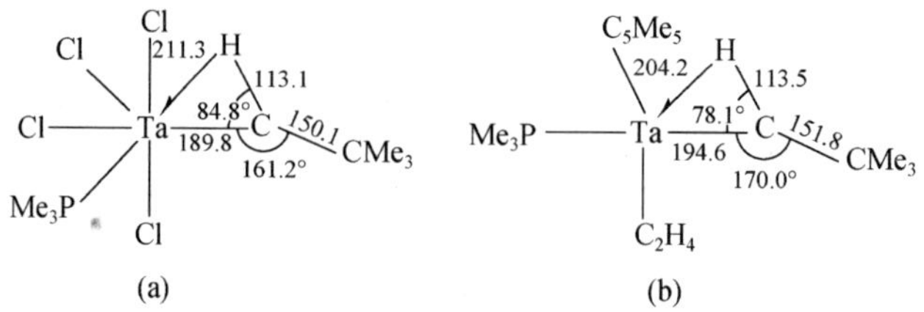

图 8.21　和 C—H→M 键有关的一些结构参数[30]

(a) [Ta(CHCMe₃)(PMe₃)Cl₃]₂ 的一部分；

(b) Ta(CHCMe₃)(η^5-C₅Me₅)(η^2-C₂H₄)(PMe₃)

由上可见,只有 1 个 1s 轨道和 1 个价电子参加成键的氢原子,能有这么多形形色色的键型。其他原子的价轨道和价电子要比氢原子多,键型理应更为丰富。通过晶体结构的测定,将会展现出原子间相互作用的丰富内容。

8.4.2　变形电子密度图在化学键研究中的应用

变形电子密度图为研究化学键本质提供了生动的图像。例如,对于简单的有机分子,共价单键、双键和叁键各有其分布特点。在垂直于键轴通过键的中心的截面,画出变形电子密度图,单键和叁键显示出近于圆形的等高线分布,双键则随着 p 轨道的延伸方向而显出椭圆形的等高线分布。四苯基丁三烯的变形电子密度图的研究[31],就是很好的实例。

图 8.22(a)示出分子中间累积双键相连部分的结构式,取中间 4 个 C 原子的键轴方向为 z 轴,垂直于分子平面为 y 轴。中间的 C=C 双键为 σ 键和 π_x 键,两侧的 C=C 双键为 σ 键和 π_y 键。图中的 π 键以 p 轨道的延伸方向连接成的方框线示意表示。图 8.22(b)示出通过分子平面的变形电子密度图。由图明显地看出,中间的 C=C 双键沿着 x 方向延伸呈椭球形,与图(a)中表示的情况完全一致。图 8.22(c)示出垂直于键轴并通过键的中心的平面上的变形电子密度图,左边图形示出两侧 C=C 双键的分布,中间的图形示出中心的 C=C 双键的分布,右边的图形示出连接苯基的 C—C σ 单键的分布。这些成键电子在分子中的分布特点,和量子化学从理论上推引的结论是完全一致的。

利用变形电子密度图研究四重键(如 Cr ≡ Cr)中电子云的分布,研究具有张力三元环和四元环等化合物中 C—C 弯键的电子云的分布,研究 d 轨道上电子云的分布以及孤对电子在原子周围的分布等等,均直接从实验上得到与现代化学键理论所预言相一致的情况。变形电子密度图的研究也提出一些有待进

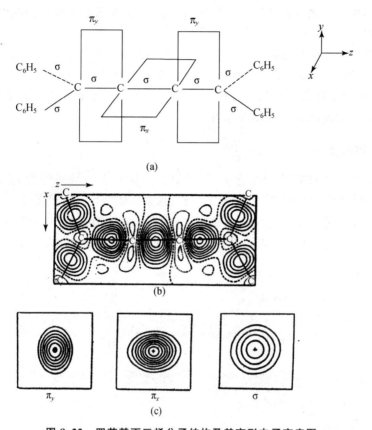

图 8.22　四苯基丁三烯分子结构及其变形电子密度图

(a) 分子中间累积双键相连部分的 π 键伸展方向；(b) 通过分子平面的变形电子密度图；
(c) 垂直键轴通过键中心点平面上的变形电子密度图：左图 π_y 键、中间图 π_x 键、右图 σ 键

一步解决的问题，例如，在研究 $(OC)_5Mn—Mn(CO)_5$ 分子中 Mn—Mn 键电荷的分布时，发现 Mn—Mn 键中心区没有电荷的聚集。

8.5　晶体中分子和离子的堆积

晶体由分子或离子有序地堆积排列而成，使其自由能降至最低。堆积的形式决定于原子间的作用力，决定于分子或离子的形状、大小、电荷、偶极矩和亲水性等性能。由于分子之间的作用力较弱、形式多样、能量状态差异不大，一般谱学等实验方法不易给出特征的结构信息，而晶体衍射法以其特有的长处能够

了解晶体中分子之间的相互作用和堆积等情况,为探索物质的性能提供重要的结构基础。

本节介绍三个体系的结构情况:其一是不同外界条件下的各种形式的冰的结构,以了解同一种分子的各种堆积;其二是钙钛矿及其相关的一些晶体的结构和性能,以了解离子堆积形式及其变化情况;其三是水合包合物的结构,以了解不同分子之间的堆积和相互作用。

8.5.1　冰的结构

水是地球上最重要的化合物,和人们的生活及生产活动等的关系最为密切。人类虽然生活在陆地上,但离不开水,水是生物存在的首要条件。

孤立的水分子 H_2O 和 D_2O 的结构数据以及它的四面体分布的电荷体系,示于图 8.23 中。由图可见,以 D 置换 H,H_2O 和 D_2O 的分子构型基本上是相同的。

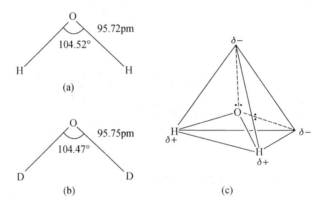

图 8.23　(a) H_2O 和 (b) D_2O 的分子构型;(c) H_2O 分子的电荷分布(2 个键对电子与 2 个孤对电子按四面体形分布在 4 个顶点上)

降低温度,水可结晶成冰,在低温下也可直接由水蒸气凝结成冰。经过数十年的研究,人们已经测定出在不同的温度和压力下多种冰的晶体结构,列于表 8.8 中。表中除前面三种 I_h,I,I_c 是在常压结构外,其他均为在高压下结晶的晶型[1]。

由冰的晶体结构数据可见,水在不同的温度和压力条件下,可形成 11 种不同结构的晶体,跨越 6 个晶系,10 种空间群,密度从比水轻的 $0.92\,g \cdot cm^{-3}$ 到约为水倍半的 $1.49\,g \cdot cm^{-3}$。冰是人们迄今已知的由一种简单分子堆积出结构花样最多的化合物。

表 8.8 各种晶型的水的晶体结构数据[32]*

晶型	空间群	晶胞参数/pm	晶胞中分子数	氢原子位置	密度/(g·cm⁻³)	小于0.3nm最近配位数	氢键键长/pm
I_h (273K)	$P6_3/mmc$ (No.194)	$a=451.35(14)$ $c=735.21(12)$	4	无序	0.92	4	275.2~276.5
I (5K)	$Cmc2_1$ (No.36)	$a=450.19(5)$ $b=779.78(8)$ $c=732.80(2)$	12	有序	0.93	4	273.7
I_c (143K)	$Fd3m$ (No.227)	$a=635.0(8)$	8	无序	0.93	4	275.0
II	$R\bar{3}$ (No.148)	$a=779(1)$ $\alpha=113.1(2)°$	12	有序	1.18	4	275~284
III	$P4_12_12$ (No.92)	$a=673(1)$ $c=683(1)$	12	无序	1.16	4	276~280
IV	$R\bar{3}c$ (No.167)	$a=760(1)$ $\alpha=70.1(2)°$	16	无序	1.27	4	279~292

续表

晶型	空间群	晶胞参数/pm	晶胞中分子数	氢原子位置	密度/(g·cm^{-3})	小于 0.3 nm 最近配位数	氢键键长/pm
V	$A2/a$ (No. 15)	$a=922(2)$ $b=754(1)$ $c=1035(2)$ $\beta=109.2(2)°$	28	无序	1.23	4	276~287
VI	$P4_2/nmc$ (No. 137)	$a=627$ $c=579$	10	无序	1.31	4	280~282
VII	$Pn3m$ (No. 224)	$a=343$	2	无序	1.49	8	295
VIII	$I4_1/amd$ (No. 141)	$a=467.79(5)$ $c=680.29(10)$	8	有序	1.49	6	280~296
IX	$P4_12_12$ (No. 92)	$a=673(1)$ $c=683(1)$	12	有序	1.16	4	276~280

* 除已注明温度外，未注明的晶胞参数和键长等数据均还原为 $1.01×10^5$ Pa，110 K。

常压下的冰-I_h属六方晶系,它的结构示于图 8.24(a)中,我们日常生活中见到的冰、霜和雪都是属于冰-I_h的结构。雪花的形状多种多样,有人将它们汇集成册以供观赏,这些外形多姿多彩的雪花,其内部结构都是一样的,都属于冰-I_h的晶型。在冰-I_h中平行于六重轴方向的 O—H$\cdots$O 的键长为 275.2 pm,而其他 3 个为 276.5 pm,$\angle$OOO 非常接近于 109.5°。由于 H_2O 分

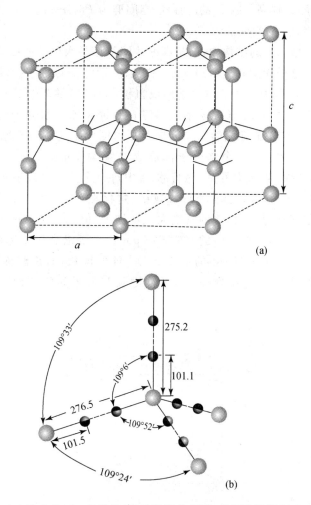

图 8.24　(a) D_2O 冰-I_h 的结构(圆球代表 O 原子,每根连线代表 O—D$\cdots$O);
(b) 冰-I_h 中 D_2O 的平均环境(在－50℃时,用中子衍射法测定。图中大球代表 O 原子,一半涂黑的小球代表 D 原子在此占有率为 1/2,键长单位为 pm)

子的∠HOH 为 104.5°,在 O—H…O 氢键中,H 原子是处在 O…O 连线的附近,而不是正好处在连线上,而氢原子靠近一个 O 原子,所以出现 O—H…O 和 O…H—O 两种方式。在冰-I_h 的无序结构中,两种方式相等,平均而言,每个 H 原子的位置上有半个 H 原子。利用中子衍射法测定 D_2O 的冰-I_h 的精细结构,准确地定出 D 原子的位置,其结构示于图 8.24(b)中[33]。正是由于 H 原子的无序统计分布,提高了冰-I_h 的对称性,空间群为 $P6_3/mmc$。在极低温度(5 K)下,有序化的冰-I 的空间群为 $Cmc2_1$[34]。

在各种晶型的冰的结构中,最基本的共同特征是水分子的四面体形的氢键体系。每个水分子周围有 4 个 O—H…O 氢键,即每个 O 原子提供两个 H 原子与相邻的两个 O 原子上的孤对电子形成氢键,同时提供两个孤对电子与相邻的另外两个 O 原子上的 H 原子形成氢键。氢键是冰中水分子间作用力的主要形式,是决定水分子堆积的主要因素。从密度比水还要小的冰-I 到密度达 $1.49\,g \cdot cm^{-3}$ 的冰-VII,每个水分子都形成四面体分布的氢键体系。图 8.25 示出冰-VII 的结构,从结构可见,尽管冰-VII 中每个水分子周围有 8 个距离相同的配位体,但只有和其中的 4 个形成氢键,这样在冰-VII 中形成了两套互相穿插的独立的氢键体系。冰-VII 的密度大大增加了,但冰-VII 中 O—H…O 氢键长度达 295 pm,反而比冰-I 中的氢键 276 pm 长。所以高压下冰的密度增加,不是依靠压缩氢键 O—H…O 的键长或 O—H 的键长,而是调整堆积形式,使分子间非键距离缩短。在冰-VII 中,氢键键长和分子间的非键距离已经都是 295 pm 了。

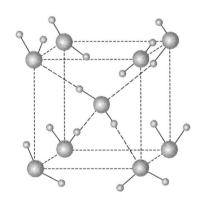

图 8.25   冰-VII 的结构

(晶胞中只有 2 个 O 原子,4 个 H 原子,这 4 个 H 原子处在中心 H_2O 分子形成的 4 个氢键中)

8.5.2　钙钛矿(CaTiO₃)的结构

钙钛矿[1]属立方晶系,空间群为 $Pm3m$(No. 221),晶胞参数 $a=385.3\,pm$, $Z=1$。晶胞中原子坐标参数为:Ca$(0,0,0)$,Ti$\left(\frac{1}{2},\frac{1}{2},\frac{1}{2}\right)$,O$\left(\frac{1}{2},\frac{1}{2},0\right)$,如图 8.26(a)所示。若将晶胞原点由 Ca 移到 Ti,原子坐标参数为 Ca$\left(\frac{1}{2},\frac{1}{2},\frac{1}{2}\right)$, Ti$(0,0,0)$,O$\left(0,0,\frac{1}{2}\right)$,如图 8.26(b)所示。从晶体结构角度看,钙钛矿是个非常简单的结构,没有一个待定的原子坐标参数。对于钙钛矿型晶体 ABX₃,只要测定出晶胞参数,了解 A 和 B 原子所占位置,结构就全部解决了。

由于钙钛矿型的结构包含着丰富的结构化学内容,涉及许多无机化合物和功能材料,因此,深入地讨论和这种简单的晶体有关的结构规律,在晶体化学、材料科学、矿物学和物理学等诸多方面都具有重要意义。

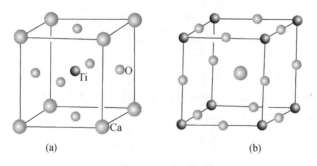

(a)　　　　　　　　　(b)

图 8.26　钙钛矿(CaTiO₃)的结构

(图中示出原点不同的两种晶胞)

1. CaTiO₃ 晶体中离子的堆积和配位

从图 8.26(a)可以看出,Ca^{2+} 处在立方体晶胞的顶点,O^{2-} 离子处于面心位置,Ti^{4+} 处于体心位置。如果暂时不计 Ti^{4+},而 Ca^{2+} 和 O^{2-} 不加区分,则这两种离子共同组成立方面心结构,它就是等径圆球立方最密堆积的结构。所以,在 CaTiO₃ 晶体中,Ca^{2+} 和 O^{2-} 共同按立方最密堆积结构排列,垂直于晶胞对角线(即三重轴),Ca^{2+} 和 O^{2-} 共同组成密置层结构,如图 8.27 所示。将这种密置层按一定方式堆积(一方面按立方最密堆积的 ABCABC…重复排列,另一方面使相邻两层的 O 原子形成八面体),即成为钙钛矿的晶体结构。由堆积可见,每个 Ca^{2+} 周围的 O^{2-} 配位数是 12,配位多面体为立方八面体。每个 Ti^{4+} 的配位数是 6,处在 O^{2-} 形成的配位八面体中。每个 O^{2-} 周围除和 4 个 Ca^{2+}、2 个 Ti^{4+} 配位外,还和另外 8 个 O^{2-} 接触。

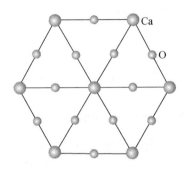

图 8.27　$CaTiO_3$ 晶体中 Ca^{2+} 和 O^{2-} 组成的密置层

按照 Pauling 离子晶体结构的电价规则,可计算每个 O^{2-} 从正离子处得到的电价为:

$$4 \times \frac{2}{12} + 2 \times \frac{4}{6} = 2$$

正好和 O^{2-} 的电价相等。

2. 钙钛矿型结构的化合物

许多 ABX_3 化合物具有钙钛矿型结构,通常定 A 为较大的离子,B 为较小的离子。从钙钛矿的结构(见图 8.26)可见,它们具有下面的几何关系:

$$r_A + r_X = \sqrt{2}(r_B + r_X) \tag{8.9}$$

式中 r_A,r_B 和 r_X 分别为 A,B 和 X 的半径。在实际的晶体结构中,这一几何关系可以有一定的变动范围:

$$r_A + r_X = t\sqrt{2}(r_B + r_X) \tag{8.10}$$

式中,t 称为容忍因子,其数值可为 0.8~1.0,若 t 超出这一范围,常常就变成另一种结构型式。已知具有钙钛矿型结构的化合物很多,例如:

$ATiO_3$:A＝Ca,Sr,Ba,Cd,Pb;　　　$AZrO_3$:A＝Ca,Sr,Ba,Pb;

$AHfO_3$:A＝Sr,Ba;　　　　　　　　AVO_3:A＝Nd,La;

ABO_3:A＝Na,K;B＝Nb,Ta;　　　AWO_3:A＝Na,Li;

$AFeO_3$:A＝La,Sr,Y,Ba;　　　　$ASnO_3$:A＝Ca,Sr,Ba;

$ACeO_3$:A＝Ca,Sr,Ba,Cd;　　　$AMgF_3$:A＝K,Pb;

$LaBO_3$:B＝Co,Ni,Cr;　　　　　KBF_3:B＝Ni,Zn,Fe,Co 等。

对这些化合物的结构有几点值得注意[35]:

（1）A 和 B 的大小

上述 ABX_3 化合物，大的离子 A（如 K，Ca，Sr，Ba）的大小和 O^{2-} 离子（或 F^- 离子）的大小相近，它们能共同形成密堆积结构。B 较小，它适合于填入 O^{2-}（或 F^-）的配位八面体中。因此，A 和 B 的半径值大约分别在 $100\sim140$ pm 和 $45\sim75$ pm 范围。

（2）A 和 B 的电价

A 和 B 的电价并不局限于 $+2$ 和 $+4$，事实上对 ABO_3 型化合物，$+1$ 和 $+5$（如 $KNbO_3$），$+3$ 和 $+3$（如 $LaCrO_3$）也同样满足电价为中性的要求。同样，不同离子可占据同一位置，如：

$$(K_{0.5}La_{0.5})TiO_3$$
$$Sr(Ga_{0.5}Nb_{0.5})O_3$$
$$(Ba_{0.5}K_{0.5})(Ti_{0.5}Nb_{0.5})O_3$$

在有些情况出现空缺，典型的是钨青铜化合物（$NaWO_3$）的结构，它的组成可在相当大的范围内改变：

$$Na_xWO_3,\ x=0\sim1$$

伴随 Na^+ 空缺，W^{5+} 氧化为 W^{6+} 以满足电中性要求，所以注明电价的化学式为：

$$Na_xW_x^{5+}W_{1-x}^{6+}O_3,\ x=0\sim1$$

（3）钙钛矿（$CaTiO_3$）是复杂的氧化物，不是钛酸盐

从图 8.26 可以看出，在 $CaTiO_3$ 的晶体中，TiO_6 八面体共顶点连接成三维无限的立方体的骨架，结构中不存在 TiO_3^{2-} 阴离子。它和 $CaCO_3$ 虽然化学式很相似，但结构却不同。钙钛矿不是钛酸盐，而是一种复杂的氧化物。

（4）钙钛矿中的化学键

钙钛矿的结构虽然可以用离子化合物的结构规律进行讨论，但在实际的 ABX_3 晶体中，对于半径小而电价高的 B 和 X 之间常常是共价键占有优势，而且共价键的强弱将影响化合物的性质。

3. 由钙钛矿型结构变形和衍生的化合物的结构

理想的、高对称的立方晶系的钙钛矿型结构数量有限，只有在高温下，容忍因子 t 接近于 1 时，才具有高对称性。许多功能材料总是偏离立方晶系，但其结构可从钙钛矿型出发来理解。偏离理想立方晶系的途径有多种，例如，① 置换：将 $CaTiO_3$ 中的 Ca，Ti 和 O 等原子部分地或全部地以别的原子置换；② 空缺：指有些位置上的原子系统地或部分地空缺；③ 位移：指立方晶胞中的原子偏离原有位置，从而降低它的对称性；④ 堆叠：指将 $CaTiO_3$ 的立方晶胞相互沿 c 轴堆叠成新的晶胞，新晶胞的 c 轴长度接近于原来晶胞参数的整数倍。下面结合

实例进行讨论。

【例 1】 $BaTiO_3$（钛酸钡）的结构[36]。

高温（>120℃）时，$BaTiO_3$ 的结构属立方晶系钙钛矿型；低于 120℃，具有铁电性。在 5～120℃区间，$BaTiO_3$ 属四方晶系，$c/a=1.01$，其结构示于图 8.28 (a)中。由于原子位移较少，图中加上箭头以表明它偏离立方晶系的结构，晶体从立方晶系降为四方晶系，同时原子相对位移，使晶体出现极性，是使它具有铁电性的内部结构根源。$BaTiO_3$ 及一系列类似的复杂氧化物是重要的铁电材料。

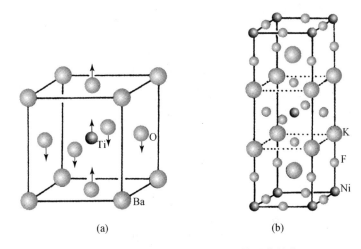

图 8.28　$BaTiO_3$(a)和 K_2NiF_4(b)的晶体结构

【例 2】 K_2NiF_4 的结构[36]。

K_2NiF_4 的结构如图 8.28(b)所示，它可看作 $CaTiO_3$ 结构中的 Ca，Ti 和 O 原子分别被 K，Ni 和 F 置换后的立方晶胞互相堆叠而成新的晶胞。在新的晶胞的中间部分是以 K 放在原点上的晶胞，再在上下各加上一个以 Ni 作为原点的晶胞，堆叠时去掉上下晶胞中的一层原子，即形成 c 轴长度约为 $3a$ 的四方晶系的新晶胞。

由 T. G. Bednorz 和 K. A. Müller 首先发现的氧化物高温超导体 $(La_{2-x},Ba_x)CuO_4(x=0.1)$，是和 K_2NiF_4 同结构的化合物，它的 $T_c \approx 30\,K$[37]。

【例 3】 若干高温氧化物超导体的结构[38]。

$YBa_2Cu_3O_6$ 属四方晶系，$P4/mmm$ 空间群，$a=385.70(1)\,pm$，$c=1181.94(3)\,pm$，$Z=1$，其结构示于图 8.29(a)中。

　　YBa$_2$Cu$_3$O$_7$ 属正交晶系,*Pmmm* 空间群,$a=381.98(1)$pm,$b=388.49(1)$pm,
$c=1167.62(3)$pm,$Z=1$,其结构示于图 8.29(b)中。

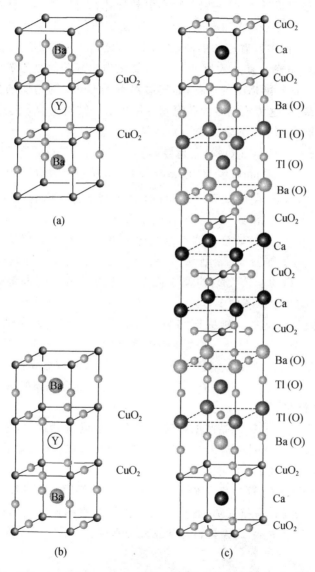

图 8.29　YBa$_2$Cu$_3$O$_6$(a),YBa$_2$Cu$_3$O$_7$(b)和 Tl$_2$Ba$_2$Ca$_2$Cu$_3$O$_{10}$(c)的晶体结构
(图中因 Cu 和 O 间共价键占优势,用实线相连。边上标明 CuO$_2$ 层,这种层实际上呈波浪形,
即 O 原子处在 Cu 原子间连线的上、下方,不在线上,本图给出理想化图形)

$Tl_2Ba_2Ca_2Cu_3O_{10}$ 属四方晶系，$I4/mmm$ 空间群，$a=385.03(6)$ pm，$c=3588(3)$ pm，$Z=2$，其结构示于图 8.29(c) 中，它的 $T_c \approx 125$ K。

从上述图形可以看出，这些氧化物高温超导体都可看作由钙钛矿型的结构出发，经过堆叠、置换、位移和空缺等形式形成新的化合物。其中 $YBa_2Cu_3O_6$ 和 $YBa_2Cu_3O_7$ 结构中有着相邻的两层 CuO_2 网格，而 $Tl_2Ba_2Ca_2Cu_3O_{10}$ 则有三层相邻的 CuO_2 网格。有人认为，以 Cu 的氧化物为基础的高温氧化物超导体的关键结构是 CuO_2 网格层的存在，而连续堆叠的 CuO_2 网格层的数目为 3 层时，T_c 的温度最高，这为人们寻找高温超导体提供了结构化学上的指导。

【例 4】 掺 Pb 的 $Bi_2Sr_2Ca_2Cu_3O_y$ 的结构[39]。

掺 Pb 的 $Bi_2Sr_2Ca_2Cu_3O_y$ 高温超导体属正交晶系，空间群为 $Bbmb$，晶胞参数 $a=549$ pm，$b=541$ pm，$c=3710$ pm，$Z=4$。从晶胞参数看，a 和 b 相当于钙钛矿晶胞的 $\sqrt{2}$ 倍，即取钙钛矿晶胞的面对角线方向为轴。c 轴的长度和 $Tl_2Ba_2Ca_2Cu_3O_{10}$ 的 c 相似。

用电子衍射数据，按非公度调制结构分析的高维空间直接法技术和修正非公度调制结构参数的高维最小二乘法计算技术，测定了掺 Pb 的 $Bi_2Sr_2Ca_2Cu_3O_y$ 相的非公度结构调制细节。它的三维空间电势分布的投影 $\rho(yz)$ 示于图 8.30 中。图中 z 方向画了一个晶胞，y 方向画了 10 个晶胞。由图可见，调制波沿 y 方向的调制周期约为 $8.5b$。通过测定这种高温超导体的结构，明显看出它具有下列特点：① 结构中全部原子均有程度不同的非公度调制，而以 BiO 层原子为甚；② 多数原子兼有位置调制和成分调制；③ O 原子在贯穿 Cu—Ca—Cu—Ca—Cu 各原子层的局部空间中呈无序分布，而形成连接上述各原子层的桥梁。

Bi 系高 T_c 超导材料的晶体结构普遍存在非公度调制现象，这一现象同超导机理有密切联系，探明结构细节，将可为进一步了解超导机理以及超导材料制备工艺的改进提供重要的结构基础。

从上述可见，人们测定出晶体结构，了解晶体内部原子的堆积和配位，了解各种结构间的相互联系和区别，逐步深入地探讨微观结构的细节，为了解物质的结构和性能架起桥梁，成为材料科学发展的基础。

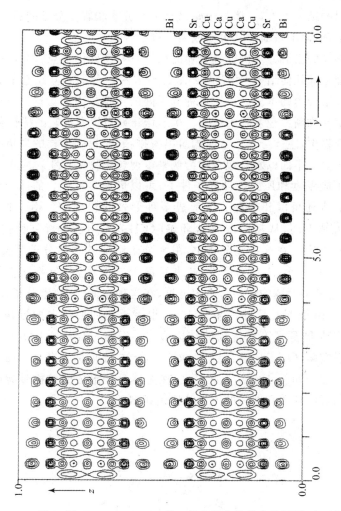

图 8.30 掺 Pb 的 $Bi_2Sr_2Ca_2Cu_3O_y$ 的三维空间电势分布的投影 $\rho(yz)$ 图

(图中 z 方向画一个晶胞，y 方向画 10 个晶胞，调制波沿 y 轴方向的调制周期约 $8.5b$)

(本图由中国科学院物理研究所范海福和莫有德提供)

8.5.3 若干水合包合物的结构

在晶体中，包合物[40,41]由两类组分形成：主体分子和客体分子。它们按一定规律结合在一起，有两个方面不同于一般的配位化合物或混晶体：首先是几何上，客体分子填充在主体分子形成的笼形、管道形或层形的孔穴或空间中；其次是相互间的结合力上,主体分子间以及主体分子和客体分子间通过范德华力或氢键相结合,而不是通过共价键或离子键结合。

　　利用晶体的衍射方法研究包合物的结构具有特殊的优点,因为它能给出包合物的三维空间几何结构,阐明两种组分或多种组分间相互结合的几何特征、堆积形式和结合力的本质。由于这种分子间的范德华力和氢键,一般的化学方法很难测定并推断出包合物的结构。衍射法正好可以发挥它的特长和优势。

　　在包合物中,主体分子常常能构筑出安排精巧、形式多样的环境,以适合客体分子的居留。下面以水合包合物为例来审视包合物的特性。

　　水在不同温度和压力等外界条件下,可以形成多种形式的冰,已在 8.5.1 节中讨论。水还可以和多种分子形成多种形式的包合物。由于被水包合的客体分子大小不同,从氩到二氧六环烷[$(CH_2)_4O_2$]已有近百种包合物的晶体结构得到测定。在这些包合物中,由水分子组成的主体分子骨架最常见的结构单元是由 20 个 H_2O 分子形成的五角十二面体,简单标记为[5^{12}]。图 8.31 示出这种多面体的结构。由图可见,在这种多面体中,水分子保持四面体的氢键体系,由于五元环的内角是 108°,很接近于四面体向的键角(109.5°)。图中示出一种 H 原子有序排列的结构形式。根据包合物 $6(CH_2)_2O \cdot 46D_2O$ 的中子衍射实验,O—D⋯O 的键长,即五角十二面体的边长为 272～278 pm,∠O—D⋯O 为 171°～180°。由此可见,在主体分子形成的结构骨架中,成键的几何条件与氢键性质和常见的冰的结构是相似的。

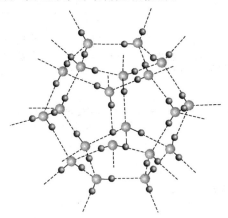

图 8.31　由 20 个 H_2O 分子形成的五角十二面体

(大球代表 O 原子,小黑球代表 H 原子;图中示出一种可能的 H 原子的有序

排列形式,即在每个 O—H⋯O 氢键上,画出一个 H 原子)

单一的五角十二面体很难堆积成点阵式的空间骨架,而需要和其他多面体配合形成。这样在水合包合物晶体中,若有五角十二面体存在,就一定会有其他多面体共同堆积成主体分子的骨架。常见的多面体还有十四面体$[5^{12}6^2]$(由12个五元环的面和2个六元环的面围成,下面也按此简化方式表示)、十五面体$[5^{12}6^3]$、十六面体$[5^{12}6^4]$等等。由水分子形成的多面体,边长为$270\sim280$ pm左右,多面体孔穴的体积大约为:

$$[5^{12}]: \quad 1.7\times10^8 \text{ pm}^3, \quad [5^{12}6^2]: 2.3\times10^8 \text{ pm}^3$$

$$[5^{12}6^3]: 2.5\times10^8 \text{ pm}^3, \quad [5^{12}6^4]: 2.6\times10^8 \text{ pm}^3$$

包合物 $6(CH_2)_2O \cdot 46D_2O$ 的晶体属立方晶系,空间群为 $Pm3n$,$a=1187(1)$pm (80 K),$Z=1$。用中子衍射法测得晶胞中主体分子 D_2O 的 O 原子的坐标参数为:

原　子	位　　置	x	y	z
O(1)	16i	0.18375	0.18375	0.18375
O(2)	24k	0	0.3082	0.1173
O(3)	6c	0	1/2	1/4

由此数据得主体分子骨架的结构示于图 8.32 中。为简明起见,图中只示出晶胞的前一半。由图可见,晶胞中含有 2 个五角十二面体$[5^{12}]$,一个多面体的中心处在晶胞顶点,另一个多面体的中心处在晶胞中心位置(取向和顶点上

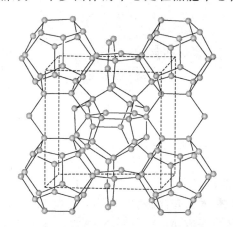

图 8.32　包合物 $6(CH_2)_2O \cdot 46D_2O$ 的结构

(图中只示出主体分子 D_2O 形成的骨架结构,圆球代表 O 原子,每一直线代表 O—D⋯O 氢键,图中没有给出 D 原子)

的不同)。这两个 $[5^{12}]$ 由 O(1) 和 O(2) 两套原子组成,另外还有一套 O(3) 处在 $[5^{12}]$ 多面体间,它和 O(1)、O(2) 又共同形成十四面体 $[5^{12}6^2]$。图中示出晶胞前边面上两个十四面体通过六元环连接在一起的情况,这两个十四面体只有一半在晶胞内,所以晶胞内共有 6 个十四面体 $[5^{12}6^2]$。

对于 Ar,Xe,CH_4 等较小的客体分子,$[5^{12}]$ 和 $[5^{12}6^2]$ 均可将分子包合在其中,这时晶胞的组成为 $8CH_4 \cdot 46H_2O$。对于较大的 $(CH_2)_2O$ 客体分子,$[5^{12}]$ 容纳不下,这时的组成为 $6(CH_2)_2O \cdot 46H_2O$。

由于客体分子的大小及形状的不同,水合包合物的结构形式不同,可分为若干类型,如表 8.9 所示。表中所列的多面体结构示于图 8.33 中。

表 8.9　水合包合物的晶体结构数据

类　型	晶胞中孔穴 类型和数目	理想的 晶胞化学式	空间群	实　例	晶胞参数 /pm
I	$6[5^{12}6^2] \cdot 2[5^{12}]$	$6X \cdot 2Y \cdot 46H_2O$	$Pm\bar{3}n$	$8CH_4 \cdot 46H_2O$ $6(CH_2)_2O \cdot 46H_2O$	$a \approx 1187$
II	$8[5^{12}6^4] \cdot 16[5^{12}]$	$8X \cdot 16Y \cdot 136H_2O$	$Fd3m$	$8C_4H_8O \cdot 16H_2S$ $\cdot 136H_2O$	$a \approx 1731$
III	$16[5^{12}6^2] \cdot 4[5^{12}6^3]$ $\cdot 10[5^{12}]$	$20X \cdot 10Y$ $\cdot 172H_2O$	$P4_2/mnm$	$20Br_2 \cdot 172H_2O$	$a \approx 2350$ $c \approx 1250$
IV	$2[5^{12}6^2] \cdot 2[5^{12}6^3]$ $\cdot 3[5^{12}]$	$4X \cdot 3Y \cdot 40H_2O$	$P6/mmm$	—	$a \approx 1250$ $c \approx 1250$
V	$4[5^{12}6^4] \cdot 8[5^{12}]$	$4X \cdot 8Y \cdot 68H_2O$	$P6_3/mmc$	—	$a \approx 1200$ $c \approx 1900$
VI	$16[4^35^96^27^3]$ $\cdot 12[4^45^4]$	$16X \cdot 156H_2O$	$I\bar{4}3d$	$16(CH_3)_3CNH_2$ $\cdot 156H_2O$	$a \approx 1881$
VII	$2[4^66^8]$	$2X \cdot 12H_2O$	$Im3m$	$HPF_6 \cdot HF$ $\cdot 12H_2O$	$a \approx 767.8$

表中属于 I 型的包合物的客体分子有:Xe,CO,Cl_2,BrCl,H_2S,H_2Se,CO_2,N_2O,SO_2,ClO_2,PH_3,AsH_3,CH_4,C_2H_2,C_2H_4,C_2H_6,$(CH_2)_2O$,CH_3F,CH_3Cl,CH_2F_2,CH_2ClF,$CHClF_2$,CF_4,C_2H_5F,C_2H_3F,CH_3Br 等。属于 I 型和 II 型的包合物客体分子有:COS,环-C_3H_6,$(CH_3)_2O$,CH_3SH,CH_3CHF_2 等。属于 II 型的客体分子有 Ar,Kr,O_2,N_2,C_2F_4 等。当以 H_2S 作为辅助气体共同形成 II 型包合物的客体分子有 I_2,CS_2,C_6H_6,CCl_4,THF 等。

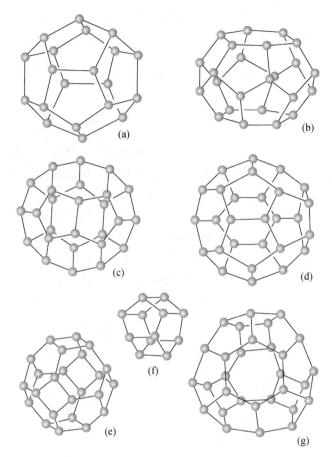

图 8.33 若干水合包合物中由水分子形成的主体分子骨架中的孔穴多面体的结构：
(a) $[5^{12}]$；**(b)** $[5^{12}6^2]$；**(c)** $[5^{12}6^3]$；**(d)** $[5^{12}6^4]$；**(e)** $[4^66^8]$；**(f)** $[4^45^4]$；**(g)** $[4^35^96^27^3]$

Ⅲ型结构是从 $(n\text{-}C_4H_9)_4N^+ \cdot C_6H_5COO^- \cdot 39\frac{1}{2}H_2O$ 的结构外推所得的，属于这种结构的客体分子有 Br_2, $(CH_3)_2O$ 等。

Ⅳ型的结构是从 $(i\text{-}C_5H_{11})_4NF \cdot 38H_2O$ 的结构外推得到的，属于这种结构的客体分子有 $HAsF_6 \cdot 6H_2O$ 和 $HSbF_6 \cdot 6H_2O$，这时一般认为质子归属于主体分子骨架上，而客体分子为负离子 AsF_6^- 或 SbF_6^-。

Ⅴ型的结构由 $10(CH_3)_2CHNH_2 \cdot 80H_2O$ 推引而得，尚未发现有什么样的客体分子和水形成这种水合包合物。

Ⅵ型结构如表中所述。Ⅶ型的结构类似硅酸盐中的方钠石骨架结构，由

$[4^66^8]$切角八面体堆积而成,孔穴中填入客体分子。一般认为客体分子 HPF_6 等是以负离子 PF_6^- 的形式存在。

8.6　晶体中原子的运动

8.6.1　晶体中原子的热运动

晶体中原子不停地运动着,甚至在接近绝对零度依然在动。原子热运动的强度随着温度的上升而增加,而各个原子的热运动幅度和方向则随该原子在晶体中所处的环境及可用空间的大小等因素而异。

在 X 射线衍射工作开创初期,P. Debye 和 W. H. Bragg 等[42,43]就指出:随着温度的升高,衍射角 θ 较大的衍射的强度将降低较多。因为温度升高,原子热运动增强,原子占据的体积加大,因而在原子散射因子 f 和 $\sin\theta/\lambda$ 的关系曲线上,高温时高衍射角的 f 值下降较多,如图 8.34 所示。

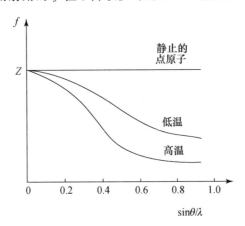

图 8.34　不同温度下原子散射因子 f 和 $\sin\theta/\lambda$ 的关系
(图中静止的点原子是一种理想化的模型)

原子热运动的振动频率大约是每秒 10^{13},而 X 射线的电磁振荡频率大约每秒 10^{18},所以原子虽然不停地振动,但对 X 射线而言却显得处于相对静止的状态。在长时间的衍射实验中,观察到的热运动的各种效应是数目很大的($\approx 10^{18}$)晶胞中原子运动的统计平均值。

原子热运动对衍射强度的影响,通常是通过原子散射因子 f 来处理[44]。

$$f_T = f_0 \exp\left[-B\frac{\sin^2\theta}{\lambda^2}\right] \tag{8.11}$$

式中 f_T 和 f_0 分别为温度为 $T(\mathrm{K})$ 和 0 K 时的原子散射因子,指数部分称为温度因子 D:

$$D = \exp\left[-B\frac{\sin^2\theta}{\lambda^2}\right] \tag{8.12}$$

B 称为热参数(有的文献也将 B 称为温度因子),与原子振动时从平衡位置产生位移的振动振幅平方的平均值 $\langle u^2 \rangle$ 成正比。

$$B = 8\pi^2\langle u^2 \rangle = 8\pi^2 U \tag{8.13}$$

U 称为原子位移参数。式(8.11)和式(8.12)表达的 B,若用 Wilson 作图法(见图 4.14)从衍射强度数据推得,为各向同性、适用于该晶体的各个原子,有时用 B_{iso} 或 U_{iso} 表达。对于矿物等较硬的晶体,$B\approx1\text{Å}^2$;有机晶体 $B\approx2\sim6\text{Å}^2$。如果 $B=4\text{Å}^2$,则 $U(=\langle u^2 \rangle)=0.05\text{Å}^2$,$\sqrt{\langle u^2 \rangle}=0.22\text{Å}$。

在晶体中,原子的周围环境较为复杂,很少出现各向同性的状况。通常在测定结构的精修阶段,将原子的复杂的热运动进行近似处理,将晶胞中每个原子的热运动用三轴椭球描述:主轴定为该原子最高振幅方向,两个互相垂直的副轴均和主轴垂直。3 个轴的定向通过晶胞的 3 个轴表示,这就与衍射指标 hkl 及晶胞参数有关。

对衍射 hkl 来说,某个原子的温度因子,其数值依赖于该衍射面间距离 d_{hkl} 和垂直于该点阵面的原子的振动幅度。由于

$$\exp\left[-B\frac{\sin^2\theta}{\lambda^2}\right] = \exp\left[-\frac{B}{4}\left(\frac{2\sin\theta}{\lambda}\right)^2\right]$$
$$= \exp\left[-\frac{B}{4}(d_{hkl})^{-2}\right] \tag{8.14}$$

而从表 3.2 可知:

$$(d_{hkl})^{-2} = h^2a^{*2} + k^2b^{*2} + l^2c^{*2} + 2hka^*b^*\cos\gamma^*$$
$$+ 2hla^*c^*\cos\beta^* + 2klb^*c^*\cos\alpha^* \tag{8.15}$$

结构修正时,每个原子有 6 个热参数 B_{ij}(或 β_{ij})或 6 个原子位移参数 (U_{ij}) 参与,如表 8.10 所列。当发表文章时,为简化起见,则常用一个等当各向同性热参数 B_{eq} 或 U_{eq} 表示。表 8.10 列出各向同性的温度因子、各向异性的以 B 参数和 U 参数表示的温度因子,以及等当各向同性的热参数 B_{eq} 和 U_{eq} 等表达的温度因子。图 8.35 示出用三轴椭球表达的一个有机分子的构型和构象。

表 8.10 原子的温度因子数学表达式

各向同性温度因子：

$$B_{iso}(\equiv B): \exp\left[-B\frac{\sin^2\theta}{\lambda^2}\right] \qquad (8.16)$$

$$U_{iso}(\equiv U): \exp\left[-8\pi^2 U\frac{\sin^2\theta}{\lambda^2}\right] \qquad (8.17)$$

各向异性温度因子：

$$B_{ij}: \exp\left[-\frac{1}{4}(B_{11}h^2a^{*2}+B_{22}k^2b^{*2}+B_{33}l^2c^{*2}+2B_{12}hka^*b^*\right.$$
$$\left.+2B_{13}hla^*c^*+2B_{23}klb^*c^*)\right] \qquad (8.18)$$

$$\beta_{ij}: \exp\left[-(\beta_{11}h^2+\beta_{22}k^2+\beta_{33}l^2+2\beta_{12}hk+2\beta_{13}hl+2\beta_{23}kl)\right] \qquad (8.19)$$

$$U_{ij}: \exp\left[-2\pi^2(U_{11}h^2a^{*2}+U_{22}k^2b^{*2}+U_{33}l^3c^{*2}+2U_{12}hka^*b^*\right.$$
$$\left.+2U_{13}hla^*c^*+2U_{23}klb^*c^*)\right] \qquad (8.20)$$

等当各向同性温度因子：

$$B_{eq}: \exp\left[-B_{eq}\frac{\sin^2\theta}{\lambda^2}\right]$$
$$B_{eq}=\frac{1}{3}\sum_i\sum_j B_{ij}a_i^*a_j^*(\boldsymbol{a}_i\cdot\boldsymbol{a}_j) \qquad (8.21)$$

$$U_{eq}: \exp\left[-8\pi^2 U_{eq}\frac{\sin^2\theta}{\lambda^2}\right]$$
$$U_{eq}=\frac{1}{3}\sum_i\sum_j U_{ij}a_i^*a_j^*(\boldsymbol{a}_i\cdot\boldsymbol{a}_j) \qquad (8.22)$$

通过晶体结构的测定，获得晶胞中各个原子的坐标参数和热参数，除对分子的键长、键角、分子的构象、离子的配位状况、原子和分子的堆积等有所了解外，还得到原子的热运动状况的信息。在配位化合物晶体中，中心金属原子热振动的幅度较小，而配位体的热振动幅度较大；在分子晶体中，分子骨架的中心部分热振动幅度较小，而端基的原子振动幅度较大；在平面形分子中，原子沿平面方向的位移较小，垂直于平面方向的位移较大；在长链分子中，平行于长链方向振动幅度较小，垂直于长链方向的振动幅度较大。此外，孤立的小分子，如水分子和乙醇分子等热运动幅度较大；具有无序现象的原子的热振动幅度较大等。

为了降低晶体中原子的热运动幅度，提高晶体的稳定性，提高收集衍射数据的质量，低温衍射技术已普遍使用，不仅用于蛋白质等生物大分子晶体，也用于一般的有机晶体和无机晶体。较简单的低温设备是将很细小的一股由液氮蒸发的低温氮气吹在收集衍射数据的晶体上。

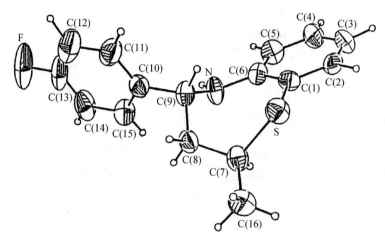

图 8.35　$C_{16}H_{16}NSF$ 分子的结构

8.6.2　晶体中进行的聚合反应

测定晶体结构有时可以了解在晶体中进行的化学反应,切实地把握反应的过程和反应的机理。虽然晶体结构测定的结果通常给出的是分子或离子的静态结构,说明结晶时分子所采取的最低能量的排列方式以及原子或分子相互间的关系,但是有时也可"看到"晶体中相邻分子或离子间进行化学反应,得到特定的立体构型产物的证据。下面通过几个实例予以说明。

【例 1】　反式肉桂酸的固态反应[45,46]。

肉桂酸及其衍生物具有光化反应活性。反式肉桂酸可结晶成三种结构不同的晶体,其中 C=C 双键的周围环境在不同的晶型中有着差异:

α-反式肉桂酸中,相邻两个分子通过对称中心联系,两个分子间的双键相距较近,为 370 pm。

β-反式肉桂酸中,相邻两个分子是通过平移相联系,两个分子间的双键相距约 400 pm。

γ-反式肉桂酸中,相邻两个分子间的双键距离超过 470 pm。

当晶体受光照射时,α 型晶体发生聚合反应,产物为具有对称中心的二聚体:古柯间二酸,如图 8.36(a)所示;β 型晶体也能发生聚合反应,产物为具有镜面对称的二聚体:古柯邻二酸,如图 8.36(b)所示;而 γ 型晶体光照时不发生化学反应,因为晶体中相邻的两个 C=C 双键距离太远,是光照稳定的化合物。

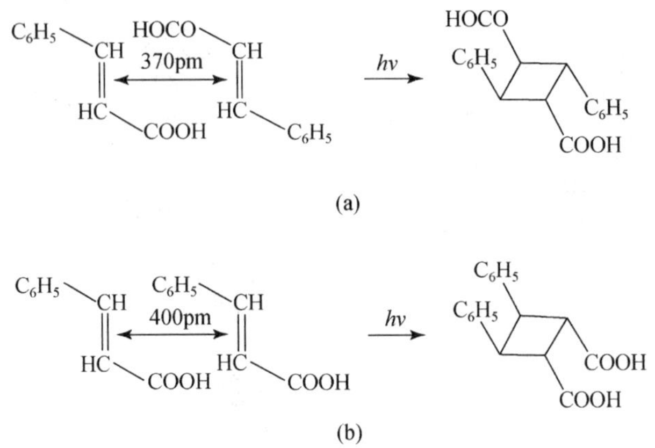

(a)

(b)

图 8.36　反式肉桂酸光聚合反应所产生的不同立体构型的产物

(a) α-反式肉桂酸聚合成古柯间二酸;

(b) β-反式肉桂酸聚合成古柯邻二酸

【例 2】　双烯晶体的光化聚合[47]。

当亮黄色的 2,5-二苯乙烯基吡嗪(2,5-distyrylpyrazine,DSP)晶体曝晒于日光之下,晶体发生聚合反应,变成不溶的高聚物,其反应式如下:

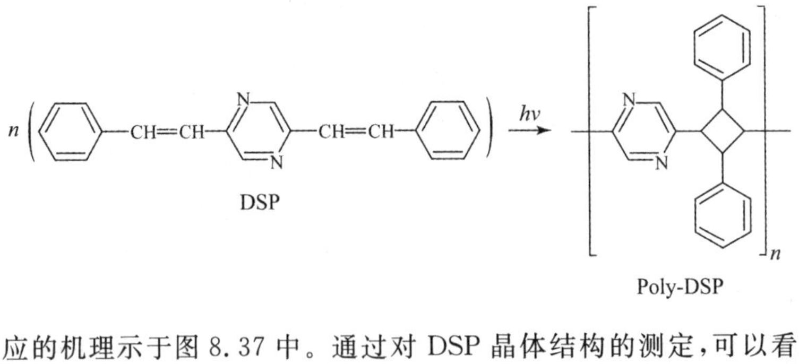

反应的机理示于图 8.37 中。通过对 DSP 晶体结构的测定,可以看到晶体中 DSP 分子的构象具有对称中心,是接近于平面形的分子,分子间大致互相平行地堆积在一起,如图 8.37(a)所示。这时分子的平面大致平行,一个分子上端的 C=C 双键和上面相邻分子下端的 C=C 双键相距较近,而下端的 C=C 双键和下面相邻分子的上端 C=C 双键相距较近。在光照下,经过二聚形成四元环的环丁烷衍生物,见图 8.37(b),再进一步聚合形成长链高聚物,见图

8.37(c)。这种高聚物外表呈粉末状,但它是结晶度很高的细小晶体。

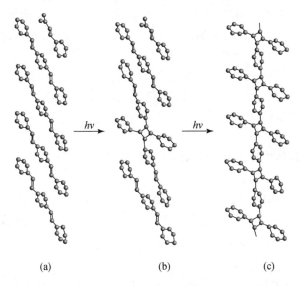

(a)   (b)   (c)

**图 8.37 DSP(α)晶体中分子的排列(a),以及它受光照射
进行聚合时形成二聚体(b)及高聚物(c)的示意图**

这类双烯分子的晶体和光照聚合后形成的高聚物晶体,它们因在晶体中进行反应,原子移动的幅度不大,因而聚合前后两种晶体的晶胞参数也很接近。

8.6.3 晶体中进行的消旋反应[48]

钴肟盐(cobaloximes)是一类钴的八面体配位化合物,在八面体的 6 个配位中,在平面上的 4 个是由两个肟分子提供 N 原子的螯合配位体,两个肟分子相互间还形成 O—H···O 氢键,其结构如下式所示:

垂直于此平面,沿中心轴的上下,Co^{3+} 还和另外两个基团结合,形成八面体配位。更换轴上两个配位基团,可得一系列钴肟盐。其中有一类钴肟盐是:一个配体为烃基,另一个为 N 原子配位的配体,如吡啶,这类钴肟盐已成功地作为维生素 B_{12} 的模型化合物,受到研究者的广泛关注。

在钴肟盐中,平面上的 4 个 N 原子的螯合配位作用加强,使轴上的配位作用较弱。据研究,轴上的 Co—C 键的键解离能大约为 $117\sim122\ kJ \cdot mol^{-1}$,在 X 射线照射下容易断裂[49]。

在钴肟盐晶体中,如果烃基基团含有不对称碳原子,例如 —C—C≡N,由它

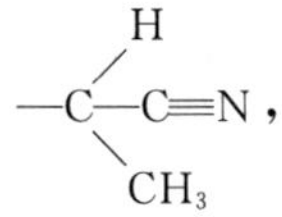

形成的配位化合物是一个手性分子。通过晶体结构的实验证明,在收集晶体的衍射数据过程中,该基团会产生构型转变。图 8.38 示出一种钴肟盐晶体发生的配位基团构型转变的情况。

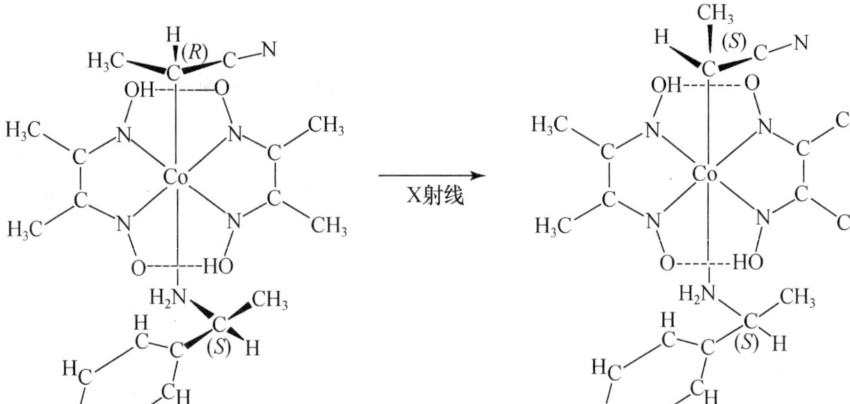

图 8.38　在 Co($C_4H_7N_2O_2$)$_2$($C_8H_{11}N$)(C_2H_4CN)晶体中烃基基团发生消旋反应的结构变化情况

(图中画了由 R 变为 S 的一半)

图 8.38 所示的化合物的晶体属 $P2_1$ 空间群,在 X 射线照射下,烃基基团构型发生转变,即发生由 R 构型变为 R 和 S 各占一半的消旋反应。在此过程中,晶体并不受到损害而分解,空间群也不改变,是从一种单晶体到另一种结

构的单晶体的反应过程。这说明在晶体中，$-\overset{\underset{\underset{CH_3}{|}}{\overset{H}{|}}}{C}-C\equiv N$ 基团所处的环境有足够

大的空间,当 Co—C 键断裂后,该基团在其中能够进行旋转等动作,进行构型的

转变,而不破坏整个晶体的结构。图 8.39 示意出 $-\overset{\underset{\underset{CH_3}{|}}{\overset{H}{|}}}{C}-C\equiv N$ 基团发生构型转

变的机理。

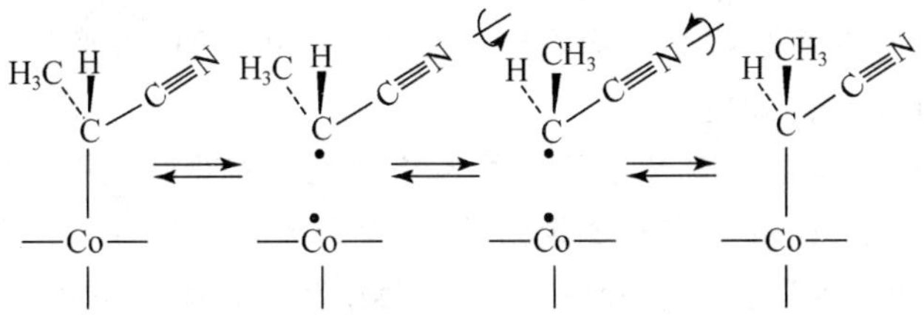

图 8.39 $-\overset{\underset{\underset{CH_3}{|}}{\overset{H}{|}}}{C}-CN$ 配体发生构型变化的过程

在晶体中,"反应孔穴"的概念就是通过这些晶体的构型发生转变的实验而
提出来的。如果孔穴足够大而且形状合适,反应基团可以自由运动进行反应;
反之,孔穴太小,反应就不能进行。反应速度直接和自由空间的大小相关。控
制反应孔穴的大小,就可控制反应进行的速度。图 8.38 所示的这个化合物的
晶体,反应速度较慢,可以在不同的阶段收集衍射数据,计算出不同阶段的电子

密度函数。从而直接"看到"反应前具有 R 构型的 $-\overset{\underset{\underset{CH_3}{|}}{\overset{H}{|}}}{C}-C\equiv N$ 基团在晶体中所

处的位置,然后 Co—C 键断裂,基团绕 $-C-C\equiv N$ 轴线旋转,最后给出消旋的
R 和 S 各占 50% 的统计平均的无序产物。收集不同反应阶段的衍射数据,定量
地计算出各阶段原子的排列情况,对于阐明反应机理是一种非常有效的、直接
的方法。

钴肟盐除上述这种方式的消旋反应外,还发现其他两种形式的变化:其一
是晶体中每一不对称单位含有两个分子,这两个分子除烃基基团外其他部分准

确地由对称中心相联系,在消旋过程中,一个烃基设为 R 构型保持不变,另一个烃基发生 R 到 S 构型的转变,使晶体中这对分子完全由对称中心联系起来,晶体变成完整的有序的结构。其二是晶体中每一不对称单位中也含有两个分子,两个烃基均发生构型转变,成为一个无序的结构。

8.7   键价理论:由原子间的键长计算原子的键价

通过晶体结构测定,可以得到键长、键角等结构参数,这些参数反映了原子间的结合关系。这些参数是否合理? 它们如何反映晶体结构的特点? 可以通过这些参数进一步推出哪些结构信息? 要回答这些问题,需要了解晶体结构的特点及相关化学键的本质。

NaCl 晶体结构是应用 X 射线最早解析出的结构之一,其中正负离子的结合方式为每个钠原子周围有 6 个氯原子,因为这样的结合不符合经典理论关于化学键是“电子配对”的观点,考虑 NaCl 晶体中离子之间的相互作用,探讨离子晶体的化学键本质成为一个重要的科学问题。在离子键本质探讨与模型建立的过程中,有两个思路:一是从物理学角度出发,考虑离子相互作用的势能,科学家 Born,Lande 和 Madelung 等从正负离子的静电吸引与电子云的相互排斥作用出发,认为离子晶体中正负离子相互吸引和排斥达平衡时,晶体结构的势能最低;另一方面,化学家则更关注结构中“局域”成键的特征,也就是正负离子相互连接的关系。

在这一探讨中,物理学家给出了关于离子晶体点阵能的计算公式。在离子晶体中,正负离子的静电作用贯穿整个结构,离子键的强度由晶体的点阵能决定,点阵能可以通过公式计算,也可以通过热力学数据推出。这些处理反映了晶体中离子键的本质,给出了离子键的强度,然而这种综合处理的结果却难以给出微观结构的关联,对于组成较为复杂的体系,计算处理也很不方便。而在化学方面,化学家 Pauling 总结了大量矿物结构数据,提出了关于晶体结构的一般规则,其中最重要的是“电价规则”:在稳定的离子晶体中,负离子最近邻的静电键强度之和(电价)等于该负离子的电荷。即

$$V = \sum_{i=1}^{n} S_i = \sum_{i=1}^{n} \frac{V_i}{n} \tag{8.23}$$

式中,V 是负离子的电荷,这里称为电价;S_i 是第 i 个正离子至该负离子的静电键强度,简称键强;V_i 是正离子的电荷数;n 是正离子的配位数。电价规则指明了结构中正负离子电荷的分配方式和均衡关系,也就是说,稳定的离子晶体结

构中保持局域的电中性。这一规则简洁直观,指导性虽强,但将原子价均分处理,定量关系并不理想。

随着计算机的发展,可以计算得到晶体中每对离子之间的势能,同时晶体结构测定的准确度大大提高。那么如何将 Pauling 规则中的原子价与键长关联起来? 20 世纪 70 年代,I. D. Brown 等人发展了 Pauling 电价规则,通过分析大量晶体结构数据,提出了"键价理论(bond valence model)"。本节将对键价理论的核心内容进行简要的介绍,然后选择一些典型实例,讨论其在晶体结构分析中的重要应用。

8.7.1 键价理论的要点

键价理论基于化学键的概念,从晶体结构的局域作用出发,指出了晶体结构的基本单元特征,给出了正负离子之间的距离——"键长"与其相互作用强弱——"键价"的定量关系,使得晶体结构分析更为明晰。

键价理论的基本出发点:

(1) 任一化学结构均可以看作"以原子为结点、以化学键为边"的网络。

(2) 原子性质由以下三个参数确定:原子序数(Z,决定元素种类)、原子价(V,决定氧化态)和电负性(χ)。V 可正(正离子)可负(负离子),通常(但不是必须)是整数,且满足如下规则:整个晶体中原子价之和为零。

(3) 化学键只在电荷相反的相邻原子之间形成。任一成键网络均有"偶图"性质:即一个闭合回路中化学键数目必为偶数。由于化学键方向定义为由负离子指向正离子,因此此闭合图也有方向性。

(4) 化学键由键价(S)和键长(R)表征。

(5) 键价与原子价通过如下两个方程关联:

$$\sum_j S_{ij} = V_i \tag{8.24}$$

$$\sum_{\text{回路}} S_{ij} = 0 \tag{8.25}$$

式中,下标 i 和 j 代表不同的原子。方程(8.24)给出"键价和规则",表明一个原子周围的键价和等于该原子的原子价;方程(8.25)指出,任意一个回路(考虑键的方向)的键价和为零,这是原子价在化学键中采用最均衡分布的数学条件,可称为"等价规则"。这两个规则可以简述为,每一个原子尽可能使其原子价均分在其所形成的化学键上。

由以上方程预测的键价称为"简单键价",对于大多数无机化合物均可以给出正确的成键几何。然而,对于一些由于电子效应例如孤对电子、Jahn-Teller

效应等诱导的畸变,显然不会符合等价规则。

　　键价由键长决定,Brown 总结了大量晶体结构数据,给出了键价(S)和键长(R)关系的两个表达式:

$$S_{ij} = \exp\left(\frac{R_0 - R_{ij}}{B}\right) \tag{8.26}$$

$$S_{ij} = \left(\frac{R_{ij}}{R_0}\right)^{-N} \tag{8.27}$$

式中,S_{ij} 为原子 i 和 j 之间化学键的键价;R_0,B,N 为拟合常数;R_{ij} 为原子 i 和 j 之间的实际距离。经验常数 R_0,B,N 与原子种类、原子价态等有关,也有一定的物理意义。R_0 是键价 $S=1$ 时的键长,也称单键键长。R_0 也可以由原子半径和加上一个与电负性相关的校正项得到。Brown 和其他科学家经过艰苦工作,在总结并修正大量晶体学数据的基础上,已经给出了绝大多数化学键的常数 R_0,B,N。

　　目前,计算键价更常用的是公式(8.26),与之相关的参数(R_0 和 B)也较为全面。有意思的是,对大多数化学键,当键长以 pm 为单位时,B 可以选择一个相同的常数:37。根据公式(8.26)所给键价与键长指数关系可以看出,随着键长的增加,键价迅速减小。键长越短,键价越大,键越强;反之,键长越长,键价越小,键越弱。

　　对于任一原子 i,其键价和(bond valence sum,BVS,这里以符号 S_i 表示)为其与相邻所有 j 原子形成的化学键的键价之和:

$$S_i = \sum_j S_{ij} \tag{8.28}$$

晶体中,i 原子键价与其原子价之间的差值为 d_i:

$$d_i = V_i - \sum_j S_{ij} \tag{8.29}$$

理想情况下,d_i 很小;若 d_i 数值大,那就需要了解发生差异的原因:是晶体结构数据不够精确,还是结构中发生了什么变化?实际晶体中,正离子配位环境因应力等因素会发生畸变,键长不等同。与此畸变相关,键长与键价的变化遵循"畸变定则":当平均键长一定时,某一原子周围键价差异越大,则平均键价越大;也可以说,当平均键价一定时,原子周围键长对平均键长的偏离越大,平均键长越大。一些常见元素与氧原子结合的键价参数 R_0 和 B 列于表8.11 中。

表 8.11　若干元素和氧原子结合的键价参数(B 均为 37 pm)

原子	价态	R_0/pm	原子	价态	R_0/pm	原子	价态	R_0/pm	原子	价态	R_0/pm
Ag	1	184.2	Eu	2	210.2	Nb	4	188	Sn	2	198.4
Al	3	162	Eu	3	207.4	Nb	5	191.1	Sn	4	190.5
As	3	178.9	Fe	2	173.4	Nd	2	195	Sr	2	211.8
As	5	176.7	Fe	3	176.5	Nd	3	210.5	Ta	4	229
B	3	137.1	Ga	3	173	Ni	2	167	Ta	5	192
Ba	2	228.5	Gd	2	201	Ni	3	175	Tb	3	203.2
Be	2	138.1	Gd	3	206.5	Os	4	181.1	Th	4	216.7
Bi	3	209.4	Ge	4	174.8	Os	6	203	Ti	3	179.1
Bi	5	206	Hf	4	192.3	Os	8	192	Ti	4	181.5
Ca	2	196.7	Hg	1	190	Pb	2	211.2	Tl	1	212.4
Cd	2	190.4	Hg	2	197.2	Pb	4	204.2	Tl	3	200.3
Ce	3	212.1	Ho	3	199.2	Pd	2	179.2	Tm	3	196.8
Ce	4	202.8	In	3	190.2	Po	4	219	U	2	208
Ce	5	207.4	Ir	4	187	Pr	3	209.8	U	4	211.2
Co	2	169.2	Ir	5	191.6	Pt	2	176.8	U	5	207.5
Co	3	163.7	K	1	211.3	Pt	3	187	U	6	207.5
Co	4	172	La	3	217.2	Pt	4	187.9	V	3	174.3
Cr	2	173	Li	1	146.6	Rb	1	226.3	V	4	178.0
Cr	3	172.4	Lu	3	197.1	Re	5	186	V	5	180.3
Cr	4	181	Mg	2	169.3	Re	7	197	W	4	185.1
Cr	5	178	Mn	2	173.6	Rh	3	179.3	W	5	188.1
Cr	6	179.4	Mn	3	173.2	Ru	3	177	W	6	191.7
Cs	1	241.7	Mn	4	175	Ru	4	183.4	Y	3	201.9
Cu	1	161	Mn	6	179	Ru	5	190	Yb	2	198.9
Cu	2	165.5	Mn	7	182.7	Sb	3	195.5	Yb	3	196.5
Cu	3	173.5	Mo	3	183.4	Sb	5	194.2	Zn	2	170.4
Dy	2	190	Mo	4	188.6	Sc	3	184.9	Zr	2	234
Dy	3	200.1	Mo	5	187.8	Si	4	162.4	Zr	4	192.8
Er	2	188	Mo	6	190.7	Sm	2	212.6			
Er	3	201	Na	1	180.3	Sm	3	208.8			

以下结合几个典型的实例,讨论键价理论在分析晶体结构中的应用。

8.7.2　键价理论在晶体结构分析中的应用

【例 1】　利用键价之和检查晶体结构,了解畸变。

近年来 VO_2 及相关体系的 Mott 相变备受关注。VO_2 具有多种结构变体。Mott 相变可逆发生在具有理想金红石型结构的 $VO_2(R)$ 和畸变金红石型结构的 VO$_2$(M)之间：

$$VO_2(M) \underset{<68℃}{\overset{\geq 68℃}{\rightleftharpoons}} VO_2(R)$$

VO$_2$(R)为导体但不透明，VO$_2$(M)为透明的绝缘体。VO$_2$(R)的空间群为 $P4_2/mnm$，晶胞参数 $a=453.0$ pm，$c=286.9$ pm。VO$_2$(M)的空间群为 $P2_1/c$，晶胞参数 $a=574.3$ pm，$b=451.7$ pm，$c=537.5$ pm，$\beta=122.61°$。图 8.40 示出 R 相与 M 相的结构特点。VO$_2$(R)结构中 VO$_6$ 八面体较为理想，而 VO$_2$(M)中八面体发生显著畸变。利用式(8.26)，采用 V(IV)氧键参数 $R_0=178.0$ pm，$B=37$ pm，计算键价。键长、键价、键价和、平均键长与平均键价列于表 8.12 中。

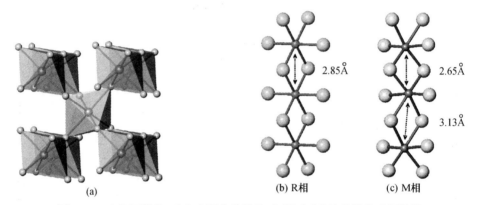

图 8.40　金红石结构：(a) 多面体的连接；(b)和(c)共边连接的八面体链

表 8.12　VO$_2$ 的键长与键价

VO$_2$(R)中的 VO$_6$ 八面体		VO$_2$(M)中的 VO$_6$ 八面体	
V—O 键长/pm	V—O 键价	V—O 键长/pm	V—O 键价
192.11	0.68294	176.17	1.0507
192.11	0.68294	185.97	0.80621
193.30	0.66132	187.17	0.78049
193.30	0.66132	200.76	0.54057
193.30	0.66132	203.31	0.50457
193.30	0.66132	205.08	0.481
平均：192.90	键价和：4.01 平均键价：0.670	平均：193.08	键价和：4.16 平均键价：0.694

可以看出，具有理想金红石型结构的 VO$_2$(R)中，V(IV)键价和为 4.01；随着结构畸变为单斜结构的 VO$_2$(M)，V(IV)键价和升至 4.16，与 V(IV)的原子价有所偏离，但仍在合理范围。VO$_2$(R)和 VO$_2$(M)中平均键长差别不大，而键

长分布宽的 $VO_2(M)$ 具有更高的键价和，与畸变关系相符合。

【例 2】 利用键价之和确认离子的价态。

在 7.7.3 节，讨论了化合物 $La_2Ca_2MnO_7$ 的结构解析与精修。最初认为，该化合物化学式可能是 $La_2Ca_2MnO_6$，其中的 Mn 为 $+2$ 价。经结构精修后发现，MnO_6 八面体为正八面体，Mn—O 键长为 190.90 pm。按照 Mn(Ⅱ) 与氧结合的参数，取 $R_0=176.3$ pm，$B=37$ pm，求得键价和为 4.04，远远高于 $+2$，这意味着此结构中 Mn 可能为 $+4$ 价，采用 Mn(Ⅳ) 与氧结合的参数，取 $R_0=175.0$ pm，$B=37$ pm，求得键价和为 3.94，吻合很好。进一步，取一定量的样品溶解于草酸和稀硝酸溶液，通过氧化还原滴定求得 Mn 的氧化态的确为 4.0。键价的计算提供了关于原子价态的重要信息。

【例 3】 氢键的键价分析。

氢键在化学、生命等领域的重要性不言而喻。氢键的强弱与 O—H 共价键长和 O⋯H 分子间距离的关系，以及氢键的构型、氢键的本质等一直备受关注。在氢键的分析中，为了方便，常常将 O—H⋯O 连接关系中的氧氧间距称为氢键键长。通常情况下，O—H⋯O 键角接近 180°，O—H⋯O 氢键键长越短，氢键越强。关于氢键键价与键长的关系，对应于式(8.26)，目前的经验公式有多个。

考虑常压下冰的结构中，O—H 键长为 101 pm，而 H⋯O 键长为 174 pm，水中存在的氢键较强，一般认为其中 O—H 共价键约占 80%，H⋯O 氢键贡献约 20%，因此，我们选择 $R_0=87.0$ pm，$B=45.7$ pm 参数代入公式(8.26)，有：

$$S_{O-H} = \exp\left(\frac{87.0-R_{ij}}{45.7}\right) \tag{8.30}$$

得到的键价与键长的关系如图 8.41 所示。可以看出，随着 O—H 间距离的变化，O—H 键价很快降低。O—H 间距离为 87.0 pm，O—H 键价等于 1，为强的共价单键；当 O—H 间距离为 119 pm，O—H 键价等于 0.5；当 O—H 间距离为 210 pm，O—H 键价等于 0.05，作用已经非常弱了。

仍然从公式(8.30)出发，将氢原子键价之和定为 1，改变氢原子的位置以及 O—H 间的距

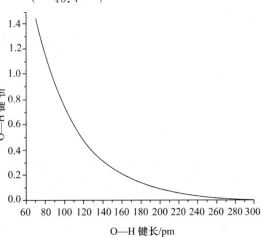

图 8.41 O—H 键价与距离的关系

离,考察 O—O 间距的变化,计算结果列入表 8.13 中。

表 8.13　氢键键长与键价

O—H 键长/pm	O—H 键价	H…O 键长/pm	O…H 键价	O—H…O 键长/pm
88	0.98	260	0.02	348
90	0.94	212	0.06	302
93	0.88	183	0.12	276
95	0.84	170	0.16	265
100	0.75	150	0.25	250
105	0.67	138	0.33	243
110	0.60	129	0.40	239
115	0.54	123	0.46	238
119	0.50	119	0.50	238

　　从表 8.13 数据可以看出,在保持氢原子键价为 1 的条件下,O—H 间距与 O…H 间距相差越大,平均键长越大;而随着 O—H 键长与 O…H 键长的接近,O—H…O 间距离缩短,至 O—H 键长与 O…H 键长相等,O—H…O 距离最短。这一结果,首先从键价一定的角度再次阐释了畸变规则:当平均键价一定时,原子周围键长对平均键长的偏离越大,平均键长越大。对于氢键,在 O—H 键长较短时,以共价键为主,H…O 氢键作用较弱;而当 O—H 键长与 H…O 键长相等,O—H…O 之间形成对称氢键,对称氢键作用最强。这也是为什么在分析氢键作用时,当 O—H…O 距离小于 275 pm,通常认为存在较强的氢键;当 O—H…O 距离在 275~300 pm 的范围,氢键作用变弱,但仍需考虑氢键的作用;当 O—H…O 距离大于 300 pm,就不考虑氢键作用了。

　　在很多无机化合物的结构中,氢键起着非常重要的作用。由于在 X 射线晶体结构测定中常常很难确定 H 的位置,通过 O—O 之间的距离变化考察氢键的强弱、推测 H 原子的位置成为一个有效的方法。对于结构中存在的 OH,可以通过氧氧间距和氧原子键价的求算,推测氢原子与哪个(些)氧原子连接。下一个例子将结合结构分析就此进行讨论。

　　【例 4】　键价应用综合分析:氢原子位置的确定。

　　五硼酸铟 $H_2InB_5O_{10}$ 是在 230℃ 熔融的硼酸体系中,由 In_2O_3 和 H_3BO_3 反应得到的一种新结构的化合物。通过粉末 X 射线衍射数据确定并精修其结构。该结构由二维四联的硼酸根层与 InO_6 八面体层交替连接而成[图 8.42(a)],其中硼酸根层是一种新型的二维四联网络结构[图 8.42(b)],其单层具有 6^3 型网络拓扑特点[图 8.42(c)],层间通过类似于沸石中的旋-5(spiro-5)结构单元方式连接，层中存在强氢键作用。

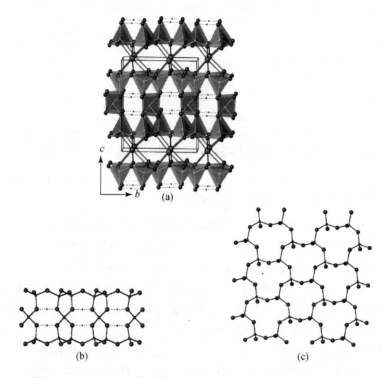

图 8.42 H₂InB₅O₁₀ 的结构(a)、硼酸根双层(b)与硼氧 6³ 网络(c)

在分析该化合物结构时，键价和在判断羟基相关的氧原子、推测氢原子位置以及氢键的强弱方面起到重要作用。根据 Rietveld 结构精修参数，计算出的键长、平均键长、键价与键价和数据见表 8.14。

由表 8.14 可以看出，正离子 In^{3+} 和 3 个 B^{3+} 的键价和均与其原子价接近；而氧原子则分为两组：一组是 O(2)、O(3) 和 O(4)，均与两个 B 和一个 In 相连，键价和接近−2；另一组则包括 O(1) 和 O(5)，分别只和两个 B 相连，键价和分别为−1.71 和−1.48，明显偏离−2，表明氢原子很可能与其相连形成氢键。由于 O(1) 和 O(5) 之间的距离非常短，只有 2.31pm，认为在这两个原子之间存在非常强的氢键作用。强氢键往往和对称氢键关联，所以氢原子位于 O(1) 和 O(5) 连线的中点，根据 O(1) 和 O(5) 的位置坐标，求出 H 原子可能的位置坐标。H 原子置于二者之间的结构示意图见图 8.42(b)，也许正是强氢键的存在加强了整个硼酸根双层结构的稳定性。

表 8.14 $H_2InB_5O_{10}$ 的键长、键价与键价和

化学键*	键长/pm	键价	化学键	键长/pm	键价	原子	键价和
In—O(3)(×2)	214.7	0.52	B(2)—O(1)	141	0.9	In	2.78
In—O(2)(×2)	218	0.47	B(2)—O(4)	149	0.72	B(1)	3.16
In—O(4)(×2)	224	0.40	B(2)—O(2)	154	0.63	B(2)	2.88
平均 In—O	219		B(2)—O(3)	154	0.63	B(3)	2.96
B(1)—O(4)	141	0.9	平均 B(2)—O	150		O(1)	−1.71
B(1)—O(3)	144	0.83	B(3)—O(1)(×2)	145	0.82	O(2)	−1.85
B(1)—O(2)	148	0.74	B(3)—O(5)(×2)	152	0.66	O(3)	−1.98
B(1)—O(5)	151	0.69	平均 B(3)—O	149		O(4)	−2.03
平均 B(1)—O	146					O(5)	−1.48

*括号中(×n),n 表示具有对应键长的化学键的个数。

以上从 Pauling 规则到键价理论,对于晶体结构的基本问题——成键与连接作了简要的介绍。需要提请读者注意的是,尽管我们提出问题时是基于离子晶体,Pauling 规则的建立也以离子晶体为基础,但是键价理论可以应用于所有类型的晶体结构。不仅如此,键价理论还有其他一些概念和应用,例如键价理论中,将正离子看作路易斯酸,负离子看作路易斯碱,提出了"价匹配原理"——稳定的化合物倾向于在路易斯酸(正离子)强度($\langle s_a \rangle$)与路易斯碱(负离子)强度($\langle s_b \rangle$)近似相等的正负离子之间形成,其中,正离子的路易斯酸强度$\langle s_a \rangle = V/\langle n \rangle$,负离子的路易斯碱强度$\langle s_b \rangle = V/\langle n \rangle$,即正负离子的路易斯酸碱强度分别等于其原子价 V 除以配位数 n。由于不同结构中原子的配位数常常有变化,因此,配位数采取"平均"配位数$\langle n \rangle$。Brown 等人总结了常见离子的大量晶体结构数据,根据离子的配位倾向给出常见离子的"酸价(路易斯酸强度)"和"碱价(路易斯碱强度)"。参考这些数据,不仅可以预测和分析晶体结构的稳定性,对于晶体的溶解性等也有提示作用。读者可以阅读参考文献[53],了解更多的知识。

参 考 文 献

[1] T. C. W. Mak and G. -D. Zhou, *Crystallography in Modern Chemistry*, *A Resource Book of Crystal Structures*, Wiley, New York, 1992.

[2] J. P. Glusker, M. Lewis and M. Rossi, *Crystal Structure Analysis for Chemists and Biologists*, VCH, New York, 1994.

[3] W. B. Pearson, *Handbook of Lattice Spacings and Structures of Metals and Alloys*, Vol. **1**, 1958, Vol. **2**, 1967, Pergamon Press, New York.

[4] G. W. Brindley and G. Brown (eds.), *Crystal Structures of Clay Minerals and Their X-Ray Identification*, Mineralogical Society, London, 1980.

[5] *Crystal Data: Determinative Tables*, J. D. H. Donnay, H. M. Ondik and co-workers (general editors), 3rd ed. , National Bureau of Standards, Washington, DC.

Vol. **1**, *Organic Compounds*, 1972.

Vol. **2**, *Inorganic Compounds*, 1973.

Vol. **3**, *Organic Compounds*, 1967—1974, 1978.

Vol. **4**, *Inorganic Compounds*, 1967—1969, 1978.

Vol. **5**, *Organic Compounds*, 1975—1978, 1983.

Vol. **6**, *Inorganic Compounds*, 1979—1981, 1983.

[6] *Structurbericht*, Band I ～ VII, 1913—1914.

[7] *Structure Reports*, J. Trotter and G. Ferguson (general editors), Vols. **8-56**, Kluwer, Dordrecht, 1942—1989. [Series **B** on Organic Compounds terminated with Vol. **52B** (1985); Series A on Metal/Inorganic Compounds continuing.]

[8] *Landolt-Börnstein*, *Numerical Data and Functional Relationships in Science and Technology*, K. -H. Hellwege (editor-in-chief), New Series, Springer-Verlag, Berlin.

Group III: *Crystal and Solid Physics*.

Vol. **5**, *Structure Data of Organic Crystals*, 1971.

Vol. **6**, *Structure Data of Elements and Intermetallic Phases*, 1971.

Vol. **7**, *Crystal Sturcture Data of Inorganic Compounds*, 1973—1985.

Vol. **10**, *Structure Data of Organic Crystals*, *Supplement and Extension to* Vol. III/**5**, 1985.

Vol. **14**, *Structure Data of Elements and Intermetallic Phases*, *Supplement to* Vol. III/**6**, 1986—1988.

Group VII: *Biophysics*.

Vol. **1**, *Nucleic Acids*.

Subvolume **a**, *Crystallographic and Structural Data* I , 1989.

Subvolume **b**, *Crystallographic and Structural Data* II , 1989.

[9] R. W. G. Wyckoff, *Crystal Structures*, 2nd ed. , Vols. **1**～**6**, Wiley, New York, 1963—1971.

[10] O. Kennard, D. G. Watson and co-workers (eds.), *Molecular Structures and Dimensions: Bibliography*, Vols. **1**～**14**, Kluwer, Dordrecht, 1970—1983.

[11] O. Kennard, F. H. Allen and D. G. Watson, *Molecular Structures and Dimensions: Guide to the Literature*, 1935—1976, Kluwer, Dordrecht, 1977.

[12] 胰岛素结构研究组,中国科学(试刊),1972,X V (1),3;中国科学,1973,X VI (1),93; 1974,X VII (6),591.

[13] A. F. Wells, *Structural Inorganic Chemistry*, 5th ed., Oxford University Press, 1984.

[14] W. J. Dulmage and W. N. Lipseomb, *Acta Cryst.*, 1952, **5**, 260.

[15] 汤卡罗,金祥林和唐有祺,中国科学,1984,**B27**,17～23.

[16] A. Müller, W. O. Nolte and B. Krebs, *Inorg. Chem.*, 1980, **19**, 2835.

[17] 周公度,汤卡罗和徐小杰,化学学报,1983,**41**,385.

[18] (a) 金祥林,周公度,吴念祖,唐有祺和黄浩川,化学学报,1990,**48**,232;

　　　(b) G. -C. Guo, G. -D. Zhou, Q. -G. Wang and T. C. W. Mak, *Angew. Chem. Int. Ed.*, 1998, **37**, 630;

　　　(c) G. -C. Guo, Q. -G. Wang, G. -D. Zhou and T. C. W. Mak, *J. Chem. Soc. Chem. Commun.*, 1998, 339.

[19] (a) J. M. Hawkins, A. Meyer, T. A. Lewis, S. D. Loren and F. J. Hollander, *Science*, 1991, **252**, 312;

　　　(b) J. M. Hawkins, *Acc. Chem. Res.*, 1992, **25**, 150.

[20] F. H. Allen, O. Kennard, D. G. Watson, L. Brammer, A. G. Orpen, and R. Taylor, *J. Chem. Soc. Perkin Trans.*, 1987, Ⅱ S1～S19; and in A. J. C. Wilson (ed.), *International Tables for Crystallography*, Vol. C, *Mathematical, Physical and Chemical Tables*, Kluwer, Dordrecht, Section 9. 5 (pp. 685～706), 1992.

[21] A. G. Orpen, L. Brammer, F. H. Allen, O. Kennard, D. G. Watson and R. Taylor, *J. Chem. Soc. Dalton Trans.*, S1～S89 (1989); and in A. J. C. Wilson (ed.), *International Tables for Crystallography*, Vol. C, *Mathematical, Physical and Chemical Tables*, Kluver, Dordrecht, section 9. 6 (pp. 707～791), 1992.

[22] (a) 周公度,段连运,结构化学基础,第 4 版,北京大学出版社,北京,2008;

　　　(b) L. D. Calvert, in A. J. C. Wilson(ed.), *International Tables for Crystallography*, Vol. C. *Mathematical, Physical and Chemical Tables*, Kluver, Dordrecht, Section 9. 6 (pp. 681～682), 1992.

[23] IUPAC-IUB Commission on Biochemical Nomenclature, *J. Biol. Chem.*, 1970, **245**, 6489.

[24] 高奔,马星奇,王耀萍,吴伸,陈世芝,董贻诚,中国科学,B 辑,1993,**23**(3),272～282.

[25] (a) P. Coppens and M. B. Hall (eds.), *Electron Distributions and the Chemical Bond*, Plenum Press, New York, 1982.

　　　(b) A. Domenicano and I. Hargittai, *Accurate Molecular Structures: Their Determination and Importance*, Oxford University Press, Oxford, 1991.

[26] H. Witte and E. Wölfel, *Z. Phys. Chem.* (Frankfurt), 1955, **3**, 296.

[27] R. Brill, *Solid State Phys.*, 1967, **20**, 1.

[28] G. J. Kubas, R. R. Ryan, B. I. Swanson, P. J. Vergmini and H. J. Wasserman, *J.*

Am. Chem. Soc. , 1984,**106**, 451.

[29] J. S. Ricci, T. Y. Koetzle, M. T. Bautista, T. M. Tofstede, R. I. Morris and J. F. Sawyer, *J. Am. Chem. Soc.*, 1989,**111**, 8823.

[30] A. J. Sehultz, R. K. Brown, J. M. Williams and R. R. Sehrock, *J. Am. Chem. Soc.*, 1981,**103**, 169.

[31] Z. Berkovitch-Yellin and L. Leiserowitz, *J. Am. Chem. Soc.*, 1975,**97**, 5627.

[32] P. V. Hobbs, *Ice Physics*, Clarendon Press, Oxford, 1974.

[33] S. W. Peterson and H. A. Levy, *Acta Cryst.*, 1957,**10**, 70.

[34] A. J. Leadbetter, R. C. Ward, J. W. Clark, P. A. Tucker, T. Matsuo and H. Suga, *J. Chem. Phys.*, 1985,**82**, 425.

[35] R. C. Evans, *An Introduction to Crystal Chemistry*, 2nd ed. , Cambridge University Press, London, 1976.

[36] F. S. Galasso, *Structure and Properties of Inorganic Solids*, Pergamon Press, Oxford, 1970.

[37] T. G. Bednorz and K. A. Müller, *Z. Phys.*, 1986,**B64**, 189.

[38] H. Müller-Buschbaum, *Angew. Chem. Int. Ed. Engl.*, 1989,**28**, 1472.

[39] Y. D. Mo, T. Z. Cheng, H. F. Fan, J. Q. Li, B. D. Sha, C. D. Zheng, F. H. Li and Z. X. Zhao, *Physica Scripta*, 1992,**T42**, 18.

[40] G. A. Jefferey: in J. A. Atwood, J. E. D. Davies and D. D. MacNicol, *Inclusion Compounds*, Vol. **1**, Academic Press, London, 1984; G. A. Jeffery, *J. Incl. Phenom.*, 1984,**1**, 211.

[41] E. D. Sloan, Jr. , *Clathrate Hydrates of Natural Gases*, Marcel Dekker, New York, 1989.

[42] P. Debye, *Ann. Physik*, 1914,**43**, 49.

[43] W. H. Bragg, *Phil. Mag.*, 1914,**27**, 881.

[44] J. D. Dunitz, *X-Ray Analysis and the Structure of Organic Molecules*, Cornell University Press, Ithaca, 1979.

[45] L. Leiserowitz and G. M. J. Schmidt, *Acta Cryst.*, 1965,**18**, 1058.

[46] G. M. J. Schmidt, *Pure Appg. Chem.*, 1971,**27**, 647.

[47] H. Hasegawa, *Chem. Rev.*, 1983,**83**, 507.

[48] Y. Ohashi, *Acc. Chem. Res.*, 1988,**21**, 268.

[49] Y. Ohgo, K. Orisaku, E. Hasegawa and S. Takeuchi, *Chem. Lett.*, 1986,27.

[50] 周公度,化学中的多面体,北京大学出版社,北京,2009.

[51] Linus Pauling, *The Nature of the Chemical Bond and the Structure of Molecules and Crystals: An Introduction to Modern Structural Chemistry*, Cornell University Press, 1960.

中译本：鲍林，化学键的本质，第三版，卢嘉锡，黄耀曾，曾广植，陈元柱，等译，上海科学技术出版社，上海，1981.

[52] 邵美成，鲍林规则与键价理论，高等教育出版社，北京，1993.

[53] I. D. Brown, *The Chemical Bond in Inorganic Chemistry: The Bond Valence Model*, Oxford Science Publications，2002.

[54] I. D. Brown, Chemical and steric constraints in inorganic solids, *Acta Cryst.*，1992, **B48**，553—572.

[55] Bond valence parameters，IUCr (http://www.iucr.org/). Retrieved 2012-11-19.

[56] Cong Rihong, Yang Tao, Li Hongmei, Liao Fuhui, Wang Yingxia, Lin Jianhua, $H_2InB_5O_{10}$: A New Pentaborate Constructed from 2D Tetrahedrally Four-Connected Borate Layers and InO_6 Octahedra, *Euro. J. Inorg. Chem.*，2010, **11**，1703~1709.

第9章 准 晶 体

1984 年 10 月 9 日, D. Shechtman, I. Blech, D. Gratias 及 J. W. Cahn[1] 在一篇题为"具有长程取向序而无平移对称序的金属相"的论文中,报道了他们在急冷凝固的 Al-Mn(14 原子%Mn)合金中发现一种具有包括五重旋转轴在内的二十面体点群对称$\left(\frac{2}{m}\overline{3}\,\overline{5},简写为 m\overline{3}\,\overline{5}\right)$的合金相,并称之为二十面体相(icosahedral phase),这就揭开了准晶研究的序幕。准晶体或准晶(quasicrystal)是准周期晶体(quasiperiodic crystal)的简称[2],这个名词是由准点阵(quasilattice)一词[3]衍生得出的。从 2.2 节中有关图 2.4 的讨论可以看出,五重轴与周期点阵是不相容的。晶体学的一个传统概念就是晶体具有周期性,尽管从来没有人证明过这是晶体的必要条件。因此,五重旋转在晶体学中一直被称为"非晶体学的"(non-crystallographic)或"禁止的"(forbidden)旋转对称。由此我们可以理解为什么 Shechtman 等的这篇论文有如一石激起千层浪,立即在与晶体及晶体学有关的各个学科中,如固体物理、固体化学、材料科学、矿物学等产生轩然大波。英国《自然》周刊报道这一发现时用的标题是"接受五重对称吗?",另一家学术周刊用的标题是"晶体学定律的瓦解",而晶体化学界的泰斗鲍林(Linus Pauling)嗤之为"胡说八道(Nonsense)"[4]。十几年来的研究证明,晶体学不但没有瓦解,反而更丰富了,不仅包括周期性晶体(这是晶体学的主流),还包括具有五重对称、八重对称、十重对称及十二重对称的准周期晶体。非周期性晶体(aperiodic crystal)已成为晶体学中一个新的生长点,国际晶体学联合会已经设立一个非周期晶体学委员会,定期召开国际学术会议。

二十面体准晶在 20 世纪 80 年代中期发现,有其历史的必然性。首先,二十面体密堆概念在 50 年代已经成熟,并广泛用于非晶、原子团簇及合金相的结构研究。当原子团簇小于一二十纳米时,不但金、银、铜、镁等金属以二十面体生长形貌出现,就连共价键结合的金刚石、硅、锗等也有这种生长形貌。其次,用于研究亚微米晶体结构的纳米电子衍射和高分辨电子显微像技术在 20 世纪 70 年代已经兴起。最后也是最重要的,航空及航天技术的发展需要强度更高的合金,这种需要促使科学家们采用非传统的冶金技术生产新合金品种,理论、实验技术、生产需要结合的结晶就是二十面体准晶。在本章中将对准晶研究十几

年来的进展作概括性的回顾。首先扼要地讨论二十面体对称、密堆及骨架,这
是准晶的晶体学基础。接着分别叙述三维二十面体准晶、二维十重旋转、八重
旋转及十二重旋转准晶,以及一维准晶的衍射特征和发现过程。这些准晶都是
凭借微区电子衍射发现的,因此在本章的附录中简单介绍了电子衍射及成像
(对此不熟悉的读者可先阅读这一部分)。在此基础上,在第 10 章中讨论各种
类型的准点阵及其衍射,在第 11 章中讨论二维十重准晶及三维二十面体准晶
的 X 射线单晶衍射结构分析。

9.1　二　十　面　体

9.1.1　二十面体对称

古希腊文明在数学上的一个重大贡献就是证明用正多边形围成的凸正多
面体仅有五种。图 9.1 是天文学家 Kepler(开普勒)在 1617 年绘制的五种正多
面体,其中包括正三角形(用 3 表示)围成的四面体(tetrahedron)、八面体
(octahedron)及二十面体(icosahedron),分别用 Schläfli 符号 3^3,3^4 及 3^5 表示,
上标 3,4,5 分别表示这些多面体中围绕一个顶点的正三角面个数。此外,还有
由正方形(4)围成的六面体,也称立方体(cube),符号是 4^3;以及由正五边形(5)
围成的五角十二面体(pentagonal dodecahedron),简称十二面体,符号是 5^3。这
五种正多面体是 Plato(柏拉图)在总结前人工作中提出的,也称为柏拉图多面
体(Platonic polyhedra)。

在这五种正多面体中,四面体、八面体、立方体均属立方对称系,广泛用于
晶体学中。二十面体(3^5)有 12 个正五重顶点,20 个正三角面,30 个棱[见图
9.2(a)]。连接两个相对的五重顶点给出一个五重旋转轴,共 6 个。图 9.1 中
的二十面体 Pp 分解成上、下两个取向相反的五棱锥,中间一个五角反棱柱
(antiprism),即上、下两个五角形取向相反[这与图 8.10(d)及(e)中的环戊二烯
铁的构象相似]。由此可见,这 6 个五重轴都是反轴。此外,上、下两个正三角
形也反向,因此通过一对三角形中心的 10 个三重旋转轴也是反轴 $\bar{3}$。通过相对
棱的中点还有 15 个二重轴 2。二十面体的旋转对称群是 23 $\bar{5}$,共 60 个对称素。
此外,还有镜面 m 与二重轴正交,记为 $2/m$。因此,二十面体的全对称群符号是
$m\bar{3}\,\bar{5}$,共 120 个对称素。注意到 $m\bar{3}$ 即图 2.11 中立方晶系的四面体 T_h 对称群,
因此,二十面体对称群中包括 5 个呈对称分布的 T_h 四面体群,有 5 套 3 个正交
的二重轴系。由此可见,二十面体的对称性远高于立方体,连接的方式众多,这

是为什么略微畸变的二十面体空间骨架常见于一些合金化合物晶体结构中的原因,也是不少立方金属及硅、金刚石在尺寸小于约 2 nm 时常以二十面体形貌出现的原因。这些正多面体的几何学可参看参考文献[50]。

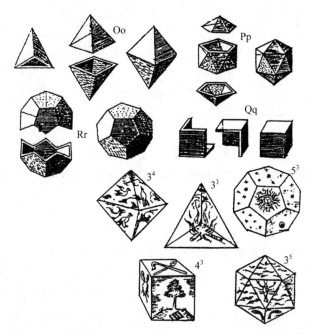

图 9.1 开普勒在 1617 年绘制的 5 种凸多面体:四面体(3^3);

八面体(Oo 及 3^4);立方体(Qq 及 4^3);二十面体(Pp 及 3^5);五角十二面体(Rr 及 5^3)

柏拉图首先将这 5 种正多面体记录在案,并赋予哲学意义,分别代表火(3^3)、空气(3^4)、土(4^3)、水(3^5)及以太或宇宙(5^3)的最小单元,因此这些正多面体也常称为柏拉图多面体

从二十面体[图 9.2(a)]及其符号 3^5 与五角十二面体[图 9.2(b)]及其符号 5^3 可以看出,前者是三角面、五重顶,而后者恰相反,五角面、三重顶。这种面、顶相对应的关系称为对偶(dual),见图 9.2(c)。将二十面体棱的中点与其中心相连,再在这些中点处作一直线与这些连线和棱正交,则每 3 条直线交在一点,构成一个三重顶点。此外,5 个三重顶点构成一个五角面。这样,每个三角面变成一个三重顶,每个五重顶变成一个五角面。而且每个顶都是在相应的面的法线方向上,并且距这个面等距。根据 3.4.1 节中的倒易点阵的定义可以看出,对于这两种正多面体而言,这也是一种倒易关系。这种对偶变换只改变多面体的形貌,并不改变其对称实质,因此五角十二面体也显示二十面体对称。十二面体烯 $C_{20}H_{20}$ 中的 20 个 CH 基就坐落在五角十二面体的 20 个顶点处,图 8.31

中的 20 个 H_2O 分子的 O 也坐落在这些顶点处,水包合物结构中也经常有五角十二面体及相似单元,见 8.5.3 节及图 8.32 和图 8.33。

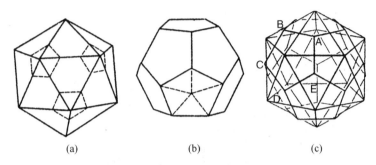

(a)　　　　　　　　　　(b)　　　　　　　　　　(c)

图 9.2　(a) 二十面体,在棱的 1/3 处截顶给出正五边形和正六边形(虚线);(b) 五角十二面体,在正五角面上可加五角锥(虚线);(c) 二十面体与十二面体对偶

　　在二十面体 30 个棱的 1/3 处作连线[见图 9.2(a)],这犹如将 12 个正五重顶截去,留下 12 个正五角面,而 20 个正三角面在截后变成 20 个正六角面。这些多角面构成的顶都是由 1 个五角面与 2 个六角面构成的三重顶[见图 9.3 (a)],记为 5.6^2[从上标 1(未标明)+2=3 可以看出,这个三重顶点不是正的]。显然,这种由 12 个正五角面与 20 个正六角面构成的三十二面体不是正多面体,因为尽管多角面都是正的,60 个 5.6^2 顶虽然等同但不是正的。这一类多面体共 13 种,统称为等顶半正多面体,也称为阿基米德多面体。后来开普勒从正多面体截顶截棱得出这 13 种等顶半正多面体,5.6^2 半正多面体常称为截顶二十面体(truncated icosahedron)。截顶只改变一个多面体的外观形貌,并不改

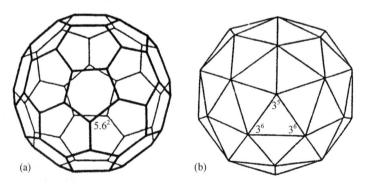

(a)　　　　　　　　　　　　(b)

图 9.3　(a) 截顶二十面体,60 个顶都是三重顶(5.6^2);
(b) 与(a)对偶的三角面(60 个)多面体

变其内在对称,因此截顶二十面体仍保留二十面体对称。足球往往就是由 12 块黑五角皮与 20 块白六角皮缝制而成,每块黑五角皮与 5 块白六角皮缝在一起,无两块黑五角皮相邻。Kroto,Curl,Smalley 等在 1985 年发现 C_{60} 分子笼[5],为此他们获得 1996 年诺贝尔化学奖。C_{60} 的 60 个 C 原子就坐落在 60 个等同的 5.6^2 顶点上,因此它也称为球烯(ballene),参见图 8.8(b)。C_{60} 分子的学名叫 Buckminster-fullerene,用以纪念美国建筑师 Buckminster Fuller 在推广截顶二十面体圆顶建筑(dome)方面的贡献,Kroto 等就是在他的圆顶建筑启发下想到 C_{60} 的截顶二十面体结构的。

截顶二十面体有 32 个正多角面(12 个五角面,20 个六角面)和 60 个等同的 5.6^2 三重顶,与它对偶的是由 60 个相同但不是正的三角面和 32 个顶点(12 个正五重顶,20 个正六重顶)的六十面体[图 9.3(b)]。这是一种等面半正多面体(英文名称是 pentakis dodecahedron),在五角十二面体的每个正五角面上加一个五角锥[见图 9.2(b)],给出五个等腰三角形,总共 60 个。显然,这也是一种三角面多面体(deltahedron),在等腰三角形的底线两端是两个 3^6 顶,另一个是 3^5 顶。等面半正多面体共 13 种,与 13 种等顶半正多面体一一对偶。在特殊几何情况下,两个三角面在一个平面上,合在一起成为一个菱形,它就成为菱面三十面体(rhombic triacontahedron)。这也是一种等面半正多面体[图 9.4(f)],30 个菱面的锐角均是 63.43°,钝角是 116.57°。它的 32 个顶中有 12 个是由五个夹角为 63.43° 的菱形会聚成的五重顶,20 个是由三个钝角会聚成的三重顶。将 12 个五重顶连接起来就是一个二十面体,而将 20 个三重顶连接起来就是一个五角十二面体。菱面三十面体与由 20 个正三角面与 12 个正五角面构成的 3.5.3.5 顶的等顶正多面体对偶。后者可由二十面体或五角十二面体在棱的中点截顶得到,具有二十面体对称,因此菱面三十面体也具有二十面体对称,在二十面体准晶结构及一些合金相结构(见图 9.6)中经常出现。

鉴于锐角为 63.43° 的菱面多面体在二维五重(十重)准晶及三维二十面体准晶晶体学中的重要性,有必要在此对包括菱面三十面体在内的 5 种菱面多面体作一简述。图 9.4(a)是由二十面体中心指向 6 个顶点的矢量 $\mathbf{1},\cdots,\mathbf{6}$,此即二十面体的 6 个五重反轴 $\bar{5}$ 的方向,两个轴间的夹角是 63.43°。以单位矢 $\mathbf{1},\mathbf{2},\mathbf{3}$ 构成的菱面体称为长菱面体(prolate rhombohedron),$\alpha = 63.43°$[图 9.4(b)]。长菱面体的非周期堆砌会产生一些扁菱面体(oblate rhombohedron)空隙,此即单位矢 $\mathbf{1},\mathbf{3},\mathbf{5}$ 构成的菱面体[图 9.4(c)]。二十面体准晶就是由这两种菱面体准周期排列而成,它们是二十面体准晶的基本结构单元。由这两种菱面体还可以拼砌出菱面十二面体(rhombic dodecahedron)、菱面二十面体(rhombic icosahedron)及菱面三十面体,分别示于图 9.4(d),(e)及(f),它们有相同的、锐角为 63.43° 的菱面。严格地说,图 9.4(d)中的菱面十二面体名称是不合适的。在立方体的棱的中点将 8 个 4^3 顶截去给出 8 个正三角面({111}面族)、4 个正方形,以及 12 个 3.4.3.4 顶。这是一个等顶半正多面体,称为立方八面体(cuboctahedron)。与它对偶的等面多面体有 12 个菱形,不过菱形的锐角是 70.53°。开普勒首先称这种菱面多面体为菱面十二面体。显然,立方八面体和菱面十二面体都具有立方对称。这里及下面谈到的菱面十二面体都是指由 12 个锐角为 63.43° 的菱面构成的菱面多面体,它由 2 个长菱面体和 2 个扁菱面体构成,本身虽不具有二十面体对称,但是它却能作为一个复合结构单元出现在二十面体准晶结构中,见 11.3 节及图 9.15(b)。由各 5 个长、扁菱面体组成的菱面二十面体[图 9.4(e)]显然可以容纳菱面十二面体[比较图 9.4(d)及(e)]。菱面二十面体有一个五重反轴,它在二维五重(十重)准晶的结构研究中有重要意义,见 8.2.4 节及图 8.23。菱面三十面体由各 10 个长、扁菱面体构成,可以容纳菱面二十面体[比较图 9.4(e)及(f)]。它具有二十面体对称,是二十面体准晶及相关晶体相结构中的重要组成部分[见 9.1.2 节及图 9.6(c)及(e)]。下面列举这三种复合的菱面多面体的一些数据:

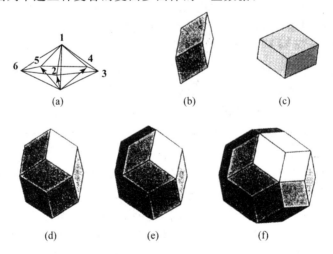

(a)　　　　　　(b)　　　　　　(c)

(d)　　　　　　(e)　　　　　　(f)

图 9.4　菱面多面体

(a) 以二十面体 6 个五重轴为基矢的坐标系;(b) 由基矢 **1**,**2**,**3** 构成的长菱面体 ($\alpha = 63.43°$);(c) 由基矢 **1**,**3**,**5** 构成的扁菱面体($\alpha = 116.57°$);(d) 菱面十二面体;(e) 菱面二十面体;(f) 菱面三十面体

	菱面十二面体	菱面二十面体	菱面三十面体
长菱面体数	2	5	10
扁菱面体数	2	5	10
菱面数	12	20	30
棱数	24	40	60
顶数	14	22	32

本节最后给出二十面体点群的 $\bar{5}, \bar{3}$ 及 2 轴次的关系。图 9.5 是二十面体对称群沿五重轴的极射赤面投影图。图中涂黑的标记分别表示五重轴、三重轴、二重轴的位置。围绕中心的五重轴有 5 个五重反轴,夹角是 63.43°。此外还有 10 个三重反轴,15 个二重轴。图中圆圈代表的是立方晶体的[110]极图,由此可以看出二十面体准晶与一些立方晶体的取向关系。

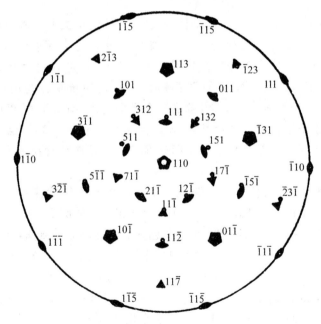

图 9.5 二十面体沿五重轴的极射赤面投影图与立方体沿二重轴的极射赤面投影图(圆圈)叠加在一起的合成投影图[35]

9.1.2 二十面体密堆

尽管二十面体对称被认为是非晶体学对称或者是晶体中不允许的对称,但是一些有远见的科学家在讨论密堆结构时还是经常考虑二十面体密堆的可能性。

鲍林[6]在 1947 年讨论原子半径尺寸时曾指出:"等径刚球的最大配位数是 12,但是由 12 个球围绕一个中心球的 A1 型立方密堆及 A3 型六方密堆以及由它们组合的结构,都不是配位数为 12 的最密堆积。由一个略小的球在正三角二十面体的中心,12 个球坐落在顶点上才是配位数为 12 的最密堆积。"道理很简单,无论是面心立方密堆还是六方密堆,除了四面体空隙外,还有较大的八面体空隙。由二十面体中心作连接线到 12 个顶点,与 20 个正三角面构成 20 个四面体。这样,二十面体密堆只有四面体空隙而无较大的八面体空隙。不过这些四面体不是正四面体,因为由二十面体中心到顶点的距离 r 与棱长 l 的关系是(欧几里得的《几何原本》第 13 册中就有此论述[7]):

$$l = \frac{r}{3}(\sqrt{15} - \sqrt{3}) \tag{9.1}$$

换句话说 $l/r = 1.05416\cdots$,也就是棱约长 5%,因此在二十面体中心只能放置一个略小的球。从这个角度看,二十面体密堆非常适合于合金相结构,因为两种或多种金属的原子半径往往是不等的。在 Al 中加入过渡金属以产生强化,而 V,Cr,Mn,Fe,Co,Ni 等的原子半径比 Al 的原子半径约小 5%~10%,正好满足式(9.1)要求。又如 Ni 基高温合金中加入 Mo,Ti,Al 等产生沉淀强化,而 Ni 的原子半径比这些金属的原子半径约小 5%~10%,也容易生成二十面体结构单元。这是为什么二十面体准晶首先是在 Al-Mn 及 Ni-Ti 合金中发现的原因。

根据上述认识,鲍林学派逐渐发展出四面体密堆结构体系(tetrahedrally close-packed structure,简写为 t. c. p.)[8],其中最典型的例子就是 $Mg_{32}(Al,Zn)_{49}$ 结构的猜测[9]。初步的 X 射线衍射分析已知它为体心立方点阵,$a = 1.416$ nm,$Z = 2$,每个晶胞中有 162 个原子,也就是每个结构单元是由 81 个原子组成的原子团。后来更细致的结构分析结果指出[10],鲍林等的上述猜测基本正确。但原子坐标参数和(Al,Zn)统计原子的组成都有较大差异,最外层原子排成切角八面体而不构成菱面三十面体。$Mg_{32}(Al,Zn)_{49}$ 合金属于立方晶系,空间群为 $T_h^5 - Im\bar{3}$,晶胞参数 $a = 1425$ pm,$Z = 2$ [$Mg_{32}(Al,Zn)_{49}$],晶胞中包含 162 个原子。它的结构可用两个完全相同的多层包合的多面体结构描述,如图 9.6 所示[103]。这种多面体一个处在晶胞原点,另一个处在晶胞体心位置,按体心立方排列共用六边形面连接而成。下面将各层的结构描述于下:

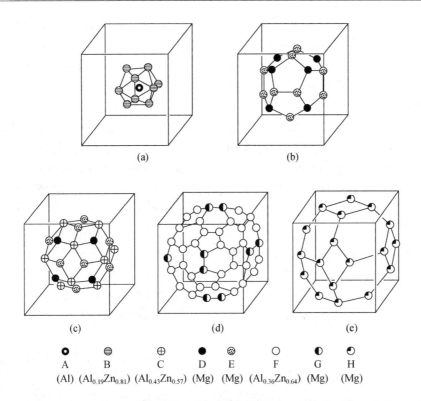

A ⊙ (Al)　B ⊖ (Al_{0.19}Zn_{0.81})　C ⊕ (Al_{0.43}Zn_{0.57})　D ● (Mg)　E ⊛ (Mg)　F ○ (Al_{0.36}Zn_{0.64})　G ◐ (Mg)　H ◖ (Mg)

图 9.6　Mg_{32}(Al,Zn)_{49} 的四面体密堆结构模型：(a) 二十面体；(b) 五角十二面体；(c) 菱面三十面体；(d) 三十二面体，即截顶二十面体；(e) 切角八面体

(为清楚起见，图中各个多面体只示出直接看到的前面部分，背面的原子没有示出。图中删去了没有在三十二面体面上的 6 个 G 原子)

(1) 第 1 层由 12 个编号为 B 的原子[即为 (Al_{0.19},Zn_{0.81}) 统计原子]组成三角二十面体，在这个多面体中心位置包合了一个编号为 A 的原子(即 Al 原子)，如图 9.6(a) 所示。

(2) 第 2 层的结构较为复杂，分成 (b) 和 (c) 两个图描述。这层较内的部分由 8 个 D 和 12 个 E 原子(均为 Mg 原子)共同组成五角十二面体，如图 9.6(b) 所示。这层较外部分由 12 个编号为 C 的原子[即 (Al_{0.43},Zn_{0.57}) 统计原子]加帽在较内部分的五角十二面体的各个面上。它们共同组成菱形三十面体，如图 9.6(c) 所示。它共有 32 个顶点、30 个菱形面。

(3) 第 3 层由 48 个编号为 F 的原子[即 (Al_{0.36},Zn_{0.64}) 统计原子]和 12 个 G 原子(即 Mg 原子)共同组成不规则的切角二十面体，它共有 60 个顶点、32 个面

(其中五边形面 12 个,六边形面 20 个),见图 9.6(d)。此层中的 48 个 F 原子都为相邻的处于晶胞顶点上的多层包合多面体共用,每个顶点只有 1/2 属于这个多面体。处在晶胞面上的 12 个 G 原子共占 24 个位置,每个只有 1/2 属于该晶胞,图中示出 12 个位置,其余 12 个因不在这个切角二十面体的面上,没有将它在图中画出。

(4) 第 4 层由 24 个编号为 H 的原子(即 Mg 原子)组成切角八面体层,见图 9.6(e)。这个最外层的多面体原子处在晶胞的面上,为相邻晶胞所共用。这层原子的相对位置,一方面使图 9.6(d)中的每对 G 原子处于由编号为 H 原子组成的菱面体长对角线内侧,另一方面在使图 9.6(d)中由编号为 F 原子组成的六元环放在由编号为 H 原子组成的六元环的内侧(不在一个平面上)。

由上可见,$Mg_{32}(Al,Zn)_{49}$ 的多层包合结构可用下式描述:

Al@12(Al,Zn)(三角二十面体)@[20 个 Mg+12 个(Al,Zn)](菱形三十面体)@[48(Al,Zn)+12Mg](切角二十面体)@24Mg(切角八面体)

而组成这个多层包合多面体的体心立方晶胞中的实际原子数目为:

2(A)+24(B)+24(C)+16(D)+24(E)+48(F)+12(G)+12(H)=162 个

在发现 Al-Mn 二十面体准晶后,Ramanchandrarao 等[11]立即想到鲍林等的 $Mg_{32}(Al,Zn)_{49}$ 的二十面体对称壳层结构,按这个成分配制合金,急冷凝固后果然得到二十面体准晶。另一方面,Al_5Li_3Cu 相与 $Mg_{32}(Al,Zn)_{49}$ 同构,第一个稳定的二十面体准晶就是在既轻而强度又高的 Al-Li-Cu 合金长期时效后从固溶体中析出得到的[12],详见 9.2.1 节。

此外,Mackay 在一篇题为"等径球的一种非晶体学密堆"[13]的论文中讨论了同心多层二十面体壳层的另一种密堆方式。图 9.7 是二十面体多层结构示意图。这种取向比较清晰地显示出二十面体的 3 个正交棱或二重轴。$n=1$,有 12 个球,在这层多面体中心有一中心原子,见图 9.7(a);$n=2$,有 42 个球,其中 12 个坐落在从中心到 12 个顶点延长到第二壳层顶点处,由于这个三角面较大,每个棱中点处还可放一个球共 30 个球,见图 9.7(b);$n=3$,有 92 个球,除第三壳层顶点处的 12 个球外,每个棱上可放 2 个球共 60 个球,大三角面中心还可以放一个球共 20 个球。图 9.7 示出第 1 壳层和第 2 壳层三角二十面体面上原子的排列[103]。按此结构可推出三角二十面体第 n 层上原子的数目:

$n=1$, 12(顶点)

$n=2$, 12(顶点)+30(边的中心点)=42 个

$n=3$, 12(顶点)+2×30(边上原子)+20(面中心)=92 个

$n=4$，　$12(顶点)+3\times30(边上原子)+3\times20(面上原子)=162$ 个

$n=n$，　$(10n^2+2)$ 个

由 n 层原子一层套一层包含形成的密堆原子簇结构中原子的总数为：

1 层	2 层	3 层	4 层	5 层	n 层
13	55	147	309	561	$\left[1+\sum(10n^2+2)\right]$

　　在这种多层二十面体壳层的密堆中除了四面体空隙外，还有八面体空隙，因此堆积密度不如只有四面体空隙的 Pauling-Bergman 原子团高。原子团簇文献及准晶文献中称此为 Mackay 原子团或 Mackay 双二十面体（MI）。在体心立方的 α-(AlMnSi) 的晶体结构中，每个阵点处就有一个 Mackay 双二十面体，这也是 Al-Mn-Si 准晶中的基本结构单元（见 9.2.1 节）。

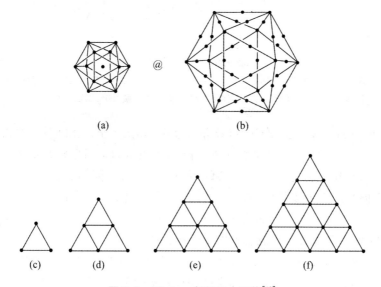

图 9.7　Mackay 多层二十面体[13]

（a) 中心原子(0)及第 1 个二十面体壳层；(b) 第 2 个二十面体壳层；(c)～(f) 从第 1 壳层到第 4 壳层面上原子的排布

9.1.3　二十面体骨架

　　在三维空间中，二十面体的连接方式众多[8]。既可以沿五重轴共一个顶点，中间有一个五棱柱[图 9.8(a)中虚线]，也可沿五重轴共一个顶点，中间有一

个五重反棱柱[去掉二十面体的上下两个顶点,剩下的就是五重反棱柱,见图 9.8(b)及图 9.1 中 Pp]。这实际上是 3 个二十面体穿插在一起,上、下两个二十面体共有的顶点就是中间二十面体(虚线)的中心。还可以沿二重轴共一个棱[图 9.8(c)],沿三重轴共一个三角面[图 9.8(d)]。这只是二十面体沿一个轴的一维连接,它们还可以连接成一个二维平面层或三维骨架。

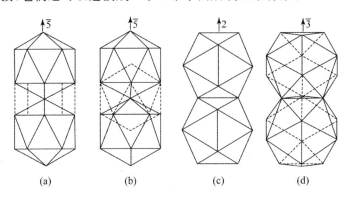

图 9.8　二十面体连接

(a) 共顶点(取向相反),中间有一个五棱柱(虚线);(b) 共顶点(取向相同),中间的一个二十面体(虚线)与上下两个二十面体交叉在一起;(c) 共棱;(d) 共面[8]

图 9.9(a)是体心立方 Cr_3Si(超导合金相 Nb_3Sn 与 Cr_3Si 同构)的结构示意图。Si 原子(小球)坐落在体心立方点阵的阵点处,Cr 原子(大球)在⟨100⟩面上,12 个 Cr 原子围绕中心的 Si 原子形成一个二十面体。这个二十面体在⟨100⟩方向与周围 6 个晶胞的二十面体共棱连接,在⟨111⟩方向与立方点阵顶点处的 8 个二十面体共三角面连接。换句话说,$Cr_{12}Si$ 二十面体在 Cr_3Si 晶体中以共棱和共三角面方式形成三维二十面体骨架。

应当指出,在体心立方 Cr_3Si 结构中还有大量 CN=14 的三角面二十四面体。图 9.9(b)左边是图 9.9(a)的投影图,晶胞的顶点及体心是 Si 原子(小球),其中粗线是二十面体沿它的二重轴的投影。上下层各 4 个 Cr 原子(由于原子位置相重叠,下层 4 个 Cr 原子未画出),中间层也是 4 个 Cr 原子。在晶胞原点和体心位置的 Si 原子的配位数都是 12。图 9.9(b)中间是两个晶胞相邻部分的投影,上下层各 6 个原子(4Cr,2Si)构成取向相反的正六边形。在这两个原子层的上、中、下各有一个 Cr 原子,中心的 Cr 原子有 1+6+6+1 共 14 个近邻。换句话说,这是 CN=14 的二十四面体,上下各有一个取向相反的六角锥,共 12 个三角面;中间是六角反棱柱,也有 12 个三角面,合起来共 24 个三角面[见图

9.11(b)]。图 9.9(b)右边是另一个二十面体沿它的三重轴的投影。从图 9.9(b)可以看出,以 Si 原子为中心的 CN＝12 的 $Cr_{12}Si$ 二十面体与以 Cr 原子为中心的 CN＝14 的 $(Cr_{10}Si_4)Cr$ 二十四面体交插在一起,构成三维四面体密堆结构。从化学式 Cr_3Si 还可看出,CN＝12 的二十面体占 25％,CN＝14 的二十四面体占 75％,见表 9.1。图 9.9(c)突出六重反棱柱的正方形分布,围绕每个中心 Cr 原子,上下各有一个由六边形(6)与三角形(3)交织成的网格,围绕每个格点的多边形的排列顺序是 3.3.6.6 或 $3^2 \cdot 6^2$。中间一层的 Cr 原子构成正方形(4)网格,围绕每个格点的多边形顺序是 4^4。

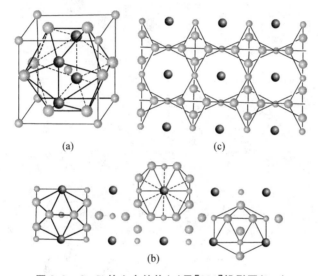

(a)　　　　　　　　(c)

(b)

图 9.9　Cr_3Si 的立方结构(a)及[001]投影图(b,c)

Cr:大白球;Si:小球;大黑球是[001]方向的六角反棱柱通道中的 Cr 原子[19]

图 9.10 是 Al-Mn 的六方富 Al 合金相(如 μ-Al_4Mn,λ-Al_4Mn,$Al_{10}Mn_3$,Al_9Mn_3Si 等)中常见的结构单元,$Al_{10}Mn_3$ 与 Al_9Mn_3Si 同构,这里就用 Al_9Mn_3Si 为代表[14]。在六方晶胞原点的六重轴处有 3 个二十面体(中心原子的 $z=0.25$)互相穿插在一起,$z=0.25$ 的平面层 F 是镜面,上($z\approx0.50\pm0.07$)、下($z\approx0.00\pm0.07$)各有一个起伏层 P 及 P^m(P^m 与 P 有镜面反映关系)。围绕在 $z=0.25$ 的较小的 Mn 原子为中心,在 P,F,P^m 3 层各有 4 个 Al,Si 原子,形成一个二十面体。这 3 个二十面体的二重轴与六方晶胞的六重轴平行。每个二十面体中心的 Mn 原子都坐落在其他两个二十面体的顶点处,这 3 个 Mn 原子均为在水平面上的 3 个互相穿插的二十面体所共有。在六方晶胞原点六重轴上的 $z=0.00$

及 0.50 两个 Si 原子也由这 3 个二十面体所共有。加起来共有 5 个原子为 3 个二十面体所共有。此外,还有 $z=0.07$ 及 0.43 的 6 个 Al 原子为两个邻近的二十面体共有。因此,3 个绕 6_3 轴互相穿插的二十面体共有 $13\times3-5\times2-6\times1=23$ 个原子。这个原子团与其他阵点的相同原子团共顶点连接,呈三重对称分布(如图 9.10 中▲)。这样就构成一个中心在 $z=0.25$ 平面层的二十面体层。同理,还有一个相同的二十面体层在 $z=0.75$ 处。由此可见,这些六方 Al-Mn 合金相的结构是由互相穿插和共顶点的二十面体层沿[001]方向堆垛成的。

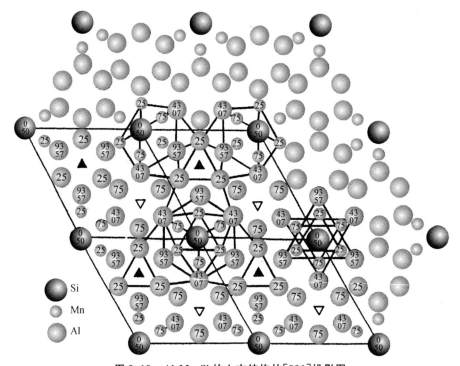

图 9.10　Al_9Mn_3Si 的六方结构的[001]投影图

3 个二重轴平行于[001]的二十面体绕六重轴(晶胞原点)穿插在一起,它们再绕三重轴(▲)共顶连接,在(001)面形成二十面体层。围绕 6_3 轴有一串二十面体,其三重轴与[001]平行(圆球中的数字是 z 的百分数)

这些二十面体层之间又是如何连接的呢? 围绕 $z=0.50$ 的 Si 原子(见图 9.10 右下方)有 12 个原子三个、三个地分别处在 $z=0.25,0.43,0.57,0.75$ 四层上,构成一个以这个 Si 原子为中心的、三重反轴与晶体的六重轴平行的二十面体。围绕 $z=0.00$ 的 Si 原子也有 12 个原子分别处在 $z=-0.25$(或 0.75), -0.03(或 0.97),0.07,0.25 四层上,也构成一个三重反轴与六重轴平行的二十面体。这两个二十面体共有一个在 $z=0.25$ 的三角面。换句话说,在晶胞原点处沿[0001]方向有一串共三角面的二十面体[见图 9.8(d)]。这些二十面体串有如高层建筑的柱子,把各楼层的二十面体层牢固地连接在一起。

从上述的 Al-Mn 合金相中二十面体空间骨架的描述可以理解为什么由二十面体非周期排列产生的准晶首先是在 Al-Mn 及 Al-Mn-Si 合金中发现的。显然,所有 Mn 及 Si 原子都处于二十面体中心。在 μ-Al$_4$Mn 的六方晶胞中,110 个 Mn 原子有 108 个处于二十面体中心[15],而在 Al$_3$Mn 中约有 2/3 的 Mn 原子处于这个位置[16]。

物理学家 Frank 在 1952 年讨论液体结构时指出二十面体原子簇是配位数为 12 的稳定结构[17]。晶体学家 Kasper 在分析大量复杂的合金相结构的基础上,在 1956 年进一步指出,这种二十面体堆积在一起不能填满空间,一定要有一些配位数为 14,15 及 16 的多面体镶嵌在中间[18]。图 9.11 给出 4 种 Kasper 多面体,它们都是三角面多面体。图 9.11(a)是二十面体,配位数 12。图 9.11 (b)是二十四面体;二十面体的一对取向相反的五角锥换成六角锥(背面的一个用六角星标明),因此它的配位数是 14。它有 2 个六重顶,12 个五重顶,共 14 个顶点。图 9.11(c)是二十六面体,配位数 15。沿三重轴看它有 5 层,每层 3 个顶点,共 15 个顶,其中 12 个五重顶,3 个绕三重轴的六重顶。图 9.11(d)是二

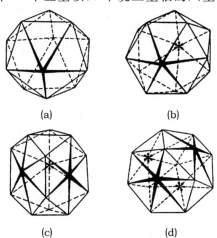

(a)　　　　　(b)

(c)　　　　　(d)

图 9.11　Kasper 三角面多面体

(a) 二十面体,CN=12;(b) 二十四面体,CN=14,2 个取向相反的六角锥(另一个的顶点用六角星标明);(c) 二十六面体,CN=15,3 个六角锥呈三重对称分布;(d) 二十八面体,CN=16,4 个六角锥呈 $\bar{4}$ 分布

十八面体,配位数 16。它的主要部分是中间的截顶四面体(在棱的 1/3 处截顶),4 个三重顶截成 4 个三角面,4 个大三角面截后成为 4 个六角面。这是一种配位数为 12 的八面体,如果在 4 个六角面上再放 4 个六角锥就构成一个配位数为 16 的二十八面体。Kasper 多面体的几何特征是:① 所有面都是三角面,从中心到顶点的连线构成四面体(但不是正四面体),这个三角面多面体的面数即四面体的数目。换句话说,这些三角面多面体中只有四面体空隙。② 都有 12 个五重顶,其他是六重顶。③ 这 4 种三角面多面体与图 8.33 中(a)~(d)的 4 种由五角面与六角面构成的三重顶多面体一一对偶。例如,图 8.33(d)所示的十六面体有 12 个五角面(五元环)和 4 个六角面(六元环),28 个三重顶;而图 9.11(d)所示的二十八面体有 12 个五重顶和 4 个六重顶,28 个三角面。显然,上述这些多面体的顶数(V)、棱数(E)和面数(F)的关系遵循 Euler 定律:

$$V + F = E + 2 \tag{9.2}$$

表 9.1　一些典型的四面体密堆合金相(Frank-Kasper)中的几种多面体的百分数和平均配位数[19]

合金相	多面体(百分数)				CN 平均
	CN=12	CN=14	CN=15	CN=16	
Cr_3Si	25.0	75.0	0	0	13.50
Nb_2Al(σ 相)	33.3	53.3	13.4	0	13.47
Zr_4Al_3	42.8	28.6	28.6	0	13.43
Mo-Cr-Ni(P 相)	42.8	35.7	14.3	7.2	13.43
$Mo_{10}Ni_{11}$(δ 相)	42.8	35.7	14.3	7.2	13.43
Mo-Mn-Fe(R 相)	51.0	22.6	11.3	15.1	13.40
W_6Fe_7(μ 相)	53.8	15.4	15.4	15.4	13.39
$Mg_{32}(Al,Zn)_{49}$	60.5	7.4	7.4	24.7	13.36
$MgZn_2$,$MgCu_2$(Laves 相)	66.7	0	0	33.3	13.33

在具体合金相结构中,这些配位多面体会略微变形。在配位数为 12 的二十面体中心原子的半径约小 10%,而随着配位数增大,多面体中心原子的半径逐渐增大,在配位数为 16 的多面体中,中心原子应比顶点的原子大 23%。此外,六角顶的原子也比五角顶的原子大。表 9.1[19]给出晶体结构已知的合金相中配位数为 12,14,15 及 16 的百分数,它们的平均配位数较高,均大于 13.3。前面讲到的 Cr_3Si 中二十面体只占 25%,但 CN=14 的二十四面体占 75%。在 σ 相中,二十面体占 1/3,二十四面体占 53.3%,二十六面体占 13.4%。CN=12

的二十面体在 9.1.2 节中讲到的 $Mg_{32}(Al, Zn)_{49}$ 中占 60.5%,而在 $MgZn_2$($C14$ 型),$MgCu_2$($C15$ 型)及 $MgNi_2$($C36$ 型)中占 2/3。这些合金相中的组元主要是过渡金属,如 W_6Fe_7,Fe 的原子半径比 W 小 10%,符合二十面体中心原子半径应小约 5%~10% 的要求(有关这些合金相结构见参考文献[19]~[20])。表 9.1 中列的合金相在晶体化学界称为四面体密堆相。以二十面体为主的四面体密堆相,如 $MgCu_2$,$MgZn_2$,W_6Fe_7 等,称为五角四面体密堆相;而以二十四面体为主的四面体密堆相,如 Cr_3Si,σ 相等,称为六角四面体密堆相。它们中不少常出现在高合金钢及高温合金中,在冶金界称为拓扑密堆相[20](topological 或 topographical close-packed phase),表示它们是由不同大小的原子在三维空间的密堆积,以与常见的面心立方或六角密堆相区别。Frank 及 Kasper[18]对这些密堆结构作了拓扑分析,研究了其中三角形、四边形、五边形、六边形结合成平面网的特点(见图 9.32 及有关讨论)。由于二十面体原子簇在非晶态结构中有重要意义,在凝聚态物理界常称这些空间密堆相为 Frank-Kasper 相。

从上述讨论可以看出,Al 与过渡金属的合金相和过渡金属之间的四面体密堆合金相的结构中存在数量众多的二十面体单元,而二十面体准晶也主要是在这些合金中经急冷凝固生成。无论从化学组分还是结构单元来看,这些合金相与准晶都很近似,只不过是这些结构单元在晶体中呈周期排列,而在准晶中呈准周期排列。

9.2　三　维　准　晶

三维准晶只有二十面体准晶(icosahedral quasicrystal)一种,最早在急冷凝固的 Al-Mn,Ti-Ni,Pd-U-Si 合金中发现。后来又在缓冷凝固的 Al-Li-Cu,Al-Fe-Cu,Ga-Mg-Zn,Al-Pd-Mn 等合金中发现高温稳定的二十面体准晶,分述如下。

9.2.1　Al-Mn 等二十面体准晶

航空航天技术的发展要求重量轻、强度高的铝合金。合金强化主要有两种机制:在合金元素固溶度小的情况下采用特殊冶金技术使更多的合金元素固溶于基体金属中产生固溶强化;在合金元素固溶度大的情况下采用时效处理(aging),在一定温度保温一定时间使合金化合物从固溶体中析出产生沉淀强化。过渡金属在铝中的固溶度很小,如 Mn 在 660.4℃ 的最大固溶度还不到

1 原子％ Mn,而在 500℃仅为 0.2 原子％ Mn。为了能在 Al 中固溶更多的 Mn 以产生固溶强化,将熔融的 Al-Mn 合金急冷凝固(冷却速度达每秒一百万度),可以强迫高达 10 原子％ Mn 仍保留在 Al 的固溶体中。沉淀强化也称弥散强化,析出的合金相颗粒非常小而且弥散在基体中。Li 在 600℃ Al 中的固溶度超过 10 原子％ Li,另一方面 Li 又非常轻,因此 Al-Li,Al-Li-Cu,Al-Li-Cu-Mg 等合金就备受人们注意。以 Al 为基的二十面体准晶最早就是在研制 Al-Mn 及 Al-Li 这两种高强 Al 合金中偶然发现的。

　　1982 年 Shechtman 在在美国国家标准局当客座研究员时,曾从事发展高强 Al 合金研究,分别将 Cr,Mn,Fe 等熔融在 Al 中,急冷凝固后用电子显微镜观察其微观结构,意外地观察到类似图 9.12(a)的电子衍射图,衍射斑点绕中心呈十重旋转对称分布。为此他请教那里的著名冶金学家 J. W. Cahn[21],五重旋转对称是否有可能存在? Cahn 的回答是:"这不可能,因为它违反晶体学定律。我肯定这是由孪晶产生的。"的确,面心立方晶体的两个{111}面间的夹角是 70°32′,与五重旋转角 72°相差不大。以两个{111}的截线〈110〉为轴连续生成孪晶,五重孪生后的转角是 352°40′,产生 7°20′间隙。但是在晶粒尺寸很小时,如几纳米到几十纳米,晶体通过内部产生畸变能够避免这种间隙生成,给出五重旋转对称的电子衍射图。这是在一些面心立方晶体中屡见不鲜的事。但是,Shechtman 并未为这种五重孪晶的解释所说服,继续进行电子衍射实验,终于得到一些三重旋转对称及二重旋转对称的电子衍射图[参见图 9.12(b)及(c)],经过缜密思索,发现这些五重轴、三重轴、二重轴间的夹角与图 9.12(d)中的二十面体对称相符。此外,他们还用聚焦到 20 nm 的电子束在 1 μm 直径的区域内照射到不同部位,得出均是同一五重对称电子衍射图,说明在这个区域内没有取向不同的孪晶存在。但是他们还是不敢轻易发表这些结果,因为五重旋转对称是晶体周期平移对称所不允许的,而自从 Laue 在 1912 年发现晶体的 X 射线衍射以来所测定的上万个晶体结构尚无与此规律相悖的情况。发表二十面体对称结构所冒的风险太大,因此一直裹足不前。1984 年夏在美国加州大学圣巴巴拉分校理论物理中心举办的一次讨论会上,Steinhardt 等报道了他们根据 Landau 理论计算的结果,二十面体配位是液体与非晶态金属的一种稳定组态。得到理论分析方面的支持,Shechtman 与 Blech 在当年 10 月 2 日将他们在急冷凝固的 Al-14 原子％ Mn 合金中得到的电子衍射分析和电子显微镜观察结果投到美国的《冶金学报》,在 1985 年 6 月刊出[22]。另外,他们与 Gratias 和 Cahn 合写了一篇简报在 1984 年 10 月 9 日投《物理评论快报》,当年 11 月 12 日就刊出[1],宣告了准晶的诞生。

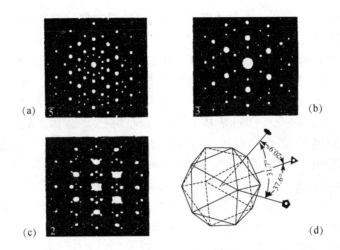

图 9.12 Ti₂Ni 二十面体准晶的电子衍射图

(a) 五重反轴；(b) 三重反轴；(c) 二重轴；(d) 给出二十面体中这三种轴间的夹角关系[32]

图 9.13(a)是用 2% KI 甲醇溶液溶掉急冷凝固的 Al-Mn 合金中的基体从而得到的 Al-Mn 二十面体准晶"花"。每朵花有 5 个花瓣,显示五重对称[23]。三朵花之间又显示三重对称。在图中已标明一些旋转轴。图 9.13(b)是由 30 个长菱面体共一个顶点构成的五角星十二面体。两相对比,非常形象地说明了 Al-Mn 二十面体准晶的二十面体对称。

图 9.13　(a) Al-Mn 二十面体准晶"花"(A. Csanady[23]提供);
(b) 30 个长菱面体构成的五角星十二面体

在这之后,在许多 Al 与过渡金属的急冷凝固的二元及三元铝合金中找到了二十面体准晶[24]。这里值得指出的是,一则这些过渡金属的原子半径均比

Al 小 5%～10%，符合二十面体密堆的要求；二则这些过渡金属都与 Al 生成富 Al 的二元及三元化合物，如 $Al_{10}V$，$Al_{45}Cr_7$，Al_4Mn，Al_9Mn_3Si（见图 9.10）等，而这些化合物的晶体结构中都有三维二十面体骨架。由于 Al-Mn-Si 二十面体准晶比较完整，而与它成分相近的立方 α-(AlMnSi) 中的主要结构单元又是 Mackay 二十面体（见图 9.7），因此 Al-Mn-Si 二十面体准晶就成为准晶结构研究的重点。图 9.14（a）是从 α-(AlMnSi) 的已知晶体结构计算得到的 [100] 电子衍射图，圆点的面积与衍射强度成正比[25]。图 9.14（b）是 Al-Mn-Si 准晶的二重轴电子衍射图。两者的强点分布基本相同，说明 Al-Mn-Si 二十面体准晶与体心立方 α-(AlMnSi) 晶体相有相同的结构单元。Elser 和 Henley[25] 进一步从 α-(AlMnSi) 晶体的 Mackay 二十面体结构单元得出准晶的长菱面体结构单元 [图 9.15（a）] 及由它与扁菱面体结构单元 [见图 9.4（c）] 构成的菱面十二面体结构单元 [图 9.15（b）]。可以看出，菱面十二面体的两个没有原子的顶点即空心 Mackay 二十面体的中心（空位），它的近邻是 12 个由圆圈代表的 Al 原子（α 位置），次近邻是黑点代表 12 个 Mn 原子（β 位置）和另外 20 个 Al 原子。图 9.15（c）是一个有 54 个原子的 Mackay 双二十面体，第二壳层有 12 个 Mn 原子（黑球）和 20 个 Al 原子（白球）。长扁两种菱面体是二十面体准晶的基本结构单元，借用 α-(AlMnSi) 中这两种菱面体中的原子分布构筑 Al-Mn-Si 二十面体准晶的结构模型。应当指出，在这些菱面的长对角线上的原子间距接近 $\tau^{-2}:\tau^{-3}:\tau^{-2}$ 比例关系，$\tau=(1+\sqrt{5})/2$。τ 是与五重及十重旋转有关的无理数，$\cos36°=\tau/2$，$\cos72°=(\tau-1)/2$。同时，Guyot 和 Audier[26] 也曾从立方相 α-(AlMnSi) 结构得出 Al-Mn-Si 二十面体的结构模型。

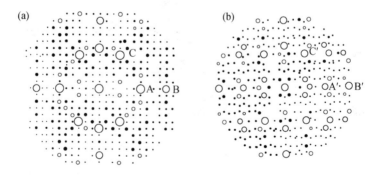

图 9.14　（a）立方 α-(AlMnSi) 的 [100] 电子衍射图（计算）；
（b）Al-Mn-Si 二十面体准晶的二重轴电子衍射图[25]

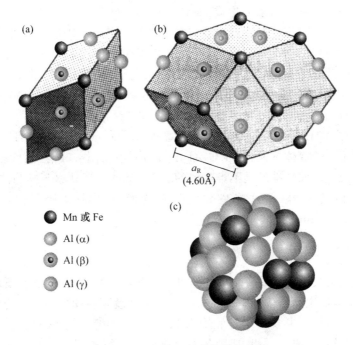

a_R
(4.60Å)

● Mn 或 Fe
○ Al (α)
◎ Al (β)
◉ Al (γ)

图 9.15 α-(AlMnSi)中的结构单元

（黑球是 Mn 原子，白球是 Al 原子）[25]

(a) 长菱面体；(b) 菱面十二面体；(c) Mackay 双二十面体(结构模型见图 9.7)

　　从 Al-Mn-Si 二十面体准晶与立方 α-(AlMnSi) 有相似的成分和结构单元
得到启发，Elser 和 Henley[25] 用无理数 τ 的有理数近似值(approximant)置换
τ，从而从准点阵常数即菱面体棱长 a_R 得出晶体相的点阵常数。Al-Mn-Si 准晶
的 $a_R = 0.46$ nm，用 1/1 置换 τ 得出的立方晶体的点阵常数与实验值 $a = 1.268$ nm
非常接近。因此，称这种晶体相为准晶的 1/1 晶体近似相(crystalline approxi-
mant)，简称近似相(approximant)。这是准晶的晶体近似相的奠基工作。

　　另一方面，法国 Pechiney 铝公司研究与发展中心的 Sainfort 等[12] 在 1985
年研究 Al-Li-Cu 合金的析出相时，除了有 R-Al$_5$Li$_3$Cu 立方相外，还有片状
T2-Al$_6$Li$_3$Cu。前者与有 Pauling-Bergman 原子团的 Mg$_{32}$(Al,Zn)$_{49}$ 同构(见图
9.6)，后者给出五重旋转对称电子衍射图。他们不但认为 T2-Al$_6$Li$_3$Cu 是二十
面体准晶，而且可能是一种稳定的准晶。因为它既可以在高温保温后从固溶体
析出，也可以从液体合金中缓冷凝固得到[27]，而且还存在于 Al-Li-Cu 三元合金
的平衡图的 400℃恒温截面中[28]。这是一个重要发现，因为首先发现的 Al-Mn

准晶只能在急冷凝固状态下生成,而且在加热后转变为一些晶体相,因此准晶被认为是一种亚稳相。Al-Li-Cu 稳定二十面体准晶的出现进一步说明,准晶是一种热力学稳定的状态,与晶体一样也有长程位置序和取向序,只是不具备平移周期性。此外,这也为日后寻找其他稳定准晶开辟了道路。长出完整的、大尺寸的单颗粒准晶(见 9.2.3 节),不但能进行 X 射线和中子单晶衍射结构分析(见 11.3 节),还可以进行物性和力学性能测定(参见图 9.20)。

除了在 Al 合金中发现二十面体准晶外,Spaepen 等[29]还在 Ga-Mg-Zn 合金中发现了二十面体准晶。Ga 与 Al 在周期表中属同一族,在急冷凝固的 Ga 合金中生成二十面体准晶是不难理解的。Spaepen 等还观察到准晶的 1/1,2/1 及 3/2 近似晶体相(用这些整数比分别置换准晶结构中的 τ),得出 $a = 1.41$ nm,2.28 nm 及 3.69 nm 的立方晶体相。

9.2.2　Ti-Ni 等二十面体准晶

航空航天技术的发展要求燃气轮机的工作温度越来越高,这就要求其中的叶片、涡轮盘等主要部件能耐更高的温度。为此就要在现有的高温合金(铁基、镍基、钴基)中加入更多的合金元素,如钛、铌、钼、钨等。但是,这些合金元素都会与铁、镍及钴生成合金相,特别是在合金经过长期使用后会有一些合金相沿晶界析出,从而使高温合金变脆。冶金工程师的任务就是配制成分合适的高温合金,既能在更高的温度工作,又不致在达到使用寿命前变脆。

为了配合高温合金的研制,郭可信等自 1983 年起在中国科学院金属研究所用透射电子显微镜研究铁基及镍基高温合金中的合金相析出过程,发现了一系列新的合金相,详见文献总结[30]。叶恒强、王大能在 1984 年夏发现,不同五角四面体密堆合金相的电子衍射图有不同的二维周期衍射斑点网格,但在周边处的 10 个对称分布的衍射斑点总是出现在相同的地方[图 9.16(a)]。而当这些合金相的微畴犬牙交错地生在一起时,电子衍射图中已无二维周期分布的衍射斑点,只有十重对称分布的衍射[图 9.16(b)],最外边的 10 个衍射斑点出现在与图 9.16(a)中相同的地方。这些四面体密堆合金相或 Frank-Kasper 相的晶体结构中有众多的二十面体(见表 9.1)。这些在晶体空间中的二十面体亚结构在衍射空间中就会以 10 个对称分布的衍射斑这种超结构形式出现在衍射图的周边。为验证这个设想,计算了一个二十面体的 Fourier 变换图即衍射图,与图 9.16(b)基本相符。根据这些结果,他们写了一篇"实空间与倒易空间中的五重对称"论文摘要,在 1984 年秋寄给将在 1985 年 1 月在美国亚利桑那州立大学召开的电子显微学学术会议,全文后来在 1985

年发表[31]。

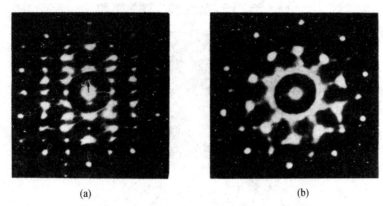

(a)   (b)

图 9.16　(a) 六方 Laves 相的[100]电子衍射图；
(b) 四面体密堆相微畴的电子衍射图[31]

在二十面体微畴结构给出五重对称电子衍射图的启发下,郭可信等想到是否可采用急冷凝固在 Ti-Ni 合金中得到更小的二十面体结构单元? 而它们的衍射图又如何呢? 为此,张泽在 1984 年夏开始了这方面的实验工作,在 1984 年底得到五重电子衍射图[图 9.12(a)],相继得到三重及二重电子衍射图[图 9.12(b)及(c)]。这时,Shechtman 等在 Al-Mn 合金发现二十面体准晶的信息也传到国内,张泽等随即将他们在 Ti$_2$Ni 合金中独立地发现的二十面体准晶写成论文[32]。除了图 9.12 的电子衍射图外,还有这种二十面体准晶的高分辨电子显微像[图 9.17(a)],并与 Mackay[3] 发表的 Penrose 图[图 9.17(b)]对比(Penrose[33]首先用锐角为 72°及 36°的菱形拼出具有五重旋转对称而无周期性平移的图案,称为 Penrose 图,详见 10.2.1 节)。图 9.17(a)中的像点不但呈十重对称分布(见图中下部的白箭头),并且十个、十个地绕五角星标明(图中只标明一部分)的黑心白边像点呈对称分布。在 A 周围的像点用黑点标明,与图 9.17(b)中绕 A 的菱形的顶点一一对应。在图 9.17(a)中 B 周围的像点也与图 9.17(b)中用圆圈标明的菱形的顶点一一对应。图 9.17(a)的左下角是这个高分辨像的激光 Fourier 变换图,与图 9.12(a)的五重电子衍射图一致。无论是图 9.12 中的衍射斑点,还是图 9.17 中的像点,都显示明显的非周期分布。这些结果说明,五重旋转对称与平移周期性是矛盾的。接受五重旋转对称,就得放弃晶体一定要有三维周期性平移对称,承认准周期性存在。

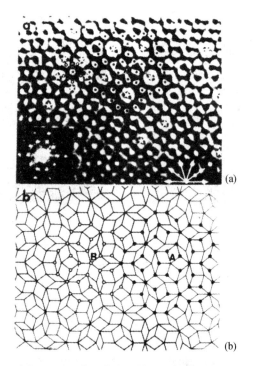

图 9.17 （a）Ti_2Ni 二十面体准晶的五重轴高分辨电子显微像

及其 **Fourier** 变换（左下角）[32]；（b）**Penrose** 图[3]

　　二十面体准晶的发现在与晶体有关的学术领域里引起很大震动的原因有二：一是五重旋转对称一直被认为是非晶体学对称（《晶体学国际表》A 卷在 1995 年的第三版仍称二十面体对称为"非晶体学对称"）；二是无三维周期性的准晶为什么也能给出明锐的衍射图？准晶虽无周期性，但有严格的位置序（详见第 10 章），也就是准周期性，因此，可用一些数学函数表征这种准周期性。A. Bohr[34] 早在 20 世纪 20 年代就已证明准周期函数的 Fourier 变换是一些狄拉克函数，因此准晶的衍射是一些明锐的峰就不足为奇了。如果将晶体看作是有严格位置序的物质而不拘泥于周期平移对称，就比较容易接受五重对称与准晶了。

　　急冷凝固的 Ti-Ni 合金中的二十面体准晶在加热后，部分地转变成面心立方 Ti_2Ni 微晶[35]，同时还观察到由准晶向 Ti_2Ni 微晶转变的中间状态[36]。图 9.18（a）是二十面体准晶的五重电子衍射图，图 9.18（b）是向面心立方 Ti_2Ni 转变过程中的相应电子衍射图。为了能较清晰地看到衍射斑点的移动，

采用会聚束电子衍射,衍射斑点变成亮盘。相对图 9.18(a)中的圆盘,图 9.18
(b)中圆盘的移动方向用箭头指明。上、下位移的结果使这些衍射盘在垂直方
向几乎呈周期排列,但在其他方向仍呈准周期排列。换句话说,准晶中已出现
一维周期性,而在准晶中的这种局部平移序很可能就是线性相位子(phason)畸
变引起的[36]。在准晶中生成的面心立方 Ti_2Ni 与二十面体准晶的取向关系见
图 9.5。涂黑的符号标明准晶的 $\bar{5},\bar{3}$ 及 2 旋转轴,圆圈标明 Ti_2Ni 的 $\langle uvw \rangle$ 极。
最明显的是 $i\bar{5} \parallel [110]$ 及 $i\bar{3} \parallel [11\bar{1}]$。这两对方向确定后,其他的平行方向关系
也就确定。准晶的 6 个五重轴中 3 个与 $\langle 110 \rangle$ 平行,另外 3 个与 $\langle 113 \rangle$ 平行。值
得指出的是,面心立方 Ti_2Ni 晶体中有 50% 的原子坐落在二十面体中心,而 2/3
的二十面体的五重轴与[110]平行。这种取向关系在面心立方 Ti_2Fe 中也存
在,说明 Ti 合金二十面体准晶与其近似晶体相也有相似的成分及二十面体结
构单元。K. F. Kelton 等[37]后来发现一种体心立方 $\alpha\text{-}(TiCrSi)$ 晶体相与二十
面体准晶共生,其结构与 $\alpha\text{-}(AlMnSi)$ 相似,也是由 Mackay 双二十面体原子团
作为结构单元。关于 Ti 与过渡金属生成的二十面体准晶,见 Kelton 的文献
总结[37]。

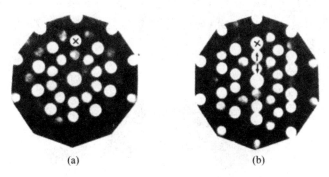

(a)   (b)

图 9.18   (a) Ti_2Ni 二十面体准晶的五重会聚束电子衍射图;
(b) 衍射斑点已在铅直方向显示一维周期平移[36]

应当指出,S. J. Pooh 等[38]曾在 1985 年独立地在 Pd-U-Si 合金中发现二
十面体准晶。近来罗治平等[39]还在 Mg-Zn-RE(RE 表示稀土元素或 Y)合金中
发现准晶。

9.2.3   稳定的二十面体准晶

从上面的讨论可以看出,由二十面体结构单元长成二十面体准晶是再自然

不过的事。反之,由二十面体结构单元构筑具有周期平移的晶体相则是一件不很自然的事,二十面体结构单元一定要略微畸变以满足晶体的点阵平移对称,因此五重对称就不再严格存在。但是,二十面体毕竟是一种对称性高而又密堆的结构单元,因此在铝合金及过渡金属合金的合金相结构中经常出现。这是局域的点对称性与长程的平移对称性的一种协调。在晶体尺寸小时,二十面体对称占主导地位,常以二十面体生长形貌出现;晶体长大后平移对称占主导地位,二十面体结构单元略微畸变。从这个角度来看,不难理解二十面体准晶会在一些急冷的合金中出现,甚至在 Al-Li-Cu 合金中以高温稳定相出现。

为了长出微米甚至厘米尺寸的单颗粒准晶以便从事 X 射线结构分析和物性研究,B. Dubost 等[40]生长出具有菱面三十面体[见图 9.4(f)、图 9.6(c)]形貌的 Al-Li-Cu 准晶。麦振洪等[41]用旋进 X 射线法对大尺寸 Al-Li-Cu"准晶"的研究指出,二十面体对称已不存在,只显示 $m\bar{3}$ 立方对称。显然,这是二十面体准晶的一个近似晶体相。李方华等[42]对 Al-Li-Cu 及 Al-Cu-Mg 合金中二十面体准晶与晶体相间的连续相变进行了细致的电子衍射分析,发现一系列中间状态。随着完整的 Al-Fe-Cu[43]及 Al-Pd-Mn[44]稳定二十面体准晶的出现,二十面体准晶的结构研究才得以全面开展。图 9.19 是 Al-Fe-Cu 二十面体准晶五角十二面体生长形貌。W. Ohashi 等[45]在同年也发现 Ga-Mg-Zn 稳定二十面体准晶有这种生长形貌。

图 9.19　Al-Fe-Cu 稳定二十面体准晶的五角十二面体生长形貌[43]

[蔡安邦(A.-P. Tsai)提供]

其实,Al-Fe-Cu 二十面体准晶早在 1939 年研究 Al-Fe-Cu 三元合金相图时就已经发现了[46],只是当时未能标定它的 X 射线粉晶衍射谱。Ψ 相有一很窄小的单相区,约为 65% Al,23% Fe,12% Cu(均为原子百分数),此即二十面体准晶。不过,这个 Al-Fe-Cu 二十面体准晶只在 715℃ 以上才是稳定相,在此温度以下转变为晶体相。再升温到此温度以上,二十面体准晶重复出现。在这之后又发现了 Al-Pd-Mn[44] 及 Al-Cu-Ru[47] 等稳定二十面体准晶,并长出相当完整的准晶单晶体,其 X 射线峰宽可与晶体媲美[47]。稳定二十面体准晶的发现及其 X 射线单晶结构分析(见 11.3 节)充分肯定了准晶的存在,既否定了鲍林的五重或二十重孪晶的观点,也否定了准晶的玻璃态结构的假说。

应当指出,早期发现的 Al-Mn(Al-Mn-Si),Ti-Ni,Al-Li-Cu 等二十面体准晶都属于简单准点阵的二十面体准晶,而后来发现的 Al-Fe-Cu,Al-Pd-Mn 等稳定二十面体准晶都属于面心二十面体准晶(见 10.3 节)。目前尚未发现体心二十面体准晶。

9.3 二维准晶

二维准晶在一个平面的两个方向显示准周期性,而在其法线方向显示周期性。二维准周期平面的特征可以用这个具有周期性的旋转轴表征,因此可用它来区别二维准晶,如八重准晶(八重旋转轴)、十重准晶(十重旋转轴)及十二重准晶(十二重旋转轴)。十重准晶与二十面体准晶之间关系密切,在有些合金(如 Al-Mn)中还共生在一起,因此本节的讨论先从十重准晶开始。

9.3.1 十重准晶

最早发现的十重准晶(decagonal quasicrystal)是 Al-Mn 十重准晶[48,49],它与二十面体准晶共生,而且有 $i\text{-}\bar{5} \parallel d\text{-}10$ 的取向关系[50](这里的 i 及 d 分别指二十面体准晶及十重准晶)。冯国光等[51]也对急冷 Al-Fe 合金中的十重准晶的晶体学关系作了探讨。这些研究是十重准晶的开创性工作,接着在众多 Al-TM(TM 表示过渡金属元素)二元及三元合金中发现十重准晶[24,52],其中包括 $Al_{65}Co_{15}Cu_{20}$[53~56] 及 $Al_{65}Co_{20}Cu_{15}$[57~58] 稳定十重准晶。这种 Al-Co-Cu 稳定十重准晶有十棱柱生长形貌[图 9.20(a)],十重准晶的十重旋转轴与十棱柱的轴 C 平行。这种十重准晶可在缓冷凝固的合金中生成,在 800℃ 长期保温不转变,而且准晶的完整性高,给出明锐的十重电子衍射图。后来又发现

Al-Co-Ni[59] 及 Al-Pd-Mn[60] 稳定十重准晶。这些稳定准晶不但可以长大到毫米尺寸，并且完整性高，为十重准晶结构及物性研究创造了良好条件，结构研究见 11.2 节。图 9.20(b) 是 Al-Co-Cu 十重准晶在十重轴周期方向(C) 及与它正交的准周期方向(QC) 的电阻率随温度的变化。在周期方向，电阻率随温度升高而增大，有如金属晶体；在准周期方向，电阻率随温度升高而减小，有如半导体[56]。

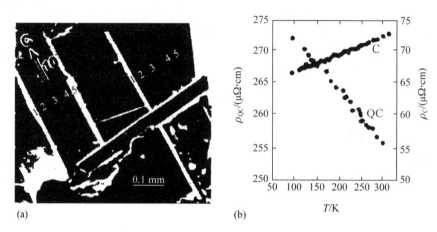

图 9.20　（a）Al-Co-Cu 十重稳定准晶的十棱柱生长形貌（1～5 是俯视的柱面，C 是十重周期轴的方向）[55]；（b）电阻率随温度的变化（C：周期方向；QC：准周期方向）[56]

　　从图 9.20(a) 的十棱柱生长形貌可以想象到，十重准晶仅有一个十重旋转轴。图 9.21(a) 是 Ga-Mn 十重准晶的十重电子衍射图[61]，衍射斑点绕中心显示明显的十重对称，而在通过中心的任一直线方向都呈准周期分布。将十重准晶绕图 9.21(a) 中铅直方向（大箭头标明）顺时针旋转约 61°～63°，得出一个伪五重电子衍射图[图 9.21(b)]。衍射斑点分布在一些同心的在铅直方向略微拉长了的圆上。继续旋转到 90° 得出的电子衍射图[图 9.21(c)]呈二重旋转对称。垂直于图 9.21(a) 的十重旋转轴 10 已转到水平方向，在这个十重轴方向上的衍射斑点呈周期分布，说明十重旋转轴是一个有周期平移的轴。在图 9.21(c) 中与此十重轴垂直的方向的衍射斑点仍显示准周期分布。再将十重准晶绕图 9.21(c) 中的十重轴 10 顺时针或逆时针旋转 18°，得到同一电子衍射图[图 9.21(d)]，说明 36° 十重旋转对称。这两张电子衍射图也可以从十重准晶绕图 9.21(a) 中两个小箭头所指的方向（与垂直方向差±18°）旋转 90° 得出。

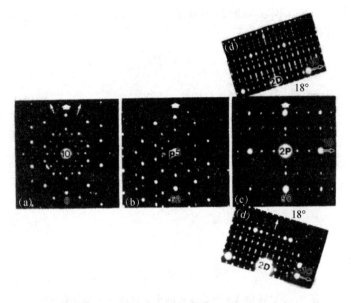

图 9.21 Ga-Mn 十重准晶的电子衍射图[61]

(a) 十重轴 10；(b) 伪五重轴 $p5$；(c) 二重轴 $2P$；(d) 二重轴 $2D$

图 9.21 中的电子衍射图说明：

(1) 十重旋转轴具有平移对称，周期是 1.25 nm。

(2) 与十重旋转轴正交的平面是二维准周期层，具有十重旋转对称。

(3) 在三维二十面体准晶中两个五重反轴间的夹角是 63.43°，而图 9.21 中十重轴与伪五重轴间的夹角（61°～63°）与此接近，说明十重准晶与二十面体准晶的近亲关系。如果二十面体准晶的一个五重轴转变成十重轴，其他 5 个五重轴就遭到破坏，但还能保持伪五重旋转特征[严格地说，图 9.21(b) 中 10 个衍射斑点落在一个椭圆而不是在一个圆上]。

(4) 比较图 9.21(c) 及 (d) 中十重旋转轴方向上的衍射斑点，就可发现在图 9.21(c) 中有明显的系统消光现象，说明十重旋转轴可能是一个十重螺旋轴 10_5。全面的结构分析（见 11.2 节）指出，多数十重准晶的空间群是 $10_5/mmc$[62]。

图 9.22 是一个毫米尺寸的 Al-Co-Cu 十重准晶的旋进 X 射线衍射图，清楚地显示十重旋转对称及准周期性[62]。它还说明，几毫米大的 Al-Co-Cu 十重准晶是一个单晶，可以用来进行 X 射线单晶结构分析（见 11.2 节）。曾有人凭一般的 X 射线单晶衍射结果认为，Al-Co-Cu 十重稳定准晶不是准晶而是十重孪晶的微畴结构。由于十重准晶与十重孪晶的衍射斑点非常接近，难以区别这两

种结构。但是后来用同步辐射源得到的高分辨率 X 射线单晶衍射结果否定了十重孪晶，从而肯定了十重准晶的存在[63]。

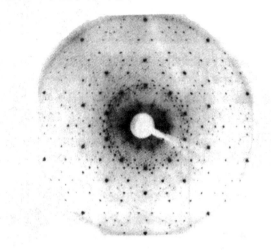

图 9.22　Al-Co-Cu 十重准晶的十重旋进 X 射线衍射图[62]

R. J. Schaefer 等[50]首先在 Al-Mn 合金中观察到二十面体准晶向十重准晶的转变，并且有 $i\text{-}\bar{5} \parallel d\text{-}10$ 的平行取向关系。二十面体准晶有 6 个五重轴，十重准晶可沿这 6 个五重轴生长，因此有 6 种取向，图 9.23 画出其中两种取向关系。实线与虚线分别表示由两个夹角为 63.43° 的五重轴变成的十重轴 10 及 10′；这两个十重准晶的伪五重轴分别是 $p5$ 及 $p5'$，$p5 \parallel 10'$，而 $p5' \parallel 10$。显然，其他 4 个十重准晶的伪五重轴 $p5'$ 也与此十重轴 10 平行。沿十重轴 10 观察，中心有一个十重准晶，周围还有 5 个呈五重对称分布（夹角为 72°）的十重准晶，它们给出的不是十重电子衍射图，而是如图 9.21(b)那样的伪五重电子衍射图。图 9.24 就是在 Ga-Fe-Cu-Si 合金[64]中拍得的二十面体准晶(I)及周围的十重准晶的电子显微像。5 个十重准晶长大后交插在一起，形成 36° 的 10 个辐射状的暗色条带，在制备电镜薄膜试样过程中只保留下来 5 个($D_1 - D_5$)。图 9.24 的插图中还有将电子束聚焦在图 9.24 中二十面体准晶(I)上得到的五重反轴($\bar{5}$)电子衍射图及用其中的一个强衍射斑给出的暗场像(DF_1)，其中只有二十面体准晶(I)发亮，而其周围皆暗。这些都证明，图 9.24 中 I 区（与晶体 C_3 无明显边界）是二十面体准晶。周围的 5 个辐射状条带是 5 种取向不同的十重准晶，其中的 2 个伪五重($p5$)电子衍射图也插在图 9.24 中，它们之间的 36° 取向差明显可见。

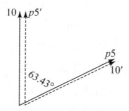

图 9.23 沿二十面体准晶两个五重轴生长出的两个十重准晶的十重轴($10,10'$)及伪五重轴($p5,p5'$)

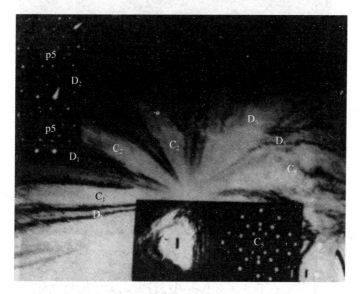

图 9.24 围绕 Ga-Fe-Cu(Si)二十面体准晶(I)生成的 5 个取向差为 36°的十重准晶带($D_1 \sim D_5$)及 5 个晶体相($C_1 \sim C_5$)

插图有 I 的电子衍射及暗场像(DF_1),以及 D_1 与 D_2 的伪五重 $p5$ 电子衍射图[64]

从上面的讨论可以看出,十重准晶的二维准晶层在其法线方向呈周期堆垛。已知十重准晶在十重轴方向的周期是 0.41 nm,0.82 nm,1.24 nm,1.6 nm 及 3.2 nm,都是 0.41 的整倍数[53,54]。何伦雄等[53~55]首先发现的 Al-Co-Cu 稳定十重准晶的周期是 0.41nm,可以作为其他长周期十重准晶的基本层状结构单元。由于周期短,结构简单,只有两层原子,因此便于进行 X 射线单晶结构分析[62](见 11.2 节)和高分辨电子显微像分析[65]。图 9.25(a)是十重准晶沿十重轴观察到的高分辨电子显微像,强像点中心黑而周边亮,很像"牛眼"。这些"牛眼"像点呈十重旋转对称及准周期分布,每个"牛眼"像点周围有 10 个小亮点。

图 9.25(b)是将这些"牛眼"像点连接起来的示意图,主要由正五边形的准周期分布构成,留出的空隙有锐角为 36°的五角星形、船形、菱形等。这是 P1 型 Penrose 拼块,它与图 9.17(b)中的 P3 型胖、瘦菱形拼块可以互相转换,见 10.2.1 节。它们的对接基本符合 Penrose 图的要求[33],只有少量的对接错误[65]。如果将正五边形的中心连接起来,就会给出锐角为 72°的六边形(h)、五角星(s)和只有三角的五角星残余部分(c)。这是在高分辨电子显微像中常见的结构单元[见图 9.34(b)]。另一方面,A. R. Kortan 等[66]曾用扫描隧道显微镜(STM)观察

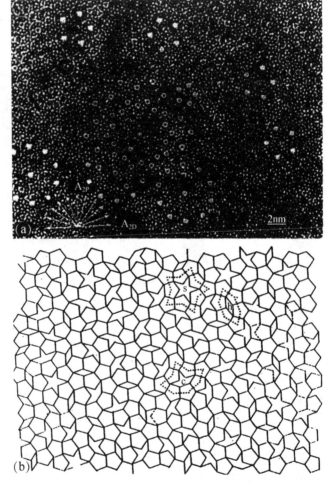

图 9.25　(a) Al-Co-Cu 稳定十重准晶的十重高分辨电子显微像;
(b) 将(a)中像点连接成 Penrose 块[65]

Al-Co-Cu 十重准晶的表面结构,结果也与图 9.25 一致。由于 STM 显示的只是表面一二层原子的分布,而不是如电子显微像一样的三维投影像,因此对验证十重准晶的存在比电子显微像更有说服力。如前所述,Penrose 图在二十面体准晶出现后就被认为是它的准点阵模型。这显然不很确切,因为它是二维准周期图,而二十面体准晶是三维准晶。在二维十重准晶接踵出现后,Penrose 图才确切地作为二维十重准点阵的模型。在 Al-Pd-Mn 合金中,既有 Pd 含量高一些的稳定二十面体准晶,又有 Pd 含量略低的稳定十重准晶。M. Wollgarten 等[67]用高分辨电子显微镜首先观察到在二十面体准晶中垂直于五重轴的平面产生几层层错,这些层错呈 1.24 nm 周期堆垛,此即十重准晶。显然,$i\text{-}\bar{5} \parallel d\text{-}10$。他们还用纳米电子束产生的电子能量损失谱分析几个纳米厚的十重准晶层的成分,其 Pd 含量明显低于二十面体准晶基体。这清楚地说明十重准晶与二十面体准晶的相变关系。

Al 与 Mn 生成一系列包含二十面体结构单元的正交合金相,如 T3-(AlMnZn)[68],Al_3Mn[69~71],$C_{31}\text{-}Al_{60}Mn_{11}Ni_4$[72]等,它们的共同结构特征是[73]:

(1) 层状结构,层内有胖瘦菱形单元。图 9.26(a)给出底心 T3-(AlMnZn) 中的(010)平坦层(F)和起伏层(P)中的六边形结构单元及原子分布[73](黑点代表 Mn 和 Zn,圆圈代表 Al),晶胞中的细线和虚线表示一个六边形单元分解成一个胖菱形和两个瘦菱形的两种方式[见图 9.26(b)]。附录中图 9.34(b)中的左边就是这种六边形结构的高分辨电子显微像,图 9.34(a)是 $C_{31}\text{-}Al_{60}Mn_{11}Ni_4$ 的电子衍射图,衍射斑点呈二维周期排列,说明这是一个晶体,但强衍射斑点显示与十重准晶的十重电子衍射图[图 9.21(a)]类似的分布,说明它是十重准晶的近似晶体相。

(2) 层的堆垛顺序是 $PFP^m(PFP^m)_{2_1}$;F 层是镜面,P^m 是 P 层的反映;PFP^m 经螺旋轴 2_1 的作用给出 $(PFP^m)_{2_1}$。在 [010] 方向的一个周期是 $1.24 \sim 1.26$ nm,与 Al-Mn 十重准晶的沿十重轴的周期基本相同。显然,这些二元或三元 Al-Mn 合金相与 Al-Mn 十重准晶有相近的成分和结构单元。换句话说,前者是后者的近似相。如 9.2.1 节所述,既然可以用有理数 1/1 置换二十面体准晶中的无理数 τ 得到立方 α-(AlMnSi)相,$a = 1.268$ nm,当然也可以用 1/1 置换十重准晶层中两个方向的无理数 τ 分别得到点阵常数 $a = 1.44$ nm,$c = 1.23$ nm。加上 $b = 1.24$ nm(即十重准晶在十重轴上的周期)就可得到一个正交近似相。用不同的有理数的组合(如 1/0,1/1,2/1,3/2)可以得到一系列的正交相[52,74]。对 Al-Mn 正交近似相而言,b 总是 $1.24 \sim 1.26$ nm。对 Al-Pd 正交合金相而言,b 总是 $1.62 \sim 1.68$ nm,而 Al-Pd 十重准晶在十重轴方向的周期也是

$1.6\,nm^{[24,60]}$。十重准晶与其近似正交相的密切结构关系[75]说明了十重准晶广泛在富 Al 的 Al 合金中生成的原因。

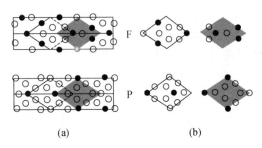

(a) (b)

图 9.26 (a) T3-(AlMnZn)中的平坦层(F)和起伏层(P);(b) 其中的菱形结构单元

(圆圈是 Al 原子,黑点是 Mn,Zn 原子)[68,73]

9.3.2 八重准晶

王宁等[76]首先在急冷 Cr-Ni-Si 及 V-Ni-Si 合金中发现八重旋转对称的二维八重准晶。接着曹巍等[77]在锰硅合金中发现八重准晶,加入少量 Al 后可以改善八重准晶的完整性[78]。此外,Mo-Cr-Ni 八重准晶也有相当高的完整性[79]。

图 9.27(a)中左边是 Cr-Ni-Si 合金中八重准晶的电子衍射图[80],右边是从八重准点阵计算得出的衍射图[81];显示八重旋转对称,同时衍射斑点呈准周期分布。在所有上述有八重准晶的合金中,均发现有 β-Mn 型(空间群 $P4_132;a=0.62\,nm$)立方晶体与八重准晶共生,其[001]电子衍射图及计算得到的衍射图如图 9.27(d)所示。不仅如此,还经常可以观察到介于八重准晶的电子衍射图与 β-Mn 型立方晶体的[001]电子衍射图之间的电子衍射图,如图 9.27(b)及(c)。与图 9.27(a)相比,图 9.27(b)中用箭头标明的两个衍射斑点 2 已经互相靠近,偏离了它们原来的在两根夹角为 45°的直线上的位置。另一方面,斑点 6 向左移动,斑点 11 向右移动。右边是八重准点阵引入不同相位子缺陷后的计算结果,衍射斑点的位移与实验结果相符。此外还有斑点 1 的向左位移。尽管八重旋转对称已有破缺,但是强衍射斑仍显示接近八重旋转对称的外观。上述斑点位移在图 9.27(c)中变得更加明显,八重旋转对称已明显不再存在,尤其是靠近中心的 4 对用箭头标明的斑点对 2。这一对斑点不断接近以致终于重叠在一起,变成图 9.27(d)中的 β-Mn 型立方晶体的 110 衍射斑点,斑点 6 变成 130 衍射斑点,斑点 11 变成 240 衍射斑点。这一系列电子衍射图说明,八重准晶连续转变成 β-Mn 型晶体。此外,在计算的衍射图中,斑点 1 移到

010 衍射的位置。图 9.27(b)及(c)代表的是两种中间状态[80,81]。从这个角度看,就不难理解八重准晶的八重轴的周期(0.62 nm)正好与 β-Mn 型立方晶体的点阵常数相等。

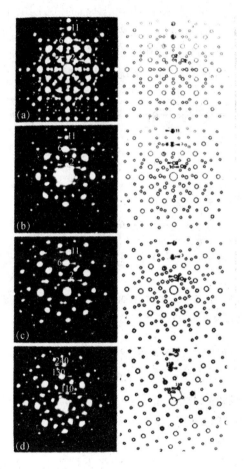

图 9.27 左边是实验得到的电子衍射图[80],右边是计算的衍射图[81]:
(a) 八重准晶;**(b)**,**(c)**中间状态;**(d)** β-Mn 的[001]衍射图

图 9.28 是 β-Mn 结构的[001]投影,在晶胞的顶点和中心有 4_1 螺旋轴,绕每个轴有 8 个原子,构成取向差为 45°的两个正方块。介于这些方块之间的是 45°菱形,也有两种取向,每个菱形中有两个原子。为了区别两个正方块中的原子不处于同一高度,分别用黑点和十字表示[82]。从 β-Mn 结构的投影图还可以看出,围绕其中的两种取向差为 45°的正方块结构单元可以建立两种取向差为

45°的 β-Mn 孪晶。因此,β-Mn 型立方晶体常以 45°孪晶形态出现,它们的[001]合成电子衍射图相当于两个图 9.27(d)相对旋转后叠加在一起。由于其中的 8 个{130}强衍射斑接近八重对称分布,旋转 45°后几乎相重。在孪晶尺寸小、衍射斑点变大的情况下,β-Mn 型晶体的 45°孪晶的[001]电子衍射图粗看起来与八重准晶的八重电子衍射图相似。虽然可以通过绕一个与八重轴正交的轴旋转得出衍射斑点在三维倒易空间中的分布来区别八重准晶及 β-Mn 型孪晶,但是高分辨电子显微像对区别这两种情况更为直观。

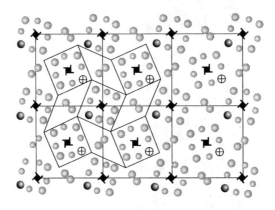

图 9.28 β-Mn 结构的[001]投影图,显示两种正方块结构单元和它们之间的 45°菱形间隙[82]

沿 $Mn_{80}Si_{15}Al_5$ 八重准晶的八重轴拍到的高分辨电子显微像,经过图像处理(主要是滤去噪音)后得到图 9.29(a)[83]。亮像点显示正八边形分布,其中的 3 个像点由于距离较近,有些不能清晰分辨开来。选择一些能分辨的情况[图 9.29(a)及示意图 9.29(b)中用黑点标明],可以看出其中包括 2 种取向的正方形和 4 种取向的 45°菱形。不仅如此,尽管正八边形取向相同,其中的正方形和 45°菱形却有 4 种不同分布(图 9.29 中用黑点标明的 4 个正八边形中正方形与 45°菱形的分布均不一样)。整个图 9.29 可以分解成正方形和 45°菱形的准周期分布。参照 10.2.2 节中图 10.15 给出的八重准点阵中正方块与 45°菱形的对接规律,约有 5%的对接是错误的[如图 9.29(b)中 A 点的对接就是不允许的],这是准晶特有的相位子缺陷。这种缺陷不产生畸变,即正方块及 45°菱形的形状不变,但排列顺序在相位子处互换,因此物质波的相位随之改变。在图 9.29 中还可以观察到 8 个取向不同的 45°菱形会聚在 B 点,这是一个局域的八重对称。

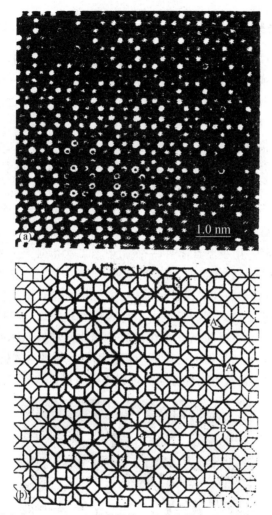

图 9.29 （a）$Mn_{80}Si_{15}Al_5$ 八重准晶的八重高分辨电子显微像（已经过图像处理）；（b）将像点连接起来得到的八重准点阵[83]

从上述讨论可以看出，八重准晶的结构可以看作是由二维准晶层沿八重轴的周期堆垛。准晶层由取向差为 45°的正方块与 45°菱形块准周期地拼成。八重准晶中八重轴方向的周期与 β-Mn 型立方晶体的晶胞参数一样，正方块及 45°菱形块的大小也一样，其中的原子分布也可能相似。不仅如此，只要引入相位子缺陷，把正方块与 45°菱形块由准周期分布逐渐改为周期分布，就可由八重准晶直接转变得出 β-Mn 型晶体结构[81]，详见 10.2.2 节。

9.3.3　十二重准晶

T. Ishimasa 等[84]首先在急冷的 Cr-Ni 合金中发现具有十二重旋转对称的二维十二重准晶,除了获得十二重电子衍射图外,还拍到高分辨电子显微像,它的结构块是 30°菱形,60°正三角形,90°正方形。这种十二重准晶与 σ 相 ($P4_2/mnm$, $a=0.880$ nm, $c=0.454$ nm)共生。

陈焕等[85]在急冷的 V_3Ni_2 及 $V_{15}Ni_{10}Si$ 合金中也找到十二重准晶,图 9.30 是其十二重电子衍射图。所有衍射斑点都围绕中心透射斑呈十二重对称分布,而且在最外边的一圈强衍射斑点中每个也有 12 个卫星斑点。不仅如此,这些衍射斑点还构成不同尺寸的 30°菱形,60°菱形和正方形。这些衍射斑点可由多次衍射产生:最强的一次衍射 $h_1, \cdots, h_{12}$ 用大黑点标明;它们的二次衍射,如 h_1+h_2, h_1+h_3 等等,用小黑点标明;一次衍射与二次衍射产生的三次衍射用黑十字标明(未全标明);如此类推,可以得到图 9.30 中的所有衍射斑点。不仅如此,由于一次衍射斑点的位置没有周期性,多次衍射斑点不重复,不断繁衍,最后将连续地布满整个衍射图。只是由于高次衍射较弱,一般只能观察到四、五级衍射。这种连续分布是包括准晶在内的一切非周期性晶体的衍射特征。这些衍射斑点的级联作图与杨奇斌等[86]发展出的十二重准点阵绘图法相似。

绕图 9.30 中的铅直方向旋转 90°,可以得到衍射斑点在十二重轴方向的分

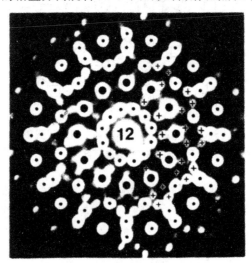

图 9.30　Cr-Ni-Si 十二重准晶的十二重电子衍射图

[大黑点是一次衍射,小黑点是二次衍射,黑十字(未画全)是三次衍射][85]

布,由此计算出的十二重轴方向的周期是 0.45 nm,与四方 σ 相的 $c=0.454$ nm 基本相同。这些衍射结果说明,十二重准晶是与 σ 相有关的具有十二重旋转对称的二维准晶。

图 9.31 是十二重准晶沿十二重轴拍得的高分辨电子显微像,像点的分布用白线连接显示,其中主要是正三角形和正方形(由于像点位置对晶体试样的厚度和取向以及电子光学参数都非常敏感,正三角形和正方形不可避免地有一些畸变)。只是在箭头所指处有一个 30°菱形,这与 Ishimasa 等[84]的结果明显不同。

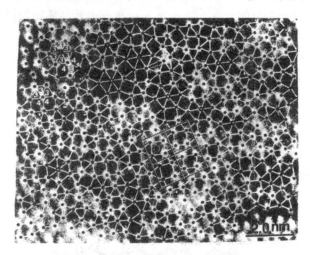

图 9.31 Cr-Ni-Si 十二重准晶的十二重高分辨电子显微像
像点连接成正方形及三角形(仅一个 30°菱形,用箭头标明),它们形成的
结点是 3^6,3.4.3.3.4(σ 相)及 3.3.3.4.4(H 相)[85]

F. C. Frank 和 J. S. Kasper[18]曾对包括 σ 相在内的过渡金属的合金相进行过拓扑分析,它们主要由配位数 CN=14 的二十四面体[见图 9.9(c)]并排排列构成。D. P. Shoemaker 夫妇[8]称之为六角四面体密堆相,去掉二十四面体的上下两个顶,就剩下有 12 个顶的六角反棱柱,上面与下面的两个正六边形的取向相反。这样就会产生一种层状结构,上下两个取向相反的由六边形与三角形构成的主层,每个格点上都有原子[图 9.32(a)及(c)]。中间是由六角反棱柱中心原子[图 9.32(b)中用大球标明]构成的次层,不是三角形(3)就是正方形(4)。Frank 和 Kasper[18]指出,它们的组合仅有 3^6,4^4,3.3.4.3.4($3^2 \cdot 4 \cdot 3 \cdot 4$)及 3.3.3.4.4($3^3 \cdot 4^2$)四种。体心立方的 Cr_3Si 次层是 4^4,而 Zr_4Al_3 的次层是 3^6(图 9.32 画出的是它们在 σ 相次层中的晶胞,周围多边形的分布仍属 σ 相中

的分布,不是这两个相中应有的分布)。图 9.32 中绕 σ 相的一个六角反棱柱的中心的多边形顺序是 $3^2 \cdot 4 \cdot 3 \cdot 4$。σ 相在过渡金属二元合金中广泛存在,一个组元是原子半径略小的 Mn,Fe,Co,Ni 等,另一个组元是原子半径略大的 V,Cr,Mo,W 等。这是一种六角四面体密堆结构,CN=14[二十四面体,见图 9.9(c)及 9.11(b)]:53.3%;CN=12(二十面体):33.3%;CN=15[二十六面体,见图 9.11(c)]:13.4%。换句话说,一半的原子处于六重反棱柱中。李斗星等[87]在用电子显微镜研究高温合金中的 σ 相时发现由 Frank-Kasper 预言的 $3^3 \cdot 4^2$ 即 H 相(见图 9.31 左边的 3.3.3.4.4 单元),并得出其晶体结构模型[88]。从上述讨论可以看出,Cr_3Si,Zr_4Al_3,σ 及 H 相都属于六角四面体密堆相,又称 Frank-Kasper 相,它们的共同点是都由六角反棱柱并排排列构成,不同点是排列的顺序不同,可由反棱柱中间的次层 3^6,4^4,$3^2 \cdot 4 \cdot 3 \cdot 4$ 及 $3^3 \cdot 4^2$ 识别。

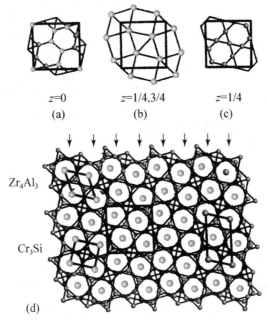

图 9.32　四方 σ 相的[001]投影图(d);(a),(c)是 z=0 及 1/2 的网络,上下对应的六边形取向相反;(b)是 z=1/4 及 3/4 的 3.4.3.3.4 网络

在图 9.31 中的 3^6 格点用黑点标明,周围都是 $3^2 \cdot 4 \cdot 3 \cdot 4$ 格点,此外还有 $3^3 \cdot 4^2$ 格点(见左上角)。这些格点的分布基本上是无序的,只有中心偏右下角有 4 个 σ 相晶胞连生在一起。由此可以看出十二重准晶的结构单元与 σ 相相同,只是六角反棱柱不是周期排列而是准周期甚至随机排列[89]。

9.4 一维准晶

正像二维十重准晶是由三维二十面体准晶中一个五重准周期轴变成十重周期轴而生成的,一维准晶是由二维十重准晶中一个二重准周期轴(与十重轴正交)变成二重周期轴而生成的。换句话说,一维准晶有两个正交的周期方向(其中一个即十重准晶的十重轴方向)以及一个与它们正交的准周期方向。显然,这个准周期方向上的准周期与二维十重准晶的一个二重准周期相同。何伦雄等[54]在研究急冷凝固的 $Al_{65}Co_{15}Cu_{20}$,$Al_{65}Mn_{15}Cu_{20}$ 及 $Al_{80}Ni_{14}Si_6$ 合金中的二维十重准晶时,发现十重电子衍射图中的 $2P$ 二重轴不再是准周期的,而是具有不同的周期。图 9.33(a)是 $Al_{80}Ni_{14}Si_6$ 一维准晶的伪十重电子衍射图,相当于二维十重准晶的十重电子衍射图,强衍射斑点仍近似地显示十重对称分布,但是 P_1 二重轴方向的衍射斑点已明显地呈现周期性,而 D_1 二重轴仍是准周期轴。绕 P_1 旋转 $90°$ 得到 D_1 二重电子衍射图,由此得出的一维准晶在十重轴方向的周期是 1.6 nm。在 P_1 方向的衍射斑点排列在一些等间距的层线上,用白箭头标明。此外还有周期是 0.4 nm($Al_{65}Co_{15}Cu_{20}$)及 1.2 nm($Al_{65}Mn_{15}Cu_{20}$)的一维准晶,与这些合金中二维十重准晶在十重轴方向的周期相等。不仅如此,图 9.33(b)中的 6 个呈六角形分布的强衍射斑也与二维十重准晶中的情况[见图 9.21(d)]相似,只不过在十重准晶的 $2P$ 二重轴准周期方向的衍射斑点列已显示 $m×0.23$ nm($m=3$)的周期性。此外,还有 $m=5$($Al_{65}Mn_{15}Cu_{20}$)及 13($Al_{65}Co_{15}Cu_{20}$)的情况。后来蔡安邦等[90~92]及王仁卉等[93]还找到 $m=8$ 的一维准晶。$m=3,5,8,13$ 属于与 $\tau=(1+\sqrt{5})/2$ 有关的 Fibonacci 数列,这与这

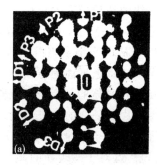 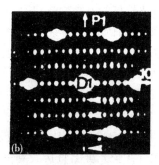

图 9.33 $Al_{80}Ni_{14}Si_6$ 一维准晶的伪十重电子衍射图

(a)及 D_1 二重电子衍射图(b)[54]

些周期是由十重准晶的一个准周期轴变来的是一致的。M. Kalning 等[94]也证实了一维准晶的存在。张洪等[95]在二维准晶中的一个准周期方向（P）引入线性相位子畸变,使它变成周期性,从而得出一维准晶。当相位子畸变增大时,m 由大变小,周期变短。

　　从上述讨论可以看出三维准晶向晶体的转变过程:

　三维二十面体准晶 →　二维十重准晶　→　一维准晶　→　准晶的近似晶体相
　（无周期方向）　　（一维周期平移）（二维周期平移）　（三维周期平移）

其中还有一系列的中间状态。此外,一维准晶的周期（也就是 m）可以有不同数值,由大变小（无穷大时是二维准晶）;准晶的近似晶体相的晶胞也有不同大小,也是由大变小（无穷大时是准晶）。换句话说,随着周期平移对称的从无到有和从一维扩展到三维,二十面体点对称和十重旋转对称终于破缺,这就是本章的总结。有兴趣了解如何从二十面体点群变到不同晶体子点群的读者,可参阅 Y. Ishii[96]的论文。

第 9 章附录　　电子衍射与成像

　　二十面体准晶、八重旋转、十重旋转、十二重旋转、二维准晶以及一维准晶都是用电子衍射发现的。这是因为早期的准晶都是用急冷凝固得到的,颗粒尺寸仅为几微米,不能做 X 射线单晶衍射结构分析。但是,可以用磁透镜将一束电子聚焦成微米甚至纳米束斑,这样就可以在电子显微镜中找到微米尺寸的准晶颗粒并得到它的五重对称、八重对称、十重对称、十二重对称的单晶电子衍射图,发现和确认这些准晶。电子衍射是由原子的电势对电子的散射产生的,但是,它的几何原理却与 X 射线衍射相同,由于电子的波长非常短,在 100 kV 电压加速下,波长仅为 0.37 pm,比常用的 X 射线的波长短六七十倍。因此,反射球的直径要较晶体的 X 射线衍射情况（参见图 3.15）长六七十倍,在电子束的衍射角范围内（<1°）,反射球面接近为一平面,从而当倒易点阵平面在电子衍射方向与反射球面相切时有大量倒易点阵点落在接近平面的球面上。因此,电子衍射图和图 3.20 的旋进照相图一样,直接显示晶体的一个倒易点阵平面［如图 9.34(a)显示一个矩形二维点列］,不需要胶片做复杂的旋进运动。此外,由于原子对电子的散射因子比 X 射线散射因子约大 4 个数量级,电子衍射斑点明亮,肉眼就可在荧光屏上直接看到电子衍射斑。这对于发现新的旋转对称及点阵类型是非常有利的。图 9.12(a)是 Ti-Ni 二十面体准晶的五重旋转对称电子衍射图,电子衍射斑点不再呈二维周期分布,而显示十重旋转对称分布,其中还

有不同大小的五边形,直接显示五重或十重旋转对称。图 9.27(a)是八重准晶的八重旋转对称电子衍射图,图 9.30 是十二重准晶的十二重旋转对称电子衍射图,一目了然。另一值得指出的是,在所有上述准晶的电子衍射图中,衍射斑点都呈非周期或准周期分布,与图 9.34(a)明显不同。

　　事物总是一分为二的。电子衍射的波长短、散射强有其优点,已如上述。另一方面,这也正是它的缺点所在。电子的波长短,根据 Bragg 方程 $2d\sin\theta=\lambda$,衍射角 2θ 就非常小($<1°$),不易准确测量。另一方面,电子的散射强,不能穿透厚的晶体,因此在电子显微镜中进行微区电子衍射使用的晶体薄膜一般只有一二百纳米厚。因此,形状因子效应使倒易点阵点在膜的法线方向也就是电子束入射方向拉长。这就会使一些原来不与反射球面相截的倒易点阵点也与其相截。换句话说,测量得到的衍射斑点到中心透射斑的距离并不与一个倒易点阵点到原点的距离准确对应。此外,在电子显微镜中记录电子衍射图不是直接从晶体中得到的,而是经过几个电磁透镜放大后拍摄在底片上。因此,衍射斑点的位置与这几个磁透镜的励磁电流有关。这些因素合在一起使电子衍射的精度远逊于 X 射线衍射,晶面间距值一般只有三位有效数字。更为严重的是,电子衍射由于散射强,在所谓的双束情况下(调整晶体取向仅产生一个强衍射),衍射束的强度甚至可以与入射束相当。因此,二次及多次衍射等动力学衍射效应不可忽略,不能从衍射强度准确地得出结构因子的振幅。这就使电子衍射定量结构分析十分困难,但却不失为一种非常有效的、特别是微晶的物相分析方法。在透射电子显微镜中可以进行微区(small-area)及选区(selected-area)电子衍射,统写为 SAED。场发射枪电子显微镜的电子束可以聚焦到 1 nm 甚至更小,可以开展纳米电子衍射(NED)实验。

　　此外,电子束可以会聚在试样上产生发散角大的衍射盘(见图 9.18 及图 9.30)。会聚束电子衍射(convergent-beam electron diffraction,CBED)不但可以清晰地给出非常小的晶体的衍射图及衍射斑的准确位置,还可以给出晶体的点群甚至空间群对称信息。

　　用肉眼或光学显微镜无法观察到微米尺寸的准晶颗粒结构,一定要借助放大倍率更高的电子显微镜。早期的电子显微镜与电子衍射仪是分离的两种仪器,前者给出上万倍的电子衍衬像,后者给出电子衍射图。根据阿贝(Abbe)成像原理,在物镜的后焦面上得到物的 Fourier 变换即衍射谱,再经过 Fourier 反变换在像面上聚焦成像。改变中间镜励磁电流,也就是改变其焦长,或者把经过物镜在物面上成的像投影并放大到荧光屏上,或者把物镜后焦面上的衍射谱投影并放大到荧光屏上。这样就可以把衍射和成像结合在一起进行物相分析,除了前面已经讲过的选区衍射(在高倍放大像中选一个晶粒给出衍射图),下面简单介绍选择衍射成像。前述图 9.24 是由透射电子束给出的 5 万倍的电子显微像,其中用 I 标明的二十面体准晶区域不能从这张电子显微像直接看出,而只能观察到 5 条辐射带状的十重准晶及在这些条带间的晶体相。但是细致的微区电子衍射分析却在十重准晶电子衍射图之外,还观察到二十面体准晶的衍射(见图 9.24 中的插图 I)。将物镜光阑套在二十面体准晶的一个强衍射斑点上,只让这一衍射束经过物镜、中间镜成像并经投影镜放大成电子显微像,如图 9.24 中的插图 DF_1。由于这一衍射束是二十面体准晶的衍射,因此只有二十面体(I)是亮的,周围的其他相都是暗的。透射束给出明场像(bright-field image,BF),衍射束给出暗场像(dark-field image,DF)。后者的含义是整个像是暗的,只有产生此衍射束的区域是亮的。从这一实验可以看出,选择衍射成像是电子物相分析的一种重要方法。

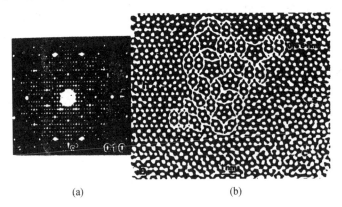

(a)　　　　　　　　　　　　　(b)

图 9.34　C31-$Al_{60}Mn_{11}Ni_4$ 的[010]电子衍射图(a)及高分辨电子显微像(b)[97]

此外,还可让透射束与多束衍射相干成高分辨电子显微像,它的 Fourier 变换不仅有结构因子的振幅信息,还保留有相位信息。可以用不同角度入射的高分辨电子显微像经过三维重构(three dimensional reconstruction)得出晶体结构。一门新的电子晶体学(electron crystallography)正在兴起[98,99]。现代高分辨电子显微镜的分辨率已达 0.2 nm,高压高分辨电镜甚至到 0.15~0.17 nm,已经达到原子分辨水平。但是在晶体中,由于原子在电子束入射方向的重叠,除非是非常简单的结构,尚无法用高分辨电子显微像直接观察晶体中单个原子的分布。不过,在高分辨电子显微像中可以直接分辨晶体中的结构单元。图 9.34(b)是 $Al_{60}Mn_{11}Ni_4$ 的高分辨电子显微像,由一些像点组成。如果把这些像点构成的五边形中心连接起来,左边是由拉长了的六边形(h)构成的底心矩形排列,它所代表的结构如图 9.26(a)所示(转 90°)。拉长的六边形 h 可以分解成胖、瘦菱形[图 9.26(b)],这是十重准晶的基本结构单元。在图 9.34(b)的中间及右边除了这种六边形(锐角 72°)外,还有 72°五角星(s)及只有三个锐角的 72°五角星(c),呈无序分布。图 9.25(b)是 Al-Co-Cu 十重准晶的高分辨电子显微像[图 9.25(a)]的示意图,主要是正五边形的准周期分布,中间的空隙有 36°菱形,锐角为 36°的五角星及锐角为 36°的三角星(也称为船形)。如果将正五边形的中心连接起来,就会得出锐角为 72°的六边形、五角星及只有三角的五角星(图中用黑线勾画出这三种结构单元),与图 9.34(b)的观察结果一致。由此可见,图 9.34(b)给出的结构单元既可以构成左边的晶体相,也可以给出准晶,只是这些结构单元在晶体中呈周期分布,而在准晶中呈准周期分布。这种高分辨电子显微像虽不能分辨单个原子,却能直接显示晶体或准晶体结构在电子束方向的投影,因此称为结构像(structural image)。从不同的入射角拍结构像,再进行三维重构,就可得出三维晶体结构。

不仅如此,在电子显微镜中还可进行初级 X 射线谱及电子能量损失谱(electron energy loss spectroscopy)实验,得到微区成分的信息。可以毫不夸张地说,透射电子显微镜是研究微米到纳米尺度微观结构的一种非常有效的仪器。有兴趣的读者可进一步阅读有关专著[100~102]。

参 考 文 献

[1] D. Shechtman, I. Blech, D. Gratias and J. W. Cahn, *Phys. Rev. Lett.*, 1984,**53**, 1951.

[2] D. Levine and P. J. Steinhardt, *Phys. Rev. Lett.*, 1984,**53**, 2477.

[3] A. Mackay, *Physica A*, 1982,**144**, 609.

[4] L. Pauling, *Science News*, 1986,**129**, No. 1, 3.

[5] H. W. Kroto, J. R. Heath, S. C. O'Brien, R. F. Curl and R. E. Smalley, *Nature* (London), 1985,**318**, 162.

[6] L. Pauling, *J. Amer. Chem. Soc.*, 1947,**69**, 542.

[7] T. A. Heath, *The Thirteen Books of Euclid's Elements*, Cambridge Univ. Press, Cambridge, 1908.

[8] D. P. Shoemaker and C. B. Shoemaker, *Acta Cryst.*, 1986, **B42**, 3; *Mater. Sci. Forum*, 1987,**22~24**, 67.

[9] G. Bergman, J. L. T. Waugh and L. Pauling, *Acta Cryst.*, 1957,**10**, 254.

[10] M. Audier, P. Sainfort and B. Dubost, *Phil. Mag.*, 1986,**B54**, L105.

[11] P. Ramanchandrarao and G. V. S. Sastry, *Pramana*, 1985, **25**, L225.

[12] P. Sainfort, B. Dubost and A. Dubus, C. R. *Acad. Sci.*, Ser. Ⅱ, 1985, **301**, 689.

[13] A. L. Mackay, *Acta Cryst.*, 1962, **15**, 916.

[14] K. Robinson, *Acta Cryst.*, 1952, **5**, 397.

[15] C. B. Shoemaker, D. A. Keszler, D. P. Shoemaker, *Acta Cryst.*, 1989, **B45**, 13.

[16] N. C. Shi, X. Z. Li, Z. S. Ma and K. H. Kuo, *Acta Cryst.*, 1994, **B50**, 22.

[17] F. C. Frank, *Proc. Roy. Soc.* (London), Ser. A, 1952, **215**, 43.

[18] F. C. Frank and J. S. Kasper, *Acta Cryst.*, 1958, **11**, 184; 1959, **12**, 483.

[19] P. I. Kripyakevich, *Structural Types of Intermetallic Compounds* (in Russian), Nayka, Moscow, 1977.

[20] A. K. Sinha, *Topologically Close-Packed Structures of Transition Metal Alloys*, Pergamon Press, London, 1972.

[21] J. W. Cahn, *Mater. Res. Soc. Bull.*, March/April, 9, 1986.

[22] D. Shechtman and I. Blech, *Metall. Trans.*, 1985, **A16**, 1005.

[23] A. Csanady, private communication.

[24] K. H. Kuo, *J. Less-Common Metals*, 1990, **163**, 9.

[25] V. Elser and C. Henley, *Phys. Rev. Lett.*, 1985, **55**, 2883.

[26] P. Guyot and M. Audier, *Phil. Mag.*, 1985, **B52**, L15.

[27] P. Sainfort and B. Dubost, *J. Phys.* (France), 1986, **47**~**C3**, C3~321.

[28] H. K. Hardy and J. M. Silcock, *J. Inst. Metals*, 1955/56, **24**, 423.

[29] E. Spaepen, L. C. Chen, S. Ebalard and W. Ohashi, in M. V. Jaric and S. Lundqvist (eds.), *Quasicrystals*, World Scientific, Singapore, 1990, pp. 1~18.

[30] K. H. Kuo, H. Q. Ye and D. X. Li, *J. Mater. Sci.*, 1986, **21**, 2597.

[31] H. Q. Ye, D. N. Wang and K. H. Kuo, *Ultramicroscopy*, 1985, **16**, 273.

[32] Z. Zhang, H. Q. Ye and K. H. Kuo, *Phil. Mag.*, 1985, **A52**, L49.

[33] R. Penrose, *Bull. Inst. Math. Appl.*, 1974, **10**, 266; *Math. Intel.*, 1977, **2**, 32.

[34] A. Bohr, *Acta Math.*, 1924, **45**, 29; 1925, **46**, 101; 1928, **52**, 127.

[35] Z. Zhang and K. H. Kuo, *Phil. Mag.*, 1986, **B54**, L83.

[36] Z. Zhang and K. H. Kuo, *J. Microsc.*, 1987, **146**, 313.

[37] K. F. Kelton, in G. Chapius and W. Paciorek (eds.), *Aperiodic* 94, World Scientific, Singapore, 1995, pp. 505~514.

[38] S. J. Poon, A. J. Drehman and K. R. Lawless, *Phys. Rev. Lett.*, 1985, **55**, 2324.

[39] Z. Luo, S. Zhang, Y. Tang and D. Zhao, *Scripta Metall. Mater.*, 1993, **28**, 1513; 1994, **30**, 393.

[40] B. Dubost, J. M. Lang, H. Tanaka, P. Sainfort and M. Audier, *Nature* (London), 1986, **324**, 48.

[41] Z. H. Mei, B. S. Zhang, M. J. Hui, Z. H. Huang, and X. S. Chen, *Mater. Sci. Forum*, 1987,**22~24**, 591; Z. H. Mei, S. Z. Tao, L. Z. Zeng and B. S. Zhang, *Phys. Rev.* , 1988,**B38**, 12913.

[42] F. H. Li, C. M. Teng, Z. R. Huang, X. C. Chen and X. S. Chen, *Phil. Mag. Lett.* , 1988,**57**, 113; F. H. Li, G. Z. Pang, S. Z. Tao, M. J. Hui, Z. H. Mei, X. S. Chen and L. Y. Cai, *Phil. Mag.* , 1989,**B59**, 535.

[43] A. -P. Tsai, A. Inoue and T. Masumoto, *Jpn. J. Appl. Phys.* , 1987,**26**, L1505.

[44] A. -P. Tsai, A. Inoue and T. Masumoto, *Phil. Mag. Lett.* , 1990,**62**, 95.

[45] W. Ohashi and F. Spaepen, *Nature* (London), 1987,**330**, 555.

[46] A. J. C. Bradley and H. J. Goldschmidt, *J. Inst. Metals*, 1939,**65**, 403.

[47] C. A. Guryan, A. I. Goldman, P. W. Stephens, K. Hiraga, A. P. Tsai, A. Inoue and T. Masumoto, *Phys. Rev. Lett.* , 1989,**62**, 2409.

[48] L. Bendersky, *Phys. Rev. Lett.* , 1985,**55**, 1461.

[49] K. Chattopadhyay, S. Ranganathan, G. N. Subbanna and N. Thangaraj, *Scripta Metall.* , 1985,**19**, 767.

[50] R. J. Schaefer and L. Bendersky, *Scripta Metall.* , 1986,**20**, 745.

[51] K. K. Fung, C. Y. Yang, Y. Q. Zhou, J. G. Zhao, W. S. Zhan and B. G. Shen, *Phys. Rev. Lett.* , 1986,**56**, 2060.

[52] K. H. Kuo, *J. Non-Cryst. Solids*, 1993,**153**&**154**, 40.

[53] L. X. He, Y. K. Wu and K. H. Kuo, *J. Mater. Sci. Lett.* , 1988,**7**, 1284.

[54] L. X. He, X. Z. Li, Z. Zhang and K. H. Kuo, *Phys. Rev. Lett.* , 1988,**61**, 1116.

[55] L. X. He, Y. K. Wu, X. M. Meng and K. H. Kuo, *Phil. Mag. Lett.* , 1990, **61**, 15.

[56] Lin Shu-yuan, Wang Xue-mei, Lu Li, Zhang Dian-lin, L. X. He and K. H. Kuo, *Phys. Rev.* , 1990,**B41**, 9625; Lin Shu-yuan, Li Guo-hong and Zhang Dian-lin, *Phys. Rev. Lett.* , 1997,**77**, 1998.

[57] A. P. Tsai, A. Inoue and T. Masumoto, *Mater. Trans.* , *JIM*, 1989,**30**, 300.

[58] A. R. Kortan, F. A. Thiel, H. S. Chen, A. P. Tsai, A. Inoue and T. Masumoto, *Phys. Rev.* , 1989,**B40**, 9397.

[59] A. P. Tsai, A. Inoue and T. Masumoto, *Mater. Trans.* , *JIM*, 1980,**30**, 463.

[60] C. Beeli, H. U. Nissen and J. Robadey, *Phil. Mag. Lett.* , 1991,**63**, 87.

[61] J. S. Wu and K. H. Kuo, *Metall. Mater. Trans.* , 1997,**28A**, 729.

[62] W. Steurer and K. H. Kuo, *Acta Cryst.* , 1990,**B46**, 703.

[63] M. Fettweis, P. Launois, R. Reich, R. Wittmann and F. Denoyer, *Phys. Rev.* 1995, **B51**, 6700.

[64] S. P. Ge and K. H. Kuo, *Phil. Mag. Lett.* , 1997,**75**, 245.

[65] Z. Zhang, H. L. Li and K. H. Kuo, *Phys. Rev.* , 1993,**B48**, 6949；

　　　 H. L. Li, Z. Zhang and K. H. Kuo, *Phys. Rev.* , 1994,**B50**, 3645.

[66] A. R. Kortan, R. S. Becker, F. A. Thiel and H. S. Chen, *Phys. Rev. Lett.* , 1990,
　　　 64, 200.

[67] M. Wollgarten, H. Lakner, K. Urban, *Phil. Mag. Lett.* , 1993,**67**, 9.

[68] A. Damjanovic, *Acta Cryst.* , 1961,**14**, 982.

[69] M. A. Taylor, *Acta Cryst.* , 1959,**12**, 393.

[70] J. D. FitzGerald, R. Withers, A. M. Stewart and A. Calka, *Phil. Mag.* , 1988,**B58**,
　　　 15.

[71] K. Hiraga, M. Kaneko, Y. Matsuo and S. Hashimoto, *Phil. Mag.* , 1993,**B67**, 193.

[72] G. van Tendeloo, J. van Landuyt, S. Amelinckx and S. Ranganathan, *J. Microsc.* ,
　　　 1988,**149**, 1.

[73] X. Z. Li and K. H. Kuo, *Phil. Mag.* , 1992,**B65**, 525.

[74] H. Zhang and K. H. Kuo, *Phys. Rev.* , 1990,**B42**, 8907.

[75] W. Steurer, *Mater. Sci. Forum*, 1994,**150**~**151**, 15.

[76] N. Wang, H. Chen and K. H. Kuo, *Phys. Rev. Lett.* , 1987,**59**, 1010.

[77] W. Cao, H. Q. Ye and K. H. Kuo, *Phys. Stat. Solidi* (b), 1988,**107**, 511; Z.
　　　 Kristallogr. , 1989,**189**, 25.

[78] N. Wang, K. K. Fung and K. H. Kuo, *Appl. Phys. Lett.* , 1988,**52**, 2120.

[79] J. C. Jiang, K. K. Fung and K. H. Kuo, *Phys. Rev. Lett.* , 1992,**68**, 616.

[80] N. Wang and K. H. Kuo, *Phil. Mag. Lett.* , 1990,**61**, 63.

[81] Z. H. Mei, L. Xu, N. Wang, K. H. Kuo, Z. C. Jin and G. Cheng, *Phys. Rev.* ,
　　　 1989,**B40**, 12183.

[82] N. Wang and K. H. Kuo, *Phil. Mag.* , 1989,**B60**, 347.

[83] J. C. Jiang and K. H. Kuo, *Ultramicroscopy*, 1994,**54**, 215.

[84] T. Ishimasa, H. U. Nissen and Y. Fukano, *Phys. Rev. Lett.* , 1985,**55**, 511.

[85] H. Chen, D. X. Li and K. H. Kuo, *Phys. Rev. Lett.* , 1988,**60**, 1645.

[86] Q. B. Yang and W. D. Wei, *Phys. Rev. Lett.* , 1996,**58**, 9.

[87] D. X. Li, H. Q. Ye and K. H. Kuo, *Phil. Mag.* , 1984,**A50**, 531.

[88] H. Q. Ye, D. X. Li and K. H. Kuo, *Acta Cryst.* , 1984,**B40**, 461.

[89] K. H. Kuo, Y. C. Feng and H. Chen, *Phys. Rev. Lett.* , 1988,**61**, 1740.

[90] A. P. Tsai, A. Yamamoto and T. Masumoto, *Phil. Mag. Lett.* , 1992,**66**, 203.

[91] A. P. Tsai, A. Sato, A. Yamamoto, A. Inoue and T. Masumoto, *Jap. J. Appl.
　　　 Phys.* , 1992,**31**, L970.

[92] A. P. Tsai, A. Inoue and T. Masumoto, *Metall. Trans. JIM*, 1993,**34**, 155.

[93] W. Yang, J. Gui and R. Wang, *Phil. Mag. Lett.* , 1996,**74**, 357.

[94] M. Kalning, S. Keh, H. G. Krane, V. Dorna, W. Press and W. Steurer, *Phys. Rev.*, 1997, **B55**, 187.

[95] H. Zhang and K. H. Kuo, *Phys. Rev.*, 1990, **B41**, 3482.

[96] Y. Ishii, *Phys. Rev.*, 1989, **B39**, 11862.

[97] H. X. Sui, K. Sun and K. H. Kuo, *Phil. Mag.*, 1997, **A75**, 379.

[98] D. L. Dorset, *Acta Cryst.*, 1996, **B52**, 753.

[99] D. L. Dorset, *Structural Electron Crystallography*, Plenum Press, New York, 1995.

[100] 郭可信,叶恒强,吴玉琨,电子衍射图,科学出版社,北京,1983.

[101] 郭可信,叶恒强,高分辨电子显微学,科学出版社,北京,1985.

[102] 朱静,叶恒强,王仁卉,温树林,康振川,高空间分辨分析电子显微学,科学出版社,北京,1987.

[103] 周公度,化学中的多面体,北京大学出版社,北京,2009.

第 10 章　准点阵及衍射

　　周期点阵及其衍射比较简单,已在第 3 章中讨论。准点阵没有周期性,它的描述就要复杂得多。在二十面体准晶发现的同时,D. Levine 及 P. J. Steinhardt[1] 就讨论了准点阵的描述及衍射图的计算。实际上在准晶发现之前,数学家 R. Penrose[2,3] 就研究过具有五重旋转对称的二维非周期拼图,后来称为 Penrose 图。N. G. de Bruijn[4] 对 Penrose 图作了详细的代数分析,提出了用多重网格(multigrid)法及高维空间投影法绘制 Penrose 图。A. Mackay[5] 首先考虑了 Penrose 图的晶体学意义,称之为准点阵(quasilattice)。除得到 Penrose 图的五重旋转对称的光学衍射图外,还进一步讨论了三维准点阵。P. Kramer[6] 分析了由 7 种拼块构成的具有二十面体对称的三维非周期结构。这些开创性工作为二十面体准晶发现后涌现出的大量的有关准点阵的描述及其衍射的讨论奠定了基础。

　　Penrose 图(P3 型)有两个基本单元,一个是锐角为 72° 的胖菱形,另一个是锐角为 36° 的瘦菱形,见图 9.17。它们的准周期拼图使这个平面上的两个方向各有两个线性长度[1 和 $\tau = (1+\sqrt{5})/2$],因此需要四个参数描述这个二维准周期拼图。在四维超空间(4D superspace)E^4 中选一个有周期平移的四维超点阵(4D superlattice)Σ^4,再通过二维垂直超平面 $E_\perp^2$ 上的窗口 $C_\perp$ 投影到一个二维平行超平面(2D superplane)$E_\parallel^2$,如果两者的取向与无理数 $\tau = (1+\sqrt{5})/2$ 有关,投影结果就是一个二维 Penrose 图。不仅如此,还可将四维倒易空间 E^{4*} 中的四维周期倒易点阵 Σ^{4*} 投影到一个无理数取向的二维倒易超平面 $E_\parallel^{2*}$ 上,得出准点阵的倒易点阵平面或衍射图。与三维二十面体准晶相对应的是六维超点阵 Σ^6,与它的衍射对应的是六维倒易超点阵 Σ^{6*}。准晶发现后不到一年,准点阵高维空间投影方法[7~9] 就随之出现。

　　把准周期点阵提升到高维空间作为周期点阵处理,这使得准周期性变得简单易懂。为此付出的代价是引入一个垂直子空间 $E_\perp$ 及其中的投影窗口,它对进入平行子空间 $E_\parallel$ 的超点阵阵点起着约束作用,这又使得问题变得复杂。实际上这是把准点阵中的准周期问题转移到一个人为的垂直子空间里去。因此,准点阵以及第 9 章中讨论的准晶体衍射的高维空间处理,其关键还是垂直子空间里的窗口选择。对二维十重准晶而言,这是一个菱面二十面体[图 9.4(e)];对二十面体准晶而言,这是一个菱面三十面体[图 9.4(f)]。

晶体学中的一个普遍原理是,一种结构投影后的 Fourier 变换和这种结构的 Fourier 变换的切割等价。反之,这种结构在切割后的 Fourier 变换与它在 Fourier 变换后的投影等价。对于无平移周期的非公度(incommensurate)结构,高维空间的切割方法[10~12]早在 20 世纪 70 年代就已建立起来了。从事非公度结构研究的 P. Bak[13],T. Janssen[14],A. Yamamoto[15,16]等首先将切割方法引入准点阵研究。

在这一章中,首先讨论一维准点阵,特别是如何由二维超空间的投影或切割得出一维准点阵。一则因为二维超空间 E^2 可在平面上画出,比较直观易懂,二则这是二维及三维准点阵的基础。在五重、八重、十重及十二重旋转对称四种二维准点阵中,将重点讨论八重准点阵。一则我国学者在这方面做了大量工作[17~24],二则四维超空间 E^4 可以分解为两个正交的二维子空间 $E^2_{\parallel}$ 及 $E^2_{\perp}$,不但可以在平面上画出,而且基矢间的关系比较简单。在此基础上扼要介绍与十重准点阵和二十面体准点阵有关的五维及六维超点阵。最后简单讨论准点阵中的位错和相位子缺陷。

通过这些讨论,说明准点阵的几种主要产生方法:① 两种以上结构块的非周期对接法;② 结构块的收缩膨胀法;③ 多重网格法;④ 高维超空间投影法;⑤ 高维超空间切割法。另一方面,就准点阵及其倒易点阵的 Fourier 变换关系,简单介绍准点阵的衍射图的计算方法。这些都是准晶发展早期学者们关注的晶体学及衍射问题。完整、大尺寸、稳定准晶在 1989 年出现后,单颗粒准晶的 X 射线及中子衍射研究才得以进行。十重准晶及二十面体准晶的结构测定将在第 11 章中讨论。有兴趣的读者可进一步阅读 C. Janot 的《准晶》一书[25]及 A. Yamamoto 写的"准周期晶体的晶体学"综述[26]。

10.1 一维准点阵

10.1.1 Fibonacci 数列

Fibonacci 在 13 世纪研究兔子繁殖规律时,假设一对(一公一母)大兔子(L)每月生一对(也是一公一母)小兔子(S),即 L→LS。再过一个月后,这对大兔子又生一对小兔子(L→LS),而原来的一对小兔子已长成一对大兔子(S→L),即 LSL。这样继续繁殖的结果是:

链		L 数	S 数	(L+S)数
f_1	L	1	0	1
f_2	LS	1	1	2
f_3	LSL	2	1	3
f_4	LSLLS	3	2	5
f_5	LSLLSLSL	5	3	8
f_6	LSLLSLSLLSLLS	8	5	13
f_7	LSLLSLSLLSLLSLSLLSLSL	13	8	21
⋮	⋮	⋮	⋮	⋮

L,S 及 L+S 的个数都满足 $F_n = F_{n-1} + F_{n-2}$ 递增关系,即每个数是前两个数的和。如令 $F_0 = 0, F_1 = 1$,则得 $0,1,1,2,3,5,8,13,21,34,\cdots$ 数列,称为 Fibonacci 数列。两个相邻数的比 F_n/F_{n-1} 是 $1/0, 1/1, 2/1, 3/2, 5/3, 8/5, 13/8, 21/13$,$\cdots$,当 $n \to \infty$,$F_n/F_{n-1} \to \tau = (1+\sqrt{5})/2 = 1.61803\cdots$,此即黄金数。由于 $\cos 36° = \tau/2$ 及 $\cos 72° = (2\tau)^{-1} = (\tau-1)/2$,显然这一数列与五重旋转及十重旋转对称有关。

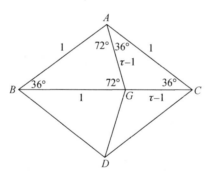

图 10.1　与无理数 τ 有关的等腰三角形: P2 型 Penrose 块

$ABDG$(风筝) 及 $ACDG$(飞镖)

令图 10.1 中的 $AB = AC = BG = 1$,则 $BC = \tau, GC = \tau - 1$。等腰三角形 AGC 及 BAC 相似,因此有 $(\tau-1)/1 = 1/\tau$,即

$$
\left.
\begin{aligned}
\tau^2 &= \tau + 1 \\
\tau^3 &= \tau^2 + \tau = 2\tau + 1 \\
\tau^4 &= \tau^3 + \tau^2 = 3\tau + 2 \\
\tau^5 &= \tau^4 + \tau^3 = 5\tau + 3 \\
\tau^6 &= \tau^5 + \tau^4 = 8\tau + 5 \\
&\cdots
\end{aligned}
\right\}
\tag{10.1}
$$

由此可见，数列 $\tau,\tau^2,\tau^3,\cdots$，不但有幂级数关系，还有 $\tau^n=\tau^{n-1}+\tau^{n-2}$ 的代数和递增关系。此外，无论是式(10.1)右边的整数还是 τ 的系数，都按 Fibonacci 数列递增。式(10.1)把 τ 的幂简化成和，$\tau^n=m_1\tau+m_2$，在一些运算中很有用。

上面得出的链 f_k：

	L	S	L	L	S	L	S	L	L	S	L	L	S	L	S	L	L	S	L	S	L $\cdots$
i:	1	2	3	4	5	6	7	8	9	10	11	12	13	14	15	16	17	18	19	20	21
$\mathrm{Int}[(i+1)/\tau]$:	1	1	2	3	3	4	4	5	6	6	7	8	8	9	9	10	11	11	12	12	13

$$(10.2)$$

称为 Fibonacci 链，每一个 f_k 链是前两个链 f_{k-1} 及 f_{k-2} 连接在一起，即 $f_k=f_{k-1}f_{k-2}$。如式(10.2)中 21 个 L 及 S 的链 f_7 是由 13 个 L 及 S 的链 f_6 与 8 个 L 及 S 的链 f_5 连接起来。式(10.2)中 Int 是只取方括号中的最大整数，此即 L 的个数。在这里 S 是短线段的长，且长线段 $L=\tau S$。这个链中 S 只能单个存在，L 或单或双，而它们在这个链中有严格长程位置序。L 总是出现在 $i=\mathrm{Int}(j\tau)$ 的位置。从第一个 L($i=1$)算起到第 i 个 L 或 S 的间距 D_i 是：

$$D_i = S\{i+(1/\tau)\mathrm{Int}[(i+1)/\tau]\} \tag{10.3}$$

归一化($S=1,L=\tau$)后有：

$$x_i = i+(1/\tau)\mathrm{Int}[(i+1)/\tau] \tag{10.4}$$

如前所述，一个 Fibonacci 链可以根据 $L\to LS,S\to L$ 膨胀(增长)。反之，也可根据这种关系缩短。令 LS 组合为 L'，L 则记为 S'。一个由 13 个 L 及 S 组成的 Fibonacci 链就成为一个由 8 个 L' 及 S' 组成的链[见式(10.5)，上下两行的 n_1,n_2 是一维准点阵的指数，n_1 是 L 或 L' 的个数，n_2 是 S 或 S' 的个数]：

1,0	1,1	2,1	3,1	3,2	4,2	4,3	5,3	6,3	6,4	7,4	8,4	8,5
L	S	L	L	S	L	S	L	L	S	L	L	S
	L'	S'		L'		L'	S'		L'	S'		L'
	1,0	1,1		2,1		3,1	3,2		4,2	4,3		5,3

$$(10.5)$$

从这个链中 L' 及 S' 的顺序可以看出它仍然是一个 Fibonacci 链，但链长却由 $i=13$ 收缩成 $i=8$。同时 L' 及 S' 的线性长度增长 τ 倍[$L'=L+S=L(1+1/\tau)=\tau L,S'=L=\tau S$，且 $L'=\tau S'$]：

$$\begin{pmatrix}L'\\S'\end{pmatrix}=\begin{pmatrix}1&1\\1&0\end{pmatrix}\begin{pmatrix}L\\S\end{pmatrix} \tag{10.6}$$

显然,式(10.5)中的一维点列无周期性,但有准周期性即严格的长程位置序,因此能产生明锐的衍射。它有两个单元长度,可以是 L 及 S,也可以膨胀为 L′ 及 S′,甚至进一步膨胀成 L″=L′+S′,S″=L′,这是无理数 τ 构成的准点阵的自相似性(self-similarity)。在一个一维点列中有两个单元长度,阵点的指标也需要两个,如 $(m_1\tau, m_2)$,并且不唯一。如式(10.5)中上面的指标以 L,S 为基,而下面的指标以 L′ 及 S′ 为基。因此,每个阵点都可能有无穷多种指标。准周期性、自相似性、指标不唯一性是一维准点阵的几何特征。

10.1.2 $\sqrt{2}$ 数列

在 10.1.1 节中讲到的 Fibonacci 数列与无理数 $\tau=(1+\sqrt{5})/2$ 有关,而平方根无理数 τ 又与五重旋转(72°)及十重旋转(36°)联系在一起。$\cos45°=\sin45°=\sqrt{2}/2$,显然,平方根无理数 $\sqrt{2}$ 与八重旋转(45°)有关。

与无理数 $\sqrt{2}$ 相关联的数列是:

$$1,1,2,3,5,7,12,17,29,41, \qquad T_n(n \text{ 为奇数})=T_{n-1}+T_{n-2}, \cdots$$
$$n: \quad 1\ 2\ 3\ 4\ 5\ 6\ 7\ \ 8\ \ 9\ \ 10 \tag{10.7}$$

当 n 为奇数,

$$T_{n+1}/T_n = 1/1, 3/2, 7/5, 17/12, 41/29, \cdots; \quad n \to \infty, T_{n+1}/T_n \to \sqrt{2} \tag{10.8}$$

这个数列的递增规律(n 为奇数)是:

$$T_{n+1}=T_n+T_{n-2}, \text{ 即 } T_{n+1} \text{ 的前两个奇位数的和;}$$
$$T_n=T_{n-1}+T_{n-2}, \text{ 即前两位数的和。}$$

在 Fibonacci 链中,$L/S=\tau$。这里是 $L/S=\sqrt{2}$,其膨胀规律是:

$$\begin{pmatrix} S' \\ L' \end{pmatrix} = \begin{pmatrix} 1 & 1 \\ 2 & 1 \end{pmatrix} \begin{pmatrix} S \\ L \end{pmatrix} \tag{10.9}$$

由此可以得出:

$$S'=L+S=S(\sqrt{2}+1)$$
$$L'=2S+L=L(\sqrt{2}+1)$$
$$L'/S'=\sqrt{2}$$

线性膨胀率是 $(\sqrt{2}+1)$,收缩率是 $1/(\sqrt{2}+1)=(\sqrt{2}-1)$。

根据式(10.9)得出的一维准周期链是:

	S 数	L 数	(S+L)数
SL	1	1	2
SLSSL	3	2	5
SLSSLSLSLSSL	7	5	12
SLSSLSLSLSSLSLSSLSLSSLSLSLSSL	17	12	29
⋮	⋮	⋮	⋮

显然,在这些链中 L 只能单个存在,S 或单或双,与 Fibonacci 链正好相反。此外,S 数与 L 数的比值 L/S 也有式(10.8)的 T_{n+1}/T_n 递增关系,而当 $n \to \infty$ 时这个比值逼近 $\sqrt{2}$。

这个 $\sqrt{2}$ 数列再次说明,准周期性与平方根无理数有关。十二重旋转(30°)与无理数 $\sqrt{3}$ 有关。

10.1.3 二维空间投影

一维准点阵有两个点阵常数,这在一维空间中处理有众多不便。如果上升到二维空间作为周期函数处理,就方便得多。一维准周期性的实质不变,只是在二维空间进行数学处理而已。

图 10.2 是二维空间 E^2 的一个正方点阵 Σ^2,点阵常数是 a。将其中阵点垂直投影到一维子空间 $E_{\parallel}^1$ 的 $X_{\parallel}^1$ 上。如直线 $X_{\parallel}^1$ 的斜率是有理数,如 $\tan\alpha = 1/2$,则它将通过 $(2,1)$,$(4,2)$,$(6,3)$,… 阵点,此即一维子空间 $E_{\parallel}^1$ 中一维点列 LSLLSL… 的周期 LSL。如果直线 $X_{\parallel}^1$ 的斜率是无理数,如 $\tan\alpha = 1/\tau$,$X_{\parallel}^1$ 将只通过二维点阵中一个阵点,其他阵点投影到 $X_{\parallel}^1$ 上将连续地布满这根直线。这显然是无晶体学意义的,因为两个原子间应有一个最小的间距。因此,在图 10.3 中取一个二维正方单胞,沿一斜率为无理数 $\tan\alpha = 1/\tau$ 的直线移动,在二维点阵中选出一宽为 $t = a(\sin\alpha + \cos\alpha)$ 的条带(虚线)。为了使条带的中心在一个阵点上,将条带由虚线的位置下移到实线位置。将其中阵点连接起来,有如一个楼梯。在垂直方向每个台阶都一样高(a),而在水平方向每个台阶的宽不是 a 就是 $2a$。如将这一条带内的阵点投影到 $X_{\parallel}^1$ 上,垂直线段给出 S=$a\sin\alpha$,水平线段给出 L=$a\cos\alpha$,L/S=τ。条带中阵点到 $X_{\parallel}^1$ 的垂直投影给出的是一维准周期点列 LSLSLLSLLS…。如将这些阵点投影到与 $X_{\parallel}^1$ 垂直的 $X_{\perp}^1$ 上,它们将连续布满由这个条带与 $X_{\perp}^1$ 相截的线段 t,t 称为在子空间 $E_{\perp}^1$ 中的投影窗口 $C_{\perp}$。换句话说,只有这一条带内的阵点才可能通过这个在 $E_{\perp}^1$ 的窗口 $C_{\perp}$ 投影到 $E_{\parallel}^1$ 中的 $X_{\parallel}^1$ 上。如将图 10.3 中的条带上移到虚线位置,用箭头标明的阵点就会进

入此条带而投影到 $X_{\parallel}^1$ 上；另一方面，它的右下角的阵点就会移出此条带。这就会使投影在 $X_{\parallel}^1$ 上的最后的 LS 变为 SL。换句话说，实线条带的投影给出 LSLSLLSLLS…，虚线条带给出 LSLSLLSLSL…。这两个准周期点列看起来不同，实际上都可在前面讲到的 f_7 链或式（10.2）中找到。只要斜率 $1/\tau$ 不变，条带沿 $X_{\perp}^1$ 上下移动不改变 Fibonacci 准周期链的性质。这是准周期的同型性或同构性（isomorphism）。这种条带投影是一种简易地产生具有长程位置序的一维准点阵的绘图法，说明在高维空间的周期点阵中埋藏了低维子空间中的准周期点阵。反之，准周期点阵的一些晶体学问题也可以提升到高维空间中作为周期点阵处理后，再经过投影回到低维的子空间里。

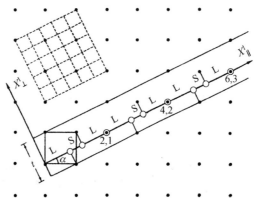

图 10.2 从二维正方点阵中选一斜率为有理数（$\tan\alpha=1/2$）的条带（实线）

其中的阵点投影到斜率为 $1/2$ 的 $X_{\parallel}^1$ 上，给出一维周期点列 LSLLSL…

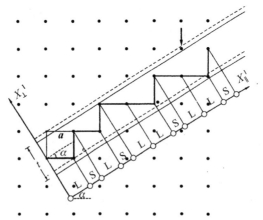

图 10.3 从二维正方点阵中选一斜率为无理数（$\tan\alpha=1/\tau$）的条带（实线）

其中的阵点投影到斜率亦为 $1/\tau$ 的 $X_{\parallel}^1$ 上，给出一维准周期点列 LSLSLLSLLS…

在图 10.3 中,投影条带的斜率是无理数($\tan\alpha = 1/\tau$)。如将投影条带顺时针旋转到 $\tan\alpha = 1/2$ 的情况(见图 10.2),则得出的一维点列将是 LSLLSL⋯,即以 Fibonacci 链的前三个单元 LSL 为周期的一维点阵,这是用有理数 2/1 取代无理数 τ 的近似结果。由于 $X_{\parallel}^1$ 的斜率仍然是 $1/\tau$,因此 L 及 S 的长不变,且 $L/S = \tau$。有理数中两个相邻的 Fibonacci 整数越大,一维点列的周期就越长,它与一维准周期点列的近似程度也就越高。如果投影条带不变,$X_{\parallel}^1$ 顺时针旋转到 $\tan\alpha = 1/2$ 的情况,投影到 $X_{\parallel}^1$ 上的一维点列仍然是 Fibonacci 链,但是 L 变大,S 变小,且 $L/S = 2$。由此可见,一维点列中 L,S 的顺序由投影条带的取向决定,只有斜率是无理数时才给出一维准点阵,而 $\tan\alpha = 1/\tau$ 给出 Fibonacci 链。从上述讨论可以看出,由平方根无理数确定的一维准周期点阵与由它的近似有理数确定的一维周期点阵间关系密切。

$E_{\parallel}$ 称为平行空间(parallel space)、外空间(external space)或实空间(real space),而 $E_{\perp}$ 相应地称为垂直空间(perpendicular space,甚至简称 Perp)、内空间(internal space)或膺空间(pseudo space)。尽管名称不同,但使用的符号还是相同的,即 $E_{\parallel}$ 与 $E_{\perp}$。为了与符号一致,下面使用平行空间及垂直空间。在高维空间中,$E_{\parallel}$ 子空间给出物质的真实结构,但是这不等于说 $E_{\perp}$ 子空间不重要,因为投影条带的选择决定窗口的大小和形状以及最后在 $E_{\parallel}$ 子空间中的投影结果。

从二维空间 E^2 选取条带并投影到一维平行子空间 $E_{\parallel}^1$ 比较直观,可用图解说明,如图 10.3。但是三维以上空间的投影就不容易用作图法说明,因而有必要引进数学处理。下面首先讨论二维投影到一维的简单情况。

用 Σ^2 代表一个由整数坐标 $\boldsymbol{n} = (n_1, n_2)$ 的阵点构成的二维正方点阵,相对于这个坐标系逆时针方向旋转 α 角引入坐标轴为 $X_{\parallel}^1$ 和 $X_{\perp}^1$ 的笛卡儿坐标系。设 $\boldsymbol{a} = (a_{\parallel}, a_{\perp})$ 为 Σ^2 的基矢,长为 a;$\boldsymbol{x} = (x_{\parallel}, x_{\perp})$,$x_{\parallel}$ 是平行子空间 $E_{\parallel}^1$ 中 $X_{\parallel}^1$ 轴的基矢,$x_{\perp}$ 是垂直子空间 $E_{\perp}^1$ 中 $X_{\perp}^1$ 轴的基矢。$\boldsymbol{a}$ 与 $\boldsymbol{x}$ 的变换关系是:

$$\boldsymbol{a} = \boldsymbol{Q}\boldsymbol{x} \tag{10.10}$$

与

$$\boldsymbol{Q} = a\begin{pmatrix} \cos\alpha & -\sin\alpha \\ \sin\alpha & \cos\alpha \end{pmatrix} \tag{10.11}$$

在二维超正方点阵 Σ^2 中,(n_1, n_2) 阵点的矢量 $\boldsymbol{r} = n_1\boldsymbol{a}_{\parallel} + n_2\boldsymbol{a}_{\perp}$,而在 $X_{\parallel}^1$-$X_{\perp}^1$ 直角坐标系中 $\boldsymbol{r} = x_{\parallel}\boldsymbol{x}_{\parallel} + x_{\perp}\boldsymbol{x}_{\perp}$。因此有:

$$(n_1 \quad n_2)\boldsymbol{Q} = (x_{\parallel} \quad x_{\perp}) \tag{10.12a}$$

即

$$\begin{aligned} x_{\parallel} &= n_1 a\cos\alpha + n_2 a\sin\alpha \\ x_{\perp} &= -n_1 a\sin\alpha + n_2 a\cos\alpha \end{aligned} \tag{10.12b}$$

如 $a\cos\alpha = \tau$,归一化($a\sin\alpha = 1$)后

$$x_{\parallel} = n_1\tau + n_2 \tag{10.13a}$$

$$x_{\perp} = -n_1 + n_2\tau \tag{10.13b}$$

式(10.13b)给出垂直子空间窗口 $t = a(\cos\alpha + \sin\alpha) = 1 + \tau$ 对 n_1, n_2 的限制,即 $-(1+\tau)/2 < |-n_1 + n_2\tau| \leqslant (1+\tau)/2$。只有满足此约束条件的 n_1, n_2 阵点,才能投影到平行子空间。$x_{\parallel} = n_1\tau + n_2$ 给出在 $X_{\parallel}^1$ 上阵点的坐标,显然,这是一维准周期点阵 $\Sigma_{\parallel}^1$,在图 10.3 中这些阵点均用圆圈标明,在 $X_{\parallel}^1$ 上的排列顺序是…LSLSLLSLLS…,这是 Fibonacci 长链中的一段,即 10.1.1 节中 f_6 链中的最后 10 个单元。

为了计算结构因子,我们引入此二维超正方点阵 Σ^2 的倒易点阵 Σ^{2*}(图 10.4)。它也是一个二维正方点阵,类似图 10.3,其基矢 $\boldsymbol{a}^*$ 与 Σ^2 的基矢 $\boldsymbol{a}$ 应满足 $\boldsymbol{a}_i \cdot \boldsymbol{a}_j^* = \delta_{ij}$。在二维正方点阵中,仿照式(10.11)~(10.13)有(令 $a\cos\alpha = \tau$ 并归一化):

$$x_{\parallel}^* = h_1\tau + h_2 \tag{10.14a}$$

$$x_{\perp}^* = -h_1 + h_2\tau \tag{10.14b}$$

h_1, h_2 是二维正方倒易点阵中的一个阵点的指数,$x_{\parallel}^*$ 是这个阵点在 $X_{\parallel}^{1*}$ 上的投影,$x_{\perp}^*$ 是它在 $X_{\perp}^{1*}$ 上的投影(见图 10.4)。式(10.14a)说明,在倒易子空间 $E_{\parallel}^{1*}$ 中一维倒易点列也是准周期 Fibonacci 点列,衍射斑点沿一个倒易方向的分布也是如此(见图 9.12)。

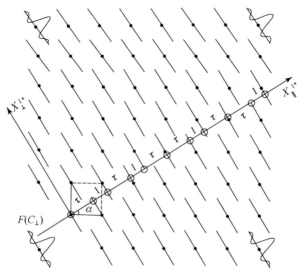

图 10.4 在二维倒易点阵 $\boldsymbol{\Sigma}^{2*}$ 中,正方点阵的阵点在 $X_{\perp}^{1*}$ 方向拉长,它代表的 $F(C_{\perp})$ 如图中四角所示。斜率为 $1/\tau$ 的 $X_{\parallel}^{1*}$ 切割一些在 $X_{\perp}^{1*}$ 方向拉长了的线段,给出一维准周期倒易点阵

图 10.3 中投影条带所选的阵点集合是二维正方点阵 Σ^2 与窗口函数 $C_\perp$ 的乘积,它的 Fourier 变换是这两者的各自的 Fourier 变换的卷积。正方点阵 Σ^2 的 Fourier 变换仍是一个正方点阵,即二维倒易点阵 Σ^{2*},窗口函数 $C_\perp$ 是一个框函数,即框内为 1,框外为零。它的 Fourier 变换 $F(C_\perp)$ 在 $X^{1*}_\perp$ 方向振荡如图 10.4 中四角所示,在倒易点阵点位置有极大值。$F(C_\perp)$ 与倒易点阵 Σ^{2*} 的卷积使 $F(C_\perp)$ 在图 10.4 中所有倒易点阵点处都出现,为了清晰起见,在图 10.4 中通过每个倒易点阵点仅画出平行于 $X^1_\perp$ 的一个线段,用以表示 $F(C_\perp)$。图 10.4 中直线 $X^{1*}_\parallel$ 切割一些平行于 $X^{1*}_\perp$ 的 $F(C_\perp)$。显然,截点越接近倒易点阵点,$F(C_\perp)$ 的值越大。窗口函数 $C_\perp$ 的 Fourier 变换的数学表达式是:

$$F(C_\perp) = \sin(x^*_\perp t/2)/(x^*_\perp t/2) \tag{10.15}$$

它随 $x^*_\perp$ 增大而很快变小,见图 10.4 左下角的衰减曲线。

上述正空间的投影与倒易空间的切割可归纳如下:

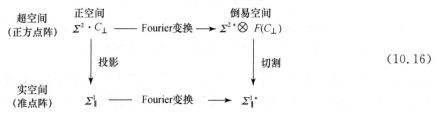

$$\tag{10.16}$$

这里用了两种 Fourier 变换关系:一是两个函数的乘积的 Fourier 变换即它们各自的 Fourier 变换的卷积,另一是一个函数的投影的 Fourier 变换等于它的 Fourier 变换的切割。

10.1.4　高维空间切割

Fourier 变换关系是可逆的,因此可以在正空间作卷积而在倒易空间作乘积,在正空间中切割而在倒易空间中投影:

$$\tag{10.17}$$

图 10.5 给出 E^2 中的二维点阵 Σ^2,不过每个阵点都在 $E^1_\perp$ 中的 $X^1_\perp$ 方向延伸,相当于一维空间 $E^1_\parallel$ 中 $X^1_\parallel$ 上的一个物质点(如原子)在提升到二维空间后在 $X^1_\perp$ 方向拉成线,线长仍为 $t = a(\cos\alpha + \sin\alpha)$。这种在 $X^1_\perp$ 方向拉长成线用

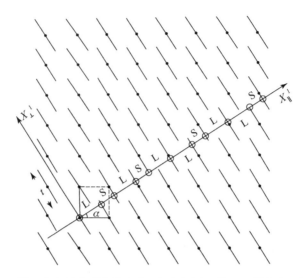

图 10.5　二维正方点阵中所有阵点在 $X_\perp^1$ 方向展开成 $A_\perp$，斜率为 $1/\tau$ 的 $X_\parallel^1$ 切割这些原子面或有界区域 $A_\perp$，给出 LSLSLLSLLS⋯准周期点列

$A_\perp$ 表示，因为在四维超空间中一个单胞的二维垂直子空间 $E_\perp^2$ 的投影是一个面，在六维超空间中一个单胞向三维垂直子空间 $E_\perp^3$ 的投影是一个多面体，因此称为原子面（atomic surface）或有界区域（occupation domain，acceptance domain）$A_\perp$。$A_\perp$ 与 Σ^2 卷积使所有正方点阵的阵点都在 $X_\perp^1$ 方向拉长成线。直线 $X_\parallel^1$ 切割这些与它正交的线段，给出 $L = a\cos\alpha$ 及 $S = a\sin\alpha$ 两种单元。如 $a\cos\alpha = \tau$，则 L 及 S 的排列就构成一个 Fibonacci 链。这种在正空间里切割得出的结果与上一节中讲的投影的结果相同，阵点在 $X_\parallel^1$ 上的位置仍由式(10.13a)给出。

式(10.17)中两项卷积的 Fourier 变换等于两个卷积项的各自的 Fourier 变换的乘积。如前所述，正方点阵 Σ^2 的 Fourier 变换是正方倒易点阵 Σ^{2*}，而 $A_\perp$ 的 Fourier 变换 $F(A_\perp)$ 与窗口函数 $C_\perp(x_2)$ 的 Fourier 变换 $F(C_\perp)$ 相同（但是 $A_\perp$ 不是投影窗口，而是一维子空间 $E_\parallel^1$ 中的点在二维空间 E^2 中在 $X_\perp^1$ 方向拉长成线）。这两项的乘积在 $X_\parallel^{1*}$ 上的投影与图 10.4 相同。

10.2　二维准点阵

二维准点阵与一维准点阵不同，不但有准周期性位置序，还有取向序

(orientation order)，也就是说，在二维准点阵平面的正交方向有旋转对称轴。五重（72°）或十重（36°）旋转轴与具有五重或十重旋转对称性的二维准点阵共存，这是由 R. Penrose[2,3]最早发现的，称为 Penrose 图。它也是在二十面体准晶和十重旋转对称准晶（简称十重准晶）发现后最受人关注的二维准点阵。这个准点阵的几何特征由平方根无理数$\sqrt{5}$或$\tau=(1+\sqrt{5})/2$确定。在八重准晶及十二重准晶相继发现后，讨论八重及十二重二维准点阵的论文也相继出现。八重准点阵（45°，90°，135°）与无理数$\sqrt{2}$有关，十二重准点阵（30°，60°，90°，120°）与无理数$\sqrt{3}$有关。三角函数中只有这三个平方根无理数，因此也只有五重、八重、十重及十二重四种二维准点阵。T. Janssen[27]及游建强等[28]讨论了这四种二维准点阵的对称性及高维空间投影。下面将讨论前三种二维准点阵。十二重准点阵有三种拼块：锐角为 30°的菱形、正方形以及内角为 120°的正六边形。这种准点阵首先由 P. Stampfli[29]提出，杨奇斌等[30]曾建议一种新的推导方法，J. E. Socolar[31]给出八重和十二重准点阵较详尽的论述。

10.2.1 Penrose 图

五重旋转对称在自然界中比比皆是，早在西汉初《韩诗外传》中就有"草木花多五出"的论述。深海中单细胞放射虫的骨架常显示包括五重旋转对称在内的二十面体及五角十二面体的形状。毕达哥拉斯（约公元前 530—470 年）及其追随者把数学研究与宗教教义掺和在一起，既是一个学派，也是一个秘密组织，一切成就都属集体或其领袖。在毕达哥拉斯逝世后，这个学派加兄弟会（Pythogoreans）还活动了约 200 年。他们在数学上研究正五边形的几何，欧几里得的《几何原本》第四册记载有正五边形的顶的外接圆和内切圆的作图法，并注明"此册是毕达哥拉斯学派的发现"。此外，他们还用五角星形（pentagram）作为他们学派加兄弟会会徽，以便秘密联络。出土的古希腊银币也有非常规整的正五角星形图案。

将图 10.6 中的正五边形 ABCDE 的 5 个边（边长为 1）延长交于 F,G,H,I,J 点构成一个五角星形。用直线连接 F,G,H,I,J 点就构成一个比正五边形 ABCDE 的边长大 τ^2 倍的正五边形 FGHIJ（边长 $FG=JC=1+\tau=\tau^2$）。在正五边形 FGHIJ 中除了小五边形 ABCDE 外，还有 5 个与其取向相同的小五边形（顶点分别为 F,G,H,I,J，并加虚线标明）。此外还有 5 个夹角为 36°腰长为 1 的等腰三角形，或 5/2 个锐角为 36°的菱形，如此以 τ^2 的倍数无限膨胀。反之，连接 A,B,C,D,E 点就可以得到一个收缩了 τ^2 倍的正五边形及五角星形，也可无限收缩。五角星形中各线段的长度遵循 $1 : \tau : \tau^2 : \tau^3 \cdots$ 的幂级数关系。无论是正五边形还是线段的 τ 幂级数关系在准晶的结构及衍射图中都是常见的。这种膨胀和收缩的自相似性在下面讲到的 Penrose 图中也非常明显。

　　文艺复兴初期德国绘画大师 A. Dürer 就曾绘制过正五边形的周期及准周期排列图(图 10.7)。图 10.7(a)显示正五边形的二维周期排列,虚线画出的单元就是单斜晶体 $Al_{13}Co_4$($\beta = 108°$)的(010)层晶胞(其中左、右两个五边形中的原子分布不同)。尽管这个层中主要是五边形,但是与这个层正交的仅有二重旋转轴。显然,正五边形不能布满平面,其中有锐角为 36° 的菱形空隙,这也是

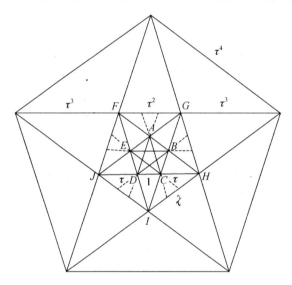

图 10.6　正五边形的 τ^2 膨胀与 τ^{-2} 收缩

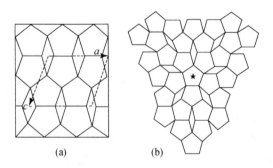

(a)　　　　　　　　(b)

图 10.7　A. Dürer 在 1525 年绘制的(a)正五边形的周期分布(虚线是笔者加的,标出单斜 $Al_{13}Co_4$ 的一个晶胞)及(b)正五边形的非周期分布

为什么五重旋转对称被称之为非晶体学对称的原因。图 10.7(b)是正五边形的非周期二维排列,其中的黑五角星标明与这个五边形非周期拼图正交的五重旋转轴。正五边形的分布虽无平移周期性,但却绕此轴呈五重旋转对称分布,有严格的取向序及位置序。

如果继续将图 10.7(b)中的正五边形非周期拼图延展开来,就会产生 36°菱形之外的其他形状的空隙,甚至较大的空洞而无法继续进行。Penrose[2] 在1974 年绘制的正五边形非周期拼图中除了正五边形及 36°菱形外,还有五角星及只有三角的不全五角星(后者称为船形 B),见图 10.8。他还找出这四种拼块的局部的对接法则(matching rules),以保证可以不产生空洞的无限延伸。此外,他还阐述了这种非周期拼图的自相似性。根据图 10.6 中正五边形经过膨胀得到一个边长大 τ^2 倍的正五边形,在图 10.8 中用黑线画出。这种拼图称为P1 型 Penrose 图(Penrose pattern)。

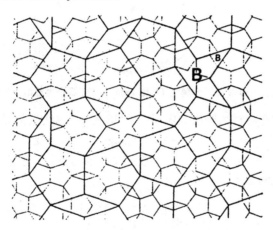

图 10.8 P1 型 Penrose 图,粗线给出膨胀 τ^2 倍的准周期图[2]

在这之后,Penrose[3] 又发展出另外两种只用两种拼块(Tiles)的非周期性拼图。一种是用图 10.1 中的 ABDG(Conway 称之为风筝)及 ACDG(飞镖)两种拼块拼成的非周期拼图,这是 P2 型。这种 Penrose 图在准晶研究中很少使用,但因其对接法则使用圆弧线,非常美观,因此常在一些科学会堂的装饰图案中采用。另一种 Penrose 图如图 9.17(b)所示,由胖(锐角 72°)及瘦(锐角 36°)菱形的非周期排列构成,胖菱形的长对角线是边长的 τ 倍,瘦菱形的短对角线为其边长的 $1/\tau$ 倍,胖菱形与瘦菱形的面积比是 τ。这是 P3 型 Penrose 图,在准晶研究中广泛出现。这三种 Penrose 图是同一准周期本质的不同表现形式,

可以互换。P2 型的风筝及飞镖与 P3 型的胖菱形的关系已由图 10.1 给出。P1
型及 P3 型间的关系由图 10.9 的正十边形给出。一个正十边形中有边长相同
的 3 个正五边形、3 个瘦菱形和 1 个船形(P1 型),或 5 个胖菱形和 5 个瘦菱形
(P3 型)。因此,正十边形在图 10.8 的 P1 型及图 9.17(b)的 P3 型 Penrose 图
中经常出现,并且部分重叠。在晶体结构中,这种重叠不是叠加在一起,而是两
个正十边形结构单元在重叠部分共有一些原子。因此,可以只用一种正十边形
经两种重叠方式构成非周期的 Penrose 图[32]。

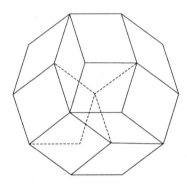

图 10.9　正十边形可以分解为 P1 型 Penrose 块(部分为虚线)和 P3 型拼块

P3 型的胖、瘦菱形的膨胀如图 10.10(b)所示,虚线画的是膨胀后的情况。
经过一次膨胀,菱形的边长增长 τ 倍,面积增大 τ^2 倍。反之,经过一次收缩,菱
形的面积变小,但数目增多。如胖菱形的数目用 L 表示,瘦菱形的数目用 S 表
示,显然在收缩之后有:

$$\begin{pmatrix} L' \\ S' \end{pmatrix} = \begin{pmatrix} 2 & 1 \\ 1 & 1 \end{pmatrix} \begin{pmatrix} L \\ S \end{pmatrix} \tag{10.18}$$

注意到 $\begin{pmatrix} 2 & 1 \\ 1 & 1 \end{pmatrix} = \begin{pmatrix} 1 & 1 \\ 1 & 0 \end{pmatrix}\begin{pmatrix} 1 & 1 \\ 1 & 0 \end{pmatrix}$,而 $\begin{pmatrix} 1 & 1 \\ 1 & 0 \end{pmatrix}$ 是 Fibonacci 链中的相似矩阵,因此
胖、瘦菱形每收缩一次,它们的数目就按式(10.18)增多一次。如此连续收缩,
就可由一个胖菱形繁衍出一个 P3 型 Penrose 图。

图 10.10(a)中菱形的边上画有单、双箭头,两个菱形对接不但要保持单、双
箭头一致,而且要符合图 10.10(c)所示的 8 种顶的对接方式,这样才能保持既
是非周期又无空洞的 Penrose 图。这是 de Bruijn[4] 在 1981 年对 Penrose 图进
行了代数分析后总结出的规律,并提出从多重网格(multigrid)及高维空间投影
得出 Penrose 图的方法。这是后来发现的准晶的晶体学的基础。

图 10.11 中画出 5 根夹角为 72° 的直线,围绕其中的两个结点 A,B 作垂线

分别构成胖、瘦菱形（图的两边）。这是一种对偶（dual）关系。两根夹角为 72°或 108° 的直线的结点给出胖菱形，两根夹角为 36° 或 144° 的直线的结点给出瘦菱形。如果这 5 根直线变成平行线组而每一平行线组的平行直线间的间距按 Fibonacci 链 LSLLSLSL⋯ 的顺序排列，其结点的对偶就是 P3 型 Penrose 图（见图 10.12）。

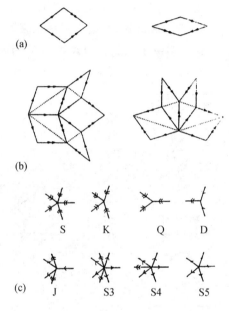

图 10.10 Penrose 菱形块(a)的膨胀与收缩及对接规律(b)；P3 型 Penrose 图中允许的 8 种结点(c)[4]

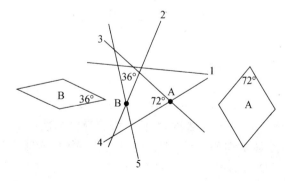

图 10.11 胖、瘦菱形 A,B 与结点 A,B 的对偶关系

　　除了图 10.10 中所示的在菱形边上画箭头的对接法以外,A. Ammann[33]受到 de Bruijn 的五重网格(pentagrid)的启发,设计出在菱形中画一些看起来杂乱无章的短线,如图 10.12 下面的一对菱形所示。但是一旦把胖、瘦菱形中的短线连成直线,不但得出由胖、瘦菱形构成的 Penrose 图,同时还得到一套五重网格,平行线间的距离符合 Fibonacci 链 LSLLSLSL…关系,见图 10.12。由此可见,五重网格与 Penrose 图是对应的,都可以用来研究二维五重准周期性。这些短线称为 Ammann 线(Ammann bar),五重网格也有人称之为 Ammann 准点阵,它在研究准晶中特有的相位子或相子(phason)缺陷时非常有用,详见文献[33]～[35]。

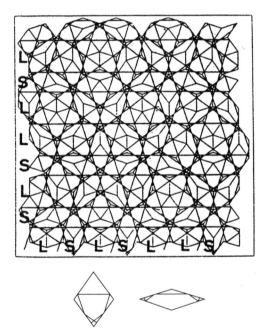

图 10.12　Penrose 图及 Ammann 线[34]

　　上面谈到的 Penrose 拼块,如 P1 型中的正五边形等,P2 型中的风筝与飞镖及 P3 型中的胖瘦菱形,在进行收缩时,低一级的拼块都被切割得支离破碎。因为这些拼块并不是最基本的单元,无论是图 10.1 中的菱形 BACD,还是风筝 ABDG 和飞镖 ACDG,都可分割成等腰三角形 ABG 及 AGC,这才是最基本的单元。Mackay[36]独立地在 1975 年推导出图 10.8 的 P1 型 Penrose 图,并指出正五边形可分解成 3A+1B 两种等腰三角形,见图 10.13(a)。图 10.13(b)是边

长膨胀了 τ 倍的等腰三角形 A′ 及 B′,显然 A′ = 2A + 1B,B′ = 1A + 1B,膨胀矩阵为 $\begin{pmatrix} 2 & 1 \\ 1 & 1 \end{pmatrix}$,与胖、瘦菱形的膨胀矩阵式(10.18)相同。

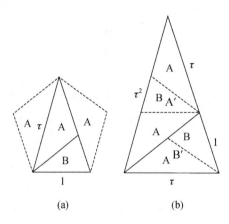

(a)　　　　　　(b)

图 10.13　Mackay(又称 Robinson)等腰三角形

10.2.2　八重拼图

Penrose 在发展出五重(十重)拼图后,接着又发展出准周期八重拼图[见图 9.29(b)][37]。Ammann[38] 研究了其中锐角为 45°的菱形和正方形两种拼块的准周期对接规律,F. D. M. Beenker[39] 对八重拼图作了全面的数学分析,Y. Watanabe 等[40] 研究了八重拼图的自相似性。王宁等[17] 在 Cr-Ni-Si 合金及曹巍等在 Mn-Fe-Si[18] 合金中发现八重旋转对称准晶后,王曾楣等[20] 对八重拼图的高维空间投影法及相位子缺陷的处理作了概括性讨论,麦振洪等[21] 对 Cr-Ni-Si 合金中八重准晶的相位子缺陷作了具体分析,姜节超等对 Mn-Al-Si 合金中八重准晶中的相位子缺陷作了定量分析[22]。J. E. S. Socolar[31] 对八重准点阵中相位子缺陷引起的衍射效应作了详细的讨论。

图 10.14 中 45°菱形(面积 S′)与正方形(面积 L′)缩小成一些小的 45°菱形(S)及正方形(L),显然有

$$\begin{pmatrix} S' \\ L' \end{pmatrix} = \begin{pmatrix} 3 & 2 \\ 4 & 3 \end{pmatrix} \begin{pmatrix} S \\ L \end{pmatrix} \tag{10.19}$$

的膨胀收缩关系,而这就等于将式(10.19)的线性关系连续操作两次(线膨胀率是 $1+\sqrt{2}$)。反之,可以通过这种收缩使 45°菱形及正方形数目按图 10.14 连续递增,构成一个八重非周期拼图。

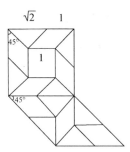

图 10.14　正方形及 45°菱形的膨胀及收缩

A. Ammann[38]发现,在八重拼图中两种拼块的边和顶都要遵循一定对接规律,为此在这两种拼块中画了两套短线,如图 10.15(a)及(b)的下方所示。如果这两种拼块对接全都正确,其中的线段就连接成直线,分别构成两套正交的平行线组,而且平行线间距符合 SLSSLSL 的$\sqrt{2}$一维准点阵规律。图 10.15(a)中的 Ammann 线保证边的正确对接,而图 10.15(b)中的 Ammann 线保证顶的正确对接(正确对接方式只有 6 种)。如边的对接不正确,图 10.15(a)中的直线就要折断成两根直线,折断处就是相位子缺陷所在处。同理,图 10.15(b)中的 Ammann 线保证顶的正确对接。姜节超等[22]从 Mn-Al-Si 八重准晶的高分辨电子显微像测得的结果是相位子缺陷约 5%,其中 1/3 是顶的对接错误,2/3 是边的对接错误。

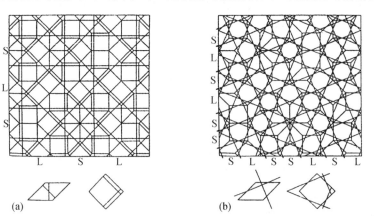

图 10.15　八重准点阵与 Ammann 线:(a) 边的正确对接;(b) 顶的正确对接[31]

10.2.3　八重准点阵

一维准点阵在一个方向有两个线性长度,可从二维空间 E^2 中的正方周期点阵投影在 $E_{\parallel}$ 子空间中得出。二维准点阵中在两个方向上都有两个线性长度,因此需要从四维空间 E^4 中的超立方点阵 Σ^4 通过二维垂直子空间 $E^2_\perp$ 的窗口向二维平行子空间 $E^2_\parallel$ 的超平面投影,得出二维准点阵 $\Sigma^2_\parallel$。这一节中将只讨论从四维空间投影得出八重准点阵[20]的情况。五重、十重准点阵用五维空间 E^5 中五维超点阵 Σ^5 向二维平行子空间 $E^2_\parallel$ 的投影比较直观,将在 10.2.4 节中讨论。

设 a 为四维空间 E^4 中超正方点阵 Σ^4 的基矢集,长为 a。从图 10.15 可以看出,八重准点阵的结构单元是正方形及 45°菱形。它们的取向是 0°,45°,90°及 135°。因此,令四维基矢集 a 投影在二维平行子空间 $E^2_\parallel$ 的基矢集 $a_\parallel$ 与笛卡儿坐标系 $X^1_\parallel$-$X^2_\parallel$ 的基矢集 $x_\parallel$(单位长度)的取向如图 10.16(a)所示,两组基矢集间的关系是:

$$\begin{bmatrix} a^1_\parallel \\ a^2_\parallel \\ a^3_\parallel \\ a^4_\parallel \end{bmatrix} = a \begin{bmatrix} \cos 0° & \sin 0° \\ \cos 45° & \sin 45° \\ \cos 90° & \sin 90° \\ \cos 135° & \sin 135° \end{bmatrix} \begin{bmatrix} x^1_\parallel \\ x^2_\parallel \end{bmatrix} = a \begin{bmatrix} 1 & 0 \\ 1/\sqrt{2} & 1/\sqrt{2} \\ 0 & 1 \\ -1/\sqrt{2} & 1/\sqrt{2} \end{bmatrix} \begin{bmatrix} x^1_\parallel \\ x^2_\parallel \end{bmatrix} \tag{10.20a}$$

或

$$\boldsymbol{a}_\parallel = \boldsymbol{Q}_\parallel \boldsymbol{x}_\parallel \tag{10.20b}$$

$$\boldsymbol{Q}_\parallel = a \begin{bmatrix} 1 & 0 \\ 1/\sqrt{2} & 1/\sqrt{2} \\ 0 & 1 \\ -1/\sqrt{2} & 1/\sqrt{2} \end{bmatrix} \tag{10.21}$$

为了找出二维垂直子空间 $E^2_\perp$ 的基矢集 $a_\perp$ 与笛卡儿坐标系 $X^1_\perp$-$X^2_\perp$ 的基矢集 $x_\perp$ 间的取向关系,首先应从 $\boldsymbol{Q}_\parallel$ 求出 $\boldsymbol{Q}$ 及 $\boldsymbol{Q}_\perp$。将四维空间的 a 投影到二维平行子空间的 $a_\parallel$ 的投影矩阵是:

$$\boldsymbol{P}_\parallel = \boldsymbol{Q}_\parallel \tilde{\boldsymbol{Q}}_\parallel = a^2 \begin{bmatrix} 1 & 1/\sqrt{2} & 0 & -1/\sqrt{2} \\ 1/\sqrt{2} & 1 & 1/\sqrt{2} & 0 \\ 0 & 1/\sqrt{2} & 1 & 1/\sqrt{2} \\ -1/\sqrt{2} & 0 & 1/\sqrt{2} & 1 \end{bmatrix} \tag{10.22}$$

参考式(10.20)~(10.22),在 $E^2_\perp$ 中同理有:

$$\boldsymbol{a}_\perp = \boldsymbol{Q}_\perp \boldsymbol{x}_\perp, \quad \boldsymbol{P}_\perp = \boldsymbol{Q}_\perp \tilde{\boldsymbol{Q}}_\perp \tag{10.23}$$

及

$$P = P_\parallel + P_\perp \tag{10.24}$$

四维空间内的投影矩阵 $P=I$，每行每列的平方和为 1。从式(10.21)第一列得 $2a^2=1$，$a=1/\sqrt{2}$。因此有：

$$P_\perp = Q_\perp \tilde{Q}_\perp = I - P_\parallel = (1/2)\begin{bmatrix} 1 & -1/\sqrt{2} & 0 & 1/\sqrt{2} \\ -1/\sqrt{2} & 1 & -1/\sqrt{2} & 0 \\ 0 & -1/\sqrt{2} & 1 & -1/\sqrt{2} \\ 1/\sqrt{2} & 0 & -1/\sqrt{2} & 1 \end{bmatrix} \tag{10.25}$$

由此解出：

$$Q_\perp = (1/\sqrt{2})\begin{bmatrix} 1 & 0 \\ -1/\sqrt{2} & 1/\sqrt{2} \\ 0 & -1 \\ 1/\sqrt{2} & 1/\sqrt{2} \end{bmatrix} = (1/\sqrt{2})\begin{bmatrix} \cos0° & \sin0° \\ \cos135° & \sin135° \\ \cos270° & \sin270° \\ \cos45° & \sin45° \end{bmatrix} \tag{10.26}$$

式(10.26)表明，四维超立方点阵在二维垂直子空间 $E_\perp^2$ 的投影基矢集 $a_\perp$ 上的取向如图 10.16(b)所示。比较式(10.21)及式(10.26)，垂直子空间的基矢集 $a_\perp$ 与平行子空间的基矢集 $a_\parallel$ 等长，但夹角不是 45°的整数倍，而是 $3\times45°$ 的整数倍。

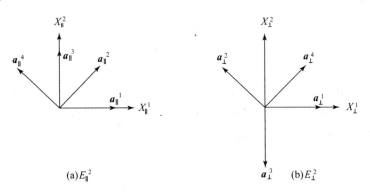

(a)$E_\parallel^2$　　　　　　　　(b)$E_\perp^2$

图 10.16　四维正方超点阵 Σ^4 在 $E_\parallel^2$ (a)及 $E_\perp^2$ (b)中的基矢集 $a_\parallel^i$，$a_\perp^i$ 与笛卡儿坐标系的取向关系[20]

矩阵 Q 可直接由图 10.16 得出，也可由 $Q=(Q_\parallel, Q_\perp)$ 得出：

$$Q = (1/\sqrt{2}) \begin{bmatrix} 1 & 0 & 1 & 0 \\ 1/\sqrt{2} & 1/\sqrt{2} & -1/\sqrt{2} & 1/\sqrt{2} \\ 0 & 1 & 0 & -1 \\ -1/\sqrt{2} & 1/\sqrt{2} & 1/\sqrt{2} & 1/\sqrt{2} \end{bmatrix} \qquad (10.27)$$

与在 10.1.3 节中讲的从二维空间正方点阵 Σ^2 经过垂直子空间 $E_\perp^1$ 的窗口向平行子空间 $E_\parallel^1$ 投影一样，四维超立方点阵 Σ^4 的阵点也要通过 $E_\perp^2$ 中的窗口投影到 $E_\parallel^2$ 上给出八重准点阵 $\Sigma_\parallel^2$，只不过这里的窗口不是一维直线而是二维多边形。换句话说，二维八重准点阵 $\Sigma_\parallel^2$ 的阵点指数 n_1, n_2, n_3, n_4 要由窗口 $C_\perp$ 选出。在二维超空间中，$C_\perp$ 是一个二维超正方晶胞在 $E_\perp^1$ 上的投影。在四维超空间中，$C_\perp$ 是一个四维超立方晶胞在 $E_\perp^2$ 这个超平面上的投影。因此 n_1, n_2, n_3, n_4 只能是 1 及 0 的组合，即从 0,0,0,0 到 1,1,1,1。参考式(10.12a)，基矢的变换矩阵 $Q_\perp$ 即指数变换矩阵，因此有：

$$(n_1, n_2, n_3, n_4)Q_\perp = (x_\perp^1, x_\perp^2), \quad n_i \in (0,1) \qquad (10.28)$$

其中 $(x_\perp^1, x_\perp^2)$ 是在二维垂直超平面 $E_\perp^2$ 上笛卡儿坐标系 $X_\perp^1$-$X_\perp^2$ 中的坐标，由它们确定窗口 $C_\perp$ 的形状和大小。计算结果见表 10.1，并绘制成图 10.17，将外围的 8 个结点连接成正八边形，边长为 $a = 1/\sqrt{2}$。中间的 8 个结点有 4 种连接方式，都由 2 个正方形和 4 个 45°菱形构成。窗口面积是 $(1+\sqrt{2})$。应当指出，图 10.17 也可由 $a_\perp^1, a_\perp^2, a_\perp^3, a_\perp^4$ 按矢量加法直接得出。凡是 $(x_\perp^1, x_\perp^2)$ 在这个范围内的 (n_1, n_2, n_3, n_4) 阵点都可根据

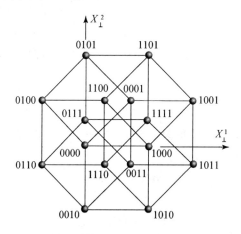

图 10.17　四维正方超点阵 Σ^4 在 $E_\perp^2$ 中的投影窗口 $C_\perp$

$$(n_1,n_2,n_3,n_4)Q_\parallel = (x_\parallel^1,x_\parallel^2) \tag{10.29}$$

得出四维超立方点阵 Σ^4 在二维超平面 $E_\parallel^2$ 上的投影的坐标 $(x_\parallel^1,x_\parallel^2)$，把它们连接起来就是二维八重准点阵 $\Sigma_\parallel^2$［见图 9.29(b)］。它由正方形及 45°菱形准周期分布构成，而这两种拼块的形状是由基矢集 $a_\parallel$［图 10.16(a)］间的 45°角决定的。

表 10.1　四维超点阵 Σ^4 中超立方晶胞在二维超平面上 $\Sigma_\perp^2$ 投影的坐标 $x_\perp^1,x_\perp^2$

序　号	n_1	n_2	n_3	n_4	$x_\perp^1$	$x_\perp^2$
1	0	0	0	0	0	0
2	1	0	0	0	$1/\sqrt{2}$	0
3	0	1	0	0	$-1/2$	$1/2$
4	0	0	1	0	0	$-1/\sqrt{2}$
5	0	0	0	1	$1/2$	$1/2$
6	1	1	0	0	$-1/2+1/\sqrt{2}$	$1/2$
7	1	0	1	0	$1/\sqrt{2}$	$-1/\sqrt{2}$
8	1	0	0	1	$1/2+1/\sqrt{2}$	$1/2$
9	0	1	0	1	0	1
10	0	0	1	1	$1/2$	$1/2-1/\sqrt{2}$
11	0	1	0	1	$-1/2$	$1/2-1/\sqrt{2}$
12	1	1	1	0	$1/\sqrt{2}-1/2$	$1/2-1/\sqrt{2}$
13	1	1	0	1	$1/\sqrt{2}$	1
14	1	0	1	1	$1/\sqrt{2}+1/2$	$1/2-1/\sqrt{2}$
15	0	1	1	1	0	$1-1/\sqrt{2}$
16	1	1	1	1	$1/\sqrt{2}$	$1-1/\sqrt{2}$

下面讨论八重准点阵的衍射。设 a^* 是四维倒易点阵 Σ^{4*} 中超立方单胞的基矢集，且 $a_i \cdot a_j^* = \delta_{ij}$，于是有：

$$a^* = Q^* x^* \tag{10.30}$$

及

$$Q^* = \tilde{Q}^{-1} = Q \tag{10.31}$$

对于正交归一化矩阵 Q，$Q^* = Q$ 表示 a_i^* 与 a_i 取向相同而且等长，因此图 10.16 中在两个子空间的基矢集 $a_\parallel^i$ 及 $a_\perp^i$ 的取向即是两个倒易子空间的基矢

集 $a_\perp^{*i}$ 及 $a_\perp^{*i}$ 的取向(图 10.18)。由 $a_\perp^{*i}$ 构造出的八重倒易准点阵 $\Sigma_\perp^{2*}$ 与八重准点阵 $\Sigma_\parallel^2$ 相似,也有八重旋转对称。设 $\boldsymbol{r}=\boldsymbol{r}_\parallel+\boldsymbol{r}_\perp$ 是四维点阵 Σ^4 中的点阵矢量,$\boldsymbol{H}=\boldsymbol{H}_\parallel+\boldsymbol{H}_\perp$ 是四维倒易点阵 Σ^{4*} 中的点阵矢量。由于 Σ^4 与 Σ^{4*} 正交,因此

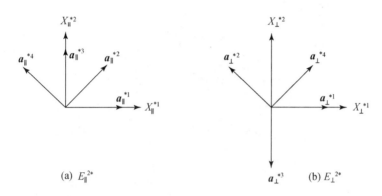

(a) $E_\parallel^{2*}$ (b) $E_\perp^{2*}$

图 10.18 四维倒易正方超点阵 Σ^{4*} 在 $E_\parallel^{2*}$ (a)及 $E_\perp^{2*}$ (b)的基矢集 $a_\parallel^{*i}$,$a_\perp^{*i}$ 与倒易空间中笛卡儿坐标系的取向关系

$$1=\exp(\mathrm{i}\boldsymbol{H}\cdot\boldsymbol{r})=\exp(\mathrm{i}\boldsymbol{H}_\parallel\cdot\boldsymbol{r}_\parallel)\exp(\mathrm{i}\boldsymbol{H}_\perp\cdot\boldsymbol{r}_\perp)$$

假设每个阵点的散射因子 $f_r=1$,八重倒易准点阵即四维倒易超立方点阵 Σ^4 在二维倒易超平面 $E_\parallel^{2*}$ 的投影 $\Sigma_\parallel^{2*}$ 的结构因子是:

$$F(\boldsymbol{H}_\parallel) = \sum\nolimits_{r\in C_\perp} \exp(\mathrm{i}\boldsymbol{H}_\parallel\cdot\boldsymbol{r}_\parallel) = \sum\nolimits_{r\in C_\perp} \exp(-\mathrm{i}\boldsymbol{H}_\perp\cdot\boldsymbol{r}_\perp) \quad (10.32)$$

其中 $C_\perp$ 是四维超立方单胞在二维倒易超平面 $E_\perp^{2*}$ 上的投影(四维超点阵与四维倒易超点阵的基矢相同,因此 $C_\perp=C_\perp^*$,见图 10.17),这也就是垂直子空间 $E_\perp^{2*}$ 的窗口。如所选阵点数目众多,式(10.32)可写成积分:

$$F(\boldsymbol{H}_\parallel) = (1/C_\perp)\int\exp(-\mathrm{i}\boldsymbol{H}_\perp\cdot\boldsymbol{r}_\perp)\mathrm{d}^2\boldsymbol{r}_\perp \quad (10.33)$$

其中 $C_\perp$ 是窗口面积(见图 10.17)。而

$$I(\boldsymbol{H}_\parallel) = |F(\boldsymbol{H}_\parallel)|^2 \quad (10.34)$$

由于 $\boldsymbol{Q}$ 是正交归一化矩阵,在倒易空间中与式(10.29)相对应的有:

$$(h_1h_2h_3h_4)\boldsymbol{Q}_\parallel = (x_\parallel^{*1} x_\parallel^{*2}) \quad (10.35a)$$

$$(h_1h_2h_3h_4)\boldsymbol{Q}_\perp = (x_\perp^{*1} x_\perp^{*2}) \quad (10.35b)$$

式(10.35a)给出衍射斑点的位置 $x_\parallel^{*1}$,$x_\parallel^{*2}$,强度却取决于 $x_\perp^* =[(x_\perp^{*1})^2+(x_\perp^{*2})^2]^{1/2}$ 的值[参考式(10.15)及式(10.33)],此即倒易点阵点 $h_1h_2h_3h_4$ 在 $X_\perp^{*1}$-$X_\perp^{*2}$ 笛卡

儿坐标系中的长。表 10.2 给出 $x_\parallel^* = [(x_\parallel^{*1})^2 + (x_\parallel^{*2})^2]^{1/2} < 7$ 的 $h_1 h_2 h_3 h_4$ 衍射的强度 $I(H)$。显然 $x_\perp^*$ 越大，$I(H)$ 越小，再一次说明准点阵的衍射 H 的出现与否以及强度均与它在垂直子空间 $E_\perp^{*2}$ 中的分量 $|H_\perp|$ 及 $x_\perp^*$ 密切相关。用这些数据绘成电子衍射图 10.19(a) 并标明衍射的序号，与八重准晶电子衍射实验得到的强度[图 10.19(b)]基本相符。

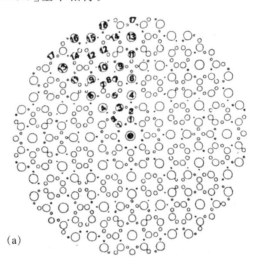

(a)

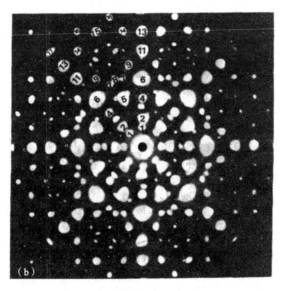

(b)

图 10.19　八重准点阵的计算强度(a)与实验结果(b)，序号见表 10.2[20]

表 10.2 八重准点阵的 $(h_1 h_2 h_3 h_4)$ 衍射的强度 $I(H_\parallel)$

序 号	h_1	h_2	h_3	h_4	$I(H_\parallel)$	$x_\parallel^*$	$x_\perp^*$
0	0	0	0	0	1.000	0.000	0.000
1	1	0	0	0	0.418	1.000	1.000
2	0	1	0	1	0.153	1.414	1.414
3	1	1	0	0	0.607	1.848	0.765
4	1	1	0	1	0.867	2.414	0.414
5	1	1	1	1	0.356	2.613	1.082
6	1	2	1	0	0.750	3.414	0.586
7	1	2	1	1	0.301	3.558	1.159
8	2	2	0	0	0.104	3.696	1.530
9	1	2	2	0	0.647	4.182	0.717
10	1	2	2	1	0.920	4.461	0.317
11	2	2	2	0	0.556	4.828	0.828
12	1	3	2	1	0.476	5.398	0.926
13	2	3	2	0	0.976	5.828	0.172
14	2	3	2	0	0.407	5.914	1.015
15	1	3	3	1	0.846	6.309	0.449
16	1	3	3	2	0.731	6.755	0.610
17	2	4	2	0	0.293	6.828	1.172

表 10.2 中的结果再次说明了垂直子空间在确定准点阵及其衍射中的重要性。若将式(8.26) $Q_\perp$ 中的无理数 $\sqrt{2}$ 用其近似值 3/2 取代, $Q_\parallel$ 不变,则

$$Q = (1/\sqrt{2}) \begin{vmatrix} 1 & 0 & 1 & 0 \\ 1/\sqrt{2} & 1/\sqrt{2} & -2/3 & 2/3 \\ 0 & 1 & 0 & -1 \\ -1/\sqrt{2} & 1/\sqrt{2} & 2/3 & 2/3 \end{vmatrix} \tag{10.36}$$

这相当于四维空间 E^4 中的投影区间或窗口 $C_\perp$ 有所改变,有的四维阵点进入投影区间,有的越出,因此 $E_\parallel^2$ 中拼块的拓扑顺序有所改变(由于 $E_\parallel^2$ 不变,因此正方块及 $45°$ 菱形形状不变)。这表现在图 10.20 中八重旋转对称的破缺以及准周期性的不复存在,但结构单元不变。图 10.20 中用黑点标明的二维周期平移对称分别适用于粗线为镜面的 4 个孪晶中(4 个孪晶中的正八边形中的正方形

与 45°菱形的分布不一致)。在四维倒易空间 E^{4*} 中则有:

$$Q^* = \left[\frac{1}{\sqrt{2}}\Big/(1+\sqrt{8}/3)\right]\begin{vmatrix} \sqrt{8}/3 & 0 & 1 & 0 \\ 1/\sqrt{2} & 1/\sqrt{2} & -1/\sqrt{2} & 1/\sqrt{2} \\ 0 & \sqrt{8}/3 & 0 & -1 \\ -1/\sqrt{2} & 1/\sqrt{2} & 1/\sqrt{2} & 1/\sqrt{2} \end{vmatrix} \quad (10.37)$$

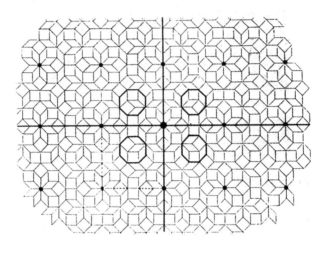

图 10.20 用 3/2 取代 $Q_\perp$ 中的 $\sqrt{2}$ 得出的孪晶[20]

显然式(10.23)中的 $Q^* = Q$ 关系已不复存在。但是其中的 $Q^*_\perp$ 仍与 $Q_\perp$ 相同[见式 (10.27)及式(10.37)],也就是进入 $C_\perp$ 窗口的倒易点阵点或衍射未变(表 10.2),衍射强度的变化不大[比较图 10.19(b)及图 10.21(a)]。注意到式(10.37)中 $Q^*_\parallel$ 已改变,式(10.36)中 $Q_\parallel$ 的 1 已由 $\sqrt{8}/3$ 取代,因此衍射斑点产生位移,而弱衍射的位移最明显。计算结果如图 10.21(b)所示,电子衍射斑点在 45°及 135°方向已呈周期分布,靠近中心的衍射用黑箭头标明,这与图 10.20(a)中的周期平移是对应的。图 10.21(a)是在 Mn-Fe-Si 合金观察到的"八重准晶"的电子衍射图,在 45°及 135°方向的衍射斑点已呈周期分布(用白箭头标明),与计算的电子衍射图[图 10.21(b)]相符。有关八重准晶的八重电子衍射图连续转变为 β-Mn 型结构的四重旋转对称电子衍射图,见图 9.27。

　　无论从图 10.21 的电子衍射图中衍射斑点的周期分布,还是从图 10.20(a)中的拼块周期分布都可以看出,八重旋转对称已不存在,而八重准晶已转变成一种与其有相同局域结构的近似晶体相(或简称近似相)。这一切都是由于用有理数 3/2 近似地取代了 $Q_\perp$ 中的无理数 $\sqrt{2}$ 的结果。另一方面,由于 $Q_\perp^*$ 不变,衍射强度变化不大,八重准晶与其近似相的强衍射基本相同,但弱衍射有较大位移(靠中心最明显),八重旋转对称明显遭到破坏。

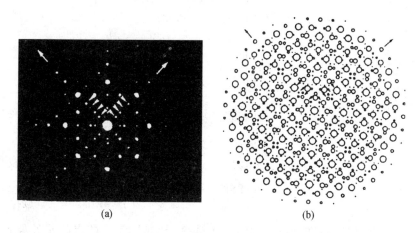

图 10.21　急冷 **Mn-Fe-Si** 合金的电子衍射图(周大顺提供)(a)与计算结果(b)[20]

10.2.4　五重、十重准点阵

Penrose 图既是二维五重准点阵,也是二维十重准点阵。图 10.22(a)给出从正五边形中心到 5 个顶点的矢量,夹角是 72° 的整数倍。由于 $a_\parallel^1 + a_\parallel^2 + a_\parallel^3 + a_\parallel^4 + a_\parallel^5 = 0$,其中只有 4 个是独立的。因此,五重或十重点阵既可以提升到四维超空间 E^4(四维超点阵 Σ^4 的基矢是 a^1, a^2, a^3, a^4),也可以提升到五维超空间 E^5(Σ^5 的基矢是 a^1, a^2, a^3, a^4, a^5)作为周期点阵处理。四维超空间的处理与 10.2.3 节中讲的八重准点阵的情况相似,缺点是 $a_\parallel^1, a_\parallel^2, a_\parallel^3, a_\parallel^4$ 基矢不对称,因此常用五维超空间中的投影或切割得出 Penrose 图。

仿照式(10.20)及式(10.21),二维五重准点阵的基矢集 $a_\parallel$ 与笛卡儿坐标系的基矢集 $x_\parallel$ 之间的关系是:

$$a_\parallel = Q_\parallel x_\parallel \tag{10.38}$$

$$Q_\parallel = a \begin{pmatrix} \cos 0° & \sin 0° \\ \cos 72° & \sin 72° \\ \cos 144° & \sin 144° \\ \cos 216° & \sin 216° \\ \cos 288° & \sin 288° \end{pmatrix} \tag{10.39}$$

按 10.2.3 节中求 $\boldsymbol{Q}_\perp$ 及 $\boldsymbol{a}_\perp$ 的步骤得：

$$\boldsymbol{Q}_\perp = (2/5)^{1/2} \begin{vmatrix} \cos0° & \sin0° & 1/\sqrt{2} \\ \cos144° & \sin144° & 1/\sqrt{2} \\ \cos288° & \sin288° & 1/\sqrt{2} \\ \cos72° & \sin72° & 1/\sqrt{2} \\ \cos216° & \sin216° & 1/\sqrt{2} \end{vmatrix} \tag{10.40}$$

$$\boldsymbol{Q} = (\boldsymbol{Q}_\parallel, \boldsymbol{Q}_\perp) = (2/5)^{1/2} \begin{vmatrix} \cos0° & \sin0° & \cos0° & \sin0° & 1/\sqrt{2} \\ \cos72° & \sin72° & \cos144° & \sin144° & 1/\sqrt{2} \\ \cos144° & \sin144° & \cos288° & \sin288° & 1/\sqrt{2} \\ \cos216° & \sin216° & \cos72° & \sin72° & 1/\sqrt{2} \\ \cos288° & \sin288° & \cos216° & \sin216° & 1/\sqrt{2} \end{vmatrix} \tag{10.41}$$

如果不考虑式(10.41)的最后一列，二维垂直子空间 $E_\perp^3$ 中的点阵基矢集 $\boldsymbol{a}_\perp'^i$ 如图 10.22(b)所示。$\boldsymbol{a}_\perp'^i$ 的长为 $(2/5)^{1/2}$，它们构成的正五边形与 $\boldsymbol{a}_\parallel^i$ 相同，但旋转角大一倍。有些论文就认为这就是垂直子空间的基矢集 $\boldsymbol{a}_\perp^i$，其实它们是 $E_\perp^3$ 中基矢集 $\boldsymbol{a}_\perp^i$ 沿五重、十重轴的投影(图 10.23)。

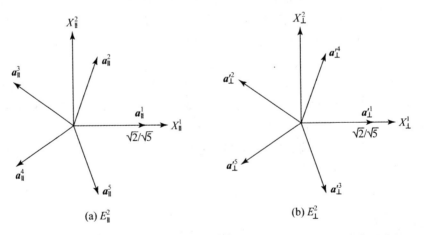

图 10.22　五重、十重准点阵在平行子空间 $E_\parallel^2$ 的基矢集 $\boldsymbol{a}_\parallel^i$(a)及垂直子空间 $E_\perp^2$ 的投影基矢集 $\boldsymbol{a}_\perp'^i$(b)

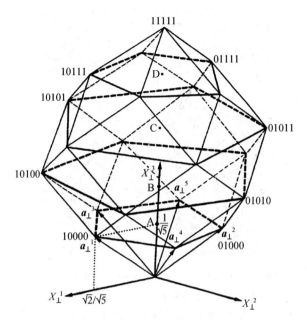

图 10.23 五重、十重准点阵在 $E_\perp^3$ 的投影窗口 $C_\perp$ 或
有界区域 $A_\perp$（菱面十二面体）及基矢集 $a_\perp^i$

五维超点阵的阵点指数 $(n_1, n_2, n_3, n_4, n_5)$ 与两个子空间里的笛卡儿坐标的关系是[参考式(10.29)]：

$$(n_1, n_2, n_3, n_4, n_5)Q = (x_\parallel^1 \ x_\parallel^2 \ x_\perp^1 \ x_\perp^2 \ x_\perp^3) \tag{10.42}$$

由 $x_\parallel^1$ 及 $x_\parallel^2$ 可绘制五重准点阵或 Penrose 图，由 $x_\perp^1, x_\perp^2$ 及 $x_\perp^3$ 可绘制 $C_\perp$。为此，选 $n_1, \cdots, n_5$ 为 0 与 1 的所有组合得出图 10.23 所示的菱面二十面体[见图 9.4(e)]，此即五维超晶胞在三维垂直子空间 $E_\perp^3$ 的投影，也就是高维空间的投影窗口 $C_\perp$ 或高维空间中的有界区域 $A_\perp$。所有这些阵点都坐落在 $j/\sqrt{5}$ 的 A，B，C，D 平面上，而与三维子空间 $E_\perp^3$ 的 5 个基矢 $a_\perp^i$ 对应的阵点都坐落在 $j=1$ 的平面 A 上。五维超点阵通过这个窗口 $C_\perp$ 向 $E_\parallel^2$ 的投影，或二维平面 $E_\parallel^2$ 切割坐落在五维超点阵诸阵点上的菱面二十面体有界区域 $A_\perp$ 上。通过菱面二十面体的 A，B，C，D 四层的投影分别给出四个不全的五重准点阵，在图 10.24 中分别用圆、三角、正方及五角星标明，合起来就是一个完整的 Penrose 图。它由锐角为 72° 的胖菱形与 36° 的瘦菱形（由基矢 $x_\parallel^1$ 及 $x_\parallel^2$ 也就是 $Q_\parallel$ 决定）按准周期规律（由基矢 $x_\perp^1, x_\perp^2, x_\perp^3$ 也就是 $Q_\perp$ 决定）排列而成。

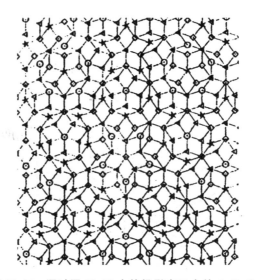

图 10.24　通过图 10.23 中的投影窗口中的 A,B,C,D 4 个面投影在 $E_\parallel^2$ 超平面上的 Penrose 图

其中 A,B,C 及 D 阵点分别用圆、三角、正方及五角星表示[16,26]

　　参考式(10.33)~(10.35),计算出 $F(\boldsymbol{H}_\parallel)$ 及 $I(\boldsymbol{H}_\parallel)$,结果如图 10.25(b)所示,与十重准晶的十重电子衍射图[图 10.25(a)]一致[41]。

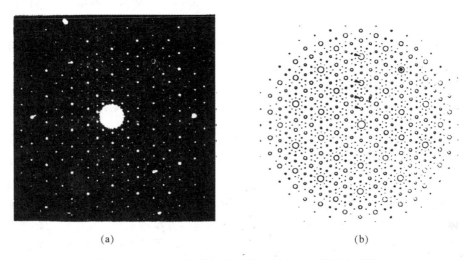

(a)	(b)

图 10.25　十重准晶的电子衍射图(a)与计算结果(b)[41]

式(10.41)中的 Q 矩阵中的各元素均与无理数 $\tau = (1 + \sqrt{5})/2$ 有关,如 $\cos 72° = (2\tau)^{-1}$ 等。如果其中的第 3 及第 4 列中的 τ 用一有理数如 3/2 置换,图 10.23 中的菱面二十面体将会畸变。由于 $Q_\parallel$ 不改变,因此 72° 及 36° 菱形的形状不变,但其排列顺序改变,见图 10.26[42]。图中环境相同的阵点用黑点标明,显示其二维底心正交周期性。考虑到十重准晶中垂直于这个面的十重轴具有周期性,这实质上就是一个三维底心正交点阵。也就是十重准晶转变为一个底心正交近似相,它们有相同的胖、瘦菱形结构单元。如式(10.41)中 Q 矩阵的第 3 及第 4 列中的 τ 分别用不同的两个相邻的 Fibonacci 数的比值 F_{n+1}/F_n 置换,则可得出一系列的正交晶体相的点阵常数 a 及 c[41]:

F_{n+1}/F_n	1/1	2/1	3/2	5/3	8/5
a/nm	1.23	1.99	3.23	5.22	8.44
c/nm	1.45	2.34	3.79	6.13	9.92

点阵常数 b 与十重准晶的十重轴周期相同,即 $0.40 \sim 0.41$ nm 的整数倍。由这些点阵常数的组合可以解释为什么一些富 Al 二元及三元合金相有较大的晶胞(点阵常数取自文献,但其顺序已重新排列),如:

富 Al 合金相	Al₃Mn[43]	Al₃Pd[44]	C₃₁-AlMnNi[45]
a/nm	1.26	1.23	3.27
c/nm	1.48	2.34	2.40
b/nm	1.24	1.67	1.24

不仅如此,还可预测一些新的富 Al 合金相[41],例[46]:

富 Al 合金相	AlCoCu[47]	AlMnNi[48]	AlCoCuSi[49]	AlFeCrCu[49]	AlCoNiTb[50]
a/nm	1.97	1.24	3.2	5.2	8.4
c/nm	2.33	3.79	9.8	3.8	6.2
b/nm	0.4	1.24	0.41	0.41	—

这些大单胞合金相都是十重准晶的晶体近似相,不但点阵常数及结构单元与十重准晶有关,它们的强衍射也与十重准晶类似。图 9.34 就是 C₃₁-AlMnNi 的 [010] 电子衍射图,其强衍射斑点接近十重对称分布。合金相的点阵常数越大,它的结构越接近十重准晶,有时甚至要用同步辐射源 X 射线才能区别它们[51]。

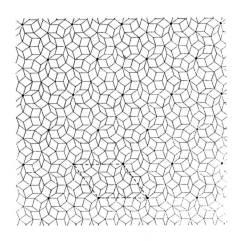

图 10.26　$Q_\perp$ 中的 τ 用 3/2 取代得出的周期点阵[42]

10.3　三维准点阵

三维准点阵只有一种，即二十面体点阵，它在六维空间 E^6 中的六维超立方点阵 Σ^6 有简单(P)、体心(I)和面心(F)三种。首先讨论简单 Σ^6 点阵的情况。图 10.27(a)显示在一个立方体中的二十面体，有 2 套各 3 个互相正交的棱在 6 个 {100} 面上，并与 6 个 $X^i_\parallel$($i=\pm1,\pm2,\pm3$)轴正交。它们的坐标是 $\tau,0,1$；$\tau,0,\bar{1}$；$0,1,\bar{\tau}$；$\bar{1},\tau,0$；$0,1,\tau$；$1,\tau,0$；均在图 10.27(a)中注明。二十面体准点阵 $\Sigma^3_\parallel$ 的 6 个基矢 $\boldsymbol{a}^i_\parallel$($i=1,\cdots,6$)由二十面体中心指向 6 个顶点（两个顶点不允许在通过中心的一根直线上），这就是二十面体的 6 个五重旋转反轴 $\bar{5}$。基矢 $\boldsymbol{a}_\parallel$ 与笛卡儿坐标系的单位矢量 $\boldsymbol{x}_\parallel$ 的变换关系是：

$$\boldsymbol{a}_\parallel = \boldsymbol{Q}_\parallel \boldsymbol{x}_\parallel$$

$$\boldsymbol{Q}_\parallel = a \begin{bmatrix} \tau & 0 & 1 \\ \tau & 0 & -1 \\ 0 & 1 & -\tau \\ -1 & \tau & 0 \\ 0 & 1 & \tau \\ 1 & \tau & 0 \end{bmatrix} \tag{10.43}$$

应当指出，一个二十面体有 12 个顶点，6 个基矢 $\boldsymbol{a}^i_\parallel$ 有多种选法，因此矩阵 $\boldsymbol{Q}_\parallel$ 也有多种不同形式。采取 10.2.3 节及 10.2.4 节中相同的步骤可以求得式(10.44)。

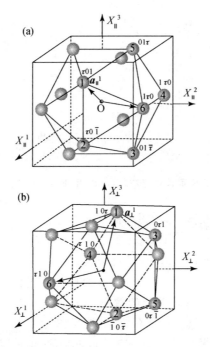

图 10.27　二十面体准点阵的(a)$a_\parallel^i$ 及(b)$a_\perp^i$ ($i=1,\cdots,6$)基矢集

$$
\boldsymbol{Q}_\perp = a
\begin{bmatrix}
-1 & 0 & \tau \\
-1 & 0 & -\tau \\
0 & \tau & 1 \\
-\tau & -1 & 0 \\
0 & \tau & -1 \\
\tau & -1 & 0
\end{bmatrix}
\tag{10.44}
$$

由 $\boldsymbol{Q}_\perp$ 得出 $\Sigma_\perp^3$ 中的 6 个基矢 $a_\perp^i$ 也在二十面体的 6 个五重旋转轴上,但与 $a_\parallel^i$ 不同[图 10.27(b)]。图 10.28 显示 $\boldsymbol{a}_\parallel$ 与 $\boldsymbol{a}_\perp$ 取向关系的另一种画法。从 $\boldsymbol{Q}=(\boldsymbol{Q}_\parallel,\boldsymbol{Q}_\perp)$ 得出:

$$
\boldsymbol{Q} = \{1/[2(1+\tau^2)]^{1/2}\}
\begin{bmatrix}
\tau & 0 & 1 & -1 & 0 & \tau \\
\tau & 0 & -1 & -1 & 0 & -\tau \\
0 & 1 & -\tau & 0 & \tau & 1 \\
-1 & \tau & 0 & -\tau & -1 & 0 \\
0 & 1 & \tau & 0 & \tau & -1 \\
1 & \tau & 0 & \tau & -1 & 0
\end{bmatrix}
\tag{10.45}
$$

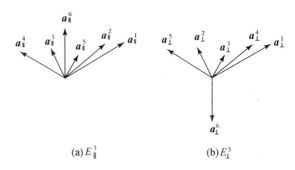

$$(a)E^3_\parallel \qquad\qquad\qquad (b)E^3_\perp$$

图 10.28　二十面体准点阵的(a)$a^i_\parallel$及(b)$a^i_\perp$($i=1,\cdots,6$)基矢集

由于 Q 是归一化正交矩阵,每行每列的平方和等于 1,故有:

$$a = 1/[2(1+\tau^2)]^{1/2}, \qquad 且 \qquad Q^* = Q$$

用指数为 1,0 的 $n_i(i=1,\cdots,6)$ 可以得出六维超立方单胞在 $E^3_\perp$ 中的窗口 $C_\perp$ 或有界区域 $A_\perp$,这是一个有二十面体对称的三十面体[见图 9.4(f)],它由不同取向的 10 个长菱面体(菱形的锐角为 63.43°)和 10 个扁菱面体(锐角为 116.57°)构成,见图 10.29。由式(10.45)既可以计算出二十面体准点阵的与五重反轴 $\bar{5}$、三重反轴 $\bar{3}$ 及二重轴 2 正交的点阵平面,也可以计算出相应取向的衍射图。

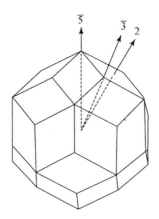

图 10.29　二十面体准点阵的菱面三十面体投影窗口或有界区域

在二十面体准晶发现后仅半年多,V. Elser 和 C. Henley[52] 就首先指出,如以 Fibonacci 相邻两个整数的比值 F_n/F_{n-1}(1/0,1/1,2/1,3/2,$\cdots$)取代式(10.45) 中的 Q 的第 4,5,6 列中的无理数 τ,就可得到一系列立方点阵,它们的点阵常数

是 $a,\tau a,\tau^2 a,\cdots$；$a=(2+2\sqrt{5})^{1/2}a_R$，其中 a_R 是菱面体的边长。长菱面体数与扁菱面体数的比是 $4/4,20/12,84/52,\cdots$，逐渐趋近 τ。如取 $F_n/F_{n-1}=1/1$ 及 $a_R=0.461$ nm，$a=1.268$ nm，这就是在急冷 Al-Mn-Si 合金中发现较完整的二十面体准晶 $i\text{-}(AlMnSi)$ 的具有体心立方点阵的有理近似相 $\alpha\text{-}(AlMnSi)$。F_n 的值越大，晶胞越大，其中长扁两个菱面体的比值也越接近准周期点阵的 τ 值，直到 $F_n/F_{n-1}\to\infty$，晶胞变为无穷大，此即二十面体准晶。图 9.14(a) 是立方 $\alpha\text{-}$ (AlMnSi) 相的 [100] 计算衍射图，(b) 是 Al-Mn-Si 三维二十面体点阵沿二重轴的电子衍射图，二者符合良好。$\alpha\text{-}(AlMnSi)$ 中的基本结构单元是 Mackay 二十面体 [记为 MI，见图 9.15(c)]，中心在 $0,0,0$ 及 $1/2,1/2,1/2$ 阵点处，这些 MI 之间有些原子起着胶合它们的作用。接着 Henley 及 Elser[53] 又用 1/1 置换 τ (但 $a_R=0.514$ nm) 得到 $a=1.417$ nm 的体心立方 $Mg_{32}(Al,Zn)_{49}$ (Al_5Li_3Cu 相与其结构相似)。它们也是有理近似相，只不过其中的结构单元不是 MI，而是 Pauling-Bergman 的有四层二十面体原子团，其中只有四面体间隙，见图 9.6。后来的准晶近似相工作都是在此基础上发展的。Spaepen 等[54] 在急冷 Mg-Ga-Zn 合金中发现 $a=1.41$ nm，2.28 nm，3.69 nm 等一系列 $1/1,2/1,3/2$ 近似相。李方华等[55,56] 不仅考虑了二十面体准点阵，还进一步考虑了不同原子在其中的占位。例如，在 Al-Li-Cu 合金中[55]，Al 及 Cu 超原子在六维超立方单胞的顶点 (坐标 $0,0,0,0,0,0$) 及棱的中点 (坐标 $1/2,0,0,0,0,0$)，而 Li 超原子在三维超平面的对角线上 (坐标 $1/\tau^2,1/\tau^2,0,0,0,1/\tau^2$)。根据式(10.45)还可以计算出 Al_5Li_3Cu 二十面体准晶的衍射图，而将 1/1 置换 τ 后即可得出体心立方 Al_5Li_3Cu 的衍射图[55]。

早期发现的 Al-Mn，Al-Mn-Si，Al-Li-Cu 等二十面体准晶都是简单的二十面体准晶。换句话说，它们在六维超空间 E^6 中的晶胞是简单立方晶胞。Spaepen 等[54] 首次在 Mg-Ga-Zn 合金中观察到面心立方二十面体准晶。大约在同时，T. Ishimasa[57] 也在 Al-Fe-Cu 合金中发现了面心立方二十面体准晶。后来又在 Al-Mn-Pd 合金中发现了这种准晶[58]。这些二十面体准晶在六维超空间中的六维超晶胞是面心立方晶胞。与三维的情况一样，面心立方晶胞的倒易是体心立方晶胞。在六维超立方倒易点阵的晶胞中除了原有阵点外，还应有体心 $1/2,1/2,1/2,1/2,1/2,1/2$ 阵点。只允许 h_1,h_2,h_3,h_4,h_5,h_6 全奇或全偶的衍射出现，而指数为奇偶混合的衍射消光。对于体心的二十面体准晶，它的六维倒易晶胞是面心立方晶胞，消光条件是 $h_1+h_2+h_3+h_4+h_5+h_6$ 为奇数。

10.4　准点阵的缺陷及衍射

晶体中最重要的晶体缺陷是位错(dislocation),它对晶体的力学性质和半导体的电学性质都有重要影响。简单地说,在晶体中插入或移去半层原子,就会在这半层原子面的边缘产生一根位错线,在它周围的原子偏离原来的位置(Δr)。因此当晶体满足 Bragg 条件产生衍射 H 时,位错线附近则否。在用 X 射线或电子束成像时,这种衍射强度的差异就会表现出来,位错线周围的畸变区域与完整晶体的不同衍射强度给出位错线的衍衬(diffraction contrast)像。位错线产生的畸变 Δr 一般与位错线特征矢(Burgers 矢)b 有关。当 $b \cdot H = 0$ 时,尽管有位错线及点阵畸变存在,它对 H 衍射并不产生相位差,因此位错线无衍衬,不显现,称为消光。因此,可以选两个满足消光条件 $b \cdot H = 0$ 的衍射 H_1 及 H_2,并由 $H_1 \times H_2$ 确定这根位错线的 Burgers 矢 b。

在准晶中,无论位错线的 Burgers 矢还是衍射矢量 H,都要上升到高维超空间中处理,即 $b = (b_\parallel, b_\perp)$,$H = (H_\parallel, H_\perp)$。于是有[59]:

$$b \cdot H = b_\parallel \cdot H_\parallel + b_\perp \cdot H_\perp \tag{10.46}$$

在晶体中也就是平行子空间中的位错线的消光条件 $b_\parallel \cdot H_\parallel = 0$ 在准晶中就显然不够了。只有当 $b \cdot H = 0$,准晶中的位错线才消光。这又可分为两种情况:

$$(1) \qquad b_\parallel \cdot H_\parallel = 0, \quad b_\perp \cdot H_\perp = 0 \tag{10.47a}$$

$$(2) \qquad b_\parallel \cdot H_\parallel - b_\perp \cdot H_\perp = 0 \tag{10.47b}$$

张泽等[59]称(1)为强消光条件,(2)为弱消光条件,并用衍衬法首先确定十重准晶中位错线 Burgers 矢的方向[60,61],后来又用高分辨电子显微像测定十重准晶中位错线沿十重轴的 Burgers 矢的长[62]。王仁卉[63,64]发展了 D. Cherns 及 A. R. Preston[65]用会聚束电子衍射测定晶体中位错线 Burgers 矢的方法,将其推广到六维空间,促进了准晶中位错的研究。

准晶一出现,V. Elser 等[66]就指出准晶的特有相位子(phason)缺陷。例如,图 9.26(a)中的拉长了的六边形可以分别按实线或虚线分解为一个胖菱形和两个瘦菱形。无论是哪一种组态,长六边形的几何形状不变,也就是无弹性畸变。但这两种组态中胖瘦菱形的排列顺序不同,因此它们的物质波显然会有不同的相位。胖瘦菱形两种结构块由正确的排列顺序变为不正确的顺序在准晶文献中称为相位子缺陷。在晶体的衍射中,相位 $\alpha_H = r \cdot H$。但在准晶中,由于引入了垂直子空间 $E_\perp$,因此有:

$$\alpha_H = r \cdot H = r_\parallel \cdot H_\parallel + r_\perp \cdot H_\perp \tag{10.48}$$

在平行子空间 $E_\parallel$ 中的 $r_\parallel \cdot H_\parallel$ 的意义与晶体中相同,这是由畸变产生的相位差。但是式(10.48)中还有 $r_\perp \cdot H_\perp$ 一项,这就使准晶的衍射变得复杂。准晶中的相位子缺陷会使衍射峰展宽和位移。衍射斑点原应出现在倒易矢量 $H_\parallel$ 端点相对应的地方,由于有线性的相位子应变场的存在(线性是指 $H_\perp$ 与 $H_\parallel$ 线性相关),它将出现在与

$$H_\parallel' = H_\parallel + MH_\perp \tag{10.49}$$

端点对应的地方,其中 M 是相位子矩阵。对二十面体准晶,

$$M = \begin{bmatrix} m_1 & 0 & 0 \\ 0 & m_2 & 0 \\ 0 & 0 & m_3 \end{bmatrix} \tag{10.50}$$

对二维准晶,$m_3 = 0$;对一维准晶,$m_2 = 0, m_3 = 0$。衍射峰的位移:

$$\Delta H_\parallel = H_\parallel' - H_\parallel = MH_\perp \tag{10.51}$$

显然,衍射峰的位移与 M 及 $H_\perp$ 两项有关。m_1, m_2, m_3 越大,峰的位移越大。另一方面,在 M 不变的情况下,$|H_\perp|$ 越大,峰的位移也越大。前面已多次指出,$|H_\perp|$ 越大,衍射越弱,因此在一张衍射图中弱峰的位移最明显,如图 9.27 中八重准晶的弱衍射斑点 1。

从式(10.46)~(10.51)可以求出各 $H_\parallel$ 衍射的位移。李方华等[67~70]研究了在二十面体准晶中引入相位子缺陷产生的结构块顺序变化,得出在准晶与晶体近似相间的一系列中间状态,以及相应的衍射斑点的位移。王曾楣等[20]及麦振洪等[21]研究了八重准晶,张洪等[41,47,71]研究了十重准晶及一维准晶中的相应情况。这些研究加深了我们对准晶特别是准晶与晶体近似相结构间关系的认识。

参 考 文 献

[1] D. Levine and P. J. Steinhardt,*Phys. Rev. Lett.*, 1984,**53**,2477.

[2] R. Penrose,*Bull. Inst. Math. Appl.*, 1974,**10**,266.

[3] R. Penrose,*Math. Intel.*, 1977,**2**,32.

[4] N. G. de Bruijn,*Proc. K. Ned. Akad. Wet.*, 1981,**A84**,27; 1981,**A84**,39.

[5] A. Mackay,*Physica.*, 1982,**A114**,609.

[6] P. Kramer,*Acta Cryst.*, 1982,**A38**,257.

[7] M. Duneau and A. Katz,*Phys. Rev. Lett.*, 1985,**54**,2688.

[8] V. Elser,*Phys. Rev.*, 1985,**B32**,4892.

[9] P. A. Kalugin, A. Y. Kitayev and L. S. Levitov, *JETP Lett*. , 1985, **41**, 145.

[10] P. M. de Wolff, *Acta Cryst*. , 1977, **A33**, 493.

[11] A. Janner and T. Janssen, *Phys. Rev*. , 1977, **B15**, 643.

[12] P. M. de Wolff, T. Janssen and A. Janner, *Acta Cryst*. , 1981, **A37**, 625.

[13] P. Bak, *Phys. Rev. Lett*. , 1986, **56**, 861.

[14] T. Janssen, *Acta Cryst*. , 1986, **A42**, 261.

[15] K. N. Ishihara and A. Yamamoto, *Acta Cryst*. , 1988, **A44**, 508.

[16] A. Yamamoto and K. N. Ishihara, *Acta Cryst*. , 1988, **A44**, 707.

[17] N. Wang, H. Chen and K. H. Kuo, *Phys. Rev. Lett*. , 1987, **59**, 1010.

[18] W. Cao, H. Q. Ye and K. H. Kuo, *Phys. Stat. Solid*(a), 1988, **107**, 511.

[19] W. Cao, H. Q. Ye and K. H. Kuo, *Z. Kristallogr*. , 1989, **189**, 25.

[20] Z. M. Wang and K. H. Kuo, *Acta Cryst*. , 1988, **A44**, 857.

[21] Z. H. Mei, L. Xu, N. Wang, K. H. Kuo, Z. C. Jin and G. Cheng, *Phys. Rev*. , 1989, **B40**, 12183.

[22] J. C. Jiang and K. H. Kuo, *Ultramicroscopy*, 1994, **54**, 215.

[23] J. C. Jiang, N. Wang, K. K. Fung and K. H. Kuo, *Phys. Rev. Lett*. , 1991, **67**, 1302.

[24] Li Fang-hua and Chen Yi-fan, *Chin. Phys. Lett*. , 1996, **13**, 199.

[25] C. Janot, *Quasicrystals*, *A Primer*, Clarendon Press, Oxford, 1992.

[26] A. Yamamoto, *Acta Cryst*. , 1996, **A52**, 509.

[27] T. Janssen and A. Janner. *Adv. Phys*. , 1987, **36**, 519.

[28] J. Q. You and T. B. Hu, *Phys. Stat. Solid*(b), 1988, **147**, 471.

[29] P. Stampfli, *Helv. Phys. Acta*, 1986, **59**, 1260.

[30] Q. B. Yang and W. D. Wei, *Phys. Rev. Lett*. , 1987, **58**, 9.

[31] J. E. S. Socolar, *Phys. Rev*. , 1989, **B39**, 10519.

[32] P. J. Steinhardt and H. -C. Jeong, *Nature*(London), 1996, **382**, 431.

[33] A. Ammann, quoted in B. Grünbaum and G. C. Shephard, *Freeman*, *Tilings and Patterns*, New York, 1989.

[34] J. E. S. Socolar and P. J. Steinhardt, *Phys. Rev*. , 1986, **B34**, 617.

[35] J. E. S. Socolar, T. C. Lubensky and P. J. Steinhardt, *Phys. Rev*. , 1986, **B34**, 3345; T. C. Lubensky, J. E. S. Socoar, P. J. Steinhardt, P. A. Bancel and P. A. Heiney, *Phys. Rev. Lett*. , 1986, **57**, 1440.

[36] A. Mackay, *Izvj. Jugosl. Centr. Krist*. (Zagreb), 1975, **10**, 15.

[37] R. Penrose, in *Hermann Weyl 1885 ~ 1985*, Springer, Berlin, 1985, p. 23.

[38] A. Ammann, quoted in Ref. 37.

[39] F. P. M. Beenker, *Report 82-WSK-04*, pp. 1~66. Eindhoven University of Technology, Eindhoven, Netherlands, 1982.

[40] Y. Watanabe, M. Ito and T. Soma, *Acta Cryst.*, 1987, **A43**, 133.

[41] H. Zhang and K. H. Kuo, *Phys. Rev.*, 1990, **B42**, 8907.

[42] K. N. Ishihara, *Mater. Sci. Forum*, 1987, **22~24**, 223.

[43] M. A. Taylor, *Acta Cryst.*, 1961, **14**, 84.

[44] L. Ma, R. Wang and K. H. Kuo, *J. Less-common Metals*, 1990, **163**, 37.

[45] G. van Tendeloo, J. van Landuyt, S. Amelinckx and S. Ranganathan. *J. Microsc.*, 1988, **149**, 1.

[46] K. H. Kuo, *J. Non-crystall. Solids*, 1993, **153~154**, 40.

[47] X. Z. Liao, K. H. Kuo, H. Zhang and K. Urban, *Phil. Mag.*, 1992, **B66**, 549.

[48] H. Zhang, X. Z. Li and K. H. Kuo, in M. J. Yacaman and M. Torres(eds.), *Crystal-Quasicrystal Transitions*, North-Holland, Amsterdam, 1993, pp. 1~12.

[49] C. Dong, J. M. Dubois, S. S. Kang and M. Audier, *Phil. Mag.*, 1992, **B65**, 107.

[50] R. C. Yu, X. Z. Li, D. P. Yu, Z. Zhang, W. H. Su and K. H. Kuo, *Phil. Mag. Lett.*, 1993, **67**, 287.

[51] M. Fettweis, P. Launois, R. Reich, R. Wittmann and F. Denoyer, *Phys. Rev.*, 1995, **B51**, 6700.

[52] V. Elser and C. Henley, *Phys. Rev. Lett.*, 1985, **55**, 2883.

[53] C. L. Henley and V. Elser, *Phil. Mag.*, 1986, **B53**, L59.

[54] E. Spaepen, L. C. Chen, S. Ebalard and W. Ohashi, in M. V. Jaric and S. Lundqvist (eds.), *Quasicrystals*, World Scientific, Singapore, 1990, pp. 1~18.

[55] G. Z. Pan, Y. F. Cheng and F. H. Li, *Phys. Rev.*, 1990, **B41**, 3401.

[56] G. Z. Pan, C. M. Teng and F. H. Li, *Phys. Rev.*, 1992, **B46**, 6091.

[57] T. Ishimasa, Y. Fukano and M. Tsuchimori, *Phil. Mag. Lett.*, 1990, **62**, 357.

[58] A. P. Tsai, A. Inoue and T. Masumoto, *Phil. Mag. Lett.*, 1990, **62**, 95.

[59] M. Wollgarten, D. Gratias, Z. Zhang and K. Urban, *Phil. Mag.*, 1991, **A64**, 819.

[60] Z. Zhang and K. Urban, *Phil. Mag. Lett.*, 1989, **60**, 97.

[61] Z. Zhang and K. Urban, *Scripta Metall.*, 1989, **23**, 1663.

[62] H. Zhang, Z. Zhang and K. Urban, *Phil. Mag. Lett.*, 1994, **70**, 41.

[63] Y. F. Yan, R. Wang, J. Gui, M. X. Dai and L. He, *Phil. Mag. Lett.*, 1992, **65**, 33.

[64] Jianglin Feng and Renhui Wang, *J. Phys. : Condens. Matter*, 1994, **6**, 6437.

[65] D. Cherns and A. R. Preston, *J. Electron Microsc. Supplement*, 1986, **35**, 721.

[66] V. Elser, *Phys. Rev. Lett.*, 1985, **54**, 1730.

[67] F. H. Li, C. M. Teng, Z. R. Huang, X. C. Chen and X. S. Chen, *Phil. Mag. Lett.*, 1988, **57**, 113.

[68] F. H. Li, G. Z. Pan, S. Z. Tao, M. J. Hui, Z. H. Mai, X. S. Chen and L. Y.

Cai, *Phil. Mag.* , 1989, **B59**, 535.

[69] F. H. Li and Y. F. Cheng, *Acta Cryst.* , 1990, **A46**, 142.

[70] Y. F. Cheng, M. J. Hui and F. H. Li, *Phil. Mag. Lett.* , 1991, **64**, 129.

[71] H. Zhang and K. H. Kuo, *Phys. Rev.* , 1990, **B41**, 3482.

第11章 准晶体结构测定法

第 10 章已经讨论了如何从高维空间中的周期点阵构造低维空间(三维到一维)中的准点阵以及计算准点阵的衍射,但是还没有涉及准晶的结构,也就是原子在哪里的问题。晶体结构测定的任务是找出结构因子 $F(\boldsymbol{H})$ [参考式(4.57)]:

$$F(\boldsymbol{H}) = \sum_{k=1}^{n} f_k(\boldsymbol{H}) \exp(2\pi i \boldsymbol{H} \cdot \boldsymbol{r}_k) \tag{11.1}$$

从 $F(\boldsymbol{H})$ 的 Fourier 变换就可得出电子密度图。在 $n=3$ 的情况下,这也是原子在三维晶体中的周期分布。准晶由于没有周期性,它的结构测定显然要困难得多。为此首先要找出准点阵的构造方法及描述。如第 10 章所述,可以把 m 维空间的准周期点阵看作是 n 维($n>m$)空间的周期超点阵 Σ^n,通过投影或切割得到平行子空间 $E_{\parallel}^m$ 的 m 维准周期点阵 $\Sigma_{\parallel}^m$。但是,这样就多了一个垂直子空间 $E_{\perp}^{n-m}$,而 n 维超晶胞在 $E_{\perp}^{n-m}$ 的投影形成的窗口 $C_{\perp}$ 或原子面 $A_{\perp}$ 决定哪些超点阵 Σ^n 的阵点可以投影到 $E_{\parallel}^m$ 中构成 m 维准点阵。由此可见垂直子空间在构造准点阵中的重要作用。不仅如此,垂直子空间 $E_{\perp}^{n-m}$ 中的 $C_{\perp}$ 还会对式(11.1)的 $F(\boldsymbol{H})$ 有重要影响。准晶的结构因子中还应考虑在垂直子空间中原子面有不同的大小和形状,因此原子散射因子 f_k 就要分为 $f_k(\boldsymbol{H}_{\parallel})$ 及 $f_k(\boldsymbol{H}_{\perp})$ 两项。$f_k(\boldsymbol{H}_{\parallel})$ 与晶体中的散射因子相同,仍用 f_k 表示。$f_k(\boldsymbol{H}_{\perp})$ 与原子面的几何形状有关,因此称为几何形状因子,并改写为 $g_k(\boldsymbol{H}_{\perp})$。应当指出,这里的几何形状因子与周期晶体 X 射线衍射中的形状因子意义不同,它是指与垂直子空间中的原子面或有界区域形状有关的因子。于是式(11.1)可写为:

$$F(\boldsymbol{H}) = \sum_k \exp(2\pi i \boldsymbol{H} \cdot \boldsymbol{r}_k) f_k g_k(\boldsymbol{H}_{\perp}) \tag{11.2}$$

其中,

$$\boldsymbol{H} = \boldsymbol{H}_{\parallel} + \boldsymbol{H}_{\perp}$$
$$\boldsymbol{H}_{\parallel} = x_{\parallel}^{*1} x_{\parallel}^{*1} + x_{\parallel}^{*2} x_{\parallel}^{*2} + x_{\parallel}^{*3} x_{\parallel}^{*3}$$
$$\boldsymbol{H}_{\perp} = x_{\perp}^{*1} x_{\perp}^{*1} + x_{\perp}^{*2} x_{\perp}^{*2} + x_{\perp}^{*3} x_{\perp}^{*3}$$

这里 $x_{\parallel}^{*1}, x_{\parallel}^{*2}, x_{\parallel}^{*3}$ 是倒易平行子空间中的指数;$x_{\perp}^{*1}, x_{\perp}^{*2}, x_{\perp}^{*3}$ 是倒易垂直子空间中的指数。

在周期晶体结构测定中,一旦一个晶胞中诸原子的粗略位置已知,也就是相角的粗略值已知,就可用修正方法精确修订原子位置,因此晶体结构测定主要是相角测定。准晶结构测定则不然,除了要得到诸原子在平行子空间的粗略位置也就是相角外,还要知道在垂直子空间诸原子的原子面的大小和形状。在精修时,不仅要对原子坐标精确修正,还要对原子面的大小和形状进行修正,这是准晶结构测定的特点,也增加了它的复杂性。

为了测定准晶的结构,5.1 节中介绍的几种晶体结构测定方法都曾尝试过。准晶结构测定所要确定的参数非常多,如垂直空间中原子面的大小和形状,因此在晶体结构测定中行之有效的直接法目前尚仅限于一维准晶结构的尝试[1]。目前使用较多的是模型法及 Patterson 函数法。在 11.1 节中首先讨论三维结构模型法。前面已多次讲到,准晶与它的晶体近似相有相似甚至相同的结构单元,差别只是这些结构单元在晶体中呈周期性排列,而在准晶中呈准周期性排列。因此,可用一种结构已知的晶体近似相中的结构单元放置在准点阵中构筑出准晶的三维结构[2,3]。其次讨论六维结构模型法,它的优点是准晶结构中的准点阵及原子的准周期分布在六维空间中都具有周期性,且六维超原子数目少而又多处于超点阵中的特殊位置,数学处理简单。模型法的优点是简单易行而又直观,易于理解,但是结构模型不是直接来自衍射实验,很难精确。为了从衍射实验数据得出结构模型,可以用 Patterson 函数粗略测定高维空间中的超原子位置,再经过精修同时得出原子形状因子 $g_k(\boldsymbol{H}_\perp)$ 和原子的准确位置[4,5]。由于已能生长出毫米尺寸而且完整的十重准晶单晶,且十重准晶的二维准周期结构比三维二十面体准晶简单[它在垂直子空间中的二维原子面也比二十面体准晶的三维原子面(多面体)简单],因此近年来 W. Steurer 等对 Al-Co-Cu[6],Al-Mn[7],Al-Co-Ni[8],Al-Pd-Mn[9],Al-Fe-Pd[10] 等一系列合金中的十重准晶结构作了定量分析。11.2 节将通过 $Al_{65}Co_{15}Cu_{20}$ 十重准晶结构的具体测定,说明十重准晶结构测定的梗概[6]。11.3 节讨论二十面体准晶的结构测定,特别是 Al-Pd-Mn 二十面体准晶结构的测定采用了 X 射线衍射及中子衍射两种方法[11~14]。由于 Pd 的原子序数远较 Al,Mn 为高,因此在 X 射线衍射实验中起了重原子的作用。另一方面,Mn 的中子散射距离是负值,可以部分地用中子散射距离都是正值的 Fe,Cr 置换一部分 Mn,使它们的平均中子散射距离为 0,这样就可简化为 Al-Pd"二元"衍射实验。这也是一种同晶置换。通过这些衍射实验分别测定 Al,Pd,Mn 三种原子在 Al-Pd-Mn 二十面体准晶的结构。有关二十面体准晶结构测定的进展,见文献综述[14,15]。

应当指出,准晶结构测定仍处于初始阶段,虽然已经取得了一定的进展,但其精度仍远不如周期晶体结构的测定结果。关于准晶晶体学,参见有关综述[15,16]。

11.1 准晶的结构模型

Al-Mn 及 Al-Mn-Si 二十面体准晶出现后不久,V. Elser 及 C. L. Henley[2] 和 P. Guyot 及 M. Audier[3] 就指出,体心立方 α-(AlMnSi)与二十面体准晶有相似的电子衍射图(见图 9.14)及结构单元(图 9.15 中的菱面体及 Mackay 原子团),并用这些结构单元构筑二十面体准晶结构。二维 Al-Mn 及 Al-Fe 十重准晶出现后不久,C. L. Henley[17] 及 V. Kumar 等[18] 就用单斜 Al$_{13}$Fe$_4$ 中的五角层构筑十重准晶结构。十重准晶结构可以分解为几种二维准周期层在其法线方向的周期堆垛,比较简单直观。因此先在 11.1.1 节中讲述二维十重准晶的三维结构模型,而在 11.1.2 节中讨论复杂的二十面体准晶的六维结构模型。

11.1.1 三维结构模型

K. Robinson[19] 用 X 射线单晶衍射测定正交 Al$_{60}$Mn$_{11}$Ni$_4$ 及 Al$_{20}$Mn$_3$Cu 有相同的晶体结构,后来 A. Damjanovic[20] 发现 T3-AlMnZn 的结构与它们类似,只是由于成分变化,原子占位略有不同。李兴中等[21] 近来在 Al-Mn 合金中找到的正交 Al$_4$Mn 相也有这种结构。这些合金相的结构在 $b=1.24\sim1.26$ nm 的周期内共有 6 层原子,记为 PFPP'F'P'。F 是在 $y=1/4$ 处的平层,F' 是在 $y=3/4$ 处与 F 层相对旋转了 180° 的平层。P 及 P' 是起伏层,原子在这个平面附近,每个平层 F 夹在两个起伏层之间,如 PFP 及 P'F'P'。参考 T3-AlMnZn 中的 F 及 P 层的原子分布,Al$_4$Mn 中的 F,F',P,P' 层中的原子分布如图 11.1 所示。显然,F 与 F' 只是相对旋转了 180°,它们都有一个有心的矩形平面胞。它们在顶点和中心处的结构单元是一个扁六边形,在图 11.1(a)及(b)中用实线画出。扁六边形还可进一步分解为 1 个胖菱形和 2 个瘦菱形,与图 10.10~10.12 中的 P3 型 Penrose 拼块相似。同样,P 及 P' 层也有一个有心矩形平面胞,而且也有扁六边形结构单元[图 11.1(c)及(d)]。这样,从 Al$_4$Mn 的 4 种原子层可以分解出 4 种胖菱形和 4 种瘦菱形。在平层中,两种胖菱形与两种瘦菱形的对接规律如图 11.2 所示,而在起伏层中的相应情况如图 11.3 所示。双向箭头连接的胖瘦菱形有相同的边,可以连接起来。将图 11.2 及图 11.3 中胖瘦菱形按这种对接规律准周期地拼接起来,就可以得到准周期平层 f 及 f' 和起伏层 p 及

p',见图 11.4。在十重准晶中,这些准周期层按 $pfpp'f'p'$ 顺序堆垛起来给出十重轴方向的周期是 1.24 nm。

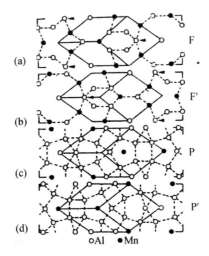

图 11.1　Al₄Mn 中平层 (F, F′) 及起伏层 (P, P′) 中的原子分布[21]

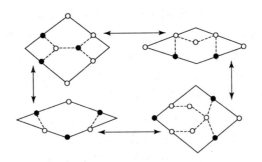

图 11.2　平层中菱形结构单元的对接规律[21]

　　图 11.1(a) 及 (b) 中虚线画出的结构单元是小扁六边形、锐角为 $72°$ 的五角形以及十边形。这与图 9.34(b) 所示的 $Al_{60}Mn_{11}Ni_4$ 十重准晶的结构单元是一致的(正十边形可以分解为一个只有 3 个 $72°$ 的不全五角星和两个小扁六边形)。如前所述,将 P1 型 Penrose 图中的正五边形的中心连接起来,即可得出这些虚线画出的结构单元。因此,图 11.4 中的准周期层也可以看作是由这些结构单元准周期地拼接起来的。这些层状结构单元还可用黑白双色群描述,给出不同的十重对称群[22]。

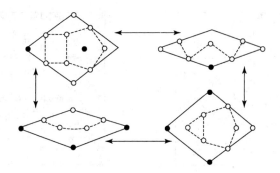

图 11.3　起伏层中菱形结构单元的对接规律[21]

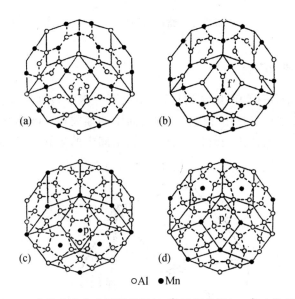

○Al　●Mn

图 11.4　Al-Mn 十重准晶中准周期平层(f, f′)及起伏层(p, p′)中的原子分布[21]

图 11.5 是用这些结构块拼砌出的准周期平层结构与 Al-Co-Cu 十重准晶的 X 射线测定结果(详见 11.2 节)的比较,两者基本符合。重原子(Mn 与 Co, Cu)位置完全相同,Al 原子位置大部分相同。在 f, g, h, i, j 处,(b)中的弱峰 h 及 j 略有不同。

从上面的例子可以看出,准晶结构测定的模型法可以分为两部分,一是确定准点阵,二是确定其中结构单元的内容。准点阵已在第 10 章中给出,因此一旦确定了结构单元中原子的种类、数目和位置,即可得出准晶的结构。

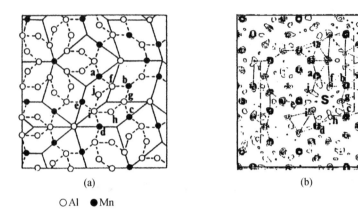

○Al ●Mn

图 11.5 Al-Mn 十重准晶的结构模型(a)[21]与实验结果(b)[7]的比较

11.1.2 六维结构模型

为了构筑准晶体的六维结构模型,不仅要有六维超点阵,还要有六维超原子。在 10.2.5 节已经指出如何将三维空间中的准周期点阵提升到六维空间中成为周期点阵,下面讨论如何将原子在三维空间中的坐标换成六维空间中超原子的六维坐标。

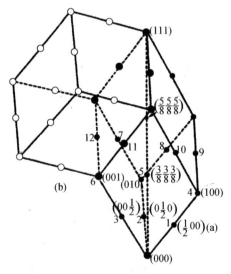

图 11.6 二十面体准晶结构模型[24]中的 MgCu 菱面体单元

(a)长菱面体,原子用小黑点表示;(b)扁菱面体,原子用黑圈表示

在张泽等发现二十面体准晶后不久,杨奇斌等[23,24]就指出,$MgCu_2$ 型面心立方结构中的 $\alpha=60°$ 的长菱面体[图 11.7(a)]不仅是五角四面体密堆结构或 Frank-Kasper 相(见 9.1.2 节)的一种重要结构单元,也是二十面体准晶的结构单元($\alpha=63.43°$)。在长菱面体中,除了顶点和棱中心处有原子外,还有原子在体对角线 $\pm(3/8,3/8,3/8)$ 的位置上。在长菱面体的准周期堆砌中,不可避免地会产生一些扁菱面体空隙夹在长菱面体中间。因此,扁菱面体[图 11.7(b)]菱面上的原子分布与长菱面体菱面上的相同,而其中空间过小,不再能容纳原子。提升到六维空间,长菱面体顶点仍处于六维超晶胞的顶点位置,坐标是 $0,0,0,0,0,0$;长菱面体棱中心处的原子仍处于六维超晶胞的棱中心位置,坐标是 $1/2,0,0,0,0,0$,共 6 个;长菱面体体对角线上的 2 个原子处于六维超晶胞的三维超平面的对角线上。根据二十面体对称,长菱面体有 20 种不同取向,由于两两相对,因此只有 10 种独立取向。在六维空间中,相应有 10 个三维超平面,对角线上的 20 个原子的坐标是:

$$\pm(3/8,3/8,0,0,0,3/8),\qquad\pm(0,3/8,3/8,0,0,3/8),$$
$$\pm(0,0,0,3/8,3/8,3/8),\qquad\pm(0,0,3/8,3/8,0,3/8),$$
$$\pm(3/8,3/8,0,-3/8,0,0),\qquad\pm(3/8,0,0,0,3/8,3/8),$$
$$\pm(-3/8,0,3/8,3/8,0,0),\qquad\pm(0,3/8,3/8,0,-3/8,0),$$
$$\pm(3/8,0,-3/8,0,3/8,0),\qquad\pm(0,-3/8,0,3/8,3/8,0)$$

六维超晶胞既可以是六维超菱面体,也可以是六维超立方体。三维超平面对角线上的 $\pm(3/8,3/8,0,0,0,3/8)$ 等可以近似地写成 $\pm(\tau^{-2},\tau^{-2},0,0,0,\tau^{-2})$ 等。

Al_6Li_3Cu 是最早发现的稳定二十面体准晶,很容易长成毫米甚至厘米尺寸的单晶。在完整的 Al-Fe-Cu 及 Al-Pd-Mn 稳定二十面体准晶发现前,它一直是准晶晶体学的研究重点。体心立方 Al_5Li_3Cu 与 $Mg_{32}(Al,Zn)_{49}$ 的晶体结构基本相同,其中主要结构单元是具有二十面体、五角十二面体、菱面三十面体等原子壳层的 Pauling-Bergman 原子团(见图 9.6),还可进一步分解为长、扁菱面体及菱面十二面体,见图 11.7[25]。Henley 和 Elser 还将其中的原子坐标用 τ^{-1},τ^{-2},…取代,如长菱面体体对角线上的两个 D 原子就将对角线分成 τ^{-2},τ^{-3},τ^{-2} 三段[25]。显然,这两种菱面体结构单元与杨奇斌等在同年提出的 $MgCu_2$ 结构中的菱面体结构单元(图 9.6)非常相似。如将 3/8 用 τ^{-2} 置换,根据 $\tau^2=\tau+1$ 可以推导出 $2\tau^{-2}+\tau^{-3}=1$[参考式(10.1)],则体对角线上由 3/8 及 5/8 截成的三段可近似地记为 $\tau^{-2},\tau^{-3},\tau^{-2}$。Henley 和 Elser 还进一步用两个长菱面体和两个扁菱面体构成一个菱面十二面体[图 11.7(c)],保留它的外表面上顶点处的 A 及 C 原子,棱中心的 B 及 F 原子,但将其中的结点上的原子移去,而将靠近它的 4 个 (Al,Cu) 原子置换成大的 Li 原子[图 11.7(d)]，并从原来的棱中心移近到 τ^{-2}（也就是将棱截成 τ^{-1} 及 τ^{-2} 两段）。同时改变这些原子的名称[图 11.7(c)]。Elswijk 等[26] 后来重新用 X 射线单晶衍射法测定了 Al_5Li_3Cu 的结构，把对角线上 H 位置的 Li 原子换成 Al 原子。

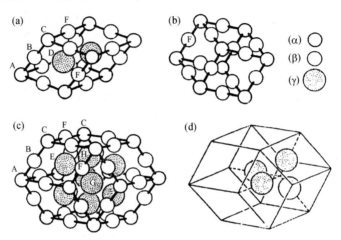

图 11.7   Al-Li-Cu 二十面体准晶中的三维结构单元[25]

(a) 长菱面体；(b) 扁菱面体；(c) 菱面十二面体；(d) 菱面十二面体中结点附近的原子

Y. Shen 等[27] 及 H. B. Elswijk 等[26] 用体心立方 Al_5Li_3Cu 中的菱面体构筑二十面体准晶的三维结构模型，计算的结构振幅与 X 射线衍射实验结果基本相符（值信度 $R_F=7.0\%$）。潘广兆等[28] 把这些菱面体中的原子提升为六维空间中的超原子，分别处于六维超立方晶胞的顶点、棱中心和三维超平面的对角线上（见表 11.1）。

表 11.1   六维超原子的坐标[28]

等效位置数	原子	x_1	x_2	x_3	x_4	x_5	x_6	Al_5Li_3Cu 中的相应位置(图 11.7)
1	Al,Cu	0	0	0	0	0	0	A,C
6	Al,Cu	1/2	0	0	0	0	0	B,F,G′
20	Li	τ^{-2}	τ^{-2}	0	0	0	τ^{-2}	D,E,H

将这些六维超原子投影到斜率为 τ 的三维超平面上即可得到三维二十面体准晶 (Al_6Li_3Cu)，而投影到斜率为 1/1 的三维超平面上则得到体心立方晶体 Al_5Li_3Cu。

11.2 十重准晶的结构测定

11.2.1 十重准晶的五维超点阵

十重准晶是二维准晶,在其准周期平面上有二维准点阵,已在 10.2.4 节讨论。这种准周期层(单原子层)约厚 0.2 nm,在其法线方向呈周期性堆垛,最小的周期是 0.4 nm,即两层原子。已发现的十重准晶的周期有 0.4 nm,0.8 nm,1.2 nm,1.6 nm,3.2 nm(见 9.3.1 节)。因此,十重准晶的三维十重准点阵由二维准周期点阵及其法线方向的一维周期点阵合起来构成。在五维超空间 E^5 中,五维超点阵 Σ^5 可以分解为两个正交的亚点阵 $\Sigma_\parallel^3$ 及 $\Sigma_\perp^2$。应当指出,这与 10.2.4 节中的 $\Sigma^5 = (\Sigma_\parallel^2, \Sigma_\perp^3)$ 不同,后者是二维十重准点阵。

与五维点阵 $\Sigma^5 = (\Sigma_\parallel^3, \Sigma_\perp^2)$ 对应的五维倒易点阵是 $\Sigma^{5*} = (\Sigma_\parallel^{3*}, \Sigma_\perp^{2*})$。在 $\Sigma_\parallel^{3*}$ 中的二维倒易准点阵平面上的基矢如图 11.8(a)所示。由正五边形中心指向 5 个顶点的基矢是 $\boldsymbol{d}_\parallel^{*0}, \boldsymbol{d}_\parallel^{*1}, \boldsymbol{d}_\parallel^{*2}, \boldsymbol{d}_\parallel^{*3}, \boldsymbol{d}_\parallel^{*4}$,由于 $\boldsymbol{d}_\parallel^{*0} = -(\boldsymbol{d}_\parallel^{*1} + \boldsymbol{d}_\parallel^{*2} + \boldsymbol{d}_\parallel^{*3} + \boldsymbol{d}_\parallel^{*4})$,其中只有四个是独立的。因此,二维准点阵可仅用 $\boldsymbol{d}_\parallel^{*1}, \cdots, \boldsymbol{d}_\parallel^{*4}$ 4 个基矢概括。此外,还有与这些基矢正交的 $\boldsymbol{d}_\parallel^{*5}$。它们与在 $E_\parallel^{3*}$ 中的笛卡儿坐标系 $X_\parallel^{*1}$-$X_\parallel^{*3}$(单位矢量是 $\boldsymbol{x}_\parallel^{*1}, \boldsymbol{x}_\parallel^{*2}, \boldsymbol{x}_\parallel^{*3}$)的关系是[6]:

$$\begin{pmatrix} \boldsymbol{d}_\parallel^{*1} \\ \boldsymbol{d}_\parallel^{*2} \\ \boldsymbol{d}_\parallel^{*3} \\ \boldsymbol{d}_\parallel^{*4} \\ \boldsymbol{d}_\parallel^{*5} \end{pmatrix} = a^* \begin{pmatrix} \cos72° & \sin72° & 0 \\ \cos144° & \sin144° & 0 \\ \cos216° & \sin216° & 0 \\ \cos288° & \sin288° & 0 \\ 0 & 0 & a_5^*/a^* \end{pmatrix} \begin{pmatrix} \boldsymbol{x}_\parallel^{*1} \\ \boldsymbol{x}_\parallel^{*2} \\ \boldsymbol{x}_\parallel^{*3} \end{pmatrix} \qquad (11.3\text{a})$$

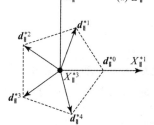
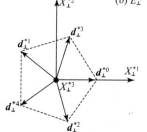

图 11.8 十重准晶的倒易基矢集

(a) 三维平行子空间,$\boldsymbol{d}_\parallel^{*5} \perp \boldsymbol{d}_\parallel^{*i}(i=1,\cdots,4)$;(b) 二维垂直子空间

或

$$d_{\parallel}^* = Q_{\parallel}^* x_{\parallel}^* \tag{11.3b}$$

式中 a^* 是准周期平面上的倒易单胞常数，a_5^* 是与 a_i^* 正交方向的倒易晶胞常数。

参照 10.2.3 节中的做法，可以从 $Q_{\parallel}^*$ 得出 $E_{\perp}^{2*}$ 中的基矢变换矩阵：

$$Q_{\perp}^* = a^* \begin{pmatrix} \cos216° & \sin216° \\ \cos72° & \sin72° \\ \cos288° & \sin288° \\ \cos144° & \sin144° \\ 0 & 0 \end{pmatrix} \tag{11.4}$$

也就是说，$d_{\perp}^{*i}$ 与 $d_{\parallel}^{*i}(i=1,\cdots,4)$ 等长，但转角大 3 倍，见图 11.8(b)。从式(11.3)及式(11.4)得：

$$Q^* = a^* \begin{pmatrix} \cos72° & \sin72° & 0 & \cos216° & \sin216° \\ \cos144° & \sin144° & 0 & \cos72° & \sin72° \\ \cos216° & \sin216° & 0 & \cos288° & \sin288° \\ \cos288° & \sin288° & 0 & \cos144° & \sin144° \\ 0 & 0 & a_5^*/a^* & 0 & 0 \end{pmatrix} \tag{11.5a}$$

或

$$d^* = Q^* x^* \tag{11.5b}$$

从 $\tilde{Q}^{*-1} = Q$ 可得：

$$Q = (2/5a^*) \begin{pmatrix} \cos72°-1 & \sin72° & 0 & \cos216°-1 & \sin216° \\ \cos144°-1 & \sin144° & 0 & \cos72°-1 & \sin72° \\ \cos216°-1 & \sin216° & 0 & \cos288°-1 & \sin288° \\ \cos288°-1 & \sin288° & 0 & \cos144°-1 & \sin144° \\ 0 & 0 & 5a^*/(2a_5^*) & 0 & 0 \end{pmatrix}$$

$$\tag{11.6a}$$

或 $\qquad\qquad\qquad d = Qx \tag{11.6b}$

这里 d 是五维超晶胞的基矢集，$Q \neq Q^*$(不是超立方晶胞)，x 是笛卡儿坐标系的单位矢量集。从式(11.6)可分别得出 $d_{\parallel}^i$ 及 $d_{\perp}^i(i=1,\cdots,4)$，分别绘于图 11.9(a)及(b)中。显然，

$$d_{\parallel}^i = a_{\parallel}^i - a_{\parallel}^0,$$
$$d_{\perp}^i = a_{\perp}^i - a_{\perp}^0 \tag{11.7}$$

其中 $a^i(i=1,\cdots,4)$ 是从正五边形中心指向 5 个顶点的基矢集。

11.2.2 Patterson 函数[29]

晶体结构测定中的 Patterson 函数已由式(5.32)给出,它是用实验得到的衍射强度为系数的 Fourier 级数,给出原子间的相对位矢。如前所述,准晶的准周期结构可以看作是五维超空间中的周期结构,式(5.32)可改写成:

$$P(\boldsymbol{U}) = \sum_H |F(\boldsymbol{H})|^2 \cos(2\pi \boldsymbol{H} \cdot \boldsymbol{U}) \tag{11.8}$$

式中 $\boldsymbol{U} = \sum_{i=1}^{5} u_i \boldsymbol{d}_i$,是在五维超空间 E^5 中两个五维超原子间的相对位矢;$\boldsymbol{d}^i$ 是五维超空间 E^5 中五维超点阵 Σ^5 的正交基矢集;$\boldsymbol{d}^{*j}$ 是五维倒易空间 E^{5*} 中五维倒易点阵 Σ^{5*} 的基矢集,$\boldsymbol{d}^i \cdot \boldsymbol{d}^{*j} = \delta_{ij}$;$\boldsymbol{H} = \sum_{i=1}^{5} h_i \boldsymbol{d}^{*i}$,是 Σ^{5*} 中的点阵矢量,h_i 是阵点指数。十重准晶的点群大多是 $10/mmm$,至少作为初步尝试可作为有对称中心,因此式(5.32)中的指数项在这里变为余弦项。

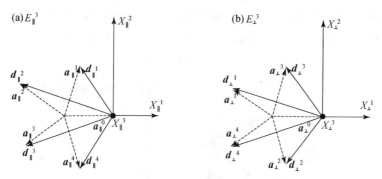

图 11.9 十重准晶的基矢集

(a) 三维平行子空间,$\boldsymbol{d}_\parallel^5 \perp \boldsymbol{d}_\parallel^i (i=1,\cdots,4)$;(b) 二维垂直子空间

首先,将实验得到的三维衍射数据(衍射峰在三维笛卡儿坐标系中的位置 $x_\parallel^{*1}, x_\parallel^{*2}, x_\parallel^{*3}$)转换为五维倒易点阵 Σ^{5*} 中的衍射指数。从式(11.5b)得 $\boldsymbol{d}_\parallel^* = \boldsymbol{Q}_\parallel^* \boldsymbol{x}_\parallel^*$ 及

$$(h_1 h_2 h_3 h_4 h_5)\widetilde{\boldsymbol{Q}}_\parallel^{-1} = (x_\parallel^{*1}, x_\parallel^{*2}, x_\parallel^{*3}) \tag{11.9}$$

再代入式(11.8),即可得出五维超点阵 Σ^5 中坐标为 u_1, u_2, u_3, u_4, u_5 的 $P(\boldsymbol{U})$,这里 u_1, u_2, u_3 是 $\Sigma_\parallel^3$ 中的坐标,u_1 及 u_2 在准周期层,而 u_3 是在层的法线方向或十重准晶的十重周期轴方向的坐标。图 11.10 是 $Al_{78}Mn_{22}$ 十重准晶(周期为

1.24 nm,6 个准周期原子层)的 $P(U)$ 在(10100)面[图 11.10(a)]及(01100)面
[图 11.10(b)]上的投影[29]。横坐标分别是 u_1 及 u_2,在二维准点阵平面上;纵
坐标 u_3 平行于十重轴;它们全都在三维平行子空间 $\Sigma_\parallel^3$ 中。$P(U)$ 峰在 u_3 等高
线上,反映准晶在十重轴方向的周期性。另一方面,$P(U)$ 峰在 u_1 及 u_2 方向上
无周期性,只有准周期性。因此,不能保证在这些方向不再出现 $P(U)$ 峰,为此作
(10110)投影,见图 11.11(a)。纵坐标仍给出 $P(U)$ 峰在十重周期方向的分布,横
坐标给出 $|u_1+u_4|$ 的一个周期。所有 $P(U)$ 峰都出现在 $(-2i/5,0,0,-2i/5,0)$
$(i=0,\cdots,4)$ 位置。在[10010]方向的周期性可在(10110)投影[图 11.11(a)]中
$u_3=0.5$ 的 $P(U)$ 峰看出,也可在(10010)投影[图 11.11(b)下方]中平面胞的对
角线方向 u_1+u_4 看出,且 $u_1=u_4$。(11000)投影[图 11.11(b)上方]给出二维倒
易准点阵平面上的原子相对位置,显示十重旋转对称,但无周期性;(10010)投
影[图 11.11(b)下方]给出原子相对位置在这个面上的投影,图中细线勾画出五
维超晶胞在这个面上的投影,在[10010]方向(超晶胞的对角线方向)的周期性
非常明显。由于准晶在高维超空间中的超原子数目有限,因此不难由这些
$P(U)$ 的投影图确定十重准晶的结构模型,作为结构测定和精修的基础。下面
以十重轴周期最短(0.41 nm)结构最简单(2 个原子层)、也是第一个定量结构测
定的 Al-Co-Cu 十重准晶为例,说明十重准晶结构的测定。

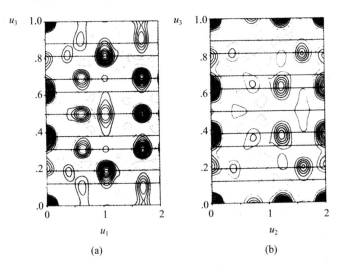

图 11.10　Al-Mn 十重准晶的五维 Patterson 函数的投影

(a) (10100);(b) (01100)[29]

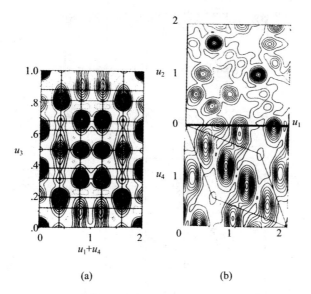

图 11.11 Al-Mn 十重准晶的五维 Patterson 函数的投影

(a) (10110)；(b) 上：(11000)，下：(10010)[29]

11.2.3 Al₆₅Co₁₅Cu₂₀ 十重准晶的结构[6]

图 11.12(a)是 $Al_{65}Co_{15}Cu_{20}$ 十重准晶的五维 Patterson 函数在(10110)面上的投影。五维 $P(\boldsymbol{U})$ 峰只出现在 $u_3=0$ 及 $u_3=0.5$ 的层线上；另一方面，在 u_1+u_4 方向上的位置也简单明确。换句话说，几个超原子都处于特殊位置，由此不难确定其结构模型。图 11.12(b)是由此模型计算出的十重准晶的(10110)Fourier图，其中一个不对称区域内有 3 个五维超原子，原子 1 及 2 的位置分别是 2/5，2/5,1/4,2/5,2/5 及 4/5,4/5,1/4,4/5,4/5(见表 11.2)。这就是由 Patterson 函数得出的两个超原子的位置。

根据由 Patterson 函数得出的两个五维超原子的位置，在五维空间内进行结构精修。包括温度因子在内的结构因子公式是：

$$F(\boldsymbol{H}) = (1/C_\perp) \sum_k \exp(2\pi i \boldsymbol{H} \cdot \boldsymbol{r}_k) f_k(\boldsymbol{H}_\parallel) p_k D_k(\boldsymbol{H}_\parallel, \boldsymbol{H}_\perp) g_k(\boldsymbol{H}_\perp)$$

(11.10)

式中 $C_\perp$ 是五维超原子投影在二维垂直子空间的面积，$\boldsymbol{r}_k$ 是五维超原子 k 的位矢，$\boldsymbol{r}=\sum_i \boldsymbol{r}_i \boldsymbol{d}_i$，$f_k(\boldsymbol{H}_\parallel)$是与衍射矢量 $\boldsymbol{H}$ 的平行分量有关的原子散射因子，p_k

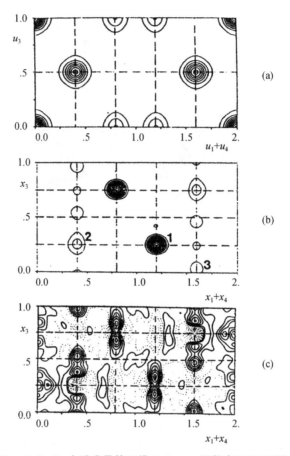

图 11.12 Al-Co-Cu 十重准晶的五维 Patterson 函数在(10110)面上的投影(a)和相对应的 Fourier 图(b)及差图(c)[6]

是占位率。温度因子 D_k 包括 $D_k(\boldsymbol{H}_\parallel)$ 及 $D_k(\boldsymbol{H}_\perp)$ 两部分,前者的意义与晶体相同,与位移无序有关,而后者相当于五维超原子在垂直空间内的弥散,与置换无序及相位子缺陷有关[29]:

$$D_k(\boldsymbol{H}_\parallel,\boldsymbol{H}_\perp)=\exp\left\{-\frac{1}{4}B_\perp^{11}\left[(h_\parallel^1)^2+(h_\parallel^2)^2\right]a^{*2}\right.$$
$$\left.-\frac{1}{4}B_\parallel^{33}(h_\parallel^3)^2-\frac{1}{4}B_\perp\left[(h_\perp^4)^2+(h_\perp^5)^2\right]a^{*2}\right\} \quad (11.11)$$

式中,$B_\perp^{11}$ 是各向同性平行项,$B_\parallel^{33}$ 是垂直项。随着 $D_k(\boldsymbol{H}_\perp)$ 及 $g_k(\boldsymbol{H}_\perp)$ 在垂直空间中增大,衍射强度变弱,因此由 Fourier 级数及 Patterson 函数截断在准晶衍射引起的纹波很弱。几何因子 g_k 是[7]:

$$g_k(\boldsymbol{H}_\perp) = (1/a^*)^2 \sum_l \sin\theta_{l/l+1}\{A_l[\exp(\mathrm{i}A_{l+1}\lambda_k)-1]$$
$$-A_{l+1}[\exp(\mathrm{i}A_l\lambda_k)-1]/[A_lA_{l+1}(A_l-A_{l+1})]\}\quad (11.12)$$

其中 $A_l = 2\pi\boldsymbol{H}_\perp \cdot \boldsymbol{e}_\perp$，$|\boldsymbol{e}_\perp| = 1/a_l^*$。

为了说明式(11.12)中各项的意义,有必要对 10.2.4 节中十重准晶的五维超点阵 Σ^5 及三维垂直子空间中 $\Sigma_\perp^3$ 的投影窗口 $C_\perp$ 作补充说明。这是菱面二十面体(见图 10.24) 的 4 个高为 $j/\sqrt{5}(j=1,\cdots,4)$ 的平面,其中的一个五边形如图 11.13(a)所示。由这种正五边形窗口或五边形原子面确定的是 Penrose 图。A. Pavlovitch 和 M. Kléman[30] 指出,对广义的 Penrose 图,这个窗口应是十边形(如图 10.24 中的平面高度在 $j=1$ 和 2 之间,它与菱面二十面体相截就会给出十边形),如图 11.13(b)所示。这个十边形可用 10 个矢量 $\boldsymbol{e}_\perp^l$ $(l=0,\cdots,9;$ 单位长为 $1/a^*$,夹角为 $\theta_{l/l+1})$ 及五维原子大小因子(5D atomic size factor)λ 来描述。λ 即十边形的外接圆半径,以 $1/a^*$ 的分数表示。

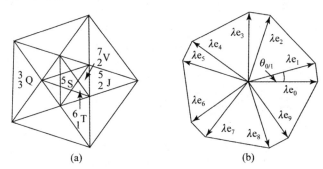

图 11.13 十重准晶在二维垂直子空间的原子面 $C_\perp$

(a) 正五边形；(b) 十边形[29]

作为精修的初始数据,先从图 11.12(a)确定两个五维超原子$(k=1,2)$的粗略位置(应准确到 $\pm2\,\mathrm{pm}$)：$D_k(\boldsymbol{H}_\parallel)$ 采用晶体中常用的温度因子数据,$D_k(\boldsymbol{H}_\perp)$ 中 $B_\perp=0$(即准晶中无相位子等缺陷)；占位分数 p_k^{Al}, $p_k^{\mathrm{Co,Cu}}$ 的设定应与准晶成分一致[Co,Cu 作为一种重原子处理,它们给出图 11.12(a)中的强 $P(\boldsymbol{U})$ 峰]；$g_k(\boldsymbol{H}_\perp)$ 中的参数可选任意值,经过精修趋近五边形。精修采用最小二乘方法[29],后来的工作多采用最大熵精修法[31]。精修的(10110)截面 Fourier 图及差值图见图 11.12(b)及(c)。以五维超原子 1 为例,差值图的最大值仅为其 Fourier 峰值的 4%。从差值图可以看出,还应有第 3 个五维超原子,见图 11.12(b)。显然,五维超原子 1 应主要是重原子(Co,Cu),2 及 3 是 Al,表 11.2 中给出的这 3 个五维超原子位置的 Al 原子占位 p_k^{Al} 分别是 0.08,1.00,1.00。

从图 11.12(b)还可看出,五维超原子 2 与 3 距离过近,因此它们各自的总占位率 p_k 应小于 1,表 11.2 中给出的这两个五维超原子的 p_k 分别是 0.87 及 0.26。精修后的有关数据列于表 11.2 中。显然,五维超原子 1 及 2 均处于特殊位置,超原子 3 也非常接近特殊位置。表中还给出精修的原子大小参数 λ_k,五维超原子 1 的 $\lambda_1 = -0.335$ 表示 $\lambda_1 e_\perp^i$ 在相反的方向。由 λ_k 外接圆半径的正五边形用虚线绘在图 11.14 中,此即二维垂直子空间 $E_\perp^2$ 的(00011)截面 Fourier 图中的一部分。图 11.14(a),(b),(c)分别给出五维超原子 1,2,3 在 $E_\perp^2$ 中的原子面的形状及大小。

表 11.2   Al$_{65}$Co$_{15}$Cu$_{20}$ 十重准晶的五维超原子的参数[6]

参　　数	1 号超原子	2 号超原子	3 号超原子
位置对称	$5mm$	$5mm$	$5m$
多重度因子	2	2	4
x_1	2/5	4/5	1/5
x_2	2/5	4/5	1/5
x_3	2/5	4/5	1/5
x_4	2/5	4/5	1/5
x_5	1/4	1/4	0.04
$B_\parallel^{11}$	1.23	1.8	1.8
$B_\parallel^{33}$	0.35	2.2	2.2
$B_\perp$	0.00	0.00	0.00
p_k	1.00	0.87	0.26
p_k^{Al}	0.08	1.00	1.00
λ_k	-0.335	0.444	0.16

注:x_i 是超原子坐标,$B_\parallel$ 及 $B_\perp$ 是温度因子系数(A^2),p_k 是 k 原子占位率,p_k^{Al} 是其中 Al 原子的分数,λ_k 是径向原子半径($1/a^* = 1$)。

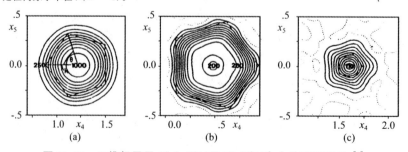

图 11.14   五维超原子 1(a),2(b)及 3(c)在 $E_\perp^2$ 中的原子面 $C_\perp$[6]

图 11.15 的中上部分是十重准晶准周期(11000)面上的精修五维 Fourier 图,这是从 $F(h_1 h_2 h_3 h_4 0)$ 进行 Fourier 合成得到的,(a)中 $x_\parallel^3 = 1/4$,(b)中 $x_\parallel^3 = 3/4$。需要指出的是:① 强 Fourier 峰与(Co,Cu)原子位置对应,弱峰与 Al 原子位置对应。② 在图 11.15(a)中,(Co,Cu)原子位置连接成正五边形及 36°菱形,呈准周期分布,边长为 0.47 nm,每个正五边形中有 3 个或 5 个原子。围绕中心的正五边形,外接 5 个取向相反的正五边形,合起来构成一个边长膨胀了 τ^2 倍的大五边形,在图中用粗线标明。③ 在图 11.15(b)中,正五边形的边长是 0.29 nm(0.47 nm/τ)。围绕中心的 Al 原子正五边形,外面有一个正十边形,外接 10 个正五边形。④ 图中虚线标明的是单斜相 Al$_{13}$Co$_4$ ($\beta \approx 108°$)的半个晶胞,说明 Al$_{65}$Co$_{15}$Cu$_{20}$ 准晶与 Al$_{13}$Co$_4$ 相在这两层中有基本相同的结构单元。图 11.15(a)中粗线标明的大五边形也是 τ^2-Al$_{13}$Co$_4$ 相[a,c 均膨胀 τ^2 倍,而单斜轴及角(b,β)不变[32]]的结构单元。所不同的是,这些结构单元在这些准晶的近似晶体相中呈周期排列,而在十重准晶中呈准周期分布。

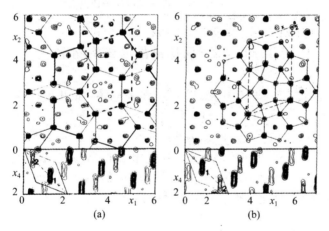

图 15　Al-Co-Cu 十重准晶准周期(11000)面(上)及(10010)面(下)
精修后的 Fourier 图:(a) $x_\parallel^3 = 1/4$;(b) $x_\parallel^3 = 3/4$[6]

图 11.15 的下部分是二维(10010)截面的 Fourier 图。一则显示五维超原子 1,2 在这个截面上的[10010]方向上的周期分布(单胞用细线标明),二则说明(10010)和(11000)这两个二维平面在[10000]轴上连接的情况。五维超原子的 Fourier 峰在(11000)截面上集中在一个小的区域内,进入 $E_\perp^2$ 子空间后就在[00010]方向拉长,此即在垂直子空间的原子面。

Al$_{65}$Co$_{15}$Cu$_{20}$ 十重准晶在十重轴上的周期是 0.41418 nm,只有两个原子层。将

图 11.15(a)及(b)两个(11000)准周期层叠加在一起就得出这个十重准晶的结构。

W. Steurer[33]将十重准晶结构分为三类：Al-Co-Cu 型，Al-Mn 型(包括 Al-Mn-Pd)及 Al-Fe-Pd 型。图 11.16 是 $Al_{70.5}Mn_{16.5}Pd_{13}$ 十重准晶中直径约 2 nm 的原子团的聚合情况。

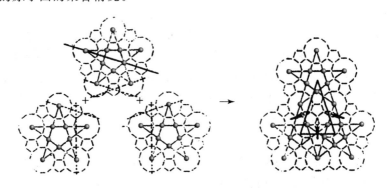

图 11.16　**Al-Mn-Pd 十重准晶中原子团的聚合**[33]

11.3　二十面体准晶的结构测定

三维二十面体准晶的结构测定一直是准晶晶体学的中心内容，高维 Patterson 函数法最早就用于测定 Al-Mn 及 Al-Mn-Si 二十面体准晶结构[4,5]。Al-Fe-Cu 及 Al-Pd-Mn 稳定二十面体准晶不但能长出大尺寸单晶，而且非常完整，可与晶体媲美。完整的 Al-Pd-Mn 二十面体准晶的 X 射线衍射峰半高宽小于 0.001°，并且显示反常透射(Borrmann 效应)[34]这种动力学衍射现象。因此，二十面体准晶的结构测定工作近来主要集中在 Al-Fe-Cu[35~38] 及 Al-Pd-Mn[11~13] 这两种稳定准晶。下面介绍其梗概。

11.3.1　二十面体准晶的六维超点阵

三维二十面体准晶的平行和垂直子空间都是三维的，因此要用六维超点阵处理二十面体准晶的晶体学及衍射问题。这个六维超点阵不但有六维周期性，并要满足二十面体对称[39]。如五重倒易旋转轴与二十面体的一个五重轴[1,0,0,0,0,0]相重，则在此旋转过程中，1,0,0,0,0,0 轴保持不变，而绕此轴的其他 5 个五重轴则有：

$$0,1,0,0,0,0 \rightarrow 0,0,1,0,0,0 \rightarrow 0,0,0,1,0,0 \rightarrow 0,0,0,0,1,0 \rightarrow$$
$$0,0,0,0,0,1 \rightarrow 0,1,0,0,0,0(复原)$$

因此,0,1,1,1,1,1 也是不变的。在五重旋转中,这两个不变的方向构成一个不变面,此即六维点阵中的二维五重不变面,如图 11.17 所示。它将五重旋转与平移周期在六维空间中统一起来。应当指出,这是六维点阵中的一个二维截面,其中有一个三维平行子空间的五重轴$[1\tau0]_{\parallel}$,也有一个三维垂直子空间的五重轴$[\tau\bar{1}0]_{\perp}$。这是研究二十面体准晶六维结构的一个最重要的截面,这个面上的 Patterson 函数给出六维超原子的相对位置,见 11.3.3 节。同理,绕三重轴旋转有:

$$1,0,0,0,0,0 \rightarrow 0,1,0,0,0,0 \rightarrow 0,0,1,0,0,0 \rightarrow 1,0,0,0,0,0(复原)$$
$$0,0,0,1,0,0 \rightarrow 0,0,0,0,\bar{1},0 \rightarrow 0,0,0,0,0,1 \rightarrow 0,0,0,1,0,0(复原)$$

换句话说,1,1,1,0,0,0 及 0,0,0,1,$\bar{1}$,1 是两个不变方向,它们构成六维点阵中的二维三重不变面,如图 11.18 所示。

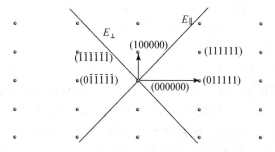

图 11.17　二十面体准晶在六维空间中的二维五重不变面[39]

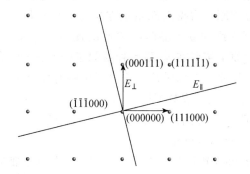

图 11.18　二十面体准晶在六维空间中的二维三重不变面[39]

11.3.2　中子衍射

原子的 X 射线散射因子随原子序数增大而增大,因此在 X 射线衍射图中,

重原子的贡献突出。在 11.2.3 节中讨论的 Al-Co-Cu 十重准晶结构测定,由于
(Co,Cu)原子的散射本领远较 Al 原子强,因此不难从 Patterson 函数图区分
(Co,Cu)六维超原子(1 号)及 Al 原子(2,3 号),但一般不能区别原子序数相近
的原子,如 Co 及 Cu。原子的中子散射距离与核结构有关,无此变化规律,它除
了对确定轻元素的原子位置非常有利外,还可确定原子序数相邻的元素的原子
位置。此外,有些元素的中子散射距离还是负值,如 Mn 的中子散射距离是
-0.373×10^{-12} cm,这对确定含 Mn 的多元合金中几种原子的位置特别有利。
因此,Al-Pd-Mn 三维二十面体准晶的结构测定受到广泛重视,并且多采用 X 射
线衍射与中子衍射相结合的实验方法。

利用 Cu,Fe 的同位素有不同的中子散射距离 b,M. Cornier-Quiquandron
等[36,37]配制了 6 种含有不同同位素的 $Al_{62}Cu_{25.5}Fe_{12.5}$ 二十面体准晶:自然
的 $Al_{62}Cu_{25.5}Fe_{12.5}$,$Al_{62}{}^{63}Cu_{25.5}Fe_{12.5}$,$Al_{62}{}^{65}Cu_{25.5}Fe_{12.5}$,$Al_{62}Cu_{25.5}{}^{54}Fe_{12.5}$ 和
$Al_{62}{}^{65}Cu_{25.5}{}^{57}Fe_{12.5}$(左上角是同位素的原子量)。

第 i 个 AlCuFe 准晶的结构因子是:

$$F^i(\boldsymbol{H}) = b_{Al}{}^iY_{Al}(\boldsymbol{H}) + b_{Cu}{}^iY_{Cu}(\boldsymbol{H}) + b_{Fe}{}^iY_{Fe}(\boldsymbol{H}) \qquad (11.13)$$

式中 Y 是要确定的与不同元素的原子位置有关的偏结构因子。由于 $I^i(\boldsymbol{H}) =$
$|F^i(\boldsymbol{H})|^2$,从式(11.13)得出的 $Y_{Al}Y_{Al}$,$Y_{Cu}Y_{Cu}$,$Y_{Fe}Y_{Fe}$,$Y_{Al}Y_{Cu}$,$Y_{Al}Y_{Fe}$,$Y_{Cu}Y_{Fe}$
6 个未知数,可用不同同位素配制的 6 种准晶($i = 1 \sim 6$)的同一衍射的 6 个强度
值 $I^i(\boldsymbol{H})$ 解出。由这些 $Y_{Al}Y_{Al}$ 等的数据可绘制六维的 Al-Al 等的偏 Patterson
函数 $P(\boldsymbol{U}_{Al-Al})$,得出不同原子的相对位矢 $\boldsymbol{U}_{Al-Al}$ 等。他们根据这些中子衍射实
验结果得出,一部分铜原子占据六维超立方晶胞的体心位置,BC $= 1/2(1,1,1,$
$1,1,1)$;铁原子占据六维超立方晶胞的顶点位置,$n_0 = 0,0,0,0,0,0$,$n_1 = 1,0,$
$0,0,0,0,$;其余的铜原子主要在 n_1 顶点处铁原子的周围;Al 原子在 n_0,n_1 顶点
的最外层。由于铜、铁原子在六维超立方晶胞中的有序分布$(0,0,0,0,0,0$ 顶点
与 $1,0,0,0,0,0$ 顶点的化学成分不同),六维简单超立方晶胞常数要加倍,变成
六维面心超立方单胞。这种用同位素的不同中子散射距离给出不同衍射强度
的方法称为 contrast variation 法。

另一方面,M. Boudard 等[11,12]在 Al-Pd-Mn 二十面体准晶结构测定中采用
了同晶置换法。他们利用 Fe,Cr 的中子散射距离是正值而 Mn 的中子散射距
离是负值,用(Fe,Cr)置换 Mn 得出的 T(Mn,Fe,Cr)的中子散射距离分别是
-0.373×10^{-12} cm(纯 Mn),0(中子衍射只由 Al,Pd 产生),$+0.344 \times 10^{-12}$ cm
(与 Al 的中子散射距离相同)及 $+0.658 \times 10^{-12}$ cm(无 Mn)。用改变成分来改
变类似式(11.13)中的 b 值,以达到采用不同同位素来改变中子衍射峰强度的

目的。

图 11.19 是这四种 $Al_{71}Pd_{19}T_{10}$ 二十面体准晶的中子粉晶衍射图。由于成分改变,峰的位置略有位移,但都属于二十面体准晶。另一方面,峰的强度有明显的变化。其中用 * 指明的是面心超结构衍射。从这四个衍射谱可以得出过渡金属 T 及 Al,Pd 的偏 Patterson 函数,并从中得出 T 及 Al,Pd 超原子的粗略位置及偏密度图。图 11.20 是二维五重不变面上的偏密度图,其中的密度峰在 $[\tau\bar{1}0]_\perp$ 方向拉长成狭带[39]。图 11.20(a) 是过渡金属 T(Mn,Fe,Cr) 的分布,集中在 $n_0(0,0,0,0,0,0)$ 及 $n_1(1,0,0,0,0,0)$ 等六维超晶胞的顶点上,而前者的峰值更高。图 11.20(b) 是 Al,Pd 的分布,集中在六维超晶胞的体心位置 $BC=1/2(1,1,1,1,1,1)$ 及顶点 n_0 和 n_1 的周围。这与本节中前面讲到的 Al-Cu-Fe 面心二十面体准晶的结构类似。当然,这种从粉晶衍射谱得出的结构肯定是比较粗糙的,因为无法把重叠的衍射峰分开,只能人为地假设两个峰有相同的强度。再就是级数截断效应也会引入至少 10% 的误差。但是在 Al-Pd-Mn 二十面体准晶中,Mn 原子主要在六维超立方晶胞的顶点处而 Al,Pd 在其外围,这一结论还是可靠的。

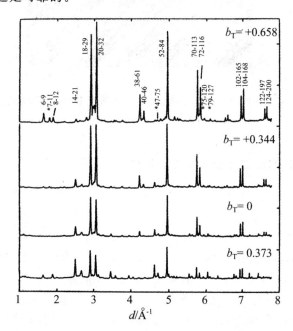

图 11.19 四种 $Al_{71}Pd_{19}T_{10}$ 二十面体准晶(过渡金属 T 的平均原子散射距离 b 不同)的中子粉晶衍射图[13],b 的单位为 10^{-12} cm

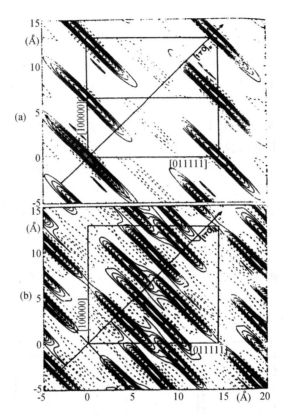

图 11.20　Al-Pd-Mn 二十面体准晶的二维五重不变面上的偏密度图

(a) T(Mn,Fe,Cr)；(b) Al,Pd[11]

11.3.3　$Al_{70}Pd_{21}Mn_9$ 二十面体准晶的结构

Boudard 等在从 Al-Pd-Mn 二十面体准晶的中子粉晶衍射谱得到 Mn 及 Al,Pd 原子的粗略位置后，又对 $Al_{70}Pd_{21}Mn_9$ 二十面体准晶进行了 X 射线及中子衍射单晶结构分析[12]。它由大约是 51 个原子的不全 Mackay 原子团的三维 τ^3 膨胀得出。Mackay 原子团(见图 9.7)芯部的二十面体有 12 个原子，第二层的二十面体[图 9.15(c)中的 12 个灰球]与三十二面体(图 9.15 中的 32 个白球构成 12 个正五角面和 20 个正三角面)有 42 个原子，总共是 12＋42＝54 个原子。Boudard 等的实验结果指出芯部的二十面体不全，只有 9 个原子，因此称之为不全 Mackay 原子团。图 11.21 是这种原子团在赤道面上的截面图，显示五重对称。其中的黑点是 Mn 原子，周围一圈的 10 个 Al 原子(用 ＊ 表示)是

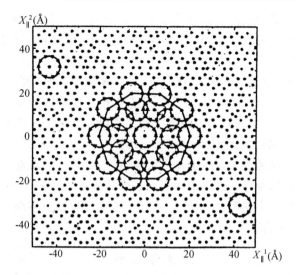

图 11.21　不全 Mackay 原子团(赤道平面)的一次 τ^3 膨胀[13]

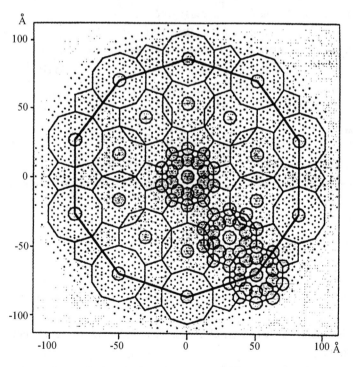

图 11.22　不全 Mackay 原子团(赤道平面)的两次 τ^3 膨胀[13]

三十二面体赤道面上的原子。这个原子团的直径约为 1.0 nm,膨胀 τ^3 倍给出图 11.21 中部直径约为 4.2 nm 的高一级的原子团,中间是一个不全 Mackay 原子团,周围一圈 10 个不全 Mackay 原子团。两者之间还有 10 个相重叠一部分的不全 Mackay 原子团,距中心的距离是 τ^2。图 11.22 是再高一级的原子团,它由图 11.21 中部的原子团再一次膨胀 τ^3 倍得出,除了有不同级别(级差 τ^3)的正十边形外,还有不同级别的正五边形。按 τ^3 膨胀,可以长出毫米甚至厘米尺寸的完整的 Al-Pd-Mn 二十面体准晶[13]。

为了得到精确的二十面体准晶的结构,有必要对三维垂直子空间中的菱面三十面体进行局部修补。如有些学者建议在其中心挖去一个小 τ^3 倍的菱面三十面体,并在其 12 个五重顶点挖去一部分(20 个三重顶点不动)[40,41]。详见 A. Yamamoto 的"准晶晶体学"文献总结[16]。

参 考 文 献

[1] Xiang Shi-bin, Li Fang-hua and Fan Hai-fu, *Acta Cryst.*, 1990, **A46**, 473; Z. Fu, F. Li and H. Fan, *Z. Kristallogr.*, 1993, **190**, 57.

[2] V. Elser and C. L. Henley, *Phys. Rev. Lett.*, 1985, **55**, 2883.

[3] P. Guyot and M. Audier, *Phil. Mag.*, 1985, **B52**, L15.

[4] J. W. Cahn, D. Gratias and B. Moser, *Phys. Rev.*, 1988, **B38**, 1638. D. Gratias, J. W. Cahn and B. Moser, *Phys. Rev.*, 1988, **B18**, 1643.

[5] J. W. Cahn, D. Gratias and B. Moser, *J. Phys.* (France), 1998, **49**, 1225.

[6] W. Steurer and K. H. Kuo, *Acta Cryst.*, 1990, **B46**, 703.

[7] W. Steurer, *J. Phys.*, *Condens. Matter*, 1991, **3**, 3397.

[8] W. Steurer, T. Haibach, B. Zhang, S. Kek and R. Lück, *Acta Cryst.*, 1993, **B49**, 61.

[9] W. Steurer, T. Haibach, B. Zhang, C. Beeli and H. -U. Nissen, *J. Phys.*, *Condens. Matter*, 1994, **6**, 613.

[10] T. Haibach, B. Zhang and W. Steurer, unpublished work.

[11] M. Boudard, M. de Boissieu, C. Janot, J. M. Dubois and C. Dong, *Phil. Mag. Lett.*, 1991, **64**, 197.

[12] M. Boudard, M. de Boissieu, C. Janot, G. Heger, C. Beeli, H. -U. Nissen, H. Vincent, R. Ibberson, M. Audier and J. M. Dubois, *J. Phys.*, *Condens. Matter*, 1992, **4**, 10149.

[13] C. Janot and M. de Boissieu, *Phys. Rev. Lett.*, 1994, **72**, 1674; C. Janot, *Phys. Rev.*, 1996, **B53**, 181.

[14] C. Janot, in G. Chapius and W. Paciorek(eds.), *Aperiodic* 94, World Scientific, Singapore, 1995, pp. 491~504.

[15] C. Janot,*Proc. Roy. Soc. Lond*, 1993,**442**,113.

[16] A. Yamamoto,*Acta Cryst.* , 1996,**A52**,509.

[17] C. L. Henley,*J. Non-Cryst.. Solids*, 1985,**75**,91.

[18] V. Kumar,D. Sahoo and G. Athithan,*Phys. Rev.* , 1986,**B34**,6924.

[19] K. Robinson,*Acta Cryst.* , 1954,**7**,494.

[20] A. Damjanovic,*Acta Cryst.* , 1961,**14**,982.

[21] X. Z. Li and K. H. Kuo,*Phil. Mag.* , 1992,**B65**,525.

[22] X. Z. Li,M. Deneau and K. H. Kuo,*Europhys. Lett.* , 1994,**26**,589.

[23] Q. B. Yang and K. H. Kuo,*Phil. Mag.* , 1986,**B53**,L59.

[24] Q. B. Yang and K. H. Kuo,*Acta Cryst.* , 1987,**A43**,787.

[25] C. L. Henley and Elser,*Phil. Mag.* , 1986,**B53**,L59.

[26] H. B. Elswijk,J. Th. M. de Hosson,S. van Smaalen and J. L. de Boer, *Phys. Rev.* , 1988,**B38**,1681.

[27] Y. Shen,S. J. Poon,W. Dmowski,T. Egami and G. J. Shiflet,*Phys. Rev. Lett.* , 1987,**58**,1440.

[28] G. Z. Pan,Y. F. Cheng and F. H. Li,*Phys. Rev.* , 1990,**B41**,3401.

[29] W. Steurer,*Acta Cryst.* , 1989,**B45**,535.

[30] A. Pavlovitch and M. Kléman,*J. Phys. ; Math. Gen.* , 1987,**20**,687.

[31] T. Haibach and W. Steurer,*Acta Cryst.* , 1996,**A52**,277.

[32] X. L. Ma and K. H. Kuo,*Acta Cryst.* , 1995,**B51**,36.

[33] W. Steurer,in G. Chapius and W. Paciorek(eds.),*Aperiodic 94*, World Scientific,Singapore,1995, pp. 515~524.

[34] S. W. Kycia,A. I. Goldman,T. A. Lograso,D. W. Delaney,D. Black, M. Sutton, E. Dufresne,R. Brüning and B. Rodricks,*Phys. Rev.* , 1993,**B48**,3544.

[35] Y. Calvayrac,A. Quivy,M. Bessière,S. Lefebvre,M. Cornier-Quiquandron and D. Gratias,*J. Phys.* (France) , 1990,**51**,417.

[36] M. Cornier-Quiquandron,A. Quivy,S. Lefebvre,E. Elkain,G. Heger, A. Katz and D. Gratias,*Phys. Rev.* , 1991,**B44**,2071.

[37] M. Cornier-Quiquandron,R. Bellssent,Y. Calvayrac,J. W. Cahn,D. Gratias and B. Moser,*J. Non-Cryst. Solids*, 1993,**153**~**154**,10.

[38] A. Katz and D. Gratias,*J. Non-Cryst. Solids*, 1993,**153**~**154**,187.

[39] P. Bak and A. I. Goldman,in M. V. Jaric(ed.),*Aperiodicity and Order*,Vol. 1. *Introduction to Quasicrystals*,Academic Press,Boston, 1988, pp. 143~170.

[40] A. Yamamoto and K. Hiraga,*Phys. Rev.* , 1988,**B37**,6207.

[41] G. Z. Pan,C. M. Teng and F. H. Li,*Phys. Rev.* , 1992,**B46**,6091.

附录 1　五重旋转对称和二十面体准晶体的发现[①]

郭可信

我早年曾在欧洲从事过近十年的合金钢中的碳化物及合金相研究,除了 X 射线衍射外,还使用过当时还算比较新颖的电子显微镜。在 1953 年曾在 *Acta Metallurgica* 发表了 3 篇有关 η-M_6C, η^2-$(Ti,Ta)_4Ni_2C$, Laves 相和 Sigma 相的论文。这些合金相的晶体结构中都有众多稍微畸变了的二十面体原子团簇(正二十面体是由 20 个正三角形围成的凸正多面体,每 5 个正三角形围出一个正五重顶,通过每一对相对着的五重顶有一个五重旋转对称轴。通过每一对相对着的三角形中心有一个三重旋转轴;通过每一对相对着的棱的中点有一个二重旋转轴。二十面体点群的符号是 235,而立方晶系中四面体点群的符号是 23)。

1956 年春天,我在海牙读到周总理"向科学进军"的号召,深受感动,在五一节前回到北京,随后被分配到金属研究所工作,直到 1987 年才转到北京电子显微镜开放实验室工作。前后在沈阳工作 31 年,时间不算短,以正值壮年,本应有所作为,但是生不逢时,先后赶上"大跃进"和"文化大革命"两次大动荡,我的基础研究一直没能在祖国大地扎根。幸好在打倒"四人帮"后迎来了科学的第二个春天,我才得以在 1983 年 60 岁时又开始合金相的电子显微镜研究。我与叶恒强、李斗星合作在镍基和铁基合金中发现了一系列与 Sigma 相和 Laves 相有关的四面体密堆合金相。在我们的指导下,我的研究生王大能在 1984 年夏发现了五重旋转对称,张泽在 1985 年春发现了 Ti-Ni 二十面体准晶,我们五人共同在 1987 年获得了国家自然科学一等奖。我总算在过了花甲之年后做出一点成绩,以谢国人,也有了一些值得回忆的事。

大约是在 1980 年的一天,王元明同志从北京回来对我说,他从科学院进口装备处了解到院里准备引进一两台电子显微镜。我随即去北京活动,向郁文秘书长立下军令状,保证在电镜安装后三年内做出出色成绩,就这样决定为金属

---

① 本文摘自《郭可信纪念文集》,中国科学院物理研究所(2008)。

研究所订购一台当时分辨率最高的JEM200CX电子显微镜。同时积极培养科研骨干,除了组织大家系统学习电子衍射动力学理论和高分辨电子显微镜成像理论外,还安排叶恒强同志先后去美国和比利时师从Cowley及Amelinckx,关若男同志去日本师从Hashimoto,李斗星同志去瑞典师从Anderson,乔桂文同志去剑桥大学师从Howie,学习高分辨电子显微学。叶恒强、吴玉琨和我合著的《电子衍射图》也在1983年出版(科学出版社)。从日本引进的电镜也在1983年安装就绪,就安排一批研究生使用这台电镜做学位论文工作,大家排队一天三班倒使用这台电镜,我们的实验室在夜里总是灯火辉煌,热闹非常。据统计,那几年这台电镜加高压的运转时间每年多达五千多个小时,平均每天工作十几个小时,几乎每天都会有一些新结果,我也经常处于兴奋状态。至今我仍很怀念那时上下一心、忘我献身的精神。李斗星同志曾对我说过,忙了一夜,毫无结果,天已朦亮,人也疲惫不堪,眼睛酸疼,准备停机,但又不忍就此罢手无功而返,就又坚持一段。几经反复,终于在天大亮时找到一些新鲜结果,顿时喜出望外,所有的疲惫一下子都不知飞到哪里去了。坚持到最后一刻就会得到意想不到的回报。

　　与基础研究告别了四分之一世纪,一时不知从何下手,于是我们就在材料科学这个战场上摆开一个宽广的战线。由叶恒强带领张泽、张锦平、王大能做合金相研究;吴玉琨、黑祖琨带领赖宗和、郭永翔做非晶态研究;李斗星带领秦禄昌、张晶做半导体研究;邹本三带领王岩国做矿物研究;关若男带领关庆丰做氧化物研究;乔桂文带领王龙做催化剂研究;杨奇斌带领王曾楣做高维晶体学的研究;王元明带领曲华、陈江华做电子模拟像计算;我自己带着张卫平做有机分子的研究,浩浩荡荡地开始了大规模的电镜"普查"。到了1984年夏,这些工作都取得了一些进展,但是最有意义的还是叶恒强和李斗星同志在镍基和铁基高温合金中发现了四面体密堆相(在高温合金界称拓扑密堆相,在物理界称Frank-Kasper相)的畴结构。Laves相和μ相中不同相畴间的五角反棱柱(二十面体去掉上下两个五重顶)有相同取向,写了一组3篇论文投 *Philosophical Magazine*。到了这年秋天,王大能在叶恒强同志指导下发现了一个新的四面体密堆相——C相,其电子衍射图的中心部分由周期的斑点构成一个二维点列,周围有10个呈五重旋转对称的斑点。随之发现,Laves相和μ相的电子衍射图也有此现象。中间的二维点列是晶体衍射的正常现象,周围的10个五重旋转对称的斑点是反常现象,这是实验观察上的一个突破,值得进一步推敲,上升为理性认识。经过认真分析,认为这是这些合金相中的不同相畴(取向差为72°)中的五角反棱柱有相同取向的缘故。为了验证这个假想,计算了单个五角反棱柱的傅里叶变换,得出的最外圈的 10 个呈五重旋转对称光学衍射斑点与实验观察得到的周围的 10 个电子衍射斑点相重。我们在 1984 年底写了一篇"正空间与倒易空间中的五重对称"投寄给 *Ultramicroscopy*,于 1985 年刊出。

此外,我们发现由不同四面体密堆相的纳米畴给出的电子衍射图中竟没有显示周期晶体结构的二维周期衍射点列,所有衍射斑点都呈五重旋转对称,因此也是非周期性的。这一现象引起我们很大的兴趣,一些合金熔化后再急冷凝固,会不会得到单个的五角反棱柱呢?为此,最好选一种既与四面体密堆相的成分相近又有生成非晶态倾向的合金。我就此事与当时正在做非晶态晶化的吴玉琨和黑祖琨同志讨论,并参考一篇 Rong Wang(不是我的研究生王蓉)论文,决定一用 Ti_2Ni 及 ZrNi 合金做这个实验。当时张泽正在做 $(Ti, V)_3Ni$ 晶体结构的硕士学位论文,就由他就汤下面做 $(Ti, V)_2Ni$ 合金急冷凝固的研究,由蒋维吉(我在上海交通大学的研究生)做 ZrNi 合金急冷凝固的研究。到了 1984 年底,张泽得到了 Ti_2Ni 的五重旋转非周期电子衍射图,与我们预期相符;蒋维吉也得到了一种五重旋转对称的电子衍射图,但高分辨电子显微像指出它是正交 ZrNi 相的五重旋转孪晶。1985 年春节期间,张泽去南京探亲,就请他在春节后去上海硅盐研究所做大角度倾转电子衍射实验。就在这个时候(3 月 13 日),我在北京钢铁学院的研究生邹进寄来 Shechtman 等在 1984 年 11 月 12 日在《物理评论快报》上发表的论文"一种具有长程取向序而无周期对称的金属相"的复制件。这篇文章中的合金是 Al-16 原子% Mn,急冷凝固后给出五重、三重、二重电子衍射图,而这些五重轴、三重轴、二重轴间的角度关系满足二十面体点群 235 的要求。我及时把这些情况告诉了在上海的张泽,他也得到类似的电子衍射结果。

显然,Shechtman 等与我们做的是同一类实验,他们用的是 Al-Mn 合金,我们用的是 Ti-Ni 合金,他们发表在前,我们发表在后。事后我才知道,Shechtman 在 1982 年为了发展高强度铝合金,采用急冷凝固的工艺迫使更多的锰固溶在铝中(锰在 500℃ 时在铝中的固溶度仅为 0.2 原子%)。那时他就得到了五重对称电子衍射图,为此,他请教了冶金学权威 J. W. Cahn,得到的答复是这是五重孪晶的复合电子衍射图,Shechtman 没有被说服,继续做细致的电镜实验,才在 1984 年肯定它是二十面体准晶。当然,我们的 Ti-Ni 二十面体准晶是独立的发现,并且也是在发展合金(高温合金)过程中的偶然发现。

值得指出的是,我们发现 Ti-Ni 准晶的过程中并没有受到五重孪晶这种想法的干扰,因为蒋维吉同时已经得到 Zr-Ni 五重孪晶,它的高分辨像与张泽得到的 Ti-Ni 准晶的高分辨像(经过邹本三同志做过图像处理)不一样。前者显示取向差为 72°的 5 个二维周期分布的像点，后者是呈五重旋转对称的非周期分布的像点。我们写了"一种新的具有 $m35$ 对称的二十面体准晶"和"急冷 Ni-Zr 合金的十重孪晶"两篇简报在 1985 年的同一期 *Philosophical Magazine* A 中刊出。两相对应，说服力很强，Shechtman 的合作者 Cratias 称我们的 Ti-Ni 准晶为中国相(China Phase)，并邀请我去参加他在法国组织的第一届国际准晶会议，我在会议的报告题目是"From Frank-Kasper Phases to Quasicrystal"，说明我们的准晶是研究四面体密堆合金相的直接结果，同时指出准晶与四面体密堆合金相都是由二十面体原子团簇构成的，只不过它们在准晶中呈非周期排列，而在四面体密堆合金相中呈三维周期性排列。后来的工作证明这个观点是正确的。

在准晶取得突破后，我的研究工作就逐渐集中到这个方面来，并且取得了一些在国际上有影响的结果。王宁、曹巍等分别在 Cr-Ni-Si 和 Mn-Si 合金中首先发现八重旋转对称二维准晶，它们都与 β-Mn 结构的合金相共存。陈焕等在 V-Ni-Si 合金中发现十二重旋转对称准晶与 Sigma 相共存。董闯等在 Mn-Ni-Si 合金中发现二十面体准晶与 Laves 相共存。何伦雄、李兴中、张泽等首先发现 Al-Co-Cu 稳定的十重旋转对称二维准晶和一维准晶。张洪等用相位子理论分析了十重旋转对称二维准晶转变为一维准晶和晶体相的晶体学关系，找出这些晶体相的点阵常数的规律。此外，还在 Al-Pt 族金属(Ru, Os, Rh, Ir)二元合金中发现一些十重对称二维准晶。第二届国际准晶会议得以在 1987 年夏在北京召开，从一个侧面说明我们的准晶研究得到国际上的承认。

为什么我们能在 1985 年在金属研究所发现准晶呢？如上所述，我们是在研究高温合金中的四面体密堆合金相(Laves 相、μ 相等)时偶然观察到五重旋转对称的。其实这里面也是有必然性的。德国的准晶学家 Urban 在 1986 年见到我时曾说："看到你们在 1985 年发表的那 3 篇关于五角四面体密堆相的论文中，对畴结构的详尽论述，就会理解为什么你们会发现五重旋转对称和二十面体准晶了。"那时，发展高温合金正是金属研究所的一个研究热点。为了提高使用温度，措施之一就是增加 Ti, Al, Mo 等合金元素的含量，伴随而来的后果就是容易出现片状 Sigma, Laves 等脆化相。这就为我们提供了大量研究素材。国外首先发现的 Al-Mn 及 Al-Li-Cu 准晶也是发展高强超轻铝合金的副产物。由此可见，生产实践是基础研究的源泉。另外，金属研究所在急冷凝固制造非晶合金方面也有一支队伍及实验手段，为我们的准晶研究提供了方便。

其次，我们无论在理论上还是在实验方面都有储备。我在 50 年代初曾研究过 Laves 相、η 碳化物、β-Mn 结构、Sigma 相等，它们分别是五重对称二十面体准晶、八重对称二维准晶、十二重对称二维准晶的近似晶体相。换句话说,这些合金相中的原子团簇与相应的准晶中的原子团簇相同或类似。我的这些经验的确有助于后来的准晶研究。此外,即使在"文化大革命"中,我们对合金相理论、晶体的对称理论和电子显微镜技术的学习也从未中断。在"文化大革命"中,对我的批判也主要是办电子衍射学习班,对抗毛泽东思想学习班。准晶研究需要三个方面知识的结合:合金学、晶体学、电子显微学。我们正好在这三方面都有所储备,因此才能在准晶研究中得心应手,左右逢源。有些人的晶体学理论比我们高明得多,但他们不熟悉电子显微学,对急冷凝固产生的微米级准晶的结构研究束手无策;另外有些人电子显微学的造诣很深,但他们不懂合金学或晶体学,看到五重或八重对称电子衍射斑点,也不知道怎么去理解它。

最后也是最重要的,我们有一支学术精、学风好的科研队伍,我过去赞扬过"清清白白地做人,认认真真地做学问",在"文化大革命"中,这就成为我的罪状,但这种认识并没有被批倒,仍是大家遵守的信条。我们这支准晶研究队伍,包括四五位骨干和十几位研究生,都能兢兢业业地、踏踏实实地做学问,在扎实的实验工作基础上勇于创新,又耐得住寂寞,不急于求成,敢想敢干,而不浮躁,不浮夸。张泽、王大能因发现准晶和五重旋转对称而获第一届吴健雄物理奖,王宁、陈焕因发现八重和十二重旋转对称而获第二届吴健雄物理奖。他们并未因此而骄傲,未敢稍有懈怠。我们的准晶研究也有不顺利的时候,一次接着一次的实验都失败了,还能发扬百折不挠的精神,坚持到最后的胜利。我们这个集体出的论文多,出国深造的机会多,但从未因排名选人而有过什么争议。这是一个团结合作的集体,胜不骄,败不馁,这种好学风是我们成功的保证。

我很幸运,能在80年代这个关键时期,在金属研究所这个优越的科研环境里,带领一批优秀中青年科研人员冲锋陷阵,占领准晶研究这个制高点。

附录 2　准晶与电子显微学[①]

——略述我的研究经历

郭可信

一、开场白

1993 年对我来说是值得纪念的一年。首先,我出任亚太电子显微学会联合会主席,任期四年。其次,我们的准晶研究得到国际学术界的承认,被邀请于 8 月下旬在北京召开的第 16 届国际晶体学大会作准晶特邀报告。还将主持 8 月底在承德召开的国际准晶学术讨论会。

这首先要归功于一批优秀学生,前后约有 30 位硕士、博士研究生从事准晶研究。他们发愤图强,刻苦钻研,接连发现 Ti_2Ni 二十面体对称准晶(与 Ti_2Ni 立方相共生)、八重对称准晶(与 β-Mn 结构共生),还有 NiV 十二重对称准晶(与 Sigma 相共生)。张泽、王大能、王宁、陈焕因此先后荣获第一届及第二届吴健雄物理奖,五重对称及 Ti_2Ni 准晶的发现还获得 1987 年国家自然科学一等奖。何伦雄首次生长出 AlCuCo 十重稳定准晶并长出毫米级单晶,获中国科学院科技进步二等奖。这些有创造性的论文自发表以来已被引用近百次。此外,张洪等在十重准晶的近似晶相体结构及生成规律方面做出优秀成绩,获教委 1992 年自然科学一等奖。

在稳定准晶相发现之前,准晶主要是通过急冷获得的,晶粒一般都是微米量级,而且一般是几个相共生。对这些共生的微晶,传统的结构研究方法如 X 射线衍射就显得无能为力,而用聚焦电子束形成的显微像及电子衍射却得以充分发挥其威力,几乎所有准晶合金都是用这一实验方法发现的。

我有幸在 1947—1956 年间在国外学习工作时就与合金结构和电子显微学打交道,1956 年回国后又一直断断续续从事这方面的工作,因此能在 1982 年安

---

①　本文摘自《郭可信纪念文集》,中国科学院物理研究所(2008)。

装一台 JEM200CX 电镜及后来在北京安装两台 Philips 电镜后,率领一批新生力量在合金结构及准晶研究中自由驰骋、左右逢源,发现了一批准晶合金及多种准晶结构。四十多年前播下的种子,四十年后才收成。时间可能长一些,但是由于是丰收,这还是值得的。

二、与金相权威决裂

我在 1946 年夏从浙江大学化工系毕业后就赶上了公费留学考试,由于不想学造纸(化工方面唯一的报考专业),就改行考冶金。在我之前就有不少浙江大学化工系毕业的学生这么做了,因为我们的化学基础好,特别是物理化学,考试占便宜。我的物理化学考得还不错,可是无机化学就砸锅了,因为有一道题(20分)要列出十种金属矿物名称,我除了黄铁矿、赤铁矿、褐铁矿外其他都不知道。当年秋后发榜,我居然还榜上有名,去瑞典学冶金。我对此完全是外行,去了重庆最大的大渡口钢铁公司实习了一个月,那里有一座高炉是 1938 年武汉沦陷前从汉冶萍钢铁公司拆运来的,有两座 20 吨平炉,现在看来小得可怜,但是那时这是大后方最大的。在那见到才从美国回来的周自定工程师(新中国成立以后在东北工学院任冶金系主任),他带回一本才出版的 *Open-Hearth Steel Making*,用物理化学原理分析炼钢过程中的钢渣反应。我第一次接触到这门 30 年代兴起的化学冶金学科,非常兴奋。

瑞典是以优质合金钢著称于世的,特别是 SKF 的轴承(第二次世界大战时盟军曾派潜水艇去瑞典西海岸偷运瑞典轴承),还有诺贝尔家族独占全部股份的 Bofors 钢厂生产的大炮。我 1947 年秋到了斯德哥尔摩,才知道只有瑞典皇家理工学院有冶金系,也只有三位教授,一位教冶金,一位教金相,一位教轧钢。我说明想学合金钢,就被分配到金相教授 A. Hultgren 那里,从此进入 40 年代才兴起的物理冶金的门槛。

如果说化学冶金主要是在德国兴起,那么物理冶金则主要是在美国兴起的,那时美国最有名的物理冶金学家主要集中在 MIT,Carnegie IT 及芝加哥大学金属研究所三个学府。MIT 的 M. Cohen 主要从事马氏体的相变研究;Carnegie 的 R. F. Mehl(第二次世界大战负责军工研究,少将军衔)主要研究奥氏体等温转变,引入德国学者的晶核生成与长大理论研究相变(现在 Carnegie-Mellon 大学校园内还有他的铜像);芝加哥大学金属研究所由第二次世界大战负责原子弹研制中的材料问题的英国人 C. S. Smith 主持,他本人研究晶粒晶界及冶金史,更重要的是网罗了一批物理学家,如 Zener,Barrett,葛庭遂等,研究金属的物理问题[Zener 曾在第二次世界大战中在美国水城兵工实验室带领一批杰出的青年物理学家 Turnbull（五十多卷固体物理丛书的主编），Fisher，Hollomon 等搞炮钢的相变及回火脆〕。英国的物理学家那时的兴趣集中在位错，带头的是 N. F. Mott，C. Frank，Orowan（位错的发明人之一，他在 30 年代在德国找不到工作，回到匈牙利赋闲，就琢磨起金属的强度为什么比物理强度低得多，从而想到位错。他认为一个人一天忙于工作，很难有所发现。他还提到位错的另一位发明人 G. I. Taylor，第一次世界大战中在国防科研部门搞流体力学，战后闲得无聊，也搞起位错来）。位错的另一位发明人是匈牙利的青年物理学家 Polany，他本想去跟因发明用铂作为催化剂在高温高压下人工合成氨而得诺贝尔化学奖的 Haber 工作，没想到 Haber 很骄傲，将他拒之门外（现在德国的电子显微学研究中心设在柏林的 Fritz-Haber 研究所内）。他只好在柏林找一份 X 射线研究的工作，接触到六方对称的锌在范性形变中产生的滑移及织构。

　　我是在山沟里油灯下念的大学，初到未受战火波及繁荣富有的瑞典，连实验室煤气灯都不知怎么点，受到一个英国实验员的嘲笑。外国有一著名成语，"笑到最后的才是最好的"，那小子到老还是一个实验员，我这个土包子没几年后就当上了研究员。不是他素质不如我，而是他没有抱负，没有理想，而我是发奋图强，要为中国的科学繁荣贡献一份力量。我很快就被金相显微镜所显示的金属微观组织结构的大千世界迷住了，如饥似渴地学习 Masing 著的《三元系相图》这本书，Masing 原是西门子公司的实验室主任，战后是哥丁根大学的金属学教授。金属学的德文 Metallkunde 就是 Tammann 在本世纪初在哥丁根大学创造的，他原是物理化学教授，发明了碳管炉（直接通过大电流产生高温，西方称为 Tammann 炉）用以冶炼合金，带领一批学生和外国进修学者不到几年研究了几百种二元合金相图，找出合金规律，奠定了金属学的基础，德文 Kunde 就是知识、学问的意思。他的相图只是大体轮廓上正确，细节上错误不少。但是由这几百个不很准确的相图他找出不少有规律性的学问。与他同时有两位英国学者花了十年工夫，反复推敲，测定了 Cu-Zn 和 Cu-Sn 相图，几十年后还基本正确。一种是大刀阔斧，一种是精雕细刻，各有千秋，两种做学问的方法都对科学发展有贡献。到底哪一种更好？见仁见智，其说不一，恐怕两者都需要。日本东北大学 S. Masumoto（增本健）领导的准晶研究组（包括台湾学者蔡安邦）的工作作风就属于前者，大量配合金，终于发现 Al-Fe-Cu，Al-Mn-Pd 等一系列稳定的二十面体准晶，现在成为二十面体准晶研究的主流。他在非晶态合金研究方面也是如此，发现了一批有实际应用价值的铁基磁性合金，在不到五十岁就被选入日本学士院（相当于我国的科学院，但学士名额仅一百人），可谓难能可贵。我们在他们的工作启发下发现了稳定的 Al-Co-Cu 及 Al-Co 十重对称准晶,从而在十重对称准晶研究中起了带头作用。Metallkunde 的俄文译成 Met-talobugenue,中文的金属学是从俄文转译过来的。1956 年制定 12 年科学发展远景规划时,需要大量金属学人才。当时误译为金属物理,因此在 17 所大学建立金属物理专业,与工厂需要的人才不对口,直到 80 年代才得到纠正。英国人叫金相,美国人叫物理冶金,大同小异。一个名词的译名不当,竟造成这么大的影响。Tammann 的学生中有日本的 Honda(本多光太郎),后来成为日本金属学的鼻祖及仙台东北大学校长和著名的金属研究所所长,第一个测定单晶磁化曲线的茅诚司(S. Kaya,后来成为东京大学校长、日本学士院院长、中日友好协会会长)也是他的学生,仙台东北大学一直是日本的金属研究中心。中国最早从事金相学研究的是周志鸿先生,1926 年他在美国哈佛大学金相大师 Sauveur 指导的博士论文就发现了针状铁素体,这是贝氏体的前奏。从日本学成回来的陆志鸿先生在 30 年代末、40 年代初,就在一些大学讲授金相学,并写了一本教科书,后来他到台湾大学执教,在台湾创办了金属学会。我为在物理化学教科书中所学到的非常简单的"Gibbs 相律"竟能解释千变万化的合金相变而异常兴奋,夜以继日地工作、学习,不到一年我读了当时能找到的金相专著和几百篇文献,并成为金相权威 Hultgren 唯一的由大学支付工资的研究助教,管理他的奥氏体恒温转变课题组,研究合金元素对奥氏体转变的影响。同时我不满足于金相观察,开始阅读 X 射线晶体学书籍和做合金碳化物的 X 射线粉晶分析。

　　Hultgren 在 20 年代末在著名的柏林高工学的是金相学(他的老师是 Hannemann,在 30 年代初著有钢铁金相图谱 8 册。日本人大量影印,现在沈阳中国科学院金属研究所图书馆还存有从日本人手中(可能是长春的大陆研究所)接收下来的这部传世名著。他属于那一代的靠金相观察和逻辑思维进行全部研究工作的人。他最出名的成就是研究钢锭凝固过程中气泡的形成及逸出以及由此造成的偏析,这是很重要的一个生产问题,但是研究手段非常简单,用一个十几倍的放大镜进行宏观组织结构观察就行了。他把钢厂生产的上百个钢锭纵向刨成两半,进行观察,然后再横向锯成若干段,得以完成他的巨著。他干劲越大,成材的钢锭越少,那个钢厂不得不请他离开,去当金相学教授。他就凭借着这些工作当上了赫赫有名的 ASM(American Society for Metals)的荣誉会员。他不但保守,并且专横,是一个名副其实的暴君。随着我对 X 射线晶体结构研究兴趣的增长,我们之间的矛盾也就加深了,终于在 1950 年我当面对他说了"我不相信你那一套"有关合金元素影响奥氏体相变的自相矛盾的说法,放弃了三年多的研究成果、在读的学位,以及固定的工作,一走了事。我当时也不知道哪里来的勇气,敢于和这个大权威进行针锋相对的斗争。可能是我一直认为学术问题就应泾渭分明,不能含糊,合则留,不合则去。

这件事好像我是输家,工作、学位、到手的论文都完了。其实不然,我换来的是学术上的彻底解放,完全自由。在 1951 年,我得到了瑞典钢铁协会的资助,立了一个"合金钢中的碳化物"课题,自己当家做主,每天从早八点干到晚十二点,有时还雇一两个实验员帮助我做实验。我心情舒畅,才智和干劲得以充分发挥,此后每年都发表 3~5 篇学术论文。到 1956 年回国时已经有二十多篇文章,在 1956 年出版的德文《合金钢手册》一书广泛引用了我的研究成果。

只有与旧的研究课题、旧的学术思想决裂,才能有所作为。我后来还用传统的金相方法研究 δ-铁素体的转变这个过去很少研究过的课题,很快在合金含量高的不锈钢、耐热钢、高速钢中发现了不少新现象,写了 5 篇学术论文,成为这方面的奠基工作。

三十年后,瑞典皇家理工学院的教授会在 1980 年授予我技术科学荣誉博士学位,那时国际冶金界得此殊荣的不过三四人,其中有前面提到过的 MIT 的 M. Cohen 及英国的位错权威 A. Cottrell。这也可能是他们觉得过去对我不公平,予以补偿。可惜那时 Hultgren 已过世,我没能和他再争论一番。

我从这一段经历得到的启发是:

1. 只有不断更新学术思想,掌握新的实验技术,才能在科学研究中有所发现。死抱住老课题、老一套,很难有所作为。

2. 这样做有时就难免与老板发生矛盾,因为有的老板迷恋过去成就,舍不得丢掉原有研究基础。随着青年人业务逐渐成熟,老板的学术地位在青年人眼里逐渐下降。我主张据理力争,当然不一定吵架,只有自己骨头硬才能赢得别人的尊重,唯唯诺诺是没有人看得起的。我这几年在瑞典跑来跑去,不少老熟人还提起当年我与 Hultgren 争吵事,不无称慕之意。

3. 我也老了就应知趣,不要当老保守、老顽固。千万不能熬到当婆婆的份上时就忘了当媳妇的苦楚。应当鼓励青年人标新立异,敢说敢干。

三、在 X 射线合金结构研究中自由驰骋

从 1951 年到 1953 年,我转到 Uppsala 大学无机化学系从事用 X 射线衍射方法研究合金结构的工作。一来我对用 X 射线衍射方法研究结构感兴趣,自学了 Guinier,Buerger,Barrett,Bunn,Taylor 等的专著。原子位置稍有变动,衍射强度就有明显变化,完全为这门严谨的科学所倾倒。二来 Hägg 教授在 30 年代研究碳化物、氮化物时总结出(后来称为 Hägg's Rule):如果间隙原子(C,N,B)与金属原子的半径比小于 0.69,间隙相就有简单结构(如面心立方、六角密

堆),否则就会出现复杂结构。Hägg 是一位学识渊博、为人正直的长者,深受学生及同事的尊重。他是 Uppsala 大学无机化学教授,早期的学生都有出色的工作,如 R. Kiessling 的硼化物及钢中夹杂物的研究,A. Magnéli 的金属氧化物缺陷结构的研究。后来得诺贝尔化学奖的 Tiselius 当年也申请过这个教授位置,那时他没竞争过 Hägg。Uppsala 是一座宁静的大学城,也是历史上的故都,那几年我在那里过得很愉快,研究工作进展也很顺利。到那不久,我就发现了一种新的 MoC 结构,这是我做的第一个晶体结构测定,尽管比较简单,也算一个新发现。与 Hägg 合写一篇短文投 *Nature*,在 1952 年刊出,第一炮总算打响了。

我在皇家理工学院做钨钢的奥氏体恒温转变时就发现,在淬火后最先析出的钨碳化物是 W_2C,而不是一般认为的高速钢碳化物 $Fe_3W_3C=M_6C$。后者在高速钢(刀具高速切削升温到暗红色)中大量存在,误认为是高速钢红硬性的原因,因此称为高速钢碳化物。这种看法显然是错了,红硬性是由 W_2C 析出产生的。到了 Uppsala,我用那里的 Guinier 聚焦相机得到更可靠的证据,在 1952 年发表了一篇学术论文"Carbide precipitation, secondary hardening, and red-hardness of a hot-working steel"(*Research*, Vol. 5, p. 339)。后来在 1953 年又发表一篇长文,讨论的是高速钢中的碳化物与红硬性。接着又研究了 Fe-Cr-C,Fe-Mo-C,Fe-W-C,Fe-Mn-C 及 Fe-Cr-W-C 系中的碳化物析出过程,分别写成论文发表。在 Fe-W-C 一文中弄清了六角密堆 W_2C 转变为单胞参数为 11.06Å 的面心立方 Fe_3W_3C 的过程。

Fe_3W_3C 的晶体结构是 Hägg 的同事 G. Phragmén 首先确定的,我在那工作一年多,一连发现许多合金碳化物,如 Nb_3Cr_3C,W_3Mn_3C 等,都有相同的结构,在 1953 年写了一篇"The Formation of η Carbide",在 *Acta Metallurgica* 上发表(Vol. 1, p. 301)。η 碳化物是晶体学名,高速钢碳化物是冶金学名,都指的是 Fe_3W_3C 一类碳化物。大约在同时,美国科学家在一系列 Ti 合金相(如 Ti_2Ni,Ti_2Co,Ti_2Fe)中发现有与 η 相相同的晶体结构,只是其中无碳就是了。Ti_2Ni 就是后来张泽等发现的二十面体准晶的合金,而立方 η-Ti_2Ni 相与准晶共生。在 η 相的单胞中有 96 个原子,一半处于二十面体中心,都有一个五重轴平行于[110]。这是在急冷 Ti_2Ni 合金找到二十面体准晶的晶体学基础。借此声明,张泽是在 1984 年底在这一合金中发现五重对称电子衍射图的,1985 年 2 月在上海硅酸盐所得出二十面体对称,那时已见到 Shechtman 的文章了,我们晚了一步。

1955 年在加热一个含钨的高碳钢到过烧状态,晶界有少许熔化,冷却后发

现一个具有 β-Mn 结构的新相。这是意想不到的,因此写了一篇"New interme-
tallic phase in a burnt tungsten steel",投 *Trans. Amer. Inst. Min. Met. Engrs.*。
文章发表时(1956,Vol. 206,p. 97)我已回到国内了。当王宁等在 CrNiSi 合金
中拍出八重对称准晶及共存的点阵常数为 6.2Å 的立方晶体相的电子衍射照片
时,从 310 的衍射强度高,我立即想到这是 β-Mn 结构,而很快也就证实了。

　　高合金耐热钢中,除了合金碳化物外,还会出现一些中间相,如现在大家熟
知的 Sigma 相、Laves 相等。我研究了它们生成的合金化规律,在 1953 年写了
一篇"Ternary Laves and Sigma phases in transition metals"在 *Acta Metallur-*
gica 上发表(Vol. 1,p. 320)。当时 Sigma 相的结构研究甚嚣尘上,原因有二。
一是 FeCr Sigma 相首先是 Bain(即贝氏体的发现人)在 1925 年在 18-8 不锈钢
中发现的,由于它的析出,晶界贫铬而不耐腐蚀并且变脆。但是,用 X 射线粉晶
谱标定 Sigma 相一直未成功。加之那时高温合金已普遍受人重视,Sigma 相致
脆是焦点之一。二是 β-U 与 Sigma 相有相似结构,战后正是和平利用核能大发
展时期,对 β-U 的研究正方兴未艾。Sigma 相的四方点阵直到 1950 年才定下
来,我那时也凑了些热闹。Sigma 相的 410 及 330 是强衍射,一共有 12 个,因此
显示伪 12 重对称。Nissen 等就是在 FeCr 合金中首先发现 12 重对称准晶的。
因为 CrNiSi 及 VNi 合金都生成 Sigma 相,因此分别让王宁及陈焕研究它们,结
果是陈焕在 VNi 及 VNiSi 合金中发现 12 重对称准晶。而王宁却扑了个空,没
有发现 12 重对称准晶。幸运的是,他无意中第一次发现八重对称准晶,意义更
大。科学研究就是如此,意想不到的往往是更大的发现。假如什么事都是预料
到的,就不会有发现和发展了。

　　Laves 是瑞士籍矿物学家,因为他在 30 年代后期确定了 C36-MgNi₂ 晶体
结构,并找出它与 C14-MgZn₂(六角)及 C15-MgCu₂(立方)结构间的关系,而后
来统称这三种结构为 Laves 相。为了我的这篇文章 Laves 还给我写了一封信。
不过,鲍林对这些结构称之为 Laves 相大为恼火,因为 C14-MgZn₂ 及 C15-
MgCu₂ 结构是他的学生 Friauf 在 1928 年首先确定的,因此他后来称这些合金
相为 Friauf-Laves 相。Laves 相中有 2/3 的原子处于二十面体中心,据此我让
董闯在具有 C15 结构的 MnNiSi 合金中找二十面体准晶,很快就找到了。

　　我提到上面说到的一些四十年前的往事,主要是想说明科学研究的积累与
继承性。只有积累多了,才可能有所发现。不可能在没有扎实的基础的前提下
建起高楼,更不可能一步登天。做学问就得肯下笨工夫,不能取巧,更不能急于
求成,要有只问耕耘不问收获的精神。储备不多,机会来了也抓不住,或者是昙
花一现。灵机一动是有的,但这也只是在已做了大量思索的情况下才会出现。

我在 Uppsala 几年都是使用 X 射线粉晶谱做合金相分析,为了弥补我在单晶体 X 射线衍射方面知识的不足,我在 1955 年 11 月下旬去荷兰 Delft 城的皇家理工学院跟 W. G. Burgers 教授做白锡到灰锡的相变。他是金属物理方面特别是金属范性形变的专家,有一些位错的问题搞不清楚。他在美国教水力学的哥哥 J. M. Burgers 回荷兰度暑假,W. G. Burgers 就向他哥哥请教。他哥哥没用多久时间就搞出那篇以柏格斯回路和柏格斯矢量闻名于世的文章,不过此后他再也没有做过有关位错的工作。这位神童 25 岁就当了教授,与同年龄的学生喝酒吵起来,一拳把那位学生打倒。教授打学生,天下少有,一时传为奇闻。1985 年我去荷兰访问时,荷兰科学院的院士还津津乐道此事。不过,W. G. Burgers 教授却是一位温文尔雅的学者,为人和蔼可亲。为了区别他们哥俩,哥哥被人称为聪明的 Burgers,弟弟就成为笨 Burgers 了,其实他并不笨,只是不如其兄聪明就是了。

白锡是金属,灰锡是金刚石结构,类似半导体,白锡在 $-13℃$ 转变为灰锡。欧洲教堂中的风琴的乐管都是用锡做的,有一年冬天特冷,白锡中长满了黑斑(灰锡)并且由于体积膨胀而碎裂,称为 Zinnpest,Zinn 是德文的 Tin,pest 是黑死病,可译作锡疫。我长出白锡单晶,低温转变成灰锡,再用劳厄法研究两者的取向关系,1956 年 3 月完成一篇论文。这桩工作本身意义不大,但是我从中学到一些有关单晶的知识,如劳厄衍射带,这对日后的电子衍射工作很有帮助。但是我却不知道就在这所大学的物理系里,Le Poole 前几年已把 Boersch 在 1937/38 年就证明了的电子透镜的 Abbe 成像理论用于实践,通过改变中间镜电流可以聚焦在后焦面得到电子衍射图或聚焦在像面得到电子显微像。后来西门子 EM1 电镜在 1953/54 年投产,就有了选区衍射功能。现在,这已是尽人皆知的事了。

Delft 是一小城,运河纵横,风车牧牛,一派田园风光。荷兰人很热情,那几个月我过得很快活。就在那里我在 1956 年 3 月看到周总理"向科学进军"的动员令,兴奋不已,4 月底就乘机经苏联回到阔别九年的祖国。

四、初步涉足电子显微学

1954 年我又回到了斯德哥尔摩,暴君 Hultgren 已退休,我继续在皇家理工学院开展高合金钢的研究。本来工程物理系的 O. Linde 也申请此教授位置,而此人是第一个有序结构 $CuAu_3$ 的发现人之一,在金属物理界赫赫有名,但是Hultgren 说此人不懂冶金,培养不出钢厂要的工程师,利用钢铁界的影响硬是把这位学者挤下去,选一个学问不大由钢厂来的工程师继任。学术界的权术哪里都有,有学问的人不一定都被重用。

我在这时除了研究碳化物析出外,还研究 δ 铁素体的转变,δ-γ(奥氏体)＋ M_6C 或 Laves/Sigma 相。需要使用电子显微镜,就到附近的金属研究所使用瑞典唯一的一台 RCA 电镜。那是战后第一代电镜,只有一个聚光镜,消像散靠机械移动在物镜极件周围的八个小铁块来实现,没有衍射功能。但是我还是用复型观察到 δ 共析物的细节,写了两篇不锈耐热钢过烧的文章。薄膜制样方法还未出现,只能做胶膜复型,1953 年 R. M. Fisher 发展出萃取复型,大约在 1954/55 年才有了碳膜复型。我用胶膜(萃取)复型观察到几十埃大小的 VC 颗粒及针状 Mo_2C,这是 V,Mo 在钢中产生晶粒细化及析出硬化(或二次硬化)的原因,1956 年写了一篇文章,这是用电镜进行这类研究工作的早期著作,同时还有 Seal 在英国 Sheffield 大学及 A. Schrader 在西德马普学会钢铁研究所做类似工作。也就是在这一时期,我读了苏联科学家 Pinsker 写的墨尔本学派(J. M. Cowley 为首)译成英文的《电子衍射》一书。

我 1953 年夏去德国参观了 Schrader 的工作,1955 年 11 月初去英国 Sheffield 大学参观了 Seal 的碳复型工作,顺便去了剑桥大学游览。那时 Whelan 已经用西门子 EM1 观察到铝中位错的运动,也可能做了不锈钢中层错与不全位错的工作,失之交臂,终身遗憾。如果那时见到他们的工作,说不定我就会改变主意,去剑桥大学的 Cavendish 实验室工作一段。一头扎进晶体缺陷中去,可能也不会有后来的准晶研究了。塞翁失马,焉知非福? 机会总是存在的,不要总是因为失去一次而懊悔不已,悲观失望,以致失去后来的机遇。

1951/52 年我在杂志上见过 Anna Chou 在剑桥大学冶金系在 Nutting 指导下做的电镜工作(稍后 G. Thomas 在那做了铝合金沉淀过程的研究,用的是 Al_2O_3 复型)。回国后才知道她就是李林,用的她先生邹承鲁的姓。李林可能是中国第一个用电镜研究合金的人,她用的电镜说不定就是 Nutting 作为战胜国的专家在第二次世界大战后去德国把尖端仪器作为战利品拆运去英国的,我在 1964 年见到 Nutting,他跟我讲过这件事。不过道高一尺,魔高一丈。德国人砌了一道墙把一台西门子电镜藏在夹缝里,终于把这一台古董留下来,现在在柏林技术博物馆中展览。桥本初次郎在 1960 年在剑桥大学冶金系进修一年,是李林的师弟,他 1978 年第一次来中国,一下飞机就找 Anna Chou,谁也不知道这是哪一位,后来幸亏了解内情的柯俊解了围,他 1950 年前后在英国,知道桥本找的就是李林。柯俊在伯明翰大学用光学显微镜观察过热和过烧的钢的脆断断口上有硫化物的枝晶,证明有沿奥氏体晶界熔化现象。葛庭燧、柯俊和我近来都被日本金属学会选为荣誉会员,但是他们一直为不能准确分辨葛

(Ke)、柯(Ko)及郭(Kuo)三个字的发音而苦恼,在美国多年的晶界专家石田洋一(Ishida)还戏称我们为3K党。

当时西门子EM1是最好的配有衍射功能的电镜,日本的JEM5等才出来,不能望其项背。光是剑桥大学就购进8台,为开拓衍射技术立下了头功。二十多年后JEM200CX出来,挤掉西门子EM102的市场,使之被迫停产。不怕后进,就怕不进。

五、望洋兴叹,读书自娱

薄膜衍射技术是1955年兴起的,由于它能把晶体空间与衍射空间的信息结合起来,非常有生命力,很快就在全世界蓬勃开展起来,广泛用于晶体缺陷及相变的研究。1965年P. B. Hirsch等写了那本被Cowley(见 *Diffraction Physics* 一书中的序言)称为Yellow Bible的《薄晶体透射电子显微学》作为十年来工作的总结。五位作者都是皇家学会会员,这是前所未有的,一时传为美谈。

这个时期我已回到国内,看到人家电镜工作如火如荼地开展,我们守着几台苏联生产的落后电镜,开始时还心急如焚,后来也就逐渐变得麻木了。剑桥学派最令人佩服的还不仅是他们一流的实验工作,更是他们用运动学与动力学电子衍射计算出的模拟像与实验结果符合良好。差距越拉越大,后来索性也不去想它了。

中国第一台电镜其实是英国Metropolitan Vickers生产的。新中国成立后在物理所工作的钱临照先生接到通知说,南京仓库里有原国民党政府交通部(也管电台)买的几箱设备,派何寿安去了解才发现是一台电镜,喜出望外。后来他们用这台电镜观察了铝单晶中交滑移在表面上产生的迹线。1953年钱三强率中国科学院代表团去莫斯科买回了几台苏联生产的仿战前西门子的电镜。1954年民德总统皮克送给毛主席一台Zeiss静电透射显微镜,安装在物理所。1962年中国科学院金属研究所安装了一台民德的磁透镜电镜,也不高明。

"大跃进"前国内曾引进一批日本JEM6,JEM7,JEM150,H10,H11电镜,分辨率都不错,但是因为没配有双倾台,而国内又无力自己研制,衍射工作还是不能真正开展起来。不过选区衍射的工作可以做了,聊胜于无。

我在这期间,除了安排些X射线漫射的研究课题外,主要是写一些电子衍射几何的教材("文化大革命"中给一些青年人讲了讲,还被批判为对抗"毛泽东思想学习班")和阅读一些有关合金结构的文章,主要是Frank及Frank-Kasper以及Pauling学派关于四面体密堆相的论文,获益匪浅。

　　Frank 早在 1952 年在讨论液体结构时就指出,等径刚球堆在一起得出配位数为 12 的多面体有三种可能性:一是面心立方密堆结构,二是六角密堆结构,三是二十面体(20 个正三角形围成的多面体有 12 个顶点。我在 1986 年见到 Frank 时,他告诉我德国一位原子物理学家早在 30 年代曾用二十面体作为原子核中质子堆集的模型)。前两种结构是常见的密堆结构,其中除了四面体间隙外,还有体积较大的八面体间隙。后一种密堆结构只有四面体间隙,因此堆垛密度最高,从原子对的 Lennard-Jones 势来看也最低。此外,它与前两种密堆结构相比,对称性最高,也最接近球对称。不过,这种二十面体密堆结构具有五重旋转对称,与点阵的周期平移对称不相容,因此只能存在于液体、非晶态、小粒子、生物大分子当中。在具有平移对称性晶体中,二十面体单元一定要略加畸变才能相容。后来 A. L. Mackay 也在 1962 年讨论了这个问题及五重旋转对称,同时指出二十面体两个顶点间的距离比中心到顶点的距离长约 5%。如果用等径刚球堆砌,在顶点上的 12 个刚球不能两两相接。换句话说,二十面体的表面要有裂隙。但是在两种元素构成的合金中,如一种原子的半径比另一种小 10%,则小原子居于二十面体中心,稍大的原子落在顶点上,正好满足二十面体的几何要求。如 $MnAl_{12}$ 相,略小的一个 Mn 原子在中心,稍大的 12 个 Al 原子在顶点上,构成一个二十面体单元,这些 $MnAl_{12}$ 单元再放在一个体心立方点阵上,就是 $MnAl_{12}$ 结构。Mackay 后来还在 1982 年进一步研究了二维及三维的五重对称晶体学并得出五重对称的光学衍射图,他是第一个堂而皇之地把五重对称引入晶体学的。Frank 和 Mackay 可以说是五重对称的先驱,在实验观察到五重对称准晶之前就预见其存在,令人钦仰。Mackay 还独立地推导出夹角为 72° 和 36° 的菱形单元,此即所谓的 Penrose 块。此人是一大杂家,可借助计算机把英文译成中、日、朝鲜文,在科研上有不少创见,但无系统著作。撒切尔首相为了紧缩教育研究经费开支,让一部分人员提前退休,Mackay 就榜上有名,1984 年发现准晶后,他不但保住了职务,还晋升为教授,并选为皇家学会会员。如果准晶的发现推迟一年,他已提前退休,就不好圆场了。

　　Kasper 是美国通用电气公司的晶体学家,专门研究合金结构,他首先提出四面体密堆相中配位数为 12(二十面体)、14、15 及 16 的多面体。所有四面体密堆相都是由这些多面体单元堆砌成的,只是数量及方式不同而已。Frank 有一年在西班牙(曾被阿拉伯人长期占领)看到的正方形、五角形、六角形套在一起的阿拉伯图案,得到启发,把四面体密堆相的多面体结构分解为一些单元层,而这些层中原子就坐落在这些多边形连在一起的网络顶点处。他们把这些结果于 1958 年及 1959 年在 *Acta Cryst.* 上发表,成为这方面的经典著作。美国物理学家,特别是哈佛大学的 Nelson 学派,称这些结构为 Frank-Kasper 相。其实这些合金相的晶体结构大都是化学大师鲍林和他的学生 Friauf,Bergman,Samson 及 Shoemaker 夫妇测定的。因此,鲍林很不服气,在一次会上大叫,不应称这些为 Frank-Kasper 相。不公平的事在科学史上是屡见不鲜的。而这种偏见则是由物理学家与化学家间彼此不了解造成的。

C. Frank 可能是幸运儿,除了上面讲的外,还有 Frank 位错、Frank-Read 源等。此人还很早晋爵,称之为 Sir Charles(英国王室与贵族只能称名,不能称姓。无独有偶,中国的皇帝也是如此,如末代皇帝溥仪,很多人不知他姓爱新觉罗)。不过,那首先不是因为他在科学上的贡献,而是在第二次世界大战中破译德国人的军事密码。据说丘吉尔首相(兼剑桥大学 Chancellor,不管事的名誉职务)找 Vice Chancellor(实质上是管事的校长)要他推荐两个聪明的年轻人去搞密码,其中之一就是 Frank 博士。根据传统,英国的内阁首相不是剑桥就是牛津的名誉博士。撒切尔是牛津大学化学系的硕士,有人提议牛津大学给她荣誉博士学位,结果被教授会(Senate)否决,因为她削减科研经费。1989 年我去牛津,Whelan 带我参观,路过 Senate 会堂时说“我投了反对票”,不无自豪之感。

鲍林凭直觉“破译”了不少晶体结构,其中最出名的就是 $Mg_{32}(Al,Zn)_{49}$。他当时叙述的结构是在体心立方点阵顶点上先放一个原子,围绕该原子放一个二十面体,再在 20 个三角形上方放 20 个原子,构成有 12 个正五角形的五角十二面体;再在这 12 个正五角形中心上放 12 个原子,就构成由 30 个菱形组成的三十面体;每个菱形的 2 个三角形上放 2 个原子共 60 个原子,就构成一个由正五角形和正六角形组成的与 C_{60} 一样的多面体,有如足球一样;再在正五边形及六角形上放一个原子,就构成大三十面体;所有这些壳层都满足五重对称要求。这些大三十面体的体心立方排列就是 $Mg_{32}(Al,Zn)_{49}$ 的结构。

这些不朽之作读起来赏心悦目,回味无穷,并且给人以启发。欣赏之余,不无感慨。当时读书是为了自娱,消磨“文化大革命”的时光,没想到后来还能派上用场。书到用时方知少,临阵磨枪是来不及的。知识面广,才能触类旁通,顺手引来,为我所用。不过不能读死书、完全相信文献中的记载,不敢越雷池一步。只会钦慕前人的成就,不敢和不会创造性地应用、发扬光大,也是没有出息的。

六、卷土重来,更上一层楼

1978 年后,先是恢复研究生招生,接着是科学技术变成了生产力,我们再度酝酿引进新的电子显微镜。这一年,分别以藤本及桥本初次郎率领的两个日本电子显微学访华团来访，吹了不少 HREM 的风，接着 1979 年诺贝尔讨论会选中了 HREM 作为主题。这样，科学院就决定引进两台 JEM200CX 高分辨电镜，一台放在沈阳中国科学院金属研究所，一台放在北京物理所，在 1982 年安装就绪。后来中国科技大学、南京大学、浙江大学、上海硅酸盐研究所等先后引进 10 台 JEM200CX，不过大都是分析型的样品台。

　　当时我从四面八方招来的研究生不少都集中在沈阳这台 JEM200CX 上做高分辨工作，从合金、半导体、氧化物、催化剂、矿物到有机化合物什么都做。后来逐渐集中到 Frank-Kasper 相上，一则样品易得，二则结构花样多，三则中年骨干叶恒强及李斗星先后到美国 ASU 大学、比利时 Antwerp 大学、瑞典 Lund 大学学习，熟悉这方面的工作，在 Frank-Kasper 相的畴结构方面做出了一些好结果。接着王大能在 1984 年夏获得突破性进展，在从高温合金中分离出来的 Laves 相、μ 相及 C 相的单晶衍射图中都发现有五重对称分布的强斑点。这些 Frank-Kasper 相结构都是由二十面体柱的不同方式平行排列产生的。高分辨像说明这些 Frank-Kasper 相的纳米微畴犬牙交错地生长在一起，尽管它们的取向不同，它们中的二十面体柱都有相同取向。电子衍射图中五重对称分布的衍射斑点就是这些二十面体的傅氏变化结果。八月里我们写了一个摘要，寄到美国，准备由我 1985 年元月在庆祝亚利桑那州立大学一百周年的 HREM 会议上宣读（由于我在 1985 年元旦患支气管炎住院治疗而未去）。同时准备写一稿子投 *Ultramicroscopy*，在 1985 年元旦后寄出。

　　在此工作启发下，想到如把这些合金相加热到熔融再急冷可能会得到更小的二十面体原子簇，于是安排了张泽做 $(Ti, V)_2Ni$ 合金，蒋维吉做 ZnNi 合金。到 1984 年 11 月，张泽就得出了五重对称电子衍射图，为了进一步弄清整个倒易空间的情况，决定让他在 1985 年春节去南京探亲期间去上海硅酸盐所，用那里的有双倾台的 JEM200CX 做大角度倾转实验，等他在二月里得出结果时，我已见 Shechtman 等在 *Phys. Rev. Lett.* 1984 年 11 月 12 日一期上刊登的有关 Al-Mn 准晶的文章，并且托人带给在上海的张泽。我们的发现是独立的，并且是首次在过渡族金属合金中合成的，但晚了一步。法国人称它为 China Phase。

　　蒋维吉也在急冷 ZnNi 合金中得到五重对称电子衍射图，仔细分析这是由正交 ZnNi 相的十重旋转孪晶产生的，就像 $Al_{13}Fe_4$ 十重孪晶一样。高分辨像也显示五个夹角为 36° 的三角形拼在一起，每个三角形中像点都排列在一个整齐的正交二维点阵上，与准晶的高分辨像中像点呈非周期性的五重旋转对称分布迥然不同。这张高分辨像后来在很多地方刊出，作为五重孪晶的标准照。从另一个角度证明五重对称准晶不是五重孪晶。

　　1985年3月底去日本仙台东北大学访问,看到 Hirabayashi 他们拍的 Al-Mn准晶的高分辨像。文章在2月26日投稿(仙台大学金属研究所科学报告),三月份刊出,可谓快矣!成果抢先在手,全世界公认这是准晶的第一张高分辨像,广为转载。那年秋天召开北京仪器分析会议,美国弗吉尼亚大学的 Lawless 报道了人们发现的 Pd-U-Si 准晶。当我给他看我们的 Ti_2Ni 结果时他大为吃惊,怎么在中国也能有这么新鲜的发现!我们发现准晶是系统研究 Frank-Kasper 相的必然结果,因此我1986年春在英国 Bristol 大学及法国 Les Houches 会议上作的报告题目都是"From Frank-Kasper Phases to Icosahedral Quasicrystal",Frank 当时对此很高兴。

　　在这次第一届国际准晶会议上见到准晶的发现人 Shechtman,Cahn 和 Gratias,以及首先把五重对称及二十面体引入晶体学的 A. L. Mackay,还有不少其他名流。头一个报告当然是由 Shechtman 讲,他的第一张透明片就是《美国应用物理》杂志对于他们的准晶一文的委婉退稿信,"你们的文章内容不适于在本刊登载,请另投一金属刊物"。Shechtman 对于这个软钉子耿耿于怀,所以广为宣扬,大有不搞臭 JAP 誓不罢休之势。由此看来,退稿也不那么可怕,换一种杂志试一试就是了。*Phys. Rev. Lett.* 的编辑独具慧眼,1984年10月9日接到稿件,11月12日就刊登出来。但是,这里也有一段插曲。

　　Shechtman 及 Blech(二人都是以色列人)研究航空用的高强度铝合金,想通过急冷使铝中固溶较多的 Mn,Cr,Fe 等合金元素产生固溶强化,无意中在1982年在急冷 Al_6Mn 合金中发现五重对称衍射图。找到在美国国家标准局工作的 J. W. Cahn(犹太人,原在 MIT 材料系当教授)请教,Cahn 信口说这是五重孪晶,在金、银、金刚石、硅、锗中常见。可是许多现象还是解释不了。他们又请教法国 CNRS 的冶金化学研究所的 D. Gratias(不知是否是犹太人?),此人晶体学基础很好,二十面体对称这个点子可能是他的。不过,这与传统晶体学的周期性相矛盾,他们迟迟不敢发表。直到1984年秋在 St. Barbara 加州大学的理论物理中心召开的一次讨论会中,Gratias 听到 Steinhardt 讲他们的理论计算结果,不但液体结构中近邻取向序是二十面体对称,固体也如是。理论与实践的完美统一,一拍即合。Shechtman 等10月9日投稿的标题是"有长程取向序而无平移对称的一种金属相",11月2日 Levine 和 Steinhardt 投稿的标题是"准晶:一种新的有序结构",第一次提出准晶这个名词,并且说这是准周期晶体的简称。为此,Steinhardt 还接见《纽约时报》记者,以新闻发布的方式公布此发现。我国近来也有用新闻发布科学发现之事。科学要保持其纯洁性,就不应与新闻和商业搅在一起,否则,非乱套不可。这种涉及弄虚作假的丑闻近来屡次在美国出现,欧洲大陆却很少,我们要择其善者而从之。

哈佛大学应用物理系 Nelson 等一直用 Frank-Kasper 相结构中的二十面体研究液体及非晶态结构,Steinhardt 曾在那里进修,有些思想是有其根源的。而 Mackay 在 1982 年就用过准点阵这个词,并且与 Steinhardt 讨论过。但是 Steinhardt 在这篇论文中避而不谈 Mackay 的贡献,只是在他计算得出的五重对称衍射图的脚注中说,Mackay 曾得出相似的光学变换图。看来其中不无不尊重别人劳动的科学研究道德问题。

70 年代以来急冷铝合金的研究还是相当普遍的,会不会有人在 Shechtman 等之前也曾观察到准晶而失之交臂? 的确如此。印度的科学家早在 1978 年用电子衍射研究急冷 Al-Pd 及 Al-Mn-Ni 合金时,就观察到五重对称及准周期排列的衍射斑点,未跟踪追击。再就是加拿大铝公司的科学家在 1984 年发表的论文中报道了 Al-Cu-Li 合金中的五重对称衍射,草率地作了五重孪晶的结论。现在这些人在准晶研究中默默无闻。这些事例说明,机会出现了,还有一个能不能及时地抓住它的问题。对新生事物敏感与否是考验一个研究人员的第一位的问题,有人独具慧眼,有人有眼无珠,差别就在这里。

讲到五重孪晶就不能不提鲍林。前面已经提出,很多有二十面体单元的结构,特别是 Frank-Kasper 相都是鲍林和他的学生测定的[从 Friauf(1928)到 Bergman(1957)和 Shoemaker 夫妇、Samson(1957—1980)]。鲍林还用四层二十面体对称壳层模型确定了 $Mg_{32}(Al, Zn)_{49}$ 的结构。可是,又偏偏是他,在准晶发现后,歇斯底里地反对准晶,一而再再而三地说这是五重孪晶,不是准晶。在 Nature 关于准晶的通讯中他用了"Nonsense"这个词,而在 Phys. Rev. Lett. 等杂志拒绝发表他的论文后,他就在美国科学院院报上连篇累牍地发表文章鼓吹孪晶学说,因为院士有权不经审查在院报上发表任何文章。他怎么会走向自己的反面了呢? 只有用"老来糊涂"几个字说明,他毕竟已是 90 岁的人了。他坚信晶体具有周期性一说,因此就不能接受五重对称,尽管他搞了一辈子的五重对称结构单元而且是贡献极大的人。我已年近 70 岁,也应引以为戒。

何伦雄在 1988 年在缓冷的 Al-Cu-Co 合金中找到有十棱柱体外形的十重准晶单晶,甚至有几个毫米长,这是第一个发现的稳定十重对称准晶。我当时就想,Al-Co 及 Al-Cu-Co 合金别人早已研究过,说不定也遇到过这种稳定准晶。剑桥大学 Cavendish 实验室在五六十年代曾经先后有十几名博士在 W. H. Taylor 指导下系统地用 X 射线研究过铝合金相。好的成套的结果都发表了,零星的解释不了的就留在故纸堆中,说不定其中有宝。于是我就要 Cavendish 实验室 A. Howie 请我去那当访问学者(剑桥叫作 Commoner),原说一学期,后来我说忙,减为两个月,最后我说那也不行,改为一个月。原来每个学院每学期请一定数目的 Commoner[除了住房不花钱,还可在高桌上吃晚餐(学生只能在矮桌上吃),并免费携带友人就餐,还有一些其他特权]。我呆的时间少,等于这个名额没很好利用,学院不乐意。我在 1990 年春光明媚的五月到剑桥,真是美极了,偏偏五月是考试季节。Mackay 说:"假如没有考试,五月的剑桥有如天堂一般。"这话对我是适用的,我住在丘吉尔学院,离 Cavendish 实验室和图书馆都不远,主要是翻阅那十几部博士学位论文,皇天不负有心人,终于在 Hudd 的有关 Al-Co 合金相的博士论文中找到他观察到五重对称的 X 射线衍射的描述。当时就写 FAX 要马秀良做 Al₃Co 合金缓冷研究,一年后他完成一篇 Al-Co 合金准晶及近似晶体相的大作,发表在 *Metall. Trans.* 上。从故纸堆中找窍门,也就是"文化大革命"中批判的从文献缝中找题目,是不费力而讨好的事,就看你是否留心于此。

在丘吉尔学院闲来无事就去学院内的图书馆展览室逛逛。乖乖!丘吉尔小学毕业时的评语是"太顽皮,不知上进",简直要把他打进地狱,幸亏他是贵族出身,不念大学可去海军服役,照样可以爬上去(后来当上海军大臣和首相),就跟"文化大革命"时干部子弟参军一样。不过丘吉尔绝不是蠢材,给他写评语的教师倒可能是。图书馆中有几百本当年拿破仑的藏书,我指出上面有拿破仑非常喜爱的蜜蜂标记。Howie 对我的"渊博"知识敬佩不已。其实我是看拿破仑与约瑟芬间的恋爱一书中描写他们卧室中所有家具及用具都画有蜜蜂才知道这个典故的。顺便说一句,拿破仑不仅会打仗,还会写情书,他与第一任夫人约瑟芬间的情书属于世界名著,年轻人不可不看。

我在王大能、张泽取得突破后,先后在中国科学院金属研究所与北京电镜室带领三十多个研究生横冲直闯,发现了一大批准晶合金及多种准晶结构。不少研究生因这方面有良好表现在读完硕士后就被人要去出国当博士生去了,如王大能、陈焕、董闯、周大顺、王曾楣、邹晓冬、何伦雄等。张泽、王宁、张洪、李兴中做完博士论文再出去,他们的工作就比较系统,成就明显。当时也是怕政策多变,耽误了青年人出国,能早放出去就早放出。现在看来,如果何伦雄能稳住,念完博士再走,他现在的成就会更大些。游建强文章多出了名,在国内当了教授后,国外纷纷来请。这些学生的辛勤劳动使我国的准晶研究处于国际先进行列,我自 1986 年以来被人邀请在国际会议上作了二十多次特邀报告,其中值得一书的有:诺贝尔物理奖获得人 St. Barbara 加州大学理论物理中心主任 R. Schrieffer 教授请我在 1987 年 10 月去参加准晶讨论会,杨振宁请我在 1988 年夏去香港参加第三届亚太物理学会议,1990 年春日本金属学会聘请我为荣誉会员并作准晶报告。这些成绩与荣誉要归功于这三十多位青年人的刻苦钻研和辛勤劳动,我只是起了一些催生的作用。

我在 1950 年前后在国外搞了九年个人奋斗,在合金钢组织结构与碳化物研究方面也进入了世界前列。不过,那时我是单枪匹马在国外战场上厮杀。四十年后的今天,我卷土重来终于又把中国的准晶研究推向世界前列。这次人多势众,又是在自己祖国的土地上建立这个赶超世界科学水平的前哨阵地,得到的慰藉和自豪也远非昔日可比。中国的希望,科学的未来,就寄托在这些青年人身上。

七、而今迈步从头越

回顾我这一生,在学术上只做了两件事。青年时单枪匹马地冲杀在合金钢结构的第一线,中间停顿了四分之一世纪,到了六十岁又重整旗鼓领着一批青年人占领了准晶研究的制高点。我并非才智过人,理论基础也不好(念大学时学潮频繁,微积分只学了微分,普通物理只学了力学和声学),又无特殊实验技巧(没有亲自改装过任何仪器),只是凭着一股追求真理的热情,在学科上从化工先转到冶金,再转到晶体学和材料科学,在实验技术上从金相转到 X 射线衍射又转到电子显微学,一直锲而不舍地拼搏,才能有一些收获。执著地追求真理,这是一个科学工作者首先要有的精神。

其次,我也充分利用和发挥了我在业务上的长处。我在合金学、晶体学、电子显微学三方面都懂一些。尽管在每一方面我都算不了专家,甚至可能只是半吊子,但是综合在一起我却能做到那些专家做不到的事,也就是 $3 \times 1/3 > 1$,这也就是杂交优势。奉劝青年人,不要把自己的业务范围搞得太窄,画地为牢,不敢越雷池一步。也不要怕改行,生怕丢掉自己那一点点看家本事。人生一世,还是多接触一些行当为好。学科交叉才能产生交叉学科,一个人要多懂几门学问才有出息。

再次,就是要有敢于创新的精神。有些人很有学问,讲起课来层次分明,写文章广征博引,就是科学研究没有新意,出不了前人的圈套。他的学问都是从别人那贩来的,还没有变成自己的。西方强调教育与科研要结合,这是有道理的。只有这样,才能避免教书只是再重复和向学生灌输知识,而是启发学生思考问题。因此,光是博学还不够,还要学以致用,要别出心裁。我们准晶就是因为不与别人雷同,才能每年有些新花样。晶体对称理论专家 A. Janner 每次见到我都要问我有什么新结果,他说他们搞理论的就靠吸收营养(新实验结果的启发)才能有所发展。王宁发现了八重准晶,Janner 做了理论分析,写了篇大块文章。不过,也有人不这么看,如美国弗吉尼亚大学材料科学系的 G. Shiflet 教授曾不无讽刺地说:"理论家就是从我们材料科学家那拿去我们的想法,做一番数理分析,就算他们自己的了。"再就是加州理工学院应用物理系的 W. L. Johnson 教授曾说:"我们那只有基本粒子才认为是纯正高尚的物理,我们搞离子束与物质的作用被认为是低级物理(原文是 Dirty physics),但是这些理论家的研究全无新意,而我们在 *Phys. Rev. Lett.* 上发表的文章比他们多。"这些都说明,理论与实践的统一问题在世界各个角落里都存在。

再有一点就是充分相信青年中蕴藏着极大的创造性,放手让他们去实践。我经常有二十多个学生,采取放羊式领导。东方不亮西方亮,哪一点亮了就给予支持鼓励,照亮一片。谁出了头就让谁出国深造,这一招比什么仙丹妙药都灵。现在不少人培养研究生有如农村生产队的队长,每天早上上工时分配工作。研究生等于劳动力,分配什么就干什么,毫无主动性,又怎能有积极性? 研究生跟着老师亦步亦趋,他的论文水平绝对超不过老师的水平,又怎能青出于蓝胜于蓝? 王宁、陈焕发现八重准晶,何伦雄等发现一维准晶,李兴中最近用彩色群处理二维准晶对称,都是他们自己闯出来的。当然,我对学生还是很严的,高标准要求,毫不含糊。古人云:"取法乎上,得乎其中。"只有高标准要求才能激励青年人的进取心。反过来,这对青年人也有好处,身揣四五篇论文,不愁没人来请,结果是我的学生过半数得到国外资助出国深造。最近四年,王宁、张洪、朱敏、李兴中四位博士都申请到德国洪堡奖学金。德国 Jülich 核研究院的 Urban 教授先后要了五个我的学生和助手去那工作。这些都说明,这里培养的青年人还是有国际竞争力的。有人说这是"胡萝卜加大棒",只要能有胡萝卜吃,挨几大棒也是值得的。

最后,我认为我之所以在回国后学术上无所作为达二十五年之久(实际上是几起几落,多次遭到只专不红、脱离实际、竺春花式人物的批判,只因为我欣赏越剧艺人竺春花说的"清清白白做人,认认真真做戏",但并不懊丧),在机会到来时能抓住不放,猛冲上去,还是因为我们这个年纪的人青少年时饱受帝国主义欺凌,民族意识强,爱国之情深。我小学是在哈尔滨念的,九一八后逃到天津,在南开中学念书,七七事变后又逃到重庆。有一阵子天天夜里逃空袭,有一枚日本炸弹就在几十米处爆炸,灼热的泥土在我身上烧伤的疤痕至今犹在。1944 年底在遵义浙江大学念到四年级时,日本骑兵一千多人从柳州横冲直闯几百里一直打到贵州的独山,我又从贵州逃往四川。这些烙印是几十年时间也不能磨灭的。1980 年,我在离开瑞典二十四年后又回到那里,见到当年在一起搞科研的老朋友,他们都是上层人士,不是经理就是教授,有人问我回国后经历多次政治运动,学术上无甚成就,后悔不后悔? 我说不后悔,因为我是与我国人民一起经历这些折腾的。如果我这几十年不在国内经受这些考验,我不会有这份爱国爱人民的深情。中华民族有五千年的悠久历史,有世界上唯一连绵未断又古又新的文化,这是值得我们每个中国人骄傲的。个人损失了二十几年科研生涯,比起上下五千年,这又算得了什么? 就是这股力量激励我前进,要在有生之年,把中国的电子显微学搞上去,在世界上占有一席之地。就在这个关键时刻,科学院领导批准我们引进一台 200 kV 场发射透射电镜,还配有 Catan Image Filter 系统,加上我们原有的 5 台电镜及各种附件,我们的仪器装配可以说是世界一流的了。在 1993 年聘请了八位海外优秀青年电子显微学工作者回国短期或长期工作的基础上,今后准备进一步扩大这种合作,传播新的学术思想,掌握新的实验技术,开展新的研究课题,在本世纪内把中国的电子显微学研究推进到国际先进行列中去!

写于 1994 年 1 月

索　引